PPT之道

内容构思
视觉设计
AI办公

 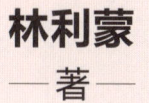

林利蒙

——著——

清華大学出版社
北京

内 容 简 介

网上大部分教材都在教你如何做出"美观"的PPT，仿佛美观成了评判PPT好坏的唯一标准。然而，作者在历经大量的商业案例锤炼后，深刻认识到PPT并非单纯的平面设计，而是一门沟通的艺术。从沟通中挖掘需求并解决实际问题才是制作PPT的核心所在。

本书并不是一本纯粹技巧导向的工具书，而是一部蕴含深度思考的实战指南。书中通过大量实际案例，讲解了内容构思、商业思维、视觉设计、动画呈现、演讲表达等多个维度的技巧。在最后一章，还特别加入了热门的AI技术在PPT设计中的应用，旨在让广大学习者紧跟时代发展，掌握前沿的技术应用。

本书适合职场人士、大学生、PPT爱好者、设计师等群体阅读。同时，本书也可作为高等院校有关PPT演示表达课程的教材。

本书封面贴有清华大学出版社防伪标签，无标签者不得销售。
版权所有，侵权必究。举报：010-62782989，beiqinquan@tup.tsinghua.edu.cn。

图书在版编目（CIP）数据

PPT之道：内容构思　视觉设计　AI办公 / 林利蒙著 . -- 北京：清华大学出版社，2025.5. -- ISBN 978-7-302-69269-0

Ⅰ. TP391.412

中国国家版本馆CIP数据核字第20255YY520号

责任编辑：王秋阳
封面设计：秦　丽
版式设计：楠竹文化
责任校对：范文芳
责任印制：沈　露

出版发行：清华大学出版社
　　网　　址：https://www.tup.com.cn，https://www.wqxuetang.com
　　地　　址：北京清华大学学研大厦A座　　　邮　　编：100084
　　社 总 机：010-83470000　　　　　　　　邮　　购：010-62786544
　　投稿与读者服务：010-62776969，c-service@tup.tsinghua.edu.cn
　　质 量 反 馈：010-62772015，zhiliang@tup.tsinghua.edu.cn
印 装 者：三河市天利华印刷装订有限公司
经　　销：全国新华书店
开　　本：203mm×260mm　　印　　张：22.5　　字　　数：483千字
版　　次：2025年6月第1版　　　　　　　　印　　次：2025年6月第1次印刷
定　　价：169.00元

产品编号：106992-01

回顾我的职业生涯，PowerPoint 无疑是我学习生涯中的最佳助手。对 PPT 的热爱，引领着我踏上了一条与众不同的道路，让我有幸在一家世界顶级咨询公司和一家全球前 30 强企业工作，并受邀为上海电视台分享 PPT 设计经验。但这条道路并非一帆风顺，其中充满了挑战与波折，也让我逐渐领悟了真正的 PowerPoint 之道。

回首 2012 年，初入大学的我第一次接触 PPT。当时，学校正举办首届计算机应用能力大赛，由于是初次筹备比赛，所以奖项力度很大，设置了近百个获奖名额。我怀揣着好奇与热情，投入了三天的时间，精心制作了一份自认为"完美"的 PPT 作品。然而，由于对设计和动画一窍不通，只会进行基础的文本和图片插入，结果可想而知，我落选了。尽管我早有心理准备，但收到落选通知的那一刻，心中仍不免有些失落。

然而，这次失败并未击垮我，反而激发了我的斗志。我下定决心要学好 PPT，于是开始疯狂地阅读相关书籍和教程，几乎借阅了校园内所有与 PPT 设计相关的书籍，甚至荣登了校内年度图书借阅榜单的前十名。那段时间，我沉浸在 PPT 的世界里，不断摸索、学习、实践。

经过两年的努力，我再次参加了计算机应用能力大赛。这一次，我凭借着自己的积累和努力，终于获得了全校一等奖。那一刻，我深感所有的付出都是值得的。此后，我不仅在校内大型活动的视觉设计中崭露头角，还在多个 PPT 设计大赛中斩获第一名。

后来因为出色的 PPT 技能被一家世界顶级咨询公司录用了，本以为我当时的设计能力足以应对工作中的 PPT 需求，然而现实却打脸了！我每天接触的不是那种花里胡哨的发布会型 PPT，而是真正的商务 PPT。面对满屏的文字、图表和复杂的逻辑结构，我发现，曾经引以为傲的高端技巧一个都用不上。在很长一段时间里，我收到最多的反馈就是："这不是我想要的！"起初，我一直将问题的根源归结于 PPT 制作得不够好看。可是，即便我再用心提升设计能力，发现收效还是很小。

经过大量真实商业案例的"折磨"，在当时带我的老师的教导下，我逐渐意识到审美固然重要，但逻辑思维才是根本。我开始注重内容的结构化设计，使每一页 PPT 都有明确的信息传递目的。在与客户沟通的过程中，我更加明白了 PPT 其实是一种沟通的学问。如何从沟通中获取需求、如何理解内容的逻辑、如何解决实际需求，成为我在设计 PPT 时的思考重点。

至今，我已经实战做过超过 30000 页的商务 PPT 案例。这些经历让我从最初的茫然无措，到如今的熟练应对各种 PPT 需求。我深知 PPT 的价值，也明白学习 PPT 的不易。因此，我决定将自己的心得体会整理成书，与你分享我的学习过程和实战经验，帮助你少走弯路。

本书不是一本纯技巧的工具书，而是一本有温度、有深度思考的实战指南。这里没有枯燥无味的理论堆砌，只有生动且实用的案例分析，详细可实操的软件技巧，以及市面少有的 PPT 设计思维教学，甚至在本书结尾部分特别补充了当前热门的 AI 技术在 PPT 设计中的应用。让读者能够紧跟时代步伐，掌握前沿的技术应用。

正是基于这样的设计理念与内容安排，我深深地希望通过这本书，为即将毕业的大学生、在职场中渴望通过 PPT 展现自己的朋友们，以及那些正在碎片化学习中挣扎的同学们，提供一条清晰、实用的学习路径。

本书特点

- **针对性强**：紧密围绕日常工作中的常见问题，提供针对性的设计建议。当你在制作 PPT 中遇到问题时，都能在本书中找到可行的解决方案。
- **深度设计思维**：不局限于表面美化，而是注重技法背后的原理讲解。深入剖析底层原理，让读者能灵活应对设计困难，切实提升设计能力。
- **案例丰富且操作介绍详尽**：书中有大量案例，重要操作均有详细演示，方便读者跟随练习，快速掌握设计技巧。
- **系统化知识体系**：本书构建清晰完整的学习路径，读者可依目录循序渐进地学习，有效搭建系统化的知识体系。
- **紧跟市场热点**：介绍当下流行的 AI 工具在 PPT 设计中的应用，让读者了解并掌握其学习方法，以提升设计效率和质量。

读者对象

本书适合职场人士、大学生、PPT 爱好者、设计师等阅读。同时，也可作为高等院校有关 PPT 演示表达方面的教材。

读者服务

为了帮助读者更好地理解和应用书中的内容，我们提供了额外的资源，包括 AI 做 PPT 视频教程、200 页工作汇报专用模版、100 份收藏的模板素材资源、原创的 15 份精选 PPT 源文件、常用字体包、实用的 PPT 素材包、部分案例源文件、常用素材灵感网站推荐等。读者可扫描右侧的二维码获取。

勘误和支持

本书在编写过程中历经多次勘校、查证，力求减少差错，尽善尽美，但由于作者水平有限，书中难免存在疏漏之处，欢迎读者批评指正。

在深入探索本书的精华内容之前，诚邀你参与一份调研问卷。此问卷紧密围绕本书的三大核心主题——内容构思、视觉设计、AI 办公，旨在全面评估你对 PPT 的掌握情况。请根据实际情况，通过简单的 Yes 或 No 来回答以下问题：

序号	问题	Yes	No
1	我接到任务就会立刻打开 PPT 软件开始制作		
2	做 PPT 时，我习惯即兴发挥，想到什么就写什么		
3	我能根据不同场合迅速选择适合的 PPT 模板		
4	我认为逻辑清晰，就一定会打动观众		
5	我认为好看是衡量 PPT 优劣最重要的标准		
6	只要熟练掌握软件操作，就能制作出优秀的 PPT		
7	我经常在 PPT 做到一半时，反复修改以前的内容逻辑		
8	我能将不同风格的页面融合在一起，保持统一和谐		
9	PPT 内容写得越多，越能体现我的价值		
10	在设计复杂页面时，我习惯先画个草图		
11	学了很多技巧，但用公司自带的 PPT 模板就不会设计了		
12	我熟悉 PPT 母版的用法		
13	我认为 PPT 的配色越丰富，越能抓住观众的注意力		
14	我能轻松地将一大段文字提炼梳理成条理清晰的 PPT		
15	在 PPT 中使用大量专业术语，能显示自己的专业度		
16	我能够快速找到想要的 PPT 素材，如图片、图标等		
17	PPT 动画越复杂酷炫，演示效果就越好		
18	在做 PPT 演讲时，我经常会超时		
19	只要 PPT 做得好，演示就一定能成功		
20	我经常将 AI 技术用于日常 PPT 制作中		

评分标准如下：

对于问题 3、8、10、12、14、16、20，选择 Yes 得 1 分；

对于问题 1、2、4、5、6、7、9、11、13、15、17、18、19，选择 No 得 1 分。

请根据你的回答计算总分。如果总分低于 10 分，说明你的 PPT 制作能力还相对薄弱，这本书将成为你提升 PPT 技能的绝佳伙伴，它提供了系统的学习路径、详细的软件操作技巧以及丰富的实战案例；如果总分为 10 ～ 16 分，说明你已经掌握了一定的设计思维和理念，但在某些细节方面仍有提升空间，这本书将帮助你进一步完善制作 PPT 的知识，更好地查漏补缺；如果总分高于 16 分，那么恭喜你已经具备了出色的 PPT 设计思维和技法，本书中的许多案例将会引起你的共鸣，让你在阅读的过程中不断有新的启发和收获。

无论你是初学者还是有一定基础的进阶者，相信这本书都能够为你提供有益的指导和启示。请保持期待，让我们一起踏上这场从新手到高手的 PPT 蜕变之旅吧！

第 1 章 高效之痛 ——如何迅速构建专业 PPT   1

1.1 高效神技！急速提升你的制作效率	2	1.2.3 实用排版工具	15
1.1.1 设计创意的奥秘	2	1.3 告别加班！PPT 设计的正确操作流程	19
1.1.2 神奇的 SmartArt	4	1.3.1 明确需求	20
1.1.3 Word 快速转 PPT	7	1.3.2 拟定大纲	21
1.2 不可或缺的设计神器谱	8	1.3.3 准备素材	22
1.2.1 快速访问工具栏	8	1.3.4 美化设计	22
1.2.2 高效快捷键	10	1.4 要点回顾	23

第 2 章 思维之困 ——如何构建清晰的逻辑框架   24

2.1 定方向：PPT 设计，或许一开始你就错了	25	2.2.3 PPT 逻辑检查	36
2.1.1 应用场景	25	2.3 寻创意：拒绝平庸，创新思维让你脱颖而出	36
2.1.2 受众人群	29	2.3.1 创意思维	37
2.2 理思路：1 个模型，彻底告别思路混乱	31	2.3.2 评判标准	40
2.2.1 自下而上思考	33	2.3.3 灵感来源	41
2.2.2 自上而下思考	33	2.4 要点回顾	42

第 3 章 商业之美——如何提升 PPT 的商业质感 ... 43

- 3.1 告别美工思维，这才是有效设计 ... 44
  - 3.1.1 规范性 ... 46
  - 3.1.2 商业价值 ... 49
- 3.2 一页商业化 PPT 的系统化设计流程 ... 51
  - 3.2.1 梳理逻辑 ... 52
  - 3.2.2 视觉表达 ... 54
- 3.3 要点回顾 ... 60

第 4 章 模板之局——如何灵活应用与改造模板 ... 61

- 4.1 关于模板，这些基本功不可不知 ... 62
  - 4.1.1 为什么要使用 PPT 模板 ... 62
  - 4.1.2 标准 PPT 模板的构成 ... 63
  - 4.1.3 PPT 模板的选用技巧 ... 65
- 4.2 模板明明很好看，为啥你一用就变丑 ... 69
  - 4.2.1 模板的特性 ... 69
  - 4.2.2 套模板的技巧 ... 70
  - 4.2.3 不同风格模板的融合 ... 73
- 4.3 什么是 PPT 母版 ... 79
  - 4.3.1 PPT 母版的魅力 ... 80
  - 4.3.2 母版的应用原理 ... 82
- 4.4 从 0 到 1 打造专业的 PPT 模板 ... 88
  - 4.4.1 确定模板样式 ... 88
  - 4.4.2 定制母版规范 ... 89
- 4.5 要点回顾 ... 95

第 5 章 视觉之惑——如何打造专业且实用的幻灯片 ... 96

- 5.1 大段文字型 PPT，看这就够了 ... 97
  - 5.1.1 不可删减文案的情况 ... 97
  - 5.1.2 可精简文案的情况 ... 103
- 5.2 PPT 图形设计，看这就够了 ... 109
  - 5.2.1 图形的 4 大作用 ... 109
  - 5.2.2 图形绘制技法 ... 115
- 5.3 图片类 PPT，看这就够了 ... 122
  - 5.3.1 选图技巧 ... 123
  - 5.3.2 修图技巧 ... 127
  - 5.3.3 排版技巧 ... 137
- 5.4 图标类 PPT，看这就够了 ... 145
  - 5.4.1 图标选用技巧 ... 145
  - 5.4.2 图标的应用 ... 150
- 5.5 表格类 PPT，看这就够了 ... 152

5.5.1 表格的基础美化 152	5.6.2 选用图表的方法 163
5.5.2 表格的创意设计 157	5.6.3 图表美化技巧 165
5.5.3 表格设计小技巧 159	5.6.4 其他图表类型 171
5.6 图表类 PPT，看这就够了 161	5.6.5 综合性案例 174
5.6.1 PPT 图表类型 162	**5.7 要点回顾** 177

第 6 章 创意之光
—— 如何成就独特新颖的视觉效果   178

6.1 如何打造高级感配色方案 179	6.2.2 迈出原创设计第一步 193
6.1.1 配色盲目凭感觉 179	**6.3 拒绝千篇一律，定制感设计原来是这样做的** 196
6.1.2 配色单调不好看 182	6.3.1 提升设计感的 3 大绝招 197
6.1.3 万能的"偷色大法" 188	6.3.2 定制感设计的秘密 203
6.2 只会模仿不会原创怎么办 190	**6.4 要点回顾** 208
6.2.1 这才叫高质量临摹 190	

第 7 章 动画之魅
—— 如何巧妙运用动画增强表现力   209

7.1 PPT 动画设计的 3 大作用 211	7.3.2 组合动画 249
7.1.1 匹配节奏 211	7.3.3 多元素动画 253
7.1.2 强调重点 213	**7.4 遮罩，PPT 动画中的魔法** 258
7.1.3 生动表达 214	7.4.1 遮罩与元素动画结合 258
7.2 切换动画，小技巧也有大应用 215	7.4.2 遮罩与平滑切换结合 263
7.2.1 常见的切换动画 215	**7.5 把握节奏，为你的动画加个开关** 266
7.2.2 平滑切换的奥义 222	7.5.1 页面内的触发动画 266
7.3 拒绝呆板！让你的 PPT 动画更灵动 232	7.5.2 跨页间的触发动画 270
7.3.1 单元素动画 233	**7.6 要点回顾** 274

第 8 章 表达之巅 ——如何自信、流畅地进行演示　　275

8.1 演示之前，这些注意事项需牢记　　276
8.1.1 演示前注意事项　　276
8.1.2 PPT 放映技巧　　279

8.2 把握同理心，完成出彩演讲　　281
8.2.1 演讲模型　　281
8.2.2 表达技巧　　283

8.3 请记住！你才是演示的主角　　285
8.3.1 引人入胜的开场　　285
8.3.2 建立个人气场　　286
8.3.3 应对突发状况　　287

8.4 要点回顾　　288

第 9 章 AI 之翼 ——如何用 AI 彻底提升工作效率　　289

9.1 别眨眼！AI 一键即可生成 PPT　　290
9.1.1 各类 AI 工具评测　　290
9.1.2 AI 生成 PPT 的技巧　　304

9.2 无所不能的 AI 智能聊天机器人　　305
9.2.1 选择 AI 智能聊天机器人　　305
9.2.2 AI 辅助拟定大纲　　311
9.2.3 AI 辅助页面设计　　314

9.3 走进 AI 绘画的神奇魔法世界　　322
9.3.1 选择 AI 绘画工具　　323
9.3.2 AI 绘画的实战应用　　327

9.4 AI 时代：开启高效办公新纪元　　337

9.5 要点回顾　　346

后 记　　347

第 1 章 高效之痛
——如何迅速构建专业 PPT

你会做 PPT（PowerPoint）吗？在求职市场上，几乎所有简历上都会炫耀着"熟练使用 PPT 的技能"。可到了工作场合，真正能将 PPT 做到出彩的人却寥寥无几。

PPT这个演示软件已深深融入我们生活的方方面面：如工作汇报、会议演讲、方案展示等（见图1.1）。

图1.1

它不仅仅是一个工具，更是你与领导、客户之间架起的沟通桥梁。无论是初入职场的新人，还是资深员工，都渴望通过PPT展示自己，提升竞争力。然而，尽管理想丰满，现实却往往不尽如人意。

你是否也经历过这样的情况：领导分配了一个PPT制作任务，你满怀信心地准备大展拳脚。可一打开PPT，面对空白的页面时，却不知从何下手；心想先找个好看的PPT模板，让领导眼前一亮，可面对众多的模板，又不知道选择哪个合适；好不容易选定了模板，在制作时，由于对软件操作不熟悉，进展缓慢且效果不佳；更糟糕的是，当你完成一大半时，突然发现内容编排存在问题，不得不从头开始修改……

这一系列问题无形中消耗了大量宝贵的时间和精力。或许你曾通宵达旦，只为完成PPT，但当满怀期待地提交给领导时，却只收到"这不是我想要的"这样的反馈，这无疑令人沮丧，更让你对PPT制作感到绝望！那么，究竟如何才能制作出高质量的PPT呢？

经过多年的观察，我发现大部分人在制作PPT时会面临3大难题：

（1）设计水平有限：没有受过专业培训，不知如何排版。

（2）思路混沌不清：面对空白的PPT页面，大脑一片茫然，不知从何下手。

（3）效率低下：不熟悉软件操作，以及缺乏高效的工作方法，浪费了大量时间。

以上问题，我都曾遇到过，因此深知其中难点。而这本书，正是针对这些痛点而写，旨在帮你突破困境，真正掌握PPT设计的精髓。

作为本书的开篇章节，你将掌握以下两大核心技能：

（1）深入了解PPT的强大功能。

（2）构建高效且系统的设计流程。

现在，让我们一起开启这场PPT制作的精进之旅吧！

1.1 高效神技！急速提升你的制作效率

你是否渴望提升PPT制作效率，让你的演示更加出彩？看着高手们轻松创作出令人赞叹的佳作，你是否也心生羡慕？实际上，PPT高效制作的秘诀往往隐藏在那些看似微不足道的小技巧之中。在本节中将分享3个高效神技，带你领略PPT的强大之处，轻松提升制作效率。

1.1.1 设计创意的奥秘

对于新手而言，美化PPT往往是一道难题。由于缺乏系统的培训和实践经验，新手面对PPT时常常会感到无从下手。例如，面对只有一张图和一段话的页面（见图1.2）。

图1.2

你能想到的排版方式有限，导致页面很单调。由于不熟悉软件的基本操作，制作效率也很低。不过，别担心！PPT的设计创意功能将为你打开一扇新的大门。只需选中当前页面，单击上方的"设计"选项卡，再单击最右侧的"设计创意"按钮，你将看到界面右侧弹出众多创作灵感（见图 1.3）。

图 1.3

选择你喜欢的排版，单击后即可应用（见图 1.4 左侧）；更妙的是，你还可以对生成的页面做二次调节，如裁剪图片、重新调整构图（见图 1.4 右侧）。

图 1.4

如果你在"设计"选项卡下没有找到"设计创意"这个功能，也不用担心。可以单击"文件→选项→常规"并选中"启用 PowerPoint 设计器"复选框，即可加载这个功能（见图 1.5）。

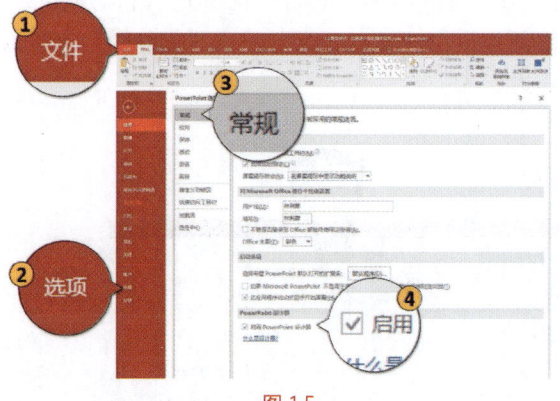

图 1.5

设计创意功能，无疑是设计新手的福音。你只需准备好相应的素材，如图片、文字、图表等，而将排版的重任交给设计创意功能。无论是图文页设计、多图页排版，还是纯文字页面（见图 1.6），它都能为你提供多种排版思路，让你的 PPT 制作更加简单高效！

图 1.6

当然，尽管设计创意功能强大，但也存在一定的局限性，需要我们在使用过程中加以注意。尤其是对于有逻辑的页面，设计创意功能可能无法提供满意的效果，例如经典的三段式排版（见图 1.7）。

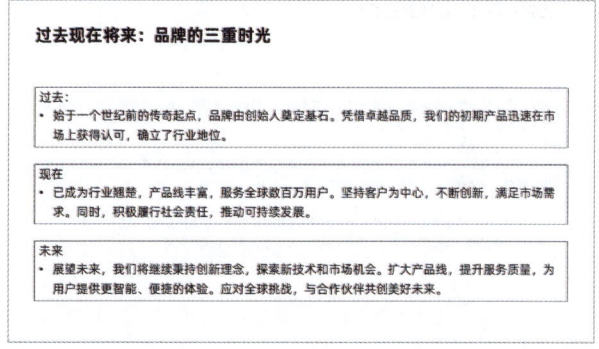

图 1.7

过去、现在、未来，这三段之间存在明显的递进关系，需要用时间轴的形式展现出来。直接使用设计创意功能，却会生成这样的效果（见图 1.8）。

图 1.8

这并不符合我们的预期。这是因为设计创意功能无法识别内容间的逻辑关系,只能进行机械性的排版。那么,面对这种强逻辑化的页面,是否就束手无策了呢?别急,下一个神奇的功能将为你揭晓答案,它能够帮助你轻松应对复杂的逻辑关系,让你的PPT更加专业和有条理,让我们共同期待它的精彩表现吧!

1.1.2 神奇的SmartArt

回顾之前的设计创意生成的时间轴页面(见图1.8),缺乏逻辑,毫无实用价值。现在,让我带你体验一个神奇的功能——SmartArt图形。虽然名字听起来有些陌生,但它确实是一个隐藏的宝藏技能,一旦掌握,它将成为你展示内容的得力助手。

具体操作如下:

首先,将待设计的文本整合到一个文本框中(见图1.9),因为SmartArt无法识别多个对象。

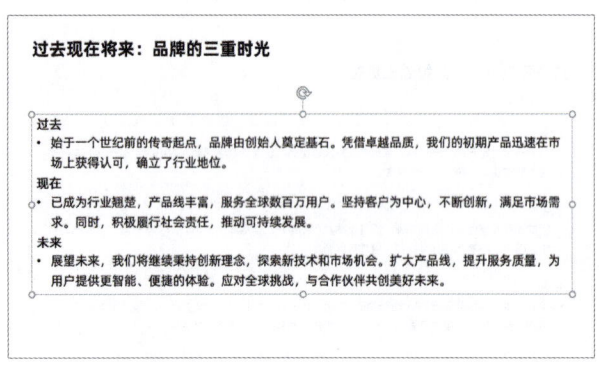

图1.9

接着,选中文本,单击"开始→转换为SmartArt→其他SmartArt图形",会看到一系列预设的样式(见图1.10)。

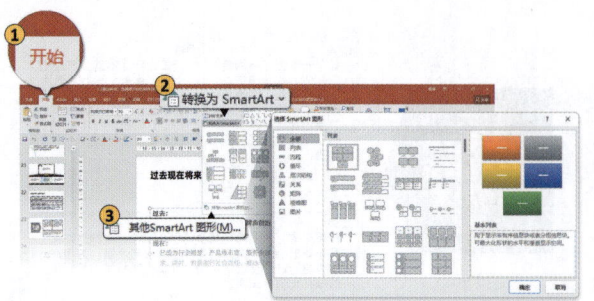

图1.10

图的左侧是类别,图的右侧则是展开的子项。考虑到时间轴的本质是呈现递进的逻辑关系,选择"流程"类别无疑是最明智的选择。从中挑选一个你喜欢的样式(如"交替流")并单击(见图1.11)。

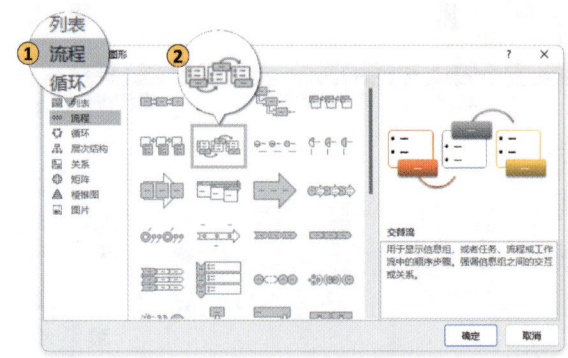

图1.11

原稿文案即可转换为具有递进关系的时间轴(见图1.12)。

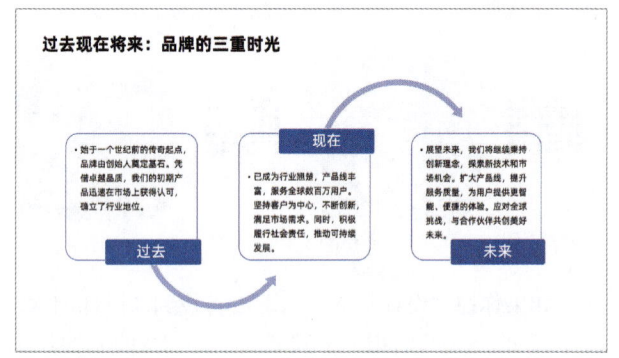

图1.12

若想尝试更多风格,只需选中当前内容,单击SmartArt工具栏中的"设计"选项卡,在"版式"中单击其他下拉选项(见图1.13),即可出现一系列预设样式。

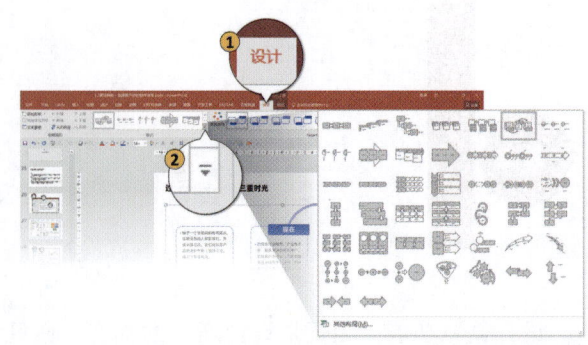

图1.13

从中挑选一个新的样式，时间轴立即焕然一新，展示出不同的风采（见图1.14）。

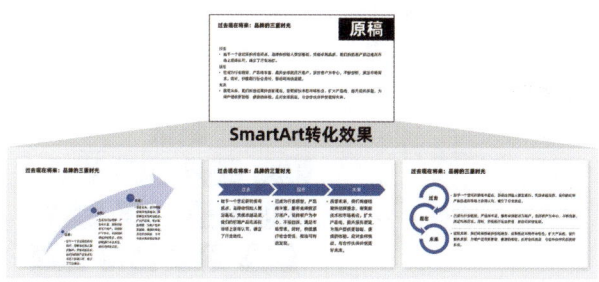

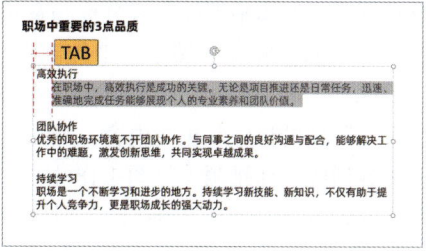

图1.14

当然，SmartArt的魅力远不止于此，它拥有3大核心优势。

（1）逻辑性强。
（2）交互性强。
（3）可编辑性强。

现在，你已经初步了解了SmartArt的神奇之处。接下来带你深入解析这3大核心优势，让你更全面地掌握这个宝藏技能！

1. 逻辑性强

SmartArt图形凭借其强大的逻辑性脱颖而出，几乎涵盖了所有常见的逻辑呈现方式，包括列表、流程、循环、层次结构、关系、矩阵、棱锥图以及图片等。这意味着，无论你的内容需要展现何种逻辑关系，SmartArt都能为你提供精准而丰富的图示选择，它弥补了设计创意功能在逻辑表达上的短板，使内容表达更加完美；特别适用于那些对逻辑性要求高的工作汇报场合。

当然你可能会好奇，SmartArt是如何区分文本的标题和正文的呢？答案就隐藏在文本的缩进值中。普通的文本无法转换成预期的效果，因为SmartArt需要明确的层级关系来构建逻辑结构。即使你将文案拆解为多个单独元素，全选时也无法调用SmartArt，因为它只识别一个整体的文本框。

那么，如何设置文本的缩进值呢？很简单，只需选中你的正文内容，按下Tab键进行缩进，文案的层级就会降低一级（见图1.15上）；而按下Shift+Tab组合键进行逆向缩进，文案层级则会提升一级。通过这种方式，即可区分文本的层级关系（见图1.15下）。

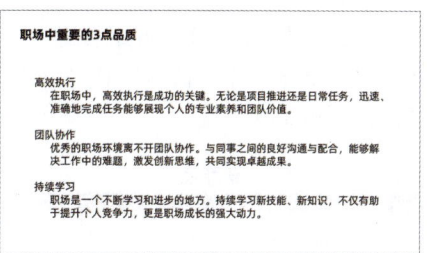

图1.15

然后选中文本，就可以将其转换为SmartArt图形了（见图1.16）。

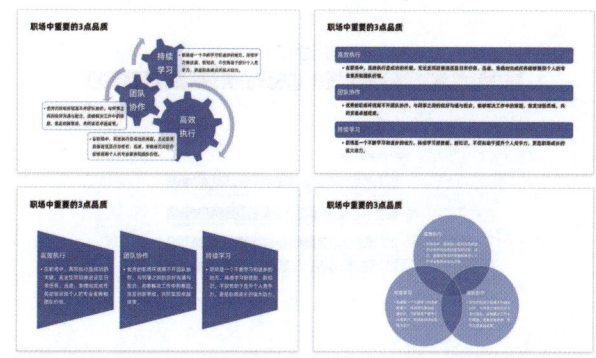

图1.16

2. 交互性强

SmartArt图形的第二大优势在于其独特的交互性。每当生成一个SmartArt图形，选中后，左侧便会出现一个编辑按钮。单击按钮，即可进入文本编辑区域（见图1.17）。

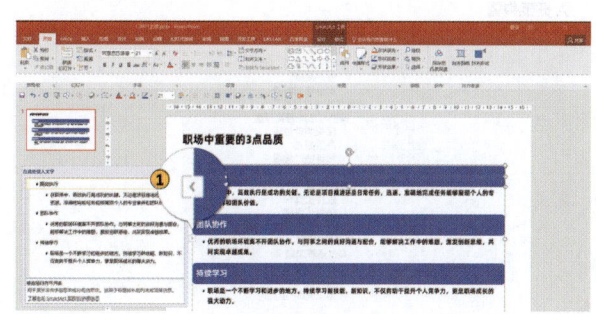

图1.17

在这个区域，文本根据缩进区分标题及正文。利用这个特性，可直接在文本编辑区中控制图形样式。例如，面对这页 3 项并列页面，直接在文本编辑区删除"持续学习"项的标题和正文内容，图形就会自动变成 2 项，并适配当前排版（见图 1.18 上）；或者想要新增项，只需在文末按下 Enter 键，即可新建一行带有项目符号的文本（见图 1.18 下）。结合使用 Tab 键进行缩进，或者使用 Shift+Tab 组合键进行逆向缩进，即可实现文案层级的"降级"或"升级"操作，对应的图形也会相应改变。

第二步：图形转换。选中文案，单击"开始"菜单中的"转换为 SmartArt 图形"，在图形预设中选择"层次结构"中的组织架构图样式，即可完成设计（见图 1.20），效率得到了飞速提升。

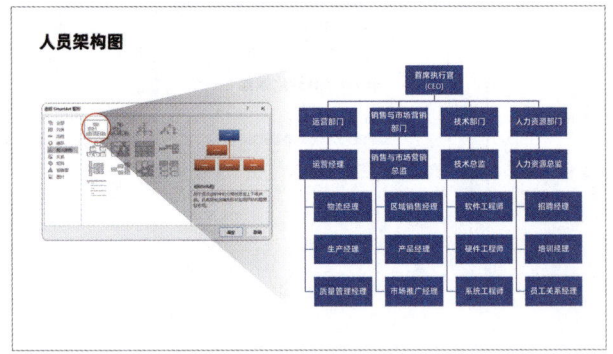

图 1.20

3. 可编辑性强

除上述优势外，SmartArt 还具备高度可编辑性的优势。默认情况下，SmartArt 转换后的效果不是特别好看（见图 1.21）。

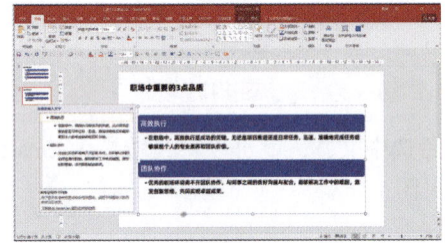

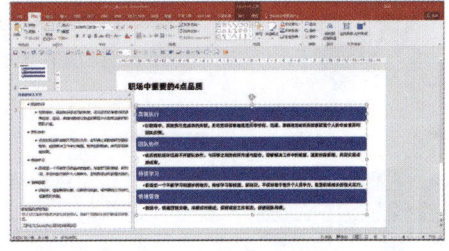

图 1.18

掌握这个技巧，可以快速做出很多复杂的效果，例如曾经令你头痛不已的组织架构图。借助 SmartArt 图形，也可以轻松搞定。

第一步：划分层级。将组织架构图中所有子项，按照从上到下的顺序列出来，并按 Tab 键和 Shift+Tab 组合键调节文案层级（见图 1.19）。

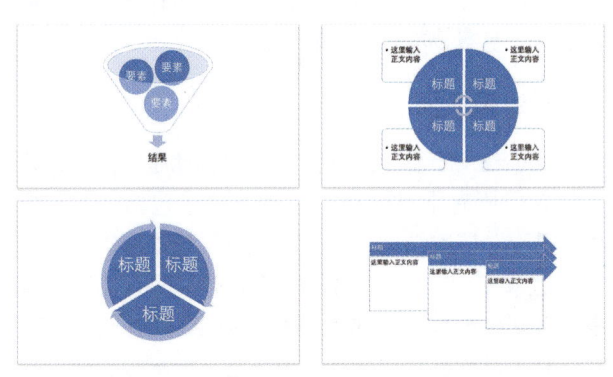

图 1.21

但你可以通过调整元素的配色、排版布局、细节装饰等进行优化（见图 1.22）。

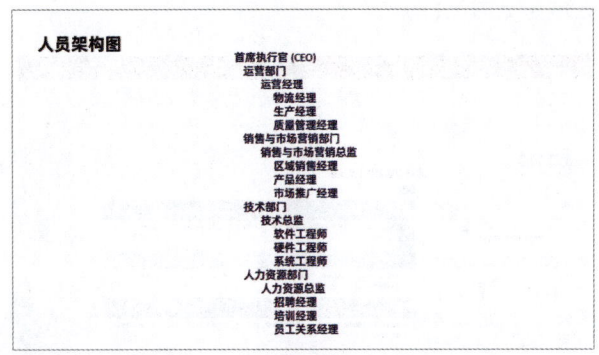

图 1.19

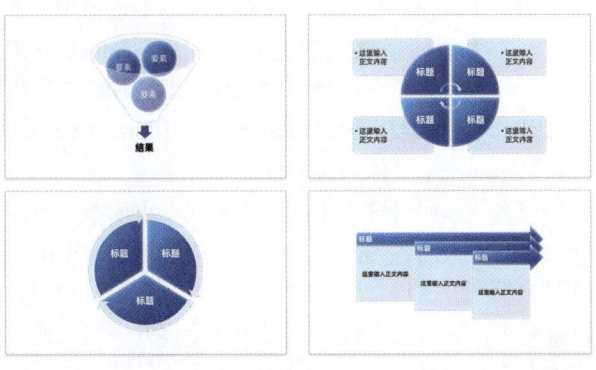

图 1.22

将 SmartArt 图形巧妙地融入你的设计中，使其与整体风格相得益彰。更令人惊喜的是，选中 SmartArt 图形，单击上方 SmartArt 工具的"设计"选项卡，在最右侧单击"转换→转换为形状"（见图 1.23），可以更方便地进行后续修改和调整。

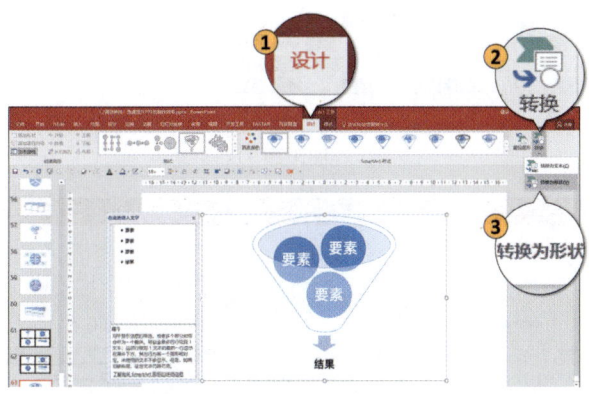

图 1.23

1.1.3 Word 快速转 PPT

如果说以上功能都是面向单一页面的，那么这个功能就是高效制作整份 PPT 的宝典。在工作中，相信你也遇到过这种情况：领导发来了一份 Word 文稿，需要你提炼内容做成 PPT（见图 1.24）。

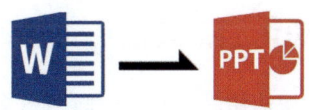

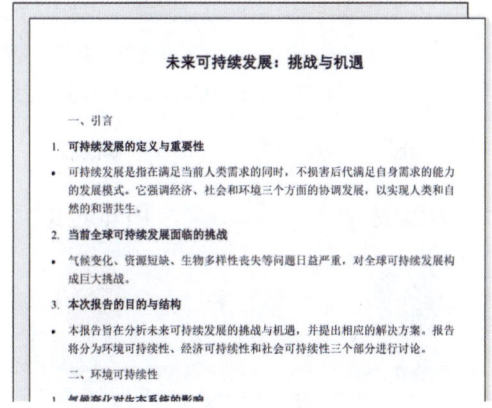

图 1.24

传统的逐页转换方式比较烦琐。需要反复进行复制、粘贴、分页、调整格式的操作，效率很低。现在，只需 3 步，轻松实现 Word 到 PPT 的高效转换。

第一步：文本分级。打开 Word 文档，单击"视图→大纲视图"（见图 1.25）。

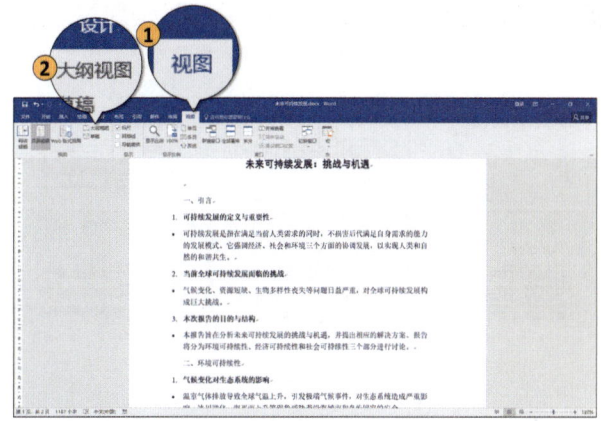

图 1.25

按住 Ctrl 键选中文档里的所有大标题，设置为 1 级标题，将小标题设置为 2 级标题，正文内容则设置为 3 级标题（见图 1.26）。

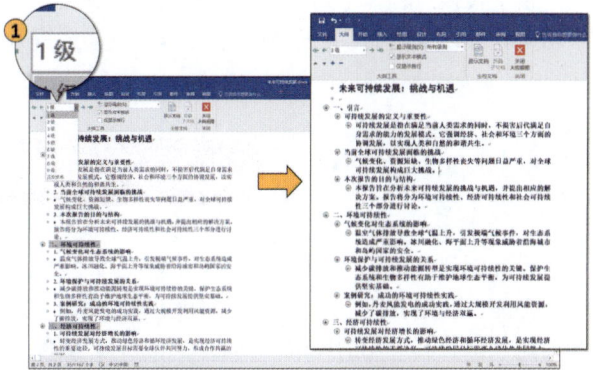

图 1.26

第二步：格式转换。打开 PPT，单击"开始"菜单下的"新建幻灯片"，选择"幻灯片（从大纲）"，选中刚才调整好的 Word 文档（见图 1.27）。

图 1.27

这样，即可得到一份分页的 PPT 初稿（见图 1.28）。

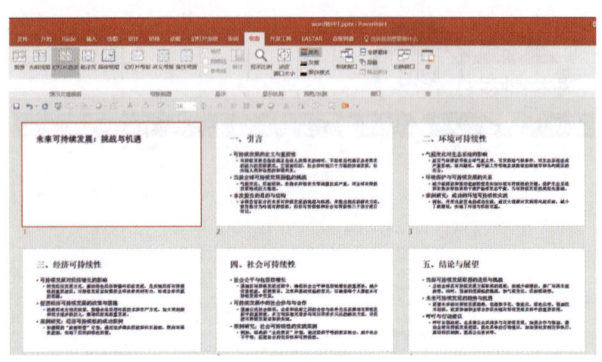

图 1.28

第三步：应用主题。此时的 PPT 还很单调，可以单击"设计"选项卡，从中挑选一个主题样式（见图 1.29）。

白底黑字的文稿瞬间转换成风格鲜明的 PPT 页面（见图 1.30）。

整个转换过程，不到几分钟就完成了，省去了频繁切换软件以及复制、粘贴的烦琐操作，极大地提升了工作效率。

图 1.29

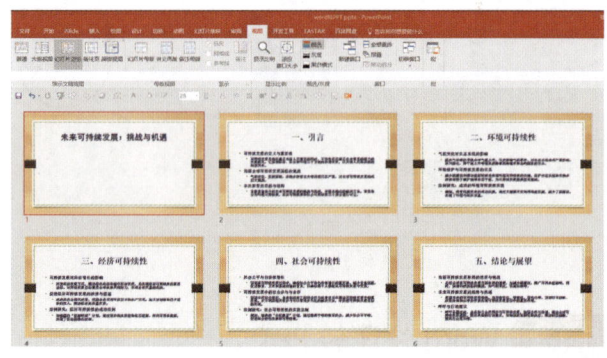

图 1.30

1.2　不可或缺的设计神器谱

设计创意、SmartArt 以及 Word 快速转 PPT 功能，它们都能在一定程度上提升你的设计效率。然而，这些功能也都有其应用的局限。例如：当面对逻辑复杂的页面时，设计创意功能会显得力不从心；SmartArt 的样式选择虽多，但并不能满足每个人的个性化需求；Word 转 PPT 的功能，则更适用于 PPT 初稿的生成阶段。

因此，它们只能在特定情境下发挥作用，而在实际工作中，更多的情况是进行基础的排版设计工作，在这个过程中会涉及很多重复性的操作，例如修改元素格式、处理素材以及排版布局等。此时，提升效率的关键已不再局限于小技巧的运用，还包括如何在各种重复性的操作中，找到最优的解决策略，从而节省宝贵的时间。

本节针对 PPT 制作过程中需要频繁使用的操作，介绍 3 种提高效率的方法，分别是：快速访问工具栏、高效快捷键以及实用排版工具。

1.2.1　快速访问工具栏

PPT 中的快速访问工具栏，顾名思义是一个可以快速访问 PPT 中某些功能的工具栏，先来做个基础测试，初步感受一下快速访问工具栏的魅力。请问：从左到右的效果（见图 1.31）你需要花几步呢？

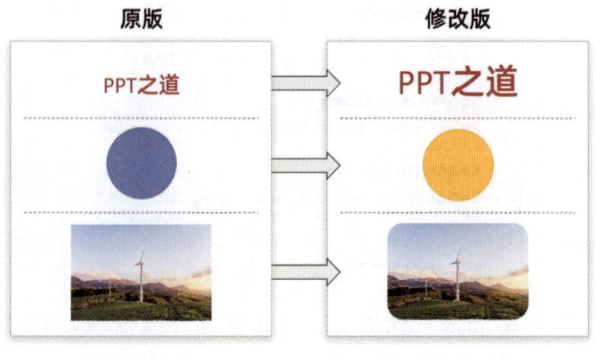

图 1.31

为了方便计算具体的操作次数，我们来实际操作下，一共包含3个步骤：文本、图形、图片。首先，放大文本字号。选中文字，单击"开始"→字号，输入字号大小（见图1.32）。

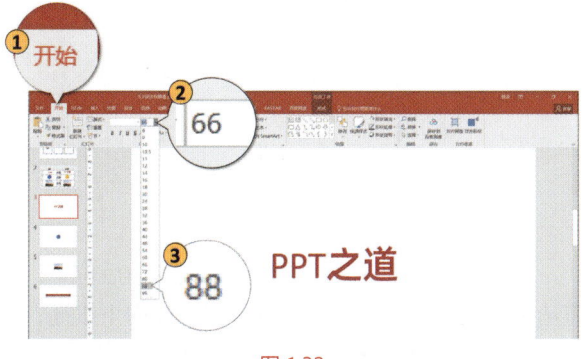

图 1.32

接下来，修改图形颜色。选中图形，单击"格式→形状填充"，选择一个颜色（见图1.33）。

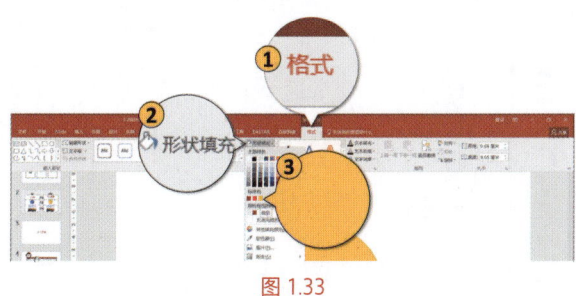

图 1.33

最后，改变图片的形状。选中图片，单击"格式→裁剪→裁剪为形状"，选择圆角矩形（见图1.34）。

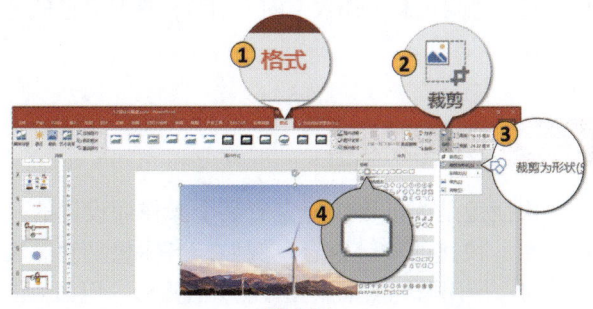

图 1.34

除去选中元素外，整个操作步骤加起来需要单击10次鼠标。下面演示应用快速访问工具栏的操作方式。首先，放大文本字号。选中文字，单击字号，输入字号大小（见图1.35）。

随后，修改图形颜色。选中图形，单击"形状填充"，选择一个颜色（见图1.36）。

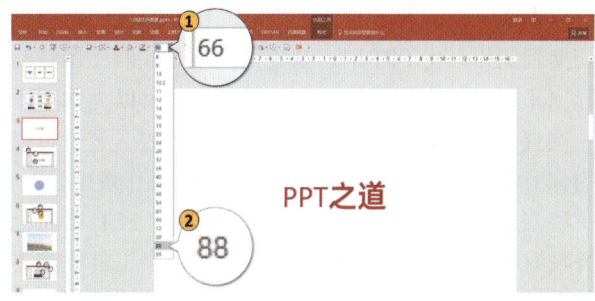

图 1.35

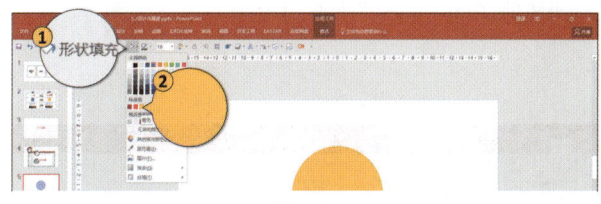

图 1.36

最后，改变图片的形状。选中图片，单击编辑形状→"更改形状"，选择圆角矩形（见图1.37）。

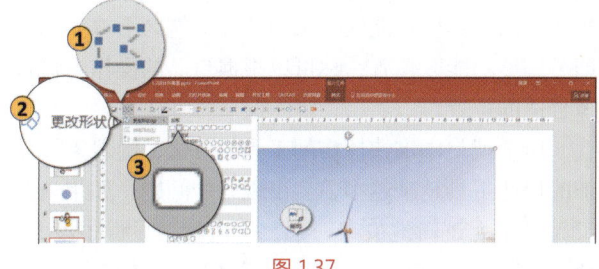

图 1.37

除去选中元素外，整个操作步骤加起来需要单击7次鼠标，相比于之前节省了3个步骤。对比两种操作方式，常规操作需要先找到功能，然后再去使用它；而快速访问工具栏可以直接使用这个功能，省去了查找功能位置的操作（见图1.38）。

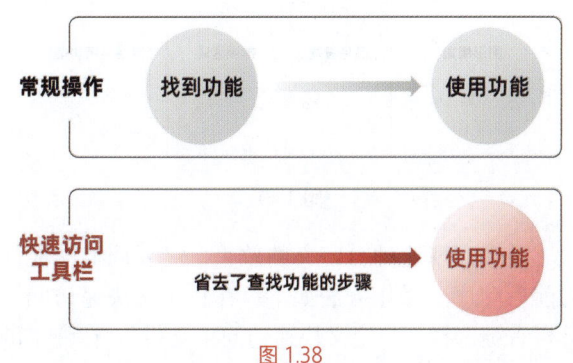

图 1.38

当然，你也许会觉得少点3次鼠标没什么大不了，但以上展示的只是3种最基础的操作，当我们将视角切换到制作一份PPT时，快速访问工具栏的作用就凸显出来了。每当你要修改格式时，它都可以为你减少一次查找功能的步骤，当做完整份PPT时，至少可以为你节省几百次重复操作，从而提高了工作效率。

当然，你可能会好奇，为什么你的PPT界面上并没有"快速访问工具栏"呢？其实这个工具栏需要手动添加。例如：你要将调整字体的功能添加到快速访问工具栏中，就可以找到这个功能，右键选择"添加到快速访问工具栏"（见图1.39）。

图 1.39

如果你是第一次使用这个功能，会发现它没有出现在工具栏界面的下方，而是在界面的顶上。右键快速访问工具栏功能区，选择"在功能区下方显示"，即可调整功能区位置，你可以根据自己的操作习惯选择合适的位置。

以上就是添加快捷访问工具的方法，随着需要添加的快捷工具越来越多，会出现一个问题：如果这些工具是毫无逻辑地放在一起，那么就会显得很凌乱，反而会降低使用效率。此时，应对方法是根据个人的操作习惯，对快速访问工具栏进行归类，将相似的功能放在一起。这就像是收拾家里的柜子，分门别类地将物品放在对应位置，更方便后续使用。例如，将快速访问工具栏分为4个区：图形编辑、颜色设置、排版区域、其他常用功能（见图1.40）。

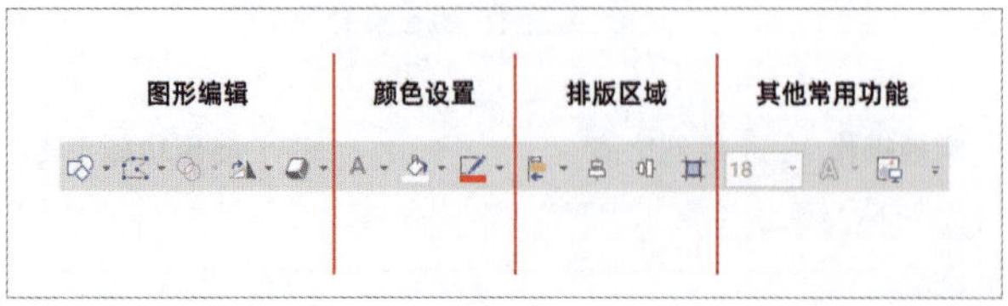

图 1.40

要想实现这种自定义的效果，需要调节功能间的前后顺序。操作方法如下：在自定义快速访问工具栏右键选择"自定义快速访问工具栏"，在弹出的"PowerPoint选项"菜单中，最右侧一列就是目前的快速访问工具栏，只不过这里是竖向展示的（见图1.41）。

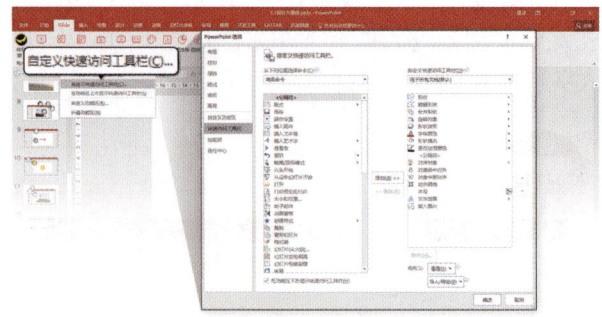

图 1.41

这里可以自由调整快速访问工具的前后位置，只需选中对应的功能，单击右侧的向上或向下按键，以调整该功能在工具栏中的前后位置，最后单击"确定"按钮，即可完成功能键顺序的调整（见图1.42）。

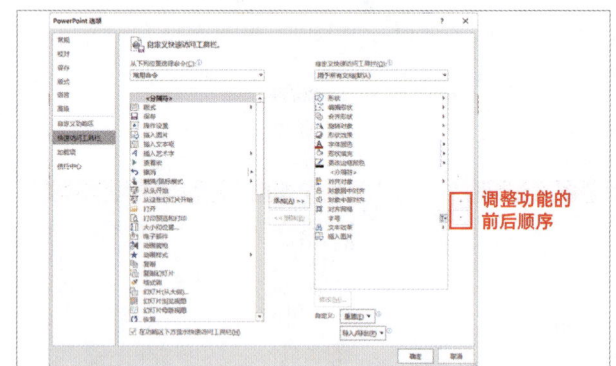

图 1.42

总之，你可以根据个人习惯自定义快速访问工具栏，对于想要提高工作效率的人而言，这是必做的一步操作。

1.2.2 高效快捷键

快捷键是为了更快地完成某个操作而设置的一种简单、快速的按键组合。例如，当你想复制一段文字时，使用鼠标点来点去可能会有点慢，但如果借助Ctrl+C快捷键，就能一次完成复制的操作，简单高效。

关于快捷键，网上一搜就有一大把，甚至还有人贴心地整理了上百个所谓的"常用"快捷键，但其实你根本不需要记住所有快捷键，毕竟人的记忆力有限，且很多功能并不常用。因此，本着实用主义的理念，我结合自身多年的工作经验，为你总结了3个超级有用的必备快捷键，相信你在做 PPT 时一定能用上。

1. 格式刷

"格式刷"这个名字听起来可能有点陌生，下面依旧通过一个简单的测试题来介绍它的功能：已知页面里有一个样式很好看的矩形（见图 1.43 左侧），现在想要将其中的圆形也做成同样的效果（见图 1.43 右侧），一共需要几步操作？

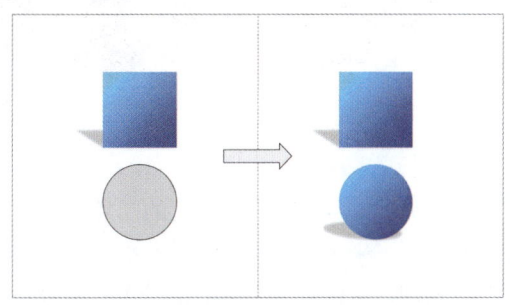

图 1.43

按照传统的方式需要这样做：首先观察矩形的特征，它包含渐变及阴影。然后选中圆形，右键选择"设置形状格式"，选择"渐变填充"，通过调节"渐变光圈"以模拟图形样式；接着切换到形状效果选项，单击"阴影"，选择一款阴影样式，如"左上对角透视"（见图 1.44）。整个过程下来还是比较麻烦的，而且由于很多参数是靠人眼观察得来的，很难做到一模一样，对于新手而言估计已经劝退了。

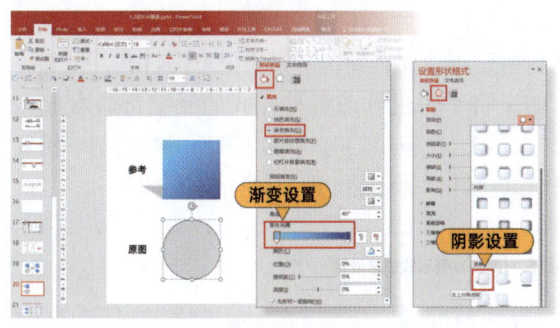

图 1.44

其实有更快捷的操作方法，只需要几秒钟。先选中矩形，按 Ctrl+Shift+C 组合键复制格式，然后选择三角形，按 Ctrl+Shift+V 组合键粘贴格式（见图 1.45），三角形瞬间就拥有了矩形同款样式，非常高效。

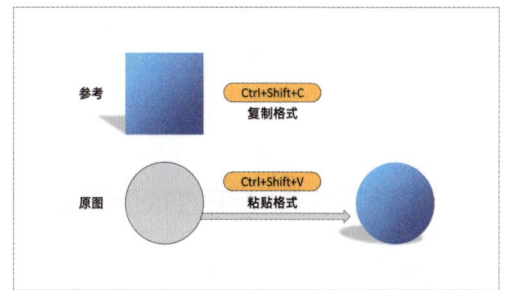

图 1.45

这就是格式刷的魅力，它是一个超级强大的"格式复制器"。可以复制参考对象的样式，并且将这个样式赋予其他元素，省去了一次次设置。以下案例将展示"格式刷"在 PPT 实战中的具体应用。

例如：这页 PPT（见图 1.46 左侧）已经设置好了其中一个子项的小标题样式，现在需要将其余小标题的效果进行统一（见图 1.46 右侧）。

图 1.46

为了提高效率以及保证格式一致性，此时就可以借助格式刷来实现。首先选中设置好的小标题样式，按 Ctrl+Shift+C 组合键复制格式，然后再选中其余小标题，按 Ctrl+Shift+V 组合键粘贴格式即可。

再如：这是一页多文字型 PPT，文字的项目符号样式不统一，第一个是圆点，第二个是箭头，第三个则是对号，且项目符号与文本之间的间距也不一致（见图 1.47）。

图 1.47

为了提升阅读体验，需要统一文段的项目符号格式。按常规方式，需要选中这段文段，移动上方标尺中的滑块来调节缩进值（见图1.48），由于项目符号的缩进值是手动调整的，不太容易将两段文本的缩进值调整得一模一样。

图 1.48

此时，就可以借助格式刷来实现，只需选中参考对象的文本，按 Ctrl+Shift+C 组合键复制格式，然后再选中需要调节格式的文本，按 Ctrl+Shift+V 组合键粘贴，即可实现项目符号的样式及缩进值统一（见图 1.49）。

图 1.49

格式刷，除了应对这类重复性操作外，还可以作为"滤镜"提升页面质感。例如，当你看到一款不错的 3D 质感文本（见图 1.50），就可以将它的源文件保存下来。

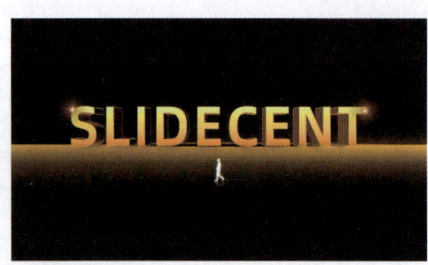

图 1.50

然后通过格式刷，将这种高级的效果应用在自己

的 PPT 上。首先选中这款质感文字，按 Ctrl+Shift+C 组合键复制格式，然后再选中需要调节格式的文本，例如年会的标题字，按 Ctrl+Shift+V 组合键粘贴，此时一页高级感满满的封面就完成了（见图 1.51）。

图 1.51

又如：见到一种带有三维质感的图片效果，也可以将它们保存下来。当下次要展示书籍封面时，就可以借助格式刷，一键将普通的书籍封面转化为立体效果，以增强页面质感（见图 1.52）。

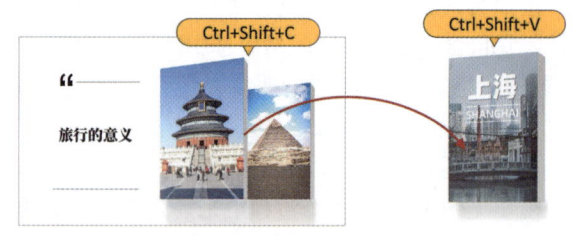

图 1.52

以上案例都表明，格式刷的应用非常广泛，无论是面对图形、文字还是图片等各类元素，都可以一键复制粘贴属性。看到这了不妨把思路打开，试想一下：如果将平时见到的各种样式的元素都收藏起来（见图 1.53），在应用的时候翻出来，用格式刷一键复制粘贴其属性，那还愁 PPT 制作效率低吗？

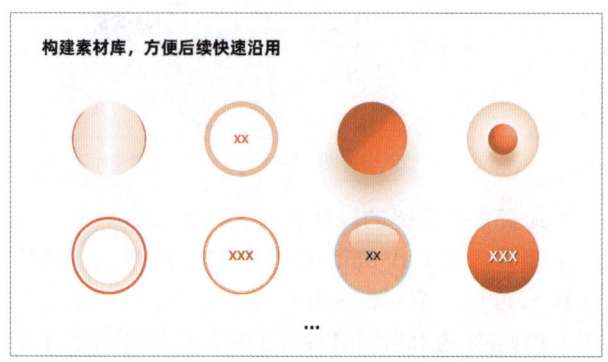

图 1.53

2. F4 功能键

虽然只有一个按键，但我认为它是 PPT 中最实用的快捷键。先通过一个案例来展示下它的功能。请问：如何快速画出一排等分的圆形（见图 1.54）？

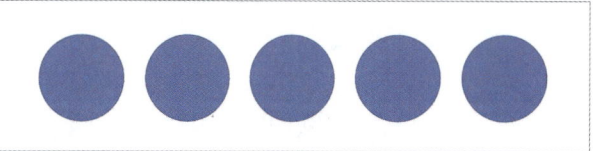

图 1.54

按照常规方法，需要先插入一个圆形，按住 Ctrl+Shift 组合键不放，鼠标向右移动，在合适位置松手，即可复制出一个圆形，然后重复上一步操作再复制出一个圆，直到复制出一整排圆形。为了保证所有圆形平均分布，要全选所有图形，单击"对齐→横向分布"（见图 1.55）。

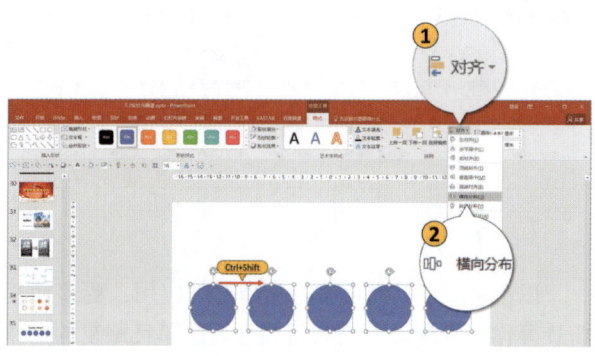

图 1.55

在这个过程中，虽然也借助了一些快捷工具，但其实还有更快的方法。首先插入第一个圆形，按住 Ctrl+Shift 组合键并向右移动，复制出一个圆形，到这里和之前的操作都是一样的，但接下来，只需要连续按 3 次 F4 功能键，就可以批量复制出其余 3 个圆，并且这些圆的间距都是相同的（见图 1.56）。

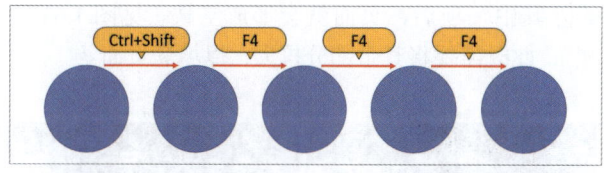

图 1.56

F4 功能键的作用：重复上一步操作。这个例子中上一步操作就是指"复制一个图形并移动相同距离"的操作。下面发散思维来看看它在 PPT 设计过程中有哪些具体的应用。

首先是全文字型的 PPT，目前页面中有一大段文案（见图 1.57 左侧），全是字没有重点。为了让文段中的重点信息更突出，需要将关键信息标红（见图 1.57 右侧）。

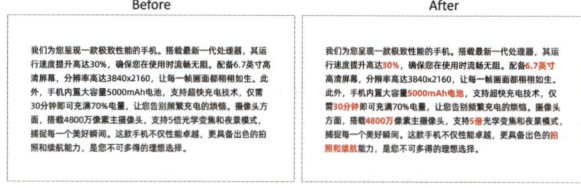

图 1.57

按照常规方法，需要选中文段中的关键信息，单击"格式→文本填充"，选择红色（见图 1.58），然后再选中下一段文案，重复上述操作直到所有关键信息都标红为止。这种操作方式需要频繁在选中文案及填充颜色之间来回点击，比较麻烦。

图 1.58

在这种情况下，可以结合前面学到的格式刷功能，按 Ctrl+Shift+C 组合键复制第一段标红文本的格式，然后依次选中后续关键信息，按 Ctrl+Shift+V 组合键粘贴格式属性，就会方便不少。但是这种方式也有点小问题，就是每次使用格式刷时都需要同时按下 3 个按键（见图 1.59 上），如果需要在短时间内频繁调用这个功能，手会比较酸；此时就可以结合 F4 功能键来辅助，只需在第一次使用 Ctrl+Shift+V 组合键粘贴格式属性，之后的所有粘贴属性操作，都可以用 F4 功能键来代替（见图 1.59 下）。毕竟，它的功能是重复上一步操作，仅用一个按键就实现了相同的效果，非常方便。

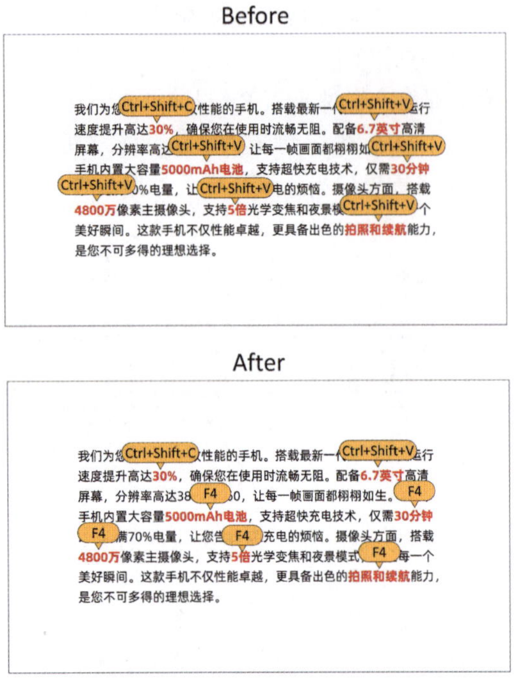

图 1.59

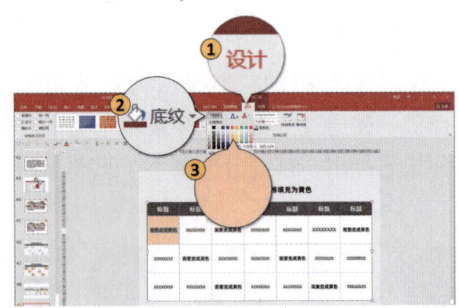

图 1.61

接着只需将鼠标移到下一个单元格处单击一下，按F4 功能键即可给单元格填充黄色（见图 1.62）。按照这个方法，就可以快速实现特定单元格颜色填充的操作了，非常方便。

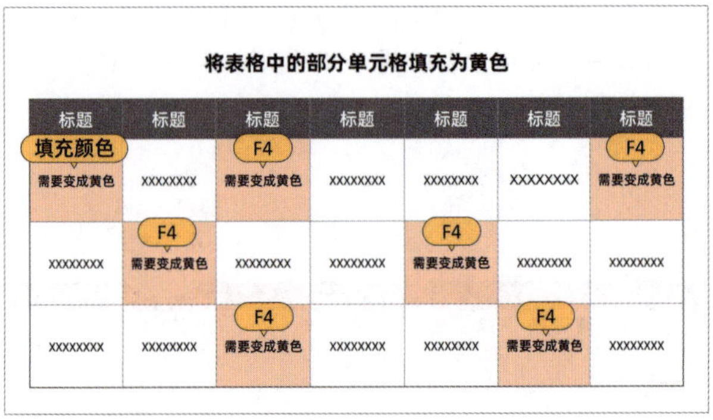

在某种程度上，F4 功能键算是"加强版的格式刷"工具，之所以说是"加强版"，是因为它的应用范围更广。例如：这页表格页 PPT 原本每个单元格都是白色的（见图 1.60 左侧），为了凸显重点，需要将特定单元格改成黄色（见图 1.60 右侧）。

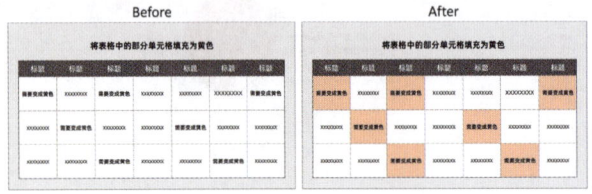

图 1.60

常规做法是将鼠标移到需要填色的单元格，单击"设计→底纹"，选择黄色（见图 1.61），以完成一个单元格区域的填色。接下来，将鼠标移动到下一个需要填色的单元格处，重复上述操作，直到所有单元格的颜色都填充完毕。

虽然操作本身没有难度，但需要频繁在选单元格及填充底纹功能之间反复切换，非常烦琐。看到这里，你可能想利用格式刷来复制粘贴格式。但实际操作时你会发现，由于表格是一个整体，无法选中单个单元格对象，只能选中单元格内的文字，因此无法复制粘贴单元格本身的样式。此时，F4 功能键的独特价值就体现出来了。将第一个单元格填充为黄色后，

图 1.62

以上就是 F4 功能键的几个基础应用，更多使用场景等你去发现。总之，每当处理简单且重复的操作时，都可以停下来想一想，是否可以借助 F4 功能键来实现。毕竟，凡是重复性的操作，多半都能找到快捷的解决方案。

3.Ctrl+G 组合键

在美化 PPT 过程中，经常需要同时编辑多个元素。例如：这是网上下载的一页 4 项递进的 PPT 模板（见图 1.63 左侧）；然而你要填的内容只有 3 项，删除其中一项后，页面就会形成空缺（见图 1.63 右侧），此时需要将其余部分拉大，以填满页面。

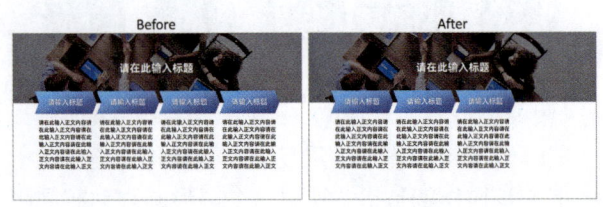

图 1.63

第 1 章 高效之痛——如何迅速构建专业 PPT

由于各项元素是零散的状态，直接全选拉大，会导致元素之间重叠在一起。因此，需要先将元素组合为一个整体再进行编辑。操作方法如下：选中需要组合的对象，右键选择"组合→组合"，即可将所选对象组合成一个整体（见图 1.64），方便批量操作。

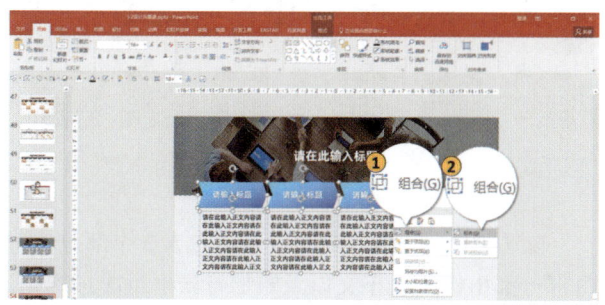

图 1.64

在这个过程中，每次使用组合功能都需要点击 3 次鼠标，操作起来有些烦琐。此时，就可以借助快捷键来简化操作。选中对象后，按 Ctrl+G 组合键即可将所选对象组合为一个整体（见图 1.65 左侧）；后续如果想取消元素组合，可以选中对象，按 Ctrl+Shift+G 组合键，即可取消组合（见图 1.65 右侧）。通过快捷键可以简化操作步骤，提高工作效率。

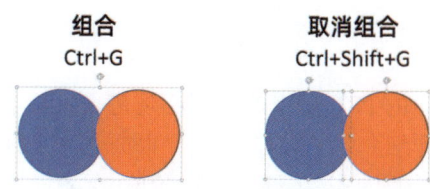

图 1.65

组合功能在 PPT 中的应用频率非常高，可以说它是 PPT 排版的必备工具。然而在实际操作过程中，你肯定遇到过选中元素后无法组合的现象，主要有以下两个原因。

（1）表格无法组合。例如：这页 PPT（见图 1.66）页面中存在一页表格，当全选所有对象时，单击右键会发现"组合"功能是灰色显示的，表示无法应用。

（2）占位符无法组合。在本书第 4 章的模板章节中，我们有对占位符的详细介绍。目前这页 PPT 的标题栏使用的是文本框占位符，因此也无法组合（见图 1.67）。

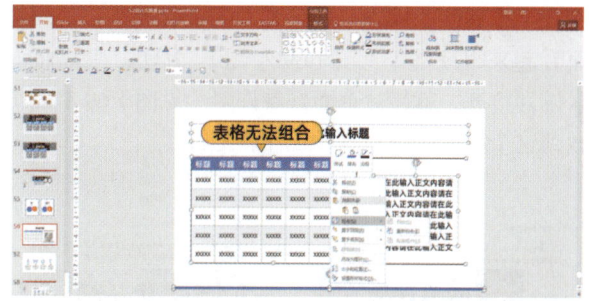

图 1.66

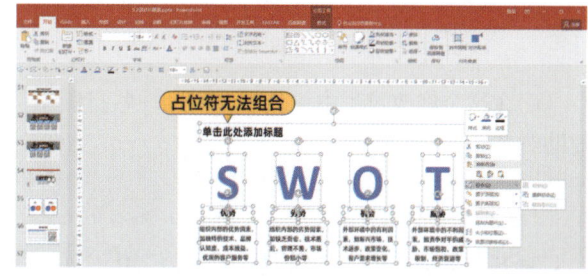

图 1.67

以上就是我常用的 3 大快捷键，再来回顾下：

Ctrl+Shift+C/V：快速复制并应用选定对象的格式到其他对象上。F4：快速重复上一步执行的命令或操作。Ctrl+G：将多个对象组合成一个整体。

除此之外，再列举几个应用频率较高的快捷键（见图 1.68），感兴趣的话可以自己尝试下。总之，培养使用快捷键的习惯，并且多思考实际的应用场景，可以极大提升操作效率。

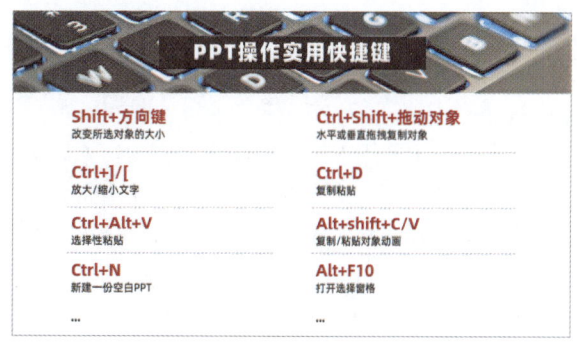

图 1.68

1.2.3 实用排版工具

排版工具是指一系列用于页面布局的功能，也是美化工作的基础。在我从事 PPT 教育工作的几年间，经常收到这样的问题：这页 PPT 怎么做更好看？而当我看过学员发来的稿件后，发现大部分学员的 PPT

都有一个共性的问题：缺乏基本的排版规范，导致页面看起来很凌乱（见图1.69左侧）。其实，只需将元素排列整齐，就能让页面好看许多（见图1.69右侧）。做到这个程度，应对日常工作就足够了。

图1.69

而在这个修改过程中，就需要借助一些排版工具辅助对齐。

1. 对齐工具

对齐工具是PPT自带的功能，专门用于页面排版。选中任意一个元素，单击"格式→对齐"，即可展开对齐工具面板（见图1.70）。它提供了许多排版功能，大致可以分为两类：对齐及分布。

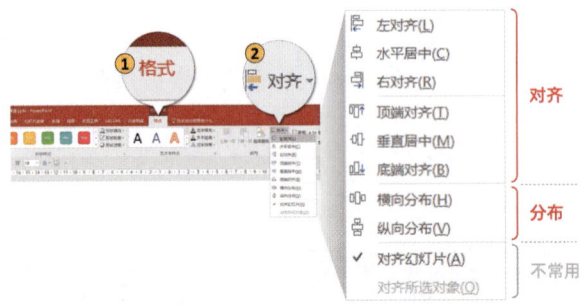

图1.70

对齐工具主要用于确保幻灯片上的元素（如文本框、图片、形状等）按照指定的方式对齐，而分布工具则用于将元素在水平或垂直方向上均匀分布（见图1.71）。

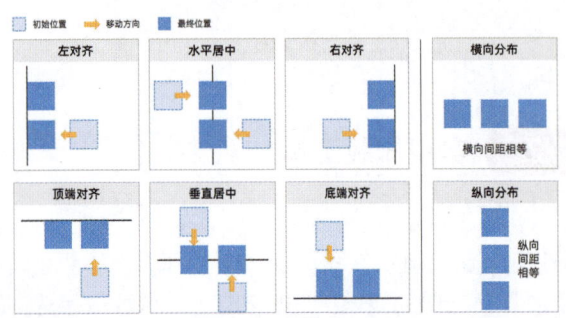

图1.71

下面来看看这些工具在PPT排版中的应用。例如：这页PPT（见图1.72左侧）是典型的3段并列结构，目前的排版有些乱，如何快速将它排列整齐（见图1.72右侧）？

图1.72

除了上方的图文标题外，下方包含3个部分，而每部分都由标题、正文以及矩形背景框组成。首先，分别选中各部分元素，按Ctrl+G组合键将每块内容组合成一个整体（见图1.73），以方便后续统一编辑。

图1.73

专业的PPT都应遵循版心规范设计（本书第4章将会详细介绍）。因此，需要根据上下文的排版规范，找到版心的边界线，并且将下方元素的边界对齐版心的边界线（见图1.74）。

图1.74

接着，同时选中3块内容，单击"格式→对齐→顶端对齐"（见图1.75），以确保各部分的顶端在同一条水平线上。由于目前3块内容的大小一致，因此，

第 1 章　高效之痛——如何迅速构建专业 PPT

各部分的底端也在同一水平线上了。

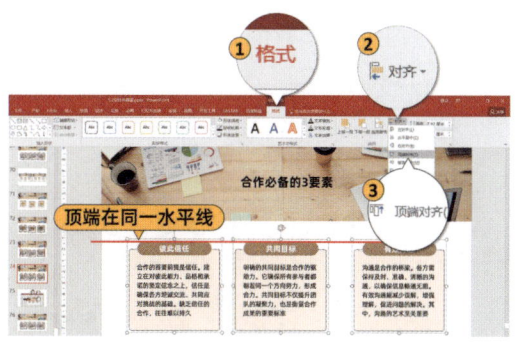

图 1.75

最后，再选中 3 块内容，单击"格式→对齐→横向分布"（见图 1.76），以确保各项内容在水平方向平均分布，就完成了排版工作。

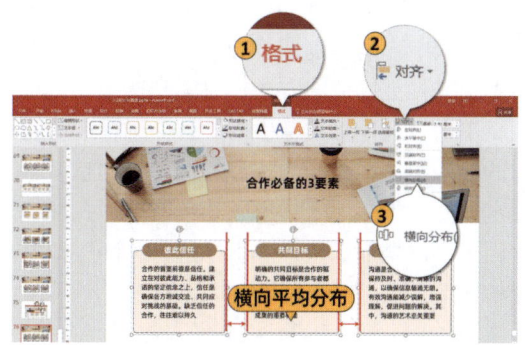

图 1.76

整个过程听起来可能有些烦琐，但熟练操作后还是很快的，而且还可以结合前面学到的快速访问工具栏及快捷键提高效率，只需几秒钟就能完成上述排版工作。

2. iSlide 排版工具

PPT 自带的排版工具固然好用，但由于功能比较有限，并不能完全满足日常设计需求。例如：这页架构图 PPT 目前的子项大小不一致，看起来非常凌乱（见图 1.77 左侧），如何让同一行文本框的大小一致呢（见图 1.77 右侧）？

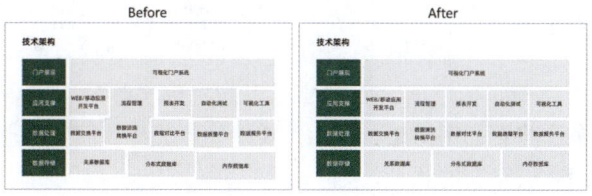

图 1.77

由于 PPT 自带的功能中没有等大小功能。如果手动调整图形大小，不仅不够精准，而且效率还很低。

此时，就需要介绍插件来辅助排版了，在此推荐一款 PPT 必备的插件：iSlide。它提供了许多高效工具，可以更好地辅助你完成排版工作。插件的安装方法非常简单，打开 iSlide 官网，就会找到这款插件的安装包（见图 1.78）。

图 1.78

下载后双击运行安装包，一直单击"同意"就可以完成安装了。当安装完成后，再次打开 PPT 就会发现插件集成在了 PPT 界面的上方（见图 1.79）。

图 1.79

iSlide 提供了很多功能，这里先不展开介绍每一个功能，而是重点介绍它的排版工具。在"iSlide"选项卡中，单击"设计工具"，就会在界面右侧出现一个长长的工具面板（见图 1.80）。

图 1.80

它不仅集中了 PPT 对齐工具的功能，还额外增加了几个实用的工具，方便排版。下面简单介绍应用频次最高的3个功能。

（1）等大小。以刚才的案例为例，选中需要统一大小的图形，单击iSlide"设计工具"中的"等大小"功能，即可一键统一图形大小（见图1.81），在这个基础上排版就会方便很多。

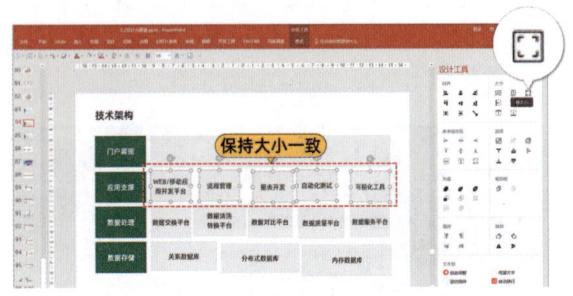

图 1.81

（2）交换位置。这是一页4项并列的结构，如果需要将第2项与第4项交换位置（见图1.82），你会如何操作呢？

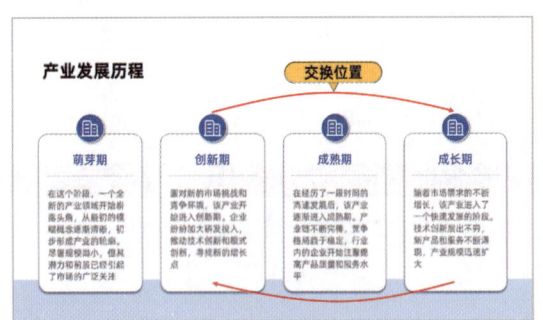

图 1.82

按照传统方法，这会是个较烦琐的操作，需要频繁使用对齐工具来保证两者的位置精准交换。而借助"设计工具"就会方便很多，首先确保第2项及第4项元素都已组合为单独的整体，接着同时选中两项对象，单击"设计工具"中的交换位置功能（见图1.83），即可实现位置交换，高效快捷。

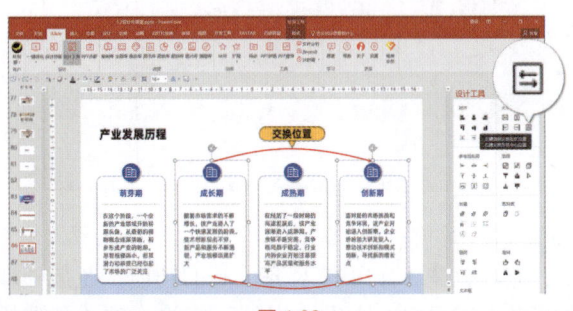

图 1.83

（3）智能选择。智能选择可以快速选中页面中样式相同的元素。例如：这页流程图（见图1.84），假设需要将其中粉色的节点统一换成蓝色，那你会怎么操作呢？

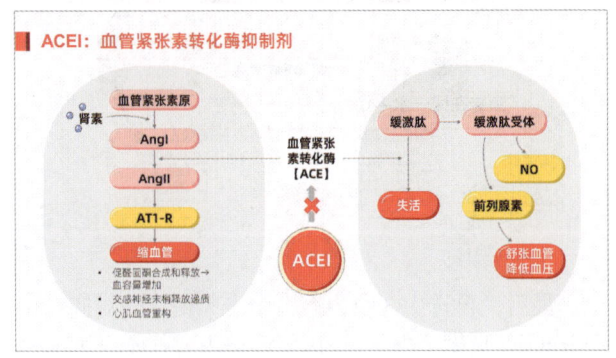

图 1.84

按传统方式需要一个个选中粉色的节点进行修改，当页面中元素特别多且分散时，这种方法很花时间。其实有种更快捷的方法，只需先选中一个粉色的节点，单击"设计工具"中的"智能选择"功能，在弹出的菜单中选中相同的类型属性，打钩越多越能精确锁定选择范围。由于这里的粉色节点样式都一模一样，因此可以全部选中，单击"选择相同"即可选中所有粉色节点（见图1.85），非常方便。

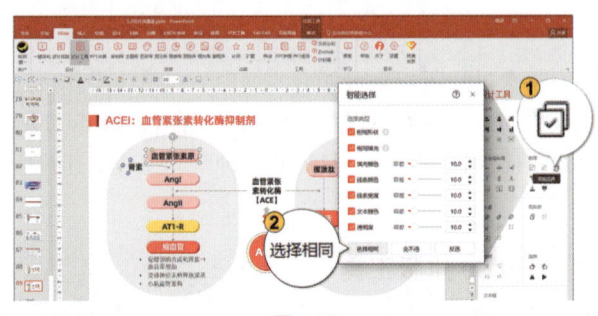

图 1.85

"设计工具"面板中还有许多实用的技巧，这里就不过多展开介绍了，感兴趣的话可以下载iSlide插件后自行研究下，相信可以大幅提高排版效率。

最后，回顾下本节的知识点，介绍了PPT中的3大快捷操作：快速访问工具栏、快捷键、排版工具。每一款工具都有很多应用场景，希望你不要仅停留在软件操作的层面，而是要尽可能找到实际的应用场景，将它们用出来。毕竟，软件只是工具，只有落地了才有存在的意义。

当然，PPT中高效技巧远不止这些，希望本节内容能激发你对PPT的全新认识，点燃你学习的热情。同时，也请你深入思考一个问题：掌握PPT的操作技巧，就能确保制作效率的大幅提升吗？期待你在后续学习中找到答案。

1.3 告别加班！PPT设计的正确操作流程

"软件操作熟练＝又快又好地完成PPT"，你认同这个观点吗？很多新手可能认为，只要熟练掌握了PPT软件操作，就能轻松制作出高质量的演示文稿。这种观点似乎很普遍，就像有人认为学会了Photoshop就能成为一名优秀的设计师一样。

然而，当你真正制作PPT时，你会发现事情并非如此简单。以普通人做PPT的流程为例：打开PPT软件→寻找PPT模板→填充内容→美化设计。在这个过程中，新手常常会遇到各种挑战。

（1）打开PPT后，对于如何开始毫无头绪。

（2）不清楚应该去哪里寻找高质量的模板。

（3）面对众多模板，不知道如何选择与主题最契合的。

（4）当模板与内容不适配时，不知如何修改。

（5）缺乏设计经验，对于如何排版和设计感到困惑。

（6）做到一半，发现逻辑编排不合理，反复删改。

这些挑战表明，软件操作只是PPT设计的一小部分，更重要的是流程管理和设计思维。为了解决这个问题，许多人会通过短视频和文章来学习PPT制作技巧。然而，网上的教程多数都是碎片化的。例如教你制作一个酷炫的动画效果，如何排版或者如何配色等，这些知识点虽然有一定的作用，但非常零碎。如果不清楚它们应该在哪个环节使用，很容易让人迷失方向，没过两天就忘记了。因此，我认为更有效的学习方式应该是先建立一套系统的学习体系，了解高效的PPT设计流程（见图1.86）。

这套学习体系就像灯塔，指引着我们前进的方向，从而更有条理地学习。为了让你更直观地理解，我将以做菜为例进行类比（见图1.87）。

想象一下：如果你要为客户准备一桌美味的佳肴，你第一步会做什么呢？

直接在锅里炒吗？当然不是，因为可能连基本的食材都还没有准备好。那买食材之前呢？你还需要列

图 1.86

图 1.87

个清单，看看需要买哪些东西。那这个清单应该怎么列呢？仅仅基于你的个人口味吗？显然不是。考虑到这次是为了招待客户，更明智的做法是询问他们是否有特殊的口味偏好或者忌口。例如，你需要了解他们喜欢哪种菜系，或者是否有对某种食材过敏的情况。

这样的了解是至关重要的。例如，你可能很想为他们准备一顿海鲜大餐，但如果他们中的某人对海鲜过敏，那就适得其反了。

通过这样的逻辑，可以清晰地勾勒出做菜的基本流程，它大致可以分为4个步骤：

（1）明确需求——了解客人的口味和偏好。

（2）拟定菜谱——基于需求选择合适的菜品和烹饪方法。

（3）准备食材——根据菜谱采购和准备所需的

食材。

（4）下锅烹饪——按照菜谱的指示，将食材烹饪成美味的佳肴。

仔细观察，你会发现这个过程与制作 PPT 的流程有着惊人的相似之处（见图 1.88）。如果将"下锅烹饪"比作 PPT 的美化设计环节，那么在到达这一步骤之前，同样需要经历 3 个至关重要的步骤。

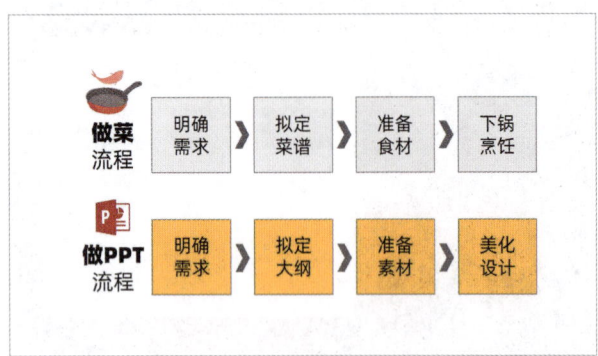

图 1.88

（1）明确需求——了解 PPT 的受众和他们的期望。

（2）拟定大纲——根据需求编排内容的大纲和结构。

（3）准备素材——寻找和准备所需的设计素材细化内容。

只有当这些步骤都完成后，才能真正进入 PPT 的美化设计阶段，通过合理的元素布局和编排，使核心信息更加突出且易于理解。

现在，就让我们一起走进 PPT 设计的正确操作流程，探索如何高效地制作出一份美观且实用的演示文稿吧！

1.3.1 明确需求

首先是明确需求，这是最重要也是最容易被忽视的步骤。

你是否也有过这样的经历：接到任务后，便迫不及待地开始设计，却未曾与受众进行过真正的沟通？这很可能是你费尽心思制作的 PPT 最终未能满足领导或观众期望的根本原因。因为，如果一开始的方向就偏离了轨道，那么后续的所有努力都将是徒劳的。

如何准确把握设计需求呢？可以从两个方面进行深入考虑：受众人群和应用场景（见图 1.89）。

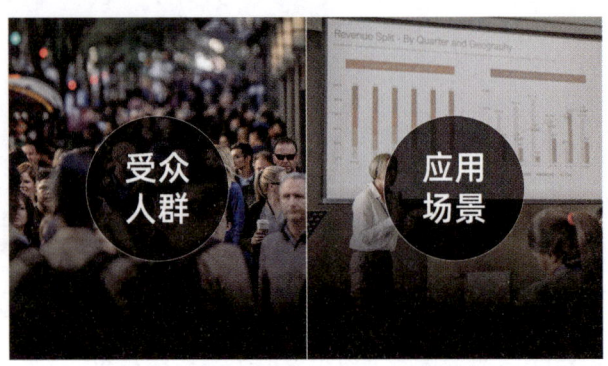

图 1.89

1. 受众人群

PPT，全称为 PowerPoint，意为"有力量的观点"。它本质上是一种沟通工具，而沟通的核心在于理解你的受众，不同的受众有着不同的偏好和期望（见图 1.90）。

图 1.90

例如：男性更注重逻辑和数据，而女性更关注情感和细节；年轻人更喜欢新颖、富有创意的设计，而年长者则更偏好于严谨、简洁的风格。因此，了解你的受众是谁，他们真正关心什么，是设计成功的关键。

2. 应用场景

按照应用场景，可以将 PPT 粗略地分为阅读型和演讲型（见图 1.91）。

阅读型 PPT 是指不需要演讲者，受众通过阅读 PPT 内容即可直接理解其核心信息的 PPT。这类 PPT 常见于项目报告、工作邮件的附件、产品手册等。由于受众在独立阅读时缺乏直接的讲解辅助，因此阅读型 PPT 通常需要更加详细和全面，以便在没有演讲者的情况下也能准确理解内容。

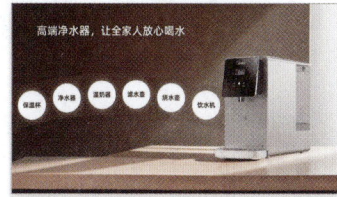

图 1.91

演讲型 PPT 则与阅读型 PPT 截然不同，其内容相对较少，更多地依赖于演讲者的口头解释和现场互动。这类 PPT 常见于产品发布会、商业演讲、课堂教学等场合。设计者应更注重布局的简洁性、视觉的吸引力和信息的层次性，以确保受众的注意力集中在演讲者的身上，而不是被繁杂的文字或图像分散。

了解这两种类型的特点，可以帮助我们根据具体需求选择适当的设计策略，确保 PPT 在任何场景下都能发挥最大的效用。

然而，在实际操作中，很多人并不能很好地把握这点。相信你经常能在一些演讲型场合，看到这种满屏文字的 PPT（见图 1.92）。

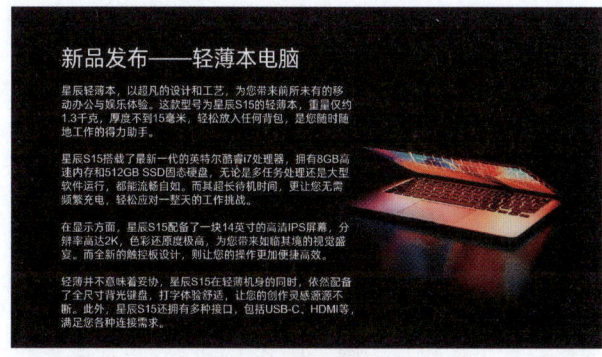

图 1.92

演讲者低头照读，而观众则各自低头玩手机，后排的观众甚至根本看不清 PPT 上的内容。这样的设计，显然没有考虑到受众的需求和场景的特点。因此，为了确保 PPT 设计的成功，必须深入了解受众人群和应用场景，精准把握设计需求。只有这样，才能为后续的设计工作奠定坚实的基础。

1.3.2 拟定大纲

一旦明确了 PPT 的设计需求，接下来的关键步骤便是拟定大纲。这一步是将设计需求转化为一个清晰、有条理的大纲。我在咨询公司工作时，经常会听到一个词：PPT 故事线。起初，我不太理解什么是故事线，误以为只要多花时间就能做好 PPT。在进入咨询公司之前，我的工作习惯是接到 PPT 任务就打开电脑制作，想到哪里就做到哪里，按顺序一页页地精心设计。然而，在完成了大半部分后，我时常发现逻辑不通顺，内容之间缺乏连贯性，导致不得不回过头来反复修改，效率低下。

随着工作的深入，我才真正意识到 PPT 故事线的真正内涵和强大之处！我观察到，咨询师们在制作 PPT 之前，都会深入讨论，花大量时间反复打磨 PPT 的内容大纲，也就是所谓的故事线。它有着明确的主题、清晰的组织架构。以职场人最常见的年终汇报 PPT 为例，它的故事线可以是这样的（见图 1.93）。

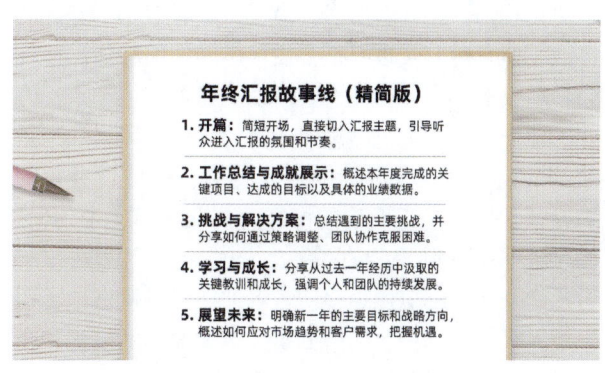

图 1.93

有了这份大纲的引领，后续只需要寻找各种素材（如文案、图表、数据等）来证明故事的有效性即可。因此，一份好的故事线，可以确保 PPT 内容有序、连贯，减少制作过程中逻辑不清导致的反复删改问题。

受到这种专业工作习惯的影响，我也逐渐养成了拟定故事线的习惯。接到任务后，不再急于打开电脑，而是先拿出一张白纸，用笔写下 PPT 的故事线，为后续的设计指明方向。

对于新手而言，面对繁杂的信息，可能不知道如何构建 PPT 的故事线。别担心，本书第 2 章将详细指导你如何写好 PPT 故事线。

1.3.3 准备素材

"巧妇难为无米之炊",这句话在 PPT 制作中同样适用。要呈现一份引人入胜的演示文稿,优质的素材是不可或缺的基石。这些素材不仅包括丰富的内容资料,用以支撑观点和论据,还涵盖了设计要素,如高清图片、专业图标和精致字体等,它们共同决定了 PPT 的观感和吸引力。

为了提升 PPT 的说服力,需要深入行业网站、权威平台,广泛搜集专业、可靠的资料来丰富和支撑 PPT 的内容。同时,选择美观且高清的设计素材,也能够有效提升 PPT 的整体质感。后续章节将为你详细介绍素材网站的使用方法,助你更加高效地获取和使用资源,敬请期待!

1.3.4 美化设计

经过前三步的精心准备,终于迎来了美化设计环节,这就是大部分人眼中的 PPT 了。新手由于缺乏美化技巧,往往会选择套模板。这看似是个基础的技能,但背后其实也有很多设计学问。那些能迅速找到合适模板的人,往往有着清晰的需求定位和审美偏好。他们明确知道自己想要传达的氛围和风格——是简约的清新,还是酷炫的现代感等。而盲目寻找的人,往往因为缺乏明确的标准而在众多模板中迷失。而且,即便找到了心仪的模板,也并不意味着可以一劳永逸。在实际应用中,初学者往往只是机械地套用模板,无法根据内容灵活调整,例如原始的模板和套用模板后的效果分别如图 1.94 和图 1.95 所示。

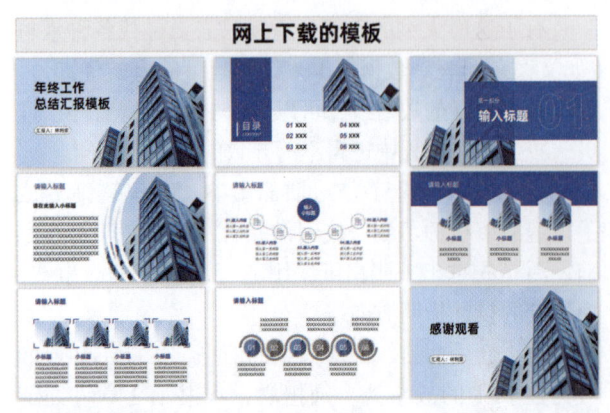

图 1.94

图 1.95

由于缺乏审美意识、设计思维和软件操作技巧,套用模板后的效果并不理想。因此,要真正提升 PPT 设计能力,仅仅依靠模板是不够的,还需要系统性的学习锻炼。而这些能力,将在后续章节中深入剖析,助你成长为 PPT 设计的高手。

总结来说,明确需求、拟定大纲、准备素材和美化设计,这 4 个步骤共同构成了 PPT 设计的高效流程(见图 1.96),它能从根本上解决 PPT 设计过程中的各种问题。

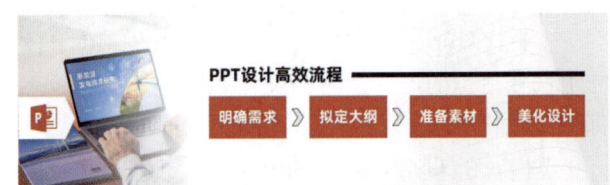

图 1.96

明确了 PPT 的具体需求,打开软件时就不再感到迷茫,而是能够迅速确定设计的方向。同时,深入研究受众的偏好和应用场景,能够帮你更有针对性地筛选出符合主题的模板,使 PPT 更具专业性和吸引力。在设计之初,拟定大纲可以明确内容框架,有效避免反复修改和不必要的调整,显著提升制作效率。此外,掌握一些素材和灵感网站,能帮你轻松找到符合要求的 PPT 模板和各类素材资源,为设计奠定基础。通过系统地学习美化设计技巧,就能更加灵活地应对各种页面设计需求,使 PPT 的呈现更加美观和专业。

总之,本书会为你提供从明确需求到整体设计的全方位指导,并通过大量实际案例,确保你在 PPT 制作的每一个环节都能得到切实的帮助,更系统地提升 PPT 技能。请保持期待,开启 PPT 制作的新篇章!

1.4 要点回顾

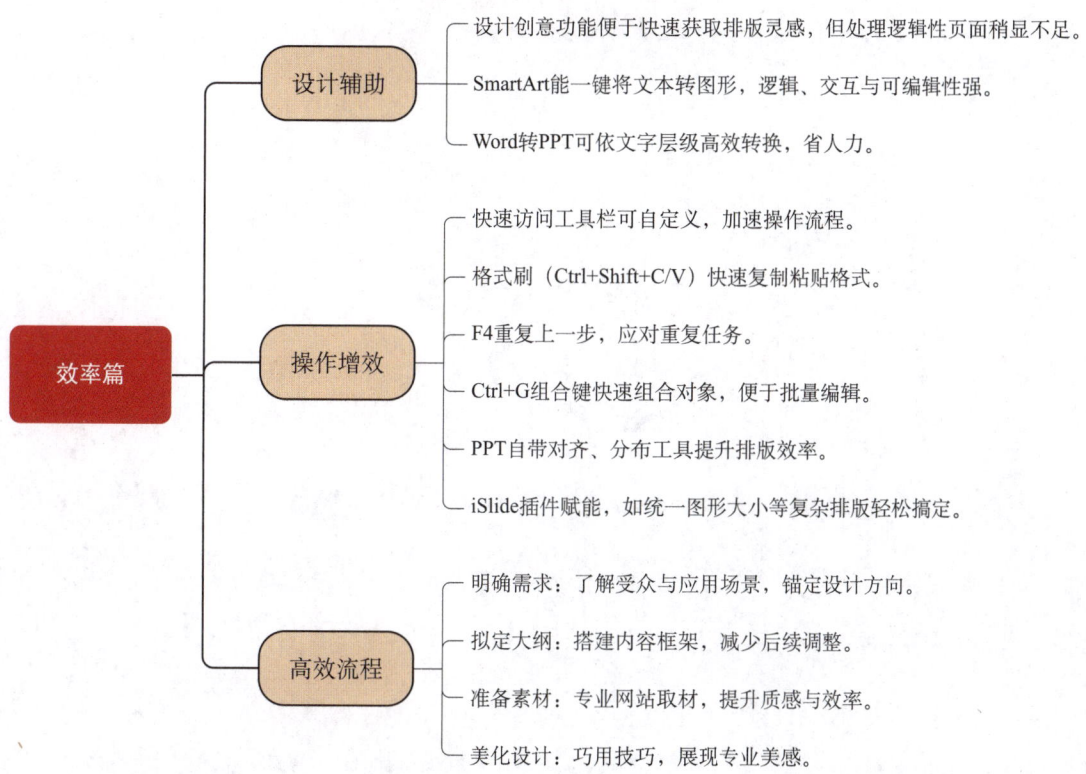

第 2 章 思维之困
——如何构建清晰的逻辑框架

　　你是否有过这样的困境：在准备一场重要的工作汇报时，你冥思苦想，试图抓住老板的关注点，却感觉总是差那么一点火候？或者在年终总结时，面对一年的辛勤工作，你却不知道如何将其精彩地呈现在PPT上？

这些困境并不罕见。在实际工作中，PPT 作为信息传递的重要工具，其重要性不言而喻。如何确保 PPT 不仅仅是一个形式，而是真正能够传达核心信息，降低受众的理解门槛，就显得尤为重要。

为了解决这个问题，先来看一个真实的案例：小林是一名项目经理，负责向高层汇报一个复杂项目的进度。他深知这次汇报的重要性，因此在准备 PPT 时，他深入分析了高层的关注点，结合项目的实际情况，精准地把握了 PPT 的核心需求。并且，他巧妙地将项目数据、风险点及解决方案等关键信息以逻辑清晰的方式呈现，同时注入了创意元素，使 PPT 既专业又引人入胜。

正是这样的精准把握和巧妙设计，使得小林的 PPT 在汇报中脱颖而出，赢得了高层的认可和支持。这也正是本章要教给你的核心技能——如何根据不同场景和受众特点，精准把握 PPT 的核心需求，并将其转化为逻辑清晰的 PPT 大纲。

当然，也不能忽视 PPT 的创意和差异化。在诸如竞聘述职、团队展示、小组竞赛等常见场景中，你和竞争者的 PPT 逻辑大纲都大同小异。如何打破常规，在条框限制下发挥创意，让你的 PPT 脱颖而出，也是本章需要探讨的问题。

以上这些具体的问题，都是在美化之前需要考虑清楚的。虽然具有挑战性，但它们对于 PPT 的成功至关重要！本章将重点解决以下 3 个核心问题：

（1）如何精准把握 PPT 的核心需求，以满足不同场景和受众的期待。

（2）如何将需求转换为逻辑清晰的 PPT 大纲，确保信息的高效传达。

（3）如何在条框限制下制造差异化，让你的 PPT 大纲脱颖而出。

掌握本章内容，你将能灵活应对各种 PPT 制作挑战，提升演示效果，并展现你的专业能力与创意才华。

2.1 定方向：PPT 设计，或许一开始你就错了

设计需求，作为 PPT 设计的灵魂，它就像指路的灯塔，引领着设计的方向。精准地理解和把握设计需求，对于制作一份出色的 PPT 至关重要。然而，在实际工作中，PPT 的使用场景千变万化，目标受众也各不相同。

设想：在工作汇报中，如何确保 PPT 内容能让领导眼前一亮，满意称赞？在演讲培训时，该如何选择知识点，才能吸引观众的注意力，让他们全神贯注？在商业计划书中，又该如何巧妙地展示产品，以吸引投资人的目光，赢得他们的信任？……

这些问题看似各不相同，却都聚焦在一个核心上，即：如何根据应用场景和目标受众来精准把握设计需求。为此，需要从两个方面深入分析：

（1）应用场景：深入了解 PPT 使用的具体环境和目的，明确应用场景的需求和特点。

（2）受众人群：研究目标受众的需求和期望，以确保 PPT 内容能够与他们产生共鸣。

为了助你更深入地理解和应用这些理念，将通过一系列生动的案例，展示在不同 PPT 使用场景中，如何精准剖析设计需求，并给出针对性的设计建议。

2.1.1 应用场景

不同场合下，PPT 的设计需求可是千差万别的。如果没能准确抓住每个场合的设计精髓，只是盲目追求外表华丽，那结果可能会适得其反。

例如：小张，作为保险企业战略部的分析师，他所在的部门迎来了一项全新的战略规划项目。这对于小张来说既是一次挑战，也是展现自己的绝佳机会。领导为了深入了解大家的想法，特意组织了一次项目讨论会。会议结束后，领导要求每位参与者就会议讨论的内容制作一份复盘 PPT，以便更好地总结和分享心得。小张对此尤为上心，他花费了大量时间和精力来制作这份 PPT，希望能够通过精美的设计赢得领导的赞赏。他选用了艳丽的配色和炫酷的图片，让整个 PPT 看起来既活泼又生动。他自信满满地将这份 PPT 带到了下一次的会议上，期待着大家的赞叹。

然而，当领导开始点评大家的 PPT 时，小张却意外地发现领导对小李的 PPT 给予了更高的评价。小李的 PPT 设计简洁明了，没有过多的花哨元素，而是将重点放在了内容的梳理和呈现上。领导表示，现在是项目初期，大家的想法和思路都还在不断地变

化和碰撞中。因此，现阶段更重要的是能够快速、准确地呈现这些想法，而不是在美化上花费过多时间。

许多初入职场的新人，都如同小张一般，怀揣着满腔的激情和期待，渴望在领导面前展现自己的才华与能力。然而，在错误的时间点上，过于追求PPT的美化效果，只会适得其反。因此，学会根据应用场景灵活调整PPT的设计策略至关重要。为此，可以从3大核心要素来全面考虑。

（1）类别：不同的类别（如阅读型或演讲型）有着各自独特的设计要求和重点，必须准确判断并适应这些需求。

（2）行业：不同的行业往往有着不同的文化背景和设计偏好，在PPT设计中必须充分考虑这些因素，以确保专业性和针对性。

（3）阶段：项目或工作的阶段同样至关重要。随着项目的推进和工作的深入，PPT的设计策略也应随之调整，以适应不同阶段的需求和变化。

接下来，我将详细探讨在不同应用场景下，PPT设计的差异与策略。

1. 类别

类别直接决定了PPT的主要使用方式和展示环境，如第1章所述，PPT按应用场景可划分为阅读型和演讲型两大类，它们各自具有鲜明的特质。

（1）阅读型PPT：需格外注重内容的清晰度、逻辑性和易读性，确保每一条信息都能准确无误地传达给读者。为此，在编排PPT架构时需格外用心，这部分将在下一节深入探讨。

（2）演讲型PPT：需充分考虑演讲场地的特性，如屏幕尺寸、光线条件等，以确保在演讲过程中能将信息清晰无误地呈现给观众。

根据场地的规模，一般可将其分为小型、中型和大型3类（见图2.1）。

小型（如容纳几个人的办公室会议厅）、中型（如容纳数十人的教室）和大型（如容纳数百人的大型会场）。为了确保在不同规模的场地中，观众都能清晰看到屏幕上的文字，建议在小型场地中，PPT字号保持在16号以上；在中型场地中，字号应保持在24号以上；而在大型场地中，字号就要依据场地的具体大小和观众座位分布情况而定，此时文字不仅需要更大，还需更为精简，具体可以参照发布会

图2.1

场合。

此外，许多新手在制作PPT时，常常纠结于选择深色背景还是浅色背景（见图2.2）。

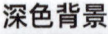

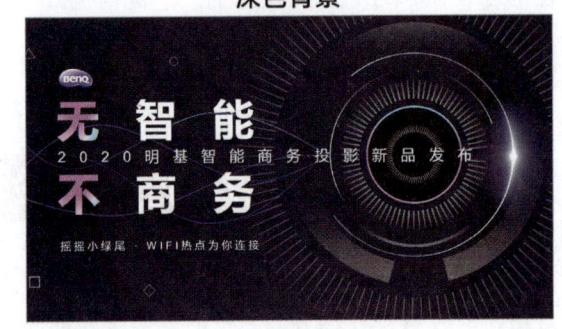

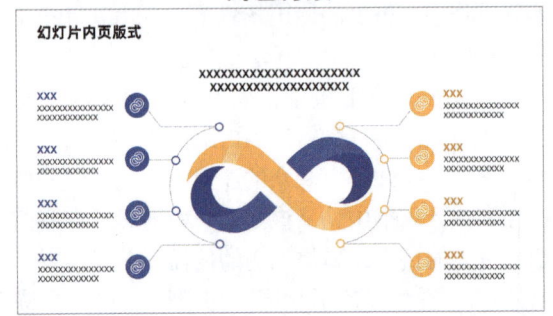

图2.2

例如：在发布会场景下常常选择深色背景，但为何在日常工作中更偏向于浅色背景呢？其实，这主要取决于会场的环境光。发布会通常在封闭的暗室内进行，舞台中央和屏幕是主要的照明源。若选择白色背景，在暗环境中会显得过于刺眼，因此深色背景更为合适。相反，在课堂或会议厅中，通常会有自然光或室内照明，且投影设备质量参差不齐。此时，深色背景可能会显得暗淡，细节难以展现，因此浅色背景更

为理想。

总的来说，选择背景色可遵循一个简单的原则："遇暗则暗，遇亮则亮。"当会场环境偏暗时，选择深色背景设计；当会场环境偏亮时，选择浅色背景设计。只有灵活根据实际环境选择合适的背景色，才能确保PPT内容的最佳展示效果。

2. 行业

不同行业有着各自鲜明的语言特色、色彩倾向和视觉风格。因此，在设计PPT时，务必深入理解行业特性，以打造出与行业风格相契合的视觉效果。

以科技行业为例，PPT设计常常追求深色系的炫酷感，通过运用丰富的光影效果和精致的边框修饰，凸显产品的科技魅力与创新精神（见图2.3）。

图2.3

在政务类行业中，PPT采用经典的红色系配色，不仅凸显了党政的庄重与威严，更彰显了其大气磅礴的风采（见图2.4）。

图2.4

至于金融行业，PPT设计更偏向于正式的风格，采用传统的色彩搭配和排版方式，彰显金融行业的严谨性与可靠性，传递出稳重、专业的企业形象（见图2.5）。

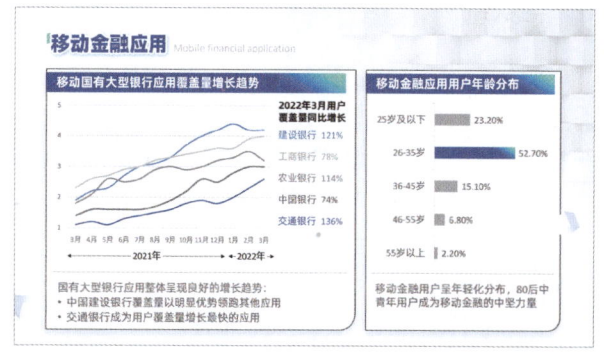

图2.5

因此，在设计PPT时，需要深入探究行业特质，选择与行业相匹配的设计风格。在这方面，可以参考花瓣网（设计灵感网站），或研读行业相关的研究报告，从中汲取灵感，丰富设计思路。

对于普通职场人士而言，采用企业logo色作为PPT设计的基调是一种既稳妥又有效的设计手法。例如，贝贝集团、LIVEHOUSE、中国移动等工作汇报，都采用各自的logo色作为主题色，既符合企业的品牌形象，又增强品牌认同感（见图2.6）。

贝贝集团：
红色

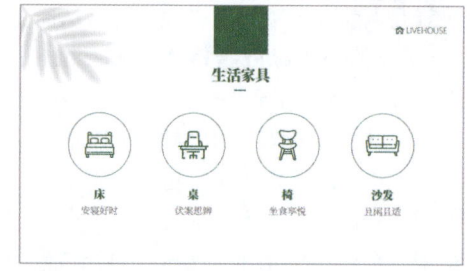

LIVEHOUSE：
绿色

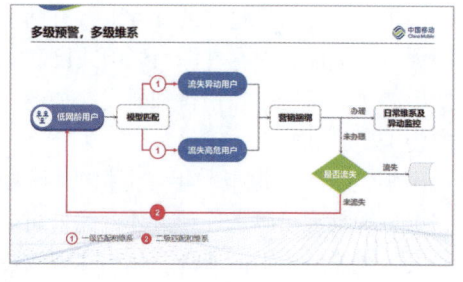

中国移动：
蓝绿色

图2.6

3. 阶段

即便在相同类别和行业的 PPT 设计任务中，也会因为所处阶段的差异，其所需的设计形式和内容也会有显著区别。这无疑是职场人士应当掌握的核心技能，然而遗憾的是，这一点却常被人们忽略。很少有人能够精准地把握项目阶段，从而呈现出最符合需求的设计。

例如：年中将至，领导突然布置任务，要求你制作一份 PPT，全面汇报这半年的工作情况。接到任务后，你会从哪些关键方面入手呢？停下来思考片刻，如果条件允许，也可以用纸笔记录下你的初步构想。

我猜想，你的思路可能是这样的：首先梳理自己这半年做过的工作任务，然后总结取得的成绩，分享在这过程中积累的宝贵经验，最后将这些内容整合成一份 PPT，再套个炫酷的模板，就完成了。这样的流程看似合情合理，实则存在一个明显的误区——将年中总结与年终总结混淆了。

你有没有深入思考过公司安排年中汇报的初衷呢？从员工的角度来看，可能会觉得这只是例行公事，应付一下，做些表面文章即可。但如果转换视角，从领导的立场来审视，便会发现其中蕴含的深意远不止于此。

每位员工在一年之中都会面临两大重要的汇报节点：年中汇报和年终汇报。公司在年终汇报之前特意安排一次年中汇报，其用意不仅是了解员工半年的工作成果那么简单。更重要的是，通过年中汇报，清晰地掌握当前各个项目的进展情况，从而更准确地预测"今年"的关键绩效指标（key performance indicator，KPI）能否顺利完成。

因此，在撰写年中汇报 PPT 时，不仅要全面回顾这半年来的工作成果，更要着重描述当前所遭遇的困难与挑战，以及是否需要额外的资源支持。同时，对于"今年"的 KPI 是否能按时完成，也要给出明确的预测与分析。这样的细致汇报有助于领导全面掌握项目的进展，对存在滞后风险或已滞后的项目及时做出调整。特别是在销售和研发等关键岗位，这一点尤为重要。

相较于年中汇报，年终汇报的目的则有所不同。它更多地是为了筛选优秀人才，为公司"明年"的战略发展配置最合适的人选，从而实现效益最大化。因此，在年终汇报中，应着重凸显自己的工作能力、所取得的突出贡献以及为公司带来的实际效益。

通过明确年中与年终汇报的不同目的与侧重点，可以更有针对性地准备汇报内容，展现自己的价值，为公司的长远发展贡献自己的力量。可见，同样是做工作汇报（见图 2.7），由于所处阶段不同，侧重点也会有所差异。

低 ——————— 美化要求 ——————— 高

头脑风暴 ▶ 用户调研 ▶ 写故事线 ▶ 反复修改 ▶ 演示汇报

图 2.7

因此，需要站在更高的维度思考，明确每份 PPT 的具体目的，确保内容精准匹配实际需求。当你深刻领悟了不同阶段工作汇报的核心目的后，那些曾经让你倍感困惑的问题都会迎刃而解。

例如，职场中一个普遍存在的问题，相信你也曾遭遇过：在准备 PPT 汇报时，时而被领导指出设计过于单调，希望更好看些；时而又被提醒不必过于追求形式，应将更多精力投入实质性的业务工作上。这种反复无常的反馈，常常让职场新人感到无所适从，陷入迷茫之中。究竟该如何平衡形式与内容，才能达到领导的期望呢（见图 2.8）？

图 2.8

建议暂停思考片刻，看看能否找到答案。其实很多时候，问题并非出在你的设计能力上，而是出在未能根据项目的阶段调整 PPT 的重点。

在项目初期，尤其是头脑风暴阶段，团队成员需要集思广益，产出创意和想法。这时，PPT 只是一个辅助工具，用于记录和整理思路，形式并不那么重要。况且前期的思路是会不断迭代的，今天精心制作的 PPT，明天可能就被新想法所替代。如果在这个阶段花费大量时间美化，领导自然会反感。因此，在项目前期，请务必保持PPT形式的简洁。

随着项目的深入和内容的定型，PPT的作用也逐渐凸显。在向大领导或重要客户展示成果时，一个形式美观、内容丰富的PPT能够给人留下专业、用心的印象。此时的PPT不仅是内容的载体，更是工作态度的体现和对外展示的门面。因此，在项目的后期阶段，需要投入更多的时间和精力优化PPT的形式，以赢得领导与客户的青睐。

总之，要学会升维思考，站在领导和上级的视角看问题，根据PPT的类别、行业、阶段灵活判断应用场景，合理分配时间和精力，让效益最大化。

2.1.2 受众人群

除了考虑应用场景，深入了解受众需求同样关键。PPT作为沟通工具，应避免缺乏对象感，需明确这份PPT是为谁准备，并希望实现何种实质性目的。只有这样，才能确保你的内容能够精准触达受众的需求与期待，不然盲目设计，只会白白浪费时间。

例如：小薛，作为手机厂商市场部的一员，最近肩负着一项重任——为公司新推出的高性能手机制作一份产品介绍PPT。她深知，这份PPT不仅是对产品的展示，更是向大众传递品牌价值的重要媒介。

在初版PPT中，小薛不遗余力地运用了大量专业词汇，诸如×××芯片、××相机和××材质等，意图全方位展示手机的卓越性能。然而，当她将这份PPT呈现给团队和领导时，效果却不尽如人意。同事们纷纷表示，这些专业词汇虽然听起来高端，但对于普通观众来说可能过于晦涩，难以产生共鸣。

面对这样的反馈，小薛陷入了沉思。她开始反思自己的初衷，意识到PPT的受众并不仅仅限于行业内的专业人士，更多的是对手机有需求但不太了解专业术语的普通消费者。因此，她决定对PPT进行大刀阔斧的修改。

在修改版中，小薛巧妙地将那些晦涩难懂的专业词汇，替换成贴近生活的表述。她以"拍人更美"形容手机摄像头的卓越性能，用"充电5分钟，通话2小时"强调手机电池的持久耐用。这些简洁明了的表述不仅让普通观众更容易理解，也激发了他们对手机的购买欲望。

经过这次修改，小薛深刻领悟到：制作PPT不仅要全面展现产品的特点和优势，更要精准把握受众的需求与认知特性。唯有如此，才能打造出真正深入人心的PPT。

其实，这种转变在生活中随处可见。回想过去，街头巷尾的广告牌上总是堆砌着各种产品的性能参数，而如今，我们更多看到的是通俗易懂的表述方式。这种转变正是源于对受众认知的深刻洞察与精准把握。因此，精准把握受众需求也是做好PPT的关键，为实现这一目标，必须明确两大核心要素：

（1）找到你的真实受众。
（2）深入了解受众的需求。

1. 找到你的真实受众

找到真实的受众群体看似简单，但在实际操作中，许多人常常容易偏离目标，甚至难以明确界定真正的受众。

例如：到了年底，你的直线领导因为你的出色表现，决定推荐你晋升。于是，你需要准备一份晋升述职PPT，并在众人面前进行答辩。当你站在台上，面对众多观众——包括你的直线领导、大领导、同事、评委以及其他部门的人员，你是否能够清晰地分辨出你的真实受众（见图2.9）？

图2.9

或许你会认为答案显而易见，受众不就是现场所有人吗？毕竟他们都是来听你述职的。但很抱歉，这样的理解并不准确。

或许有人会说：我的PPT主要是做给直线领导看的。然而，这样的理解同样存在偏差。虽然直线领导与你日常工作紧密相关，但他们往往并不能直接决定你的晋升，需要更高层级的领导或评委认可。

因此，真正的受众仅有两位核心人物：大领导和现场的评委。他们才是决定你晋升与否的关键决策者。至于其他在场人员，不过是旁观的参与者，并非你此次展示的主要焦点。因此，应将精力集中在如何精准满足大领导和评委的需求上，确保你的内容能够打动他们，从而赢得晋升的宝贵机会。

再举一个例子。客户公司为了提升品牌形象，委托你为其量身打造一份企业宣传PPT。为了确保双方的沟通顺畅，客户公司特地派出了3名市场部代表来与你对接。那么，请问：谁是你的真实受众呢？

你可能会不假思索地回答，是这3位代表。听起来似乎合乎情理，毕竟与他们建立良好的合作关系，就能顺利拿到报酬。然而，事实却并非如此简单。他们更多地是扮演着信息传递者的角色，负责将领导的意愿和期望传达给你。而真正掌握最终决策权的，是客户公司的领导。

这就可能导致一个令人头疼的问题：明明已经与客户代表达成了共识，但第二天却突然收到了一大堆修改意见。这种情况的背后，往往是因为我们并未真正深入背后领导的核心需求和期望之中。经常从事定制服务的朋友，一定有过类似的经历和体会。

因此，面对这种情况，最佳的解决策略是：积极与3位代表进行深入沟通，努力探寻背后决策者的偏好与期望。在此基础上，结合你的专业知识，与他们共同协作完成PPT的设计。在这个过程中，要避免仅仅单方面地听从客户代表的指挥，而应追求真正的双向沟通与合作，以确保工作能够更符合决策者的核心需求，实现共赢的结果。看完以上案例，你是否能在人群中精准找到你的真实受众呢？

其实看似接触的人各不相同，但真实受众却有一个共同特点：他们都是与你直接利益相关的人（见图2.10）。

图2.10

在商业世界里，每份PPT都承载着明确的目标，你的核心任务是通过PPT说服这些直接利益相关人，以实现既定的商业目标。例如：述职答辩的目的是升职加薪，而决定权掌握在大领导和评委的手中；商业定制则是为了赚取定制费用，而费用的掌控者是甲方老板。遵循这一思路，你将能够轻松地识别出你的真实受众。

2. 深入了解受众的需求

当成功锁定目标受众后，接着要深入挖掘并准确捕捉他们的实际需求。这绝非易事，因为真正的需求往往隐藏在表面之下。

例如，仅仅提出"制作一份产品介绍PPT"这样的笼统需求是远远不够的。需要更加明确且具体地界定目标，至少要清楚：这份PPT的核心目的是什么？为什么要制作这样一份PPT？只有这样，才能确保PPT的内容与预期目标紧密贴合，从而有效地传达信息并达到预期效果。

为了更深入地挖掘需求，可以采用连环问句的形式进行提问，以下是一个示例：

> 问：为什么要做这份PPT？
> 答：为了向观众介绍产品。
> 问：为什么要介绍这款产品？
> 答：因为它有很多优点。
> 问：优点这么多，竞争者没有吗？
> 答：其中有一点优势是我们独有的。
> 问：……

通过这一系列问题，我们能够明确核心需求，即凸显产品的独家优势，从而在后续PPT设计中有所侧重。这样的思考非常重要，只有不断追问下去，才能找到最核心的需求，从而得出更具体的结论。在此，分享一张常用的需求沟通清单（见图2.11），帮助你更好地获取有价值的信息。

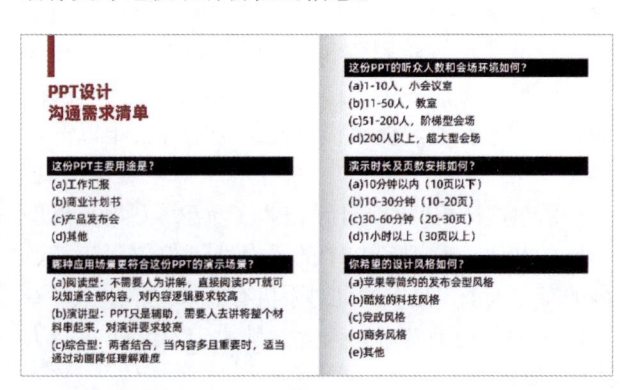

图2.11

你可以通过询问PPT的用途、演示场景、受众、演讲时长及设计风格等问题，获取一些关键信息，从而得出PPT设计的大致方向。至于其他细节问题，可以采用连环问句的形式沟通需求。总之，明确应用场景并准确把握受众的核心需求，是制作有价值PPT的关键，这将为观众带来更加优质的体验和价值。

2.2 理思路：1 个模型，彻底告别思路混乱

深入了解需求后，就要开始制作 PPT 了。为了避免因内容条理不清晰而陷入反复修改的困境，预先构思并规划一个清晰完整的 PPT 大纲尤为关键。这份大纲将如同灯塔，引领后续的设计之路。然而，一份 PPT 往往包含许多页，内容丰富、信息繁杂，如何将这些内容编排得既清晰又有条理，使受众能够轻松理解，就显得尤为重要。

接下来，我将为你介绍一个极具实用价值的思维工具，它将成为你的得力助手，助你轻松应对 PPT 大纲编排的挑战，事半功倍。为了更直观地展现这个工具的妙用，先通过一个案例来切入：假设你是领导的秘书，要给她汇报接下来的行程安排，你觉得下面这样的表述怎么样？

表述：

薛总，非常抱歉，关于您在酒店的会议用房预订出现了一些问题。目前，我只能为您预订周三晚上的客房，因为周二晚上的酒店房间已全部订满。因此我已经尝试联系了几家其他酒店，但由于当地正在举办大型商务活动，房间也都被预订一空（不过我尚未尝试预订旅馆）。您周三上午的航班是 8:00 起飞，预计当地时间 10:00 到达。由于会议安排在中午举行，而机场到会场的交通时间仅需半小时左右，所以您应该能够准时出席。为了确保万无一失，旅行社已经为您预留了座位。顺便问下：您的女儿的生日不正好在周二吗？

请问：领导应该何时出发？

相信你一时半会肯定反应不过来，因为信息量太大且缺乏逻辑，关键信息都被掩盖其中了。接下来，我将采用另一种表述方式：

薛总，您应该周三上午出发而不是周二晚间。

这时领导肯定会问为什么突然改行程？理由有 3 点：

（1）乘坐周三上午 8 点的航班，您仍然可以准时参加会议。

（2）原定周二的会议用房出了问题，但周三住宿不会成为问题。

（3）周二您可以在家庆祝女儿生日。

其实，描述到此就足够了。至于其他的细节，如果领导感兴趣，你可以再展开说说，如果不是很在意，则没必要赘述了。毕竟领导只关心一点：会议是否可以准时参加。换一种表述方式后，信息变得清晰且易于理解。实际上，人们之所以能够轻松记住信息，关键在于其是否具有逻辑性（见图 2.12）。

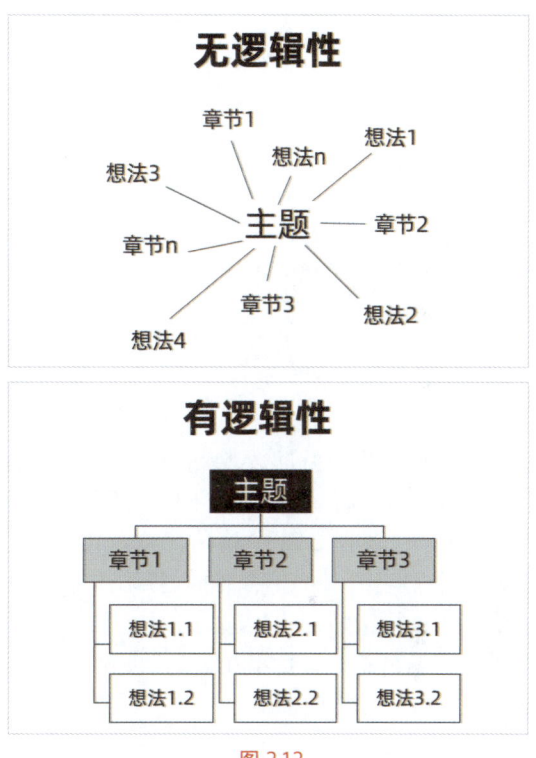

图 2.12

新的汇报方式正是通过构建一个结构化的思维框架，在大脑中搭建起清晰的逻辑体系，从而极大地减轻了记忆的负担。这个高效的思维工具，正是我们所熟知的金字塔原理（见图 2.13）。

图 2.13

金字塔原理是由芭芭拉·明托提出的一种思考和表达的方法论，它强调在思考、表达和解决问题时，

应该按照一个金字塔的结构进行,即:先提出总结性的思想或论点,然后逐层展开,逐一解释或证明这些思想或论点,从而确保信息的层次性和逻辑性。接下来,我将结合这个案例,解析金字塔原理的具体应用。整个过程共分为3个关键步骤。

第一步:罗列要点。在这一步中,我们需要全面收集相关信息,将需要表达的所有内容一一列出,并将其拆分为若干信息碎片(见图2.14)。这样可以助你更加清晰地了解所掌握的资料,为后续的设计打下基础。

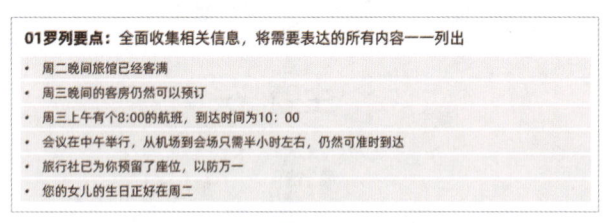

图 2.14

第二步:归类分组。这一步的核心在于对信息碎片进行整理和归类。通过深入分析每个信息碎片的属性和关联性,可以将其划分为不同的类别,如行程、住宿和生日等(见图2.15)。这种归类分组的方式可以更好地组织信息,形成有条理的逻辑结构。

第三步:得出结论。在这一步中,需要对每个分类进行深入分析,概括出相应的结论。例如:在行程安排方面,可以得出结论——周三出发行程能赶

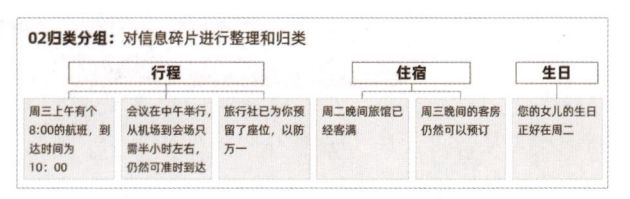

图 2.15

上;在住宿方面,可以确定周三住宿没有问题;而在生日方面,我们则可以选择在家庆祝女儿生日(见图2.16)。

图 2.16

这些结论有助于我们更加明确地表达观点,提高沟通效果。基于这3点关键信息,进一步整合和提炼,最终得出一个明确的结论:建议周三上午出发,而非周二晚间。

这种结构特点鲜明,上层内容高度精练、概括性强,下层则详细展开、内容充实,呈现出典型的金字塔形状,因此得名金字塔原理。在构建金字塔结构的过程中,需要遵循以下4大原则(见图2.17)。

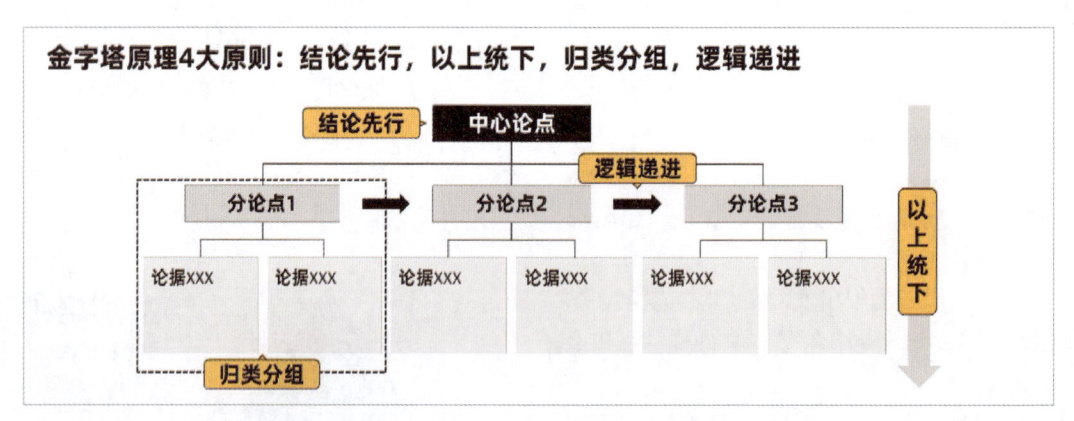

图 2.17

(1)结论先行。首先明确表达核心观点或结论——"应该周三上午出发而不是周二晚间",确保受众能够迅速理解你的主要意图。

(2)以上统下。每个层级的内容都要与其上一层级的主题或结论紧密相连,确保逻辑上的连贯性和一

致性。例如,为什么周三出发而不是周二晚上?主要有3点原因:周三住宿没问题;行程能赶上;周二可以在家庆祝生日。至于为什么周三住宿没问题,则再往下展示两点原因:周二房间预订不了了;周三仍有空余房间。

第 2 章 思维之困——如何构建清晰的逻辑框架

（3）归类分组。对信息进行合理归类和分组，使结构更加清晰，便于理解和记忆。例如，这里就分为3类：行程、住宿以及生日。它们都是对零散信息的一种概括总结。

（4）逻辑递进。即同组信息在顺序编排上要符合一定的逻辑关系。例如，目前有 3 点原因：会议、住宿、生日。你在汇报时会先说哪个呢？其实这中间还暗含了一个主次关系。因为这趟行程主要是参会，因此需要先说行程是否能赶上，接着看住宿情况，最后才是附加的生日信息。

通过遵循这些原则，能够有效地构建金字塔结构，提高思考和表达的效率和准确性。这 4 大原则，就是金字塔结构的 16 字方针：结论先行，以上统下，归类分组，逻辑递进。接下来，我们趁热打铁，深入探讨金字塔原理在 PPT 制作中的实际应用。

2.2.1 自下而上思考

对于许多职场人来说，述职汇报往往是个令人头疼的难题。平时做了大量工作，但一到要制作 PPT 时，却常常感到无从下手，不知该如何有条理地梳理和呈现。这主要是因为很多人在制作 PPT 时一开始就追求完美，既要考虑呈现的形式，又要构思逻辑，希望能一步到位。然而，这种方式更适合经验丰富的职场人。对于新手而言，建议先从基础开始，一步一步来。

此时，正是运用本节所教方法的绝佳时机。例如：假设你身为公司的一名财务专员，面对年终述职的重要时刻，如何制作一份既专业又精练的 PPT，以展现你的工作成果和贡献呢？其实，只需遵循 3 个步骤，你便能轻松构建出年终述职 PPT 的大纲。

第一步：罗列要点。首先，请准备一张白纸，将这一年中你所参与或完成的各项工作进行详尽的梳理。无论是荣获的荣誉、成功完成的项目、遭遇的挑战还是积累的宝贵经验，都请如实、详尽地记录下来。请自由发挥，将想到的所有内容都记录下来，无须过多顾虑，直至思绪枯竭，无法再添加新的内容。本例中列出了 10 项工作，你可以根据自己的实际情况进行扩展或调整（见图 2.18）。

第二步：归类分组。接下来，需对这些精心收集的信息进行细致的分类整理。依据内容的不同，可将其划分为 3 个主要类别：财务核算、决策支持和荣誉

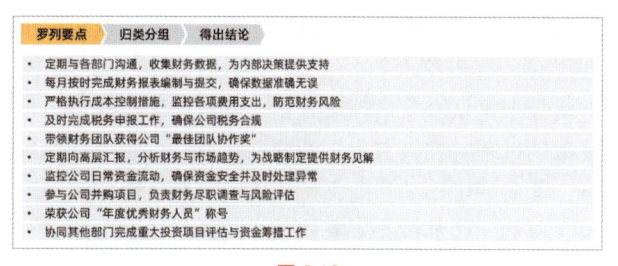

图 2.18

奖项（见图 2.19）。

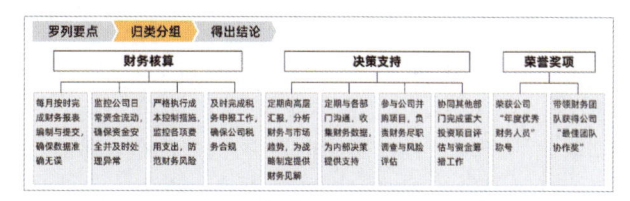

图 2.19

第三步：得出结论。基于这 3 点内容的梳理，可提炼出一个总结性的主题："记好每一笔账，助力公司经营决策"（见图 2.20）。

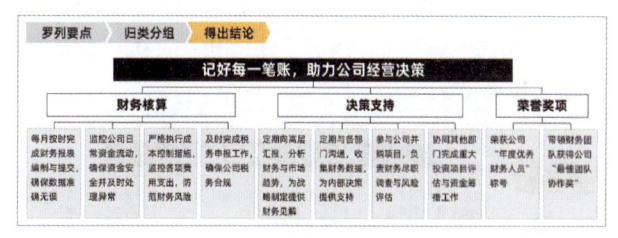

图 2.20

这个主题精准地概括了财务工作的核心要点，接下来的任务便是收集具体的案例，以充实和支持每一个事项。这正是金字塔原理在工作汇报中的实际应用，它能有效地将脑海中纷乱的思绪，梳理并归纳为一份逻辑严谨、条理分明的 PPT 框架。

当然，在实际汇报中，所涉及的事项会比这个复杂一些，但所运用的方法是一样的，即遵循 3 个步骤：罗列要点、归类分组、得出结论。对于需要从具体细节出发来构建 PPT 的情境来说，这种思考方式无疑是一种高效且实用的方法。

2.2.2 自上而下思考

上述案例都是基于已有信息，不断归纳总结，最终得出结论。从金字塔的结构来看，它是从下往上思考的过程。然而，在日常工作中，常遇另一种情境：

围绕特定主题进行深入探讨。此时，思考需从总体框架展开，逐步深入各个细节，最终完成 PPT 的制作。这实际上是从金字塔顶层开始，逐级向下拆解、思维发散的过程。在没有充足的前期资料作为支撑的情况下，面对一个不熟悉的领域，挑战自然会增加。

例如：假如你是一家初创公司的市场部经理，公司研发了一款针对特定行业的新型软件产品。为了吸引潜在投资者和合作伙伴，公司决定参加一场投资洽谈会。在这样的场合下，需要准备一份商业计划书 PPT，你会怎么构思呢？

相信很多人都没做过这个类型的 PPT，完全没有想法。不用担心，下面跟着我的思路一起向下走。首先明确一个观点：在商业世界中，任何 PPT 都是有目的性的。这份 PPT 的目的就是吸引投资人，获得资金支持。而资金是在投资人手里，因此有投资意向的人就是你的直接利益相关人，也就是本次 PPT 的真实受众。

然后要分析需求，可以站在他的立场思考，设想一些他想知道的问题，例如：产品有何独特之处？团队能力如何？何时能盈利？于是 PPT 的初步框架就有了（见图 2.21）。

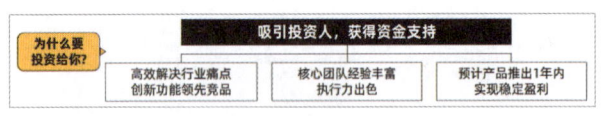

图 2.21

接下来，他可能会提出新的疑问，如上述内容是否有确凿的证据支持。对此，你可以继续深入阐述（见图 2.22）。

图 2.22

遵循相同的逻辑，逐步细化内容，直至 PPT 能够全面解答受众的所有疑问。可见，金字塔自上而下的思考，其实是在逐层回答受众的疑问。

这个过程看起来很顺畅对吧？但其实暗藏了一个难点。回看刚才的结构图，在向下拆分时，通过设想受众的疑问，从而衍生出 3 个思考方向。然而，有时面对的是全新的领域，由于缺乏经验，可能会遗漏某些关键维度，这正是自上而下思考方式所面临的难题。那么，在这种情况下，如何更全面的思考呢？

别担心，下面将分享 3 种常用的思考方式，助你更全面地审视问题，使 PPT 内容更加完善与深刻。依旧通过案例的形式来逐一介绍。

1. 换位思考

很多时候，思考问题时，人们常常不自觉地陷入自我视角，这极大地限制了视野，正所谓"当局者迷，旁观者清"。确实，有时需要摆脱思维惯性，尝试从他人的视角来重新审视问题。

依旧以刚才的商业计划书为例：可以站在消费者的立场，思考产品的使用体验和价值；或者从市场的角度出发，全面评估项目的风险与潜在收益；还可以从政策的角度，强调国家对高新技术的扶持力度与重要性等（见图 2.23）。

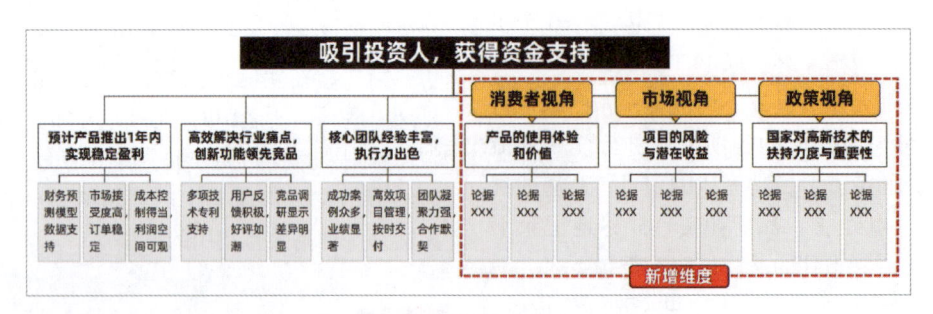

图 2.23

这些不同的视角，如同一张张无形的网，将思考领域不断扩展，使思维更加开阔。通过转变身份，能够获得全新的思考角度，更能拓宽思维的边界。这正是换位思考法的魅力所在！它使人能够更全面、更深入地理解问题，从而做出更为明智的决策。

2. 公式法

除了换位思考法外，公式法同样是一种重要的思考工具。它是指运用公式来辅助思考，正是凭借其严谨的逻辑性，使得我们能够更加全面地审视问题，从而确保思维的周密与精确。

例如：你所在的一家电商平台公司近期发现用户增长放缓，导致销售额未能达到预期目标。领导层希望找到解决方案，提升用户增长，进而增加销售额。作为市场营销团队的一员，你需要准备一份PPT，提出有效的策略建议。面对这个情况，你会如何构思呢？

结合前面的知识点，可以从目的出发去思考。这次的目的是增加用户，提升销售额。依据中学学到的知识，新用户的增长由流量和转化率来决定，写成公式为：新用户增长 = 流量 × 转化率。只要增大流量，或提高转化率，就能实现用户增长。接着逐个向下细分，流量 = 曝光量 × 点击率，转化率 = 目标行为次数 / 总访问量（见图2.24）。

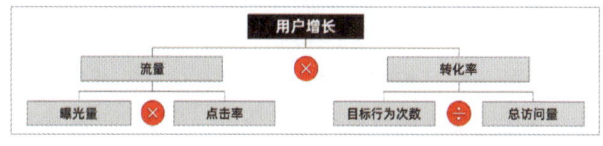

图2.24

梳理清楚影响要素后，只要逐个优化即可，如加大曝光量、提高点击率、提高目标用户行为次数。此时，就能从这些方面细化出一些可实施的具体对策，进而最终形成一张清晰完整的优化逻辑架构（见图2.25）。

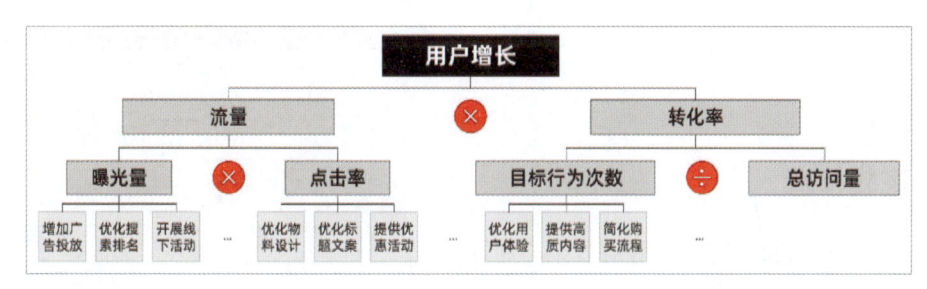

图2.25

总之，运用公式法，可以将复杂的逻辑问题拆解为若干关键要素，后续只需逐个优化变量即可。这种方法非常适用于目标对象是具体数据的场景，如企业投产、预算规划、流量分析等主题。通过这样的拆解和优化，就能够形成一套非常完善的PPT大纲，避免信息的重复和遗漏。

3. 流程拆解法

除了公式法这一得力助手，还有一个不可或缺的利器——流程拆解法。它就像一位经验丰富的指挥官，能够将复杂的问题拆解为一系列简单而明确的流程步骤，并精准地识别问题所在。

例如：你所在的教育机构负责开发一系列线上和线下课程，以满足不同学员的学习需求。然而，近期由于课程开发流程烦琐、周期长，导致新课程上市速度慢，无法满足市场的快速变化。因此，领导层决定优化课程开发流程，提升整体效率。需要你做一份方案建议书PPT，你会如何构思呢？

这个问题看似不难，人人都能发表一些看法。然而，要想全面而详尽地提出解决方案却并非易事。因为课程开发涉及的事务繁杂，参与人员众多，往往令人感到无从下手。此时，流程拆解法便派上了用场。

首先将课程开发的全流程都写出来，要做到这一点并不难，只需简单地网上查询或向同事请教即可。举例来说，课程开发的全流程通常包括市场调研、课程设计、内容制作、审核评估以及上线推广这5个关键环节（见图2.26）。理论上只要优化任何一个环节，都可以提升生产效率。如此一来，原本抽象的问题就被巧妙地拆解成了5个具体的小问题。接下来，只需逐一针对这些小问题思考优化方案即可。

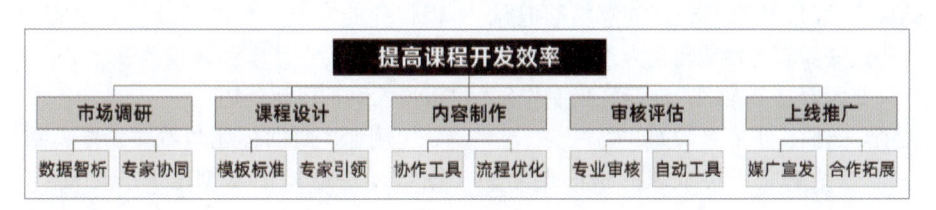

图2.26

通过逐一优化，便能逐步推进课程开发的进程，实现整体效率的提升。这些关键环节和对应的优化策略，都可以巧妙地转化为 PPT 中各章节的标题，形成条理清晰、重点突出的 PPT 大纲。

鉴于每个人的工作中都不可避免地涉及一系列流程化的步骤，流程拆解法因此具有极其广泛的适用性。无论是深入的行业价值链分析、全面的产品生命周期分析、细致的转化率分析，还是复杂的运营流程梳理，这种方法都能大显身手。

以上，就是我常用的 3 种非常实用的思考方法：换位思考、公式法以及流程拆解法。尽管这些方法的基本原理相对简单易懂，但要真正掌握并熟练运用，仍需在日常工作中不断实践，并积累丰富的经验。通过这些方法的实践应用，你将能够更系统、更深入地剖析问题，进而精准地提炼出高质量、结构严谨的 PPT 大纲。

2.2.3　PPT 逻辑检查

在实际工作中，所遇到的问题往往错综复杂，通常需要结合自上而下和自下而上的两种思考方法，并用它来检验 PPT 的逻辑是否严密、条理是否清晰，确保内容的呈现既全面又深入。

举例来说：当打开一份 PPT 时，单击"视图→幻灯片浏览"切换到幻灯片浏览视图，以便从全局角度审视这份演示文稿（见图 2.27）。

随后逐页浏览，并用简洁的一句话概括每页的核心内容。在这个过程中，可以将 PPT 的内页视为金字塔结构的底层，章节目录作为分论点，而封面的主题则代表着金字塔的顶层结论（见图 2.28）。

接下来，结合金字塔原理的 4 大原则，分两步进行检验。

第一步，仔细核查各个章节是否紧密围绕 PPT 的主题展开，并确认章节之间是否存在合理的逻辑关系。

第二步，检查内容页是否紧密贴合其所属章节的主题。若在审查过程中发现内容重复或逻辑不连贯的情况，可以依据金字塔原理进行必要的调整和优化，确保演示文稿的逻辑性、连贯性和完整性。

总的来说，金字塔原理是高效思考和表达的得力助手。它能帮助你精准组织信息，强化思维的逻辑性和表达的清晰度，使思考和表达更有条理，更易于被他人理解和接受。

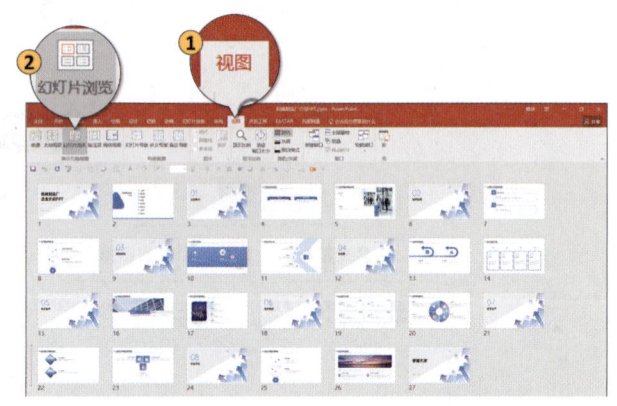

图 2.27

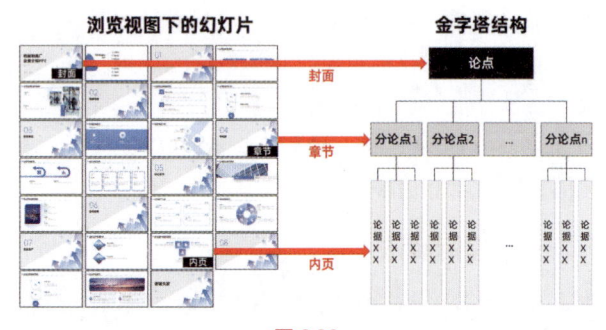

图 2.28

2.3　寻创意：拒绝平庸，创新思维让你脱颖而出

经过前面的深入学习，相信你已经能够精准把握受众的需求，并将这些需求巧妙地转化为条理分明的 PPT 大纲。这样只要照着这个大纲，便能轻松制作出高质量的演示文稿。然而，事实真的如此吗？

诚然，逻辑清晰是 PPT 不可或缺的核心要素，但仅凭此一点，并不足以使 PPT 在众多作品中脱颖而出。因为在诸多经典设计领域里，总有一些通用的 PPT 大纲被广泛使用。

例如，封面标题写着"工作总结汇报 PPT"（见图 2.29 左侧），目录则是工作概况、存在问题、解决方案、下步计划（见图 2.29 右侧）。

图 2.29

或者是这种竞聘述职报告 PPT：封面写着"竞聘述职报告 PPT"（见图 2.30 左侧），目录则是自我介绍、岗位职责描述、个人优势分析、岗位匹配度分析（见图 2.30 右侧）。

图 2.30

这些 PPT 框架都是业内经典之作，逻辑分明、规范严谨。然而，如果与竞争对手使用相同或近似的 PPT 大纲，那么展示的内容很可能千篇一律，难以在评委和观众心中留下独特的印象，甚至可能引发视觉疲劳（见图 2.31）。

如何打破常规，在内容逻辑上寻求创新，从而脱颖而出呢？本节将为你详细解析如何巧妙构思，打造一份别出心裁的个性化 PPT 大纲。

图 2.31

2.3.1 创意思维

虽然 PPT 的大纲可能相似，但可以尝试换一种表达方式，用别出心裁的创意来打动对方，从而在众多竞争者中脱颖而出。

例如：李华，是一位 IT 工程师，他拥有丰富的信息安全技术从业经验，长年致力于捍卫网络防线，对抗黑客病毒的侵袭，确保公司乃至客户的信息安全无虞。如今，李华需要准备一份述职报告 PPT，向公司的同事们介绍自己的工作内容。如果你是李华，会怎样构思这份大纲呢？

结合之前学习的金字塔原理，可以采用自下而上的方法，将日常工作中的琐碎事项一一列出，并逐步提炼成 3 大核心业务——信息防盗、信息加密和信息安全（见图 2.32 上），并加上一个通用的封面"IT 工程师的述职报告 PPT"（见图 2.32 下）。

图 2.32

这种分类方式逻辑严密、结构清晰，看起来还不错吧？但对于新加入的同事来说，这些专业词汇可能略显刻板枯燥了，难以立即领会 IT 工程师的工作价值。因此，可以尝试用一种更生动、有趣的方式来描述。例如，将标题改成"为公司信息安全上'3 把锁'"（见图 2.33）。

图 2.33

这个标题形象生动，让人联想到安全、可靠的意象，从而对即将展示的内容产生浓厚的好奇心和期待感，同时也能让新同事更形象地理解我们工作的价值。接下来，你可以围绕"3把锁"详细展开（见图2.34）。

图 2.34

防盗锁：犹如一道坚不可摧的屏障，守护着公司的IT系统和数据安全，让外部与内部的安全威胁都无所遁形。

加密锁：对公司核心数据的严格把控，确保数据在流转过程中不被窥探、不被篡改、不被滥用，从而守护公司的核心利益。

合规锁：确保公司的IT系统和操作始终与法律法规和标准要求保持一致，让公司的IT环境在合法合规的轨道上稳健前行。

整个结构既生动有趣又逻辑清晰。此时的你，已经不再是那个枯燥无味的汇报者，更像是一个娓娓道来的故事讲述者，必定会给受众留下深刻的印象。不难发现，修改前后的PPT大纲本质上是一样的，只是巧妙地融入了创意元素，使内容更具吸引力（见图2.35）。

对于新手来说，在构思创意时或许会感到迷茫。因此，下面将分享两种极为实用的方法：比喻法、关键词拆解法，助你更好地表达自我。

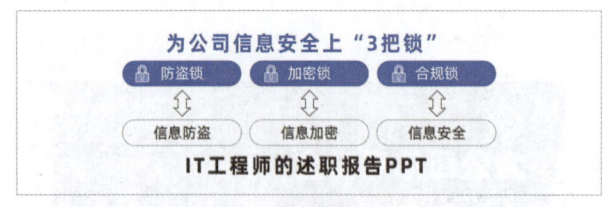

图 2.35

1. 比喻法

可以结合你的工作内容或个人特色，挑选一个或多个能够精准描绘你观点或特性的事物，进行类比，

并巧妙地将其融入你的主题之中。

例如：假设你正计划举办一场PPT技能培训。如果你直接以"PPT技能系统培训"作为标题，虽然直接明了，但略显平淡，缺乏吸引力（见图2.36）。

图 2.36

但如果能将学习PPT这件事，与生活中熟悉的事物结合起来，效果将会大不相同。例如，将主题改为"PPT烹饪秘籍：让演示'更入味'"（见图2.37）。

图 2.37

这样的比喻不仅富有创意，还让人充满好奇。在本书第1章就运用过这种技巧，将PPT设计的流程与做菜的流程进行了类别，你是否也感受到了其中的奥妙与趣味呢？

比喻法的魅力正在于它能够将陌生的概念与大众熟知的事物紧密相连，使学习变得轻松而有趣。具体可以分两步展开：①清晰地描述要讲解事物的核心特质；②抓住其中一个关键点进行类比联想。

举例来说：人事部的工作丰富多样，涵盖了员工招聘录用、薪酬福利与绩效考核、人事制度与流程建设、培训与发展以及员工关怀与文化建设等诸多方面。

若要将这些工作内容进行生动类比，可以将人事部比作一位辛勤耕耘的菜园子园丁。他们精心挑选每一粒种子（招聘优秀人才），用心耕耘土地（通过提供专业培训），细心浇水施肥（激励员工不断成长），确保菜园子里的每一棵蔬菜（员工）都能茁壮成长，最终为公司这片丰饶的菜园子带来满满的丰收。

或者，如果你专注于招聘工作，可以将自己比作一块强大的磁铁。通过制定吸引人的招聘策略，提供完善的培训和发展机会，以及营造积极的工作氛围，使得公司成为优秀人才的聚集地，如同磁场般吸引着他们的加入。

这种创意的表达方式，不仅能够引发受众的好奇心，还能更生动形象地展现你想要传达的内容，使其更加易于理解。现在，让我们运用这个技巧来做个小测试：假设你是公司采购部的一员，你会如何以创意的方式展示自己的工作呢？接下来，跟着我的思路演练一下。

首先，列出采购部的主要职责：物料采购与管理、供应商开发与管理、采购制度与流程制定、采购团队建设与管理、市场调研与价格分析、质量管理与风险控制等。接着，进行类比联想（见图2.38）。

图2.38

宝藏挖掘者：在市场的大海中寻找那些隐藏的宝藏（优质物料和供应商），通过挖掘和筛选，将这些宝藏带回公司，为公司的运营和发展提供源源不断的动力。

市场情报员：时刻关注市场的动态和变化，收集和分析各种市场信息，为公司制定采购策略提供有力的支持。

品质鉴定专家：具备专业的品质鉴定能力和丰富的经验。严格把控物料的质量，通过严格的检验和测试，确保进厂的物料符合公司的品质要求。

当然，这种比喻型的手法在一些相对严谨的汇报场合要谨慎使用，下面介绍一种更为通用的方法。

2. 关键词拆解法

在演示汇报中，除了内容缺乏吸引力外，时长过长也是一大问题。有时汇报会持续一两个小时，甚至更久，信息量巨大，导致听众在结束后往往感到一片茫然，记忆模糊。这种现象，我们称之为信息过载。

为了解决这一问题，可以采取结构化的方法来重新组织信息，降低听众的记忆难度。其中，关键词拆解法是一种非常实用的方法。它通过将演讲主题巧妙地拆解为若干个关键词或数字，并对每个部分进行深入剖析，从而揭示其深层含义。这种方法不仅有助于听众更好地理解和记忆汇报内容，还能使演讲更加条理清晰、易于接受。

例如：假设你受邀参加一场分享活动，旨在向听众传授你的成功经验。若按照常规方式，你可能会逐一列举几个关键点进行阐述，虽然逻辑清晰，但难以留下深刻印象。此时，可以尝试将你的演讲内容与一组英文单词的首字母相联系。

例如，可以用"SUCCESS"这个单词来串联你的复盘分享，将单词的首字母逐个拆解为具体的含义：Specific（具体）、Unique（独特）、Consistent（一致）、Clear（明确）、Excellent（卓越）、Systematic（系统性）、Sustainable（可持续）。这7个部分，每个字母都代表一个成功要素（见图2.39）。

图2.39

接着逐个展开描述，以首个"S"为例，它代表Specific（具体）。在追求成功的道路上，设定具体而明确的目标至关重要。这样的目标有助于我们制定切实可行的计划，明确前进的方向，并最终实现目标。例如，在工作中应该将目标设定为"提高销售额10%"或"成功完成某个关键项目"，而非笼统地提出"努力工作"或"追求成功"。

同理，其余的每个字母也代表着成功的一个关键维度。以这种方式展开你的内容，不仅逻辑清晰，而且易于记忆。听众在听完你的分享后，只需记住"SUCCESS"这个单词，便能轻松回忆起演讲内容，极大提高了信息的传播效率和记忆效果。

除了英文外，数字同样具有串联内容、促进沟通的神奇魔力。我在咨询公司工作期间，经常接触到诸如"1235 战略"或"1433 战略"等表述方式（见图 2.40）。

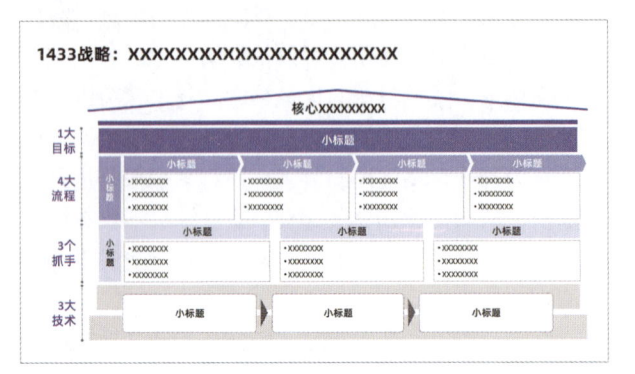

图 2.40

这些简短的数字组合蕴含着丰富的内涵，它们分别指代 1 个核心目标、4 个流程、3 个关键抓手以及 3 大核心技术等要素。通过巧妙地运用这些数字，能够轻松地将原本枯燥的内容串联起来，使沟通变得更为高效和直观。

这些数字组合旨在帮助人们更有效地记忆并理解所传达的核心观点与内容。只需记住一组简洁的关键词或数字，人们便能迅速回忆起事物的主要框架和要点，从而大大提升了信息传递的效果和记忆深度。

实际上，众多经典的思维模型都精妙地运用了这种手法，如广为人知的 SMART 原则、SWOT 模型和 5W2H 分析法等。这些模型通过简洁明了的英文缩写或数字组合，助力我们迅速理解和记忆那些复杂的概念和策略，从而在实际应用中更加得心应手。

2.3.2 评判标准

创意的确不可或缺，然而它必须与内容相辅相成，切忌生搬硬套，否则可能会适得其反，让原本的好意变得尴尬。

以导游为例，其核心职责在于带领游客领略美景、感受文化，但在类比时强行套用前面提到的"3 把锁"的案例就不合适了。所讲的意向和你的内容毫无关联，反而会将游客拒之门外。究竟怎样的创意是好的呢？这里引入两个评价原则：简单和意外。

1. 简单

简单是最基本的原则，务必确保语言通俗易懂，避免使用复杂晦涩的表达。以美术从业者为例，若在

述职汇报时采用"三重维度交织下的美术工作者总结报告"这类冗长且难懂的标题（见图 2.41），无疑会给听众带来理解上的困扰。

图 2.41

因此，建议结合自身特点，采用受众熟知的事物进行类比联想。例如，将标题简化为"红绿蓝的多彩职业生涯"（见图 2.42）。

图 2.42

(1) 红色篇：象征着热情与创新。美术从业者怀揣热爱艺术的红心，用激情探索世界，以创新手法呈现美的魅力。即使面临挑战，他们仍坚守艺术之路，勇往直前。

(2) 绿色篇：寓意着成长与稳定。在这一阶段，美术从业者不断积累经验，逐渐形成独特的艺术风格，获得社会的认可。他们保持谦逊与进取的心态，为未来的艺术发展奠定坚实的基础。

(3) 蓝色篇：代表着智慧与深邃。当美术从业者达到艺术的高峰时，他们的作品不仅充满审美价值，更蕴含着深刻的思想内涵。他们关注社会、历史等宏大主题，用艺术表达思考，追求内心平衡，展现出成熟与睿智。

最后，红、绿、蓝三种颜色相互融合，共同创造出丰富多彩的艺术世界，升华主题。总之，采用受众

熟悉的意向进行类比，有助于听众更好地理解我们的观点与成果。若表达过于复杂，不仅失去了意义，还可能增加听众的理解难度。因此，简洁明了、易于理解才是我们追求的目标。

2. 意外

为了取得更加出色的效果，可以巧妙地融入戏剧性的元素，从而点燃观众的好奇心。以市场部员工的总结汇报为例，如果只是简单地以"市场部工作总结之品牌宣传"为题，无疑会显得过于平淡，难以引起听众的兴趣（见图 2.43 上）；但如果换作"争做公司的强力扩音器"（见图 2.43 下），立刻就会引发听众的好奇心。

图 2.43

为什么是扩音器呢？你可以接着解释说，市场部员工正是扮演着扩音器的角色，通过运用各种策略和手段，将品牌的内在价值进行有效地放大和传播，使公司的声音能够传得更远、更响亮。

这正是创意的精髓所在，敢于突破常规。如此，不仅能激发观众的兴趣，更能使他们对你的表达保持高度关注。

2.3.3 灵感来源

想要更娴熟地运用前述方法，需细心观察生活的点滴细节。事实上，创意如同空气般无处不在，藏匿于地铁的广告牌、街头巷尾的横幅、手中的传单，甚至是电影中的宣传语之中。广告商们总是擅长运用创新和独特的手法，吸引消费者的目光。通过留心这些广告的创意和表达方式，我们可以汲取丰富的灵感，进而为自己的表达赋予新的意义和独特性。举几个生动的例子：

水果摊上"新鲜脆梨，甜过初恋"，这简短的几个字，仿佛让人闻到了梨子的清甜，感受到了初恋的纯真，让人回味无穷。

"农夫山泉：我们不生产水，我们只是大自然的搬运工"，这句话巧妙地运用了比喻，将农夫山泉定位为大自然的搬运工，强调了其水质的纯净与天然，让人印象深刻。

再看这句化妆品广告："趁早下'斑'，请勿'痘'留"。通过巧妙的谐音和双关，既传达了产品的功效，又让人忍俊不禁，印象深刻。

还有如"热带雨林就是地球的肺""森林是氧气的制造工厂"这些富有哲理的句子，它们用生动的比喻，向我们揭示了自然生态的重要性，让人深思。

这些广告语都运用了各种修辞手法，将抽象的概念具象化，将复杂的事物简单化，让人一听就懂，一看就明。正如上文提到的"争做公司的强力扩音器"，也是运用了类似的比喻手法，将市场部的作用形象生动地展现出来，让人过目难忘。相比原先的"标准"内容结构，这些富有创意的表达方式无疑更能深入人心，更能吸引人们的眼球。它们不仅传达了信息，更激发了人们的情感共鸣，让人在欣赏的同时，也产生了深刻的思考。

综上所述，通过巧妙运用创意手法，可以助你打造出一份个性化的 PPT 大纲，从而在竞聘述职等场合中脱颖而出。创意的本质在于突破传统，为听众带来新鲜感和惊喜，以此留下深刻印象，赢得更多机遇与认可。当然，在运用创意时，也应该考虑场合及受众的合理性，避免过于夸张或不适当的表达方式。

2.4 要点回顾

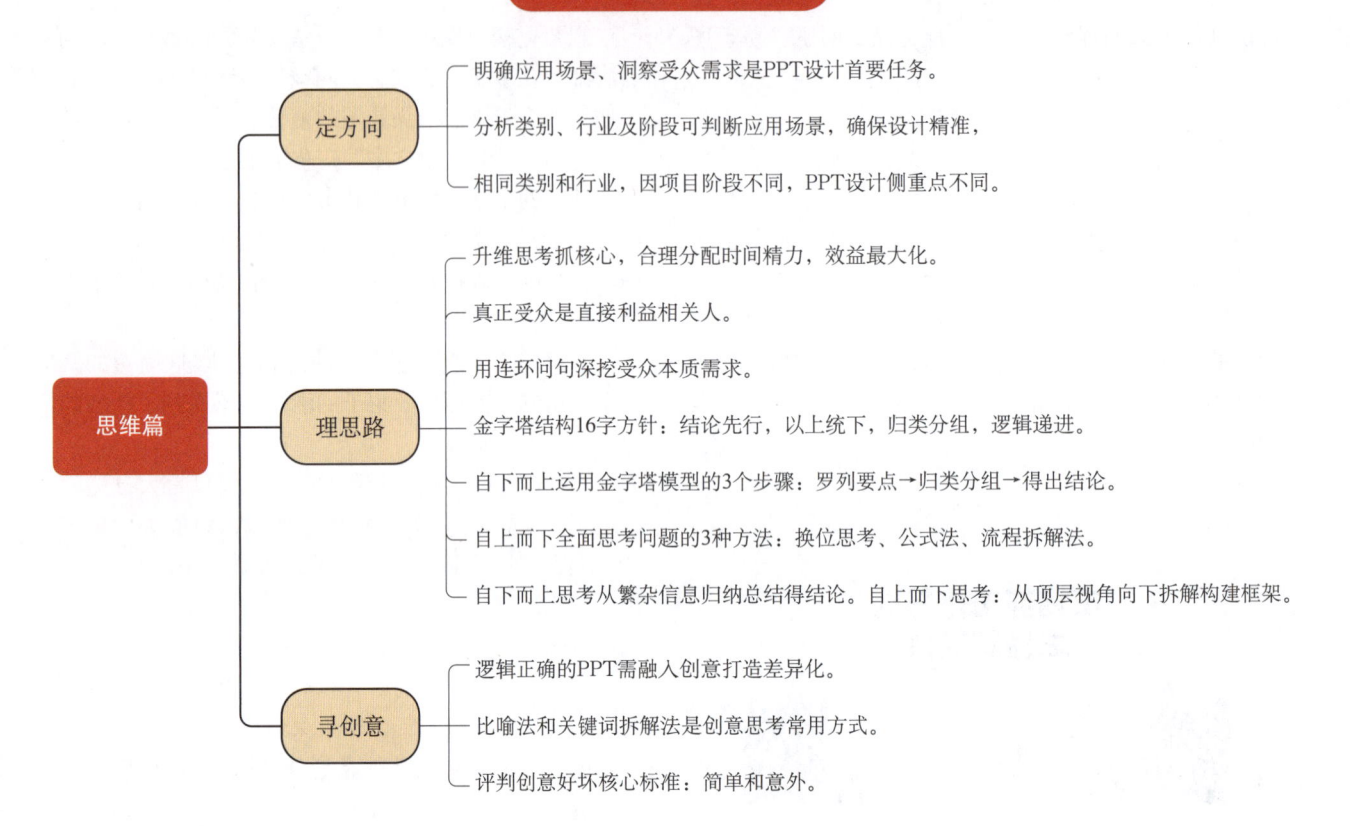

- **思维篇**
  - **定方向**
    - 明确应用场景、洞察受众需求是PPT设计首要任务。
    - 分析类别、行业及阶段可判断应用场景，确保设计精准。
    - 相同类别和行业，因项目阶段不同，PPT设计侧重点不同。
  - **理思路**
    - 升维思考抓核心，合理分配时间精力，效益最大化。
    - 真正受众是直接利益相关人。
    - 用连环问句深挖受众本质需求。
    - 金字塔结构16字方针：结论先行，以上统下，归类分组，逻辑递进。
    - 自下而上运用金字塔模型的3个步骤：罗列要点→归类分组→得出结论。
    - 自上而下全面思考问题的3种方法：换位思考、公式法、流程拆解法。
    - 自下而上思考从繁杂信息归纳总结得结论。自上而下思考：从顶层视角向下拆解构建框架。
  - **寻创意**
    - 逻辑正确的PPT需融入创意打造差异化。
    - 比喻法和关键词拆解法是创意思考常用方式。
    - 评判创意好坏核心标准：简单和意外。

第 3 章 商业之美
——如何提升 PPT 的商业质感

前面的篇章围绕 PPT 框架进行了深入探讨，旨在助你准确把握受众需求，从而明确设计的方向。本章将带你深入 PPT 内页，了解页面设计的核心原则。

在多数人看来，PPT 的好坏似乎仅以美观为标准。我也曾这么认为。学生时期，我的 PPT 设计已达到高水平（见图 3.1），并多次在 PPT 设计大赛中夺冠，熟练掌握各种高级技巧，能轻松打造出酷炫效果。

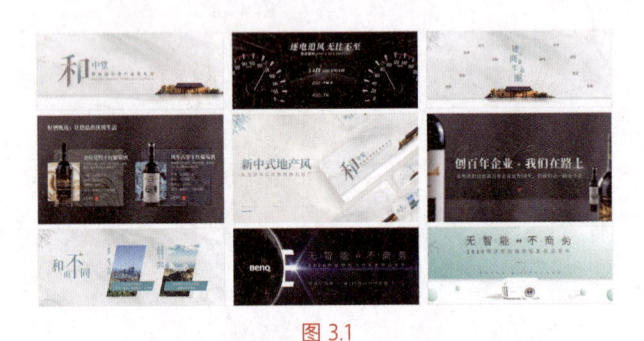

图 3.1

本以为应对工作中的 PPT 绝对绰绰有余了。可当我真正在咨询公司工作，面对满是文字、图表，且很少有空间添加图片的 PPT 时（见图 3.2），却感到束手无策。

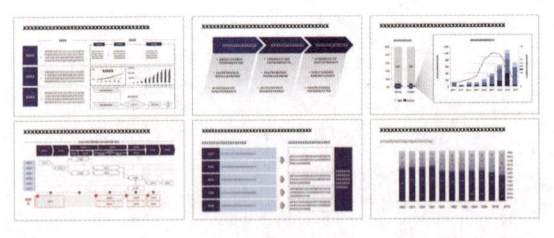

图 3.2

那些我曾引以为傲的高端技巧似乎不再适用，那时常收到的反馈是："这不是我想要的。"困惑充斥我心：PPT 明明美观，为何领导和客户总不满意？

带着疑问，我虚心向经验丰富的同事请教。经过深入学习和反思后，我意识到自己的设计思路存在偏差。过去，我总是按照平面设计的标准制作 PPT，过于注重页面的美观而忽视了内容的重要性。有时，花费一整天时间制作大量 PPT，却连主题都记不住。更重要的是，由于缺乏对 PPT 基础知识的系统掌握，我的设计常常不规范，遗漏关键元素，影响了信息的有效传达。

随着工作经验的积累，我不断复盘和总结 PPT 设计的知识点。大到版式设计、颜色搭配，小到文字编排、线段样式等细节，我认识到专业 PPT 设计是一门深藏学问和技巧的艺术。我的设计思维也随之转变。在客户的反馈和修改中，我领悟到商业 PPT 的真谛——高效传递有价值的信息。只有形式与内容完美结合时，才能打造出真正符合客户需求的 PPT。

在这个过程中，我总结了一套独到的 PPT 设计方法论。在本章，你将掌握以下两大核心技能：

（1）深刻认识专业的 PPT 应该具备的核心要素。

（2）掌握商业化 PPT 的系统设计思路。

让我们一起踏上这段 PPT 设计之旅，共同探索商业 PPT 的奥秘吧！

3.1 告别美工思维，这才是有效设计

在你心中，什么是好的工作型 PPT？是如海报般精致细腻的页面设计，让每一张幻灯片都如同艺术品般独特而富有创意？还是追求电影般夺目的动态效果，让演示充满吸引力，酷炫非凡？

以上这些，单从视觉效果来看，的确出类拔萃，似乎在任何场合都能成为焦点。但倘若你深入前面章节的内容，就会发现：在 PPT 的设计中，除了外在的美观，还有更为核心、更为关键的要素值得我们去追求与探索。

相信你也曾有过这种经历：PPT 改了好几版，领导仍然不满意。如果你正因此感到迷茫，那么接下来的内容将为你指明方向。首先，我们通过一个小测试来检验你的设计思维：请看学员投稿的这页 PPT（见图 3.3）。

图 3.3

内容是关于月度汇报的，主要展示各机构的达成

第 3 章 商业之美——如何提升 PPT 的商业质感

情况、销售额、同比增速以及达成率等关键数据。然而，当前页面上的数字过多，显得较为拥挤，不利于阅读和理解。因此，希望采用一种更为形象、直观的方式来呈现这些数据。面对这样的需求，你会如何优化呢？

你可能会认为：这页 PPT 仅包含一张表格，显得有些单调。或许你会倾向于添加一张引人注目的背景图来增强视觉效果，并对表格的颜色进行一些调整（见图 3.4）来改善其外观。

一、销售数据—机构维度

机构	目标销售额	当月销售额	累计销售额	同比增速	预算达成率
上海	1200	150	1883.40	30%	156.95%
北京	1350	120	1303.62	20%	96.56%
浙江	1100	100	775.39	15%	70.49%
天津	800	80	509.28	12%	63.66%
广州	250	40	152.33	8%	60.93%
山东	300	60	128.67	10%	42.89%
云南	180	30	63.97	8%	35.54%
广西	280	25	85.96	6%	30.70%
湖南	500	15	37.45	3%	7.49%
湖北	280	10	19.63	-8%	7.01%
合计	6240	630	4959.70	18%	65.01%

单位：万元

图 3.6

为了迅速区分达标与未达标的机构，我会在达成率为 60% 的位置画一条红线作为间隔（见图 3.7）。当然，这个标准可以根据实际情况灵活调整。

图 3.4

乍一看，似乎还不错。如果你也曾抱有此种想法，那么接下来的内容定能为你带来新的启示。其实，这样的设计意义并不大。让我们仔细对比修改前后的版本（见图 3.5），探讨其中的差异和改进的空间。

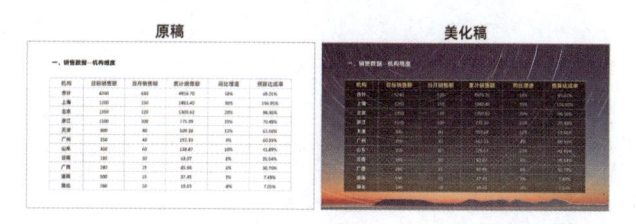

图 3.5

通过观察你会发现图表本身并未改变，它依旧存在阅读上的难题。这种设计思维，更像是一种美工思维，过于追求表面的华丽，而忽略了实际的需求。在职场工作汇报中，PPT 的真正价值并不在于其外观的华丽，而在于如何通过巧妙的设计，使信息传达更为清晰、直观，更易于被观众理解和接受。

因此，作为一名兼具商业洞察力的设计师，我的设计思路如下（注意：本节着重分析思路，操作部分的内容会在第 5 章详细介绍）。

首先，将表格内的数据均匀分布，用颜色区分表头与正文部分，并将数字统一右对齐，确保同列数据之间的对比一目了然（见图 3.6）。

图 3.7

进一步观察达成率数值会发现，即使是达到标准的机构（红线以上部分），其表现也差异显著。有的机构表现卓越，超额完成目标；有的机构则仅接近 60%，处于达标边缘。

因此，需要做更细致的划分：对超额完成的机构予以表彰，而对那些达成率接近 60% 的机构发出警示。为此，可以采用"打灯"的形式进一步区分（见图 3.8）。

图 3.8

将达成率划分为以下 4 个档次：

- 超额完成（>100%），代表机构业绩卓越，值得表彰；
- 已达标（70%～100%），表明机构已达成目标，表现稳定；
- 有风险（60%～69%），提醒机构需警惕，避免陷入未达标的境地；
- 未达标（<60%），说明机构业绩不佳，需深入分析和改进。

是不是更清晰明了呢？下面来对比修改前后的效果（见图 3.9）。

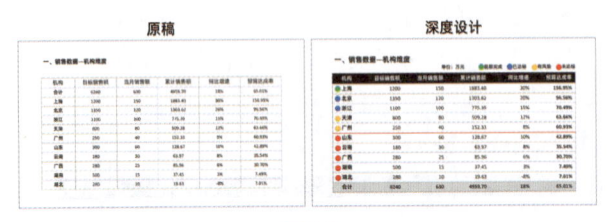

图 3.9

经过优化后的版本，能够迅速识别出机构目前的状态，从而更有针对性地制定策略，提升整体业绩。在整个修改过程中，我始终在思考如何让信息更高效地传递给受众，而不仅仅是追求页面的美观。

要掌握这种深度设计并不容易，它需要我们掌握以下两大核心能力：

（1）规范性：深入了解专业的 PPT 设计标准，掌握其应该包含的核心设计要素，确保每一个细节都符合行业规范。

（2）商业价值：始终站在受众的角度，明确设计的初衷与重点，确保信息能够精准、高效地传达给目标群体。

接下来，将围绕这两大核心能力进行深入探讨，帮助你制作出更具实用价值的 PPT。

3.1.1 规范性

要想做好 PPT，第一步就是保证元素规范。毕竟万丈高楼平地起，只有打好地基，才能更好地开展后续的设计工作。

例如：这是一页图表页 PPT（见图 3.10 上）；按照常规的设计方式，将元素排整齐再稍作美化就完成了（见图 3.10 下）。

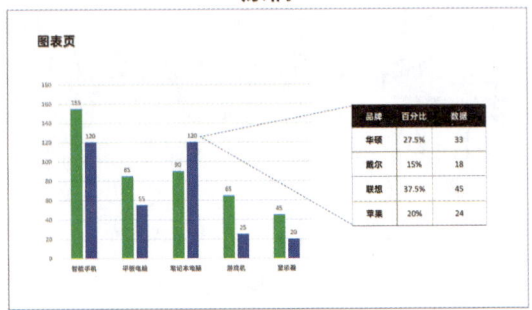

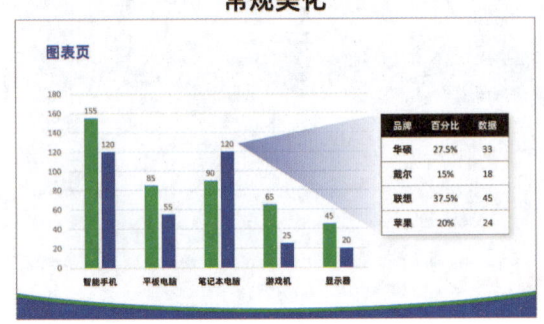

图 3.10

看起来似乎合情合理，已经没有什么可优化的空间了。但其实，你可能忽略了一些重要的东西，这页设计是不完整的。现在，请你仔细观察这页 PPT，并尝试用自己的话，将这页 PPT 的核心内容转述出来。

相信你可能是这样说的：这页 PPT 左边有个图表，它包含了 5 项内容，然后从"笔记本电脑"部分引出了一张表格。这样的表述非常浅显，几乎不带任何有价值的信息。但如果要求更进一步细化内容，会发现也讲不出来了。因为页面里缺失了一些关键要素，导致信息无法正确表达出来。例如：左边的图表是关于什么的？是销售额还是数量？这个数据又是什么量级的呢？绿色和蓝色的柱条又分别代表什么含义？

为了回答以上问题，需要将缺失的信息补回来。首先给图表添加一个标题，表示它是关于什么方面的数据统计；接着加入图例区分两种不同颜色的含义；加入单位标明数量级；为了增加数据信服力，还可以在底部脚注位置添加数据来源，如数据来源于××××专业机构（见图 3.11）。

此时，就可以更加详细地描述这页信息了：这页是关于某集团 2024 年数码产品的销量分析，列出了 5 款主流产品的销售数据，其中笔记本电脑销量比预期多卖了 30 万台，在众多品牌中，联想的销量最好。

第 3 章 商业之美——如何提升 PPT 的商业质感   47

通过添加补全关键要素，可以更全面地了解页面传递的核心信息。可见，在制作 PPT 时，确保关键要素的齐全性至关重要，然而，由于许多人没有受过系统的培训，并不知道 PPT 中有哪些常用的要素。为此，我分享一些常用的要素细节规范，帮助你更好地做出 PPT。

"B2C 运营 5 大阶段需要解决的问题：用户体验、配套服务、影响力"（见图 3.13）。

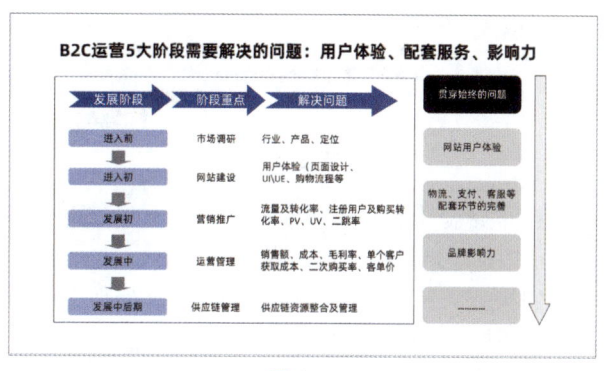

图 3.13

有了标题之后再来看这页 PPT，标题提到了 B2C 运营 5 大阶段，刚好对应页面左侧 5 个发展阶段，而需要解决的 3 大问题，正好是右侧灰色框中的内容。标题凝练了整页 PPT 的核心观点，这种结论先行的书写形式就为受众节省了阅读理解的时间。当这些标题串联起来，便形成了一个完整且逻辑严密的故事线，这正是专业的咨询公司所追求的叙事方式。是不是更好理解了呢？

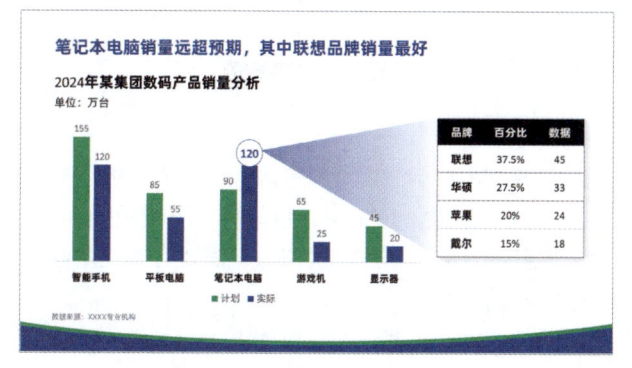

图 3.11

1. 标题

很多人在做 PPT 时，常常不写标题（见图 3.12）。

2. 导航栏

当一份 PPT 的体量超过 30 页，往往会变得庞大且复杂。在这样的汇报中，台下的观众往往难以记住当前内容在整个演示中的位置，导致他们陷入迷茫，难以跟上汇报的节奏（见图 3.14）。

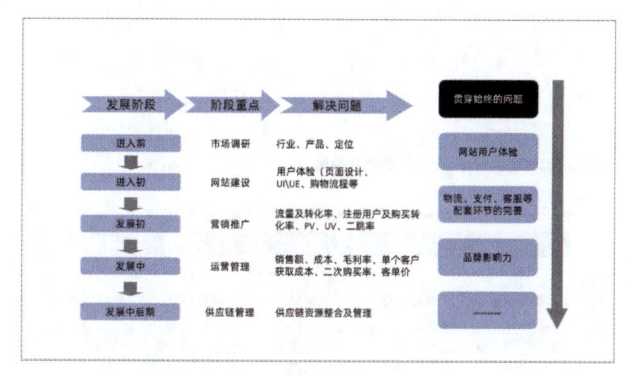

图 3.12

页面里密密麻麻地塞了一大堆内容，但就是没有标题。这就导致一个问题：阅读体验差。试想一下，一份汇报动辄几十页，如果每一页都需要受众自行凝练观点，不仅会耗费大量时间，还可能因认知差异而导致误解。

正如我们在前面的关于金字塔原理中所述，高效汇报的核心原则之一是结论先行。为了让受众更迅速地理解你传递的信息，你需要主动提炼一个富含信息的标题，从而降低受众的理解难度。

值得注意的是：标题不应是空洞无物的字眼，如"图表页、综述"等，而应是一个明确的观点。页面中的其他信息应作为支撑这一观点的论据。例如，

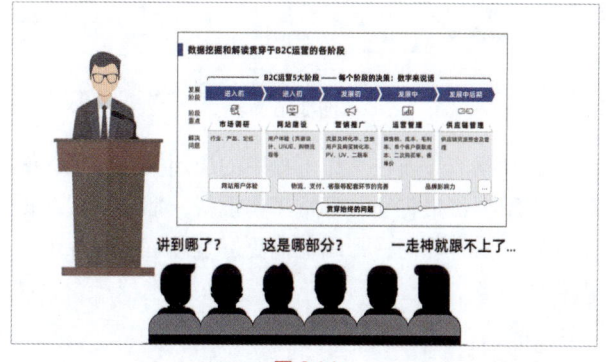

图 3.14

为了解决这个问题，可以考虑添加一个导航栏标签。这种标签最基础的形式是一排逐渐亮显的文字，其中点亮的部分代表着当前所处的位置，而其余灰掉的部分则表示待讲或已经讲过的内容（见图 3.15）。

这样的设计能够帮助观众快速定位，明确当前内容属于哪个篇章，以及还有多少内容尚未讲解。

图 3.15

在布局设计上，章节导航通常置于页面的上方（见图 3.16 上）或者左侧（见图 3.16 下），这样更符合人们从上到下、从左至右的阅读习惯，使得观众能够迅速捕捉到导航栏的存在。

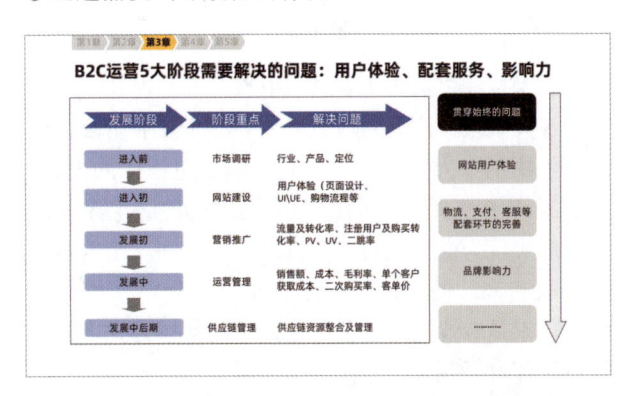

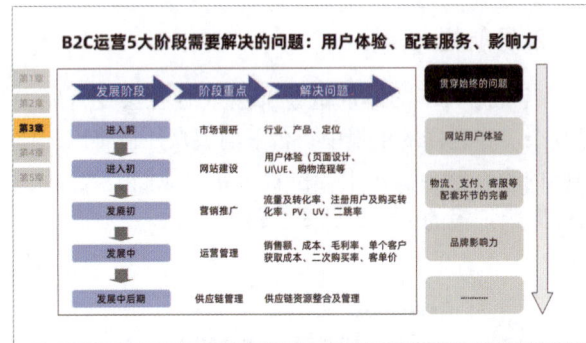

图 3.16

这种章节导航在工作汇报中的应用极为广泛，无论是大型项目报告还是日常工作汇报，都能为观众提供清晰的内容导向，帮助他们更好地理解和跟踪汇报内容。

3. 脚注

仔细观察咨询公司制作的 PPT，你会发现一个共同的特点：在页面底部，通常都会有一行小字区域（见图 3.17）。

这并非随意为之，而是精心设计的脚注部分。脚

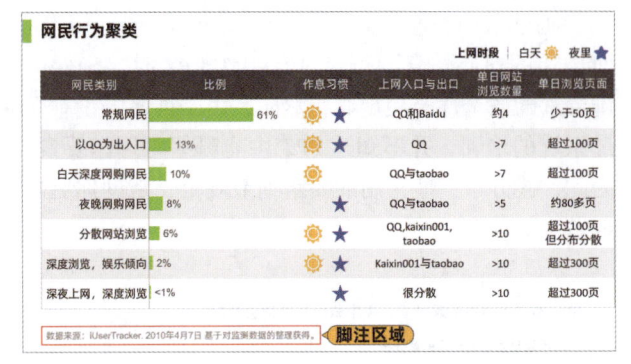

图 3.17

注的主要作用在于注明资料来源，增强报告的权威性和专业性。在商业 PPT 中，数据是不可或缺的元素，为了提升信息的可信度和说服力，需要在脚注中明确标出数据的来源。

此外，对于一些较为专业的汇报，其中可能涉及诸多专业名词，例如这里提到的 PV、UV、二跳率。为了保障报告的可读性，让观众能够轻松理解并跟上汇报的节奏，还需要对这些专业名词进行专门的标注和解释（见图 3.18）。

因此，在制作 PPT 时，千万不要忽视脚注这一细节。它不仅能提升报告的专业性，还能增强信息的可信度，让你的汇报更加精彩、更具说服力。

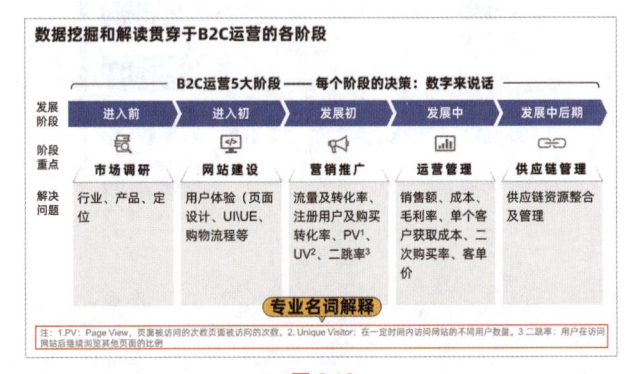

图 3.18

脚注的添加其实相当便捷。如果整页 PPT 的数据都引自某专业机构，则只需在脚注区域标注统一的数据来源即可；如果是对特定数据或专业名词进行标注，只需在对应数据或名词的后面写上数字编号（如 1、2、3 等），随后选中数字，单击"开始"→字体的扩展选项，在弹出的字体选项卡中选中"上标"复选框，数字便会以小巧的字号出现在对应名词的右上角（见图 3.19）。

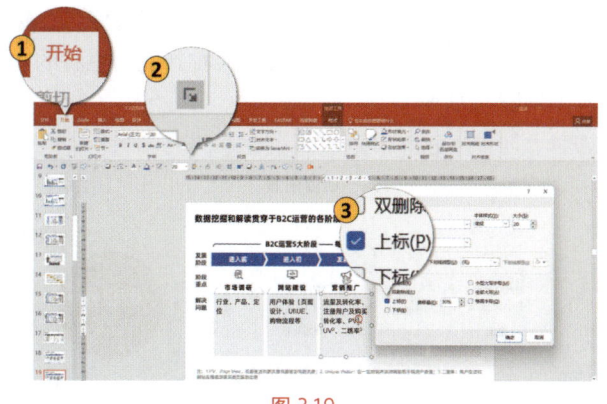

第 3 章 商业之美——如何提升 PPT 的商业质感

图 3.19

接下来，在页面的底部脚注区域，对应地填写这些数字及其解释或来源即可。若一页 PPT 中包含多组信息需要标注时，编号的顺序应遵循人们的阅读习惯。通常人们习惯于从左到右、从上到下的顺序进行阅读，因此，最先进入视线的部分应标注为 1，随后按照此规律依次进行编号。这样的安排不仅有助于观众有序地接收和理解信息，还能确保整个页面呈现出清晰、逻辑的结构。

除了标题、导航栏、脚注外，还有许多设计要素需要留意。以一页常见的图表页为例，常用的要素如下（见图 3.20）。

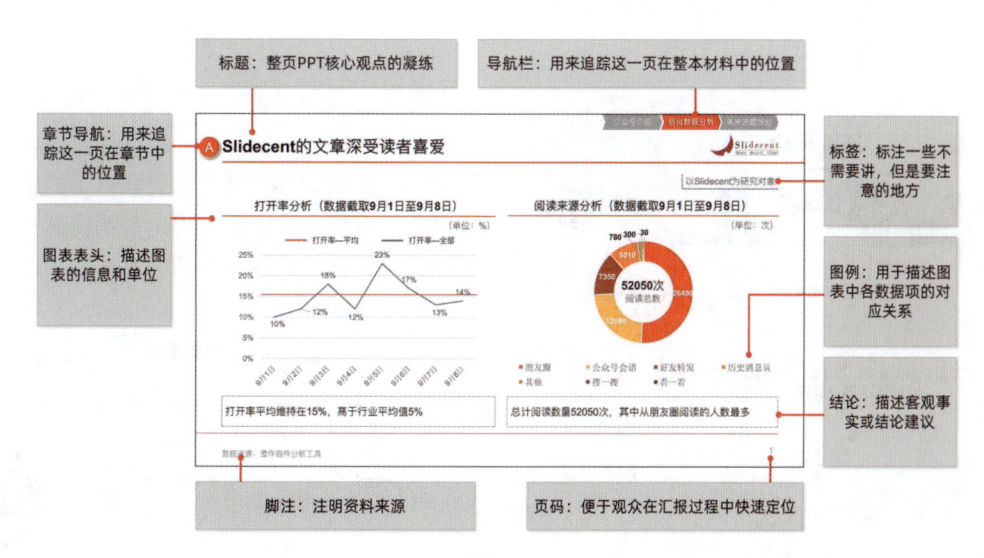

图 3.20

- 标题：整页 PPT 核心观点的凝练。
- 导航栏：用来追踪这一页在整本材料中的位置。
- 标签：标注一些需要特别注意但无需详细讲解的内容，提醒观众关注关键信息。
- 图例：详细解释图表中各数据项的对应关系，确保信息的准确性。
- 结论：描述客观事实或结论建议。
- 页码：为每页添加页码，便于观众在汇报过程中快速定位。
- 数据来源：数据都是有出处的，一般引自权威机构。
- 图表表头：描述图表的信息和单位。
- 章节导航：用来追踪这一页在章节中的位置。

这些元素各自承担着特定的功能（如标题用于提炼核心观点、脚注用于注明资料来源、导航栏则帮助定位当前页的位置），且它们在页面上的位置也有讲究（如标题通常置于页面最上方、脚注则位于最下方等）。这样的布局设计有助于观众在第一时间捕获关键信息，提升整体阅读体验。

综上所述，标题、导航栏、章节导航、图表表头、数据来源、标签、图例、结论以及角标等诸多要素共同构成了一页专业的 PPT 内页。每个元素都发挥着不可或缺的作用，确保信息的完整性和易读性。

3.1.2 商业价值

在确认所有关键要素齐备后，就可以开始着手设计了。为了更直观地展示设计思路，依旧通过具体的案例来进行说明。这是商业计划书 PPT 中的一页（见图 3.21），描述项目前景，如果是你会如何优化呢？

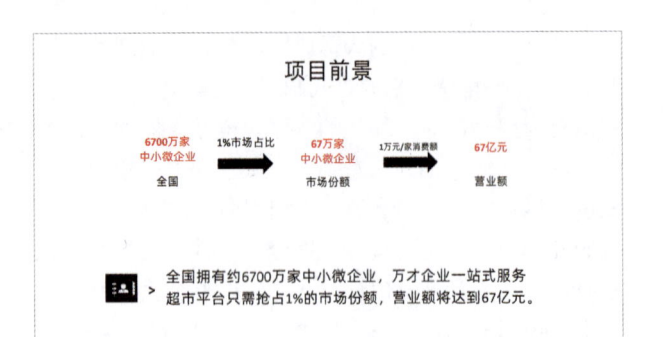

图 3.21

按照网络上的流行技巧，许多人会采取这样的美化方法：先将内容排整齐，再找一张好看的图片丰富下背景，就完事了（见图 3.22）。

图 3.22

然而，这种看似尚可的美化方式，对于内容的理解并无实质性的帮助。面对修改后的页面，你能否一眼看出项目前景究竟如何？

恐怕并不容易。因为这样的页面设计缺乏重点，对于投资人来说，他们难以迅速获取所需的关键信息，这无疑大大降低了商业计划书的价值。

这正是美工思维的局限所在，它往往忽视了内容的逻辑性，而仅仅关注于如何让页面看起来更为美观。由于缺乏对内容的深入理解，所有元素在你眼中都显得毫无差异，它们仿佛只是一个个孤立的小方块。你的工作就变成了将这些元素排列得整齐划一，再添加一些简单的装饰，但这种操作的空间其实非常有限。

更令人担忧的是，有时候即使整个 PPT 制作完成，你甚至都不清楚它所传达的核心内容是什么。这样的作品，虽然可能在视觉上具有一定的吸引力，但却无法有效地传达信息，更无法引起观众的共鸣和思考。

那么，让我们站在商业视角重新审视这页 PPT。首先依据前面学到的知识，每份 PPT 都是有目的性的，商业计划书的目的就是吸引投资，让客户知道投

资我们肯定能赚钱。因此，先去除这些多余修饰，重点将钱的数字放大凸显，让投资人看到他们想看的内容（见图 3.23）。

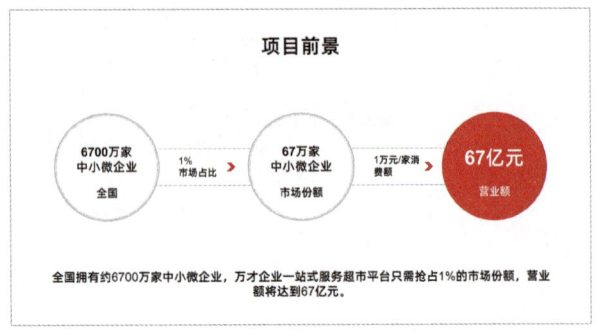

图 3.23

然而，仅有美好的愿景是不足以说服投资者的，还需要用数据和事实证明。仔细阅读内容，会发现页面中的数据之间存在紧密的关联：全国中小微企业的数量乘以市场占比，就能得出市场份额；再乘以每家的消费额，便能计算出预期的营业额（见图 3.24）。

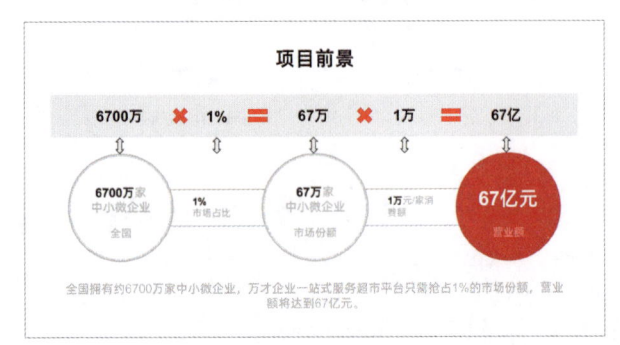

图 3.24

因此，可以用公式将这层关系表现出来。同时，将中间的计算过程省略，重点放大 1% 这个关键数字，以此向投资者传达一个信息：实现高额回报并非遥不可及，只需抢占 1% 的市场份额，便能达到这一目标（见图 3.25）。

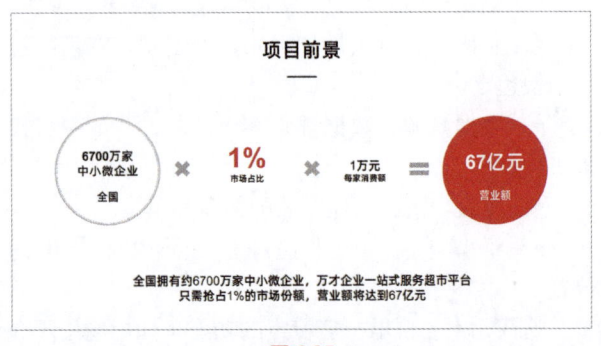

图 3.25

最后稍作美化就完成了最终的设计（见图3.26）。

图3.26

之所以把公式的位置左右对调，是为了与之前的分析逻辑保持一致，使投资者能够更顺畅地理解我们的思路。来看下前后效果对比（见图3.27）。

相比于纯粹的美化设计，融入了商业思考的设计更能迅速吸引投资者的目光，让他们更容易捕捉到关键信息，从而提高他们的投资意愿。这正是深度设计的意义所在，它不仅能够提升PPT的美观度，更能充分发挥其商业价值。

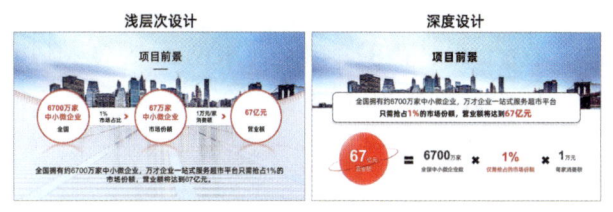

图3.27

作为设计者，我们的职责远不止于美化包装，而是要探寻一种既美观又易读的表达方式，以更好地展现内容的本质，使其更易于理解。

当然要做到这点并不容易，你需要掌握很多核心能力。例如结构编排能力、内容理解能力、商业思考能力等。正是基于这样的理念，我制作的PPT总能收到这样的评价："你做的PPT真是太清晰了，一眼就能看懂。"接下来，我将详细拆解商业化PPT的制作流程，与大家分享我的经验与心得，敬请期待。

3.2　一页商业化PPT的系统化设计流程

经过前面的学习，我们已深刻认识到商业思维在PPT设计中的巨大价值。然而，要真正将其精髓内化并灵活运用于实际操作中，仍需投入更多时间与精力去学习。本节将带你探索如何锻炼这种深度设计思维，并揭示在日常中可以从哪些维度来进一步提升这种能力。

首先，通过一个简单而典型的案例，来细致观察一页商业PPT是如何经过精心策划和打磨而诞生的。在这个过程中，不妨深入思考一下：这背后究竟需要哪些不可或缺的能力与技巧？例如，这页PPT（见图3.28）。

图3.28

尽管内容不多，但整体布局却杂乱无章。我推测：当你在浏览这页PPT时，目光很可能首先被置于中央的插图所吸引，随后不自觉地转向右侧上方的色彩区块，紧接着是右侧的下方色块，最后才将注意力投向左侧的文本内容（见图3.29）。

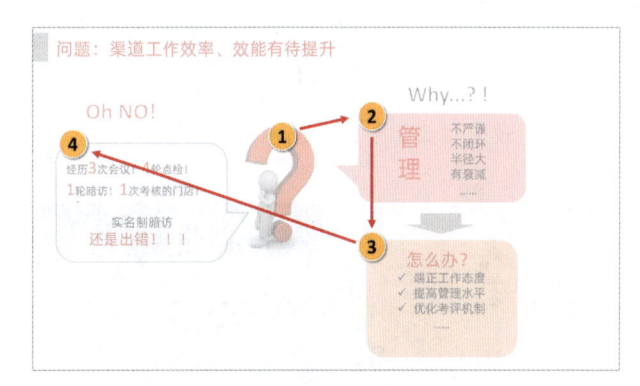

图3.29

这种阅读顺序对应的逻辑结构是：为什么（WHY）→怎么办（HOW）→是什么（WHAT）。这显然与常规的逻辑思维连贯性相悖，因此有必要重新调整页面布局。

理想的逻辑顺序应当是：首先，清晰地阐述是什么（WHAT），明确问题的核心所在；随后，深入探究为何会如此（WHY），揭示问题背后的深层次原因；最后，详细阐述如何操作（HOW），为实际应用提供明确的指导（见图3.30）。

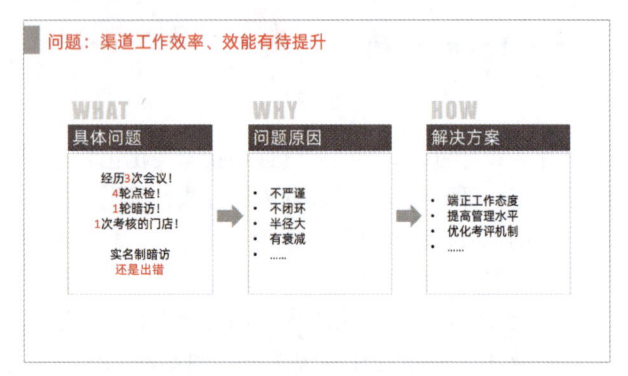

图3.30

这样的布局不仅更符合人们的思考习惯，也能更有效地传达信息。最后在此基础上，适当美化就完成了（见图3.31）。

图3.31

前后效果对比如图3.32所示。

图3.32

经过优化，页面的布局更加合理，元素之间的逻辑关系更加清晰，也更容易让受众理解其意图。整个修改过程的核心在于让PPT内容更易于理解。鉴于原稿信息编排较为混乱，因此，需先深入理解内容，

明确各元素间的逻辑关系，再按照更加自然顺畅的逻辑重新调整排版布局，最终完成整体的美化设计。

简而言之，这个过程可以分为两大核心步骤：

（1）梳理逻辑：深入理解并清晰掌握页面内容的逻辑关系，明确其传达的核心信息。

（2）视觉表达：基于深入的理解，运用PPT的视觉元素将其精准而生动地呈现出来。

接下来，将详细解析这两个步骤，带你领略商业PPT设计的系统思维，帮助你更好地掌握PPT制作的关键技巧。

3.2.1　梳理逻辑

梳理逻辑，是指准确而深入地理解页面内容。在大多数情况下，我们接触的PPT内容确实相对直观，易于领会，就像刚才所展示的案例。

然而，在实际工作中，我们不可避免地会遇到一些涉及陌生领域或逻辑较为复杂的PPT页面。特别是在承接定制项目或为客户公司制作PPT时，由于客户的行业类型多种多样，PPT所涉及的领域也极其广泛，可能涵盖医疗、保险、汽车、健康等多个方面。那么，当遇到真正难以理解的内容时，该如何应对呢？

接下来，通过一个具体案例，详细分享如何一步步思考并处理这类问题。以这页PPT为例（见图3.33）。

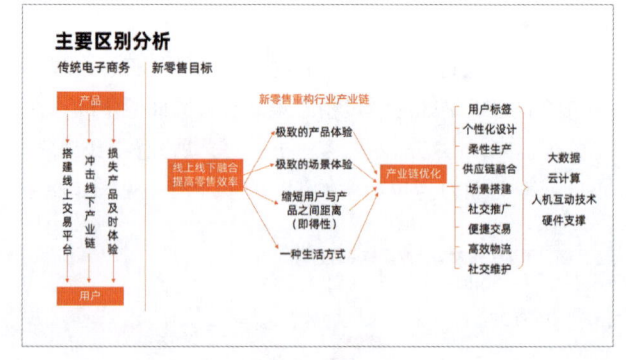

图3.33

先问你一个问题：你能一眼就明白这页PPT想要传达的信息吗？恐怕并不容易吧。当我们对内容的理解不够深入时，你所能做的"美化"充其量只是将元素整齐地排列（见图3.34上），或者替换些更为美观的修饰（见图3.34上）。

第 3 章　商业之美——如何提升 PPT 的商业质感

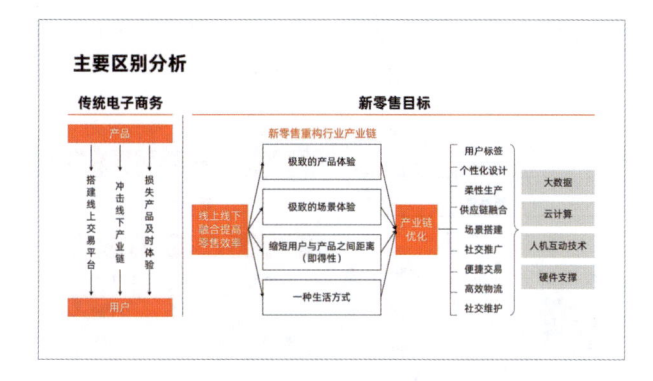

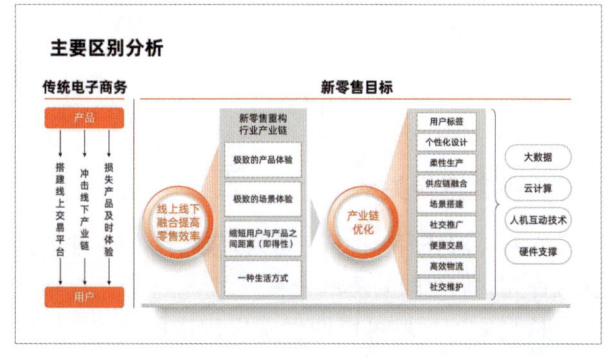

图 3.34

然而，与原稿相比，这样的修改并无实质性差异，所有元素依旧按照原来的方式布局，你依旧无法准确把握这页 PPT 想要传达的核心信息。这正是对内容理解不足所导致的问题。那么，面对这种情况该如何应对呢？

接下来，我的思考方法如下，主要可以归结为以下 3 个关键部分。

（1）理解专业词汇：通过查阅资料，深入了解内容中的关键术语，这是深化对内容理解的基础。

（2）分块解析内容：将页面内容划分为若干块，并为每块内容添加概括性的标题，有助于更清晰地把握每部分的核心内容。

（3）探究逻辑关系：在分块梳理的基础上，进一步探究各块内容之间的逻辑关系，从而确保整个 PPT 的叙述连贯且逻辑严密。

接下来，我将为你详细解读每个步骤的具体操作方法，帮助你更好地掌握这些技巧。

1. 理解专业词汇

当前页面之所以难以读懂，关键在于其中融入了一些专业术语和概念。为了更准确地把握页面所传达的信息，首先要做的就是深入理解这些行业术语。幸运的是，如今信息获取的途径异常丰富，通过上网查找相关

资料，这些专业术语的解读便触手可及，并非难事。

以这页 PPT 为例（见图 3.33），最大的挑战在于对"新零售"这一新兴概念缺乏足够的了解。因此，需要投入一些时间和精力去理解什么是新零售。

在此，分享 3 个我常用的信息获取渠道，希望能助你迅速掌握相关知识，从而更透彻地理解页面内容。

（1）搜索主流网站。

在自媒体蓬勃发展的今天，众多行业知识博主在各大平台分享着他们的见解。不论你希望深入哪个领域，网络总能为你提供丰富的资源。公众号、小红书、抖音、B 站等平台都是你探索知识的宝库。然而，网络信息的繁杂性也要求我们保持警惕，多方对比、筛选，确保获取到真正有价值的内容。

（2）查阅行业报告。

当你对某个领域感到陌生时，查阅行业报告无疑是快速了解全貌的捷径。这些报告通常涵盖了行业的整体发展、产业链布局以及未来趋势等关键信息，为你提供了一个从宏观角度审视行业的框架。艾瑞咨询、Mob 研究院、巨量引擎等行业权威报告网站，都是你获取专业知识的得力助手。

（3）与懂业务的同事交流。

作为职场人，与懂业务的同事交流是一项宝贵的资源。他们长期在一线工作，对业务有着深刻的理解。通过与他们沟通，你可以获取到第一手的信息，甚至解答那些网上难以找到的疑问。充分利用团队资源，你将获得更多宝贵的经验和见解。

通过以上途径，相信你能更深入地理解 PPT 内容。对于职场人士而言，建议优先考虑第三种方式，养成主动沟通的习惯。毕竟，PPT 设计本质上是一门沟通的学问。

回看刚才那页 PPT（见图 3.33），根据我所查阅的资料，简而言之，新零售是线上线下融合的全新购物模式。它借助互联网、大数据和人工智能等技术，让购物变得更加便捷、智能。无论是线上挑选商品后线下体验，还是线下看货线上购买，新零售都使购物过程更加轻松、个性化。同时，它也帮助商家更精准地把握消费者需求，提供更为贴心的服务。

2. 分块解析内容

在深入理解页面内容后，下一步是梳理其中的逻辑关系。鉴于页面信息繁多，建议采取分块解读的策略，逐一理清各部分的内容逻辑。

以新零售的页面为例。首先，将目光聚焦于页面左侧的"传统电子商务"部分，这一部分详尽地阐述了产品、用户以及它们之间的紧密关系。通过查阅相关资料，可以发现这一路径实际上是对零售本质的深刻提炼与概括，即包含"人""货""场"3个核心要素。

利用"场"这一桥梁，将"货"与"人"紧密相连。"场"，可以简单地理解为销售的手段，例如这里提到的线上交易平台。而"冲击线下产业链"及"损失产品及时体验"，这两点都属于传统电商的模式特征。可以将其单独摘出来，此时传统电子商务的交易方式就很清晰了（见图 3.35）。

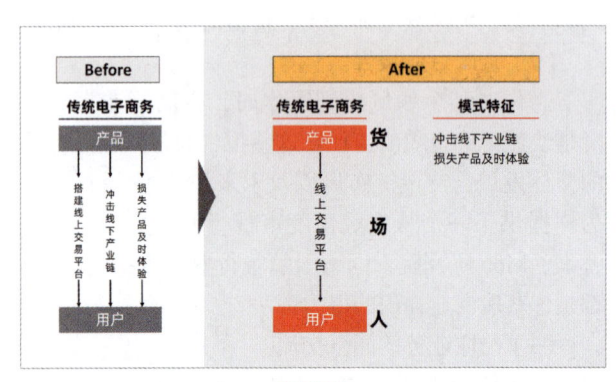

图 3.35

接着，分析页面右侧的"新零售"部分。由于信息量比较大，依旧建议分成两部分来探讨。左侧主要阐述了新零售的交易方式，即线上线下的深度融合；而右侧的 4 点优势点，则可以视为新零售的模式特征（见图 3.36）。

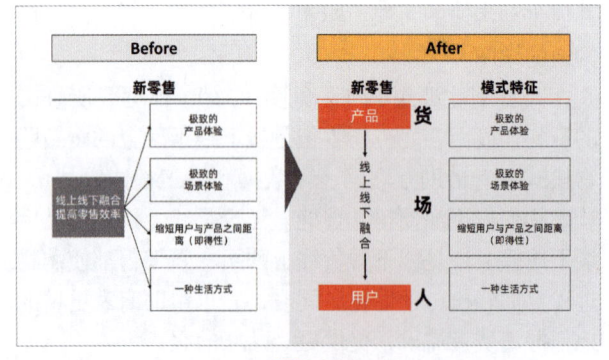

图 3.36

右侧的部分详细描绘了产业链优化的众多环节，而这些优化工作得以顺利进行，得益于"大数据"和"云计算"等前沿技术的有力支撑。因此，在排版上，可以考虑采用从下至上的形式，将技术部分置于底部，用平台这一元素来凸显其支持作用，而在上方则清晰地列出产业链优化的各个环节（见图 3.37）。

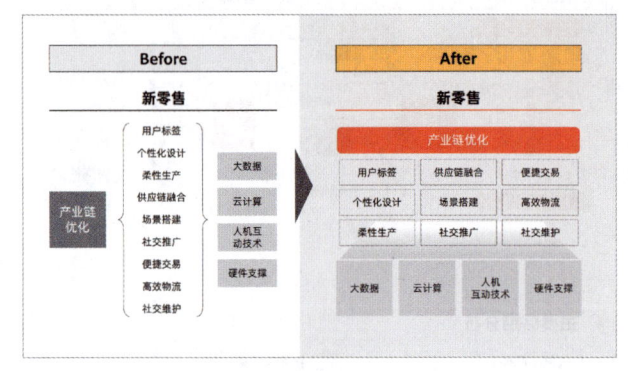

图 3.37

3. 探究逻辑关系

在对 3 部分内容进行了分块理解后，下一步便是深入探究它们之间的逻辑关系。

从页面的标题可以明确看出，这页旨在探讨传统电子商务与新零售之间的差异。因此，可以将内容划分为两大板块：传统电子商务与新零售。在这两大板块下，可以进一步从"货""场""人"这 3 个核心维度进行比较分析，同时分别列出各自独特的模式特征。值得注意的是：新零售部分还额外介绍了底层技术的发展对产业链优化的推动作用，从而支撑新零售模式的创新发展。因此，传统电子商务与新零售之间属于对比关系，而产业链的优化对新零售而言属于辅助的关系。

深入理解内容后，你可能会遇到另一个挑战：在设计之初，由于不知道最终的 PPT 呈现形式，很容易陷入反复修改与试错的困境，浪费大量时间。因此，这就引出了下一个至关重要的技能——如何将脑海中的想法有效地转化为具体的 PPT 形式。

3.2.2　视觉表达

要将脑海中的想法转化为既实用又美观的 PPT，两大核心能力尤为关键：构图能力与设计能力。所谓构图就是确定排版布局，明确页面各个元素的位置。为了提高构图效率，我习惯在美化 PPT 之前，先在白纸上绘制草图。这种图解形式的表达，有助于更快速地呈现想法。

绘制草图可以分为两个步骤：

（1）明确研究对象。
（2）画出逻辑关系。

接下来，以新零售的案例为例，详细演示如何绘制草图。

第一步：明确研究对象。根据之前的内容逻辑分析，这页PPT主要包含两部分：传统电子商务与新零售。因此，可以在草图上画两个圈，分别代表这两个研究对象（见图3.38）。

图 3.38

由于我的草图比较抽象潦草，所以这里就用PPT中的形状元素来搭建草图吧。

第二步：画出逻辑关系。鉴于这页PPT旨在展现传统电子商务与新零售之间的区别，因此，可以用一条线将它们隔开，并且标明对比的3个维度——货、场、人，以及各自的模式特征（见图3.39）。

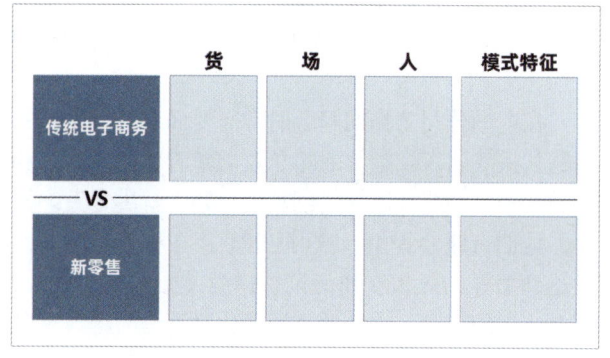

图 3.39

这就是这页PPT最核心的逻辑，在这个阶段不必考虑细节呈现，而应聚焦于整体结构的搭建。因此，请尽可能多地列出可行的排版方式，以便从中选择最符合逻辑、最易于理解的结构布局（见图3.40）。

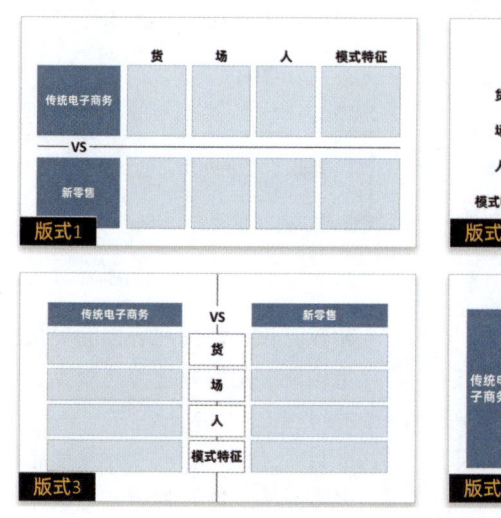

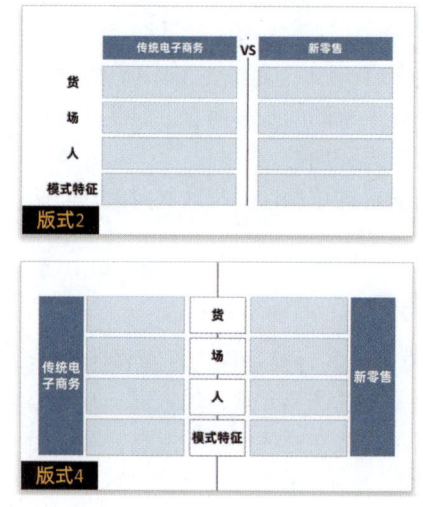

图 3.40

最后结合页面具体内容，选择一个最合适的排版形式，例如这里选择了第1版，并将内容填入上述框架中（见图3.41）。

上方呈现的是传统电子商务的模式及其特征，而下方则聚焦于新零售的展现，并将对比的维度横向展开，这样的布局可以更方便对比两者之间的差异。至此，就完成了草图的绘制。

在职场中，草图绘制技巧的重要性不言而喻。它不仅是实现高效构图的有力工具，更是促进与同事、上级之间沟通的有效桥梁。口头描述往往难以准确传

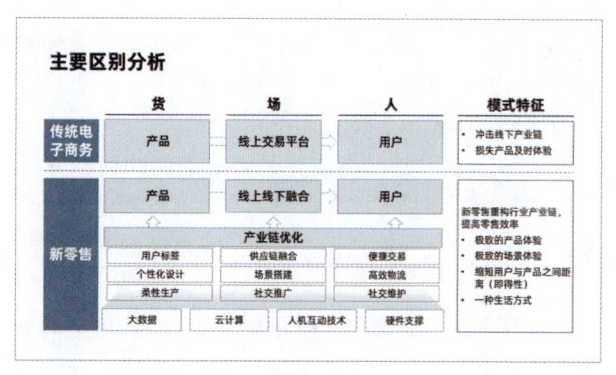

图 3.41

达我们的意图，而现场制作 PPT 虽详尽但效率低下。相比之下，利用草图迅速勾勒出我们的想法，既能让对方更直观地理解我们的思路，又能在讨论中迅速捕捉和修正思路，从而大幅提升工作效率。因此，掌握草图绘制技能，对于职场人来说无疑是一项宝贵的资产。

在咨询公司工作期间，时常需要面对各种复杂的问题和挑战。咨询师及战略总监们带着他们的需求和疑问而来，期待我能提供创新的思路和解决方案。例如，他们有时会提出："这页 PPT 存在哪些问题？期望达到怎样的效果？如何调整排版才能更加合理？"面对这样的问题，单纯的排版美化已不是关键，更重要的是深入理解客户需求，并迅速绘制出草图，以此作为双方沟通的基础和起点。通过深入的交流和讨论，共同构建出一个双方都认可的草图框架。有了这个框架作为基础，后续的美化设计工作便能够顺利进行，最终呈现出令人满意的成果。

完成草图绘制后，下一步便是将其转化为精美的 PPT。对于基础薄弱的初学者而言，就是把手绘内容原封不动地转化为 PPT 形式。就像图 3.41 所展示的，这种方法虽然能够还原草图的基本内容，但往往显得过于单调，缺乏吸引力和创意。

那么，如何打破这种单调性呢？这里向大家介绍两种实用方法。

1. 改变元素形态

页面效果单调，很多时候是因为在草图绘制阶段，使用的都是最基础的图形元素，如方形、圆形等常见形状。然而，通过改变这些元素的形态，就能为页面带来一丝变化。

以新零售的案例为例，可以尝试引入圆角图形来替代过于生硬的直角形状，优化箭头的形式使其更加流畅自然，甚至添加一些细节修饰物来丰富页面的视觉效果。经过这样的调整，页面将焕然一新，更具吸引力和创意（见图 3.42）。

值得注意的是，在改变元素形态的同时，并没有改变元素的布局方式，仅仅是在原有位置上进行了微调。这样，就能够轻松打造出一页既美观又实用的 PPT。

在演讲时，你可以这样介绍这页 PPT：传统电子商务模式主要依赖于线上交易平台进行销售，这不可避免地给线下产业链带来了一定的冲击，并使得消费

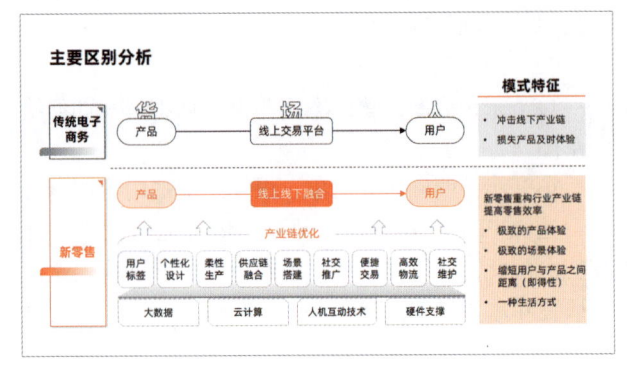

图 3.42

者无法享受到即时体验。然而，新零售模式则借助高新科技的力量，对产业链进行了深度优化，成功打破了线上线下的壁垒。其显著优势在于提供了极致的产品体验、场景体验以及即得性等，从而为消费者带来了更加便捷、个性化的购物体验。

通过形式与内容的完美结合，观众能够更直观地感受到新零售模式所带来的优势。现在，让我们来看一下前后效果对比（见图 3.43）。

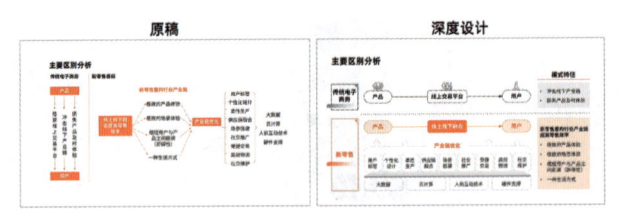

图 3.43

相较于仅仅停留在表面的美化，这种深层次的拆解与重构能够更有效地传达观点，使设计真正为内容服务。

在日常工作中，改变元素形态的方法显得尤为实用。以常见的三段并列版式为例（见图 3.44）。

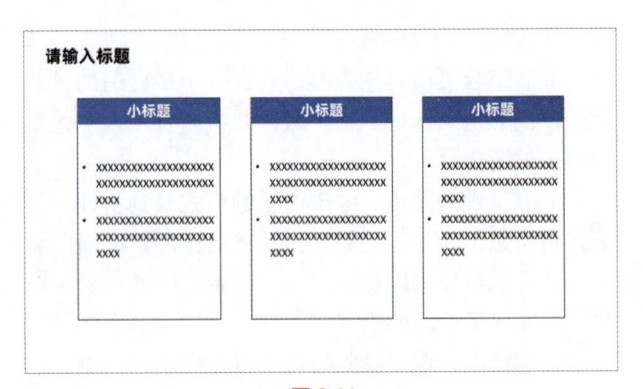

图 3.44

可以给矩形换个形态、增加修饰物，甚至于更大

胆地创新（见图 3.45）。

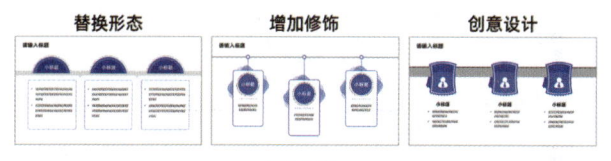

图 3.45

只要确保不改变信息的逻辑关系，可以尽情地在形式上进行各种创新和变化。

2. 借助结构图形

在展现页面元素间的逻辑关系时，仅凭箭头往往难以深入揭示其内在逻辑。此时，可以巧妙地借助经典的结构图形来辅助设计，从而更直观地展现元素间的逻辑关系。例如：面对这页 PPT（见图 3.46），你会如何设计呢？

图 3.46

结合前面提到的改变元素形态的方案，可以做出这样的效果（见图 3.47）。

图 3.47

通过巧妙地引入富有设计感的图形，画面的美感得到了显著提升。然而，如果进一步推敲，会发现这页 PPT 还存在一个问题：由于越往上的会员等级越尊贵，但当前的设计并没有明显展示出等级差异。如何解决这个问题呢？

这时，可以引入经典的结构图形，例如使用金字塔图形（见图 3.48）。

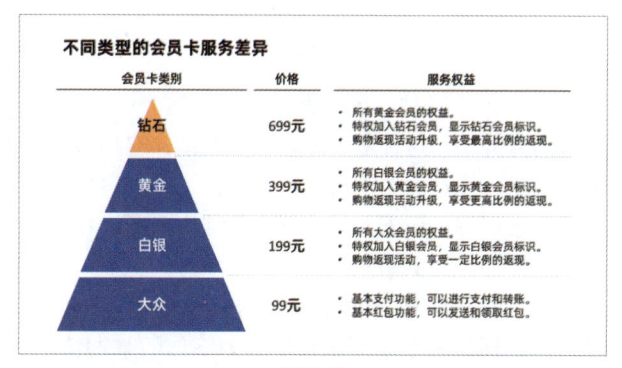

图 3.48

将钻石会员卡置于金字塔的塔尖，大众会员卡放在最下层。借助金字塔越靠近顶端越稀缺的特性，就能够直观而形象地展示会员卡的等级体系。这就是结构图形的神奇之处，它不仅能够提升页面的视觉美感，更能通过赋予设计独特的意义，帮助受众更直观地理解内容。

在此基础上，还可以结合之前提及的改变元素形态的方法，对金字塔图形进行美化（见图 3.49）。

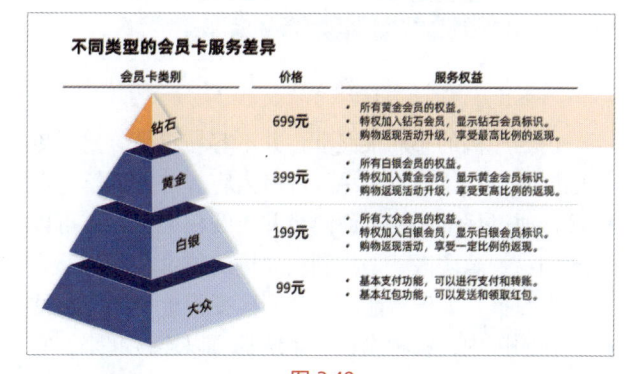

图 3.49

将原本扁平的金字塔图形转化为立体形态，不仅展现了设计的专业性，更使内容呈现更为形象生动。相信凭借这样的 PPT，一定能够让领导和同事对你刮目相看！

再如：当我们面临一个项目决策时，理性地分析利弊至关重要。如果只是简单将利弊罗列出来，就显得很普通（见图 3.50 左侧）；为此，可以采用跷跷板的结构图形来展示（见图 3.50 右侧）。

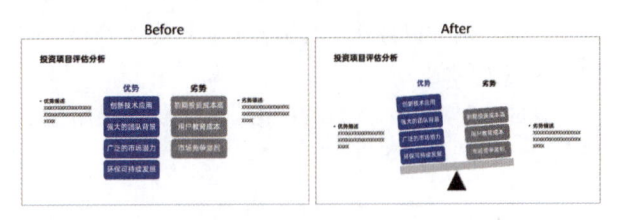

图 3.50

当利大于弊时，跷跷板自然倾向优势端；反之，则倾向劣势端。这种呈现方式非常形象，它巧妙地将图形寓意与元素间的逻辑关系相结合，使内容更加鲜活且易于理解。至于如何绘制这些结构图形，将在第5章详细阐述，敬请期待！

以上就是商业化 PPT 设计的完整流程。下面趁热打铁，通过一个小测试来检验一下你的掌握情况。面对这页 PPT（见图 3.51），你会如何设计呢？可以拿出一张白纸，画出你的设计方案。

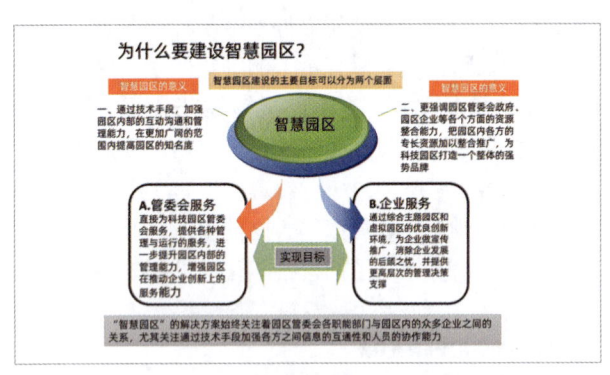

图 3.51

由于原稿的布局很混乱，并不容易看懂。要想更好地展开设计，需要先深入理解内容。首先理解专业词汇，通过仔细阅读页面内容并查阅相关资料，可以了解到：智慧园区就是指利用先进的技术，例如互联网、大数据、人工智能等，让园区变得更智能、更便捷。在园区内，各种设备、系统都可以连接起来，它们之间可以相互交换信息，让园区的运行更加高效，管理也更加方便。

在理解并掌握了相关专业词汇后，下一步是对内容进行分块解析。这页 PPT 主要包含 3 个核心部分：智慧园区的意义、目标以及具体的方案描述（见图 3.52）。

这 3 部分的内容都是长段的文字描述，为了提高可读性，可以分别给它们提炼一个简洁明了的小标题，并且精简文案（见图 3.53）。这样，读者就能更快地把握每部分的核心内容，关于文案梳理的技巧，将在第 5 章中详细阐述。

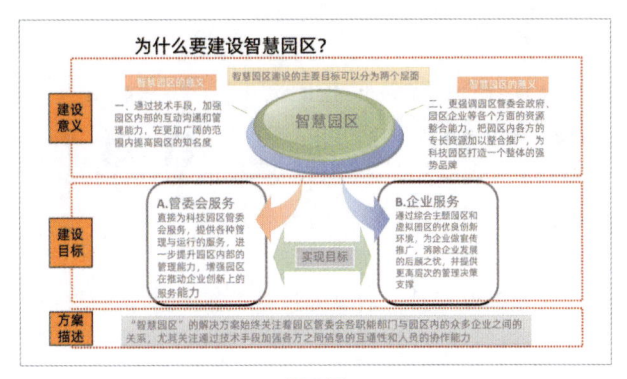

图 3.52

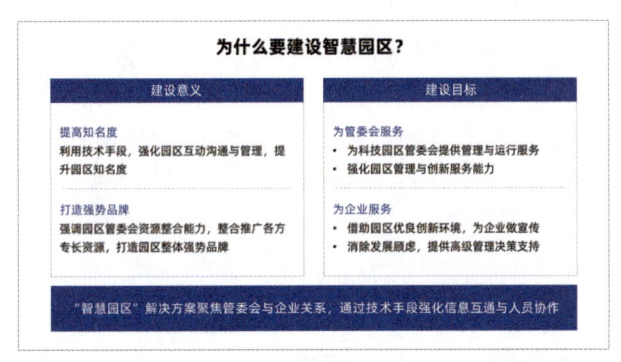

图 3.53

最后，需要明确这 3 部分之间的逻辑关系，并结合标题"为什么要建设智慧园区"进行深入分析。可以梳理出这样的逻辑链条：智慧园区的建设方案是什么→它能实现怎样的目标→因此具备怎样的意义。

理清内容逻辑后，就可以着手绘制草图了。分为两步：明确研究对象及找出对象间的逻辑关系。在本例中，整页内容都是围绕智慧园区展开的。其中，意义和目标更多的是对智慧园区的概述性描述，而具体的研究对象则隐藏在方案描述这类具象的信息中。经过分析可知，智慧园区方案着重提到了园区管委会及企业这两个实体，因此，主体是 3 部分：智慧园区、管委会、企业。

在草图中，可以画 3 个圆分别代表这 3 个主体，中心位置放置 1 个大圆，代表智慧园区，而在其两侧则分别绘制代表管委会和企业的圆（见图 3.54）。

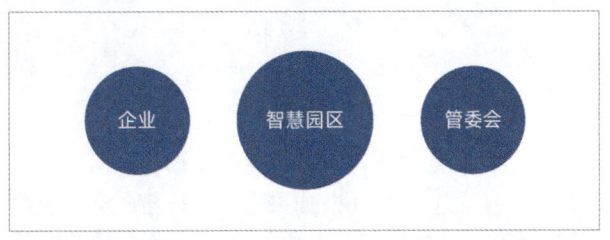

图 3.54

第 3 章 商业之美——如何提升 PPT 的商业质感

接下来，需要清晰地界定它们之间的逻辑关系。智慧园区作为核心，其主要职责是为管委会和企业提供全方位的服务。基于这一逻辑关系，可以绘制两组箭头，直观地展示智慧园区如何向管委会和企业提供服务，并在箭头旁注明具体的服务内容。至于智慧园区的建设意义，可以将其置于草图的最下方，作为整个设计逻辑的收尾。这样，就完成了草图的绘制（见图 3.55）。

图 3.55

最后，适当改变元素形态进行美化，就完成了最终的设计（见图 3.56）。

此时可以这样讲述这页 PPT：智慧园区始终致力于优化园区管委会与企业间的互动关系，为企业和管委会分别提供了某某服务，从而确保了园区的高效运转与持续发展。建设智慧园区的两大核心意义在于，它能够显著提高园区的知名度，并助力园区打造强势品牌。对比前后效果（见图 3.57）。

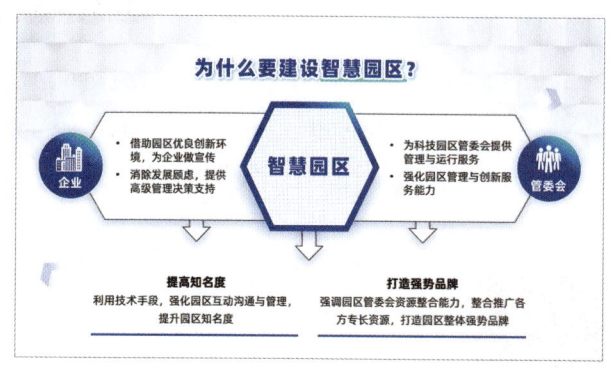

图 3.56

图 3.57

可以清晰地看到，当形式与内容完美融合时，观众能够更直观地理解页面所传达的信息，增强了信息的传达效果。

以上就是商业化 PPT 设计的完整流程，它包括梳理逻辑和视觉表达两个关键环节。在梳理逻辑时，需要具备出色的资料搜索能力和逻辑梳理能力；而在视觉表达环节，则需要掌握草绘构图能力和美化设计能力。只有这样，才能打造出美观且实用的商业 PPT。

3.3 要点回顾

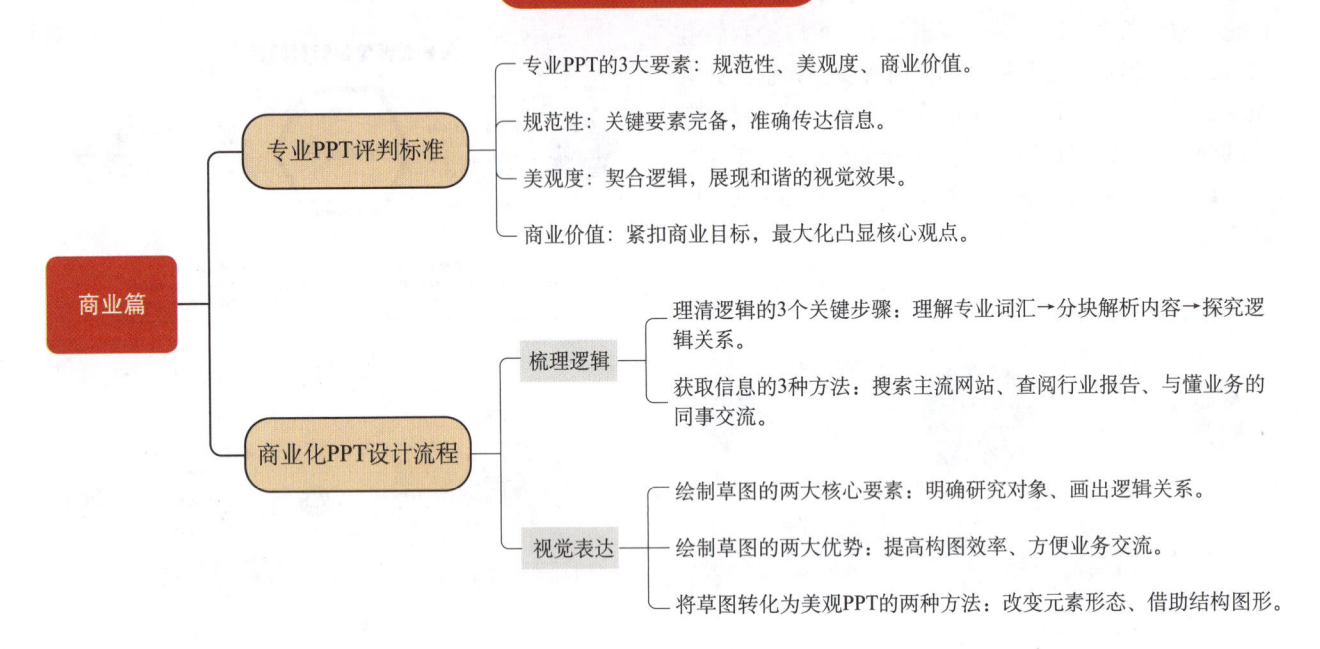

- **商业篇**
  - **专业PPT评判标准**
    - 专业PPT的3大要素：规范性、美观度、商业价值。
    - 规范性：关键要素完备，准确传达信息。
    - 美观度：契合逻辑，展现和谐的视觉效果。
    - 商业价值：紧扣商业目标，最大化凸显核心观点。
  - **商业化PPT设计流程**
    - **梳理逻辑**
      - 理清逻辑的3个关键步骤：理解专业词汇→分块解析内容→探究逻辑关系。
      - 获取信息的3种方法：搜索主流网站、查阅行业报告、与懂业务的同事交流。
    - **视觉表达**
      - 绘制草图的两大核心要素：明确研究对象、画出逻辑关系。
      - 绘制草图的两大优势：提高构图效率、方便业务交流。
      - 将草图转化为美观PPT的两种方法：改变元素形态、借助结构图形。

第4章 模板之局
——如何灵活应用与改造模板

在忙碌的会议室中，小李紧张地准备着演示文稿。面对硬盘中囤积的大量PPT模板，她心中充满了疑惑，不确定哪个能让演示更出彩。许多人如小李一般，面对PPT美化任务时，首先想到套用现成的模板，这确实是一种快捷且有效的策略，能迅速提升设计感。然而，套用模板并非易事，实际操作中会遇到诸多问题，例如去哪儿找到合适的模板、套用后效果不佳、设计效率低等。

对于新手而言，首要的挑战便是寻找一份合适的PPT模板。由于缺乏明确的搜索方向，他们往往不知从何找起；找到的模板质量参差不齐，难以抉择；即便面对众多模板，也可能因选择过多而难以抉择。更令人沮丧的是，即便费尽心思找到了一款高级的PPT模板，当融入自己的文案、图片和图表等各种元素后，整体效果却大打折扣。相信经常使用PPT模板的你，肯定遇到过上述情况。可见，套用模板并非简单的复制粘贴，其中也蕴含着丰富的技巧和深刻的学问。只有真正理解和掌握模板的设计精髓，才能更好地应用模板。

除了设计形式的差异外，不同的人在使用模板的效率上也有很大区别。想象一下：当你辛苦制作了数十页的PPT，领导却对配色不满意，要求全面修改，你会怎么做呢？若选择一页页手动修改，无疑将面临一项繁重且耗时的任务；对此，经验丰富的PPT高手却能在短时间内迅速应对这一挑战，例如替换整份PPT的配色这种任务，只需要几秒钟就可以搞定。而这一切的背后，实则依赖于一套严谨且高效的设计规则——"幻灯片母版"，或许你对于这个概念比较陌生，但其作用却不容忽视。母版不仅能使PPT设计更加规范统一，还能显著提升设计效率。关于母版的更多应用与技巧，将在下文中详细探讨。

因此，掌握模板制作的方法是提升工作质量和效率的关键，也是每位职场人士的必备技能。本章将为你揭示PPT模板设计的奥秘，解决你在使用模板过程中可能遇到的各种问题。

通过本章学习，你将掌握以下关键技能：
（1）深入了解模板的基础知识和设计理念。
（2）学会科学而高效地套用模板。
（3）掌握PPT母版的原理和应用技巧。
（4）从零开始创建一份符合标准的PPT母版。

让我们一起踏上这场关于PPT模板设计的探索之旅，揭开高效演示的秘密吧！

4.1　关于模板，这些基本功不可不知

你是否曾疑惑，网络上琳琅满目的PPT模板如此之多，为何企业仍愿意花费时间和资金去定制专属的企业模板？这背后究竟隐藏着怎样的秘密？接下来的内容，将为你揭开PPT模板背后的奥秘，从模板的价值、设计规范到选用技巧等方面，带你更系统、全面地了解PPT模板。

4.1.1　为什么要使用PPT模板

很多人之所以使用PPT模板，主要是因为自身设计水平有限，而模板能够迅速填补这一短板，无须花费大量时间和精力去学习设计技巧，也能在短时间内做出美观的PPT。对于需要频繁制作PPT的人来说，套模板无疑是一个高效且实用的解决方案。

正因有着庞大的需求，网上PPT模板资源非常丰富，各种主题、行业、风格的模板应有尽有，为用户提供了丰富的选择（见图4.1）。

然而，尽管市面上的模板种类繁多，但许多企业仍会定制专属的PPT模板。这背后主要有两大原因：彰显品牌价值和统一设计规范。

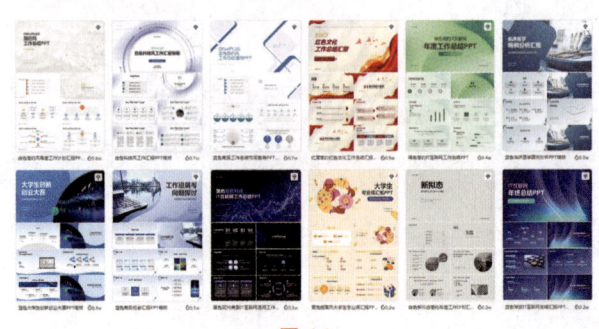

图4.1

1. 彰显品牌价值

通过巧妙地将企业的品牌元素与模板设计相融合，便能形成独特的视觉风格，显著提高企业品牌的识别度。例如，全球知名的三大顶级咨询公司——麦肯锡、贝恩及波士顿咨询，它们的PPT都各具特色，观众无须细看内容，就能轻松辨别出各自所属（见图4.2）。

这种强大的品牌辨识度，不仅提升了公司的专业形象，更在无形中发挥了广告宣传的作用。每一次对外的展示，都成了企业品牌的强势推广，让受众在不知不觉中加深了对企业的信任与好感。

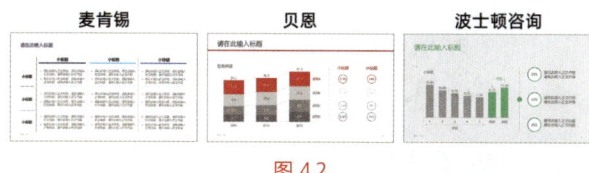

图 4.2

相对地，如果没有统一的企业模板，品牌的价值传达也会因此大打折扣。例如：假设"饿了么"要举办一场路演活动，如果直接套用网上下载的 PPT 模板，虽然样式可能也还不错，但却无法与"饿了么"的品牌形象完美契合。更糟糕的是，如果模板的颜色与竞品（如美团）的品牌色撞色，那么行人在路过时很可能会误以为是美团的活动，品牌传播的效果就会差很多。因此，定制一份契合企业调性的 PPT 模板就显得尤为重要。

2. 统一设计规范

借助统一的模板，企业员工可以遵循相同的 PPT 设计规范，有效减少因视觉差异而影响 PPT 的整体感。同时，团队成员在制作 PPT 时不再需要花费大量时间摸索设计风格，而是能够直接投入内容创作中，从而提高工作效率。

我此前在咨询公司工作时，部门内部就会分发一份详尽的设计手册，它详细记录了 PPT 制作的规范，

如配色方案、字体选用、版式布局等，甚至连标点符号的运用，都有严格的规范（见图 4.3）。

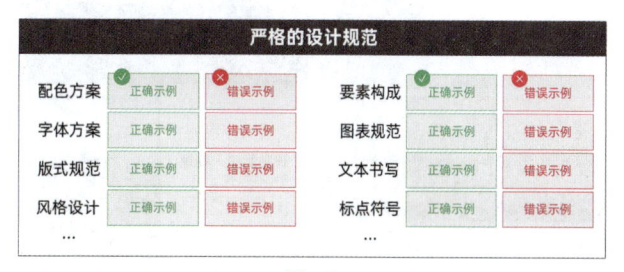

图 4.3

这种细致的规范，使得团队成员在分工制作 PPT 时，不仅能够确保设计形式符合企业风格，还能与其他成员制作的 PPT 无缝对接，形成一份风格统一的报告。因此，定制一套符合企业特色的模板，无疑是一项明智的决策。它在彰显品牌价值、统一设计规范方面发挥着重要的作用。

4.1.2 标准 PPT 模板的构成

纵使 PPT 模板的形式千变万化，但都离不开 5 大要素：封面、目录、过渡页、内页与封底（见图 4.4）。它们共同构成了 PPT 模板的骨架，为整套幻灯片的设计提供了明确的指导方向。接下来，将深入剖析这 5 大核心元素，助你更好地应用模板。

图 4.4

封面是幻灯片的"门面"，它是人们对于 PPT 的第一印象。优质的封面，能够迅速吸引观众的注意力，激发受众对于汇报内容的兴趣。同时，它也应该准确地传达出汇报的主题及演讲者身份等信息。因此，在封面设计中，通常会包含标题、人名等关键信息，以确保内容的完整性。

按设计形式的差异，可以将 PPT 封面分为两类：

（1）图片型封面设计：以高质量的图片作为视觉主体，这些图片可以全屏呈现，也可以巧妙地置于页面的特定区域，然后在留白位置处添加标题文案等信息（见图 4.5）。这种设计方式简洁高效，只要图片足够好看，就能迅速吸引观众的目光。

图 4.5

（2）形状型封面设计：需要巧妙运用各种形状、线条与构图技巧，精心创造出富有美感的封面效果（见图4.6）。与图片型封面设计相比，它的设计难度更大，更考验设计者的创意与技巧。然而，一旦熟练掌握，设计者便能摆脱对素材的依赖，充分发挥自己的创意，创作出众多新颖独特的设计作品。

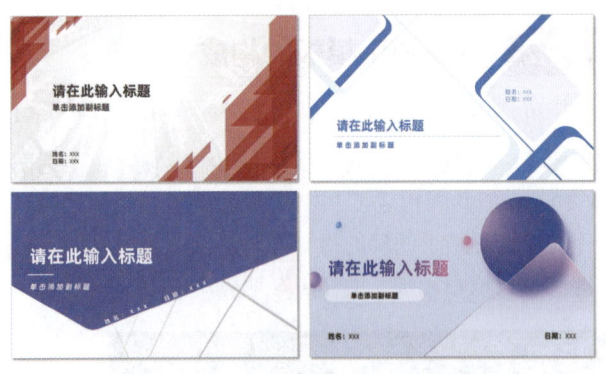

图 4.6

无论是图片型封面还是形状型封面，都需要紧密结合汇报的内容和风格精心设计，只有这样，封面才能真正成为幻灯片的"门面"。

目录作为幻灯片的"导航栏"，它就像一本书的目录页，为观众提供清晰的内容浏览路径，使他们能够迅速了解整个演示的结构和要点。目录的形式多种多样，最常见的是列表式目录，在一个文本框中将各章节的标题依次呈现出来（见图4.7）。这种形式的目录简洁明了，易于修改，适用于工作汇报、学术答辩等相对严谨的应用场合。

除此之外，目录也可以很有设计感。将各章节标题单独列出来，并运用图片、图形和线条等视觉元素进行修饰（见图4.8）。这种设计方式难度较大，常用于对美观度要求较高的场合，能充分展现出设计者的审美品味。

图 4.7

图 4.8

无论是简洁明了的列表式目录，还是设计感十足的创意目录，目的都是为观众提供一个既清晰又美观的导航体验，进而帮助受众更好地理解和把握PPT的整体结构。

过渡页是起到承上启下作用的页面。当PPT页数较多时，它能够在视觉上起到分割和衔接的效果，明确告知观众接下来即将进入哪一章节的内容，使观众能够清晰地感知到演示的进展，从而更好地跟上演示的节奏。过渡页通常采用与内页不同的设计形式，以起到分割作用。以浅色系PPT为例，采用深色背景填充的过渡页设计（见图4.9），能够鲜明地与内页

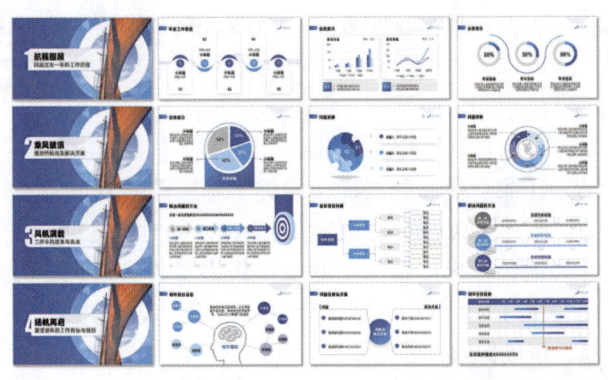

图 4.9

形成对比，使观众一眼便能识别出章节划分，从而更加清晰地掌握演示的结构。

内页是承载 PPT 主要内容的页面，基础的内页只需包含标题栏和脚注即可。标题栏位于页面顶部位置，它是观众最先看到的区域，使用加粗放大的文字凸显，用于填写本页的核心观点。而脚注，则位于页面的底部，是对页面信息的补充和说明，用于填写数据来源、引用或名词解释，旨在帮助观众更好的理解页面内容，使信息呈现更加完整和丰富（见图 4.10）。

图 4.10

在设计内页时，应严格遵循版心原则。版心，作为页面内容布局的边界线，对于确保 PPT 的整体性和连贯性至关重要。以一份专业的 PPT 报告为例，当多页 PPT 放在一起时，能够看到它们的边界都在一条直线上（见图 4.11）。而这条无形的线就是版心的边界线，用于规定 PPT 内容的填写区域，确保不同页面之间的连贯性和一致性，以提升 PPT 的整体感。

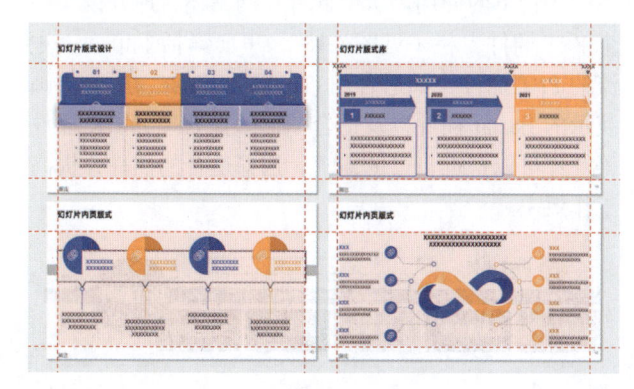

图 4.11

封底是幻灯片的最后一页，它既是幻灯片的终结，也是留给观众的最后印象。一般封底的设计是在封面的基础上做些细节调整得来的，以确保整套 PPT 的风格保持一致（见图 4.12）。

图 4.12

在内容方面，封底除了使用"谢谢观看"等致谢语外，还可以采用点题金句的形式，加深观众对于整份 PPT 的印象，例如大型的跨年演讲和发布会的结尾页大都采用金句结尾，让观众在离开时仍能回味无穷。

以上就是 PPT 模板的 5 大核心骨架。无论是企业专属模板，还是网络下载的模板，封面、目录、过渡页、内页以及封底这些要素都不可或缺。只有深入理解每个要素的功能与特点，才能更好地驾驭模板，从而提升演示效果。

4.1.3 PPT 模板的选用技巧

对于企业员工而言，在选择 PPT 模板时，首选应是公司提供的标准化模板，这是最稳妥的方式。当然，并非所有企业都有统一的模板，若你所在的企业尚未提供，则需要自行在网上寻找合适的模板。

在寻找 PPT 模板时，许多人会选择通过百度等搜索引擎进行检索。但这种方式并不高效，在搜索中会夹杂许多广告链接，而且资源的质量也参差不齐。为了提高搜索效率，在此推荐几个经过我精心筛选的高质量 PPT 模板资源网站，并分享一些实用的选择模板的技巧。

1.PPT 模板资源网站

（1）优品 PPT（见图 4.13，网址为 https://www.ypppt.com/）。

图 4.13

模板的品类齐全，包含工作汇报、教学课件、培训演讲等，每份模板的页数也相对丰富，通常在 20 页左右，整体的设计水平属于中上，适合新手使用。

除了 PPT 模板外，该网站还提供了 PPT 常用的背景、图表和素材等各类资源供用户下载，甚至还收录了 PPT 教程专栏（见图 4.14），能够帮助你更好地掌握 PPT 技能，提升演示效果。

图 4.14

（2）51PPT（见图 4.15，网址为 https://www.51pptmoban.com/ppt/）。

图 4.15

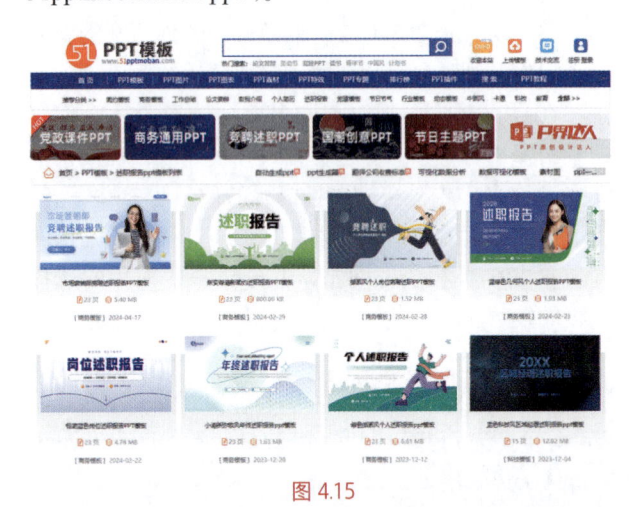

网站上的许多模板都出自经验丰富的设计师之手，版式设计精美，细节也很丰富，属于上乘的设计水准。除了资源丰富外，网站还提供了非常细致的分类方式（见图 4.16）。

可以依据主题、色系、风格等进行精细化筛选，方便用户更精准锁定想要的模板。值得一提的是，51PPT 模板网站还设立了排行榜专栏，依据下载量展示了网站中几款热门的 PPT 模板（见图 4.17）。

图 4.16

图 4.17

这些模板都是经过市场检验的，往往因其设计新颖、实用性强而备受用户青睐，你可以借助排行榜了解当前最受欢迎的模板类型，从而做出更好的选择。

除了丰富的模板资源外，网站也提供了大量的 PPT 素材，如图片、图表、教程等，能够满足用户在不同场景下的使用需求。此外，网站还特地开设了一个 PPT 插件专栏（见图 4.18），里面囊括了市面上主流的 PPT 插件，如适合商务汇报的 iSlide、适合动画演示的 Eastar 插件以及适合图形图像处理的 OK 插件等。你可以根据自己的需求，选择适合的插件，提高工作效率。

图 4.18

（3）OfficePLUS（见图4.19，网址为 https://www.officeplus.cn/PPT/template/）。

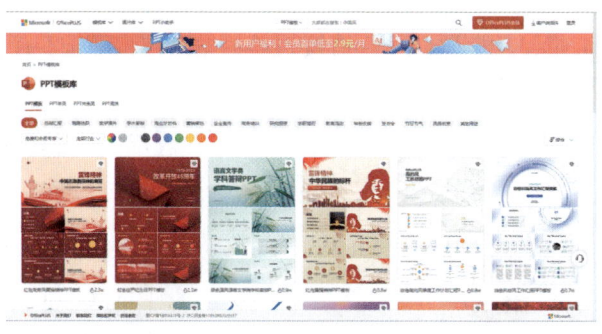

图 4.19

作为微软官方的PPT模板网站，收录的模板质量非常高，堪称免费资源中的翘楚。它在作品展示方面与普通模板网站不同，不单单是一张封面图，而是截取了部分页面做的长图预览，方便用户快速查看模板的整体效果，极大提高了筛选效率。每份模板都凝聚了专业设计师的心血，它们或简约大方，或创意独特，无论是色彩搭配、版式布局还是细节处理，都展现出了很高的设计水准。这是因为微软经常会组织一些PPT比赛，网站上架的许多模板，都来源于大赛的获奖作品，因此无论是设计感还是实用性都得到了广泛认可。

在主页上，你会发现很多模板的右上角都带有一个钻石图标。它表示当前模板需要付费下载，但不必担心，只需在上方导航栏中，将模板类别切换为"免费"，即可获取免费模板资源（见图4.20）。

图 4.20

除了成套的PPT模板之外，该网站还提供了单页下载渠道（见图4.21）。这意味着用户可以根据自己的需求，下载指定的页面类型（如产品介绍、业绩亮点、项目进展等），这一功能对于经验丰富的设计者而言，非常实用。它能够帮助你更加灵活地"组装模板"，打造出独具特色的PPT。

图 4.21

以上是我常用的3大免费PPT资源网站。然而，尽管免费资源网站有很多优点，但也正是由于免费的性质，所以模板质量是参差不齐的，需要你花费一定的时间筛选，而且很多网站对免费资源也有下载次数的限制。这意味着用户在下载一定数量的模板后，可能无法继续获取更多的资源。这种限制对于需要频繁使用PPT模板的用户来说，无疑是一种束缚。如果你希望短期内快速获取更多优质模板，那么付费的PPT模板网站就是一个更高效的选择。这里只介绍一款付费模板网站：PPTSTORE（见图4.22，网址为 https://www.pptstore.net/）。

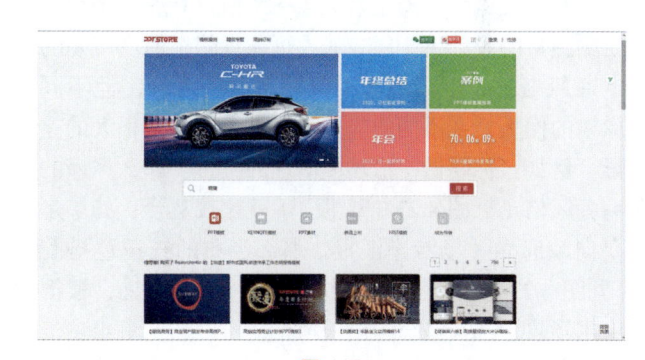

图 4.22

这是一个以销售而知名的PPT模板网站，许多国内外顶尖设计师，都会来此售卖PPT模板，因此模板的设计感和实用性都是国际一流的，能够帮助用户在各类场合中脱颖而出。

而且，由于是付费模板，用户只需根据受众人群及应用场景，锁定模板类型即可，无须再花费大量时间去筛选和比较不同模板的美观度。毕竟在付费模板面前，美观是最基本的素养，这也极大地提高了筛选效率。

2. 选择 PPT 模板的技巧

面对网站上琳琅满目的 PPT 模板，选择困难症的你是否感到无从下手？每翻一页，似乎总觉得下一页的模板会更好，不知不觉中消耗了大量时间。其实，这种现象往往源于缺乏明确的目标，仅凭感觉去选择，效率低下且很容易选错。

那么，如何挑选出适合的 PPT 模板呢？通过一个具体的例子来探讨。假设你要做一场关于环境保护的演讲，那么以下这 4 份模板（见图 4.23），你会选择哪一款呢？

图 4.23

由于每个人的审美不同，因此选择也会有所差异。有的人偏爱严谨庄重的商务风格，有的人则钟爱炫酷独特的设计感，还有的人可能青睐于俏皮可爱的卡通风格等，审美偏好本身并无对错之分，但不同风格的模板，在不同的应用场景下效果却有很大的差异。例如：你要做一份环境治理的报告，那么严谨的商务风格（见图 4.23 中模板 1）就比较契合；如果是要向政府做一场专题汇报，那么经典的红黄色搭配（见图 4.23 中模板 4）则会更匹配一些。总之，根据应用场景，选择契合的模板风格，可以达到事半功倍的效果。

相对地，如果选择了不匹配的风格，效果将大打折扣。例如，若仅凭个人喜好选择了商务风格，但演讲对象是小学生时，则此风格可能显得过于严肃，不适合教育科普的场合。此时，选择俏皮可爱的卡通风格将更为恰当，因为它能更有效地吸引小学生的注意力，促使他们更专注地聆听演讲内容。

由此可见，选择模板并不是根据自己的喜好来的，而是要充分考虑受众的特点和需求，毕竟受众喜欢的，才是好模板，而这也是本书第 2 章中探讨的内容构思方面的技巧。

在筛选 PPT 模板时，可充分利用模板网站的导航栏功能，以缩小筛选范围，提高筛选效率。以 OfficePLUS 模板网站为例，可以根据类型（如总结汇报、教学课件、营销策划等）做个初步筛选。例如，想找一份用于年终汇报的 PPT 模板，那么可以单击"总结汇报"，并且将模板类型切换为"免费"（见图 4.24）。

图 4.24

接下来，在行业类型的下拉选项中，选择你所在的行业，例如这里选择"财务金融"（见图 4.25）。

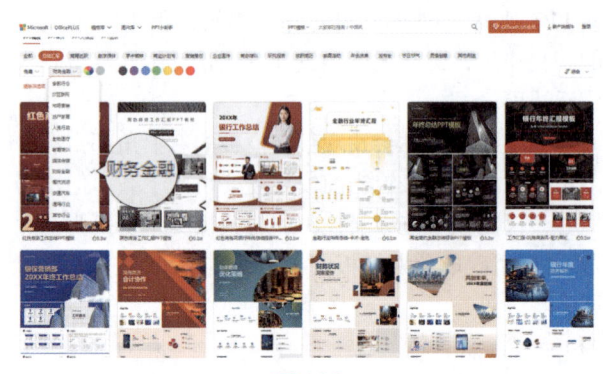

图 4.25

最后，还可以根据企业的 logo 色或者领导的偏好等因素，选择主题色系，例如红色系（见图 4.26）。

图 4.26

通过一系列筛选条件，可以快速且精准地锁定想要的模板类型，提高筛选效率。要做到这点，需要在寻找模板之前，就有一个清晰的目标，知道你想要的模板大致是什么样的。只有这样才能更高效地找到合适的模板，否则就是大海捞针。

总之，本节内容旨在帮助你认识到模板的重要性，并熟悉模板的选用技巧，以便在最短时间内找到最适合的 PPT 模板。当然，选到合适的模板也只是个开始，要想发挥出模板最大的价值，仍需要很多设计的技巧。下一节，将带你走进模板设计背后的学问，详细讲解如何高效地应用模板。

4.2　模板明明很好看，为啥你一用就变丑

你是否也曾有过这样的经历：翻遍了资源网站，找到了一款心仪的 PPT 模板，仿佛看到了汇报成功的曙光。然而，当你将自己的图片和文字替换进去后，却发现 PPT 瞬间"拉胯"了（见图 4.27）。明明只是按照模板的指引进行替换，为何效果却差这么多呢？

图 4.27

其实，这背后隐藏着模板设计的深刻学问。模板不仅仅是一个简单的框架，它还包含了设计者的心血。每张图片、每段文字都经过了精心设计和布局，才能形成如此和谐的美感。而你在替换内容的过程中，不经意间就会破坏这种平衡，从而让模板失去原有的魅力。那么，在套用 PPT 模板的过程中，如何尽可能保持画面美观的同时，将自己的内容巧妙融入呢？而这就是本节的重点。

4.2.1　模板的特性

为了更好地套用模板，首先要了解模板的特性。以一份标准的 PPT 模板为例（见图 4.28）。

仔细观察会发现，模板的配色统一和谐，整体感很强，每页元素排布都很匀称，随便挑选一页来做个版面分析（见图 4.29）。用色块将出现内容的地方框起来，会发现一个现象：画面中的元素，似乎都由一条条无形的线引导着排布，保持着严格的对齐，从而透着一种强烈的秩序感。

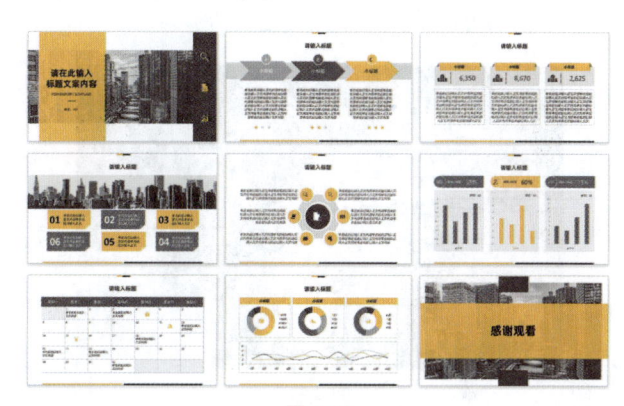

图 4.28

图 4.29

除此之外，为了尽可能保持美观，模板中用到的元素都很规整，甚至连文案长度都是一样的。如果把套模板的过程比作搭积木，那么模板中的元素就相当于是手上的积木。由于模板是通用型的，每个元素都很规整，就像是手中一个个方方正正的积木块（见图4.30），因此搭积木的过程就很简单。

图 4.30

然而，在实际套模板过程中，几乎不存在这种理想情况，你的内容往往都不是规整的元素，例如画质普通的生活照、长短参差不齐的文案、数量分布不均的元素等。此时，手里的积木块就不再是方方正正的样子了，而是形态各异的（见图 4.31），搭积木的难度也就上升了一大截。要想维持平衡感，就不能只是简单的堆砌，而是需要用到一些技巧。

图 4.31

套模板也是同理，如果只会机械性地复制粘贴，就会在不经意间破坏页面的美感。接下来的内容，将通过具体的实例，教你在融入自己内容的同时，最大限度地保留模板本身的美感。

4.2.2 套模板的技巧

下图是一份非常典型的 PPT 模板（见图 4.32），配色统一，美观高级。

图 4.32

而你将自己的文案及图片替换进来后，却变成了这样（见图 4.33），原本的高级感瞬间消失了。

图 4.33

造成这种现象的原因在于，模板本身是通用型的，而你做的内容是定制化的，两者并不能很好地兼容，不知不觉中就破坏了模板原有的美感。因此，下面就以这份被破坏的模板为起点，手把手向你演示如何科学地套模板。

首先是封面页（见图 4.34 左侧），经典的左文右图的形式，将文字及图片替换后（见图 4.34 右侧），页面原本的高级感瞬间就消失了，而且文字与图片叠在一起，信息变得难以识别。

图 4.34

明明只是在原有位置上替换文字和图片，效果为什么差这么多呢？很多人第一反应是插入的图片不够好看，但其实问题的根源并非如此。仔细分析页面的版式会发现，原稿中的图片左侧有大量留白，刚好适合填入文字，与右侧的图片维持重心平衡。而改版的效果图中，图片本身是居中构图的，没有足够的留白区域填写文字信息，从而导致重心失衡。

因此，解决问题的关键在于重新构建页面的平衡感。最简单的方式是直接在文字下方加入色块，人为制造留白区域（见图 4.35）。

这种方式的优点是高效，可提高文字识别性。但缺点也很明显，由于图片被遮挡了一部分，所以视觉效果并不美观。其实最好的修改方式是参照原图，将图片中建筑右移，空出左侧区域用于填写文字信息（见图 4.36）。

第 4 章　模板之局——如何灵活应用与改造模板

图 4.35

图 4.36

此时，页面确实清爽了许多，但由于图片不够长，左侧空出一片白色区域，导致割裂感很明显。怎么优化呢？此时就需要借助蒙版了。插入一个矩形，将颜色填充类型改为"渐变填充"，其中蒙版的颜色可以取自模板的主题蓝色，以保持页面整体基调的统一（见图 4.37）。

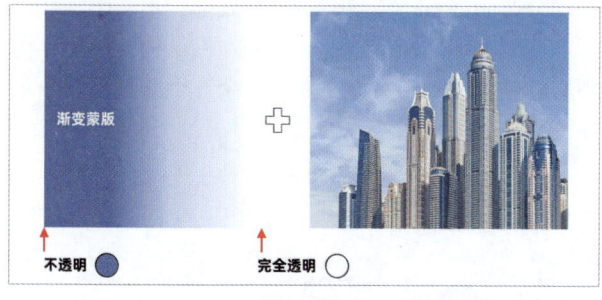

图 4.37

应用蒙版后的效果如图 4.38 所示，蒙版仿佛成为图片的一部分，完美地填补了原本空缺的部分，使左侧文字与右侧的建筑重新恢复了平衡。

来看下前后效果对比（见图 4.39）。在封面修改过程中，始终围绕构建页面的平衡感展开设计。其中，引入了蒙版的概念，它就像一个遮瑕膏，遮住瑕疵重构平衡，这在套模板过程中非常实用。

图 4.38

图 4.39

接着来看图文页设计。图 4.40 左侧是特殊形状填充的样式，简约且有设计感。然而，新手往往缺乏基本的软件操作技巧，不知道如何将图片做成特殊形状，只会插入基本的矩形图片，从而大大降低了页面美感（见图 4.40 右侧）。

图 4.40

面对这种情况，需要掌握一定的软件操作技巧。首先将要插图的图片与原来的异形图片叠在一起，让插入的图片比异形图片更大一些，接着先选中插入的图片，然后按住 Ctrl 键加选异形图片，单击"形状格式→合并形状"，选择"相交"的类型（见图 4.41），即可实现想要的效果。

这里用到了 PPT 中"合并形状"功能，这个技巧非常强大，在本书第 5 章的图形篇中，将做更详细地介绍。

第 3 页是多段文本页（见图 4.42 左侧），这是最常见的一种页面类型，为了让模板看上去更美观和谐，设计者采用了相同字数的文段进行排版。然而，实际情况却没有这么理想，你要替换的内容字数往往是参差不齐的，有的很短，有的很长，例如目前左下角仿佛缺了一块，并不美观（见图 4.42 右侧）。

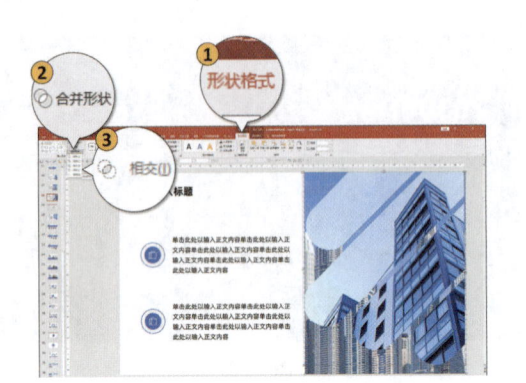

图 4.41

图 4.42

为了让版式更规整，可以采用卡片式排版，用同样大小的矩形，叠在文字下方，人为将视线拉到同一水平线上（见图 4.43）。这种卡片式的构图技巧，在 PPT 设计中非常常用。

图 4.43

第 4 页依旧是图文页，一段文字配上两张人物图片（见图 4.44 左侧），很经典的版式。然而，你套用后却变成了这样（见图 4.44 右侧），图片明明外观尺寸一致，但看上去就很不协调。

图 4.44

这里就不得不提到图片编排的小技巧，在面对多

人物排版时，需要尽可能保持人物的头像大小一致，并且让视线在同一水平线上（见图 4.45）。这种看似细微的排版细节，却能有效提升设计质感。

图 4.45

第 5 页是逻辑页，圆形环绕式的版式很常见，目前包含 1 个中心及 4 个分支（见图 4.46 左侧），整体稳定和谐。然而，你要填的内容只有 3 项，如果直接套用，会导致页面缺了一角，像一页半成品（见图 4.46 右侧）。

图 4.46

面对这种情况，就需要手动调整元素的布局形式。由于现在子项是奇数个，如果按照目前的版式平均分布的话有一项就会在页面底部，不利于文字排版。此时，不妨换个角度，采用左右结构的形式，将中心的圆环移动到页面左侧，其余 3 个圆环平均分布在画面右侧（见图 4.47）。

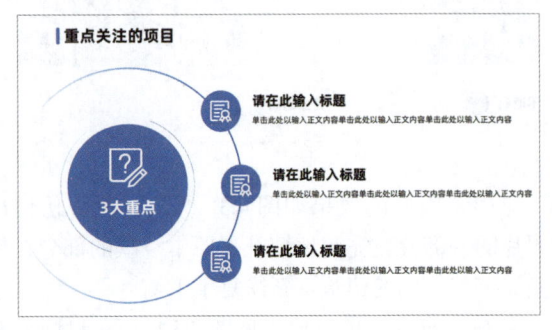

图 4.47

页面就更加和谐稳定了。因此，在套模板时应灵活依据现有内容，调整版式布局，才能更好地提高模

板的适用范围。

第6页是结构图形页。将一个圆等分成了6部分，从每个圆弧中画一条线引出文字（见图4.48左侧）。然而，你要填的内容只有4项，直接套用的话，图形的数量与文本数量不对应（见图4.48右侧），会影响观众的阅读体验。而且，这种情况无法简单地通过调整位置来优化，怎么办呢？

图 4.48

这时就需要用到图形处理的技巧了。首先插入一个大圆形，然后分别插入两个细长的矩形叠在大圆上方。接着全选所有图形，单击"形状格式→合并形状"，选择"拆分"的类型（见图4.49），删除多余的图形，并在中间放上一个大的白色圆形，即可得到一个4项并列的圆环图形。

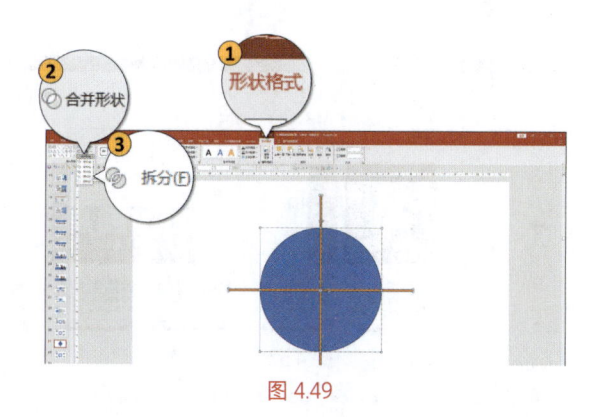

图 4.49

然后填入文字及线条修饰，就完成了逻辑图形的修改（见图4.50）。

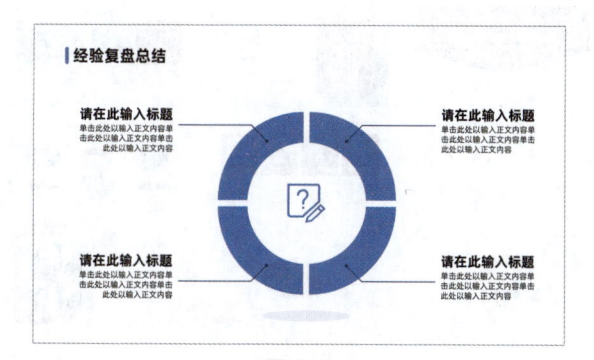

图 4.50

下面我们来完整回顾原版（见图4.51）与修改版（见图4.52）的效果对比。

图 4.51

图 4.52

通过以上改稿过程可以发现，仅仅掌握复制粘贴是远远不够的，还需要具备图片处理、图形处理、版式布局等多项能力，只有这样，才能最大限度地保留模板本身的美感。

4.2.3 不同风格模板的融合

以上是针对一份PPT模板的修改技巧，然而一份模板的版式数量终归有限，并不能完全满足用户个性化的需求。为了更出色地完成汇报任务，许多人会采取更为灵活的策略，同时下载多份PPT模板，并从中挑选出符合需求的页面拼在一起（见图4.53）。

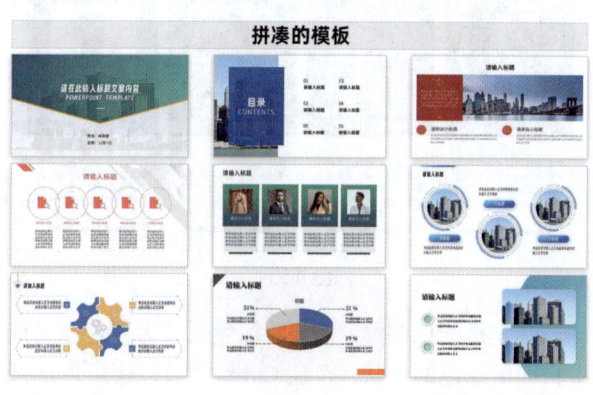

图 4.53

然而，这就会导致一个问题：虽然每页 PPT 单独看都不错，可一旦将它们拼在一起，却会显得杂乱无章，缺乏整体感。如果直接以这种状态进行汇报，很可能会适得其反，影响汇报效果。那么，面对这种情况该如何优化呢？接下来，我将以这份拼凑而成的 PPT 模板为原稿，详细指导你如何将多种不同风格的 PPT 模板有机融合在一起。具体可以分为 3 个步骤：统一模板→统一风格→统一细节。

1. 统一模板

统一模板包含配色、字体和内页版式。配色是作品吸引观众的首要因素，它应该呈现出和谐统一的视觉效果。然而，当前 PPT 中的色彩繁多，缺乏协调性，给人一种杂乱无章的感觉。

为了解决这一问题，首先需要制定一份明确的配色方案。可以根据目标受众和具体应用场景来定制，假设这份模板是用于商务汇报的，那么可以从企业 logo 中取色，例如这里选用红色作为主色调。至于字体的选择，为了确保信息的清晰传达，可以采用外形方正的字体类型，会更易于识别，例如这里采用阿里巴巴普惠体与 Calibri 的组合（见图 4.54）。

图 4.54

以其中一页 PPT 为例（见图 4.55），演示修改配色及字体的操作方法。

图 4.55

首先是配色调整，需要将绿色系改为红色系。选中页面中绿色的形状，按住 Ctrl 键不放，还可以加选多个元素。由于原设计采用了"渐变填充"的视觉效果，这里也将保留这一形式。在形状设置面板中，选择"渐变填充"选项，然后调整"渐变光圈"的颜色，将原本的绿色系渐变转变为红色系（见图 4.56）。如果文字部分是绿色的，也可以采用同样的方法进行调整。

图 4.56

接着统一字体样式，单击页面空白处，按 Ctrl+A 组合键全选页面所有元素，单击"开始"选项卡中的字体扩展项，在弹出的字体设置面板中，将英文字体设置为"Calibri"，中文则改为"阿里巴巴普惠体"（见图 4.57），这样就完成了字体的修改。

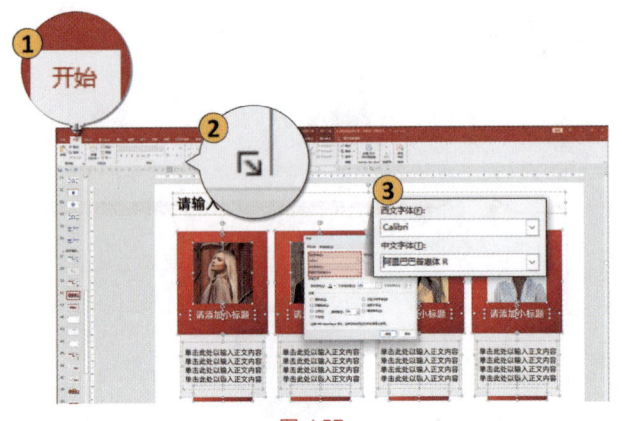

图 4.57

按照上述方法，修改其余页面，即可统一整套 PPT 的配色和字体（见图 4.58）。

图 4.58

经过调整后，页面的整体感有所增强，但细看每一页，还是会有种莫名的违和感。为了找到症结所在，我将内页部分的模板框架单独提取出来进行审查（见图4.59）。

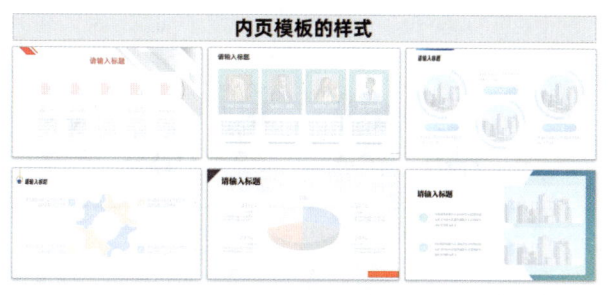

图 4.59

此时，问题的根源就显而易见了。内页标题的大小、位置及对齐方式都不一样，背景装饰也各不相同，缺乏统一的设计规范。为了提高整体感，可以选择其中一页作为标准内页模板（见图4.60），并以此为基准，统一其余内页的模板框架。

图 4.60

至此，模板统一的第一步就完成了（见图4.61）。通过统一的配色、字体和内页模板框架，作品的整体感得到了显著提升。

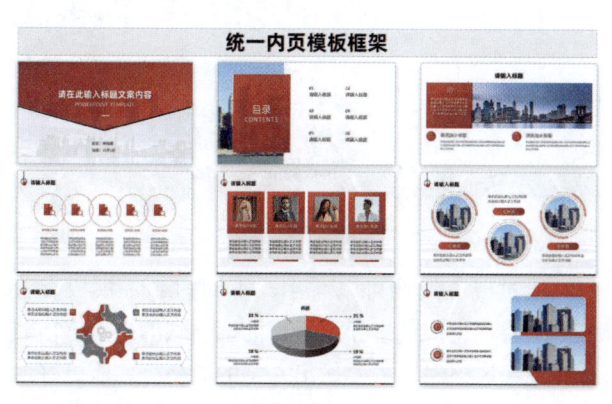

图 4.61

2. 统一风格

风格是指作品传递出的感觉，如常见的简约、时尚、酷炫等，不同的风格有着不同的设计特色。例如下图中的两页PPT（见图4.62），尽管它们在配色、字体和模板框架上保持一致，但所展现的风格感受却截然不同。

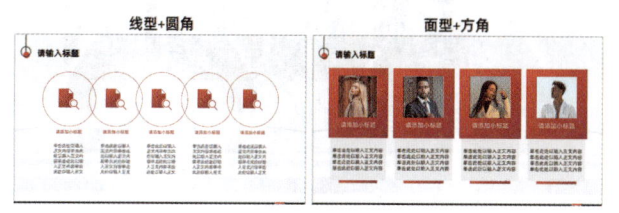

图 4.62

图4.62左侧是线框型风格，以线条为主导，呈现出一种简约感；而右图是面型风格，着重于填充面的运用，呈现出一种饱满的视觉效果。在形状的选择上，左图偏爱圆润的圆角图形，传递出柔和与亲和；而右图则采用方角图形，彰显出稳重与力量的特质。

统一风格的关键在于将各种设计偏好整合一致。你可以选择其中一种样式作为主导，或者巧妙地融合两者的特色，例如将填充型的视觉效果与圆角图形的柔和特质相结合，创造出独特而统一的风格（见图4.63）。

图 4.63

操作方法如下。其中，将线框图形填充成面型非常简单，只需使用取色器填色即可，在此就不赘述了。主要来看下形状风格的调整，选中目标图形后，单击"形状格式→编辑形状→更改形状"，并在弹出的选项中选择圆角矩形（见图4.64）。这样，原本生硬的矩形边角就会变为圆弧的形态。

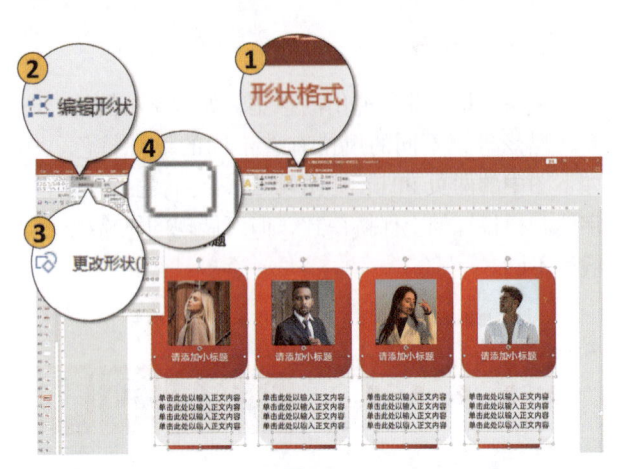

图 4.64

沿用这个方法，对其余页面进行改造即可实现风格统一。挑选几页来看下效果。封面页原本是尖角的形状（见图 4.65 左侧），换成圆弧形态（见图 4.65 右侧）与整体的视觉风格更契合。

图 4.65

要实现这个效果，需要用到"合并形状"功能，分别绘制一个大的椭圆和一个铺满屏幕的矩形。单击"形状格式→合并形状"，选择"相交"的类型，即可得到这种圆弧形状（见图 4.66）。接着将图片填充进来，并且复制一份，改成渐变色的形式盖在图片上方即可。

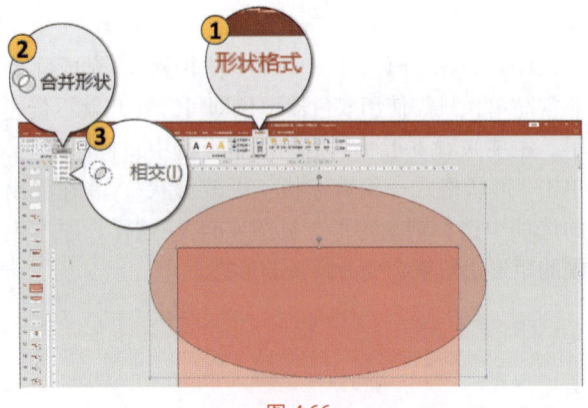

图 4.66

接着来看 3 项图文页。原本的样式很酷（见图

4.67 左侧），图片四周的复杂边框极具科技感。然而，这种复杂的修饰与整体简约的气质不符，需要做些取舍，将科技边框改为简洁的线条修饰会更契合整份 PPT 的调性（见图 4.67 右侧）。

图 4.67

原稿中的立体图表形式独具特色（见图 4.68 左侧），但鉴于整套 PPT 采用扁平化设计风格，单独的立体图表显得格格不入，因此将其转换为平面图表样式更为和谐（见图 4.68 右侧）。

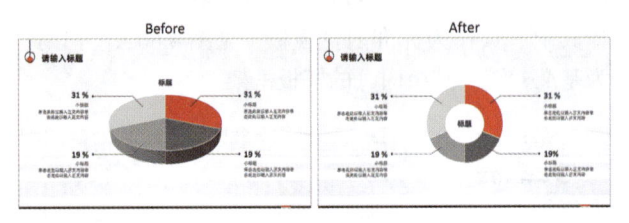

图 4.68

操作也不很复杂。选中立体图表，单击"图表设计→更改图表类型"，在弹出的图表类型选项卡中选择"饼图"，并从中选择一款二维图表的样式，即可将立体图表转换成平面图表（见图 4.69）。

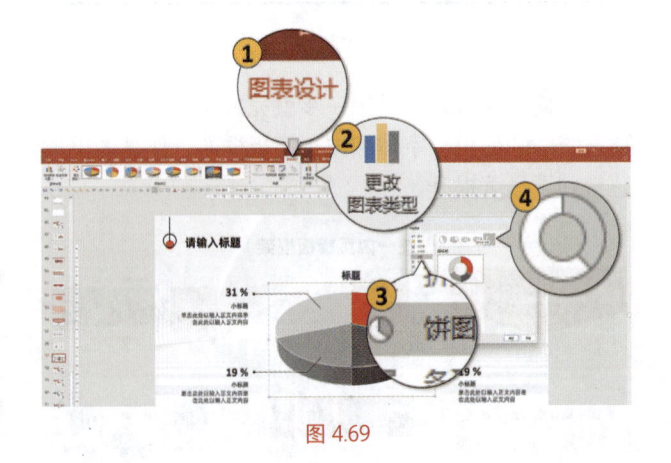

图 4.69

通过以上案例可以看出，不同的 PPT 模板有着各自的特色，但这也导致了页面间强烈的拼凑感。因此在统一风格时，需要做出一定的取舍，才能更好地营造出一个和谐稳定的状态。来看下统一设计风格前

后的完整效果对比，统一风格前（见图 4.70），统一风格后（见图 4.71）。

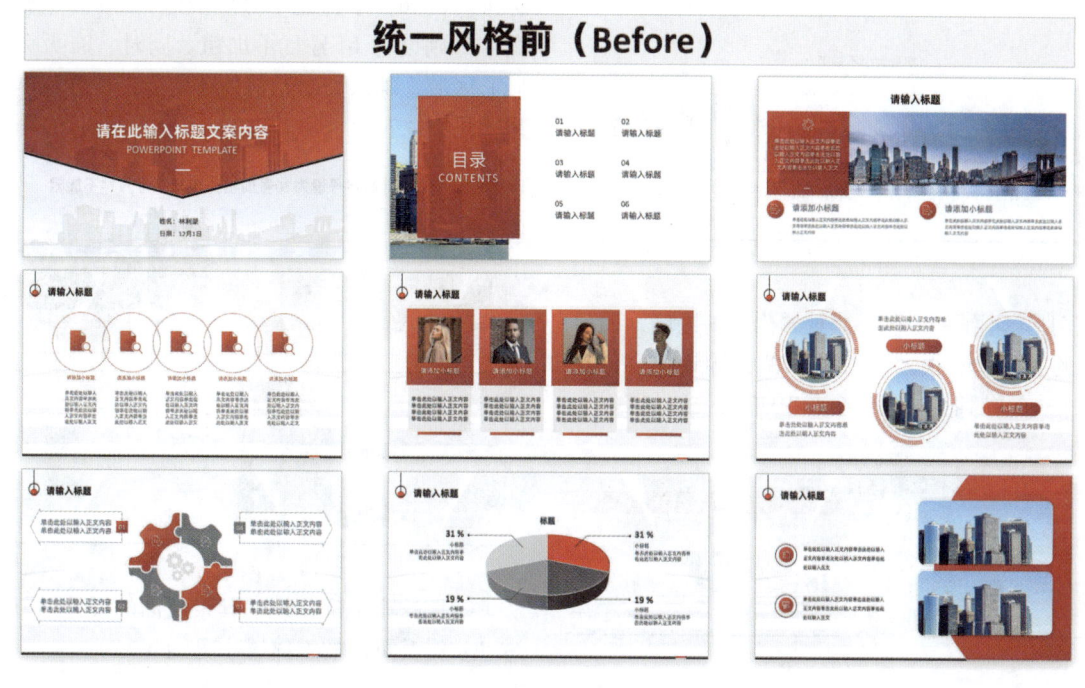

图 4.70

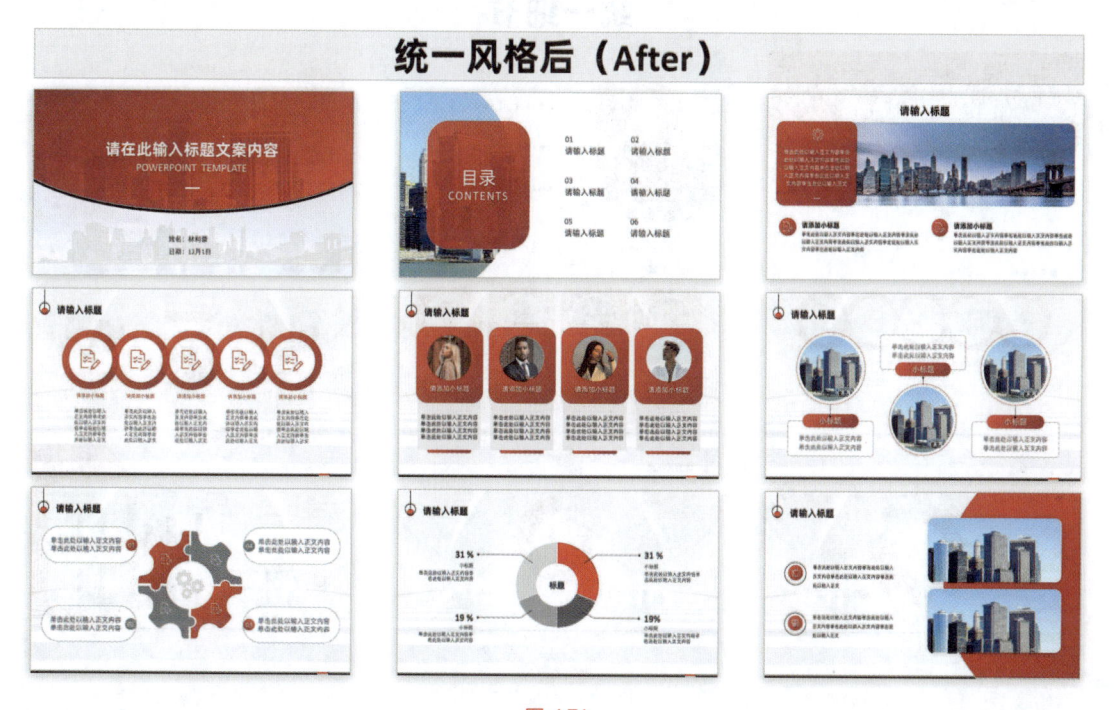

图 4.71

3. 统一细节

到这个层次，研究的内容就很细致了。专业的模板都有着非常严谨的设计规范，例如箭头样式、线条形式、文字层级等。目前的 PPT 就存在两个细节问题需要改进。

（1）字号大小不规范。单独看每一页是发现不了这个问题的，但如果跨页面观察，问题就很明显了。

由于缺乏统一的标准，页面之间的字号差异很大（见图 4.72）。

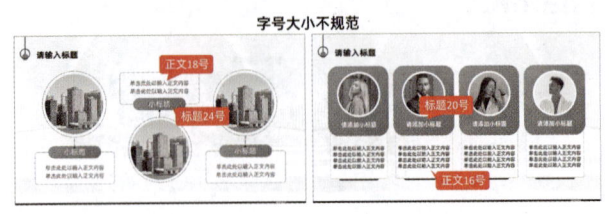

图 4.72

（2）版心不统一。版心是放置内容的区域，而目前 PPT 的版心差别很大（见图 4.73），导致内容分布不均匀，从而在翻页过程中会产生明显的跳动感。

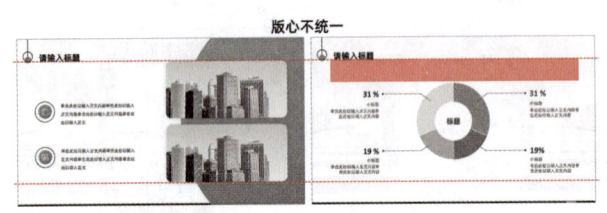

图 4.73

针对上述两点问题，我们需确立一套统一的设计标准。例如：小标题字号应设定为 20 号并加粗，正文字号则设为 14 号且不加粗。同时，需明确统一的版心区域，确保页面元素分布均衡，提升整体视觉效果（见图 4.74）。

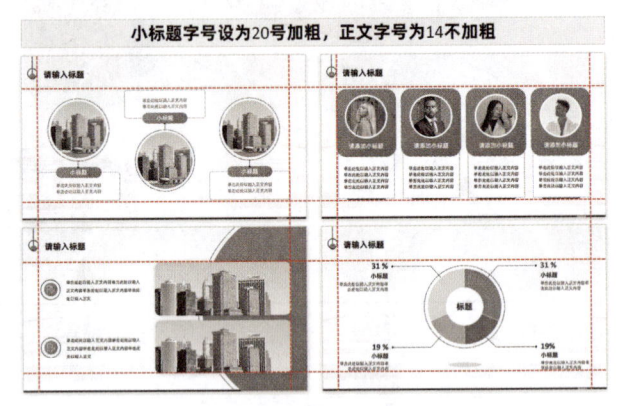

图 4.74

按照这个标准，统一其余页面的设计细节，就能进一步提升页面的整体感（见图 4.75）。

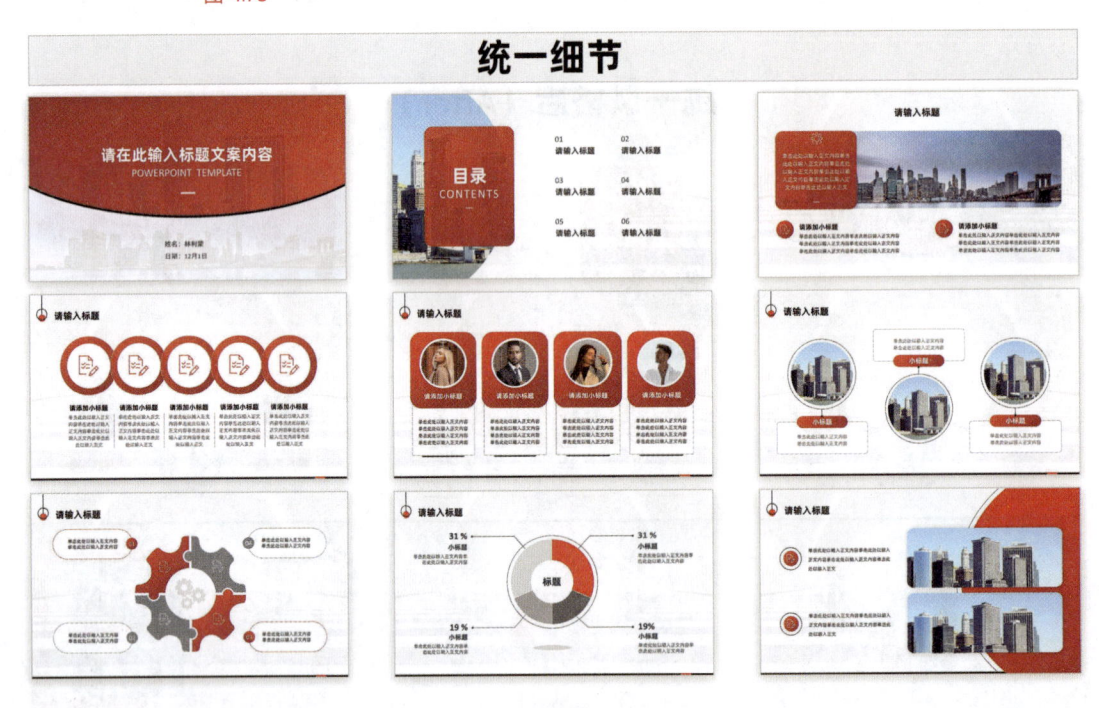

图 4.75

对比下最初的版本（见图 4.76）。

图 4.76

通过统一模板、统一风格、统一细节这 3 大步骤，一份随意拼凑的 PPT 模板，变成了一份风格统一的 PPT。熟悉掌握这个技巧，你便能将任何版式结构巧妙地融入自己的作品中，打造出统一和谐的视觉效果。

回顾整个修改过程，虽然每一步都没有标准答案，但心中必须有一套明确的设计规范，如配色、字体、风格等（见图 4.77）。只有这样，才能更好地做出风格统一的 PPT。

本节呈现了两个经典的 PPT 模板修改案例，第一个案例深入解析了整套 PPT 模板的套用技巧，而第二个案例则展示了多份 PPT 模板融合的技巧。这两个案例都强调了一个核心观点：仅仅依靠复制粘贴来套用模板是远远不够的，要真正灵活地使用 PPT 模板，还需要一系列关键能力，例如设计思维、软件操作以及审美意识等。在本书的后续章节，也将详细向你展现这些能力，敬请期待！

图 4.77

4.3 什么是 PPT 母版

上一节介绍了多份 PPT 模板融合的技巧，在实践过程中你可能会遇到这种情况：下载了几份精美的 PPT 模板，想要从中选取有特色的页面拼在一起，然而在复制粘贴的过程中，却发现 PPT 中元素的配色发生了变化。例如，原本是以绿色为主的页面，复制粘贴到另一份 PPT 中后却变成了黄色（见图 4.78）。

为什么会有这种变化呢？带着这个疑问，让我们开启本节的学习之旅，带你走进 PPT 母版的世界，从更深层次的视角去了解 PPT 模板。对于想要提高工作效率的人而言，这一节的内容具有极大的价值。

通过前面的学习，相信你对于"PPT 模板"这个概念有了一定的理解。但这里要介绍的是另一个重要

图 4.78

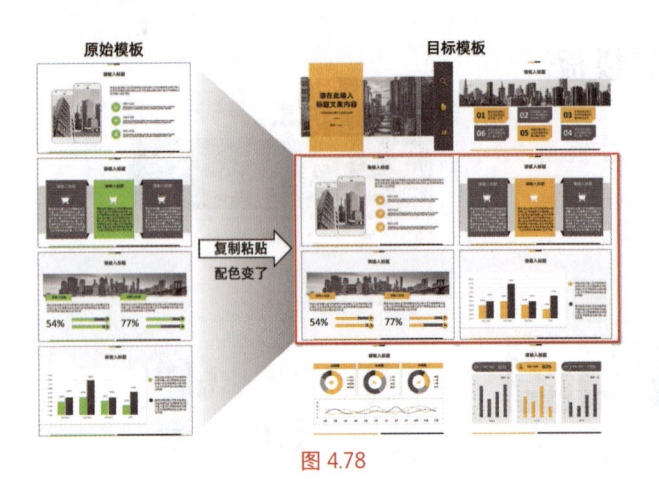

概念——"PPT 母版",它们的叫法相同,但却有很大的区别。如果说"模板"是 PPT 的外在表现,那么"母版"则是其内在的规则。

4.3.1 PPT 母版的魅力

在深入探讨母版的原理与应用技巧之前,先通过 3 个例子,让你直观地感受 PPT 母版的强大之处。

1. 一键换色

就在你收拾东西准备下班时,领导突然走到你身旁说:"小王,有个紧急任务需要你帮忙。你之前给客户做的一套 PPT,整体是蓝色的。颜色需要更加清新,客户领导倾向于蓝绿色调,以更好地契合品牌形象。因此,需要你把整套 PPT 的颜色换成蓝绿色调(见图 4.79),务必在今天完成。"

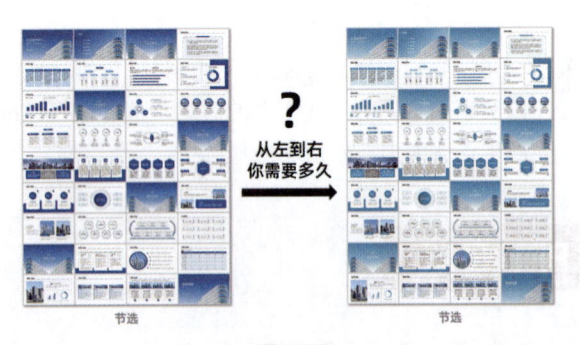

图 4.79

面对这个突如其来的任务,你只好坐回工位。回想起来,这份 PPT 是熬了几个通宵完成的,超过 100 多页。尽管无奈,你还是打开 PPT,从第一页开始修改。你逐一选中画面中的每一个蓝色形状,单击"形状格式→形状填充",选择蓝绿色(见图 4.80)。对于文字部分,你也采取了相同的处理方法。

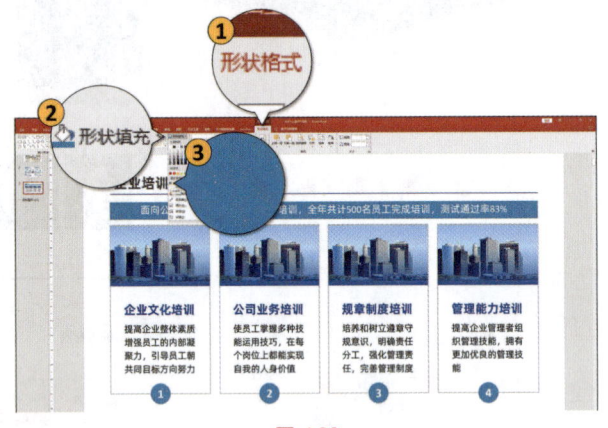

图 4.80

当一页 PPT 修改完成后,再切换回第二页,重复同样的步骤,直到所有页面的元素都完成了颜色替换。如果页数特别多,这种替换过程就非常耗时耗力。而且,万一客户临时又有了新的想法,例如想换成黄色,又得重新操作一遍,效率极低。

其实有一种更高效的方法,只需对这份 PPT 施展一个小小的"魔法",就能一键完成所有的颜色转换。单击"设计→变体扩展项→颜色",选择预先设定好的"蓝绿色"配色方案,此时 PPT 中原本蓝色的部分瞬间变成了蓝绿色(见图 4.81),非常高效!

图 4.81

应用这种"一键换色"的技巧后,你甚至可以在一开始就能导出几版不同配色方案的 PPT 供客户选择(见图 4.82)。不仅能展现你的专业性,更能节省大量的修改时间,提高工作效率。而这就是 PPT 母版的第一个神奇功能:一键换色。这里先展示功能,具体的应用原理会在后面详细介绍。

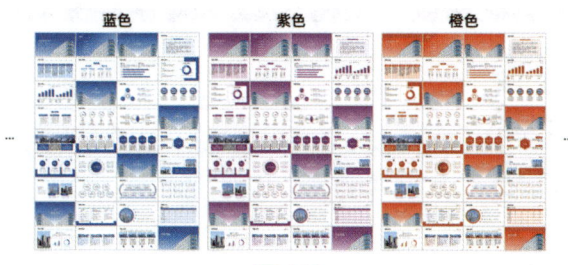

第 4 章 模板之局——如何灵活应用与改造模板

图 4.82

2. 统一版式

当我们做完一份 PPT，领导要求给每页 PPT 都加上公司 logo，你会怎么操作呢（见图 4.83）？

图 4.83

一页页复制粘贴？那效率可太低了。如果 PPT 页数很多，就会花费许多时间。其实，有一个更高效的方法，只需单击"视图→幻灯片母版"进入母版视图，然后在左侧众多页面中找到第一页，也就是最大的那一页，并在该页面的合适位置添加 logo 即可，例如右上角（见图 4.84）。

图 4.84

此时，单击上方的"关闭母版视图"，回到普通视图中，会发现页面的右上角都自动添加了 logo（见图 4.85）。

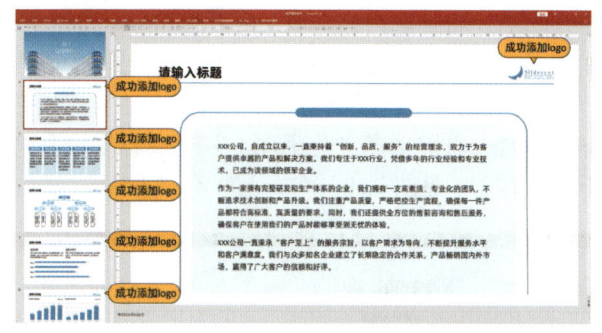

图 4.85

除此之外，母版还有助于统一标题栏样式。在内页中，PPT 的最上方通常会有一行标题栏，用于填写本页的核心观点。很多人习惯于手动插入一段文字，然后移动到页面上方。由于是手动操作，无法保证每页标题栏的大小位置统一，就会导致在翻页时，内页的标题栏总是跳来跳去的，样式也不统一（见图 4.86）。不仅观看体验差，还会给人造成一种不专业的感觉。有没有更便捷的方法统一标题栏的位置和样式呢？

图 4.86

其实，解决这个问题也很简单。只需在母版视图中，预先设置一页包含标题栏的内页版式（见图 4.87）。

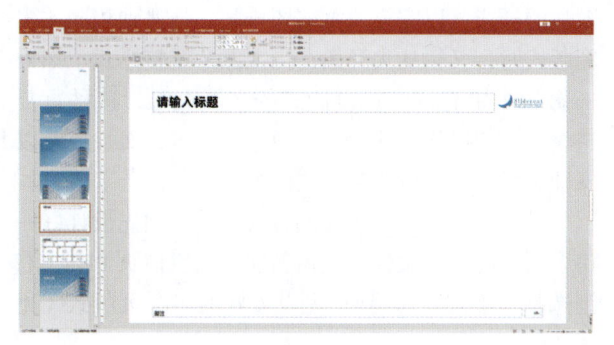

图 4.87

然后，将标题内容都填入内页版式的标题栏中，这样就可以保证标题文字的格式统一。即使不小心移动了标题位置，或者修改了标题的样式，也可以选中该页 PPT，右键选择"重设幻灯片"，将标题恢复到最初的样子（见图 4.88）。

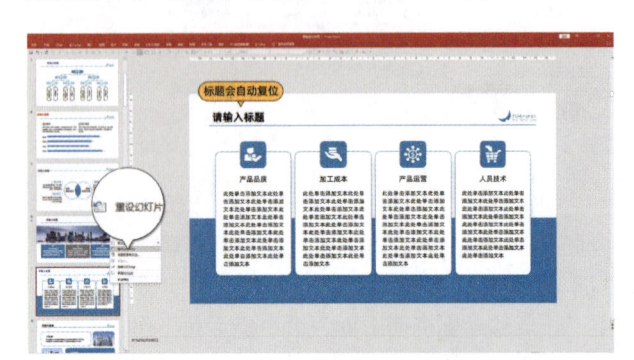

图 4.88

3. 多图排版

在旅游宣传、作品展示、团队介绍等 PPT 中，经常会遇到多图排版的情况。例如在展示旅游风景照时，一页 PPT 中需要插入多张图片，并且这种版式还会重复出现。如何高效完成多图排版的设计呢（见图 4.89）？

图 4.89

按常规方法，你需要插入多张图片，并分别调整图片的样式，以完成一页多图排版。当遇到相同的多图版式时，又得从头开始，插入图片调整样式。如果一份 PPT 中有许多重复版式的多图页时，这种重复造轮子式的操作方法就显得效率很低了，而且还难以保证页面间图片位置及样式的统一。

其实，有一种更快捷的方式。只需预先设计好一份多图页的母版版式，然后新建一页空白页 PPT，右键选择"版式"，找到预先设置好的多图页版式（见图 4.90）。

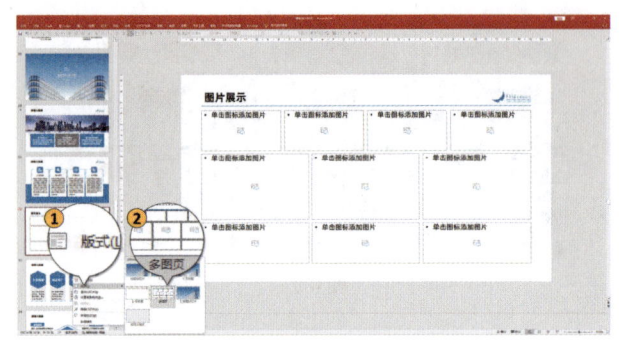

图 4.90

接着只需全选图片，按住鼠标左键往页面里拖动，所有图片便会按照预设的多图排版格式逐个填入其中，瞬间完成图片排版操作（见图 4.91）。而且当后续遇到相同排版的页面时，就可以继续调用这页版式，以实现批量化的多图排版设计，非常高效。

图 4.91

此刻正在阅读的你肯定很好奇上述效果是如何实现的？或许正跃跃欲试地在自己电脑上操作，但在做的时候却发现，明明是相同的操作，却并未看到预期的效果。这是为什么呢？实际上，上述效果的实现离不开 PPT 母版的关键作用。为了成功复刻这些效果，深入理解 PPT 母版的使用原理至关重要。

4.3.2 母版的应用原理

首先介绍几个母版中重要的概念，如版式、占位符及主题色与主题字体等。只有了解了它们的作用，才能更好地应用母版。

1. 版式

在深入探讨母版之前，需要明确一个观点：任何一页 PPT 都必须用到版式。在前面的功能展示中，我也一直有提到"版式"这个概念，例如预先设定好含有标题栏的内页版式、多图页版式，等等，然后再去应用。那么，究竟什么是版式呢？

在此先区分一个概念，PPT 有两种常用的显示模式：普通视图以及母版视图。当新建一页 PPT 时，默认进入的就是普通视图。而当你单击"视图→幻灯片母版"，此刻你将看到一个全新的界面，这就是母版视图（见图 4.92），也正是创建版式的地方。当你单击"关闭母版视图"时又会切换回普通视图。由于后续操作会频繁在"普通视图"及"母版视图"中切换，之后就不多赘述了。

图 4.92

在界面左侧有一列页面，每页都是由一系列虚线框构成的，它们统称为版式。其中，最上方最大的一页是母版式，而下方一系列小的页面则是子版式（见图 4.93）。

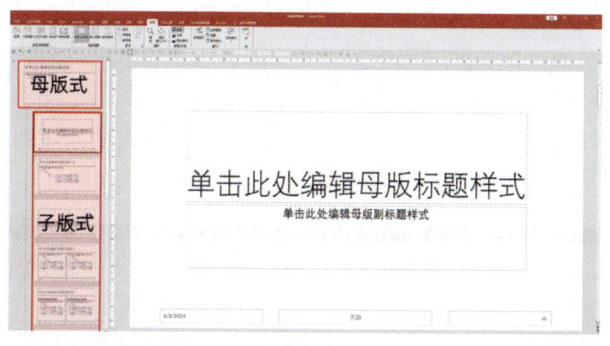

图 4.93

母版式和子版式之间的关系，犹如陶瓷生产中模具与花纹的关系（见图 4.94）。母版式，宛如陶瓷制作的模具，是整个作品的基石，为后续的陶瓷创作确定了基本形状大小等基调。而子版式，则如同陶瓷上的个性化装饰，在保持陶瓷的大小形状一致的同时，通过添加各种纹理、图案、色彩，赋予每件陶瓷作品独特的魅力。

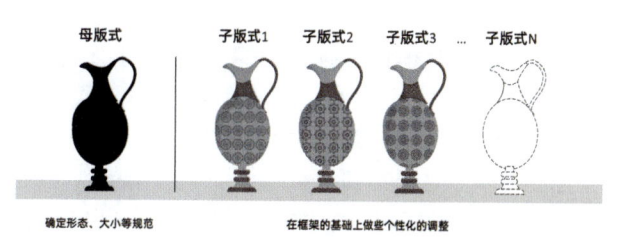

图 4.94

下面通过一组实际操作，来感受母版式和子版式的作用。首先，进入母版视图。在顶部的母版式页面中绘制一个圆，此时这个圆同步出现在下方所有的子版式页面上（见图 4.95）。切换回普通视图时，会发现这个圆也出现在了所有页面中，即使新建一页空白 PPT，这个圆也会出现，仿佛成了背景的一部分。这正是母版式的特性，母版式的所有调整会影响 PPT 的每一页。

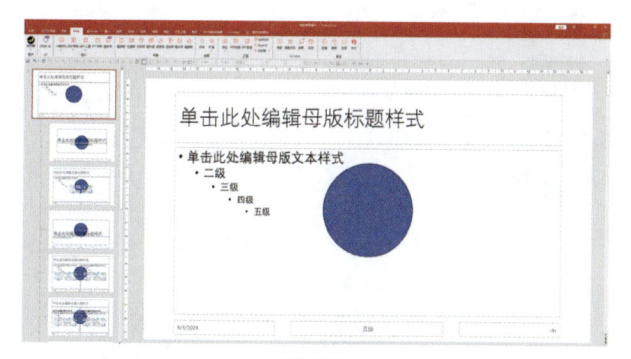

图 4.95

接着看子版式的作用。切换回母版视图中，任意选取一页子版式，在刚才绘制圆的旁边添加一个三角形。此时，只有这页子版式发生了变化，母版式和其他子版式都不受影响（见图 4.96）。

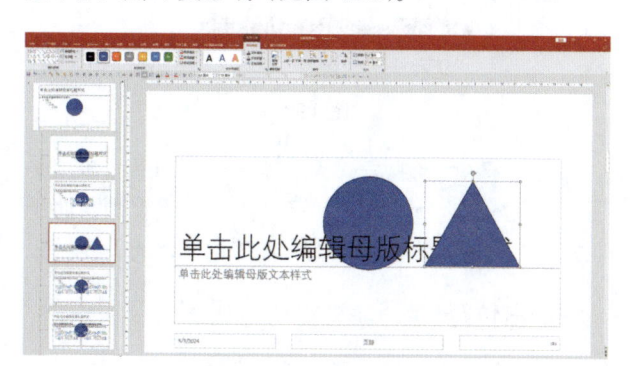

图 4.96

当切换回普通视图时，也并非所有页面都添加了三角形，只有应用这页子版式的页面会出现三角形。这就是子版式的特性，即：仅对应用该子版式的页面产生影响，而其他页面则不受影响。借助上述特性，可以在母版式中设置好统一的规范，方便所有页面遵循。同时，可以设置多种子版式样式，以满足一些个性化的需求。之前提到的批量添加 logo 的操作就是借助版式的特性实现的。例如：若每一页都需要添加 logo，则可以直接在母版式中添加；若只需在部分页面中添加 logo，则可以借助子版式来实现。

由于子版式各具特色，为了更好地区分和管理，可以分别给它们重新起名字。在母版视图中，选择一页版式，右键选择"重命名版式"，在弹出的选项卡中输入名称即可（见图 4.97）。可以按照页面的功能进行命名，如封面、目录、过渡页、内页和封底等。

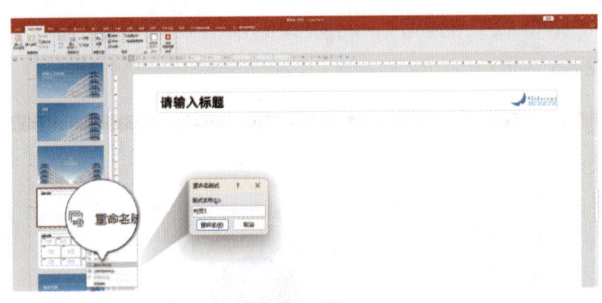

图 4.97

此外，当你将鼠标悬停在母版视图的某页版式上时，会显示一串数字（见图 4.98），它代表着当前版式应用在了哪些页面中，以了解版式的使用情况。

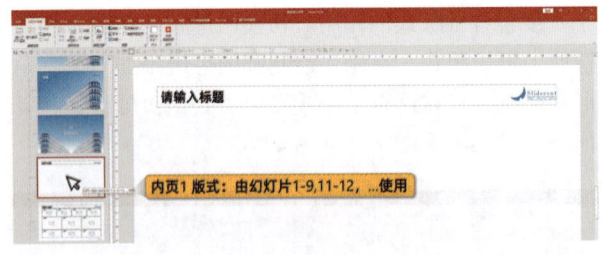

图 4.98

总的来说，母版就像是一本精心编写的"规则手册"。其中，母版式负责制定整体的游戏规则，而子版式则在这些规则的基础上，做些个性化的补充。

2. 占位符

无论是母版式还是子版式，都是由一系列虚线框构成的，而这些虚线框就是占位符。它是一种特殊的对象，在母版视图中，单击"插入占位符"，就会呈现一系列占位符类型，如文本、图片、图表、媒体等（见图 4.99）。

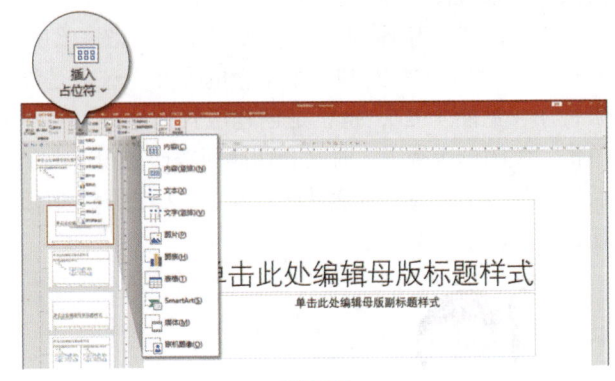

图 4.99

其中最常用的是文本占位符和图片占位符，下面就借这两种类型介绍占位符的特点及使用方法。首先看文本占位符，通过一组对比试验，来探究文本占位符与普通文本框之间的差异。切换到母版视图中，随机找一页子版式，先插入一个普通的文本框并输入文字，接着单击"插入占位符→文本"，按住鼠标左键拖拽，就可以生成一个文本占位符（见图 4.100）。

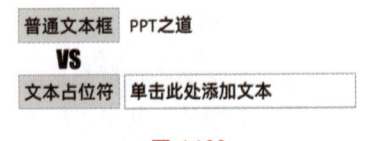

图 4.100

对比可见，两者在样式上是有区别的。普通文本框四周并没有边框线，而文本占位符四周是虚线框展示的。切换回普通视图，会发现普通文本框的内容依然可见，而文本占位符却消失了。此时，只需选中幻灯片，右键选择"重设幻灯片"，占位符就会显示出来（见图 4.101），这相当于刷新的操作。

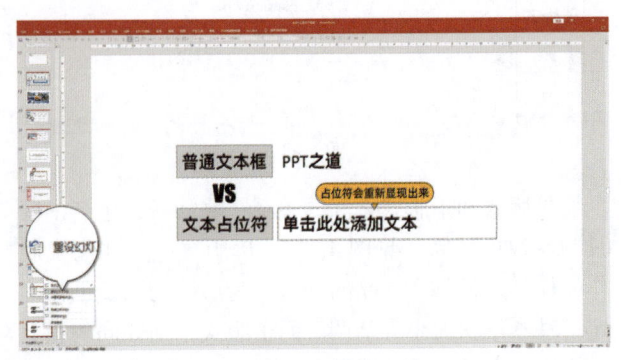

图 4.101

第 4 章　模板之局——如何灵活应用与改造模板

然后，按 Shift+F5 组合键全屏放映当前幻灯片。这时会发现，普通文本框的内容正常显示，而文本占位符却消失了（见图 4.102 左侧）。表示文本占位符只有在编辑状态下才能看见，而全屏放映状态下是看不见的。

图 4.102

退出全屏显示后，尝试编辑文本内容，会发现：普通文本框无法选中编辑；而文本占位符则可以自由编辑，例如填写文字、移动位置、调整颜色等。而且，当文本占位符内填了内容后，在全屏放映状态下，里面的内容会正常显示，虚线框也会消失。

看完上述介绍，你或许会觉得文本占位符似乎并没有什么用处。然而，接下来要介绍的"一键复位"功能，却正是占位符的独特魅力所在。如图 4.103 上方的标题栏为文本占位符原始的样式，当你对它的格式进行了一系列调整（例如移动位置、改变大小、修改颜色等），变成了图 4.103 下方的效果，如何将它快速恢复原样呢？

图 4.103

按常规方法，就只能反复按 Ctrl+Z 组合键撤销操作了，但这是一个烦琐的过程，而且撤销功能有次数限制。而应用"一键复位"功能，一切就变得轻松简单了。只需选中幻灯片，右键选择"重设幻灯片"，占位符就会立即恢复到原始状态（见图 4.104）。这一特性在保持格式统一性方面发挥着巨大的作用。例如，前面提到的统一版式的功能，就是采用这一特性实现的。

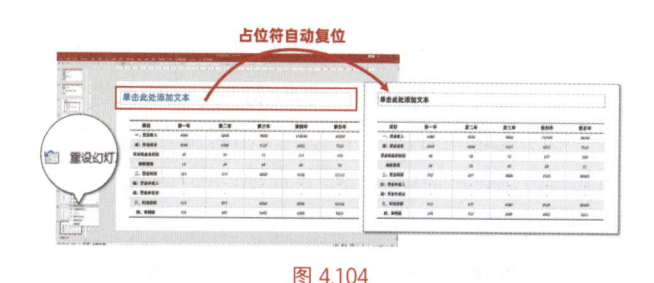

图 4.104

深入了解文本占位符后，接着看图片占位符的奥秘，它拥有文本占位符的大部分特点：

- 以虚线框的形式呈现。
- 未填充内容时，全屏放映不显示。
- 拥有"一键复位"的功能。

接下来，对比图片占位符与普通图片的区别。在母版视图中，分别插入一张图片、一张图片占位符。观察可见，普通图片直接展示为实体照片，而图片占位符则是一个没有实体的虚线框。与文本占位符略有不同，图片占位符的中心区域有一个小图标（见图 4.105）。

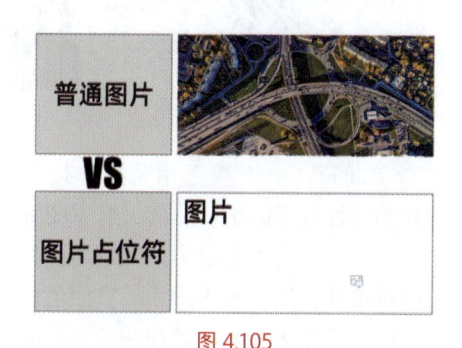

图 4.105

在切换到普通视图后，可以观察到普通图片无法直接选中进行编辑，而图片占位符则提供了更高的灵活性，允许用户自由调整。当鼠标悬停在图片占位符中心的图标上时，该图标会高亮显示。你只需轻轻一点，即可弹出本地文件夹，选定一张图片，它就会精准填入图片占位符区域内（见图 4.106）。

图 4.106

这个操作似乎与直接插入图片效果无异。那么，为何还要费时费力使用图片占位符呢？其实关键在于它可以预先设定好图片格式，调用时很方便。例如，预先将占位符形态改为圆形，在插入图片时，图片就会以圆形的形态出现（见图 4.107）。

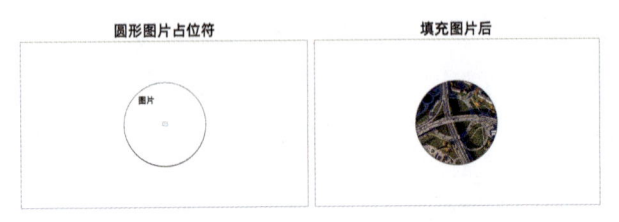

图 4.107

这一特性在模板设计中尤为实用。套用模板时，相信你一定遇到过特殊形状填充的图片格式，例如上节模板实践篇中的案例（见图 4.108）。

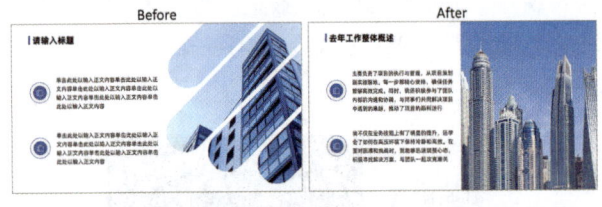

图 4.108

对于新手而言，由于缺乏相关操作技巧，替换或修改这些图片往往很困难。然而，有了图片占位符的助力，一切难题都迎刃而解。只需调用预先设计好的图片占位符格式，然后插入图片，它便会自动填充到特殊形状中（见图 4.109），这种一劳永逸的设计方式，极大地简化了操作流程，无疑是定制标准化模板的得力助手。

除此之外，之前提到的一键实现多图排版功能，就是借助图片占位符实现的。只需在母版视图中预先设置好多图排版的版式，随后反复调用，就能批量添加图片，我常用这一功能来进行作品展示（见

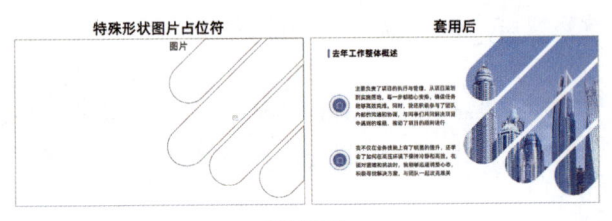

图 4.109

图 4.110）。值得一提的是，图片的填充顺序是按照图片占位符的生成顺序进行的。因此，可以根据需求灵活调整占位符的生成顺序，以实现最佳的展示效果。

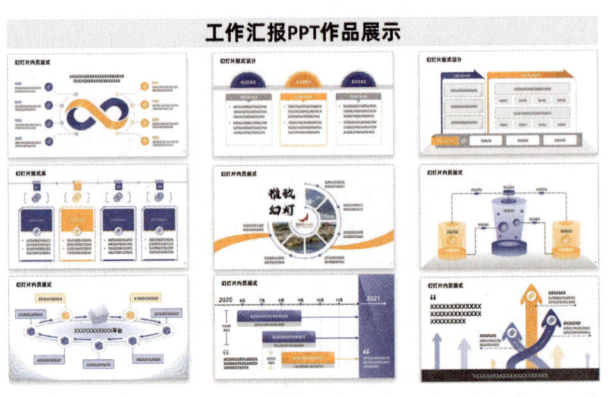

图 4.110

综合上述案例，可以总结出占位符的 3 大显著特点。

（1）内容预设：占位符就像是规则手册中预留的"填写框"。你只需单击这些框，便可轻松输入内容，无须担心排版和对齐问题，极大地提升了操作效率。

（2）统一规范：通过"一键复位"功能，确保了幻灯片中元素能够遵循统一的样式，有助于维持幻灯片的整体感，更在细节之处展现了 PPT 的一致性，给人一种专业的感觉。

（3）批量操作：通过预先设定好格式规范，并在后续设计中直接调用，使得批量重复性操作变得简单快捷，极大地节省了时间成本，提高了工作效率。

3. 主题色与主题字体

在深入了解占位符后，接着探讨主题色与主题字体的设置。先问个问题：你是否好奇过，当新建一份空白 PPT 时，为什么插入的形状默认是蓝色的，而输入的中文字体默认是等线体（见图 4.111）？

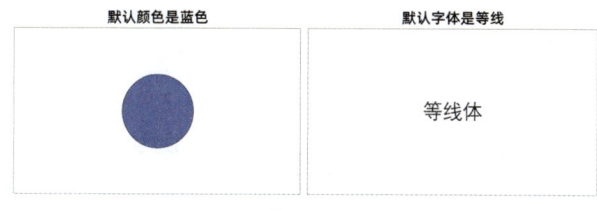

图 4.111

其实，这一切的规则，在打开 PPT 的那刻就已经被写在"母版"这本规则手册中了。首先来看主题色。选中一个形状元素，单击"形状格式→形状填充"，仔细观察主题颜色面板，会发现主题颜色中第 5 列的第一个颜色，就是系统默认的那个蓝色（见图 4.112）。

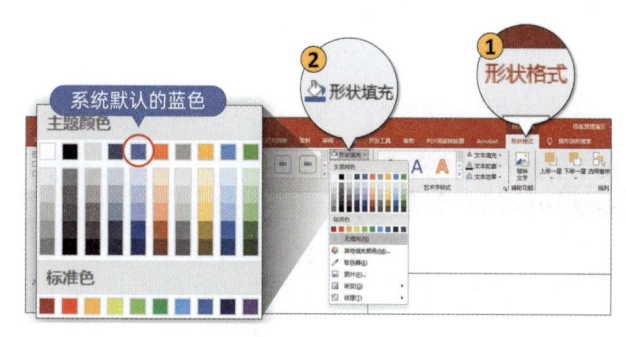

图 4.112

因此，如果想要改变默认的颜色，只需修改主题色中的配色方案即可。而这套配色规范就是在母版中完成的。在母版视图中，单击"颜色→自定义颜色"，会弹出"新建主题颜色"的选项卡（见图 4.113）。

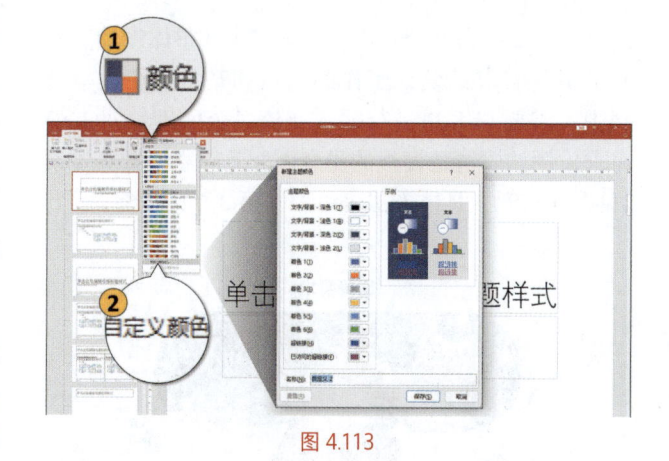

图 4.113

仔细观察会发现，母版视图中的主题颜色，与普通视图中的主题颜色是一一对应的。只不过母版视图下的主题色是纵向排列的，而普通视图中的颜色横向排列的（见图 4.114）。

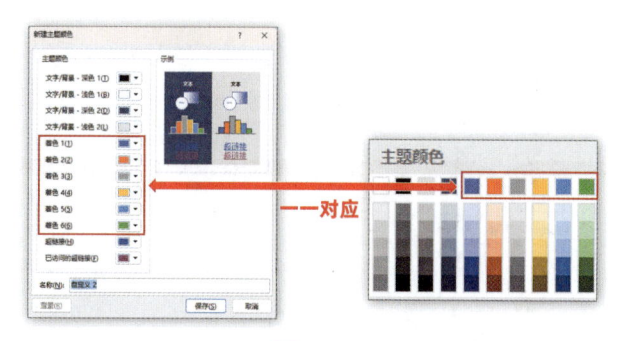

图 4.114

所以，只要改变母版视图中的主题色，那么普通视图中的配色方案就会随之改变。例如将母版视图中"着色 1"的蓝色改为红色（见图 4.115）。切换到普通视图，就会发现之前默认的蓝色形状，变成了红色，而且即便插入一个新的形状，颜色也默认变为了红色。

图 4.115

这就是主题色的作用，母版视图中的配色方案会影响普通视图中的元素配色。本节开篇提到的"一键换色"功能正是基于这一特点实现的。当然这里有个前提，在设计过程中，每个元素都需要使用主题颜色面板中的颜色来配色才行。因为当调整母版视图中的主题颜色时，只有应用了主题色的颜色会同步更新，而没有使用主题颜色的色彩是不受影响的。

接下来看主题字体设置。进入母版视图，单击"字体→自定义字体"，即可弹出"新建主题字体"面板。在这里，可以设置中英文字体样式，例如目前的英文字体是 Calibri，而中文字体是等线，这也就是为什么默认输入的中文字体是等线体的原因（见图 4.116）。

如果换一个中文字体，例如将等线体改为"得意黑"，那么回到普通视图编辑时，就会发现输入的文本默认采用得意黑字体进行展示（见图 4.117）。

总之，无论是主题色，还是主题字体，本质上都是一种参数化的调节机制。当母版中的主题色及主题字体发生了变化时，相应地，所有应用这一规范的元素都会同步更新。

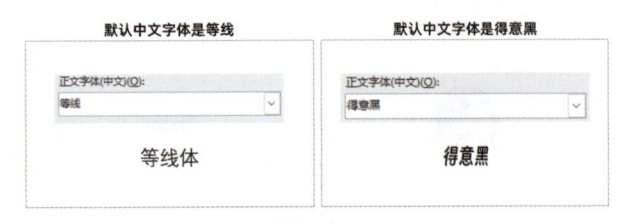

图 4.117

以上就是关于 PPT 母版的功能及原理的介绍，今后在设计过程中，请务必遵守母版规范，以方便后期批量修改。当然，仅停留在理论层面是远远不够的，要想灵活运用母版，还需付诸实践。因此，在下一节中，我将展示如何将普通的 PPT 页面转变为高效实用的 PPT 母版，相信能助你更好地掌握这一关键技能，打造出更具吸引力和专业感的演示文稿！

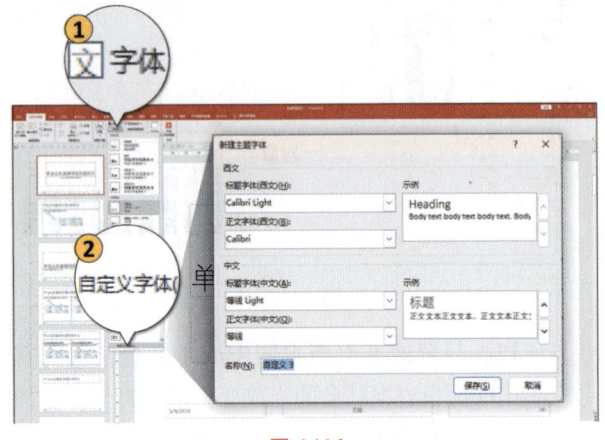

图 4.116

4.4 从 0 到 1 打造专业的 PPT 模板

通过前面的学习，相信你已经深刻领略到了母版设计的强大功能。然而，令人遗憾的是，网络上下载的多数 PPT 模板只有外在的形式，但当你进入母版视图时，会发现它们并没有统一的母版版式（见图 4.118），还是系统默认的样式。

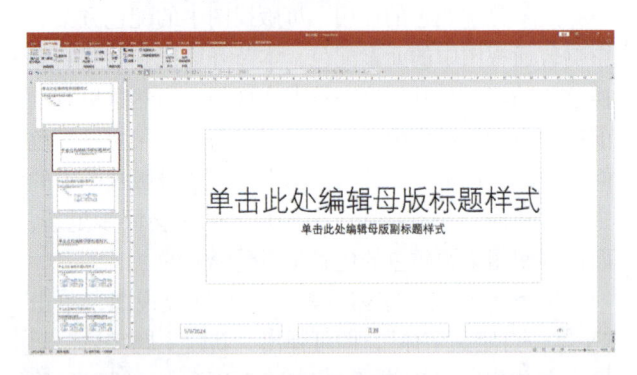

图 4.118

由于缺乏统一的视觉规范，这些模板无法发挥批量修改和统一格式方面的优势。因此，为了提高 PPT 模板的易用性，建立一套标准的 PPT 母版规范显得尤为重要。这是我多年工作中培养的习惯，也是我在美化 PPT 前的必要步骤。通过本节内容，我将教你如何将一份普通的 PPT 模板样式，转化为符合标准的 PPT 母版。整个过程大致分为两个步骤：确定模板样式、定制母版规范。

4.4.1 确定模板样式

为了让你有个更全面的认识，先带你初步了解一份专业的 PPT 模板是如何设计的。在定制模板时，确保最终设计出的模板既符合客户的实际需求，又能展现其独特的品牌风格，是至关重要的一环。整个定制流程主要涵盖两个步骤：明确需求和整体设计。

明确需求是设计工作的起点和基石。在模板定制中，需要与客户进行深入交流，全面理解对方的需求，例如搞清楚模板的受众人群及应用场景等要素（见图 4.119），具体方法可以参考第 2 章的内容。

图 4.119

第 4 章 模板之局——如何灵活应用与改造模板

在明确客户需求之后，便进入整体设计阶段，需要将客户的需求转化为美观的 PPT（见图 4.120）。首先，需要确定模板的字体和配色。字体是信息传递的媒介，而配色则能营造出不同的氛围和感觉，应根据客户的品牌色和行业特点，选择恰当的字体和配色方案。接着，设计模板的 5 大骨架，包含封面、目录、过渡页、内页、封底。在设计过程中，应遵循统一的设计规范，以确保整体风格的和谐统一。

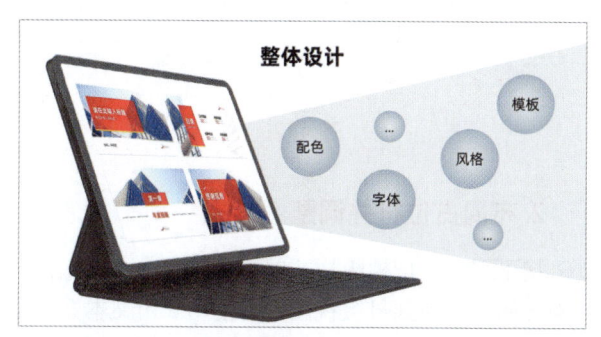

图 4.120

在此阶段，设计者的审美和专业技能显得至关重要。只有具备丰富的设计经验和技能，才能将客户需求转化为高质量的视觉作品。第 5 章将深入地探讨不同页面类型 PPT 的设计方法，助你全面提升 PPT 设计能力。

4.4.2 定制母版规范

当模板的样式确定后，下一步就是定制母版规范了。下面，我将以这份 PPT 模板为蓝本（见图 4.121），详细讲解如何将其转化为一套标准化的母版。

图 4.121

整个流程包含 3 个关键步骤：设定主题色与字体→布局占位符并调整→母版的保存与测试。

1. 设定主题色与字体

首先，需要设置模板的配色方案。在画布上绘制两个圆形，选择其中一个圆形，单击"形状格式→形状填充→取色器"，在模板中的红色区域单击，即可将模板的主色（即红色）吸取下来，并填充到圆形中（见图 4.122）。按照同样的方法，将另一个圆形填充为画面中的黄色。

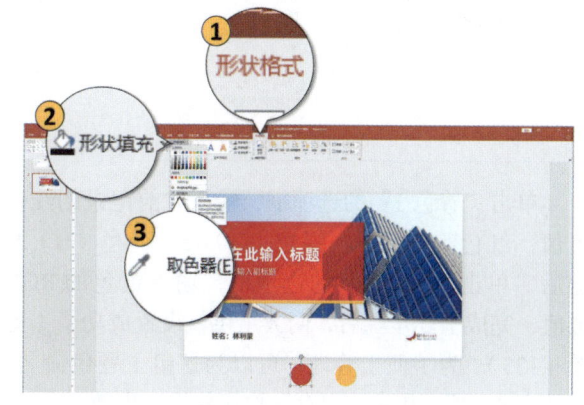

图 4.122

然后，选中红色圆形，单击"形状格式→形状填充→其他填充颜色"，在弹出的颜色面板将显示当前所选图形的颜色值，例如红色圆形的色值为红色（R）221、绿色（G）15、蓝色（B）27，将这组数据记下（见图 4.123）。使用同样的方法，提取黄色色值为红色（R）255、绿色（G）187、蓝色（B）14。

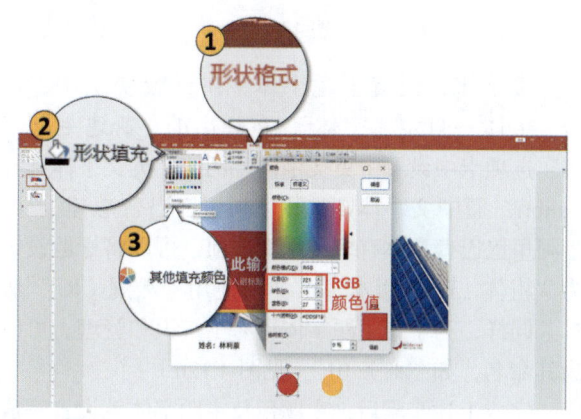

图 4.123

接着，将这两种颜色设置成 PPT 的主题色。进入母版视图，单击"颜色→自定义颜色"，会弹出"新建主题颜色"面板（见图 4.124）。

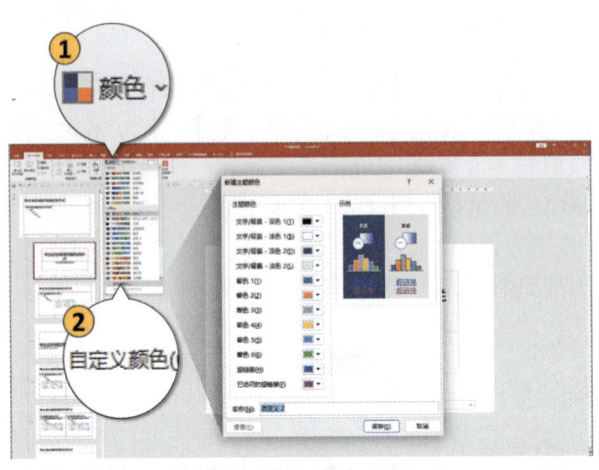

图 4.124

单击"着色 1"的选项框，输入之前记录的红色色值：红色（R）221、绿色（G）15、蓝色（B）27 随后，单击"着色 2"的选项框，输入黄色的 RGB 数值，完成上述步骤后，两大主色就设置成功了（见图 4.125）。为了便于管理，可以为这组主题色命名，如"商务 01"，单击"保存"按钮使设置生效。

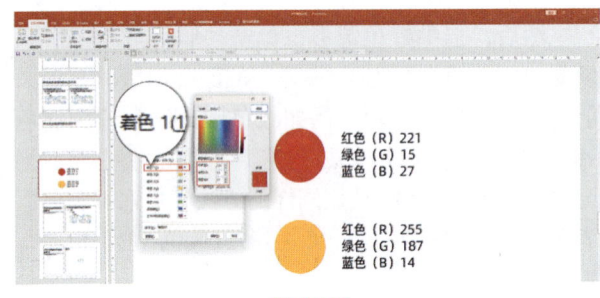

图 4.125

接下来，设置主题字体。在母版视图中，单击"字体→自定义字体"，在弹出的"新建主题字体"选项卡中设置中英文字体。例如，英文字体选择 Calibri，而中文字体则选用"阿里巴巴普惠体"。鉴于阿里巴巴普惠体有多种粗细选项，可以将标题设定为"粗体（B）"版本，正文则使用"常规（R）"版本。同样，为了让主题字体更易于辨识和管理，可以为其命名，如"商务 01"（见图 4.126）。

完成上述步骤后，主题色及主题字体就设置完成了。此时，你任意插入一个形状，它默认就使用了主题色中着色 1 的颜色（这里为红色），输入一段文字，中文字体将以阿里巴巴普惠体，英文将以 Calibri 字体呈现。

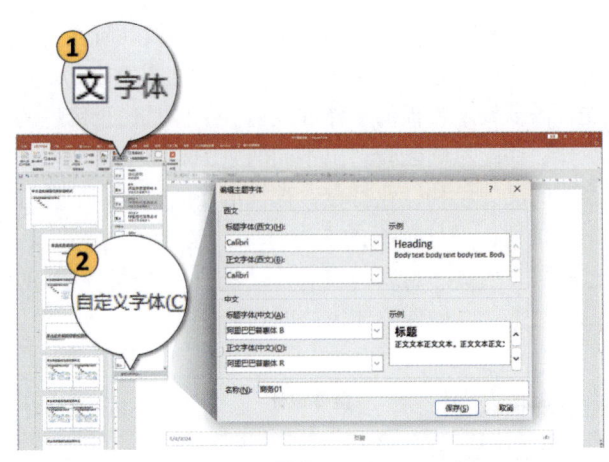

图 4.126

2. 布局占位符并调整

接下来，将把模板样式整合到母版中。首先，从封面开始，切换到母版视图中，使用 3 组文本框占位符替换原本出现的主标题、副标题及下方姓名部分。至于页面中的其他装饰元素，例如背景图片、红黄色块及右下角的 logo 等，可以直接放置在母版视图中，因为它们属于模板修饰的一部分，通常不需要二次修改（见图 4.127）。

图 4.127

值得注意的是，这里的红黄色块，需要使用主题色重新设置一遍配色。操作方法如下：单击红色色块，右键选择"设置形状格式"，在弹出的"形状格式"菜单中，选择"渐变填充"。而在设置"渐变光圈"时，添加的每一个调色滑块都应选用主题颜色中的色彩，只有这样才能保证后期修改时，实现"一键换色"的功能（见图 4.128）。下方的黄色色块的设置方法也是如此。

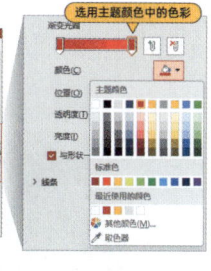

图 4.128

至于背景的企业高楼图片，你第一反应可能是使用图片占位符来替换。但如果采用了图片占位符（见图 4.129 左侧），那么后期在填充图片时，会自动盖在红黄色块的上方（见图 4.129 右侧）。因此，当图片上方存在其他修饰元素时，建议不要采用图片占位符。

图 4.129

确定布局后，接下来需要调节文本框占位符的格式。应确保文字的大小、颜色、粗细、对齐方式以及行段间距等属性与参考图保持一致，当处理如主标题和副标题这类上下排布的文本时，为增强版式的适用性，需要将主标题的文本对齐方式设置为底端对齐，而副标题则设置为顶端对齐，这样的编排方式能有效防止内容较多时两者发生重叠（见图 4.130）。在调整文本框大小时，请务必预留出足够的空间，确保即使文本内容较长时也能容纳。通常情况下，主标题的字数一般控制在 6～20 个字，以保证其能在两行内完整呈现，若标题超出两行，会影响读者的阅读体验。

图 4.130

同时，请确保母版中的所有文本占位符，都设置为不自动调整文本框大小的模式，以确保版面布局的稳定性。具体操作如下：选中文本占位符，右键选择"设置形状格式"，在弹出的设置形状格式面板中，单击"文本选项"→文本框，选中"不自动调整"单选按钮（见图 4.131）。这样文本占位符的大小就不会随文字内容的多少而产生变化。

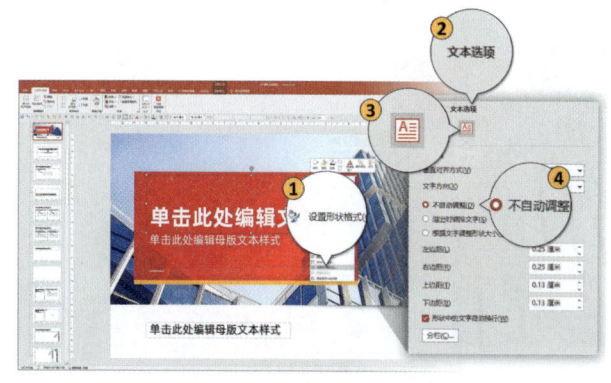

图 4.131

为确保模板的字体设置准确无误，建议重新设置一遍每页版式的字体。在母版视图中，按下 Ctrl+A 组合键全选页面内的所有元素。随后，单击"开始"菜单中的字体扩展选项面板，在弹出的主题字体面板中，将英文统一设置为"+ 正文"，中文则选择"+ 中文正文"，以此确保版式中所有字体都使用了主题字体（见图 4.132）。当然由于中文字体有粗细之分，因此需要再单独选中主标题，将它设置为"中文标题"以加粗显示。

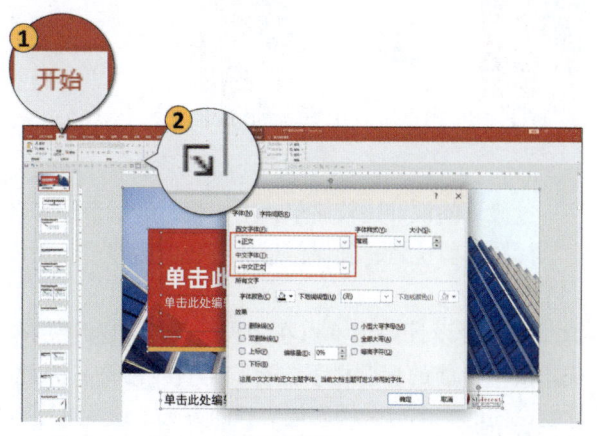

图 4.132

这就是母版中封面页的设置方法，后续页面设置时，会遇到很多类似的操作，就不多做赘述了，主要介绍一些需要特别留意的点。

目录页的设置方法，大部分都与封面设置相似，这里特别强调一下文本占位符的使用技巧。由于"目录"这两个标题文字是固定的，大部分情况下无须更改，因此可以直接使用普通文本框代替，这样，在切换到普通视图时，无须二次编辑，便可以像背景一样融入目录页中（见图4.133）。

图 4.133

至于目录中章节标题的设置，可以分为两种情况：如果是列表式的目录，所有章节内容都集中在一个文本框内（见图4.134左侧），那么可以使用文本占位符；但如果各章节的标题不是写在一个文本框中的，那么就不建议使用文本占位符（见图4.134右侧），因为这样相当于限制了章节的数目，会降低版式的适用范围，建议后期在普通视图中自行添加。

图 4.134

过渡页的设计比较简单，主要就是为章节序号和章节标题预留位置，确保信息的清晰传达即可（见图4.135）。

在内页设计中，重点在于设置标题和脚注的格式。由于目前的标题栏下方有一条直线修饰，因此，标题栏内的文本应采用底端对齐的方式，避免文字换行时与下方红线重叠。标题栏的上方也应该空出足以放置两行文字的空间，以应对文字较多时而换行的情况。同时，将文本左边距设置为0，方便后续对齐。

对于脚注栏，应设置为底端对齐的方式，以避免文字换行时超出幻灯片的边界（见图4.136）。

图 4.135

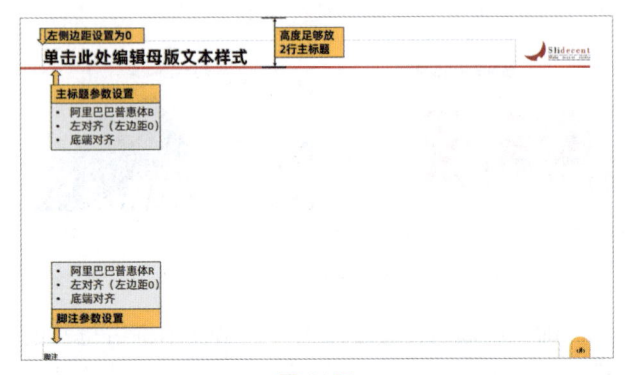

图 4.136

在商务汇报型的PPT中，页码也是必备元素。它在母版视图中以"#"号的形式呈现，通常放在页面右下角。在新建PPT时，每页版式都会自带页码的"#"号图样（见图4.137），只需复制一份到你的内页版式中，并调节它的属性即可为你所用。

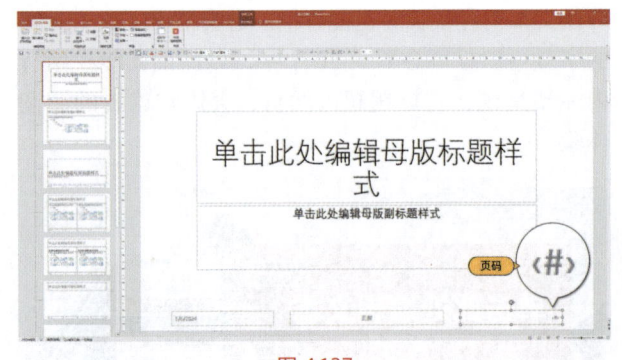

图 4.137

在普通视图下，单击"插入→幻灯片编号"，选中"幻灯片编号"，单击"全部应用"按钮，即可加载页码（见图4.138）。

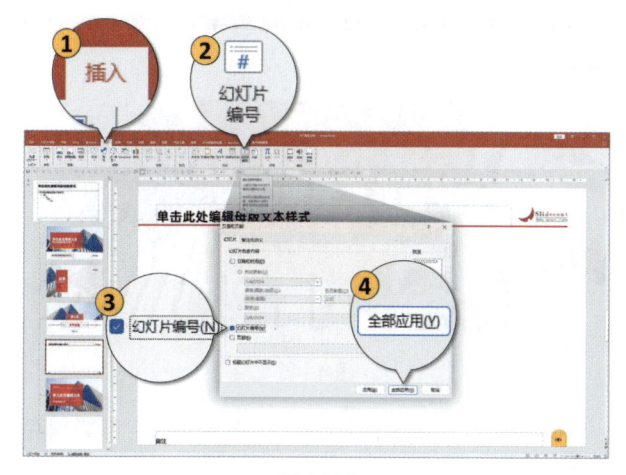

图 4.138

封底页的设计与封面类似，使用普通图片作为背景，同时注意文本框预留两行的位置即可（见图 4.139）。

图 4.139

至此，我们就将一份模板样式，做成了标准的母版规范（见图 4.140）。

图 4.140

3. 母版的保存与测试

为方便管理版式，可以给每页版式分别起名字。

选中版式，右键选择"重命名版式"，在弹出的窗口中即可设置版式的名称（见图 4.141）。

图 4.141

按照模板的骨架，可以分别命名为封面、目录、过渡页、内页、封底。以上这 5 页就是一份 PPT 母版的基本骨架，有时为了应对一些特殊情况，还会额外增加一页空白版式，提高母版的适用性。

至于其他不需要的版式页，可以直接删去，以确保母版结构清晰。在删除版式时，会发现有的版式可能无法直接删除，因为该版式正处于被占用的状态。将鼠标移动到该页版式上，稍微停留一小会可以看到它显示了一串数字，例如当前这页版式是被第 6 页 PPT 占用了（见图 4.142）。

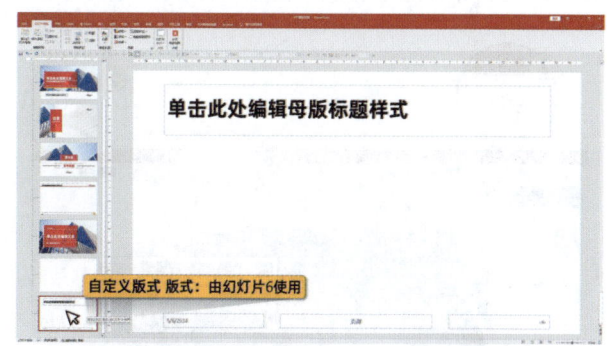

图 4.142

此时，可以切换回普通视图，找到第 6 页 PPT，右键选择"版式"，将这页 PPT 的版式替换到需要保留的内页版式中（见图 4.143），即可解除占用，从而删除多余的版式。

当母版清理完成后，可以测试下母版性能。首先切换到普通视图下，插入形状，观察图形是否为红色，输入一段中文字，观察字体是否为阿里巴巴普惠体（见图 4.144）。

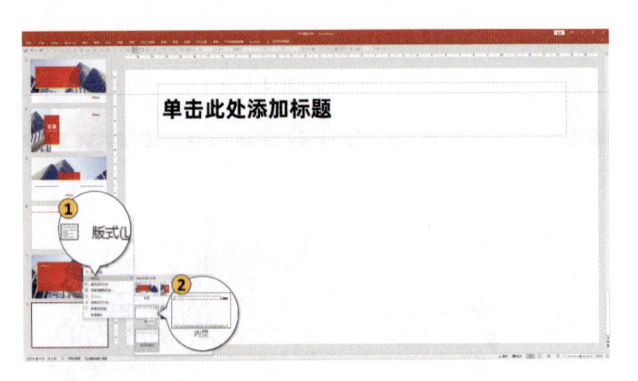

图 4.143

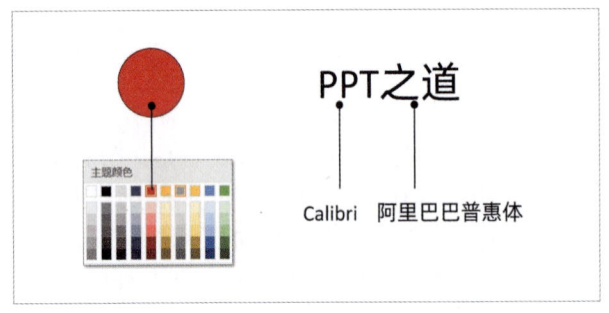

图 4.144

接着单击"设计"→变体的扩展项→"颜色"，选择一个新的主题色（例如蓝色），观察主题色是否实时变化（见图 4.145）。如果以上步骤都符合预期的话，表示母版的主题色及主题字体都设置成功了。

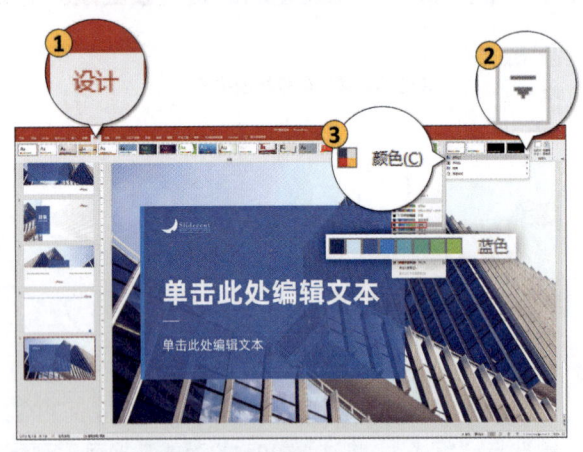

图 4.145

接着在普通视图中，按 Enter 键新增页面，然后右键选择"版式"，依次将所有版式调出来，观察版式的样式是否正常，编辑时是否正常等（见图 4.146）。

图 4.146

这一切都确认无误后，可以将整份 PPT 母版保存下来，以方便后续调用。保存模板的方式如下：单击"文件→另存为"，将它保存到系统自定义的 Office 模板位置。给模板起个名字，例如"商务 01"，并且将保存类型设置为"PowerPoint 模板"（见图 4.147）。

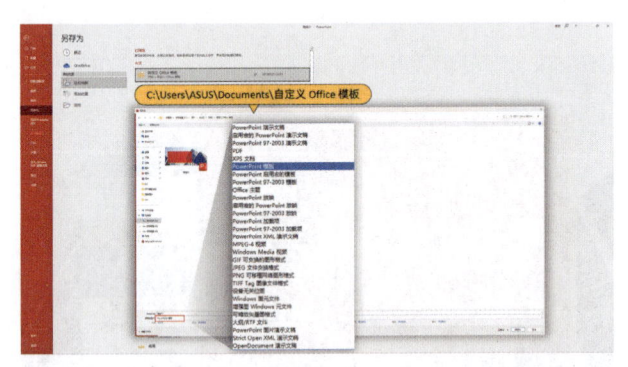

图 4.147

这个具体的保存位置可以通过单击"文件→选项"，在弹出的 PowerPoint 选项中，单击"保存"按钮，找到"默认个人模板位置"（见图 4.148），只要将 PPT 以模板的格式保存到这个位置，后续就可以灵活调用了。

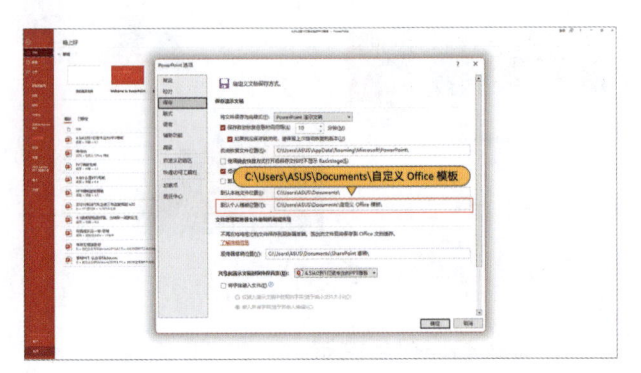

图 4.148

单击"文件→新建→个人",即可找到这个模板(见图4.149),双击后就可以打开,非常方便。

以上就是从一份PPT模板样式转化为PPT母版的全过程。应用本节学到的技巧,你可以为自己或者所在的部门,定制一些常用的PPT模板,例如工作汇报、个人演讲、竞聘述职等,方便长期调用,提高工作效率。

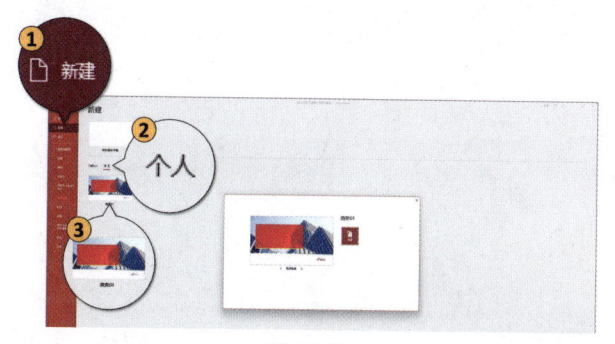

图 4.149

4.5 要点回顾

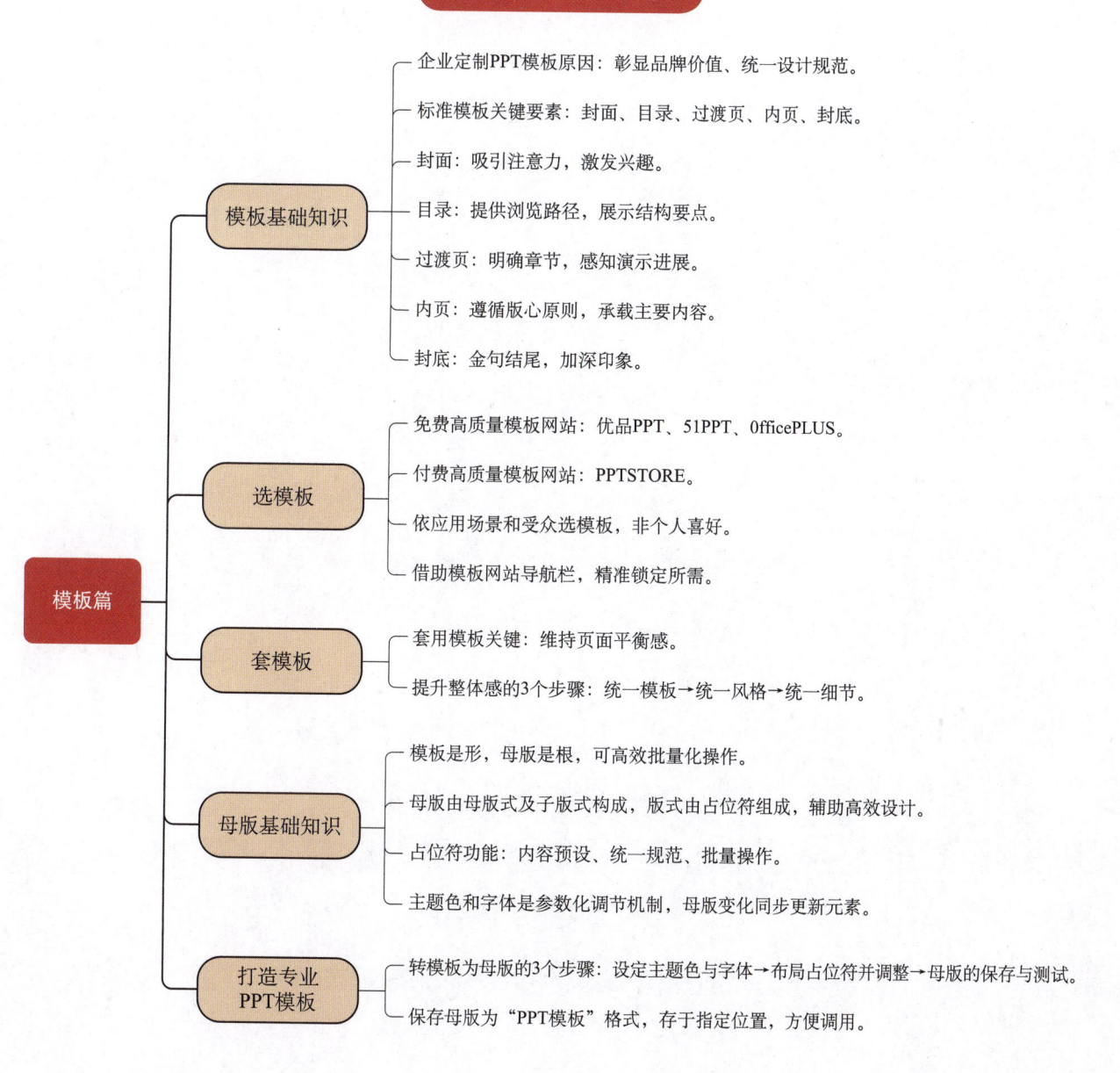

模板篇

- **模板基础知识**
  - 企业定制PPT模板原因:彰显品牌价值、统一设计规范。
  - 标准模板关键要素:封面、目录、过渡页、内页、封底。
  - 封面:吸引注意力,激发兴趣。
  - 目录:提供浏览路径,展示结构要点。
  - 过渡页:明确章节,感知演示进展。
  - 内页:遵循版心原则,承载主要内容。
  - 封底:金句结尾,加深印象。

- **选模板**
  - 免费高质量模板网站:优品PPT、51PPT、OfficePLUS。
  - 付费高质量模板网站:PPTSTORE。
  - 依应用场景和受众选模板,非个人喜好。
  - 借助模板网站导航栏,精准锁定所需。

- **套模板**
  - 套用模板关键:维持页面平衡感。
  - 提升整体感的3个步骤:统一模板→统一风格→统一细节。

- **母版基础知识**
  - 模板是形,母版是根,可高效批量化操作。
  - 母版由母版式及子版式构成,版式由占位符组成,辅助高效设计。
  - 占位符功能:内容预设、统一规范、批量操作。
  - 主题色和字体是参数化调节机制,母版变化同步更新元素。

- **打造专业PPT模板**
  - 转模板为母版的3个步骤:设定主题色与字体→布局占位符并调整→母版的保存与测试。
  - 保存母版为"PPT模板"格式,存于指定位置,方便调用。

第5章 视觉之惑
——如何打造专业且实用的幻灯片

想象一下：你站在一场关键的商业会议上，面对着众多渴望投资的行业精英。你满怀期待，准备用精心准备的PPT展示你的商业计划，期待吸引他们的目光和支持。然而，当你点击开始放映时，期待中的掌声并未响起。相反，屏幕上显示的是文字拥挤、图片模糊、排版杂乱的幻灯片。

这一刻，你的观众开始分心，原本期待的目光变得游离。更糟糕的是，他们可能开始质疑你的专业性和商业计划的可行性。在这样一个竞争激烈的商业环境中，一次不专业的 PPT 演示可能会让你失去投资人的信任，甚至影响融资结果。

因此，掌握 PPT 设计的专业技能对于职场人来说至关重要。每个人也都渴望在关键时刻，用一份美观大气的 PPT，让自己和团队成为众人瞩目的焦点。然而，很多人由于缺乏设计思路和对软件操作的不熟悉，往往只能将文字、图片和图表简单地堆砌在幻灯片上，导致 PPT 效果不尽如人意。

为了帮助你走出 PPT 制作的困境，本章将引领你开启一段实战美化之旅，深入剖析各类 PPT 页面的设计方法，如文本、图形、图片、图标、图表等常见类型的页面设计，每一步将详细讲解，确保你能掌握 PPT 设计的精髓。

通过本章的学习，你将掌握以下关键技能：
（1）根据不同需求进行有针对性的设计。
（2）将商业思维融入 PPT，满足实际应用和受众期望。
（3）寻找并处理高质量素材，确保设计质量过关。

本章将带你攻克 PPT 设计中的操作、审美和思维等难题，全面提升你的 PPT 制作技能。无论你是职场新人，还是经验丰富的设计师，都能在这里找到你需要的灵感和技巧。PPT 设计是商业和职场中不可或缺的一部分，掌握它，便能在关键时刻充分展示自己。

5.1 大段文字型 PPT，看这就够了

PPT 中全是字，究竟该如何设计？这是许多学员在制作 PPT 时都会遇到的问题，更是他们头疼不已的痛点。面对满屏的文字，你是否也感到迷茫，不知从何下手？其实全文字型 PPT 的设计并不复杂，通常可以分为两类情况：一类是不可删减的文案，另一类则是可适当精简的文案。接下来，我将通过一系列实战案例，分享一些实用的设计技法，助你轻松应对全文字型 PPT。

5.1.1 不可删减文案的情况

当遇到引用的原文、例句解析或领导的要求等无法删减文案的情况时，该如何设计呢？这个看似棘手的问题，其实只需熟练运用两种设计技巧，即可轻松应对。

1. 文本基础规范

先来做个小测试，这是一页 3 段并列式页面（见图 5.1），光看文字排版，你能快速看出这页设计有什么问题吗？

针对这页设计，每个人的看法都不同，大致可以分为 3 类观点：小白会觉得挺好的，没有问题；有一定经验的用户可能会注意到中间的文案没有与左右两侧的文案平齐；而资深设计师则可能指出 6 个文字排版上的问题（见图 5.2）。

图 5.1

（1）文本没对齐，同层级文本高度不统一。
（2）文本的行间距太小，挤在一起。
（3）句末标点不统一，有的加了，有的没加。
（4）项目符号点在纵向排列时没对齐。
（5）单字不应成行，显得零散。
（6）标题和正文间的对比不足，缺少层次感。

尽管这些问题看似只是细节上的小瑕疵，但它们确实会影响页面的美观度及阅读体验。况且只需稍加优化，页面就会呈现出更加和谐、统一的效果（见图 5.3）。

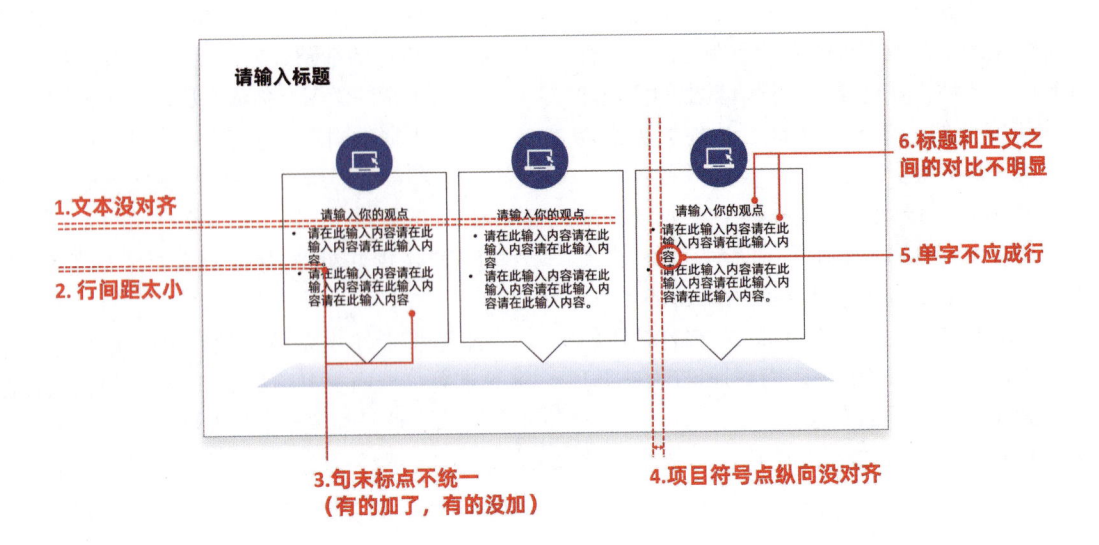

图 5.2

图 5.3

为方便观察，提取其中一部分做对比。修改前排版杂乱，毫无章法；而修改后则层次清晰，重点突出（见图 5.4）。这便是文本设计的价值所在，也是提升作品精致度的关键要素。

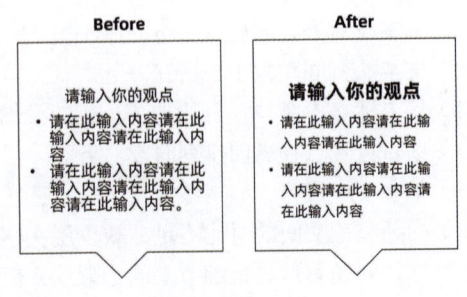

图 5.4

下面，以一页全文字的 PPT 为例（见图 5.5），手把手教你优化文本细节。

图 5.5

首先分析文字排版细节，会发现它存在如下问题（见图 5.6）。

（1）数字编号在纵向上没有保持对齐。
（2）标题和正文间的对比不明显。
（3）行段间距太小，阅读体验差。
（4）句末标点不统一，有的加了，有的没加。
（5）缺少文本缩进，层次感不足。

面对这些问题，应该先改哪个呢？在此，分享一套高效的文本处理流程，助你提升页面质感。整个流程共包含 4 步骤：调节文本缩进→调整字号大小及粗细→设置文段间距→统一标点符号。

第一步：调节文本缩进。

仔细观察现有的文案内容不难发现，它存在一定的层级关系。为方便观察，用不同颜色做示意。例如，红色部分（如"市场趋势分析"）作为一级标题，而蓝色部分（如"当前市场概况"）则作为二级标题

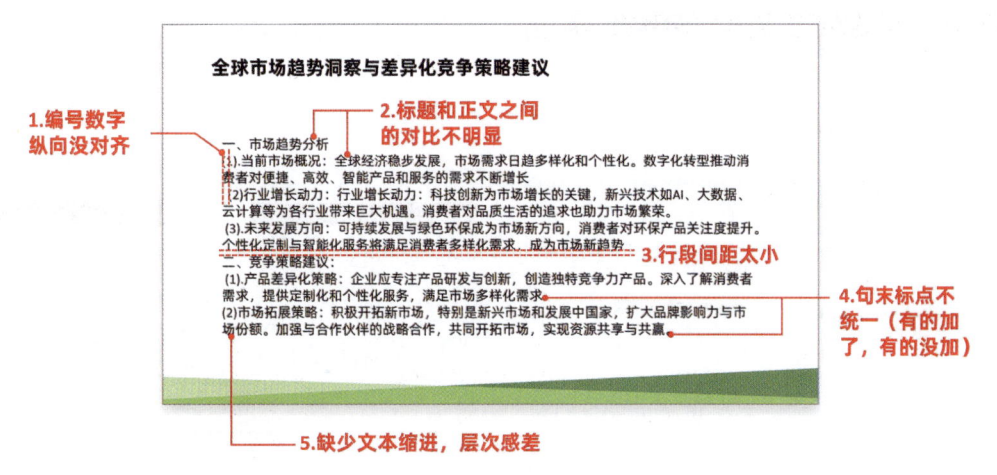

图 5.6

（见图 5.7）。

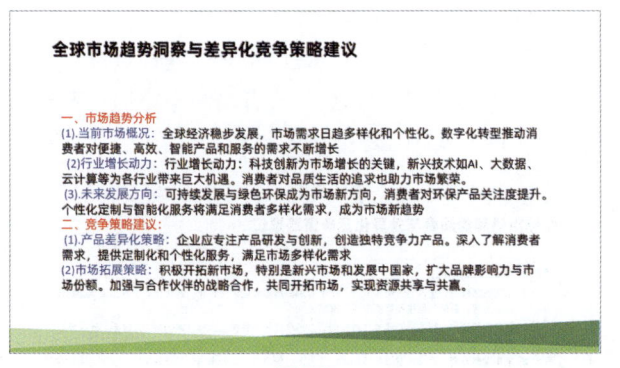

图 5.7

虽然目前使用了编号来区分层级，但在排版上仍然显得混乱，使得层级关系难以一眼识别。为了改善这一状况，需要利用项目符号来清晰区分文本的层级。选中文案，单击"开始"→编号，选择一种编号预设。就会发现所选文案的每段句子的前面出现了一组编号"1.2.3"（见图 5.8）。

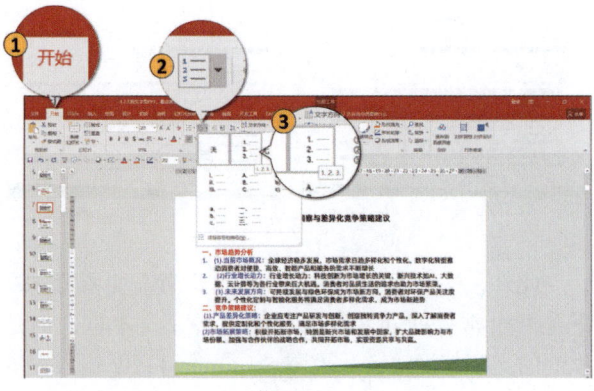

图 5.8

这组编号是系统生成的，当你想要新增删除某段句子时，编号也会相应变化，非常方便。在此基础上，删除原先手打的数字编号"(1)(2)(3)"，"竞争策略"部分也是同样的调整方法，即可得到如下效果（见图 5.9）。

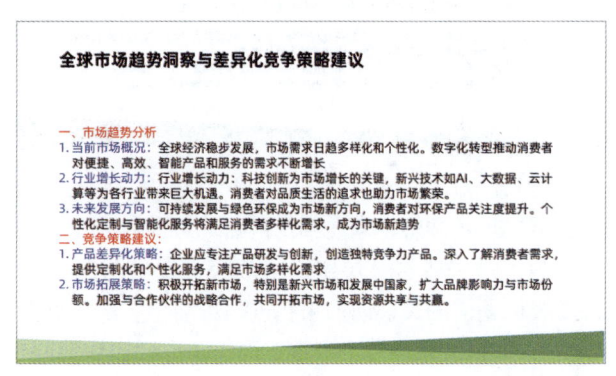

图 5.9

当文本换行时，文字也不会超过文本编号，相较于最初手动输入编号的方式，采用项目符号可以更好地突出文本层级。

接下来要调节文本缩进。可以看到页面上方有一排数字刻度的标尺，标尺中有上下两个滑块。上方的滑块调节的是文段起始的位置，下方的滑块可调节文本换行后的文字起始位置。具体来演示下。首先选中文本，按住鼠标左键不松手，拖动标尺中的上方滑块。将它移动到与一级标题中"市场趋势分析"的首字"市"纵向对齐，会发现数字编号的起始位置在纵向上与一级标题的"市"字对齐了；接着按住鼠标左键，拖动标尺的下方滑块，让它在上方滑块位置的右侧相距 0.5～1 的位置（见图 5.10）。

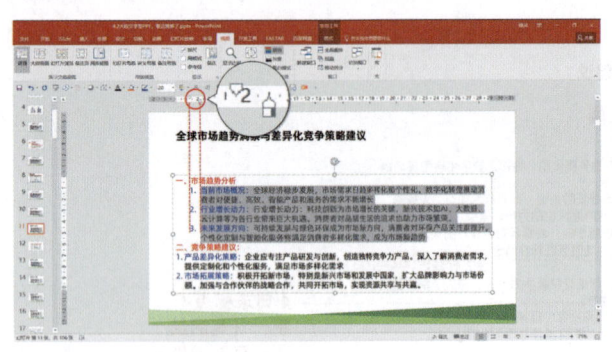

图 5.10

下方也是同理,可得到如下效果(见图 5.11)。通过文本缩进,将二级标题的内容与一级标题区隔开,更利于识别文本的层级关系。

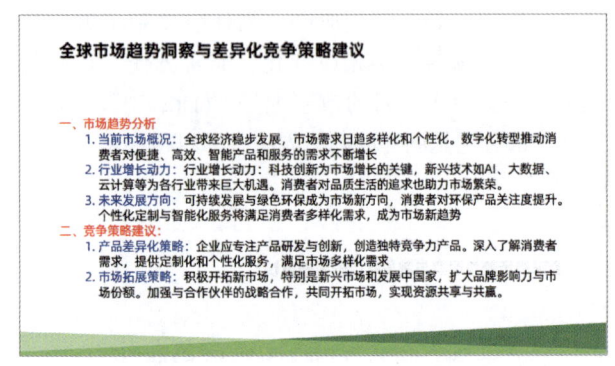

图 5.11

第二步:调整字号大小及粗细。

为了进一步区分层级,可放大标题字号,并且将二级标题前的关键词加粗,进一步细化层次(见图 5.12);如果文段内有个别重点词句,也可加粗强调。

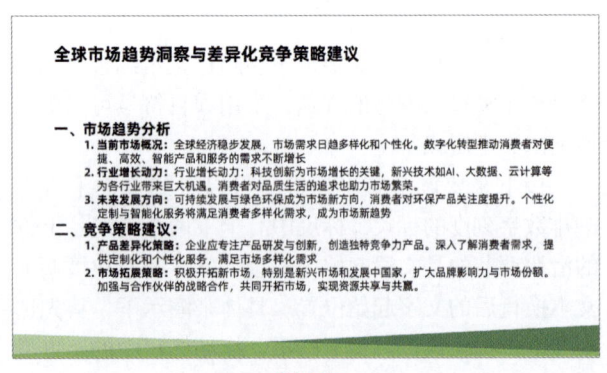

图 5.12

第三步:设置文段间距。

此时层次感确实好了一些,但整段文字挤在画面中间,导致页面上下方显得很空,为此,可以加大文段的间距,让信息分布更均匀。选中文段,单击"段

落",设置段前 0、段后 6、行距 1.1(见图 5.13),让信息均匀分布。具体的参数,可依据页面所剩的空间进行设置。

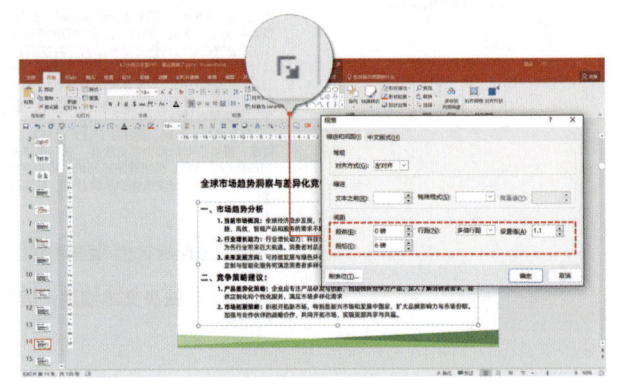

图 5.13

第四步:统一标点符号。

当完成以上工作后,最后检查一遍标点符号。例如,统一添加句末的标点,或者统一不添加句末标点(见图 5.14),以彰显专业感。

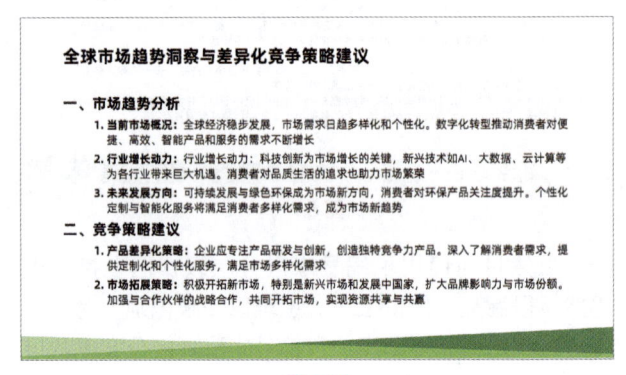

图 5.14

通过对比修改前后的效果(见图 5.15),我们可以发现,信息的可读性明显提升,页面也更精致了。

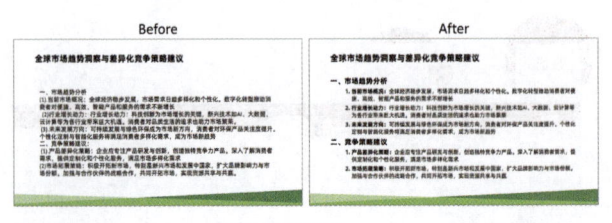

图 5.15

此外,文字编排还有很多细节设置需要留意。以下是两个常见的问题:①明明对齐了文本框,但是里面的文字却没对齐(见图 5.16 左侧);②输入文本时,文本超出文本框边界了,但却没有自动换行(见

第 5 章　视觉之惑——如何打造专业且实用的幻灯片

图 5.16 右侧）。

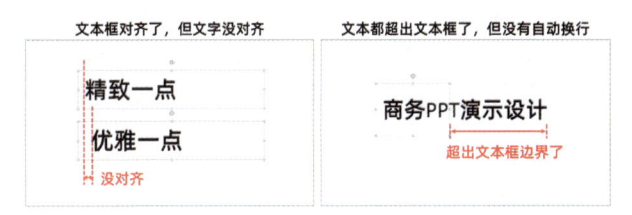

图 5.16

这两个问题的原因是没有设置好文本细节。当任意选中一段文字，单击"格式"→形状样式的扩展→"文本选项"→文本框，就会打开各种文本设置选项（见图 5.17）。

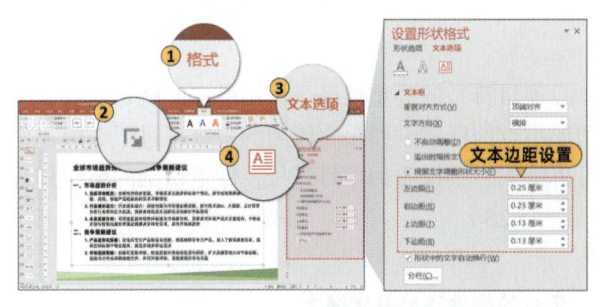

图 5.17

对于第一个问题——文本没对齐，可以在文本边距这里找到答案。当你选中一段文本，它的四周会出现一圈由白色圆点和线连成的矩形选框，这就是文本框。而文本的边距就是当你设置文本的对齐方式，分别为左对齐、右对齐、顶端对齐、底端对齐时，文字距离文本框的边界距离（见图 5.18）。因此，为了保证两段文本严格对齐，前提是统一两者的文本边距。

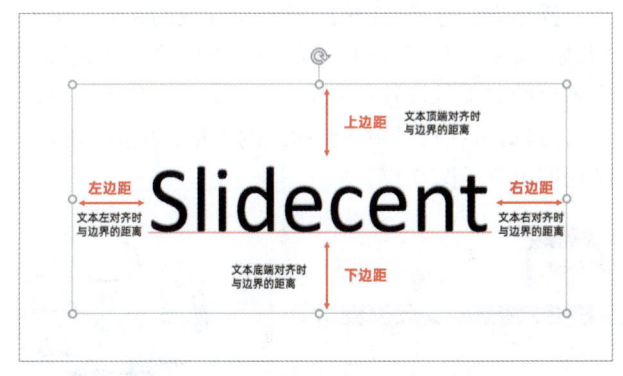

图 5.18

对于第二个问题——有时文本都超出文本框边界了，却没有自动换行。这是因为没有勾选自动换行的选项，系统会默认文本以单行的形式呈现，无论多长都不会换行；勾选后，文本就会依据文本框的大小自动换行（见图 5.19）。

图 5.19

以上就是文本设计中常用的一些细节设置，虽然细小，但却非常重要，是设计者必备的基本素养。灵活运用的话可以极大提升大段文字的可阅读性，非常适合那种完全无法修改文案内容的情况。

2. 分段提炼小标题

优化文字排版确实可以提升观感，由于文案仍比较长，受众还是不好理解内容，例如这页 PPT（见图 5.20），密密麻麻写了几百字，完全没有阅读欲望，也很难看出这到底在讲什么。那么，该如何优化呢？

图 5.20

既然一整段文本太长，可以尝试缩减单次阅读文案的长度。例如，将大段文案按照内容逻辑进行分段。仔细阅读内容后发现，它主要包含 3 点信息：硬件性能、软件应用、互联互通（见图 5.21）。

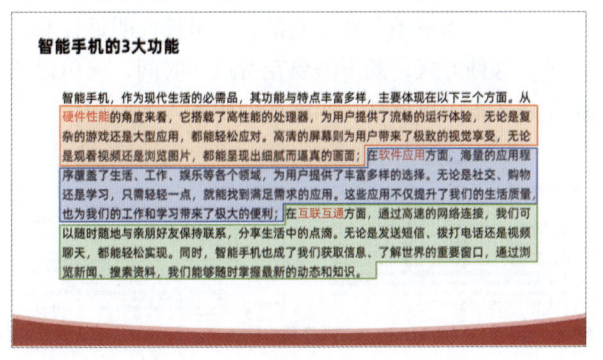

图 5.21

因此，可以将整段内容进行拆解，并且分别提炼3个小标题：硬件性能、软件应用、互联互通（见图5.22）。

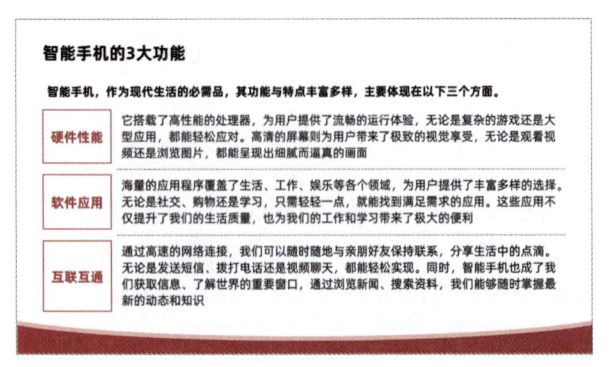

图 5.22

这样的好处是读者可以通过小标题快速了解对应文段的信息，在阅读时就能更有针对性地查阅。这有点像是在读报纸。报纸上密密麻麻的全是字，如果全部塞到一起，想必没人想看，但是通过分块，并单独添加标题就可以提高可读性。

此时，右侧的内容仍然比较长。为了进一步减少单次阅读的文案长度，可以按照内容逻辑，将整段话拆分成独立的句子，并用项目符号区隔（见图5.23）。

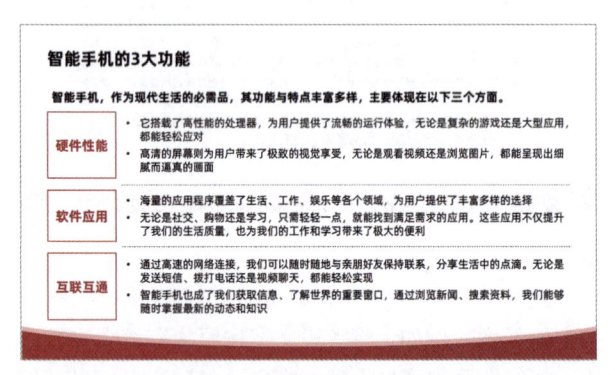

图 5.23

看下前后效果对比（见图5.24），原本的一大段信息被拆分为一条条独立的信息，可读性明显提高了很多。这种方式，既不需要花费过多时间，又可以快速提高文案的可读性，非常适合职场人士使用。

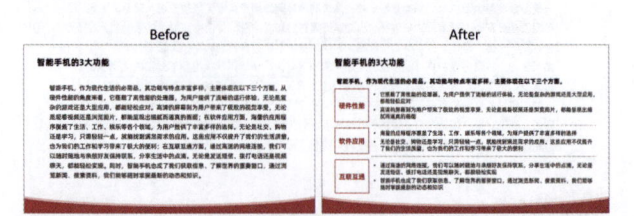

图 5.24

添加项目符号的方法很简单，选中想要添加项目符号的文段，单击"开始"→项目符号下拉选项，选择一款预设的项目符号（见图5.25），就会发现文段的前方添加了一个项目符号。

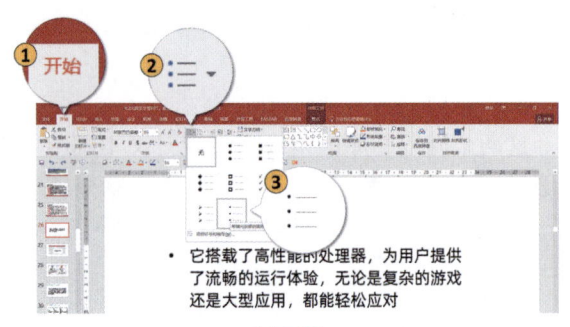

图 5.25

项目符号的类型很多，使用最多的就是这种3个圆形小点的样式。如果文段内的层级超过了3级，则可再给下一层级添加项目符号，做更精细的层级划分（见图5.26）。

图 5.26

第3层级通常采用这种短横线的方式。只是这种形式不在预设的那几类项目符号中，需要自定义使用。操作方法也是类似的。选中第3级的文案，单击"开始"→项目符号下拉选项→"项目符号和编号"，在弹出的"项目符号和编号"选项卡中，单击"自定义"，最后再在符号中找到短线的类型，单击"确定"按钮即可（见图5.27）。

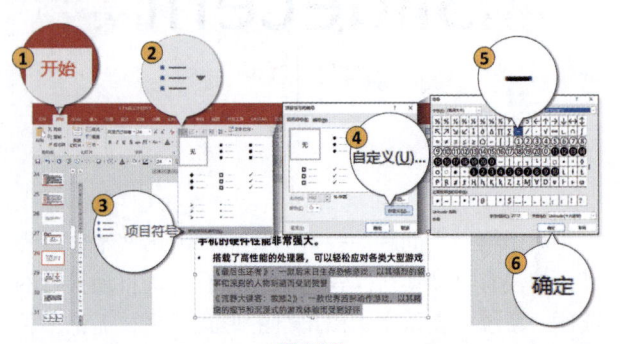

图 5.27

第 5 章　视觉之惑——如何打造专业且实用的幻灯片

以上两步就是针对大段、不可删减文案的情况下做的优化。下面来做个小练习：面对这页 PPT（见图 5.28），要求在不删减文案的情况下进行优化，你会如何设计呢？

ChatGPT介绍

ChatGPT，美国"开放人工智能研究中心"研发的聊天机器人程序，于2022年11月30日发布。是人工智能技术驱动的自然语言处理工具，它能够通过学习和理解人类的语言来进行对话，还能根据聊天的上下文进行互动，真正像人类一样来聊天交流，甚至能完成撰写邮件、视频脚本、文案、翻译、代码等任务。例如，ChatGPT可以用鲁迅的文风进行文字创作、用Twitter的高级数据工程师的口吻给马斯克写周报、帮助你解决和女孩表白不知道如何开口的困境，或者直接上手找到代码中的bug等。

图 5.28

面对这种大段文字，人们本能反应都是不想阅读的，因此设计的要点就是拆分，按内容逻辑将大段文案进行拆解分段。例如，这里可以拆分为 3 部分：基本信息、功能、应用举例（见图 5.29 左侧）。接着，对每部分做更细化的拆解，以项目符号的形式拆分为几个单独的句子（见图 5.29 右侧）。

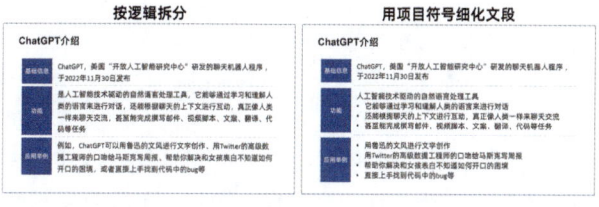

图 5.29

文案的层级感及可读性都得到了很大提升，最后在此基础上稍作美化即可。对比原稿（见图 5.30 左侧），改版后的设计阅读体验好了许多（见图 5.30 右侧），应对日常工作汇报完全够用了。

图 5.30

但如果是一些重要的演讲汇报场合，则还差点意思。因为以上这种程度的优化主要是优化阅读体验，但对内容理解的帮助不是很明显。问你个问题：你能快速看懂这页 PPT 在讲什么吗？

为了找到这个问题的答案，你需要从第一个字开始，逐字阅读，直到把它读完，再仔细思考一段时间，才能得出结论。由于内容很长，整个过程跟看 Word 文档一样，非常耗费时间和精力。如果这是一个演讲的场合，想必台下观众早已失去兴趣，各自低头玩手机了。因此，当条件允许时，建议将大段文案适当精简，以提高信息传达效率，这时就要引出第二类文本处理的情况了。

5.1.2　可精简文案的情况

上述问题的根源在于，你错把 PPT 当作 Word 来用了。这两者之间其实存在着本质的差异。Word 讲究的是完整的叙述，是线性的表达，需要讲清楚事情的起因、经过、结果，并且在行文上还需要注意句子的主、谓、宾；而 PPT 是要点式、结构化的，只要能高效传递信息即可（见图 5.31）。

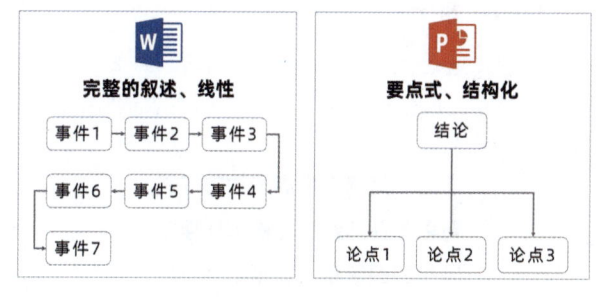

图 5.31

例如：在做年终总结描述个人成果时，如果用 Word 的思维写 PPT，往往是直接写一大段文字去描述（见图 5.32）。但是，这样重点都被淹没在大段文字中了，无法在短时间内吸引领导的注意力。

2024年工作总结

过去一年，我勤勉履职，成功主持了16场校园招聘宣讲会，精心组织了20场技能培训活动，并策划举办了8场专题知识竞赛。总体而言，我完成了诸多任务，取得了一定成果。展望新的一年，我将持续努力，保持谦逊学习的态度，不断提升自我，争取取得更好的成绩。

图 5.32

如果换成 PPT 思维来写，可以直接用数字＋事件名称的方式呈现（见图 5.33）。在不影响原本意思的情况下，突出核心的内容，提高信息传达效率。

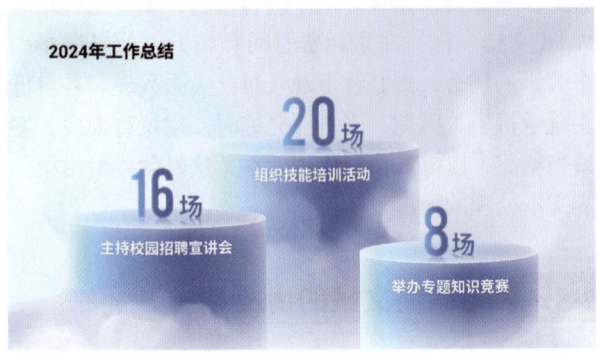

图 5.33

可见，当面对 PPT 中大段文字时，应当在保证意思不变的前提下，删减不必要的字词，凸显最核心的部分。下面，就通过一些实例，详细演示如何正确地删减文案。

1. 删词减字

例如：这是典型的书面语（见图 5.34），句式完整，但稍显冗长，如何用最简洁的话术表达呢？

> 总之，这本干货满满的PPT书，可以帮助那些正在被PPT难题困扰的职场新人，系统性地提升PPT技能。

图 5.34

一句完整的话通常由许多要素组成，其中承载核心信息的往往是主语、谓语和宾语，至于连词、形容词、副词等，更多是为了让句子更通顺优美，它们并非不可或缺。因此，即便省略这些修饰词，也不会影响文案的核心内容（见图 5.35）。

图 5.35

对比修改前后的效果发现（见图 5.36），精简后的文案确实更容易理解。这正是 PPT 的核心要义：有力量的观点。

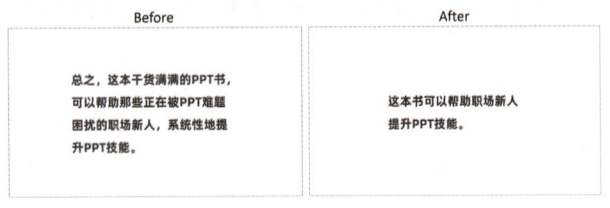

图 5.36

下面来看一个相对复杂的案例。这页 PPT 是关于区块链的介绍（见图 5.37），内容很长，对于没接触过这个概念的人而言会比较陌生，直接精简的话难度比较大。

区块链

从科技层面来看，区块链涉及数学、密码学、互联网和计算机编程等很多科学技术问题。从应用视角来看，简单来说，区块链是一个分布式的共享账本和数据库，具有去中心化、不可篡改、全程留痕、可以追溯、集体维护、公开透明等特点。这些特点保证了区块链的"诚实"与"透明"，为区块链创造信任奠定基础。而区块链丰富的应用场景，基本上都是基于区块链能够解决信息不对称问题，实现多个主体之间的协作信任与一致行动。

图 5.37

为此，分享一个小技巧。可以先将大段文案按照句子进行拆分，遇到问号、分号、句号等就拆开，这一步可以先不用关注内容逻辑。接着，单独对每句话进行精简。重点关注句子中的名词、动词，它们都是具有实际含义的词句。而连词、副词、表意重复的文字以及没有实际含义的形容词等，只是为了组成完整句子结构而存在的，删掉后不影响内容的表达（见图 5.38）。

图 5.38

第 5 章　视觉之惑——如何打造专业且实用的幻灯片

当文案精简后，将剩下的语句重组，并依据内容逻辑关系进行划分，例如这里包含 3 部分，即定义、特点、应用场景（见图 5.39），到这一步文案精简工作基本算是完成了。

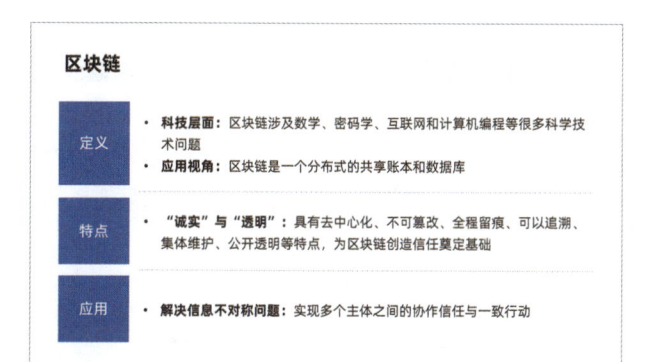

图 5.39

在此基础上稍加排版，并加入些修饰元素，一页结构清晰、重点突出的 PPT 就完成了（见图 5.40）。

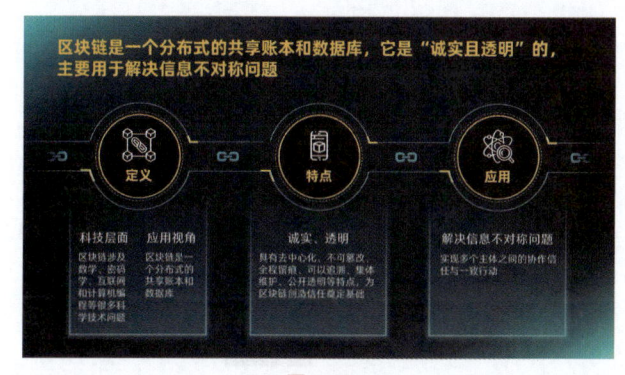

图 5.40

对比原稿，可删减文字的版本，在设计上可操作性更强，阅读体验也更好（见图 5.41）。

图 5.41

下面来做个测试，考考你对于大段文案 PPT 设计的掌握情况。面对这页华为企业介绍的 PPT（见图 5.42），你会如何设计？

图 5.42

这段文案很长，首先按句子拆分，遇到句号等时断开。然后逐句精简文案，去除句子中的部分副词、连词、形容词等没有实际含义的文案（见图 5.43）。

图 5.43

接着重新组织信息，并且按逻辑划分板块，例如这里可分为 3 部分，即基本信息、主营业务、荣誉奖项（见图 5.44）。

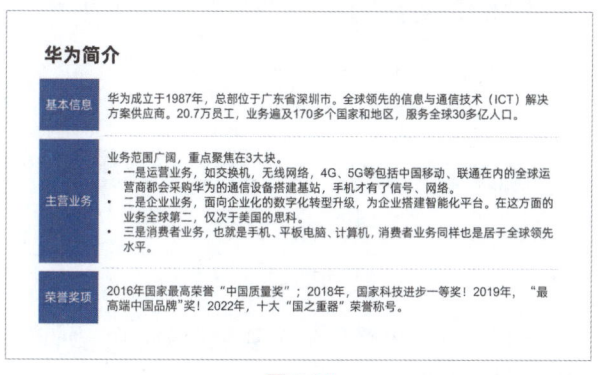

图 5.44

目前的排版还都是以大段文案的形式呈现的，可以将内容进一步细化拆分，例如基本信息部分包含 3 点（见图 5.45）。

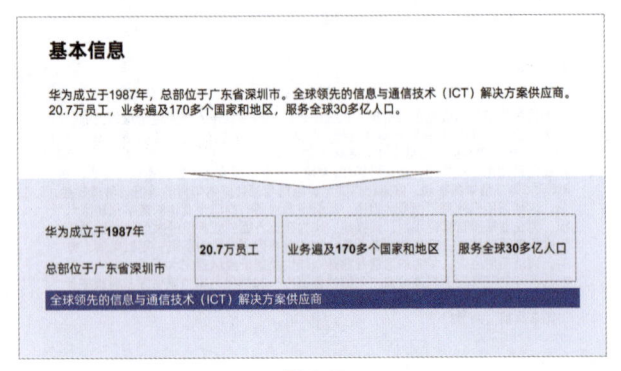

图 5.45

主营业务分 3 块：运营业务、企业业务及消费者业务（见图 5.46）。

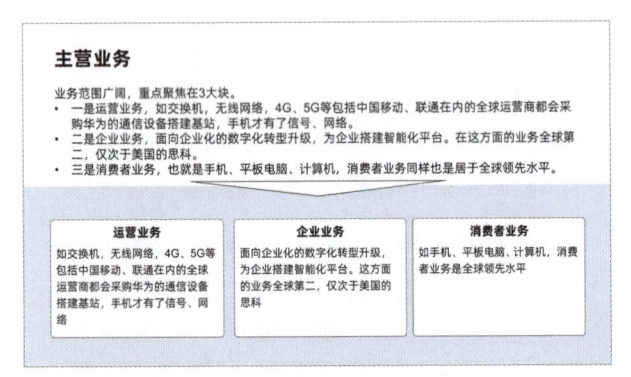

图 5.46

最后将荣誉奖项名称单独提取出来，分别展示（见图 5.47）。

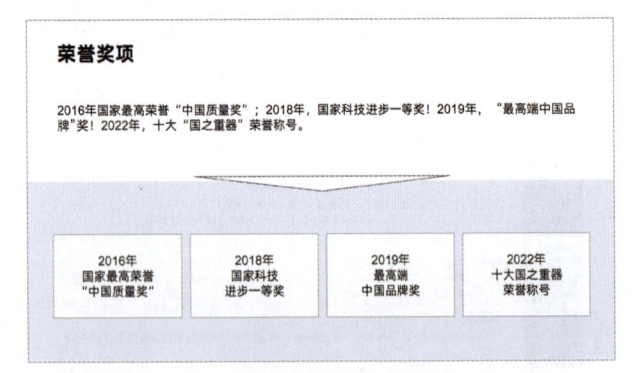

图 5.47

将以上 3 部分整合在一起，就构成了一页 PPT 初稿（见图 5.48）。

在此基础上，可以进一步结合形状及修饰元素进行美化，就完成了最终的设计（见图 5.49）。

回顾整个修改过程，通过精简文案、划分逻辑、美化设计这 3 个关键步骤，将一大段文段拆解分段，

最终设计成条理清晰、重点鲜明的 PPT，极大提升了受众的阅读体验（见图 5.50）。

图 5.48

图 5.49

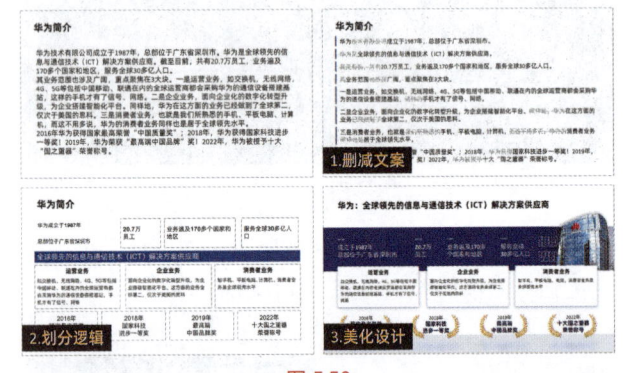

图 5.50

以上这些操作可以让你的 PPT 变得更好阅读，但如果你想从众多竞争着中脱颖而出，那么还差了一步。因为无论文字多与少，主要还是靠逐字阅读文案去获取信息，当逻辑较复杂时，受众不太容易跟上你的思路，这时就要引出结构化的概念了。

2. 结构化设计

什么是结构化设计呢？通过一个案例引入，例如这页 PPT 是介绍 PDCA 方法的（见图 5.51），目前有很多字，不利于理解。

方案优化的方法

方案优化可以分为4步进行。首先是计划(Plan)：包括方针和目标的确定，以及活动规划的制定。接着是执行(Do)：根据已知的信息，设计具体的方案；再根据方案，进行具体运作，实现计划中的内容。其次是检查(Check)：总结执行计划的结果，分清哪些对了、哪些错了，明确效果，找出问题。最后是行动(Act)：处理总结结果，肯定并标准化成功经验，总结教训引起重视，未解决问题留待下一轮PDCA解决。

图 5.51

按照前面提到的技巧，可以将大段文案进行拆分，例如这段文案可以拆分为4部分：计划、执行、检查、行动（见图 5.52）。

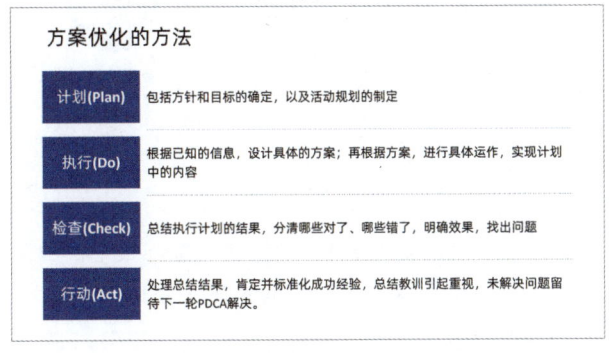

图 5.52

接下来阅读内容，会发现这4步流程之间是循环往复、不断改良的关系。然而，目前的版式只是简单的并列关系，很容易让人对 PDCA 这个概念产生误解。为了更直观地展现这层关系，此时，就可以引入结构化设计技巧了。

例如，用4项循环的圆环将内容串起来，再加入向上的箭头，象征不断优化升级，很好地呈现了隐藏在内容背后的逻辑关系（见图 5.53）。

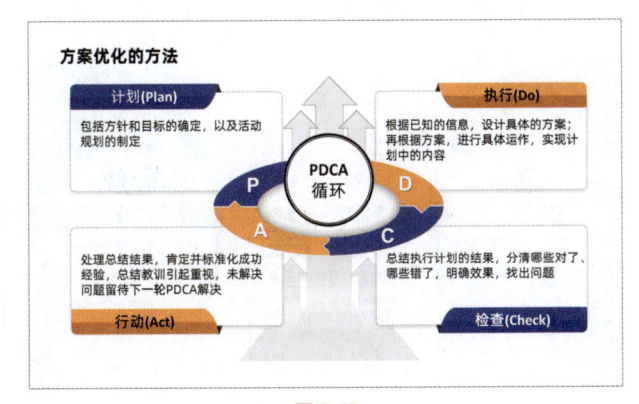

图 5.53

来看下前后效果对比：单纯罗列式的排版，只是缩短了单次阅读文案的长度，对于内容理解的帮助有限（见图 5.54 左侧）；而引入关系图形，可以将内容背后的逻辑关系直观呈现出来，此时即使不看文字，也能猜出4部分内容间的循环关系（见图 5.54 右侧），这就是结构化设计的魅力。

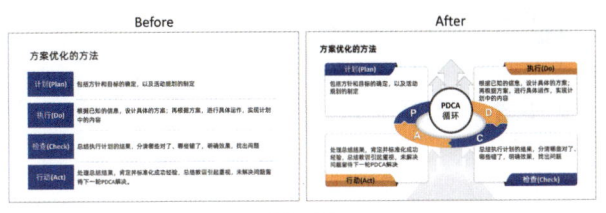

图 5.54

再如：这段文案是关于语雀的产品介绍（见图 5.55），全是文字，观众并没有耐心去仔细阅读。

图 5.55

首先，将大段文字进行分段，分为：产品定义、市场痛点、产品效果、名称由来。接着，结合删词减字的技巧，将文段中出现的冗余的形容词、连词、副词等去掉（见图 5.56）。

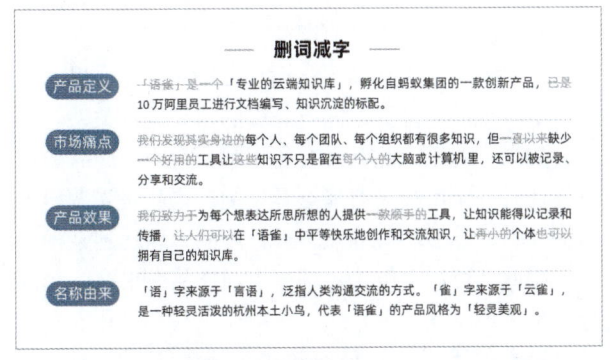

图 5.56

然后，将剩余的文案重新整合，并用项目符号的形式，将关键信息逐个列出来（见图 5.57），到此文案提炼环节就结束了。

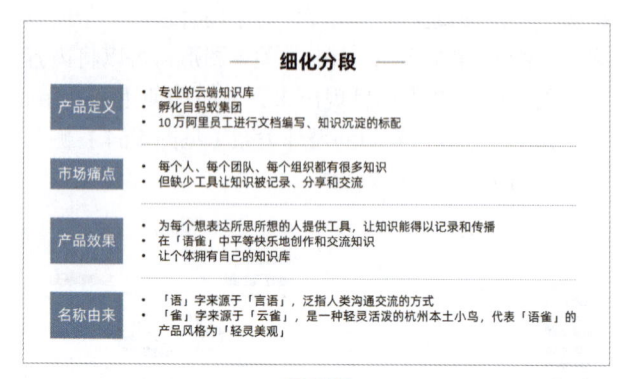

图 5.57

在此基础上,加入图片适当美化下,就完成了一页标准的 PPT(见图 5.58)。

图 5.58

当你拿着这页 PPT 向观众展示,会这么说:语雀是一款专业云端知识库,它的产品定义是×××,市场痛点是×××,产品效果是×××,名称由来是×××。听起来似乎没什么问题,但就是太平淡了,由于各部分内容间没有关联,仅仅是将精简后的文字念出来,灌输给读者而已,缺少惊喜感,相信你不会对这款产品留下任何印象。

这时就可以引入结构化设计方法。首先,思考下页面中呈现的 4 部分之间有怎样的内在逻辑关系。其实,如果你对于产品开发有所了解,会明白产品的功效往往是基于市场现有痛点开发的,也就是先调研了市场痛点,然后围绕痛点去设计产品,以达到某种效果。因此,可以理解为市场痛点与产品效果之间是因果关系(见图 5.59)。

接着往下思考:如何解决市场痛点,实现想要的效果呢?没错,中间就需要借助语雀这款产品。将产品名称和定义也融合进来,现在的逻辑关系就变成了:市场痛点是×××,使用语雀后就变成了

×××(见图 5.60)。

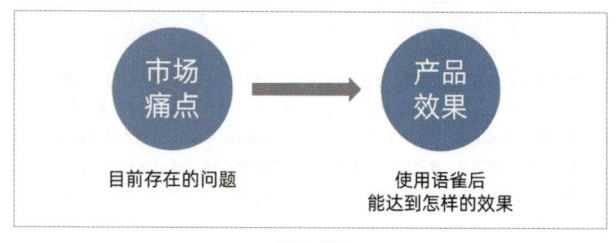

图 5.59.

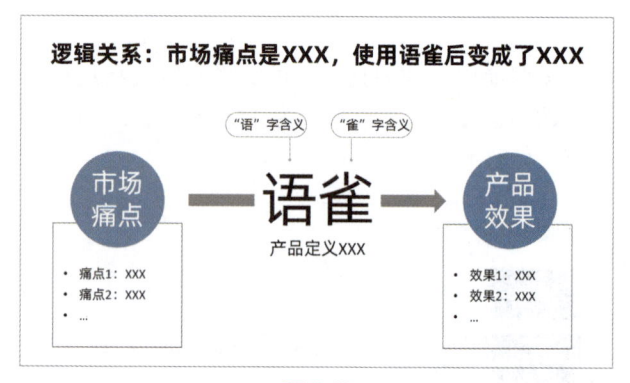

图 5.60

原本毫不相关的 4 段内容就被串联起来了,细化文案信息后,就构成了一页有逻辑关系的 PPT 初稿(见图 5.61)。

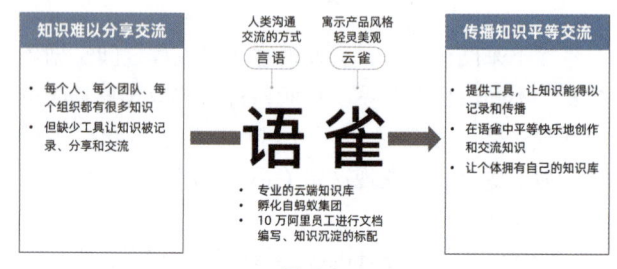

图 5.61

在此基础上,可以借助插画元素丰富细节,就完成了最终的设计(见图 5.62)。

图 5.62

此时就可以这样对观众说：目前市场上存在着"知识难以分享交流"的痛点，我们希望可以构建一个"传播知识平等交流"的沟通环境。那怎样实现这一理想化的状态呢？为此，语雀这款产品就诞生了，它是一款专业的云端知识库，它致力于×××，其中"语"字代表人类沟通交流的方式，而"雀"字寓示产品风格轻灵美观。

相比于罗列式的排版，结构化设计更有助于演示表达，也让观众更容易理解你要传递的观点，这就是结构化设计的魅力所在。其实，核心就分为两大步骤：第一步理清页面的内容逻辑关系，第二步找到研究对象，并画出对象间的逻辑关系。当你能够熟练掌握这项技能后，相信可以迅速拉开同事与你的差距，在职场汇报中脱颖而出。

最后总结下本节的内容，面对大段文字的PPT，可以分两种情况设计：第一种是不可精简文字的情况，我们可以通过调节文本的排版细节以及将大段文字拆解分段的方式来优化，核心目的是提高文段的阅读体验；第二种是可精简文字的情况，我们需具备删词减字能力，能够在不影响内容表达的情况下，用最短的文字去呈现核心信息；还要具备结构化设计能力，通过图形化的方式，将大段文案背后的逻辑关系直观地呈现出来。

5.2　PPT图形设计，看这就够了

"你的PPT太单调了，能不能来点设计感？"领导对着正在做汇报的小李如是说。相信很多人都和小李一样，听到过类似的评价。但是在看到小李做的PPT后（见图5.63），却又陷入了沉思：他做的PPT跟我的好像啊，但究竟该怎么设计才好看呢？

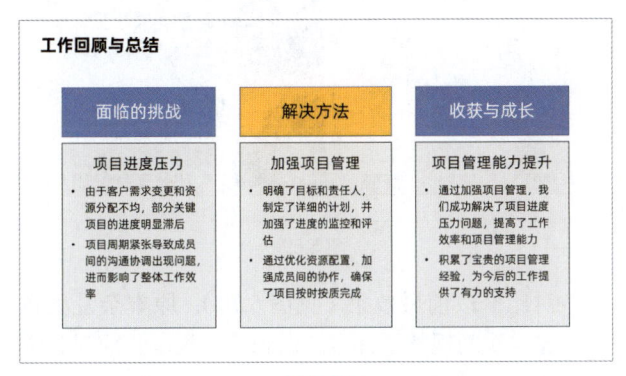

图 5.63

目前正在阅读的你，能发现问题出在哪里吗？其实这是很常见的现象，由于缺乏系统的培训，新手只会将元素排列整齐，虽然没什么错误，但就是中规中矩不够好看。此时，如果将页面改成这样（见图5.64），是不是立刻好看了许多？

在这次优化过程中，甚至没有改变页面的版式结构，仅仅通过优化图形样式，就提升了页面的美感。可见，图形对于PPT设计有着重要的意义，而本节内容就将围绕"图形"，带你全面了解它在PPT设计过程中的重要意义，以及图形绘制方法，助你彻底掌握这项关键技法，提升演示魅力。

图 5.64

5.2.1　图形的4大作用

1. 排版利器

图5.65中上方的图是苹果发布会设计，而下图是你经常逛的电商网站。

你是否会好奇，明明页面里信息量很大，为什么看起来依旧很清晰易读呢？这其实暗藏了一个万能的PPT排版技巧，学会这招，足以帮你应对90%的排版问题。例如：这是一页信息量满满的工作汇报PPT（见图5.66），有图、有表，还有一堆字。外加一个亲切的领导，在旁边笑着说：别删内容，我上台得照着念。

图 5.65

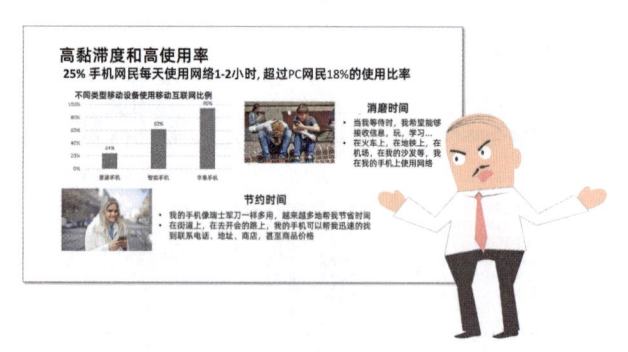

图 5.66

这是工作中很常见的情况，页面信息量大，不知从何下手。但其实，借助矩形元素即可轻松搞定。首先，用矩形把所有元素框起来，每个单独的元素都是一个框（见图 5.67）。观察外轮廓，矩形之间产生的凹凸不平的缝隙就是页面混乱的根源。

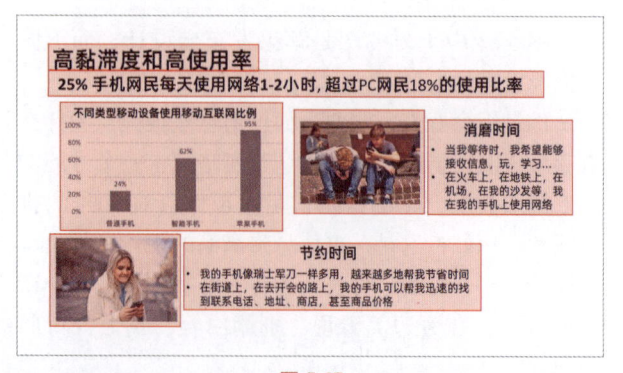

图 5.67

接下来阅读内容。图中上方的两句话，描述的都是本页的核心观点，可以放在一个框里；而下方的图片与旁边的文字，描述的也是同一件事，可以分别框在一起，以减少矩形块的数量。按照这个方法，可以得到 4 块内容（见图 5.68）。

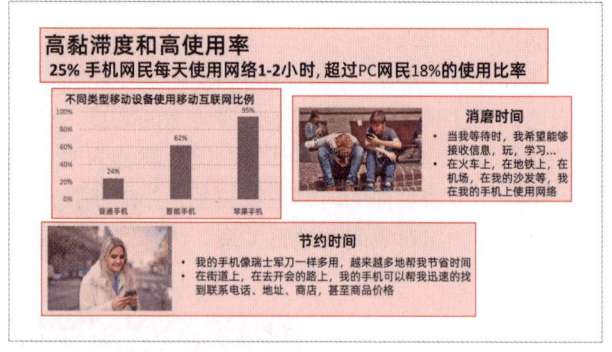

图 5.68

最后，调整矩形的排列，使它们拼在一起构成完整的大矩形（见图 5.69），即可完成排版。

图 5.69

对比修改前后效果（见图 5.70），原本杂乱无章的内容，瞬间规整了许多。做到这个程度，应对日常工作其实就足够了。

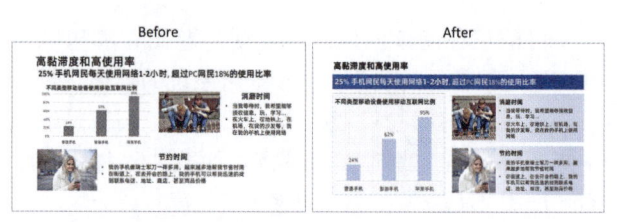

图 5.70

可见，图形在排版设计中起到了重要的作用。这就像我们平时收拾家里，衣服堆在外面就显得很乱，但如果往衣柜里一丢，瞬间整洁不少。而衣柜就起到了矩形的作用，将原本不规则的东西统一化了（见

第 5 章　视觉之惑——如何打造专业且实用的幻灯片

图 5.71）。

图 5.71

这种技巧，在设计中就叫作卡片式排版。将页面内容分成多个小卡片，每个卡片独立展示信息，如图片、文字等，这种方式使页面整洁、易于阅读。例如本节开篇提到的苹果发布会设计及电商网站的信息排版，就是采用了卡片式排版（见图 5.72）。

图 5.72

可以通过 3 个步骤灵活运用卡片式排版，分别是框选信息、合并归类、排版对齐。例如这页全是字的 PPT（见图 5.73），信息很多也很杂。

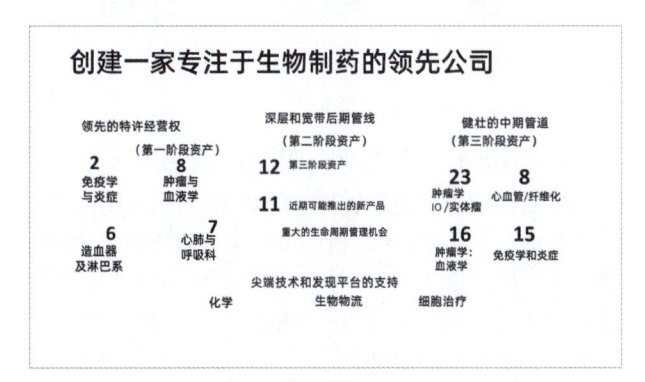

图 5.73

第一步：框选信息。用矩形将出现信息的地方框起来（见图 5.74）。

图 5.74

第二步：合并归类。阅读文案，依据内容的相关性，将描述同类信息的内容框在一起（见图 5.75）。

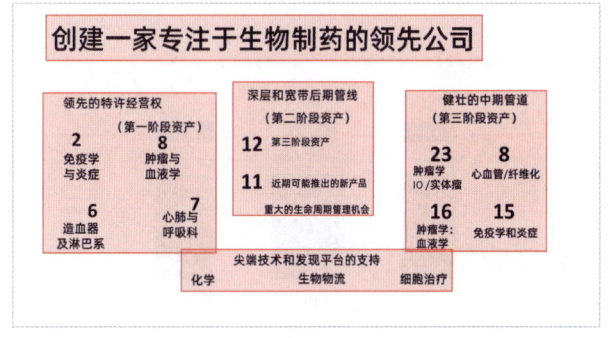

图 5.75

第三步：排版对齐。将这些矩形块按照逻辑关系，重新编排布局。保证严格对齐，以确保这些矩形框合起来构成一个完整的大矩形（见图 5.76）。

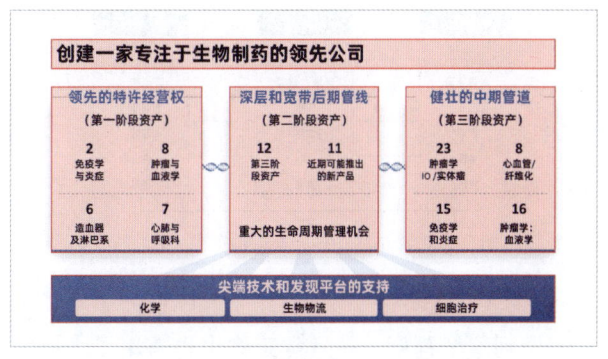

图 5.76

完整看下设计前后的效果对比（见图 5.77）。

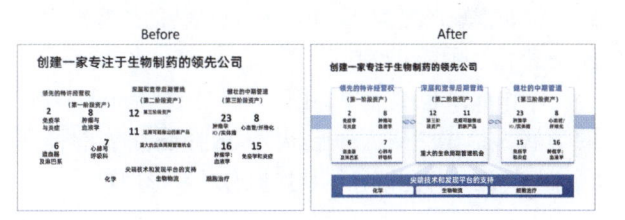

图 5.77

借助卡片式排版，可以将繁杂的页面信息梳理干净，提升了阅读体验。然而，页面中如果全是矩形框，看久了难免会产生视觉疲劳，就会面临开篇提到的页面形式单调的问题。

2. 美化设计

灵活运用图形，对于页面美化设计同样具有重要作用。例如：这是一页架构图PPT（见图5.78上）。按照常规的美化方法，将同层级元素的样式保持一致，如统一小标题、正文及箭头的样式等（见图5.78下），可在一定程度上提高阅读体验。

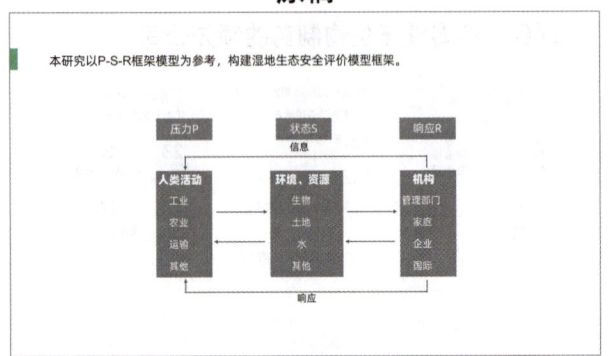

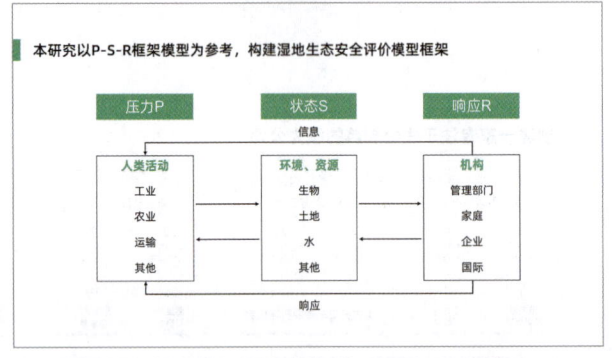

图 5.78

做到这个程度，在日常工作中也够用了。但如果应对一些对视觉要求较高的场合，则显得有些单调了，此时就可以引入一种新的形状，提升页面设计感。例如将矩形变为圆柱体，一页独特的架构图设计就完成了（见图5.79）。

操作起来也很简单，因为圆柱图形是PPT自带的形状，单击"插入→形状"，选择圆柱体的样式（见图5.80），并用圆柱体替换原有的矩形即可。

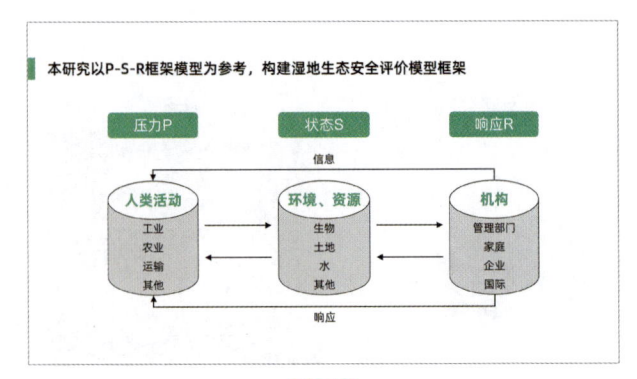

图 5.79

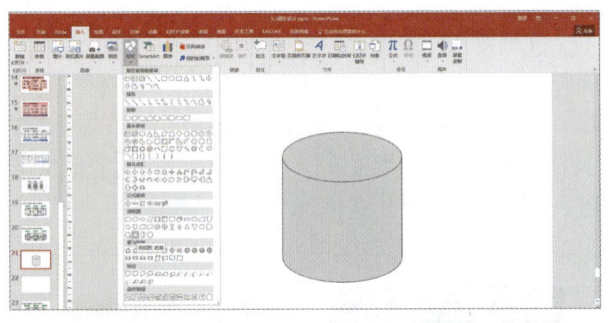

图 5.80

简单的操作，就打破了原本呆板的设计，为页面带来了新的变化。沿用这个思路，将架构图中大部分元素都做个替换，效果将会进一步提升（见图5.81）。

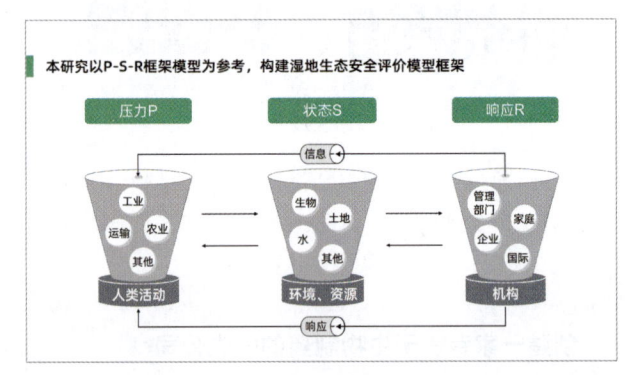

图 5.81

这是图形在美化设计中的作用。灵活掌握这个技巧，可以创造出许多独特的视觉风格。例如这页PPT（见图5.82上），包含7项内容，全是矩形框，显得很单调；通过引入精致的边框，让页面产生了雅致的国风韵味（见图5.82下）。这里的边框样式是由一系列图形元素拼接而来的。

值得注意的是，图形元素不仅可以修饰主体元素，还能修饰页面背景。例如底部的弧形色块，就很好地填补了页面空缺，提升了整体的设计感。

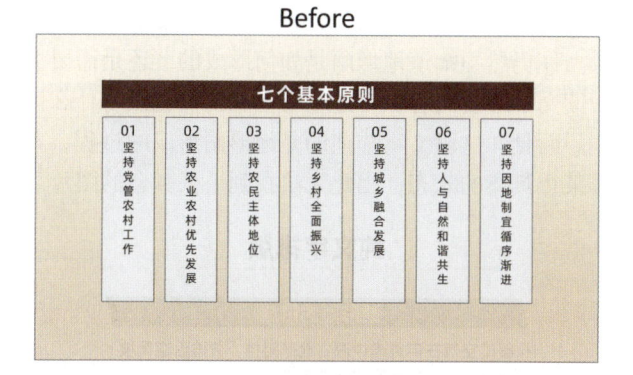

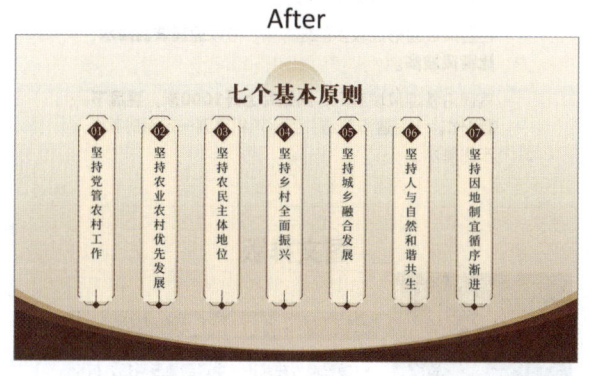

第 5 章 视觉之惑——如何打造专业且实用的幻灯片

图 5.82

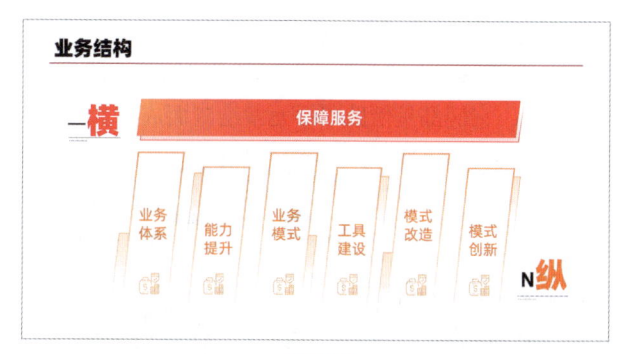

图 5.84

相比于原版确实好看了一些，但这个版本却被客户否定了。理由并不是说页面不够好看，而是并没有表达出他想传递的含义。深入沟通后才明白，这里的"一横""N 纵"表达的是横向服务的作用，是为诸多纵向事件保驾护航的。

回过头来看，修改版本确实只是变了变形式，本质上和原版没有任何区别，没有体现出"一横"与"N 纵"之间关系，这种程度的设计并没有解决实际问题。此时，可以引入结构化设计，用一个横向的矩形包裹诸多纵向的形状（见图 5.85），象征着横向的服务包围着纵向的事件，很好地呼应了"保驾护航"这个概念。

3. 结构化表达

在很多人眼中，一份作品的好坏在于最终呈现的视觉效果，好看与否似乎成了评判 PPT 优劣的唯一标准。但事实真的如此吗？我觉得是要画上一个问号的。此前在咨询公司工作时，我接到过一页这样的设计任务（见图 5.83）。

图 5.85

客户拿到这个版本后表示很满意，因为仅仅通过图形就能大致猜出内容间的逻辑关系，降低了受众的理解门槛。如果说视觉设计在于"形"（见图 5.86 左侧），那结构化设计就在于"骨"（见图 5.86 右侧）。

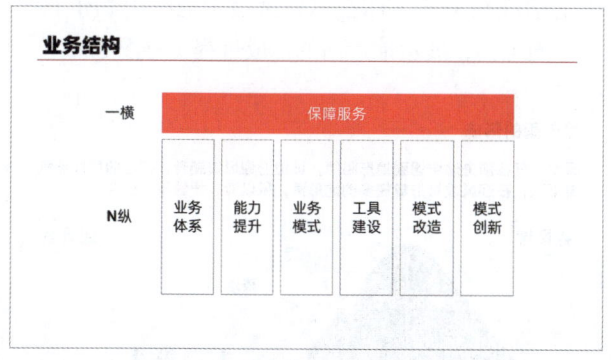

图 5.83

这页 PPT 包含一个横条和 6 个竖条，旁边分别写着"一横""N 纵"。起初并不能看懂这到底是什么意思，不过也没有过分深究，心里只想着一件事情：做好看点。于是，想到了替换图形的技巧，将原本单调的矩形变为更具动感的平行四边形（见图 5.84）。

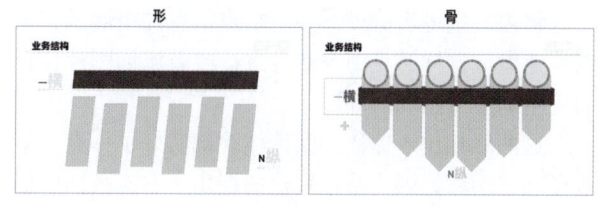

图 5.86

许多专业的 PPT 咨询报告，经常会使用结构化图形去呈现观点，像是这类页面你应该不会陌生（见图 5.87），它们都是借助图形元素绘制而成的。

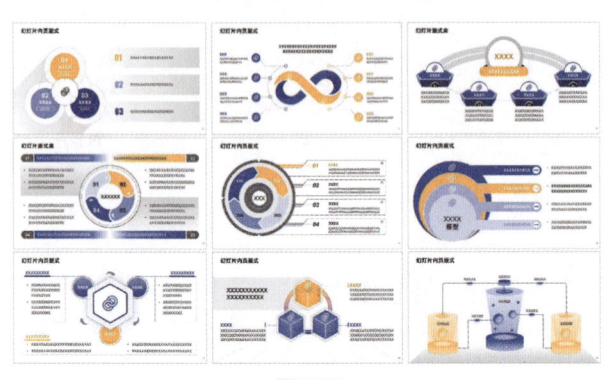

图 5.87

学会运用图形去呈现逻辑，在工作汇报中尤为重要！要做好结构化设计除了要掌握基本的图形绘制技法外，更重要的是具备梳理内容逻辑的能力，而这部分在本书第 3 章的商业化 PPT 设计流程篇中有详细介绍，可以再回顾下。

4. 搭建场景

在面对一些比较抽象的场景时，可以利用图形搭建场景，以形象地表达观点。例如：这页纯文字的 PPT（见图 5.88），讲述了地形对于气候的影响，你会如何设计呢？

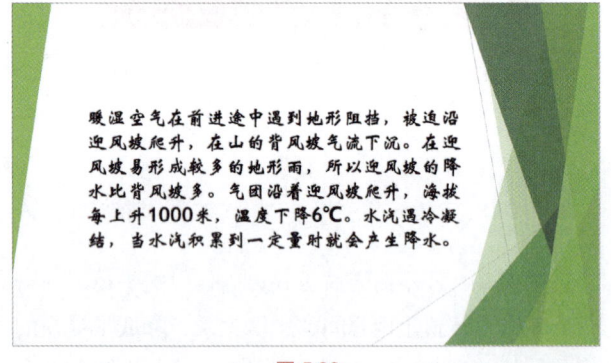

图 5.88

面对全文字型 PPT，利用之前学到的文本处理技巧，将内容按逻辑分段，并对重点信息加粗展示，可以快速做成这样（见图 5.89 上）；或者添加图片让页面更生动（见图 5.89 下）。

这两版相比于原稿，阅读体验确实好了一点。但这还远远不够，因为站在观众的视角来看，页面中仍然全是字，比较枯燥。加入的图对于内容理解其实并没有实质性的帮助，因为它只是设定了一个下雨的场景。你仍然不知道地形雨是如何形成的，还是需要去阅读文字理解内容，不过本质上和初稿也没有什么区别。而且，这段文案描述的是地形雨形成的过程，并非某个具体的状态，因此无法找到一张契合的图片。

纯文字排版

图文排版

图 5.89

此时，不妨换个思路：既然文字很枯燥，图片又无法精准地描述，那么不妨试试图形。用 PPT 自带的绘图工具，展示地形雨的形成过程（见图 5.90）。

图 5.90

此时，作为演讲者的你，可以拿着这张幻灯片这样讲：暖湿气流在前进途中遇到地形阻挡，被迫沿迎风坡爬升，而海拔每上升 1000 米，温度下降 6℃。

水汽遇冷凝结，当水汽积累到一定量时就会产生降水，因此迎风坡的降水比背风坡多。这种图示结构很好地起到了演示的作用，相比于前两版，能够给受众留下更深刻的印象，这就是图形设计的高阶应用。

灵活掌握这个技巧，可以让你摆脱对素材的依赖。笔者之前收到过这样一份学员投稿（见图5.91），这是他参加教师微课竞赛的一道考题。题目要求参赛者在断网没有任何素材的情况下，使用PPT自带的形状元素设计，做出美观且实用的设计。面对这道难题，你会如何设计呢？

图 5.91

按照常规的设计思路，我们通常会将它排列整齐（见图5.92）。但这种方式太普通了，由于是比赛，完全体现不出你的个人能力，肯定是不行的。

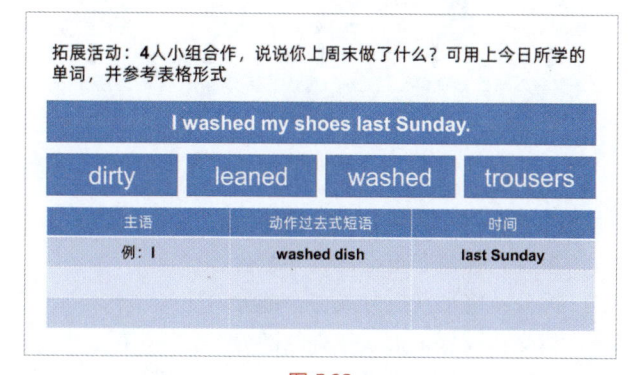

图 5.92

此时就可以借助图形来搭建场景。由于这是一页小组讨论的页面，关于4人合作的。因此，可以用图形搭建一个简易的讨论场景（见图5.93），用圆角矩形代表桌子，一个圆形加两条曲线段代表人物，对话框的图形也是PPT自带的。

相比于原稿，优化后的效果更具吸引力，这就是图形化设计的魅力。

图 5.93

5.2.2 图形绘制技法

综合以上案例可知，图形在PPT设计方面有着重要的作用。然而，对于新手而言，面对各式各样的图形，总是心有余而力不足，并不知道如何将它们画出来。接下来就介绍3种非常实用的绘图技巧：组合搭建型、布尔运算型、自由绘制型，让你得心应手地做出各类设计。

1. 组合搭建型

PPT中自带的形状样式有限，常用的就那么几种，例如矩形、圆形、三角形等。由于见得比较多，直接应用在PPT中会显得很单调。但不妨将思路打开，将基础图形拼在一起，创造出全新的图形样式，即可打开一扇新世界的大门，例如这页4项并列结构的PPT（见图5.94）。

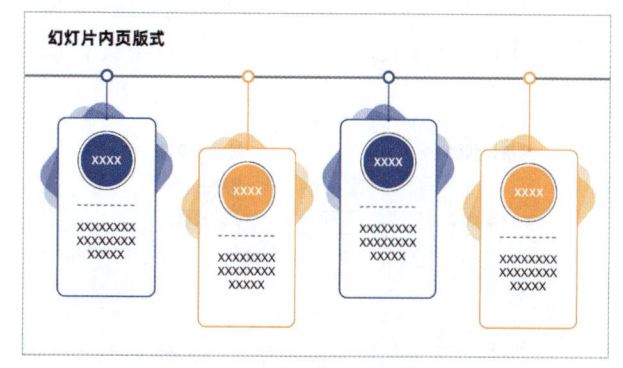

图 5.94

看起来视觉效果很丰富，但拆解后就会发现，它其实都是由最基础的图形组合而成的（见图5.95）。虽然元素数量很多，但都是PPT软件中自带的图形，只要注意元素的上下位置关系，将它们叠在一起即可。

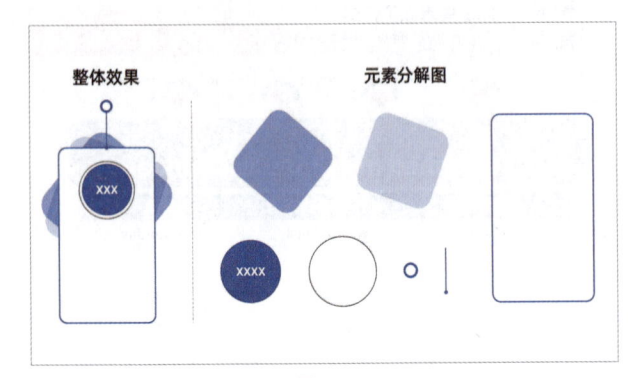

图 5.95

这就像是在搭建乐高玩具，通过有限的零件样式（见图 5.96 左侧），组合出各式各样的玩具（见图 5.96 右侧）。每一步拼接的步骤都是一样的，最终效果的好坏就取决于想象力和创意。

图 5.96

很多结构化图形都可以采用这种方法来实现。除此之外，这种组合搭建的技巧还经常用于修饰特定元素。例如：在常规设计中，标题栏通常都是以纯文字的形式呈现的，非常单调（见图 5.97 左侧）。其实，可以通过基础图形的组合，丰富标题的视觉效果（见图 5.97 右侧）。

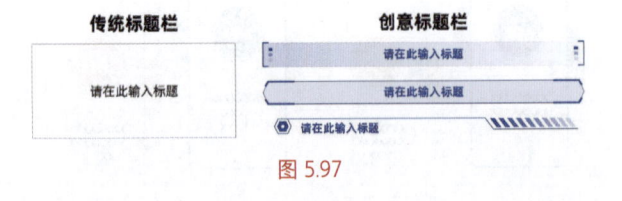

图 5.97

总之，灵活运用组合搭建法可以创作出许多新颖的视觉效果，而且操作上几乎没有难度，对于新手非常友好。

2. 布尔运算型

如果说一定要选出 PPT 中最厉害的一个功能，我想那一定会是布尔运算。"布尔运算"是设计中的学名，在 PPT 中有个对应的功能叫作"合并形状"。选中任意两个图形，单击"格式→合并形状"，即可弹出合并形状的面板（见图 5.98），它包含 5 种图形运算技巧，分别是：联合、组合、拆分、相交和剪除。

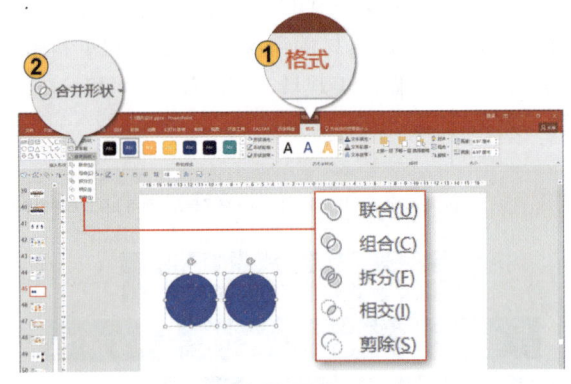

图 5.98

下面用两个圆形来演示下每个功能的作用。为了方便观察，将两个圆形设置为不同的颜色，并增加透明度。接着，先选中蓝色的圆形，后选中橙色的圆形，分别执行合并形状中的 5 种运算，就得到了如下效果（见图 5.99）。

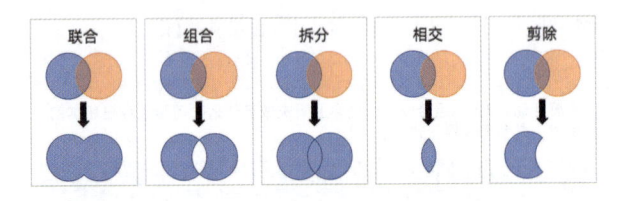

图 5.99

联合：将形状联合成一个整体。
组合：保留非重叠部分并组合。
拆分：将形状拆分成多个部分。
相交：仅保留形状重叠的部分。
剪除：去掉一个形状覆盖另一个的部分。

在使用"合并形状"功能时，应特别注意选择元素的先后顺序。具体来说，第一个选择的图形通常被视为"主要"或"基础"图形，后续选择的图形则是基于这个主要图形进行操作的。这种顺序性决定了如何联合、组合、拆分、相交或剪除这些图形。

以剪除运算为例，如果你先选择了蓝色圆形，然后再选择橙色圆形进行剪除，那么相交部分将被删除，而蓝色圆形的其余部分将保留，并且最终保留的图形为蓝色。但是，如果你先选择橙色圆形进行剪除，那么结果将完全相反（见图 5.100）。

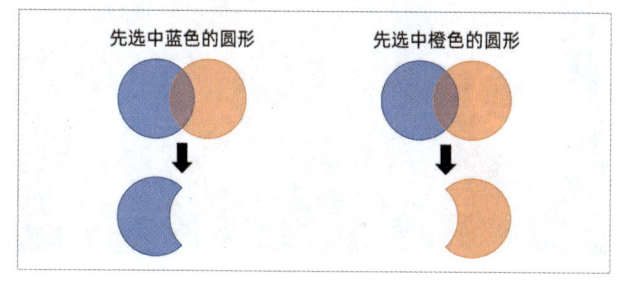

图 5.100

了解了以上功能的应用原理后，就可以创造出许多 PPT 中原本不存在的图形，以此提升页面视觉效果。例如：当一个矩形和一个圆形做"联合"运算，就得到了一个"泪滴"。逆时针旋转 90°，再和一个圆形做"剪除"运算，就形成了一个全新的图形（见图 5.101）。

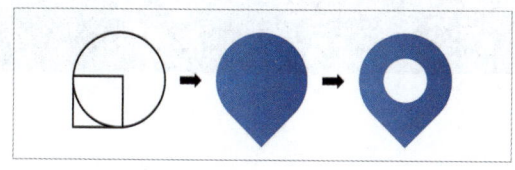

图 5.101

将它用在地图页 PPT 中，就变成了定位点的标志，用于标记各地区的员工分布情况（见图 5.102）。

图 5.102

再如：绘制一个大圆，穿过其圆心画出一条细长的矩形，将矩形再复制 4 份，围绕圆心平均分布。接着选中所有图形做"拆分"的运算，删除多余的元素，最后在图形上方盖上一个与背景同色的圆形，就形成了这种平均分布的环形图（见图 5.103）。

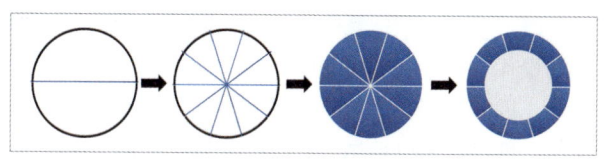

图 5.103

将环形图放大，露出上半部分，并置于页面最下方，这就是你常见的环形逻辑图的绘制原理（见图 5.104）。

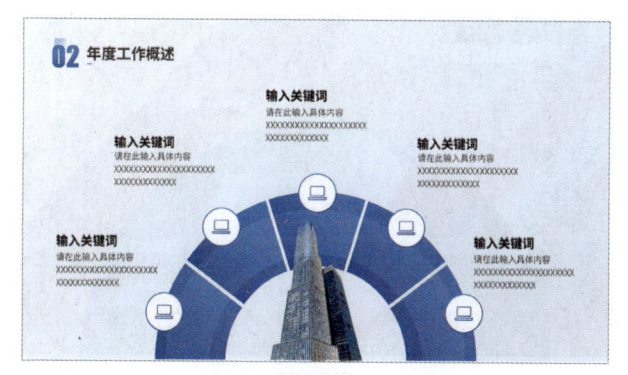

图 5.104

下面稍微提高难度，画出一个 12 边形，这也是 PPT 自带的形状，首先让它与圆形做"相交"运算，再与另一个圆形做"联合"运算，接着"剪除"中心的小圆，填充颜色后就形成了一个齿轮（见图 5.105）。

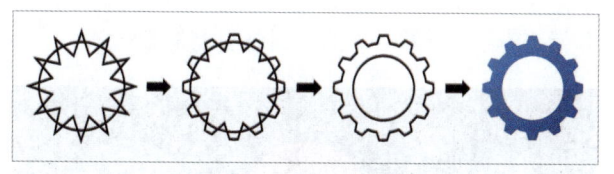

图 5.105

放在 PPT 中就形成了这种类似传送带的设计（见图 5.106），用于表示元素间的联动关系就非常契合。

图 5.106

118　**PPT 之道**：内容构思　视觉设计　AI 办公

以上就是布尔运算型图形的绘制原理，它们在绘图的操作上几乎是一样的，都是通过图形间的联合、组合、拆分、相交或剪除运算，最终得到想要的图形样式。难点在于设计思维，也就是操作之前要搞清楚究竟使用了哪些图形，并进行了怎样的图形运算，才得到了目前的效果。而要做到这一点，需要多观察、思考并实践。例如：这个极具科技感的创意图形是如何绘制出来的呢（见图 5.107）？

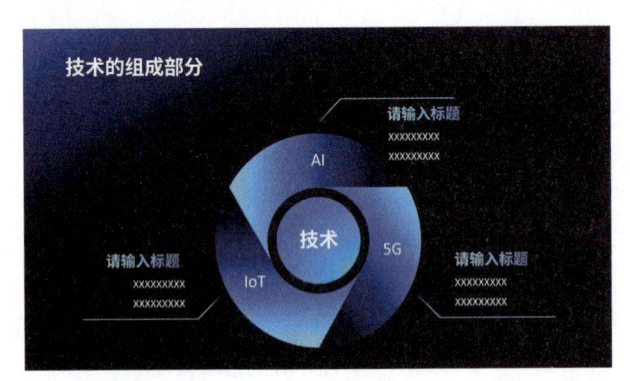

图 5.107

相信你一时间没有思路，因为这并非 PPT 自带的图形样式。那么，接下来跟着我的思路，了解绘制这类图形的技巧。首先观察图形，由于原始形状是带有渐变的，应该先去除这些渐变，仅考虑图形的外观形态。接着用最基本的形状去代替，它的外轮廓其实就是 3 个大小不一的同心圆（见图 5.108）。此时，任务就变为了如何将外围的大圆分割成 3 部分。

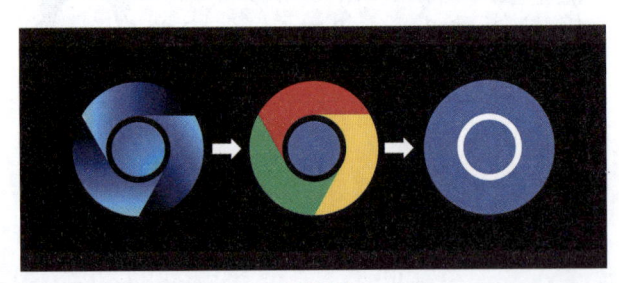

图 5.108

仔细观察圆形分割处，首先它的分割线是直线，因为是与矩形之类的元素做运算形成的，而且目前是三等分的形式，因此应该是与 3 个中心对称且相隔 120°的图形切割而成的（见图 5.109）。

选择外围的大圆以及 3 个矩形执行"拆分"运算，它可以将图形按接缝处拆解成独立的子项，然后删去大圆外侧的多余图形（见图 5.110）。

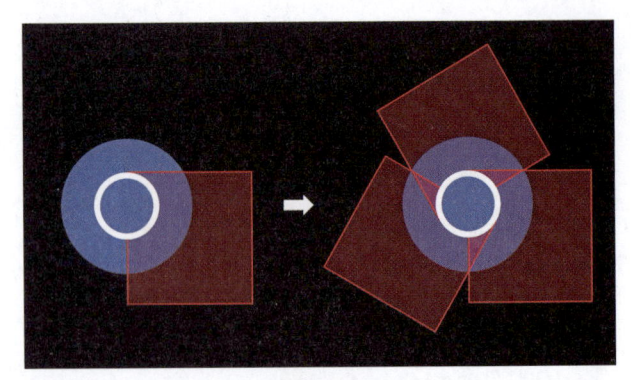

图 5.109

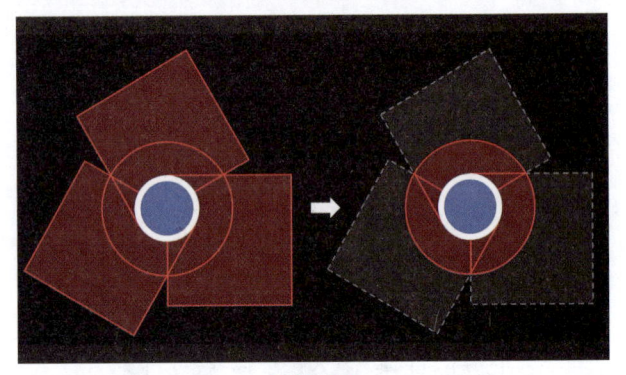

图 5.110

最后，参考原图，依次选中需要拼合的部分，执行"联合"运算，即可完成图形的绘制（见图 5.111）。

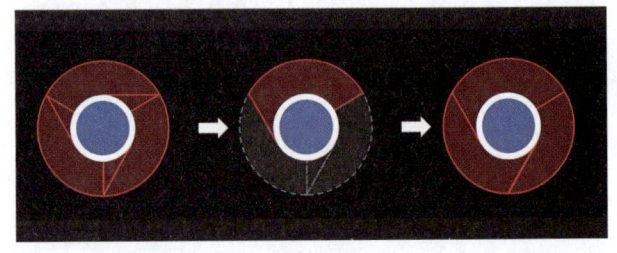

图 5.111

回顾整个过程，主要包含 3 步，分别是观察、拆解和运算。首先观察图形都由哪几部分组成；接着是拆解，用一系列基础图形沿着参考对象的轮廓拼出大体样式；最后是运算，根据图形接缝处的样式判断布尔运算的类型，最终得到想要的图形样式。

布尔运算除了应用于图形之外，还能用于文字及图片。举个例子：这是"燃"字（见图 5.112 左侧），纯黑色，缺少燃烧的感觉。此时，可以将笔画拆分开，给火字偏旁添加纹理，让文字真正燃起来（见图 5.112 右侧）。

图 5.112

在 PPT 中实现这种笔画拆分的效果并不复杂，只需 3 步：首先输入一个"燃"字，并插入一个形状放在文字旁边；接着先选中形状，按 Ctrl 键加选文字，单击"格式→合并形状→拆分"，文字就被打散了（见图 5.113）；最后将其中的"火"字填充一个火焰纹理，就形成了想要的效果。

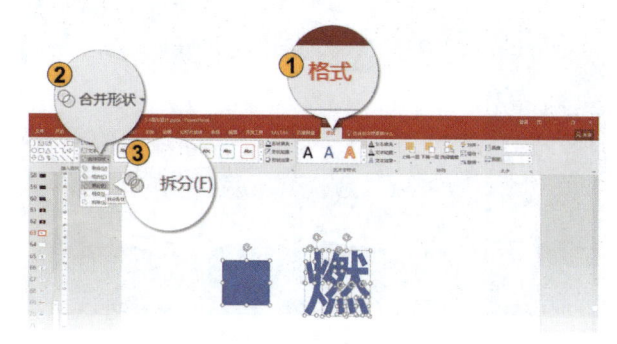

图 5.113

沿着这个思路，可以实现一些更具创意的设计。例如，画面中是"设计艺术"4 个大字（见图 5.114 上），看上去平平无奇，缺少设计感。此时，运用布尔运算，让文字与形状做"拆分"运算，即可将笔画拆开（见图 5.114 下）。

图 5.114

然后，将笔画散布在画面四周作为背景修饰，极具历史底蕴（见图 5.115）。

图 5.115

3. 自由绘制型

自由绘制型，也就是利用 PPT 画出想要的图形。提起绘画，首先要找到 PPT 中的"画笔"。单击"插入→形状"，在弹出的形状面板中可以找到一个名为"自由曲线"的工具，它就是以画笔的形态出现的。你只需要按住鼠标左键，在界面上移动就会像画画一样在界面上生成图像（见图 5.116）。

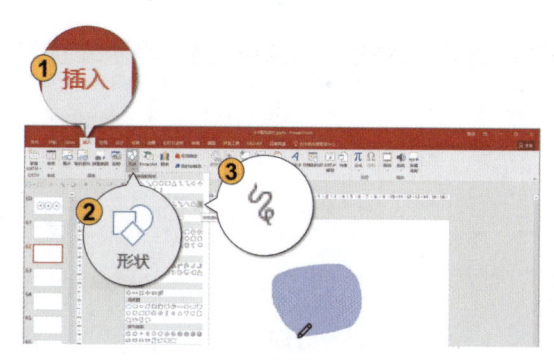

图 5.116

但这个技巧非常考验绘画功底，对于普通人而言，更推荐你使用另一款形状"任意多边形"，它也是 PPT 自带的形状之一，单击"插入→形状"，它就位于自由曲线功能的左侧（见图 5.117）。

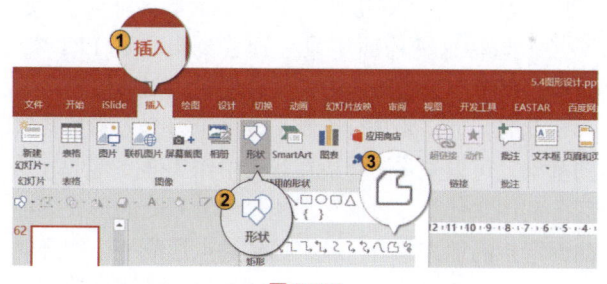

图 5.117

选择这个形状后，鼠标会变成十字形，在页面中单击一下就会形成画笔的起点，移动鼠标，会看到鼠标的当前位置与之前的起点之间形成了一条直线段，再次单击后，这条直线就画出来了。接着，只需按照你的想法，在合适的地方单击就能形成一条不规则的曲线。最后，回到起点位置处，会显示一个封闭图形的虚影，单击后就会形成一个实体的封闭多边形（见图 5.118）。

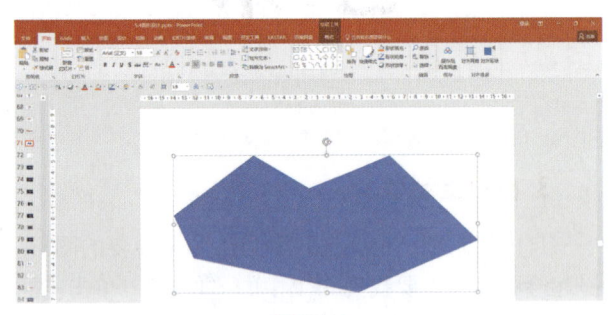

图 5.118

当然，绘制时并不一定要回到起点才算结束，你可以在任意时刻，按下键盘的回车键结束绘制，此时呈现的就是一条线段的形态（见图 5.119）。

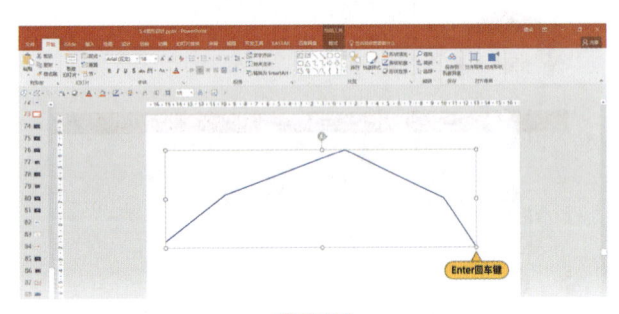

图 5.119

这就是"任意多边形"功能的基本操作方法。看到这你可能会好奇，这种奇形怪状的东西在 PPT 中真的有用吗？别着急，其实绘制过程才刚刚开始，这就要引出 PPT 中另一项宝藏功能"编辑顶点"了。例如：你在浏览网站时，发现了一页好看的设计灵感（见图 5.120），其中卷轴的图片展示形式非常新颖。于是，想将这种曲面型设计迁移到自己的 PPT 中。然而，PPT 自带的图形中并没有现成的图形样式。

此时，就需要自行绘制了。由于很多人不具备绘图基础，可以先将图片垫在背景中作为样式参考。然后，利用"任意多边形"功能，参考原图的形式，在曲面弯折的地方单击，最终回到起点形成一个闭合的图形（见图 5.121），为方便对照效果，将图形填充为

图 5.120

红色，并降低透明度，以同步观察到背景的参考图。

图 5.121

由于任意多边形绘制的图形都是直线折角，所以与参考图的样式并不吻合，这时就要使用"编辑顶点"功能来优化图形，让它更贴合参考图的样式。选中目前生成的图形，右键选择"编辑顶点"，会发现多了几个黑色的点，黑点的分布正是刚才绘图时单击的位置（见图 5.122）。

图 5.122

然后，单击任意一个黑点，会出现两条拉杆。按住鼠标左键移动两侧拉杆，或者移动黑点，都可以调节图形的形态。按照这个方法，可以将黑点位置移动到参考图的轮廓线上，使图形的轮廓线与参考图形吻

合（见图5.123）。

图 5.123

通过这种方式，可以确定大致的形态，但细看会发现，在黑点位置处线条有明显折痕、不够光滑。此时，再次右键选择"编辑顶点"，选中黑点，右键，会弹出编辑这个黑点的一些功能选项（见图5.124）。

图 5.124

这里可以分为3部分来看。其中，添加和删除顶点用于调节黑色控点的数量。在"编辑顶点"的状态下，可以在图形边界线的任意位置处右键选择"添加顶点"，增加顶点数量；也可以选中现有的任意黑色顶点，右键选择"删除顶点"，当前的顶点消失后，会有其他顶点自动组成一个新的图形（见图5.125）。

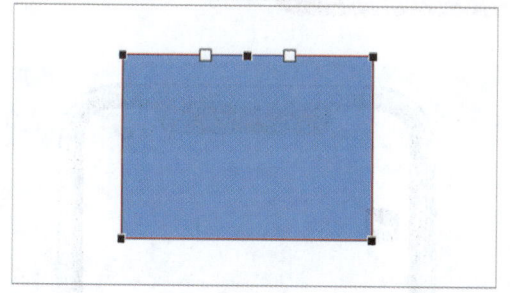

添加顶点

图 5.125

删除顶点

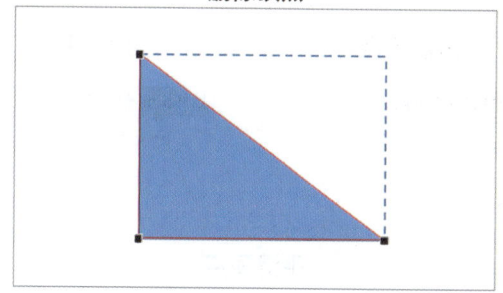

图 5.125（续）

而开放与关闭路径功能则控制图形的边界是否封闭。给当前图形添加轮廓线，如果轮廓线的头尾相连，则是封闭图形，可以选中某个黑色控点，右键选择"开放路径"，将图形轮廓线断开；如果图形的轮廓线首尾没有相连，则是非封闭图形，而"关闭路径"可以在断开的位置处连接一条线段，将图形重新闭合（见图5.126）。

开放路径

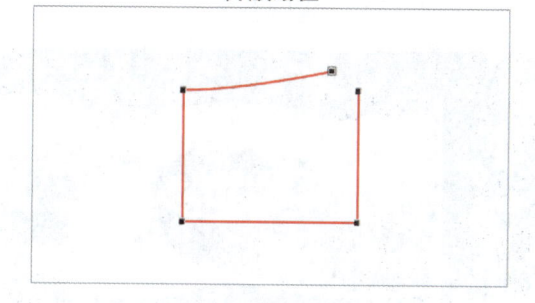

关闭路径

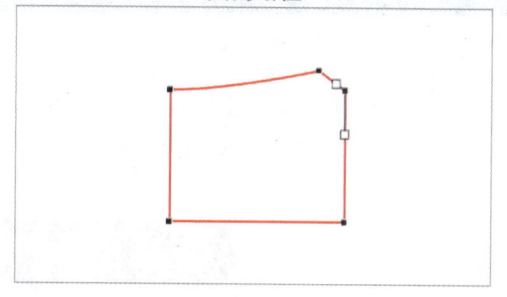

图 5.126

最后是关于黑色控点的类型，有3种形式。其中，默认生成的是"角部顶点"，它可以创建尖锐角度，控点两边拉杆的长度和方向都可独立调整；"直线点"用于创建直线或轻微弯曲线段，控点两边拉杆长度可不同；"平滑顶点"则用于创建圆滑曲线，控点两边拉杆的长度是完全一致（见图5.127）。在图形绘制过程中，使用频率最高的就是"角部顶点"及

"平滑顶点"。

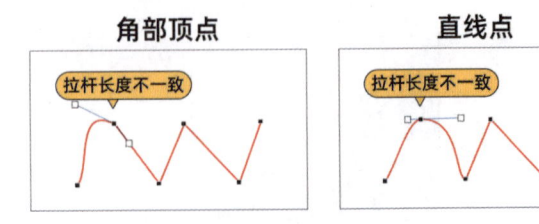

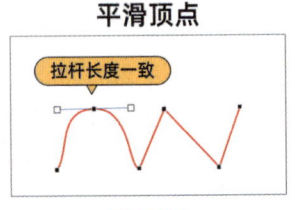

图 5.127

了解了以上基础功能后，回看刚才的卷轴图形。就可以在"编辑顶点"的状态下，选中顶点，右键选择"平滑顶点"，并配合调节拉杆，将曲线的过渡调整自然，直到完全贴合于参考图形，就在 PPT 中绘制出了卷轴的图案（见图 5.128）。

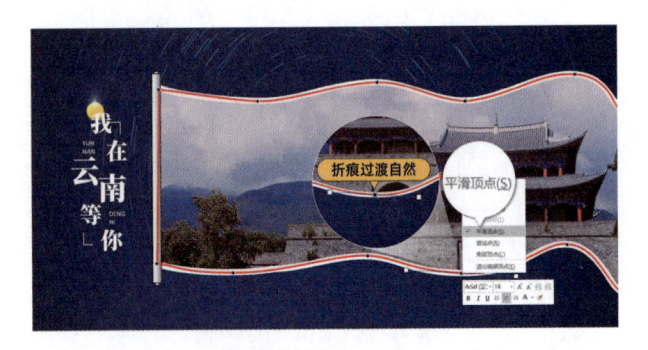

图 5.128

整个过程有点像印着贴纸画画，只要有耐心，就可以做到一模一样。当然，要想灵活运用这个技巧，还是要多加练习，以熟能生巧。当你具备这种自由绘制能力时，就可以创作出许多独具创意的 PPT 设计。例如：画出一条道路，形象表达项目的流程进展（见图 5.129 左侧）；绘制多层曲面，营造创意的剪纸风格（见图 5.129 右侧）。

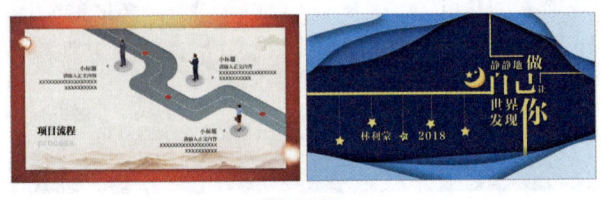

图 5.129

我们还可以直接画出一张冰箱产品的展开图（见图 5.130），让演示更生动形象。

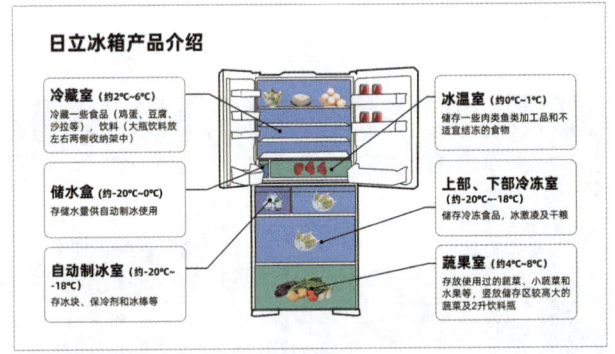

图 5.130

总结下本节学到的 3 种图形绘制技法：组合搭建、布尔运算、自由绘制。熟练运用上述图形设计技法，可以复刻出绝大多数二维平面图形，极大提升了 PPT 设计的自由度。它可以让你摆脱对素材的依赖，即使在没有网和没有素材的情况下，依旧可以做出不错的 PPT 设计。

5.3　图片类 PPT，看这就够了

当你在社交软件上与他人闲聊时，屏幕中跃然出现了"哈哈哈"几个字（见图 5.131）。你猜对方此刻会是什么表情呢？

图 5.131

第 5 章　视觉之惑——如何打造专业且实用的幻灯片

有人会说：这还用猜，他肯定很开心啊，一定被我逗得合不拢嘴（见图 5.132 左侧）。但其实在当下这个互联网环境下，"哈哈哈"已逐渐演化为一种网络口头禅，屏幕对面的他可能正双目无神地盯着屏幕，内心没有任何波澜（见图 5.132 右侧）。

图 5.132

可见，文字在传递信息时确实有其局限性。相比之下，一张恰到好处的图片往往能够更直观、更精准地表达信息，这就是"一图胜千言"的魅力所在。本节内容将带你深入了解图片设计的奥秘，展示图片的作用、搜图的技巧、修图及排版的方法等，助你全方位搞定图片设计难题，做出好看且高级的设计。

5.3.1 选图技巧

1. 图片的作用

在 PPT 设计中，图片发挥着至关重要的作用，具体体现在以下 3 个方面。

（1）直观传递信息。图片具有直观、生动的特点，能够迅速而准确地传递信息。例如：当我们需要展示某个产品的特点时，只通过文字描述观众往往没什么感觉（见图 5.133 左侧），但如果添加一张高清的产品则更直观易懂（见图 5.133 右侧）。通过图片，可以迅速抓住观众的注意力，帮助他们更好地理解并记住关键信息。

图 5.133

（2）强化演讲主题。图片拥有强大的视觉表现力，能够通过色彩、构图等元素营造出与演讲主题相呼应的氛围。这种氛围不仅能够增强观众对演讲内容的共鸣和感受，还能使演讲更加具有感染力和说服力。以环境保护为主题的 PPT 为例，仅仅放置一句口号可能显得单薄无力（见图 5.134 左侧），但若能巧妙融入一张描绘自然美景被破坏或生态危机严峻的照片（见图 5.134 右侧），则能够立刻触动观众的心弦，引发深刻的思考与警示，从而更有效地传达演讲者的意图。

图 5.134

（3）提升页面美感。在 PPT 设计中，图片不仅是信息的载体，更是美化页面的重要元素，它们可以作为点缀元素，提升页面美感。以金句型页面为例，纯白背景可能显得过于平淡无奇（见图 5.135 左侧），而一张精心挑选的背景图片，则能瞬间提升页面的视觉冲击力（见图 5.135 右侧），使其更具吸引力。

图 5.135

以上就是图片在 PPT 设计中的 3 大作用：直观传递信息、强化演讲主题、提升页面美感。在合适的时机运用图片，可以达到事半功倍的效果，提升演示魅力。

2. 搜图的技巧

面对搜索图片的任务时，你是否时常陷入以下困境：对于特定的需求，不知应选择怎样的图片合适；搜到的图片质量参差不齐，不知该去哪儿找高质量图片；脑海中明明有个清晰的构想，但搜索引擎似乎总是无法精准匹配你的需求。接下来，将针对这些困惑一一给出解答。首先是选图标准，我根据多年实战经验，总结了 3 大选图标准，分别是：符合主题、符合场景、高清留白。

（1）符合主题，这是最基本的要求。例如：要表达"健康生活"这个概念时，你会选择哪张图？很多新手在选择图片时，往往只会选择样式好看的图片（见图 5.136 左侧）。然而，图 5.136 右侧图片更契合主题，而这才是图片存在的意义。

图 5.136

（2）符合场景。当你想要表示"微笑"这个概念时，会选择哪张呢？单看图片的含义的话，两张图都可以（见图 5.137）。但如果这张图要用在商务场合，那么很明显图 5.137 右侧图片更合适，因为左侧图片太卡通了，不符合严肃的应用场景。

图 5.137

（3）高清留白。对于一些常见的事物，只要输入正确的关键词，就能找到很多契合主题与场景的图片。例如，要找一张城市夜景的照片，下面的图就很切题（见图 5.138）。但如果在图 5.138 中进行选择的话，右侧高清有留白的图片就更为合适，因为它有留白区域，方便后续填写信息。

图 5.138

遵循这 3 大原则后，相信你心中已经有了合适图片的大致样子，然而不同的人搜图的效率及质量也有很大差异。新手习惯于直接在百度等搜索引擎上搜索，但它毕竟不是专业的图库网站，得到的效果往往不尽如人意。为此推荐几个我常用的图片素材网站，帮助你更好地找到理想的图片。网上的图库资源网站有很多，然而质量也是参差不齐的，推荐 3 款免费可商用的图库网站。

（1）Unsplash（网址为 https://unsplash.com/，见图 5.139）。

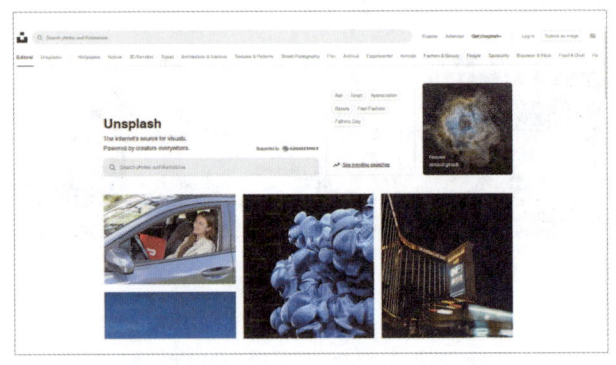

图 5.139

Unsplash 以提供高质量、无版权的高清图片而著称。它的图片库非常庞大，无论你需要哪种风格或主题的图片，Unsplash 都能满足你的需求。你甚至无须注册账户，直接下载图片，简化了使用流程。然而，由于是英文网站，它不支持中文搜索，而且使用国内的网络环境，在加载速度方面有时会比较慢，需要不断刷新。

（2）Pexels（网址为 https://www.pexels.com/zh-cn/，见图 5.140）。

图 5.140

Pexels 提供的所有素材，包括高质量的照片和视频，都是完全免费的，并且无版权限制，用户可以在商业项目中使用，无须担心版权问题。它虽然是国外的网站，但可以借助插件汉化，甚至支持中文输入搜索，这对于国内用户来说非常方便。在搜索图片时，用户还可以按照方向、大小、颜色等方式进行筛选（见图 5.141），方便用户精准锁定目标照片。

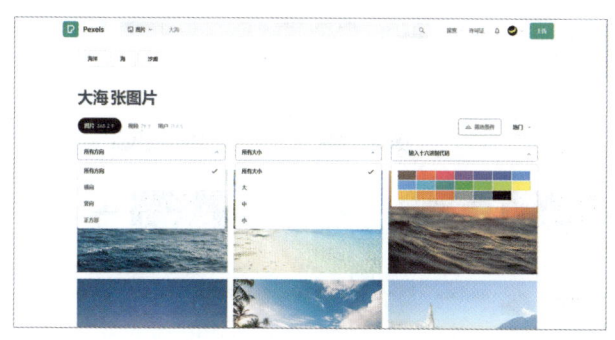

第 5 章 视觉之惑——如何打造专业且实用的幻灯片 125

图 5.141

（3）Freepik（网址为 https://www.freepik.com/，见图 5.142）。

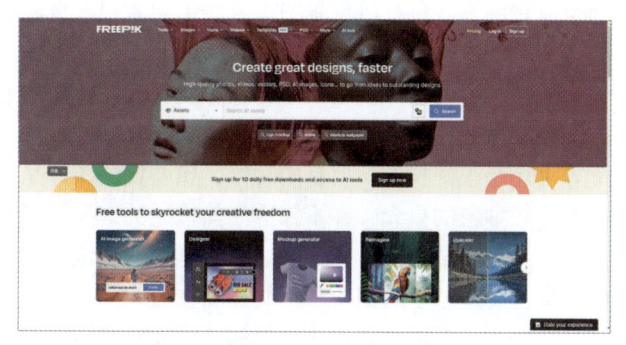

图 5.142

Freepik 不仅能下载图片，更是一个多功能的设计素材库，它集合了照片、插图、矢量图等多种类型的资源，甚至可以直接下载源文件。这个网站不仅内容丰富，而且还支持中文搜索，方便国内用户使用（见图 5.143）。

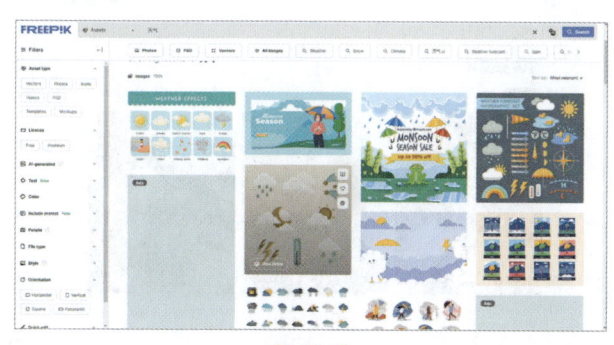

图 5.143

与此同时，Freepik 的搜索栏有着极其细致的筛选工具。你可以根据图片类型、风格、颜色、文件格式，甚至画面中是否出现人物等各项指标精准锁定目标（见图 5.144）。

以上就是 3 款免费可商用的图片网站，每个网站的图片风格也有所差异，你可以根据需求选择合适

的图片网站，也可以同时结合三者共同查找满意的图片。但它们都存在一个普遍的问题：由于是外国网站，因此搜到的图片都是偏向西方特色，例如搜到的人物多半是西方面孔，而且在搜索时，常常由于中文与英文的差异，输入的关键词得到的图片并不贴切。

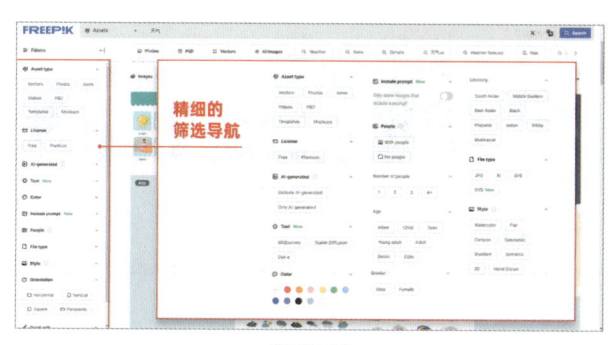

图 5.144

为了同时满足高质量、易搜索、适合国内风格等需求，为此推荐一款付费级的图片资源网站：摄图网（网址为 https://699pic.com/，见图 5.145）。

图 5.145

这是一个是国内网站，里面的素材更符合中国文化和审美。它提供了非常丰富的素材资源，如照片、视频、插画、3D 素材，甚至是免抠图片等各类素材，可以满足各类设计需求。网站的图片筛选导航也十分精细，除了选择构图、格式、颜色外，甚至连图片中人物数量、人种、年龄、地域都有详细的划分（见图 5.146），简直是一款定制化的图片资源网站。

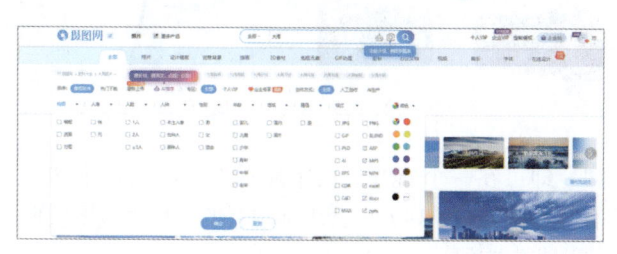

图 5.146

同时，它还将同类型的图片整合为一个图片资源包，方便你搜索使用。例如，你是从事新能源行业的，它就有专门的新能源图库（见图5.147），几百上千张高质量且符合行业特点的图片即可任你选择，特别适合在做具体设计项目时使用。

图 5.147

以上介绍的都是专业的图片资源网站，它们覆盖了多个行业的通用图片需求。然而，当你制作企业介绍型PPT时，可能需要更为特定类别的图片，如产品高清大图、企业园区美景和员工文化活动瞬间。这些珍贵的图片往往是企业独有的，因此并不常见于公共素材库。为了获取这些专属图片，需要深入企业官网进行搜寻。但有时候，官网的图片并不支持直接下载。这时，一款强大的搜图工具——图片助手ImageAssistant，便派上了用场。这款工具能够轻松地从网页中提取图片素材，助你在创作过程中不再受限于图片资源的获取。

这是一款内置于浏览器内的插件，以苹果官网为例演示下使用方法。当你想要下载当前页面中展示的图片时，只需在空白处右键选择"图片助手→提取本页图片"（见图5.148）。

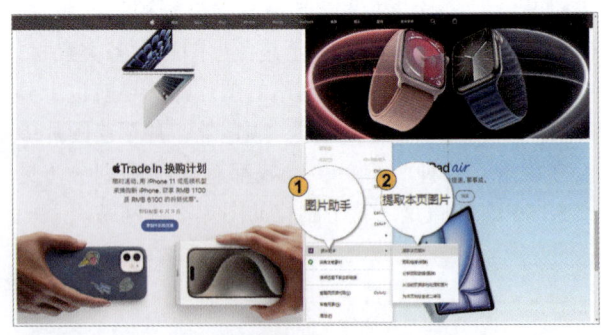

图 5.148

即可在一个新的页面中显示出当前网页中的所有图片（见图5.149），选中你想要的图片直接下载即可，非常方便。

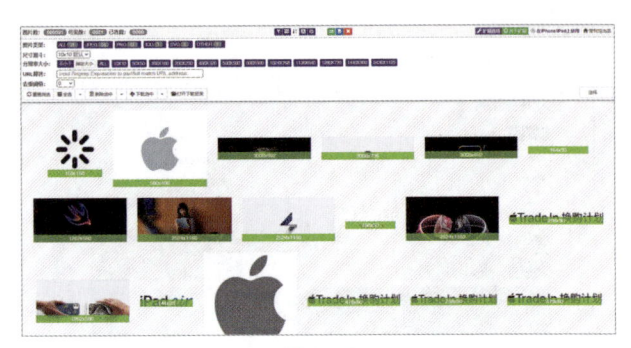

图 5.149

有了这个工具，可以去各大网站获取不错的素材，例如去政务网站获取党政风背景，或者在互联网企业官网下载科技风背景图等，应用后就很有企业调性。

有了合适的图片获取渠道，接着就要搜索所需的图片了。像是一些通用型的图片（如天空、城市、汽车等）还是很好找的。但有的时候，想要找的图片是一些比较抽象的概念，并不知道如何描述关键词，于是只能一页页翻看，效率很低。面对这种情况该如何设计呢？为此分享两招我常用的搜图技巧。

第一招：关键词联想法。例如：当面对突破、跨界、升级等概念时，由于这类词汇都比较抽象，没有具象的实体，直接复制粘贴关键词输入搜索栏，得到的图片往往并不贴切。以Pexels官网为例，当你输入"突破"时，得到的图片却完全不是你想的那样（见图5.150）。

图 5.150

这是因为图片网站对于抽象的词汇理解不够，此时就可以采用关键词联想法，以"突破"这个关键词为起点，想出一些具象的事物。例如：登山、冲浪、马拉松等，都有挑战自我、勇于突破的意味。于是选择一个具象的关键词，如"登山"，即可找到人物向上攀登的照片（见图5.151），可以很好地呼应"突破"这一意象。

图 5.151

总之,关键词联想法的秘诀在于,围绕抽象的概念,联想出具体的关键词。这样更能快速地锁定目标,提高搜图效率。

第二招:以图搜图法。有时脑海中有个大致的画面,但不知道如何描述具体的关键词。这时就可以借助"更多相似内容"这个功能来提高搜索效率。依旧以 Pexels 网站为例,假如你的脑海中有一张这样的画面(见图 5.152),但是不知道这个画面叫什么名字。你会如何搜索呢?

图 5.152

想必你可能没什么思路,其实面对这种情况,就可以借助"以图搜图法"来提高效率。首先仔细回想下脑海中的图片,然后将图片的部分特质总结一个关键词,例如将关键词"纹理"输入网站上进行初次搜索(见图 5.153)。

然后,从搜索结果中找出最接近参考图的图片,例如单击那张青色和粉色融合的图片,在弹出的界面中向下拉,会发现有一个"更多相似内容"的图片展示区(见图 5.154)。

这里展示的都是特征类似的图片,再从中筛选出更接近目标的图片。同时,还可以结合上方展示的一

系列关键词辅助搜索,重复上述步骤,直到找到你脑海中想要的那张图片。这个技巧是借助图像的某个特征,有目的性地寻找,所以每次搜索都会更接近想要的图片。

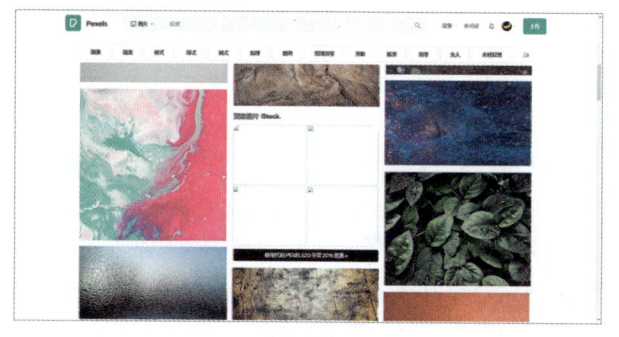

图 5.153

图 5.154

以上就是两招非常实用的搜图技巧,灵活掌握的话,相信可以助你快速找到理想的图片,提高演示效果。

5.3.2 修图技巧

找到图片只是设计的第一步,为了更好地运用图片,还需要掌握一些图片处理技巧。相信你也有这样的经历:同样的一张素材,在别人的手中,效果就很好看,可自己在使用时效果却很普通(见图 5.155)。

图 5.155

这其实是素材处理能力之间的差距。新手只会改

变图片大小位置等基础操作，而高手却可以根据设计风格和内容量，合理设计图片形式，提升设计感。PPT中有很多图片处理技巧，如裁剪、调色、抠图、艺术效果等，如果一个个介绍功能参数，则显得单调无趣。为此，我精选了几个应用频率很高的功能，并通过实战案例的形式向你逐一介绍，让你学完就能要用上。

1. 图片裁剪

在设计中，一张平铺直叙的图片往往缺乏吸引力（见图 5.156 左侧）；此时，可以通过裁切，将画面局部放大，以提升视觉冲击力（见图 5.156 右侧）。这就是图片处理中最常用的功能——图片裁剪，它有许多实际的应用。

图 5.156

（1）二次构图。

当画面中只有一段文案时，会显得单调乏味，缺乏吸引力。通过插入图片可以填补空缺，增强画面表现力。然而有时候，由于图片本身的构图问题，会干扰文字辨识度（见图 5.157 上）。此时，可以通过裁剪，将图片局部放大以空出文案排版的空间（见图 5.157 下）。

操作方法很简单。选中图片，单击"格式→裁剪"。此时会出现一个灰色的选区，其中彩色亮显的部分表示会被保留，而灰色暗淡的部分则不会显示出来（见图 5.158）。通过拖动图片四周的控点，可以调节亮显区域图片的范围。

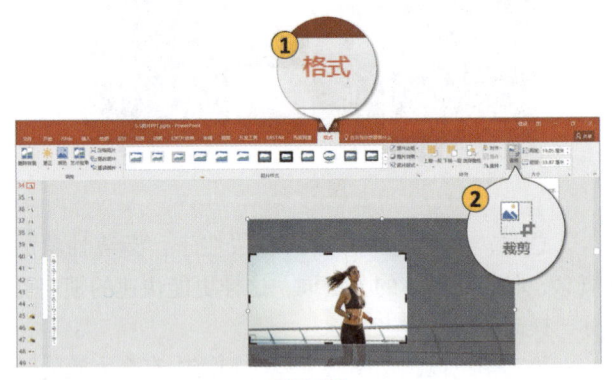

图 5.158

有的时候，裁剪到理想范围后，由于图片宽度不够，无法铺满整个屏幕（见图 5.159 左侧）。此时，可以吸取图片边缘的颜色，做成渐变蒙版的形式遮住瑕疵，将照片铺满屏幕（见图 5.159 右侧）。关于蒙版的应用，会在后面的技巧讲解中详细探讨，这里先不做展开。

图 5.159

这种二次构图的技巧，可以极大拓宽图片的应用范围。甚至只需要一张图片，即可完成一整份PPT模板的设计（见图 5.160）。

图 5.157

图 5.160

第 5 章　视觉之惑——如何打造专业且实用的幻灯片

（2）突出细节。

在做产品介绍页时，经常会遇到这种情况：屏幕上展示的是一款产品的全貌，而讲解到产品组件细节时，由于片太小，根本看不清（见图 5.161 左侧）。此时，就可以借助图片裁剪，放大局部细节，以示突出的作用（见图 5.161 右侧），提高观众的阅读体验。既不影响整体表现，还强调了设计细节，一举两得。

图 5.161

操作方法也很简单。首先复制一张图片，选中图片，单击"格式→裁剪→裁剪为形状"，选择椭圆形（见图 5.162）。同时在"裁剪为形状"功能的下方，有个调节"纵横比"的功能，可以将圆形的尺寸设置为 1∶1。

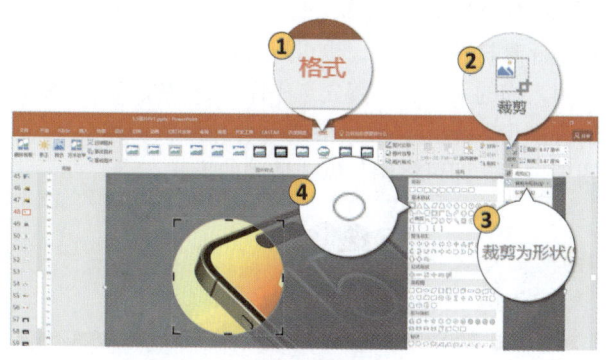

图 5.162

这个技巧在很多发布会场合都会看到，想要凸显哪里，就放大哪里，非常方便。

有时，当图片中的细节放大后，对于氛围感的渲染也有重要意义。例如：这是一张土地干涸的照片（见图 5.163 左侧），呼吁大家保护环境，刻不容缓。此时，如果将图片中的局部裁剪放大后，给干涸的土地一个特写（见图 5.163 右侧），视觉冲击力会更强，也让保护环境的意识深入人心。

（3）创意设计。

在制作 PPT 时经常会使用图片，大部分人只会简单的排版，导致页面平平无奇。例如，当画面中只有一张图片时，直接放上文案，不仅形式单调，还会导致文字识别不清（见图 5.164）。

图 5.163

图 5.164

这时不妨把思路放开一些，在图片上画出一道圆弧，并将缆车抠出来盖在原位上（见图 5.165）。一座空中走廊，即刻破图而出，正好与 8D 城市重庆的魅力交相呼应。

图 5.165

操作很简单。这里需要两张图片：一张是上方的缆车图片，另一张是圆弧状的背景图片。首先要将缆车的主体抠出来（见图 5.166），这部分先不做展开，在后面的抠图技巧中会详细介绍。

接着画出一个大的椭圆形盖在图片上方，先选中图片，再按 Ctrl 键选中圆形，单击"形状格式→合并形状→相交"（见图 5.167），即可做出圆弧形的图片样式。最后将之前抠出的缆车主体盖在上面，即可实现最终的效果。

图 5.166

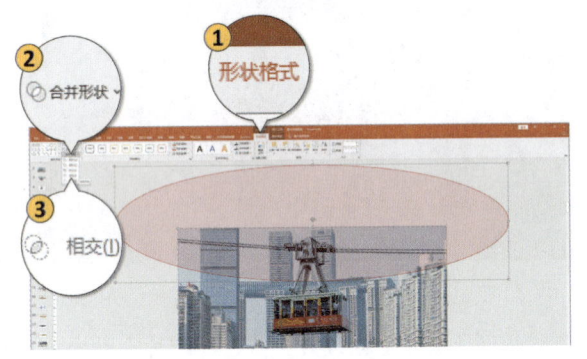

图 5.167

再举个例子：这是一页全图型 PPT 封面（见图 5.168 左侧），背景是极光的照片非常养眼，然而左侧的文案与底部的山脉叠在一起，使得画面重心左倾，右侧则显得有些空。适当在右侧区域放上几个矩形，将它们与图片相交融，律动的方块即可将漫天星光尽收眼底（见图 5.168 右侧）。

图 5.168

操作也很简单。首先画出一系列矩形分布在画面右侧，接着先选中背景图片，再按 Ctrl 键加选这些矩形，单击"形状格式→合并形状→拆分"（见图 5.169），删去不需要展示的图片碎块，即可得到想要的效果。

一段文字加一张图片，这就是你做的图文页 PPT（见图 5.170 左侧），中规中矩，丝毫体现不出家庭保险的意义。为了让设计更有价值，可以将矩形图片做成盾牌的造型（见图 5.170 右侧），保护家人，将危

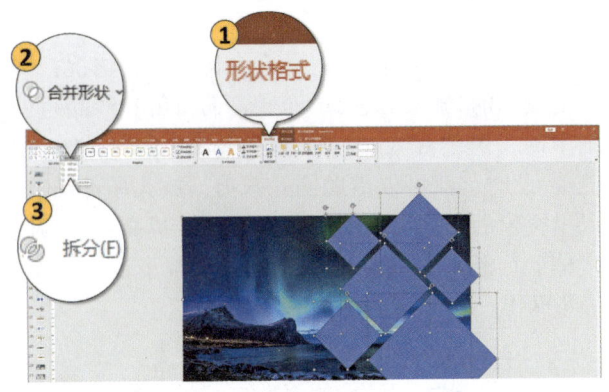

图 5.169

险隔绝在外，不仅呼应了主题"家庭保险"，还让整个设计更具创意与温度。

图 5.170

操作方式如下：首先准备一个盾牌的形状，可以在图标素材网站搜索，也可以自行绘制，将它盖在图片中人物的上方，接着先选中图片，再按 Ctrl 键加选盾牌图形。单击"形状格式→合并形状→相交"（见图 5.171），即可将图片做成盾牌的形式。

图 5.171

当你有 4 张图片时，通常会选择将它们统一大小，再平均分布。但是方方正正的矩形图片太过普通了，并不能展现国风雅致的韵味（见图 5.172 左侧）。此时，可以给图片换个形状（见图 5.172 右侧），一股国风韵味扑面而来。

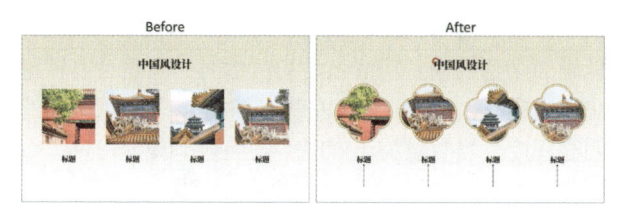

第 5 章 视觉之惑——如何打造专业且实用的幻灯片　131

图 5.172

利用中心分布的 4 个圆形，通过"合并形状"中的"联合"运算（见图 5.173），即可得到这种创意的形状，最后将图片依次填充到形状中即可。

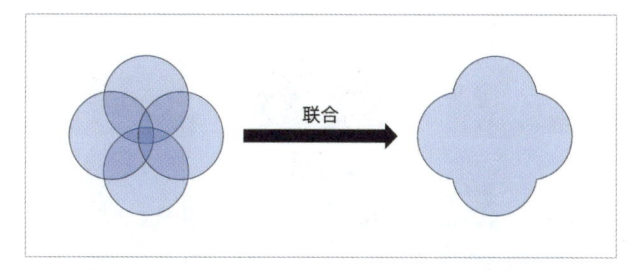

图 5.173

除了将图片填充到图形中，还能将图片与文字相结合，做成极具艺术感的创意文字（见图 5.174）。

图 5.174

操作方法也是类似的。首先输入文本，尽量选择粗一些的字体并字号放大。接着，插入一张图片，让图片的大小超过文字的边界。最后，先选中图片，按住 Ctrl 键加选文字，单击"形状格式→合并形状→相交"（见图 5.175），即可将图片填充到文字中。

图 5.175

可见，当你摆脱了"图片只能以矩形形态呈现"的这一固有思维后，就能为设计打开一扇新世界的大门，它不仅能提升页面设计感，还能更好地呼应主题，给人眼前一亮的感觉，更多神奇应用，等待你去发现。

2. 图片调色

提起调色，你第一反应或许是摄影中的色彩调节。例如：当你拍完一张照片，觉得构图还不错，但画面灰灰的，不够吸引人（见图 5.176 左侧）。这时就可以通过一系列色彩参数的调节，让照片更具质感（见图 5.176 右侧）。

图 5.176

调色对于画面的质感和氛围渲染有着重要意义。然而，摄影调色是一个相对专业的技能，它背后涉及色阶、曲线、通道、灰度等一系列专业概念，对于普通人而言门槛较高（见图 5.177）。

图 5.177

但其实，PPT 本身就内置了调色功能，虽然效果不及专业摄影级调色，但胜在操作简单，在实际工作中有着重要的应用价值，接下来通过一系列调色案例，向你展示 PPT 调色的艺术。

（1）画质调节。

在做企业介绍型 PPT 时，经常会用到企业大楼，然而很多照片都是随手拍的，颜色暗淡，效果并不是很好。例如这页医疗企业介绍 PPT，版式没什么问题，但画面脏脏的与医疗气质不符（见图5.178）。

图 5.178

此时就可以借助PPT的图片调色功能，让画面呈现一种通透干净的气质（见图5.179），更贴合品牌调性。

图 5.179

操作方式如下：选中图片，右键选择"设置图片格式"，在弹出的面板中选择图片标签，就弹出了图片调色的功能区，里面有5项关键参数，可以控制图片的画质，分别是清晰度、亮度、对比度、饱和度、色温（见图5.180）。

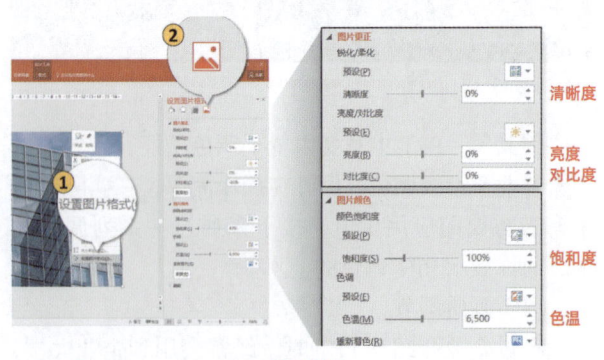

图 5.180

先来看"图片更正"中的3个参数。"清晰度"

表示画质的清晰程度，数值越高画面越清晰，数值越低画面则越模糊，当清晰度为负数时，画面会有种朦胧的模糊感（见图5.181左侧）；"亮度"表示画面的明亮程度，当数值为100时，画面会呈现纯白色，数值为-100时，画面会呈现纯黑色（见图5.181中间）；"对比度"表示画面中颜色亮度的差异，数值越大图片中亮的区域会更亮，暗的区域会更暗，而数值越小时颜色的亮度会越接近，当达到-100时颜色会糊在一起（见图5.181右侧）。

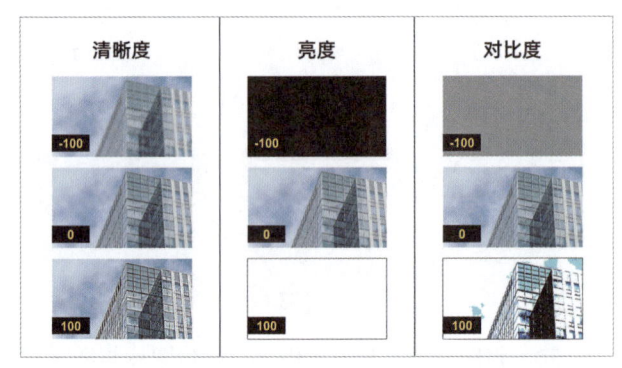

图 5.181

接着来看"图片颜色"中的两个参数。"饱和度"表示图片的鲜艳程度，数值越高颜色越艳丽，由于图片中有部分蓝色，因此当饱和度调高后蓝色会更加明显，而当饱和度为0时，图片将失去所有色彩，变为纯灰色（见图5.182左侧）；"色温"用于改变图片的色调，默认图片的色温为6500，当色温下降时，图片会变蓝，而当色温升高时，图片会变黄（见图5.182右侧）。

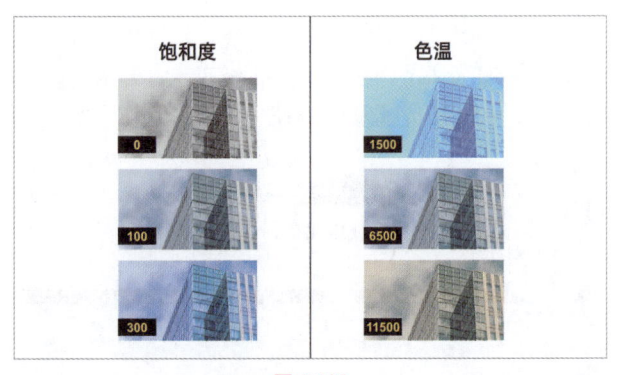

图 5.182

以上就是图片调色中的几个关键参数。在这个案例中，为了让图片更鲜艳更明亮，因此提高了亮度、饱和度，并且降低了色温（见图5.183）。

图 5.183

其中的参数仅供参考，重要的是理解各个参数的作用，才能针对不同的图片更灵活地调节参数，以达到理想的效果。

再如：这是一张金句页 PPT，"朝着梦想进发"，听起来很热血，一行人勇敢向前征服高山的场景也很契合主题，然而由于画面不够明亮缺了点积极向上的感觉（见图 5.184 左侧）。这时，可以提高画面饱和度、亮度及色温，让画面的色调偏暖且明亮（见图 5.184 右侧），会更契合主题。

图 5.184

画质调节几乎是图片型 PPT 的必备操作，通过统一图片的亮度、色调、饱和度等，让画面更和谐统一，也有助于烘托氛围。

（2）重新着色。

重新着色是将图片本身的颜色转变为某种特定的颜色，它是一种更艺术化的处理手法，例如：这页目录下方图书馆与文字穿插是整页的亮点，然而图片本身的颜色比较杂，看上去有些凌乱（见图 5.185）。

图 5.185

这时候就可以利用"重新着色"功能，将图书馆改成与主题色相契合的蓝色调（见图 5.186），就会更融入页面。

图 5.186

操作方式如下：选中图片，单击"格式→颜色"，在"重新着色"中选择深蓝色即可（见图 5.187）。

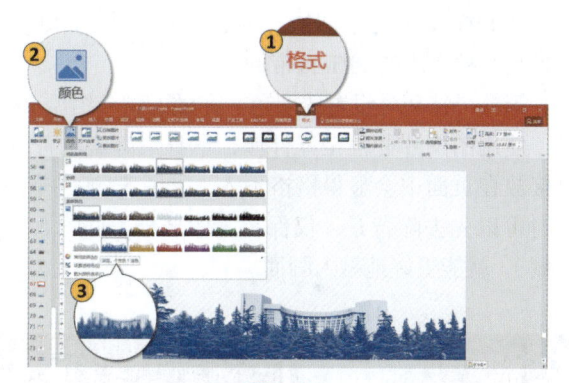

图 5.187

再来看个案例：这是一页咖啡相关的页面，为了增强场景感，在页面左上及右上方加入了植被，然而素材网站上的植被通常是绿色的，与整体的黄色调并不搭配（见图 5.188 左侧）。此时，可以借助"重新着色"功能，将绿植变为金色（见图 5.188 右侧），即可将素材融入整个画面中，传递出一种秋日安逸的氛围，也拓宽了素材的应用范围。

图 5.188

这个技巧还可以与图片裁剪相结合，创作出更具艺术感的设计。例如这页 PPT，一张故宫的照片加上主题文案，效果已经很不错了（见图 5.189 左侧）。但如果想更进一步，还可以将图片处理成一灰一彩的形式（见图 5.189 右侧），以凸显主题"前世今生"。

图 5.189

操作也很简单。首先通过裁剪或者布尔运算将图片拆分成两份，然后将右侧的图片重新着色为灰色，即可实现这个效果。

3. 抠图

在 PPT 中进行抠图操作时，设置透明色和删除背景是两种常用的 PPT 自带的技巧。

第一个技巧是设置透明色。在做人物介绍型 PPT 时，使用的图片往往是证件照，本身带有蓝色背景。直接放在页面中会显得格格不入（见图 5.190 左侧），此时可以先去除背景，仅保留人像部分（见图 5.190 右侧），就能更好地融入画面。

图 5.190

操作方法如下：选中图片，单击"格式→颜色→设置透明色"，然后在证件照的蓝色背景处单击（见图 5.191），即可将背景删除。

图 5.191

设置透明色的本质在于将照片取色器选中的色彩变为透明色，操作很简单。但是它对于图片本身有要求，仅适用于抠取纯色背景中的对象，而且图片分辨率需要比较高，否则可能会影响抠图效果。例如这张图片背景比较杂（见图 5.192 左侧），如果使用设置透明色的技巧，无法直接去除背景，效果并不理想（见图 5.192 右侧）。

图 5.192

此时，可以使用第二种抠图技巧——删除背景功能，将复杂的背景图片去掉。具体操作方法如下：选中图片，单击"格式→删除背景"。此时，图片会变为两种模式：如果图片维持原来的色彩，表示这部分区域会被保留；而变为紫红色的区域，表示这部分会被删除（见图 5.193）。

图 5.193

接着，借助界面左上方的"标记要保留的区域"和"标记要删除的区域"功能，在图片上画线，即可改变紫红色区域的显示范围，最终抠出人物（见图 5.194）。

图 5.194

以上就是 PPT 中常用的两种抠图技巧。"设置透明色"功能简单高效，但仅仅实用于高清的纯色背景图；而"删除背景"功能的适用范围就更广一些，可以自定义控制抠图的区域，最终抠出想要的元素。

除了 PPT 自带的抠图技巧外，其实还有更为高效且高质量的抠图工具，那就是在线抠图网站。目前有很多网站都支持这个功能，不过有很多是需要付费使用，而且抠图后的图片清晰度会被明显压缩，为此，分享一个我常用的在线抠图网站——趣作图（见图 5.195，网址为 https://www.quzuotu.com/home ）。

图 5.195

它可以抠出画面中的物品和人像。例如：当你上传一张人物照片，单击生成就可以智能识别人物，甚至连发丝都可以抠出来（见图 5.196），非常方便。

图 5.196

如果发现抠得不合适的地方，还可以借助左上角的"修补"和"擦除"功能对图片选取进行调整，得到满意的预览效果后，单击右上角的"下载"，选择 png 模式，即可将无背景的人物抠出来了，非常方便。借助在线抠图网站可以极大提升抠图效率和质量，在具备上网条件的情况下，可以优先使用这个技巧进行抠图。当然，抠出图片中的主体，只是设计的第一步，还需要结合本书中讲述的其他技巧，共同实现理想的效果。

4. 蒙版设计

你是否曾经遇到这样的烦恼：一张原本美观的背景图片，却因画面中元素繁多，让重要的文字信息变得难以辨识？幸运的是，有一个简单而神奇的工具——蒙版，能够助你轻松解决这个难题。它不仅能够清晰展示你的内容，更能保留图片原有的美感。

蒙版，就像是给图片披上了一层半透明的"面纱"，轻轻覆盖在图片上，可以有效控制图像的显示区域。在 PPT 设计中，蒙版有 3 种常见的形式：渐变蒙版、半透明蒙版和镂空蒙版（见图 5.197）。每种都有其独特的应用场景和效果。接下来，将通过一系列具体的案例，带你领略蒙版的独特魅力。

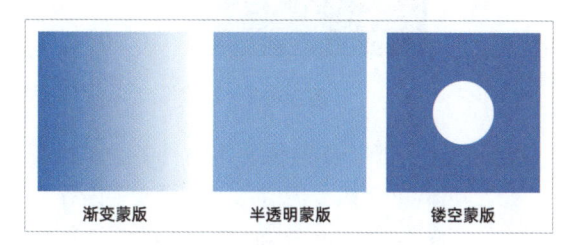

图 5.197

例如：原图背景中元素较多，会与文字相互干扰，难以区分（见图 5.198）。

图 5.198

这时，蒙版就能派上用场。只需在文字与图片之间添加一个渐变蒙版，将干扰信息遮挡住，让主题文字一目了然（见图 5.199）。

图 5.199

具体操作方法如下：插入一个矩形，将其颜色设置为从左到右的渐变色，左侧不透明，右侧为全透明（见图 5.200）。

图 5.200

接着将这个形状放置在文字与图片之间（见图 5.201），即可轻松遮挡干扰信息，凸显文字内容。

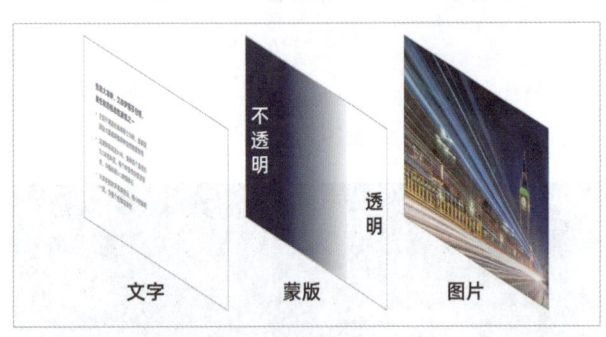

图 5.201

有时，你找到的图片素材虽然符合主题，但尺寸却不符合要求，例如目前图片上方空缺了一块（见图 5.202）。

图 5.202

这时，半透明渐变蒙版就能发挥作用。在图片上方添加一个渐变的蓝色蒙版，与图片中的天空自然过渡，达到修复图片的效果（见图 5.203）。为了让渐变蒙版融入背景，在取色时建议选择图片边缘接缝处的色彩，例如这里使用的就是天空的蓝色。

图 5.203

在团队介绍或产品展示时，常常希望观众的注意力集中在特定对象上。例如这页团队成员的照片（见图 5.204），想要逐个向观众介绍每位成员的个人信息。

图 5.204

此时镂空蒙版是实现这一目的的理想选择。首先，插入一个较大的形状覆盖整个图片。然后，使用布尔运算功能在形状上开出一个洞，将需要聚焦的部分显露出来；并在旁边配上文字，就能很清楚地让观众知道当前介绍的是哪一位成员（见图 5.205）。当其中一位成员介绍完毕后，还可以将圆环聚焦在其他成员上，如果再配上动画就非常适合作为创意的团队介绍展示了。

图 5.205

当然，镂空的图形，不一定非要是圆形，它还可以结合图形技巧变换成任意形状，如融入 Logo 元素（见图 5.206 上），提升作品的定制感，或者结合文字，创造出独特的艺术字效果（见图 5.206 下）。

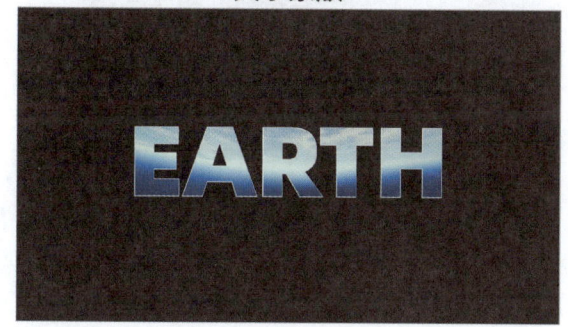

图 5.206

在操作上的方法都是相同的。用一张铺满全屏的矩形，与预先准备好的特殊形状或文字做"剪除"运算，即可得到镂空的图形蒙版，从而显现出下方的图片。

有时，当 PPT 页面中有多张图片时，往往会由于图片色调不一致（见图 5.207 左侧），而影响画面的整体感。此时，可以插入 4 个与图片等大的形状，分别设置渐变蒙版盖在图片上方（见图 5.207 右侧），整体感就会提升许多。

图 5.207

蒙版，这个简单而强大的工具，能够让你在 PPT 设计中游刃有余。无论是凸显文案、修复图片、聚焦主体还是统一视觉，蒙版都能发挥重要作用。掌握这个技巧，你将能够轻松应对各种设计挑战，提升 PPT 演示的魅力！

5.3.3 排版技巧

了解了以上技巧后，来看看它们在 PPT 中如何具体应用。

1. 单图设计

单图设计就是页面中只有一张图的情况，例如这页介绍极光的 PPT，经典的左图右文版式（见图 5.208）。

图 5.208

最常见的形式是采用全图型设计，将图片放大铺满屏幕，并在留白处放上文字（见图 5.209），视觉冲击力就会增强许多。

图 5.209

如果不想全屏铺满，也可以将图片置于页面的一侧，如上方或者左侧（见图 5.210）。

图 5.210

只要图片足够好看，无须复杂的技巧，即可达到不错的效果。然而，理想很丰满，现实却很骨感。

在实际工作中，大部分图片都是普通的生活照（见图 5.211）。颜色暗淡，质感普通。

图 5.211

那么，面对这些不够理想的图片，如何化腐朽为神奇就显得尤为重要了。这时也很考验设计者的图片处理能力。为了更好地将图片融入 PPT 中，在设计时需要借助本节学到的图片处理技巧，巧妙地将图片中的瑕疵"藏"起来。

例如：这是一页关于安全生产的 PPT 封面（见图 5.212）。由于背景图片中有大量杂物，看起来非常凌乱，不仅不美观，还影响文字识别性。

图 5.212

此时，可以绘制一个渐变的矩形覆盖在图片上，借助蒙版将凌乱的背景"藏"起来，以凸显文字部分（见图 5.213）。

图 5.213

然而，由于背景图片自带了一些色彩，整体配色有些杂。为此，可以选中图片，单击"格式→颜色→重新着色"，选择一个蓝色调，将图片的配色与上方的蒙版色调统一（见图 5.214）。

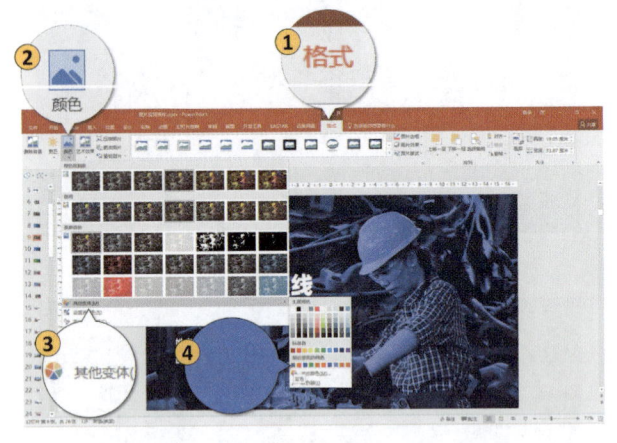

图 5.214

此时，整体效果就会和谐很多，通过修改蒙版颜色，还可以创作出不同风格的封面效果（见图 5.215）。

图 5.215

再如：这是页工作汇报 PPT 封面（见图 5.216）。封面照片是两名工人在讨论，很符合汇报主题。然而，凌乱的背景影响了文字识别，且由于工人占据画面比例太大，导致左侧留白空间很少，文字部分显得很拥挤。

图 5.216

第 5 章　视觉之惑——如何打造专业且实用的幻灯片

面对不合理的构图，可以借助图片裁剪技巧，将图片的左侧裁去，仅保留人物部分，即可为文案腾出排版空间（见图 5.217）。

图 5.217

操作方法如下：插入一个大的平行四边形，盖在图片中人物的上方，然后先选中图片，按住 Ctrl 键加选平行四边形。单击"格式→合并形状→相交"，即可得到这种斜角的图片样式（见图 5.218）。

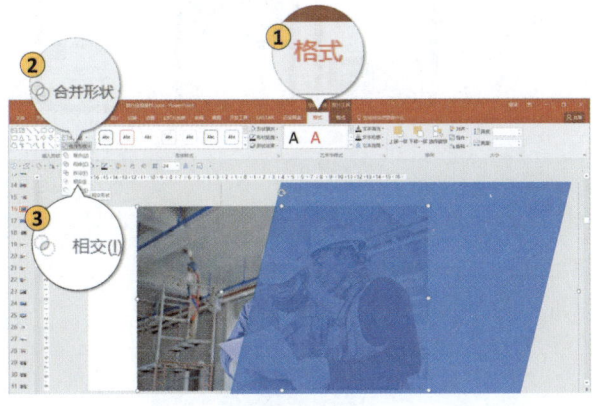

图 5.218

下面是一页关于挖掘机的产品介绍 PPT（见图 5.219），经典的左图右文的形式，稍显普通。

图 5.219

此时，可以将图片放大，同时适当提高图片的饱和度和亮度（见图 5.220 上），效果比之前好了一些，但这种形式还是太常见了。此时，可以对图片进一步处理，将挖掘机抠出来，突破图片边框的束缚，以提升设计感（见图 5.220 下）。

图 5.220

这就是素材处理能力之间的差距。新手只会改变图片大小位置等基础操作，而高手却可以对素材进行更深度地处理，以实现更富有创意的设计。

再来看一个案例：这是一页关于进出口业务盘点的 PPT（见图 5.221 上），集装箱照片很契合"进出口"这个概念，然而目前的背景图版面很满，只有左上角一点区域用于放置文案，显得很局促。面对这种情况，使用渐变蒙版是最常用的解决方案（见图 5.221 下）。

但蒙版技巧用的多了就有些普通了。为此，我们可以尝试一种全新的设计手法，使用对称构图的技巧，将原图复制一份，水平翻转拼合在一起，即可在画面中心腾出足够的排版空间（见图 5.222）。

图 5.221

图 5.222

以上就是单张图片的常用处理技巧，综合运用了图片裁剪、调色、蒙版、抠图等技法，提高了图片的适用范围，在实际工作中具有重要意义。

上述几种方式都对图片本身进行了一定的处理，然而有时，由于图片的特殊性，并不适合直接对图片进行操作。例如图 5.223～图 5.225 所示的几张截图，由于图片里的信息都需要清晰呈现，因此不适合过度处理。这种情况该如何优化呢？

图 5.223

这时，就可以使用样机来优化页面，为手机截图分别套一个手机外壳（见图 5.224），仿佛是在展示手机界面，增强了场景感。

图 5.224

当然，样机的类型不仅限于手机，像平板、笔记本电脑、台式计算机等常见电子设备都可以作为样机呈现主题内容（见图 5.225）。

图 5.225

如果思维再发散一些，"样机"的概念就无处不在了。例如：一张有意义的照片，直接放在页面中稍显单调（见图 5.226 左侧）；将照片放入相框素材中，即可丰富图片效果（见图 5.226 右侧）。

5.228），都可以起到丰富层次的作用。

图 5.226

有时图片本身不适合添加样机，例如这张随手拍的会议照片（见图 5.227）。该如何设计呢？

其实，只需采用形状稍加修饰即可。例如在图片四周加些边框修饰，或者用色块叠在图片下方（见图

图 5.227

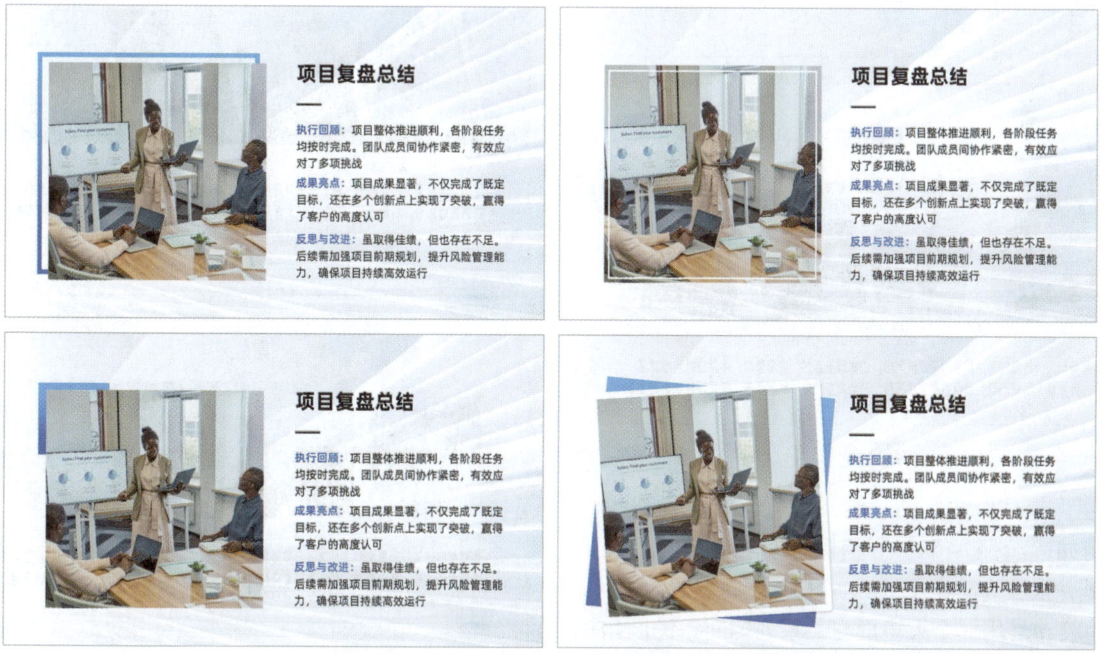

图 5.228

以上就是应对单张图片的详细设计方法，通过巧妙地运用裁剪、调色、蒙版和抠图等技巧，可以显著提升图片的视觉观感。若条件限制无法修改图片本身时，也不必担心，样机或形状元素的加入同样能为图片增色不少。总而言之，熟练掌握这些图片处理技巧，对提升 PPT 的整体美观度至关重要。

2. 少量图片

当你掌握了单张图片的设计技巧后，接下来探讨页面中有少量图片的情况。例如这个经典的 4 张图片的页面，常规做法是将它们一字排开，平均分布（见图 5.229）。这样的设计应对日常工作是足够了，但如

果面对一些对设计要求较高的场合，则显得有些普通了。如何进一步优化呢？

图 5.229

其实，可以结合单张图片的设计技巧。例如，在图片背后叠加色块（见图 5.230 上），或者将图片直接放入相片中（见图 5.230 下），都可以起到丰富图片层次的作用。

图 5.230

为了进一步增强场景感，还可以结合样机来使用。例如，给照片裱一个相框（见图 5.231 上），或者绘制一张胶卷（见图 5.231 下），让时光映刻其上。这里的胶卷是用一个大矩形与一系列等间距的圆角矩形做减除运算得来的。

除此之外，还可以在形状样式上做些变化。例如，将图片变为平行四边形（见图 5.232 上），或者结合图形绘制技巧，将图片做成特殊形状（见图 5.232 下），都可以为页面带来新的变化。

图 5.231

图 5.231（续）

图 5.232

其中的特殊形状是使用 PPT 中的布尔运算得来的。首先用一个大的矩形减去一个椭圆，得到一个内凹的图形，复制 4 份并叠加在一起。接着选中图片，按住 Crtl 键加选刚才得到的图形，单击"形状格式→合并形状→剪除"（见图 5.233），重复这个操作，分别将 4 张图片与 4 个图形做"剪除"运算即可得到最终的效果。

以上这些都是应用单张图片的处理技巧得到的效果，而多张图片还可以通过改变排版来增强设计感。最简单的方式就是直接将图片错开一些（见图 5.234 上），通过起伏的位置变化带来新颖的视觉体验；或者采用瀑布流的排版方式，将图片错位放在画面的一侧，营造出丰富的视觉效果（见图 5.234 下）。

第 5 章 视觉之惑——如何打造专业且实用的幻灯片

3D 图片的参数设置如图 5.236 所示，可以尝试复刻下。

图 5.233

图 5.236

回顾少量图片的排版方法，之前在单张图片中使用的技巧都可以继续沿用，而且当图片多了以后，还可以在版式布局上做文章。

3. 多图页案例

当页面里图片特别多时，该如何设计呢？例如这个美食照片合集，一页 PPT 中有非常多照片（见图 5.237），你会如何设计呢？

图 5.234

图 5.237

其实，面对图片很多的页面，设计诉求就发生了变化。不会花费大量时间给每张图抠细节，而是会考虑到时间成本，将注意力放在如何快速排版上。例如做成最普通的排版形式（见图 5.238），从原稿到目前的效果，你需要花多久完成呢？

除了位置变化外，改变图片的大小也是不错的选择。例如这张立体感满满的 3D 图片展示（见图 5.235）。

由于原稿中图片自带了许多特殊效果，首先要将多余样式去除，保持整体风格统一。按常规方法需要逐个选中图片，将图片的各种样式依次去除，非常耗费时间。

这里有更快捷的操作方式：全选图片，单击"图片格式→重置图片"（见图 5.239），即可一键去除图

图 5.235

片上的所有样式，非常高效。

图 5.238

图 5.239

接着，要统一这些图片的大小。全选所有图片，单击 iSlide 设计工具中的"等大小"功能，即可一键将所有图片大小统一。图片最终呈现的大小尺寸，是依据最后选中的图片大小而定的。例如，你希望最终图片以横向比例展示，那么只需在最后选中这张横向图片，再单击等大小功能即可（见图 5.240）。

图 5.240

然后，要将图片均匀地等分排列。单击 iSlide 菜单下的"设计排版→矩阵布局"，会弹出一个面板。它可以自定义图片排布的形式。例如"横向数量"改为 5，它就会以一排 5 张图的形式展现，还可以调节图片的横纵间距，让图片间隔一段距离（见图 5.241）。

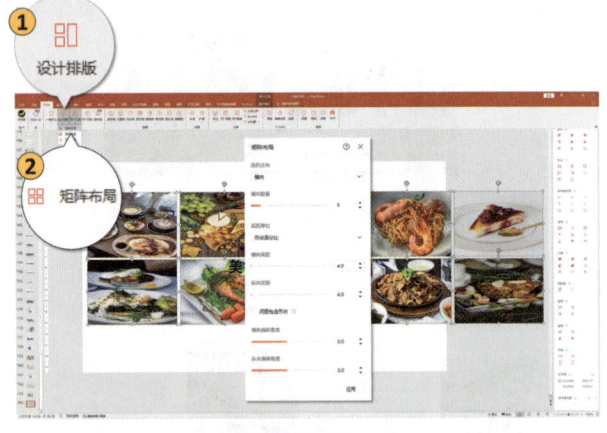

图 5.241

由于图片的原始尺寸比例不一致，使用等大小功能后，会导致部分图片的比例变形。此时，可以依次选中图片，单击"图片格式→裁剪→填充"，就可以将图片重置为原始的比例尺寸（见图 5.242）。

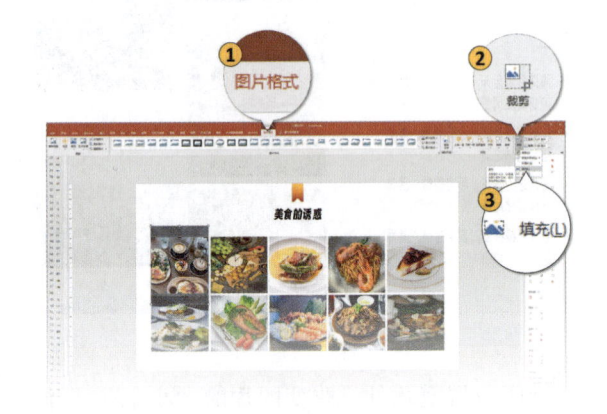

图 5.242

如果觉得矩形图片有些单调，还可以变换图片形状，例如换成圆形（见图 5.243 左侧）或者对话框形状等（见图 5.243 右侧）。

图 5.243

借助上述的工作流程，就能快速实现图片的批量排版，提高设计效率。

以上就是本节的全部内容，它详尽解析了 PPT 中图片处理的精髓，深度剖析了从选图、修图到排版的各个环节。通过一系列实用的操作案例，助你轻松应对日常工作中的各种挑战，更能展现出卓越的专业审美与技能，让你的 PPT 演示更加出彩。

5.4　图标类 PPT，看这就够了

我刚进入咨询公司不久，收到过这样一页设计需求（见图 5.244），客户希望这页 PPT 能够更生动形象一些，如果是你会如何设计呢？

图 5.244

由于当时经验尚浅，我思考的出发点是如何让页面变好看，于是添加了各种装饰元素来提升视觉效果，以期望掩盖内容不够生动的问题（见图 5.245）。

图 5.245

此时，页面确实好看了些，但客户对此却并不满意，因为优化后的版本并没有解决"不够生动形象"的问题。此时，你可能会想到添加图片来优化。然而，目前页面中的 4 点信息都是围绕"购物中心"展开的，因此找到的图片也会很类似，不容易区分。其实，面对这种情况，最好的解决方案就是加图标（见图 5.246）。

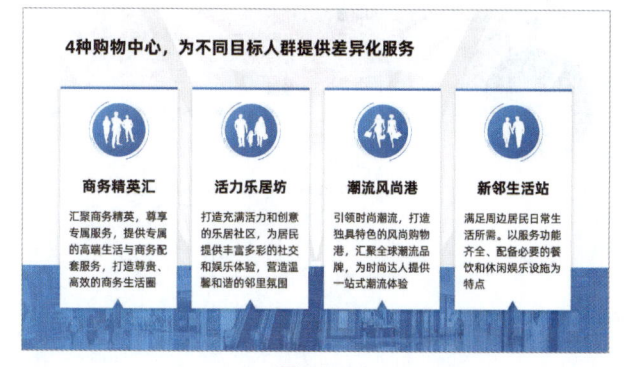

图 5.246

图标，作为一种强有力的视觉表达工具，能够迅速捕捉观众的注意力，直观地传递关键信息。然而，在实际应用中，图标的误用和滥用现象屡见不鲜，这无疑削弱了其应有的传达效果。为此，本节将深入探索图标使用的精髓，为你揭示如何选择适宜的图标，并巧妙地融入 PPT 设计中，让你的演示更加精彩。

5.4.1　图标选用技巧

图标，一个看似不起眼的元素，其实暗含了很多设计学问。先通过一个案例来检验你对图标应用的理解。请看这页工作汇报 PPT（见图 5.247），你能发现其中的图标有什么问题吗？

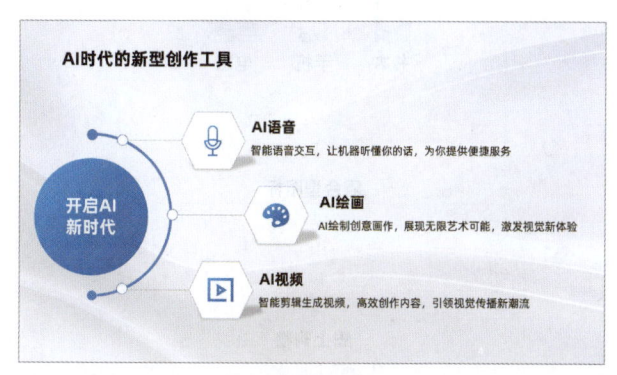

图 5.247

对于新手而言，可能难以察觉其中的问题所在，

但其实它有很多细节都没有处理好，从而影响了页面的信息传达和美观度。对于有经验的设计者而言，会将它改成这样（见图 5.248）。你可以仔细对比下修改前后的差异，感受下正确选用图标对 PPT 设计的意义。

图 5.248

1. 图标选用的 3 大原则

我根据多年实战经验，总结了一套正确选用图标的流程，包含 3 大原则，分别是表意精准、风格一致及复杂程度一致。

（1）确保图标的表意精准。图标的主要功能是直观呈现信息，如果其寓意含糊不清，不仅无法实现预期效果，还可能给读者带来误导。对于日常常见的事物（如书本、手机、电脑等），确实可以通过简单的关键词搜索找到相应的图标样式（见图 5.249 上）。然而，在面对一些更为复杂或抽象的概念时，如"线上购物"，直接输入关键词搜索往往难以找到精确匹配的图标（见图 5.249 下）。

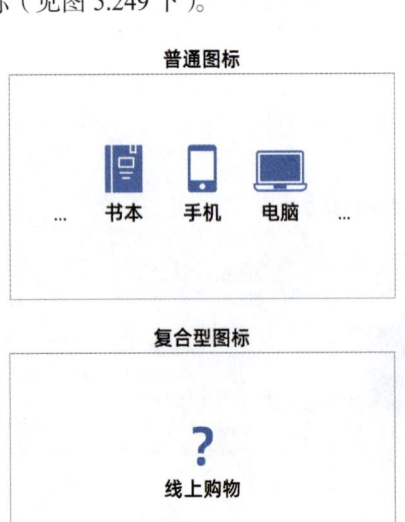

图 5.249

由于"线上购物"这一概念融合了"线上"与"购物"两个关键信息，很多人在选择图标时会选择简化，例如直接使用"购物"的图标（见图 5.250）。虽然这种方法操作简单，但它却忽略了"线上"这一重要维度。仅凭这样的图标，观众很可能将其误解为传统的购物方式，从而削弱了信息传达的准确性。

图 5.250

为此，我分享一个屡试不爽的解决方案——组合法：将多个图标拼在一起，以表达更丰富的含义。例如，将电脑与购物车图标相结合，便能直观地传达出"线上购物"的核心概念（见图 5.251）。这种创意组合方式，既解决了图标搜索的局限性，又提升了信息的传递效率。

图 5.251

操作上几乎没有难度，只需下载所需的两个图标，然后采用以下两种常见的拼接方法即可。第一种：嵌入法。如果其中一个图标中心有足够的留白空间，可以将另一个图标嵌入其中，以形成有机的结合（见图 5.252 上）。第二种：叠加法。可以绘制一个圆圈作为背景，将其中一个图标放入其中，并盖在另一个图标上（见图 5.252 下）。采用此方式时，请确保较小的图标样式简洁明了，以避免复杂的细节影响整体视觉效果。

有时，下载的图标比较复杂，在应用时只想要其中一部分该怎么办呢？此时，可以选中图标，右键选择"组合→取消组合"，或者直接使用"取消组合"的快捷键 Ctrl+Shift+G，将元素解除组合（见图 5.253），并删除不需要的部分即可，这也在一定程度上提高了图标的适用范围。

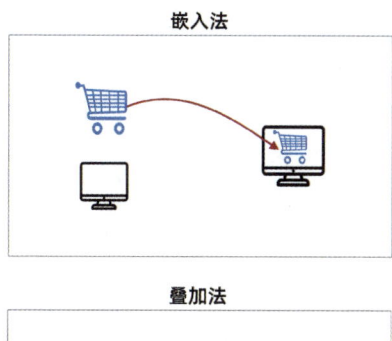

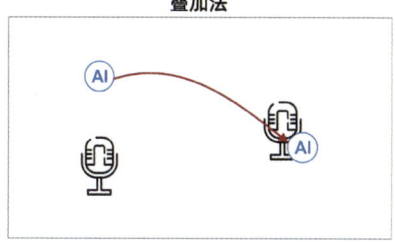

图 5.252

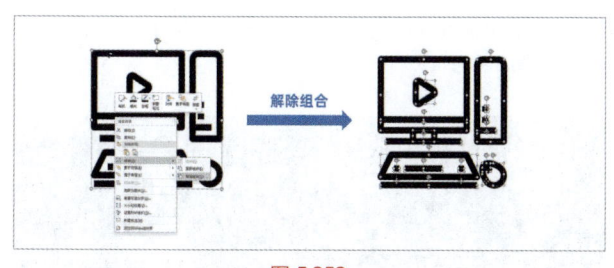

图 5.253

（2）确保图标风格的一致性。图标有很多种不同的风格，如线性、面性、立体、手绘等（见图5.254）。

图 5.254

这些风格各有特色，但为了确保设计的整体性，在实际应用时，需使用同一种风格的图标。具体来说，线性和面性风格是图标设计中应用最广泛的两种风格。

线性图标以其简洁的线条和清晰的轮廓，展现出强烈的现代感和科技感，因此在UI网页设计中有着广泛的应用，如苹果官网的产品性能展示图标（见图5.255）。

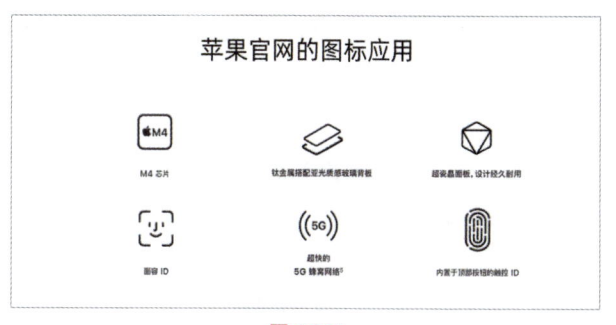

图 5.255

而面性风格的图标则以填充的形状为主，呈现出更为饱满和立体的视觉效果，能够吸引用户的注意力。适合在营销宣传及警示牌中使用，如乘坐地铁时的警示标识等（见图5.256）。

图 5.256

在制作PPT时，可以根据应用场景选择合适的图标风格，并贯穿整个演示文稿，以保持视觉风格的统一和谐。

（3）确保复杂程度的一致性。即使在图标风格统一的前提下，若图标的复杂程度差异过大，仍会对整体视觉效果造成显著影响。例如，同为数据查找的图标（见图5.257），左侧非常复杂，而右侧又过于简单，将这两类图标用在一页PPT中会导致视觉上的失衡和混乱。因此，选择复杂程度相近或一致的图标至关重要。

图 5.257

在选择图标复杂程度时，有个小技巧值得分享。当页面内容相对简洁时，可以选用复杂程度较高的图标，以丰富细节并提升整体质感（见图5.258上）。

然而，若页面信息量繁重，建议选择更为简约的图标，确保即便图标尺寸缩小，也能保持清晰可辨，从而维持整体视觉的和谐与平衡（见图 5.258 下）。

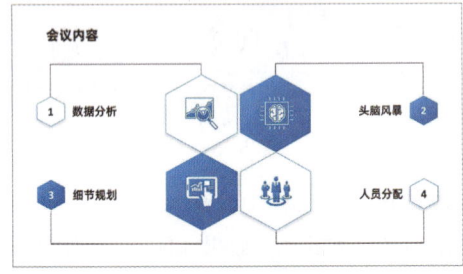

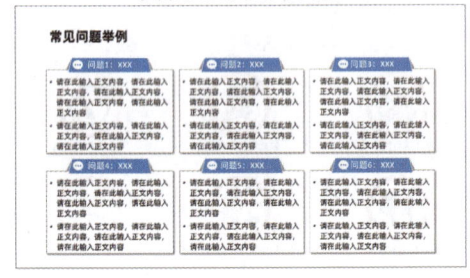

图 5.258

2. 图标资源网站推荐

遵循以上 3 大原则，有助于更好地发挥图标的作用。看到这，你肯定会好奇，这些精美的图标都是从哪里找的？为此，我精选了 3 款免费及 1 款付费的图标网站，你可以根据个人需求进行选择。

（1）iSlide 自带的图标库。它是集成在插件中的一个功能，单击"图标库"，即可弹出图标的搜索窗口（见图 5.259）。

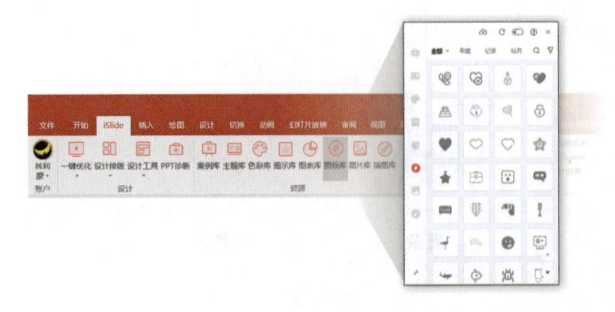

图 5.259

单击右上角的漏斗图标，会弹出图标选择的导航栏，在这里可以选择特定的类别，如动物、建筑物、商业等（见图 5.260）。

图 5.260

iSlide 内置图标库最大的优势就是快捷，找到心仪的图标后轻轻一点，即可将它下载到当前页面中，非常方便。它也是我应用最频繁的一个图标下载工具，但缺点也很明显，图标样式相对普通，且每日免费下载的次数有限。

（2）iconfont（网址为 https://www.iconfont.cn/，见图 5.261）。

图 5.261

这是阿里巴巴的图标库，相比于 iSlide 图标库，这里的资源更加丰富，图标的样式也更精美。而且，它还提供了图标风格选择功能，例如选择线性或者面性图标（见图 5.262），以快速找到风格一致的图标。

图 5.262

找到心仪的图标后单击，就会跳出下载面板。在这个界面你可以修改图标的配色,并选择下载的类型(见图 5.263),如 SVG、AI、PNG 等。其中,SVG 和 AI 格式都是矢量的,方便后续在 PPT 中继续编辑。

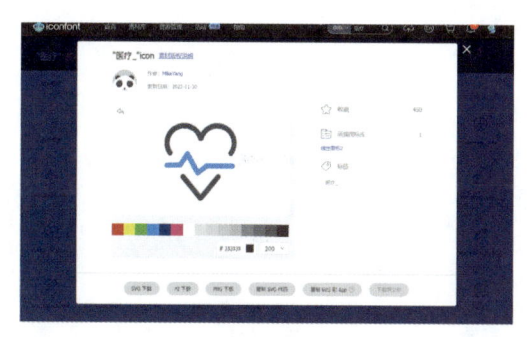

图 5.263

(3) IconPark(网址为 https://iconpark.oceanengine.com/official,见图 5.264)。

图 5.264

这是字节跳动出品的免费图标网站,它是由一个个图标类型库组成的,如工业、化妆美妆、建筑等。它最大的优势在于高度可编辑性。界面右侧提供了一个图标编辑区,你可以根据需求修改图标的粗细、风格、端点类型等(见图 5.265),以获得风格高度一致的图标。

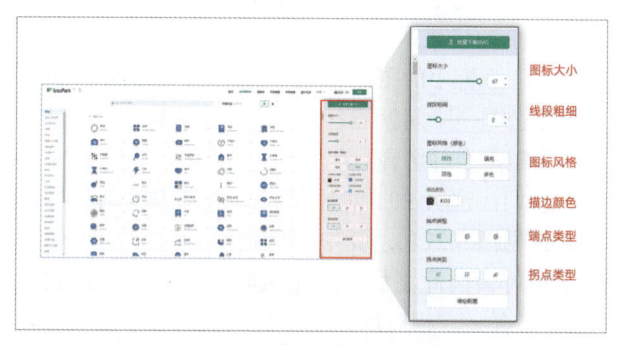

图 5.265

虽然免费图标网站已经足以满足绝大部分人的日常工作需求了,但毕竟是免费网站,都或多或少地

有着各自的缺点。如果你对于图标的需求较高,那么更推荐你使用付费的图标网站,例如:寻图标(见图 5.266,网址为 https://icon.52112.com/)。

图 5.266

寻图标最大的优势就是资源丰富,收录的图标品类非常广泛,甚至是一些复合型概念的图标都可以直接搜索获得。它还提供了非常精细的图标风格划分,如平面、轮廓填充、线性、填充、3D、圆形等(见图 5.267),通过导航可以快速锁定心仪的图标。

图 5.267

除此之外,你还可以直接下载到整套同行业的图标,各行各业的人都能找到所在行业的图标整合包。例如,你是从事 IT 方面的工作,那么就可以找到网络技术类图标库(见图 5.268),里面的图标细节精致、风格统一,对于特定需求的用户而言非常友好。

图 5.268

5.4.2 图标的应用

明确了图标的选用原则及搜索渠道后，接着来看看它在 PPT 中的具体应用，主要有两点：形象表达与美化设计。

1. 形象表达

这页 PPT 是关于战略投资的工作流程，涵盖了 8 大核心要点（见图 5.269）。然而，纯文字的描述并不容易理解。

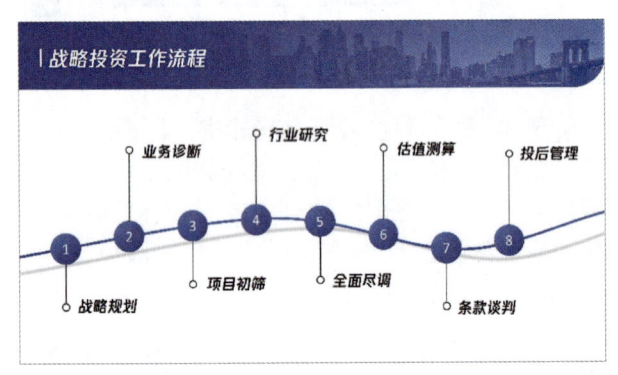

图 5.269

为了提升阅读体验和信息的直观性，可以在每个要点旁添加相应的图标（见图 5.270）。这些图标不仅是对文字内容的形象表达，更能帮助受众快速捕捉关键信息，了解战略投资的工作流程。

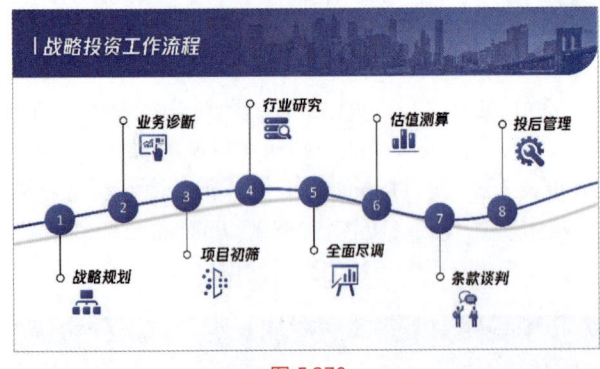

图 5.270

图标在日常生活中也发挥着重要的作用。例如：这是你每天都会打开的微信界面，试想一下，如果将图标都去掉（见图 5.271），你还能快速找到对应的功能吗？

相信就没那么容易了，因为文字只有在阅读后，才能在脑海中产生形象，从而做出选择。而图标是直接以图形化的方式呈现出来了，省去了将文字转化为图形的步骤。因此，灵活使用图标对于信息高效传达具有重要意义。

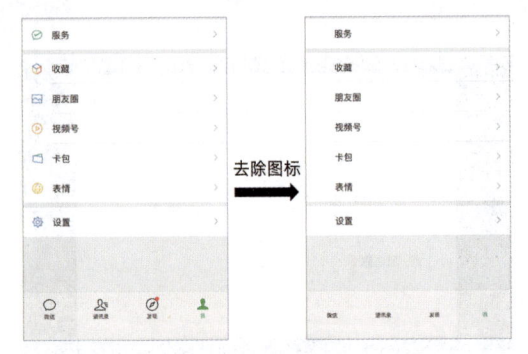

图 5.271

借助图标的这一特性，可以做出一些更具创意的设计形式。例如，这页 PPT 讲述了 A 公司与 B 公司之间的战略合作关系，你能想到的或许就是在两者之间放个加号（见图 5.272）。但这种表现方式不是特别准确，因为加号有很多种含义，如果不额外说明，并不能直观地理解合作的含义。

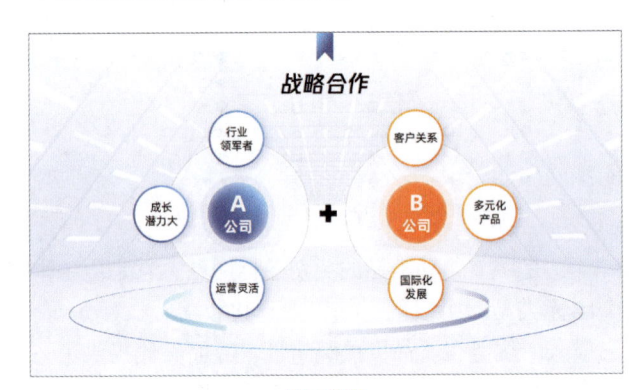

图 5.272

当基础形状无法形象表达观点时，可以考虑加入图标进行优化。例如，提起合作，能够联想到双方代表握手的场景。因此，可以在 A 公司与 B 公司之间加入一个握手的图标（见图 5.273），同时用颜色区分两家公司，瞬间就能看出双方合作的意思，简洁明了，无需多余的解释。

再如：这页 PPT 对比了扫地机器人的两种擦地模式（见图 5.274），其中左侧的全幅往复振动模式效果更好，因此添加了一个笑脸图标来直观地表示"好"层含义。相对地，用一个沮丧的表情来表示效果较差的擦地模式。这种富有情感色彩的图标设计，不仅使信息表达更加生动，还极大地提升了页面的趣味性，一举两得。

第 5 章 视觉之惑——如何打造专业且实用的幻灯片

图 5.273

图 5.276

在设计 PPT 时，相信你也遇到这种情况：明明使用了全图型的设计，但由于图片本身留白较多，难免显得有些空洞（见图 5.277 上）。为了更好地丰富画面，可以在空白位置处添加与主题相关的图标。例如，这份 PPT 的主题是"新能源"与"发电技术"，那么就可以加入风车、太阳能充电板、绿色能源等图标点缀画面（见图 5.277 下），以填补画面空白。同时，这也凸显了主题。

图 5.274

2. 美化设计

图标除了形象表达信息外，还能强化主题，增强页面设计感。例如，这页 PPT 是关于新增用户维系的项目汇报，蓝绿色的主题色及用户拿着手机的画面很契合中国移动的调性（见图 5.275）。

图 5.275

但美中不足在于，整体设计与"新增用户维系"这一主题的关联度不够，用户虽然拿着手机，但不知道具体要做什么。此时，可以在手机四周加入一些关于用户的图标（见图 5.276），即可强化"用户维系"这一主题。

图 5.277

值得注意的是：由于图标本身的形状是参差不齐的，为了保证视觉上的和谐，通常会给图标添加一个统一的衬底进行修饰。例如，目前的案例就添加了一圈圆环。当然衬底的形状并不唯一，你可以根据实际情况选择合适的衬底进行修饰。

灵活运用图标对于 PPT 设计具有重要意义。它不仅能够形象展示观点、呼应主题提升页面美感，还能够体现设计师的创意和专业性。因此，在 PPT 设计中，应该注重图标的选用规范，让图标成为传递信息和展示观点的有力工具。

5.5 表格类 PPT，看这就够了

在工作中，经常需要收集和整理数据信息。每次分析销售报告、整理市场调研数据或对比多个项目方案优劣时，那些繁杂的数字和信息总是让你眼花缭乱，难以迅速把握关键点。这时，急需一个有效的工具来整理这些信息，使其变得清晰、易于理解。而表格正是这样一个强大的工具，它看似平平无奇，却拥有化繁为简的魔力，具体表现为两个方面：整理信息和展示数据。

表格可以有效地整理和组织信息，使其更加清晰、有条理。例如：这是一页关于扫地机器人擦地模式对比的 PPT（见图 5.278 上），纯粹使用文字描述，并不能直观看出两种模式的差异。而借助表格，将信息中的对比维度提炼出来，并对重点信息加粗展示，更利于阅读（见图 5.278 下）。

Before

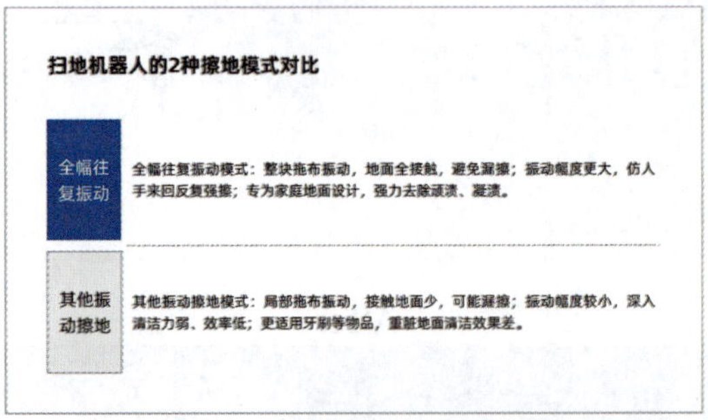

After

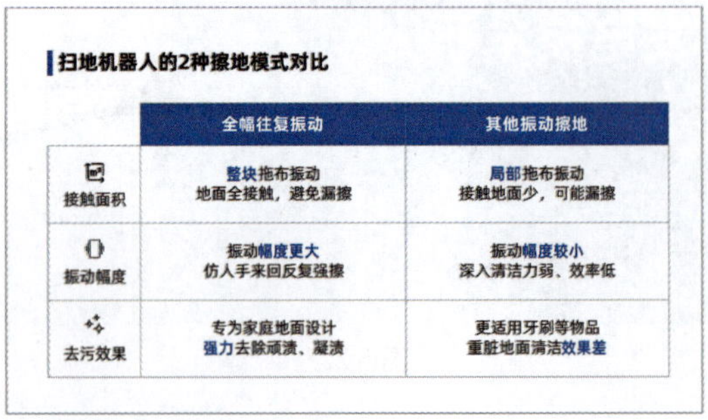

图 5.278

表格还可用于展示数据，方便观察和对比。这是一页关于不同机构保费贡献情况的 PPT，其中包含多个机构的续保率、续保保费和增量保费。如果使用纯文字来描述势必非常烦琐（见图 5.279 上），而借助表格提炼其中的对比维度，可以更直观地呈现数据情况（见图 5.279 下），从而做出决策。

Before

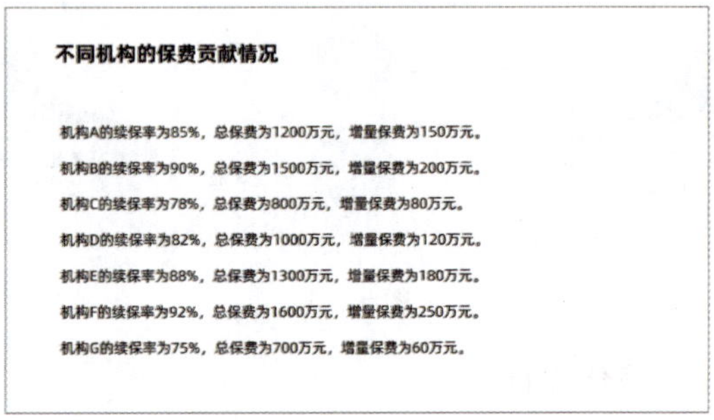

After

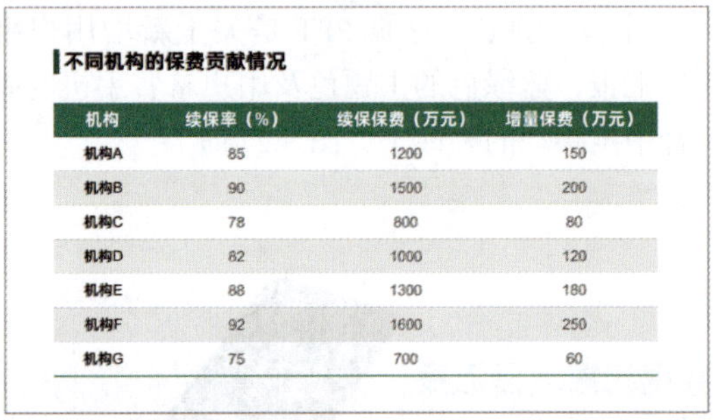

图 5.279

可见，表格在 PPT 中具有重要意义，它可以将海量数据信息以结构化的形式呈现出来，方便受众轻松找到其中的规律和关键点。本节内容将深入探讨表格的使用方法，带你全方位了解这个强大的工具。

5.5.1 表格的基础美化

先通过一个案例来测试一下你的设计思维：面对这页 PPT 表格（见图 5.280），你会如何优化呢？

图 5.280

以下这个修改思路很具代表性：目前的表格太单调了，添加一张好看的背景图片修饰下就完事了（见图 5.281）。

图 5.281

似乎变得好看了一些，但其实这样的美化并不合适。因为它仅仅美化了背景，对于信息理解没有实质性帮助。而且在工作汇报中，都是以浅色系的 PPT 为主，使用这种全图型背景，会影响 PPT 的整体性，并不合适。

1. 通用美化方法

美化表格的目的在于让信息更易读，为此，可以通过 3 个步骤来实现。

第一步：清除表格样式。

很多时候，表格往往是自带样式的（如填充颜色、边框线等）。在开始设计之前，需要清除这些默认样式，以获得一个干净、无预设的表格，作为设计的起点。例如：从上图到下图的效果（见图 5.282），你需要几步来完成呢？

按照常规的方式，一步步去除样式很费时间，因为有时候表格甚至还会带有阴影、渐变、倒影等预设效果。为此，可以借助"清除表格"的功能为表格

"一键卸妆"。

图 5.282

具体的操作方法如下：选中表格，单击"设计"→表格样式的下拉选项→"清除表格"（见图 5.283），即可一键将表格变为最基本的形态。

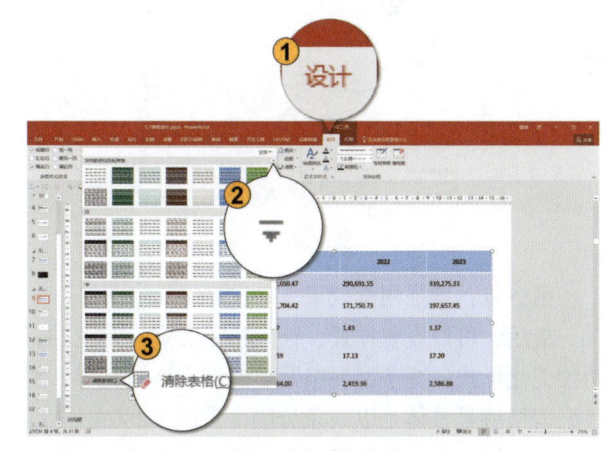

图 5.283

第二步：调整文字及单元格样式。

首先，调整文字样式，包括字体、字号及对齐方式。例如，这里将字体设置为"Calibri+ 阿里巴巴普惠体"的组合，字号大小依据信息量而定，目前的大小还可以，维持字号不变即可。至于对齐方式，可

以依据文本的特点去调整。例如,这里将标题文字左对齐会更加整齐,数字部分右对齐,通过数字的长度即可轻松判断相对大小,更方便对比观察(见图 5.284)。为了避免文字贴边,需要设置一定的文本边距。

图 5.284

图 5.286

接着,要统一单元格的行高列宽。选中单元格,单击"布局→分布列"(见图 5.285),即可保持所选单元格的横向长度平均分布。同理,使用"分布行"将单元格纵向高度平均分布。

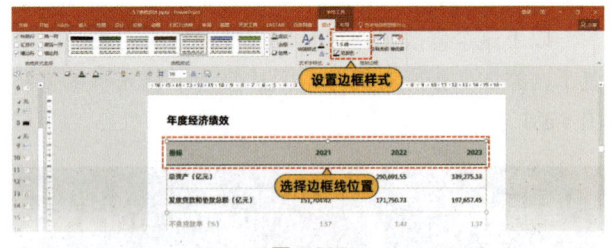

图 5.287

而填充型,是给表格填充底纹颜色。一般来讲,将表头填充为 PPT 的主题色,而下方的内容区域,则采用隔行填充的形式(见图 5.288),方便观察。

图 5.288

图 5.285

给特定单元格填色的方式如下:选中需要填色的单元格区域,单击"设计→底纹",选择想要填充的颜色即可(见图 5.289)。

第三步:增强视觉效果。

最后,可以设置样式,让表格更美观。常见的有两种美化形式:线条型表格及填充型表格。其中,线条型表格就是整体是以线条分割(见图 5.286),干净清爽,常用于学术报告等场合。值得注意的是,需要用粗一些的线条,将表头单独凸显出来。

设置表格线框的方法如下:选中单元格,单击"设计",首先设置边框样式(如线条的类型、粗细和颜色),接着单击左侧的边框,在下拉菜单中选择需要设置边框线的位置(见图 5.287)。通过这两步,你可以修改任何一条边框线的属性。

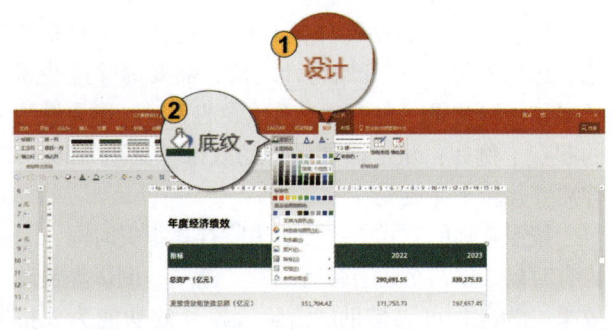

图 5.289

以上就是表格基础美化的 3 个步骤，即：清除表格样式、调整文字及单元格样式、增强视觉效果。通过以上步骤，可以得到一份干净简洁的表格。然而，仅仅做到这个程度，还不足以满足实际的工作需求。

2. 强调重点的方法

当然，表格的目的不仅限于罗列信息，更是利用表格论证核心观点。因此，还需要对表格中的重点信息进行强调。例如：面对这种塞满数据的表格页 PPT（见图 5.290 上），美化后可以做成这样（见图 5.290 下），干净简洁，形式上已经很不错了。但由于表格内数据非常多，不仅阅读体验差，还不利于读者快速理解核心信息。

Before

不同机构的保费贡献情况

机构	签单保单	续保保费	增量保费	增量	合计	续保率
北京	291	4.3	26.7	1.3	32.3	19.85%
杭州	3425	41.8	205.7	6.9	254.4	15.19%
上海	5229	55.7	438.2	9.2	503.1	14.92%
西安	13567	216.6	946.5	31.9	1195	12.99%
天津	673	6.9	41	1.4	49.3	10.95%
武汉	716	0.9	21.3	0.9	23.1	9.43%
温州	465	3.2	25.2	1.2	29.6	9.38%
福建	2236	6.7	35.6	1.7	44.0	8.59%
厦门	3237	9.4	76.1	3.5	89.0	7.95%

After

不同机构的保费贡献情况

机构	签单保单	续保保费	增量保费	增量	合计	续保率
北京	291	4.3	26.7	1.3	32.3	19.85%
杭州	3425	41.8	205.7	6.9	254.4	15.19%
上海	5229	55.7	438.2	9.2	503.1	14.92%
西安	13567	216.6	946.5	31.9	1195	12.99%
天津	673	6.9	41	1.4	49.3	10.95%
武汉	716	0.9	21.3	0.9	23.1	9.43%
温州	465	3.2	25.2	1.2	29.6	9.38%
福建	2236	6.7	35.6	1.7	44.0	8.59%
厦门	3237	9.4	76.1	3.5	89.0	7.95%

图 5.290

一般来讲，PPT 中的表格都是以论据的形式出现的，为了论证某个观点，以作为数据的支撑。因此，还需要凸显表格内的重点信息，让读者可以快速关注到有价值的信息。下面介绍 3 种实用的强调重点的方法，分别是改颜色、加标记、可视化。

技巧 1：改颜色。

这是最为常用的技巧。通过给重点信息填充一个差异化的颜色，就能起到凸显的作用。例如，给“上海”这一行文字单独填充红色（见图 5.291 上），或者直接给整行单元格添加一个底色（见图 5.291 下），都可以起到强调的作用。

不同机构的保费贡献情况

机构	签单保单	续保保费	增量保费	增量	合计	续保率
北京	291	4.3	26.7	1.3	32.3	19.85%
杭州	3425	41.8	205.7	6.9	254.4	15.19%
上海	5229	55.7	438.2	9.2	503.1	14.92%
西安	13567	216.6	946.5	31.9	1195	12.99%
天津	673	6.9	41	1.4	49.3	10.95%
武汉	716	0.9	21.3	0.9	23.1	9.43%
温州	465	3.2	25.2	1.2	29.6	9.38%
福建	2236	6.7	35.6	1.7	44.0	8.59%
厦门	3237	9.4	76.1	3.5	89.0	7.95%

不同机构的保费贡献情况

机构	签单保单	续保保费	增量保费	增量	合计	续保率
北京	291	4.3	26.7	1.3	32.3	19.85%
杭州	3425	41.8	205.7	6.9	254.4	15.19%
上海	**5229**	**55.7**	**438.2**	**9.2**	**503.1**	**14.92%**
西安	13567	216.6	946.5	31.9	1195	12.99%
天津	673	6.9	41	1.4	49.3	10.95%
武汉	716	0.9	21.3	0.9	23.1	9.43%
温州	465	3.2	25.2	1.2	29.6	9.38%
福建	2236	6.7	35.6	1.7	44.0	8.59%
厦门	3237	9.4	76.1	3.5	89.0	7.95%

图 5.291

技巧 2：加标记。

改颜色是最简单快捷的强调方式。然而有时候，已经通过改颜色的方式强调部分数字了，但仍想在此基础上进一步突出关键信息，该怎么办呢？此时就可以采用加标记的方式，例如给某个特定数字套个圆环（见图 5.292），即可进一步强调凸显。

不同机构的保费贡献情况

机构	签单保单	续保保费	增量保费	增量	合计	续保率
北京	291	4.3	26.7	1.3	32.3	19.85%
杭州	3425	41.8	205.7	6.9	254.4	15.19%
上海	5229	55.7	438.2	9.2	503.1	14.92%
西安	13567	216.6	946.5	31.9	1195	12.99%
天津	673	6.9	41	1.4	49.3	10.95%
武汉	716	0.9	21.3	0.9	23.1	9.43%
温州	465	3.2	25.2	1.2	29.6	9.38%
福建	2236	6.7	35.6	1.7	44.0	8.59%
厦门	3237	9.4	76.1	3.5	89.0	7.95%

图 5.292

如果想强调的内容不是单个数字，而是整行信息，又该怎么办呢？其实方法是一样的，只需把整行内容圈出来即可（见图 5.293 上）。如果觉得还不够明显，甚至可以直接将这一行拆出来，做漂浮处理（见图 5.293 下）。

不同机构的保费贡献情况

机构	签单保单	续保保费	增量保费	增量	合计	续保率
北京	291	4.3	26.7	1.3	32.3	19.85%
杭州	3425	41.8	205.7	6.9	254.4	15.19%
上海	5229	55.7	438.2	9.2	503.1	14.92%
西安	13567	216.6	946.5	31.9	1195	12.99%
天津	673	6.9	41	1.4	49.3	10.95%
武汉	716	0.9	21.3	0.9	23.1	9.43%
温州	465	3.2	25.2	1.2	29.6	9.38%
福建	2236	6.7	35.6	1.7	44.0	8.59%
厦门	3237	9.4	76.1	3.5	89.0	7.95%

不同机构的保费贡献情况

机构	签单保单	续保保费	增量保费	增量	合计	续保率
北京	291	4.3	26.7	1.3	32.3	19.85%
杭州	3425	41.8	205.7	6.9	254.4	15.19%
上海	**5229**	**55.7**	**438.2**	**9.2**	**503.1**	**14.92%**
西安	13567	216.6	946.5	31.9	1195	12.99%
天津	673	6.9	41	1.4	49.3	10.95%
武汉	716	0.9	21.3	0.9	23.1	9.43%
温州	465	3.2	25.2	1.2	29.6	9.38%
福建	2236	6.7	35.6	1.7	44.0	8.59%
厦门	3237	9.4	76.1	3.5	89.0	7.95%

图 5.293

操作起来也很简单。直接选中要凸显的那一行，按 Ctrl+C 组合键复制，再按 Ctrl+V 组合键粘贴。然后，设置阴影直接盖在原始表格上即可。结合以上的方法，可以凸显任何你想要强调的信息。

技巧 3：可视化。

表格可视化是我在咨询公司工作时学到的技巧，也是最有价值的一项技能。例如，要对不同城市机构的续保率情况做分级，当续保率大于 14% 表示正常状态，10% ～ 14% 表示有滞后风险，小于 10% 表示滞后（见图 5.294）。

不同机构的保费贡献情况

续保率>14% | 正常　14%>续保率>10% | 有滞后风险　续保率<10% | 已滞后

机构	签单保单	续保保费	增量保费	增量	合计	续保率
北京	291	4.3	26.7	1.3	32.3	19.85%
杭州	3425	41.8	205.7	6.9	254.4	15.19%
上海	5229	55.7	438.2	9.2	503.1	14.92%
西安	13567	216.6	946.5	31.9	1195	12.99%
天津	673	6.9	41	1.4	49.3	10.95%
武汉	716	0.9	21.3	0.9	23.1	9.43%
温州	465	3.2	25.2	1.2	29.6	9.38%
福建	2236	6.7	35.6	1.7	44.0	8.59%
厦门	3237	9.4	76.1	3.5	89.0	7.95%

图 5.294

这是一个相对复杂的问题，并不仅仅是强调重点信息，而是要对信息分级。这时，就可以借助一些可视化的手段来实现。例如“打灯”的形式，绿色表示进展正常，橙色表示有风险，红色表示滞后；在 10% 续保率的位置添加一条红线，红线以下为进展滞后的机构，需重点关注（见图 5.295）。

不同机构的保费贡献情况

● 正常　● 有风险　● 滞后

机构	签单保单	续保保费	增量保费	增量	合计	续保率
北京	291	4.3	26.7	1.3	32.3	● 19.85%
杭州	3425	41.8	205.7	6.9	254.4	● 15.19%
上海	5229	55.7	438.2	9.2	503.1	● 14.92%
西安	13567	216.6	946.5	31.9	1195	● 12.99%
天津	673	6.9	41	1.4	49.3	● 10.95%
武汉	716	0.9	21.3	0.9	23.1	● 9.43%
温州	465	3.2	25.2	1.2	29.6	● 9.38%
福建	2236	6.7	35.6	1.7	44.0	● 8.59%
厦门	3237	9.4	76.1	3.5	89.0	● 7.95%

图 5.295

所谓“打灯”的操作就是手动在数字旁边画上不同颜色的圆圈，简单的修改即可区分信息层级，只需看颜色就能了解不同机构的续保情况，极大提升了阅读体验。这个技巧常用于数据较多的情况，如月度报告、年终盘点，绩效考核等。

再如：在项目前期经常需要做数据调研，列出一系列备选方案，然后从各个维度进行评价，从中选出一个最合适的方案。按照传统的形式，会有一个打分机制，将每个维度分为 7 个层次：极低、很低、低、中等、高、很高、极高（见图 5.296）。如你所见，纯文字的形式非常晦涩，无法直观看出方案的优良情况。如何进一步优化呢？

方案选择

方案名称	项目细节	总体评价
方案A	方案A细节描述：XXXXXXXXXXXXXXXXXXXXXXXXXXXXXXXXXXXX	中等
方案B	方案B细节描述：XXXXXXXXXXXXXXXXXXXXXXXXXXXXXXXXXXXX	低
方案C	方案C细节描述：XXXXXXXXXXXXXXXXXXXXXXXXXXXXXXXXXXXX	很低
方案D	方案D细节描述：XXXXXXXXXXXXXXXXXXXXXXXXXXXXXXXXXXXX	很高
方案E	方案E细节描述：XXXXXXXXXXXXXXXXXXXXXXXXXXXXXXXXXXXX	高
方案F	方案F细节描述：XXXXXXXXXXXXXXXXXXXXXXXXXXXXXXXXXXXX	极高
方案G	方案G细节描述：XXXXXXXXXXXXXXXXXXXXXXXXXXXXXXXXXXXX	极低

图 5.296

你或许会想到采用“打灯”的形式，设置 7 种颜色来区分层级（见图 5.297）。但由于对比的维度很多，设置过多颜色后会导致页面混乱，难以阅读。

图 5.297

其实还有一种更为通用的方法——标星星，最佳方案给 7 星，最差的给 1 星（见图 5.298）。通过星星数量去评判项目好坏，可以对打分做更为量化的考核，而且无须思考颜色代表什么含义，仅凭星星的长度即可进行比较，这就是表格可视化的魅力。

图 5.298

当你打开脑洞后，会发现表格的可视化形式是多种多样的，例如使用表情包来表示客户满意度（见图 5.299），生动且形象。

图 5.299

以上就是突出表格重点的 3 大技巧，分别是改颜色、加标记以及可视化。无论哪一点，在工作中都有很大的实用价值，相信你一定能用上。

5.5.2 表格的创意设计

1. 表格的创意设计

除了常规的表格展示外，还可以打破表格的束缚，做一些更具创意的设计形式。例如：这页营销策划方案的 PPT（见图 5.300），你会如何设计呢？

图 5.300

按照常规的修改套路，就是统一单元格大小、表格的颜色、对齐方式等（见图 5.301）。

图 5.301

做到这种程度，其实完全可以胜任日常的 PPT 设计需求了。但有时领导会说：形式太普通了，能不能高级点？这时，该怎么办呢？

对于表格而言，要想做出好看的效果，需要脱离表格的束缚。首先，将一整张表格拆分为一个个独立的文本框（见图 5.302）。

接着，借助图形篇学到的技巧，用更具设计感的图形替换原有的矩形文本框（见图 5.303）。此时，页面好看了些，但仍缺少营销的感觉。

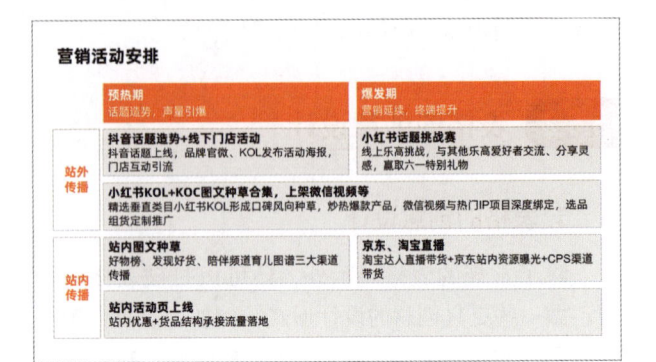

图 5.302

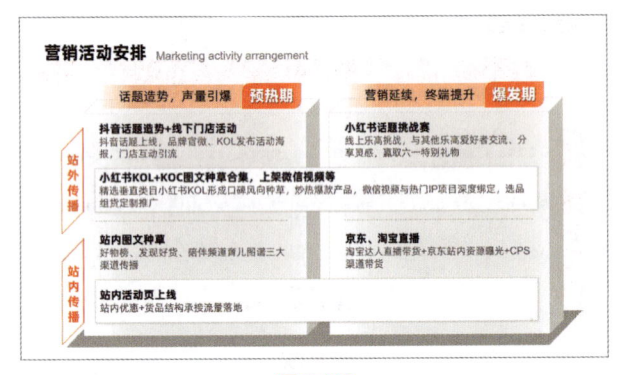

图 5.303

仔细阅读文案可知，这份营销方案是关于乐高玩具的，受众以小朋友居多。为了增强品牌属性，可以采用乐高经典的红黄色搭配，并且用圆柱体替换原先的立方体，模拟两个零件拼在一起的感觉，趣味十足（见图 5.304）。

图 5.304

回顾改稿过程（见图 5.305），为了打造出别具一格的表格设计，需要将表格内的元素拆分成独立的文本框，通过修改各单元格的样式，以提升整体的设计感。更进一步，可以将与主题紧密相连的元素巧妙地融入设计中，不仅增强了表格的定制感，也让整份作品更具辨识度和吸引力。

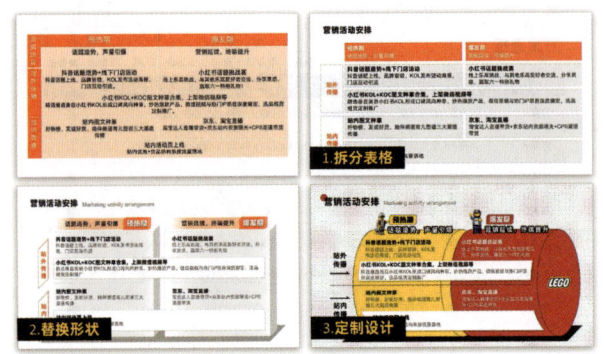

图 5.305

2. 创意图片展示

表格除了承载文字信息外，还可以与图片结合，做出更具艺术化的效果。例如：这是一页关于未来工作计划的 PPT，经典的左文右图的形式，但形式稍显普通（见图 5.306）。

图 5.306

这时，可以借助表格优化图片样式提升设计感。首先单击"插入→表格"，适当给一些行列数（例如这里设置为 6 行 5 列），用表格替换原来图片的位置（见图 5.307）。

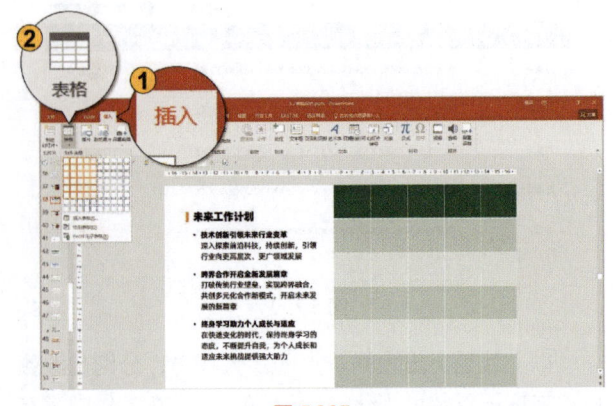

图 5.307

选中刚才的图片，按 Ctrl+C 组合键复制，再选中表格，右键选择"设置形状格式"，在填充类型中选择"图片或纹理填充"，单击"插入图片来自""剪切板"，并且勾选"将图片平铺为纹理"，此时就将图片填充到表格中了（见图 5.308）。

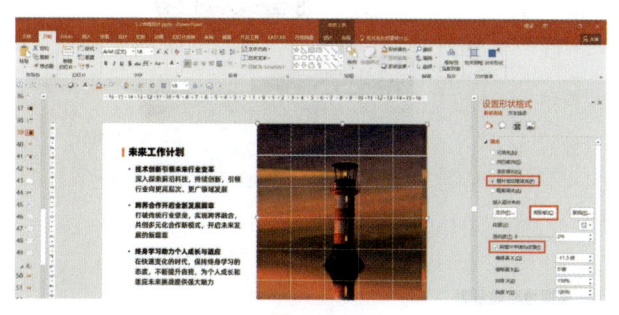

图 5.308

接着，将表格的边框设置为无边框的模式，此时这张图片就完美填充到表格中了。在此基础上，任意选中表格中的一个单元格，通过调节单元格的透明度可以控制单元格内图片的透明度（见图 5.309）。

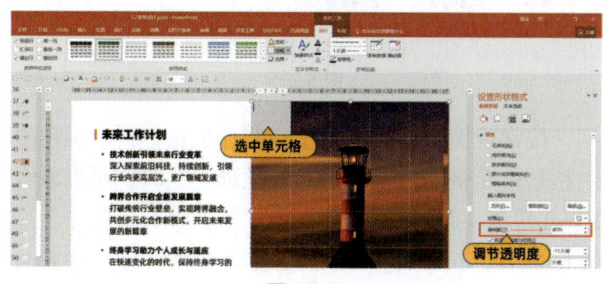

图 5.309

按照这个技巧，依次给单元格设置不同的透明度，中心的透明度设置为 0，越向外侧，透明度数值越大，最终就可以实现这种梦幻的效果（见图 5.310）。

图 5.310

5.5.3 表格设计小技巧

为了更灵活地应用表格，分享几个我常用的表格处理小技巧，助你提高设计效率。

技巧 1：拆分与合并表格。

正常情况下插入的表格行列都是均匀分布的，但有时也需要做一些个性化的设置，例如：这页 PPT 表格（见图 5.311），左侧的"保障方案"拆分出了 3 个细分的类型，而"承保年龄"由于都是一致的，因此直接用一个单元格代替了。面对这种特定结构的表格，该如何绘制呢？

图 5.311

这时就需要借助"合并单元格"与"拆分单元格"功能，来对表格进行二次编辑。首先是合并单元格。选中特定单元格区域，在表格的"布局"选项卡下单击"合并单元格"，即可将多个单元格合并为一个（见图 5.312 左侧）。接着是拆分单元格。当你选中某个单元格时，单击"拆分单元格"，可将单元格拆分为多个（见图 5.312 右侧），具体的拆分方式可以自定义设置，如 3 列 1 行。灵活掌握这个技巧，可以自由创造出特定结构的表格。

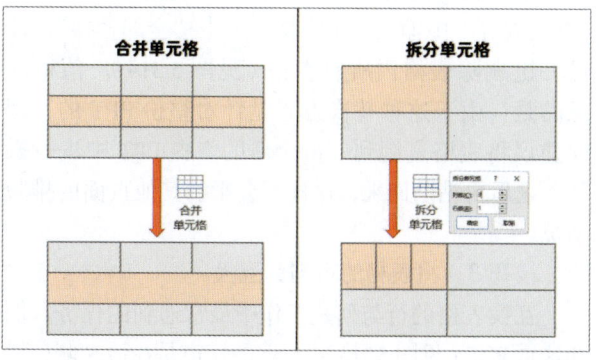

图 5.312

技巧 2：删除单元格内多余空格。

有时表格的单元格内会有多余空格，例如全选单元格选择左对齐，由于单元格内有多余的空格，导致文字并不能紧贴单元格的左侧，不利于对齐文字（见图 5.313 上）。如何快速删除多余空格，保持表格规范统一呢（见图 5.313 下）？

图 5.313

按照常规方法，需要逐个检查并删除单元格内的多余空格，非常费时间。这时，可以使用"查找和替换"功能快速删除多余空格。具体操作方法如下：全选表格内所有信息，单击"开始→替换"，在"查找内容"中输入一个空格，单击"全部替换"，即可一键删除表格内所有空格（见图 5.314）。值得注意的是：由于这种替换方式是针对整份 PPT 的，因此建议将表格复制到一份全新的空白 PPT 中进行操作，之后再粘贴回来，这样不会影响其他页面的排版情况。

技巧 3：将表格的行与列互换。

互换表格的行与列是工作中最常遇到的任务。例如这页 PPT（见图 5.315），目前的城市是在最左侧一栏的，现在需要将它们放在表格的顶部作为表头，其他信息也要相应调整。面对这个任务你会如何操作呢？

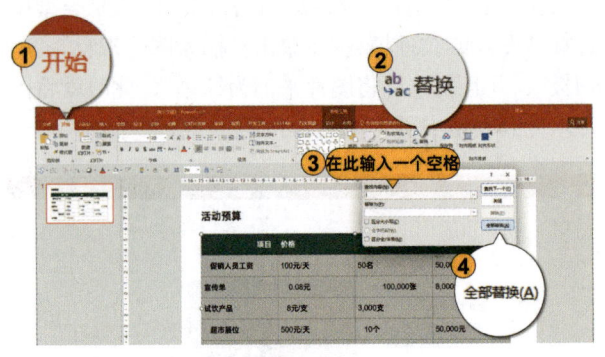

图 5.314

图 5.315

按常规做法，就只能重新制作表格，再一项项复制粘贴单元格的内容了，非常烦琐。这时，可以联合 Excel 快速实现行列互转。操作方法如下：首先全选表格内容，按 Ctrl+C 组合键复制所有信息，接着打开 Excel，在空白单元格处单击，按 Ctrl+V 组合键将表格粘贴到 Excel 中（见图 5.316）。

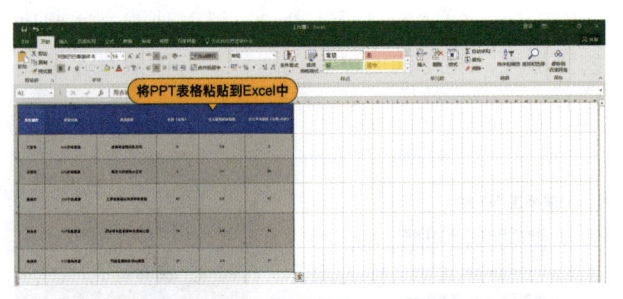

图 5.316

然后，在 Excel 中选中目前的表格，按 Ctrl+C 组合键复制所有信息，在空白单元格处单击，按 Ctrl+Alt+V 组合键选择性粘贴，在弹出的选项卡中勾选"转置"，单击"确定"按钮，即可完成行列互换（见图 5.317）。最后，只需将行列互换后的表格粘贴回 PPT 中使用即可，简单高效。

图 5.317

技巧 4：跨页展示时保持表头位置不动。

有时，一份表格内容特别长，需要拆成多页展示。这就导致一个问题：单独看一页表格都挺整齐的，但由于不同页面间表格的位置及大小没有统一，因此在翻页时会产生明显的跳动感（见图 5.318），很不专业。

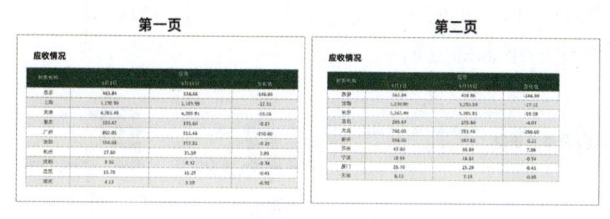

图 5.318

为了让演示更专业规范，需要保证相同类型的表格在跨页时也要严格对齐。其实，操作方法很简单。首先确定第一页表格的位置和大小，并将该表格复制到第二页中；接着选中第二页表格，按住 Ctrl 键加选刚才粘贴过来的表格，使用 iSlide 设计工具中的"交换位置"功能（见图 5.319），即可将表格的大小及位置进行互换，以实现两页表格的跨页统一。

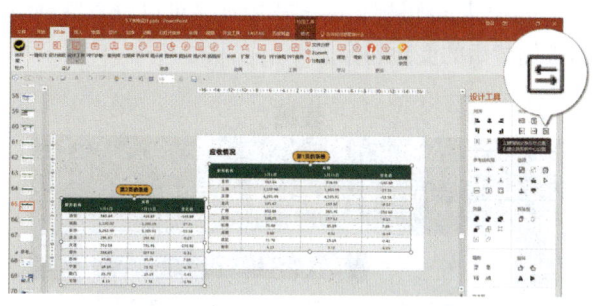

图 5.319

以上内容详尽地讲述了表格设计的各个环节，从其功能价值、美化方法到实用的操作技巧，一应俱全。通过深入学习并熟练掌握这些要点，你将能够更加自如地运用表格，显著提升设计效率与品质，对工作和学习都有很大的帮助。

5.6　图表类 PPT，看这就够了

在 PPT 汇报中，你觉得什么工具最形象且最具说服力？来做个测试：这是调研时收集到的一组关键信息（见图 5.320），现在请你将它做成一页 PPT 展示给领导，你会如何设计？

图 5.320

目前的一整段文字有些单调，或许你会结合图形来装饰，丰富效果（见图 5.321 上）；或者插入一张精美的图片来营造氛围（见图 5.321 下）。

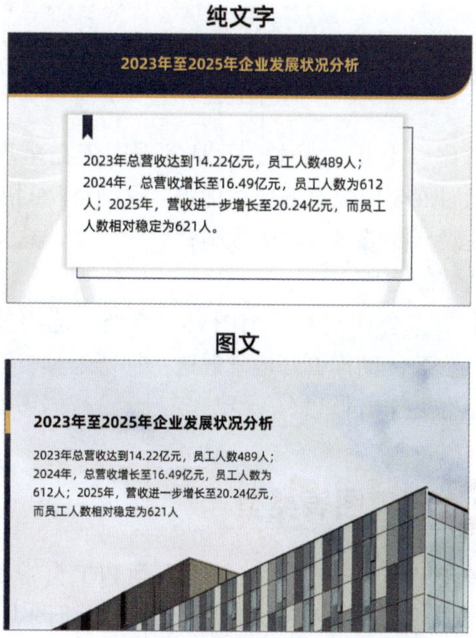

图 5.321

但以上这两种方式对信息的传达帮助有限，对方仍然需要逐字阅读才能理解大致含义。此时，如果将数据放入表格中，可以精简重复性的文案，重点就会清晰很多（见图5.322上）。但纯粹罗列数字，很难直观看出数据背后传达的含义，尤其是当数据比较多的情况。如何进一步优化呢？想必你也猜到了，应对这种情况，最好的处理方式是使用图表（见图5.322下）。将数据以可视化的方式展现，可以更直观地看出数据背后的变化趋势。

图5.322

对比以上几个版本，不难发现图表在呈现数据类信息时展现出显著的效率优势。这种直观的展现方式，使观众能够迅速理解数据背后的含义，这正是图表的独特魅力所在。

本节将会详细地介绍图表的类型、选用技巧及美化方法等，助你更好地掌握这一神奇工具，让你的PPT汇报更加出彩。

5.6.1 PPT图表类型

单击"插入→图表"，可以看到PPT自带了很多图表样式（见图5.323），如柱形图、折线图、饼图、条形图、面积图等，每种类型还有多种变换的形态可供选择。

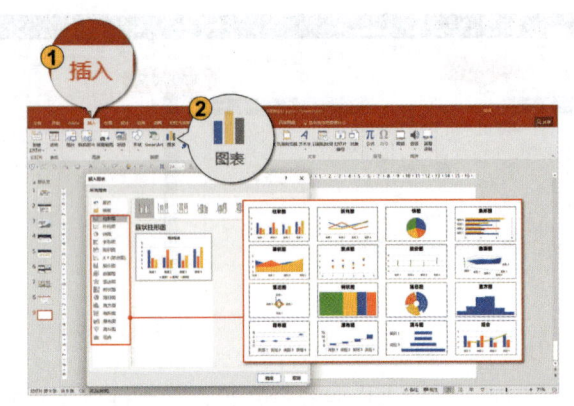

图5.323

在眼花缭乱的图表种类面前，新手常常感到困惑，不知如何选择及应用图表。其实，完全不必担心，只需掌握以下3类图表，即数量比较型、成分占比型、趋势走向型（见图5.324），你便能轻松应对工作中的绝大部分需求。

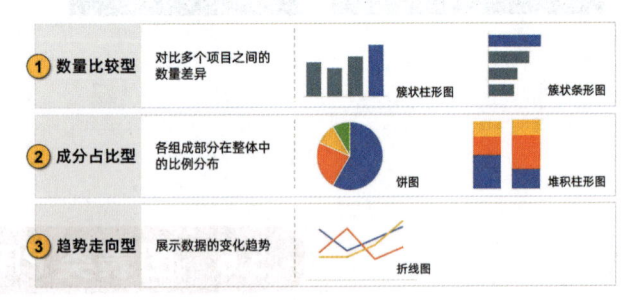

图5.324

1. 数量比较型图表

数量比较型图表能够清晰地对比不同项目之间的数量关系，常见的类型包括簇状柱形图和簇状条形图（见图5.325）。

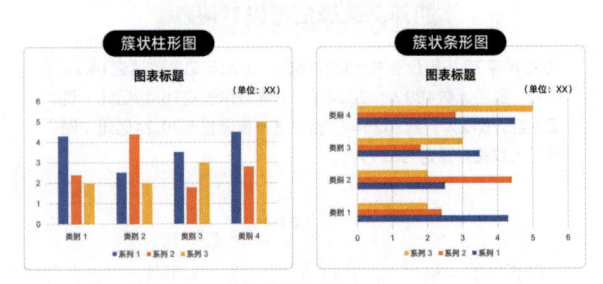

图5.325

两者都是通过柱条的长度来展示不同类别之间的数据差异，例如比较不同产品的销售额、不同地区的人口数量等。差别在于柱形图是纵向的，而条形图是横向的。当坐标轴名称比较长时，在柱形图下通常会倾斜展示，不利于阅读，而条形图可以更好地展示坐标轴的名称（见图 5.326）。

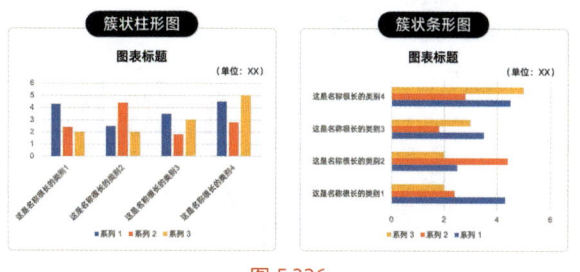

图 5.326

2. 成分占比型图表

成分占比型图表用于呈现各个组成部分在整体中所占的比例。常见的类型包括饼图和堆积柱形图（见图 5.327）。

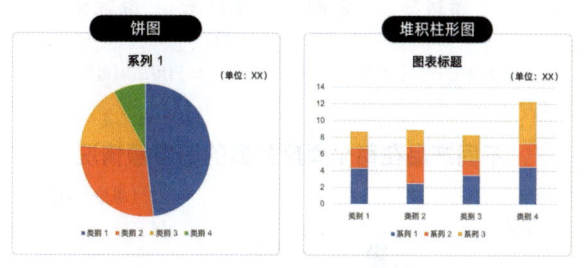

图 5.327

两者都可以表示某个子项占整体的百分比。不同之处在于：由于饼图是一个圆形图，其视觉效果较为直观，能够更清晰地展示各项之间的占比关系；而堆积柱形图则更适合用于展示多个指标的累积总量。

3. 趋势走向型图表

趋势走向型图表用于呈现数据随时间或其他连续变量的变化趋势，其中最为常用的是折线图（见图 5.328）。

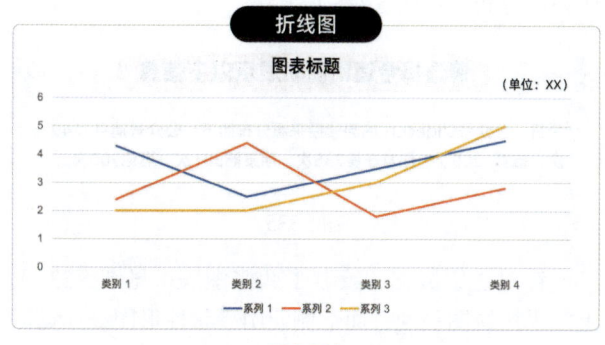

图 5.328

折线图的横轴通常表示时间或其他连续变量，而纵轴则代表数值。通过连续的线段连接数据点，以此体现数据的整体趋势是上升、下降还是波动，从而预测未来的发展方向。在数据分析、商业决策、股市分析等领域有着广泛的应用。

5.6.2 选用图表的方法

了解了图表的基本功能后，接下来要根据具体情况，选择合适的图表类型，以更好地发挥图表的作用，提高信息传达的效率。这一点至关重要，一旦选错了图表类型，形式再美观也无法补救。因此，笔者结合多年工作经验，总结了 3 个步骤，即确定核心信息→判断比较类型→选择图表类型（见图 5.329），助你选择合适的图表。

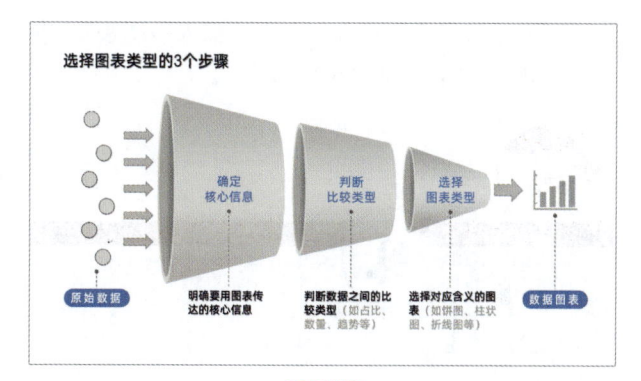

图 5.329

例如：目前有一组关于电商网站在四个季度（Q1、Q2、Q3、Q4）的销售数据，以及每个季度不同商品类别的销售额（见图 5.330）。

全年销售数据汇总

季度	电子产品销售额（万元）	服装销售额（万元）	日用品销售额（万元）
Q1	150	120	80
Q2	180	150	100
Q3	200	130	120
Q4	220	160	140

图 5.330

现在请你基于以上数据，选择最适合的图表类型，展示每个季度不同商品类别的销售额对比。

接到这个需求后，可以分 3 步来思考。第一步确定核心信息，目的是展示不同季度不同商品类别的销售额对比；第二步判断比较类型，销售额对比也就是对比多个项目之间的数量差异；第三步选择图表类型。基于前面对 3 类常见图表的理解，柱状图正是描述数据对比的最佳工具（见图 5.331）。

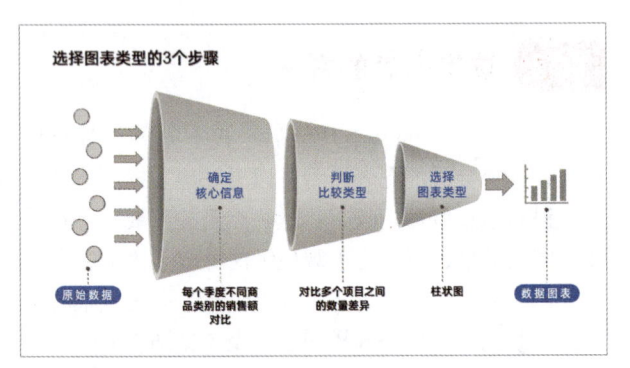

图 5.331

下面来进行实际操作。单击"插入→图表"，选择"簇状柱形图"（见图 5.332）。

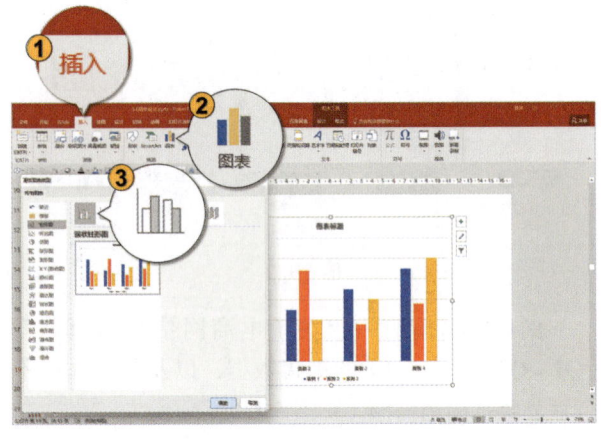

图 5.332

在生成图表的同时，会弹出一张 Excel 表格（见图 5.333），用于编辑图表中各项的数值。此时，需要将原始数据依次填入 Excel 表格中。其中，表格中左侧的维度（Q1、Q2、Q3、Q4）对应着图表的横坐标；而表头（各类产品的销售额）则对应着表格中不同的系列（即有颜色的柱条）。

由于此次目的是展示每个季度不同商品类别的销售额对比，因此横坐标为 4 个季度（见图 5.334 上）。如果想展示不同产品在每个季度各自的销售情况，那么应当调换表格的行与列，将横坐标改为产品名称（见图 5.334 下）。关于表格转置的技巧，在上一节表格篇中有详细介绍。

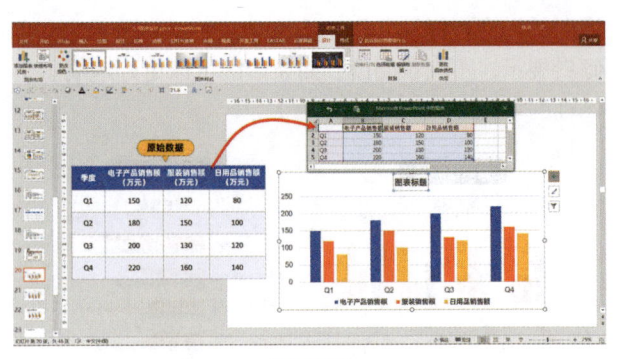

图 5.333

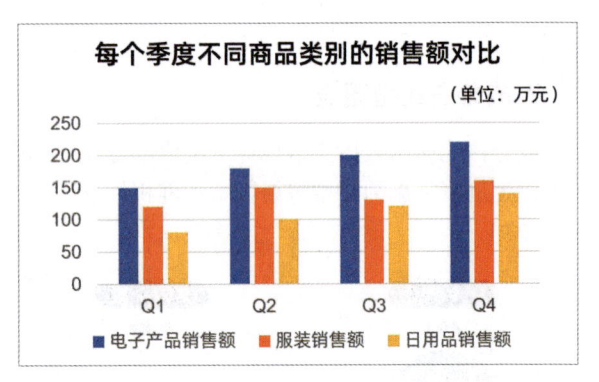

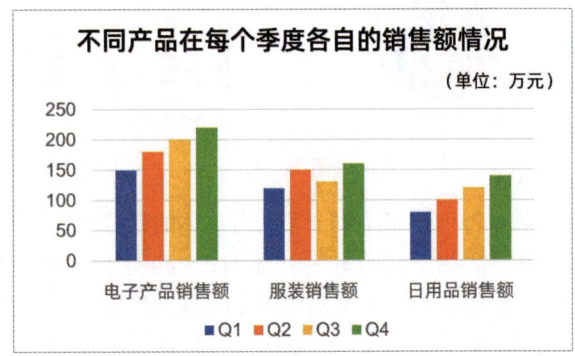

图 5.334

可见，同样一组数据及图表类型，也会由于目的不同，图表的展示形式也会有所差异。下面来做个测试，考考你对于图表选用技巧的掌握情况。目前有这样一组数据，记录了公众号 Slidecent 当日的文章阅读来源分布（见图 5.335）。

请选择合适的图表展示以下信息

今日，公众号Slidecent的阅读量来源分布如下：公众号消息2649次、推荐1209次、朋友在看735次、朋友圈501次、其他200次。

图 5.335

针对这组数据，绘制了两张图表（见图 5.336），上侧采用饼图呈现，而下侧使用簇状柱形图，你觉得哪个更合适呢？

下面来揭晓答案，其实这两张图表都是正确的。因为在这个问题中并没有明确前提条件，也就是没有说明想用图表凸显怎样的观点。此时，运用不同类型的图表会有不同的侧重点。例如：如果要表现各项渠道在整个阅读来源中的占比情况，那就选择饼图；如果想强调各项渠道的数值对比，那就选择柱状图。总之，在选择图表时，只需记住一个准则：决定图表类别的不是数据本身，而是你要传达的观点。

5.6.3 图表美化技巧

1. 图表基础规范

当我们提及图表美化时，实际上是在探讨如何在准确传达信息的基础上，进一步提升图表的可读性和视觉吸引力。但在美化之前，确保图表的规范性是至关重要的。

想象一下：如果你正在搭建一座房子，你会首先关注房子的结构是否稳固，所有的墙壁、门窗是否齐全，而不是一开始就忙着选择华丽的墙纸或装饰品。对于图表也一样，首先要确保要素齐全。一份标准的图表通常由标题、单位、数据系列、数据标签、图例、数据来源等要素组成（见图5.337）。

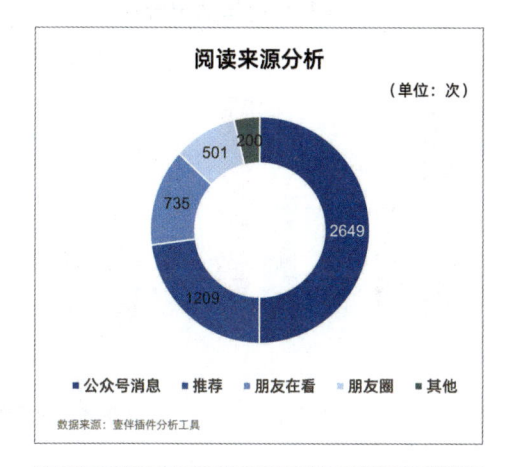

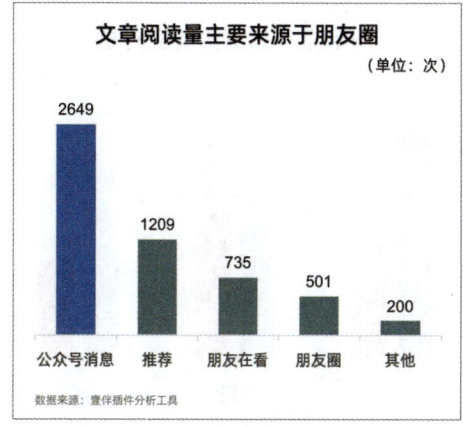

图 5.336

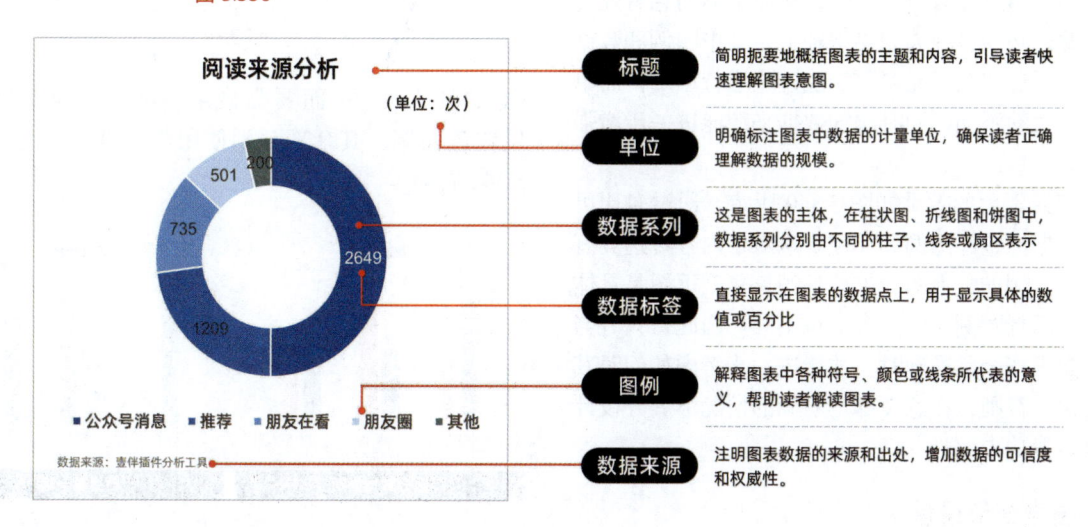

图 5.337

选中图表，右侧会出现一个"+"，单击一下，就会弹出"图表元素"的列表，通过勾选/取消勾选，可以控制图表中的要素，例如坐标轴、图标标题、图例等（见图5.338）。

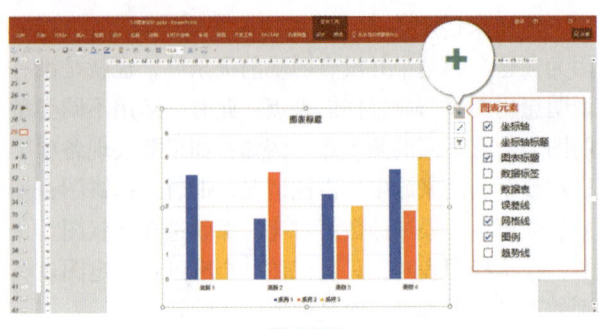

图 5.338

看到这里,你可能会疑惑,究竟哪些元素是必要的,哪些是非必要的呢?其实,可以通过一个原则来判断:去掉这个要素,是否会影响信息传达。例如:你能看懂这页图表传达的信息吗(见图 5.339)?

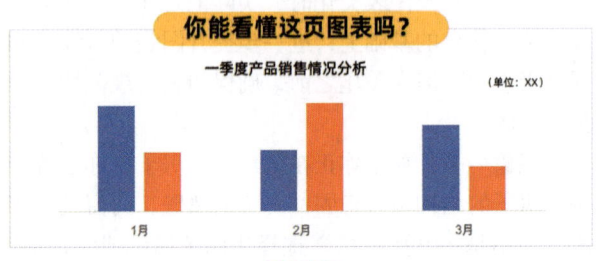

图 5.339

相信应该不能吧,由于缺少了图例,不知道蓝色与橙色柱条分别代表什么含义;也缺少数据标签和单位,不知道具体数值是多少,从而影响信息有效传达。因此,必须将缺失的要素补上,其中图例和数据标签可以通过"图表元素"功能选项进行添加,而单位则需要手动添加,同时添加数据来源能进一步增强信服力。

补齐元素后的效果如图 5.340 所示,通过对比可以看出数据标签、图例等关键要素对于内容传达具有重要意义。例如,上图的单位是销售额,下图是具体的数量,而且图例对应的含义也不同。因此,只有当图表的要素齐全且准确时,才能进一步考虑如何对其进行美化。否则,在意义都不明确的情况下展开设计也只是白费功夫而已。

2. 图表细节设置

要素齐全后,需要考虑图表的可读性,其中有一些细节规范需要特别留意。

(1)配色规范。

当表现数据对比时,可以让颜色差异大一些(见

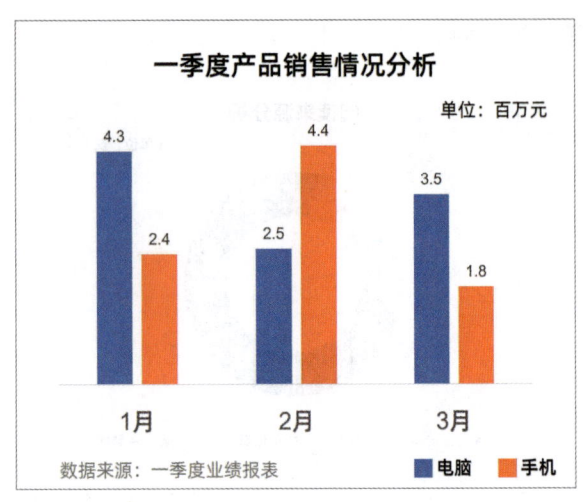

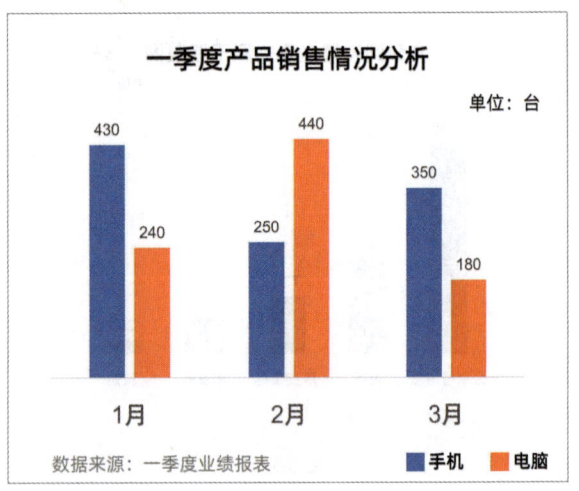

图 5.340

图 5.341 左侧);而要凸显某一项时,应单独使用主题色强调,其余部分则使用灰色进行弱化(见图 5.341 右侧)。

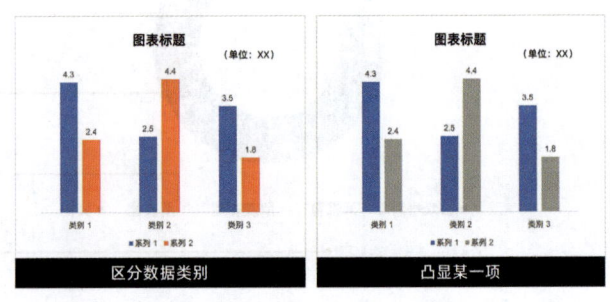

图 5.341

(2)系列排序规范。

此外,要注意图表的排列顺序。以饼图为例,各系列项的顺序应根据面积,从 12 点钟方向顺时针由大到小排列(见图 5.342)。

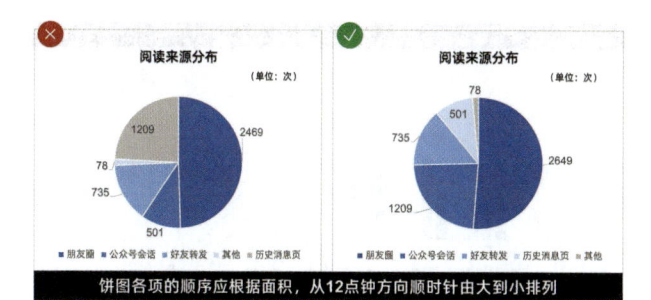

第 5 章　视觉之惑——如何打造专业且实用的幻灯片

图 5.342

（3）连线规范。

当图表的系列项比较多时，直接将数据标签写在图表旁边会显得拥挤，通常会使用连接线标注各项指代的含义。在连线时应避免使用斜线，会显得凌乱不专业（见图 5.343 左侧）；使用带有端点样式的直线或角度一致的折线，会更规范整洁（见图 5.343 右侧）。

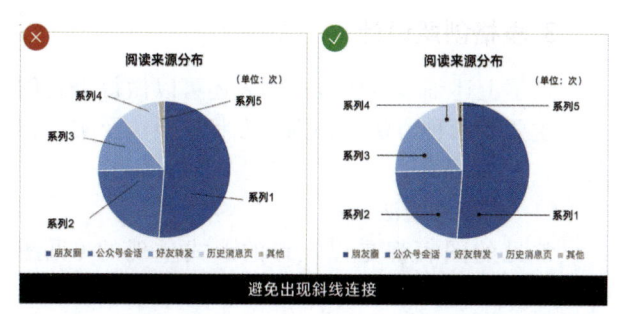

图 5.343

以上这些小技巧，都有助于提升图表的美感。除此之外，其实还有一些更为细致的设置，能助你提升图表的可读性，甚至在关键时刻派上大用场。下面，分享 3 个实用的图表设置技巧。

技巧 1：调节各项间距。

以柱状图为例，图表中有一系列矩形条，它们之间都有间距。其中，同一类别内柱条的间距是系列间距，类别之间的间距为分类间距（见图 5.344），而这两种间距其实是可以自由调节的。

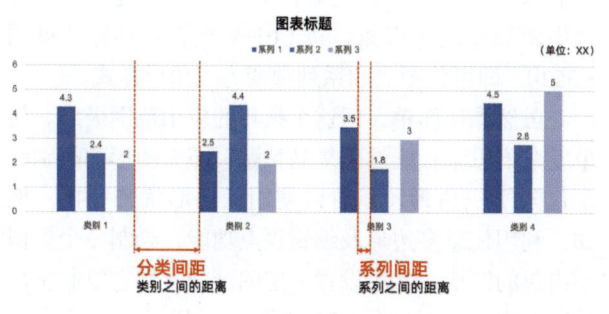

图 5.344

选中图表中的一个系列（即矩形条），右键选择"设置数据系列格式"，然后在"系列选项"卡中找到"系列重叠"与"分类间距"这两项功能（见图 5.345）。其中，"系列重叠"功能可以调节系列间距，数值越大，系列之间挨得就越近，当重叠值为 100% 时，两个系列会完全重叠在一起；而"分类间距"可以调节不同类别间的距离，数值越大，类别之间距离越远。

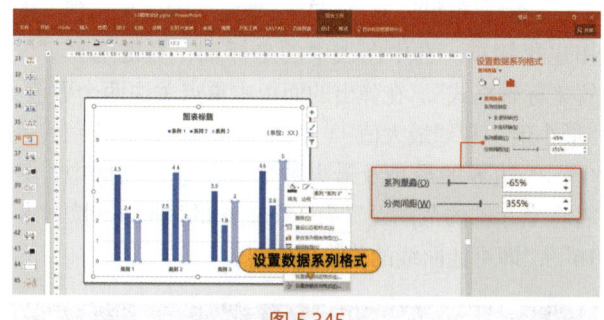

图 5.345

这两项功能看似不起眼，但实用价值却很高。例如：当图表中系列很多时，系列与类别的边界往往不明晰，阅读体验并不好（见图 5.346 左侧）。通过增大"系列重叠"数值以缩小系列之间的距离，同时增大"分类间距"数值，让不同类型的柱条距离远一点，以提高图表的阅读体验（见图 5.346 右侧）。

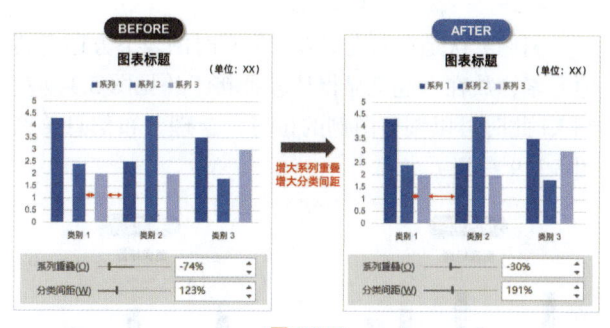

图 5.346

技巧 2：调节数据范围。

图表纵坐标轴显示的是数据范围，默认是从 0 开始，当图表的原始数据都比较大时，整条折线都飘在图表上方，且趋势平缓（见图 5.347 左侧）。然而有时候，领导希望让数据图看起来更陡峭或者变化更明显的一点（见图 5.347 右侧）。

图 5.347

此时，就可以通过调节纵坐标范围值来实现。操作也很简单。选中图表中的坐标轴，右键选择"设置坐标轴格式"。在弹出的面板中重点关注两个数值："最小值"和"最大值"（见图 5.348）。它们分别代表坐标轴边界的最小及最大数值。在这个案例中，只需将坐标轴的范围设置为一个更小的区间（例如"8-10"），即可让曲线的趋势更明显。

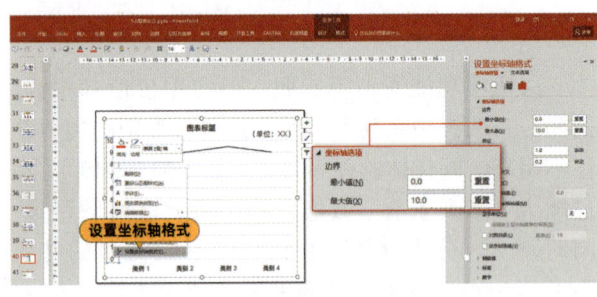

图 5.348

技巧 3：调节图例位置。

图例默认是在图表下方，但有时图表下方还有其他元素，放在一起就显得比较拥挤了（见图 5.349 左侧），此时可以调整图例的位置，合理分布信息（见图 5.349 右侧）。

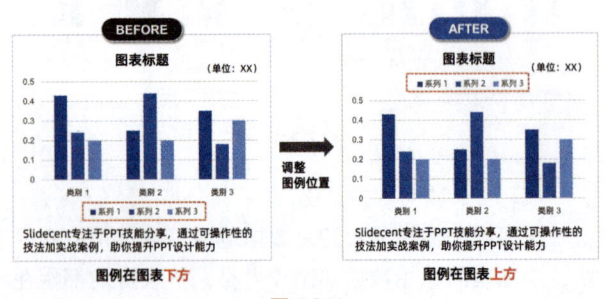

图 5.349

操作方法如下：选中图例，右键选择"设置图例格式"，在弹出的"图例选项"卡中选择理想的位置即可（见图 5.350）。

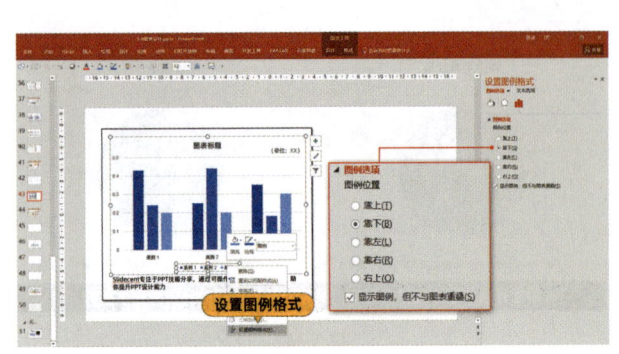

图 5.350

其实，操作都很简单。当你想要修改图表中某个元素的格式时，只需选中该元素，右键选择格式类型，即可弹出该元素的调节属性面板，方便操作。通过合理运用以上技巧，可以更灵活地控制图表，做出一份干净规整的图表。

3. 表格创意设计

除了上述细节设置外，图表还可以做得更具创意。主要有两种方法，分别是形状替换法及实物替代法。

（1）形状替换法。

常见的图表都是以矩形的形式呈现的（见图 5.351 左侧），比较单调。其实，只需给图表系列换个形状，例如变成三角形（见图 5.351 右侧），即可带来新颖的视觉感受。

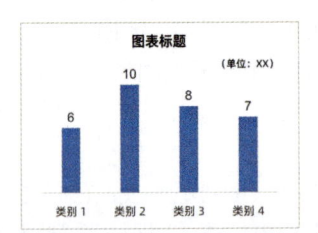

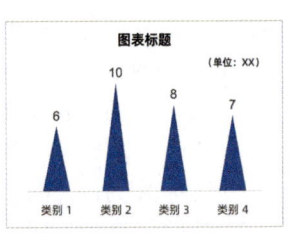

图 5.351

这个看似高端的技法，其实实现起来非常简单。先插入一个三角形，接着按 Ctrl+C 组合键复制，再选中图表中的矩形条，按 Ctrl+V 组合键粘贴（见图 5.352），即可将图表的系列项变为三角形样式。

虽然操作简单，但这个技巧的应用范围极广。简单发散下思维：既然是复制粘贴，那么图形的类别就不仅限于三角形了，可以使用任何形状来替换。例如：利用任意多边形及编辑顶点功能，绘制一个类似小山包的图形，然后设置一定的渐变，将它复制粘贴到矩形中，得到如图 5.353 所示的效果。

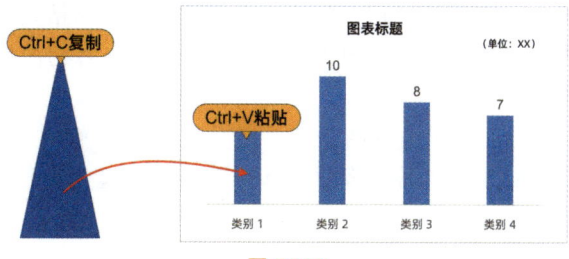

第 5 章 视觉之惑——如何打造专业且实用的幻灯片

图 5.352

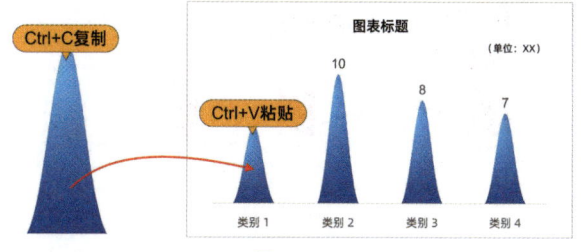

图 5.353

然后,选中图表中的系列图形,右键选择"设置数据系列格式",将"分类间距"设置为 0,即可将波浪图像连在一起(见图 5.354)。

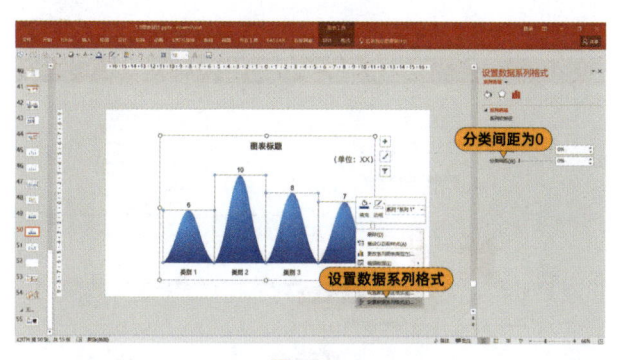

图 5.354

相比于纯粹的矩形条展示,是不是变得高级多了?如果你熟练掌握 PPT 图形绘制技法,甚至可以直接画出一个立体图形,将它复制粘贴到图表中,效果就会又上升一个层次(见图 5.355)。

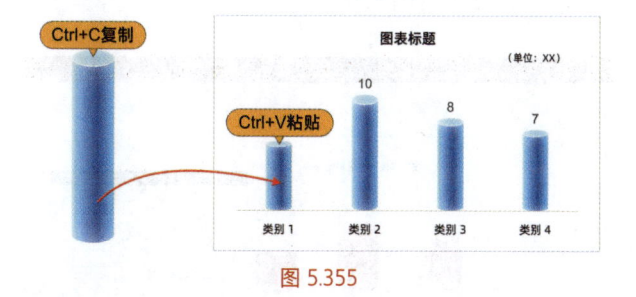

图 5.355

(2)实物替代法。

谁说替换的元素只能是图形呢?当你将脑洞大开,用实物替换图表中的系列项,一切就变得有趣了起来。例如,这个钱币堆叠的效果(见图 5.356),就是使用类似的方法实现的。

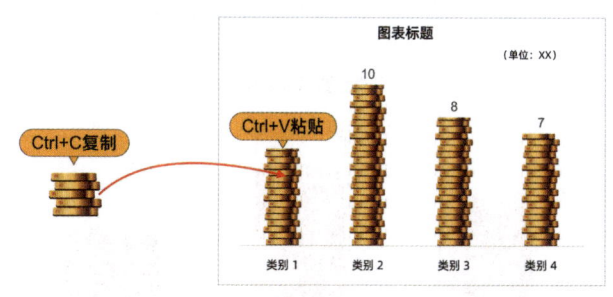

图 5.356

但有一个小技巧需要留意:目前的钱币高度其实是不够的,如果直接复制粘贴,钱币会发生变形。为此,可以选中图表系列项,右键选择"设置数据系列格式",切换到"填充"选项卡下,选中"层叠"模式(见图 5.357),即可保证钱币的图案不会发生形变,而是直接往上堆叠的形式呈现。

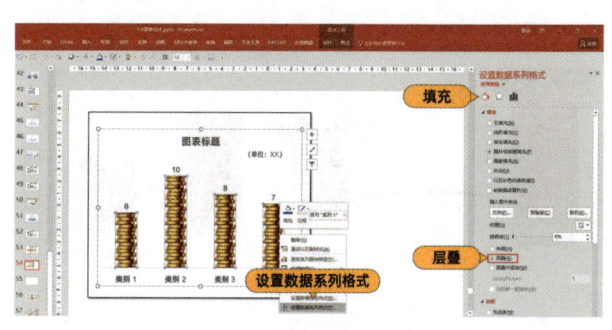

图 5.357

掌握这个技巧,你便可以自由替换图案的样式,如男女人数分布、水果产量(见图 5.358)等。利用图案来代替枯燥的图表,极大地提升了趣味性及信息传达的效率,在很多专业机构中经常能看到这类可视化图表的设计。

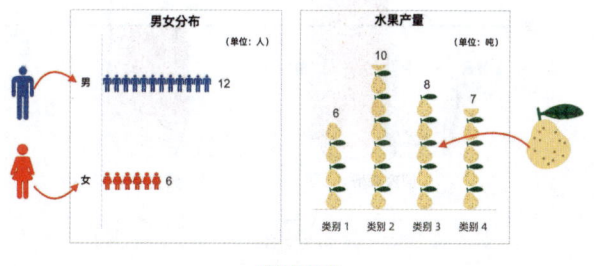

图 5.358

这种实物图像除了按照堆叠的形式呈现外,甚至还可以单独出现，作为图表系列项的载体。例如，这个饮料的案例（见图 5.359），可以调节数值实时控制水位的高度，以表示数据的多少，是不是非常形象呢？下面来详细分析下这种创意图表的设计思路。

图 5.359

首先需要找一个装满饮料的杯子素材，相信你第一反应是直接将杯子复制到簇状柱形图表中，然而得到的效果并不是我们想要的，水位一直是满的状态，而杯子却发生了形变（见图 5.360）。

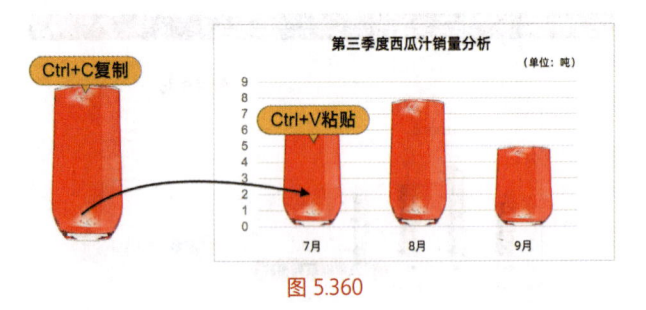

图 5.360

仔细观察原始的参考图（见图 5.361），空杯子是不变的，而变的只有杯中的饮料而已。因此，应该有两只杯子，空杯是不动的背景，而动态调整的是满杯的饮料。

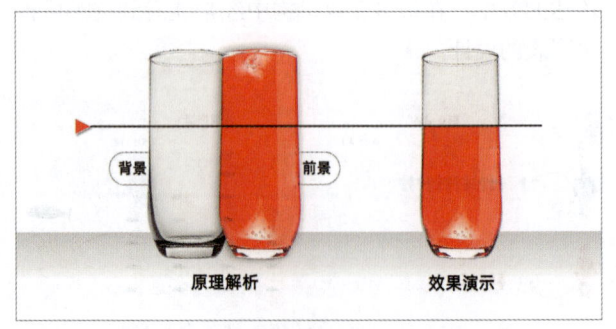

图 5.361

因此，需要两根柱条分别填充空杯及满杯。于是，添加一个系列项，再分别将两个杯子粘贴进去，其中空杯要粘贴到左侧的柱条中，而装满则粘贴到右侧的柱条中（见图 5.362），以便控制二者的前后关系。

然而，目前的两个杯子是分离开的，为了呈现理想的效果，需要将两个杯子重叠在一起。如何操作呢？

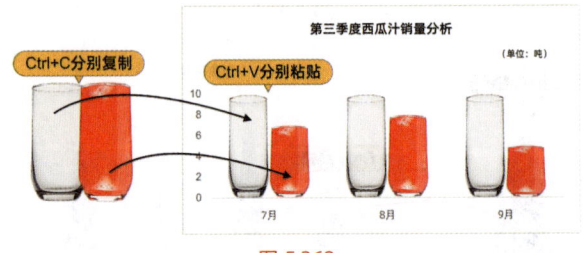

图 5.362

其实，可以结合前面学到的调整系列间距的方法。首先选中图表中的杯子，右键选择"设置数据系列格式"，将"系列重叠"的数值调整为100%，即可将杯子完全重叠在一起（见图 5.363），从而实现想要的效果。

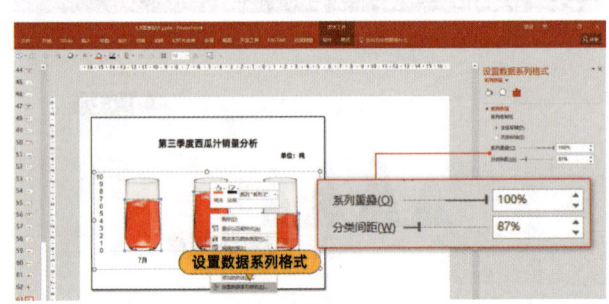

图 5.363

其中，有一点需要特别注意：由于饮料的高度是不应该超过杯子的，因此在数据源中，应该将空杯子设置为一个统一的最大数值（例如这里设置为10），而满杯的数值统一要小于等于10，例如这里分别设置为7、8、5（见图 5.364）。

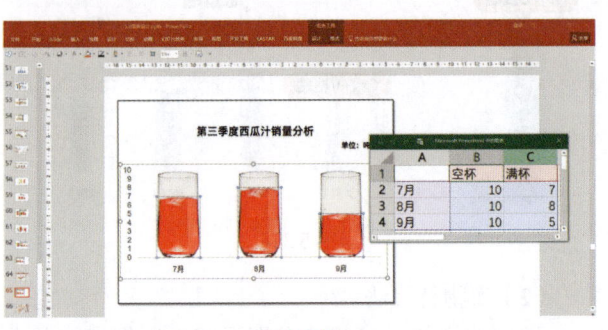

图 5.364

至此，就得到了一份可视化图表，相比于普通的图表，它的形式更为新颖直观。整个过程看似烦琐，其实原理非常简单：找到事物的"空"和"满"两种状态，将它们前后叠加在一起，调节满状态的数值即可。掌握这个技巧，可以实现很多创意玩法。例如，做成充电器的形式（见图 5.365 左侧），或者直接将文字填入图表中（见图 5.365 右侧）。你也可以实践一下，是否能实现这种效果呢？

图 5.365

5.6.4 其他图表类型

其实，掌握 3 种常见图表类型的使用技巧后，就足以应对绝大多数工作需求了。然而，在个别复杂的应用场景下，可能还需借助一些特定的图表。接下来，介绍 3 种经典且实用的图表类型，分别是组合图表、雷达图、散点图。

1. 组合图表

依旧通过案例引入。某电子产品销售公司专注于 3 款主流产品的销售：智能手机 X、平板电脑 Y 和智能手表 Z。随着市场竞争的加剧，公司希望通过分析上半年（2024 年 1 月至 6 月）的销售数据，了解这 3 款产品在每个月各自的销售情况，并预测整体销售额的变化趋势，以下为收集到的数据（见图 5.366）。

公司上半年3款主流产品的销售额数据 （单位：万元）

	1月	2月	3月	4月	5月	6月
智能手机X	100	110	110	120	125	130
平板电脑Y	80	90	120	140	150	160
智能手表Z	90	80	90	70	75	70
总销售额	270	280	320	330	350	360

图 5.366

如何通过图表将各产品的销售额占比及整体销售额变化趋势形象展示出来呢？按照常规方法，既然提到销售分布情况，就会想到簇状柱形图，而趋势则用折线图，于是就绘制了两张图表（见图 5.367）。

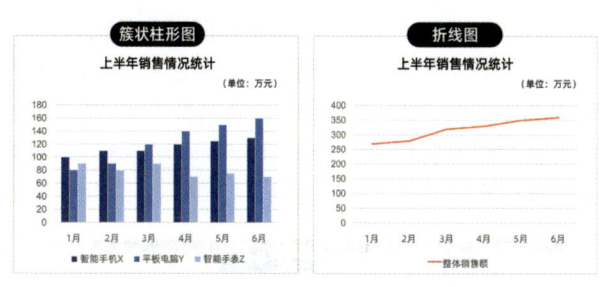

图 5.367

看起来好像还可以，但其实这种做法把信息割裂开了。仔细观察两张图表，会发现它们的横坐标是相同的，两者之间存在一定的关联性，放在一张表中会更利于观察。

这时就需要用到组合图表，它可以在一个图表中呈现两种图表类型（见图 5.368）。簇状柱形图表示各产品在当月的销售额分布情况，而折线图则表示上半年整体销售额随月份的变化趋势。

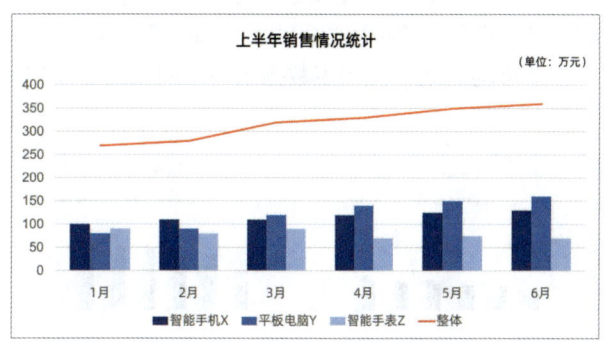

图 5.368

操作方法如下：单击"插入→图表→组合图"，其中，系列 1 和系列 2 对应的是簇状柱形图，而系列 3 对应的是折线图（见图 5.369）。你也可以根据自己的需求来修改各系列对应的图表类型，单击"确定"按钮即可得到一张组合图表。

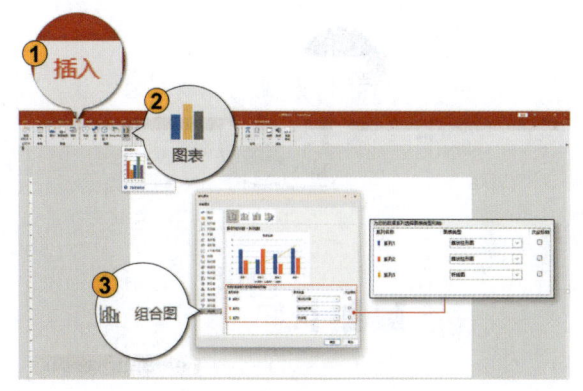

图 5.369

然后，可以将表格中的原始数据导入图表的数据源中。目前的原始数据表头是月份，它对应的是图表数据源中的"类别"，因此首先需要将原始数据转置后再复制到图表数据源中（见图 5.370），这样就完成了数据填充。

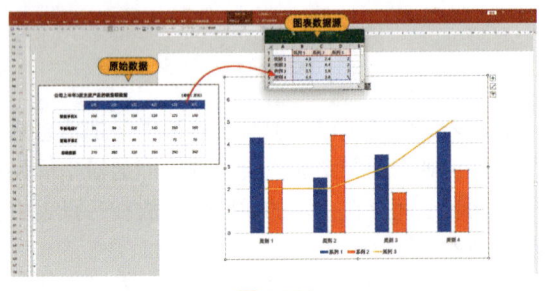

图 5.370

由于各产品销售情况与总销售额数据相差比较大，共用一个纵坐标轴，会导致各产品销售情况的柱状图整体偏低，不方便观察（见图 5.371 左侧）。此时，可以将总体销售额的折线图单独设置到次坐标轴中，即可均匀地分配图表数据项的空间（见图 5.371 右侧）。

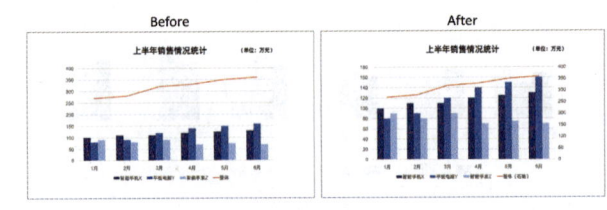

图 5.371

具体操作如下：选中图表，单击"图表设计→更改图表类型"，在弹出的选项卡中，勾选折线图旁边的"次坐标轴"（见图 5.372）。这样就将折线图设置到右侧的坐标轴中了，为它单独适配了坐标轴范围，让图表内的数据项分布更均匀。

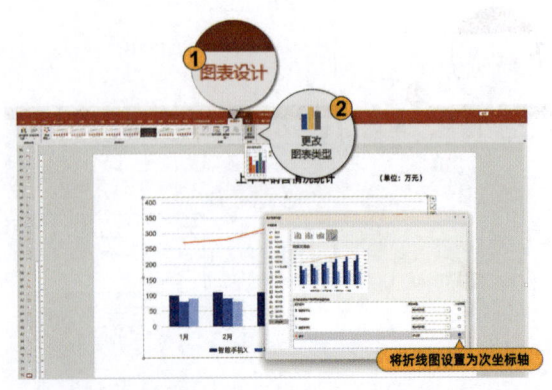

图 5.372

通过设置次坐标轴，可以灵活应对数据相差过大的情况，甚至将不同单位的数据整合到同一个图表中，非常方便实用。

2. 雷达图

某科技公司为了评估其新研发的 3 款智能手环在各个方面的性能表现，决定进行一次全面的市场调研。调研内容主要包括用户对 3 款手环的满意度，具体包括功能性、易用性、舒适度、耐用性和性价比这 5 个方面的评价。以下是收集到的一组数据（见图 5.373），如何更形象地对比不同产品在各个维度的性能评价？

3款智能手环的评测分析　　　　　　　　注：满分为10分

	功能性	易用性	舒适度	耐用性	性价比
产品A	5	7	9	5	9
产品B	9	8	6	7	4
产品C	6	4	8	9	8

图 5.373

由于本次的目的是综合评价 3 款产品在 5 个维度上的打分情况，即多维度分析。对于这种情况，雷达图就再适合不过了。单击"插入→图表→雷达图"，选择"带数据标记的雷达图"（见图 5.374），即可生成一张雷达图表。

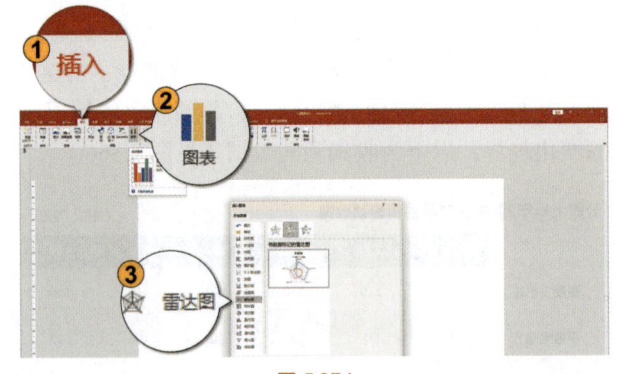

图 5.374

以产品 A 的数据雷达图为例，将原始数据复制到图表的数据源中（见图 5.375）。目前是 5 个维度分析，因此雷达图有 5 个顶点。每个顶点各自代表一个考核维度，从 5 个顶点到中心可以划分成若干个级别（这里划分为 10 级）。越靠近中心表示打分低，数据差；越靠近外侧顶点则表示打分高，能力强。而目前产品 A 的数据评分在雷达图中会以数据点的形式出现在各顶点到中心的连接线上，这些数据点连接起来就构成了产品 A 的评分雷达图。

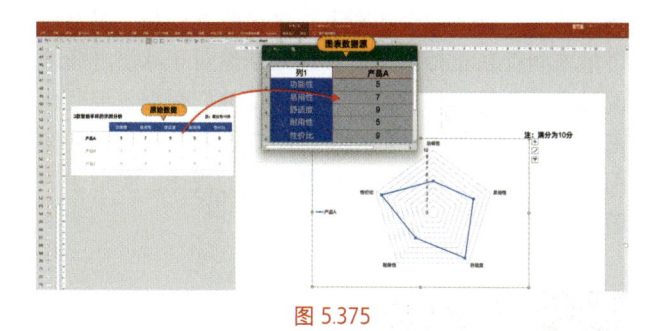

图 5.375

雷达图不仅可以展示单一产品的数据分布，还可以同时展示多个产品。在图表数据源中将其他产品的评分数据都放进来，就构成了多个产品的评分雷达图（见图 5.376）。

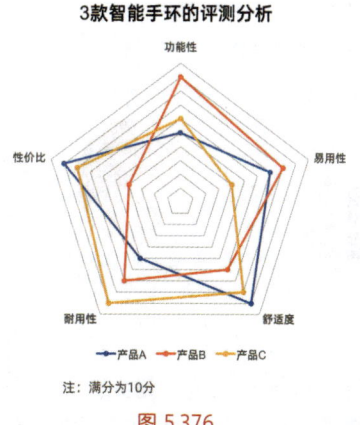

图 5.376

通过雷达图，可以快速看出每款产品在市场上的综合表现以及各自的优势和劣势。例如：蓝色线代表产品 A，它在性价比和舒适度方面都做得很好，但耐用性上则较差；橙色线代表产品 B，它在功能性上的评分特别突出，但性价比则有待提升。企业可以根据这些信息及时调整产品设计和市场策略，以满足不断变化的市场需求。

当然雷达图的维度也不一定是 5 个，你可以增加或者减少。例如：乒乓球世界冠军马龙之所以被称为"六边形战士"，正是因为在雷达图上，数据的各项维度都是满分，位于各个顶点上，连起来就构成了完美的六边形（见图 5.377），故因此而得名。

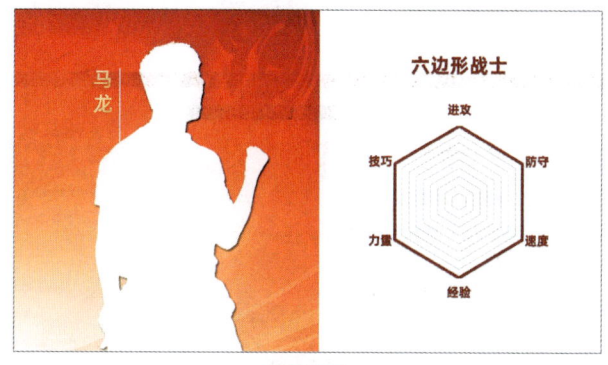

图 5.377

3. 散点图

在炎热的夏季，许多商家都会发现冰淇淋的销售量会随着气温的升高而增加。你作为一家冰淇淋店的店长，想要更准确地了解这一趋势，从而更合理地准备冰淇淋的库存量。以下是你收集到的一组数据（见图 5.378），统计了不同温度下的冰淇淋销量，如何将这组数据更形象地展示呢？

气温 （单位：摄氏度）	21	22	23	24	25	26	27	28	29	30
冰淇淋销量 （单位：份）	87	103	115	108	128	140	145	162	157	180

气温 （单位：摄氏度）	31	32	33	34	35	36	37	38	39	40
冰淇淋销量 （单位：份）	187	202	193	218	210	235	245	260	278	285

图 5.378

由于本次目的是考察两类数据间的关系，属于相关性分析。而散点图就是专门为相关性分析而创造的图表。单击"插入→图表→XY 散点图"（见图 5.379），即可得到一张散点图。

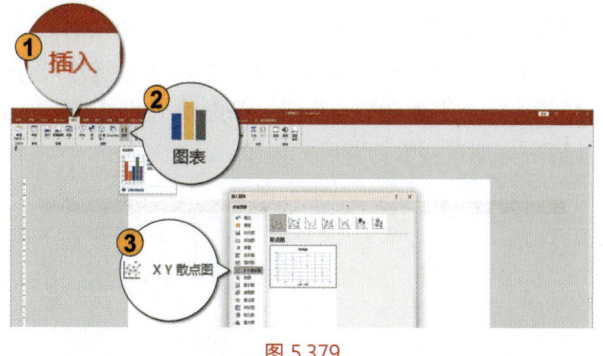

图 5.379

然后，将原始数据填充到图表数据源中。其中，横坐标为气温（自变量），纵坐标为冰淇淋的销量（因变量）（见图 5.380），以观察随着温度的升高，冰淇淋销量的变化情况。

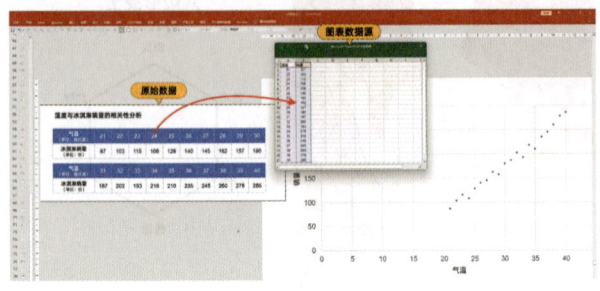

图 5.380

图表中的每个点表示在当前温度下对应的冰淇淋销量。由于图表的横坐标数据默认是从 0 开始的，而本次调研的数据范围是从 21℃开始的，因此可以调整下横坐标的数据范围。选中横坐标，右键选择"设置坐标轴格式"，在"坐标轴选项"中，根据数据情况，设置坐标轴的最小值与最大值，例如这里的数据范围为 20 ~ 40（见图 5.381）。

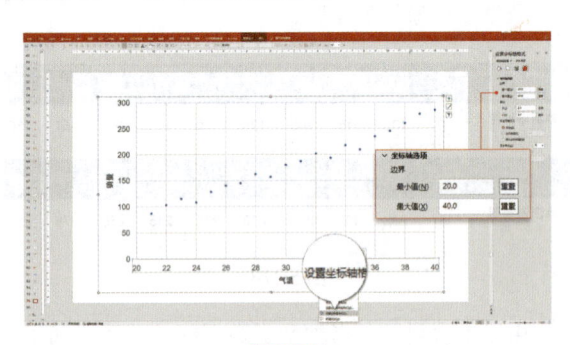

图 5.381

此时，就能清晰地观察数据点分布情况了。从散乱的数据点中，隐约能看到一组向上的趋势，也就是随着温度升高，冰淇淋销量也在增长。为了让趋势更直观，还可添加一条趋势线。选中图表，单击右侧的"+"号，在弹出的"图表元素"选项卡中选中"趋势线"，就会沿着数据点生成一条虚线（见图 5.382），从而更好地观察数据背后的规律。

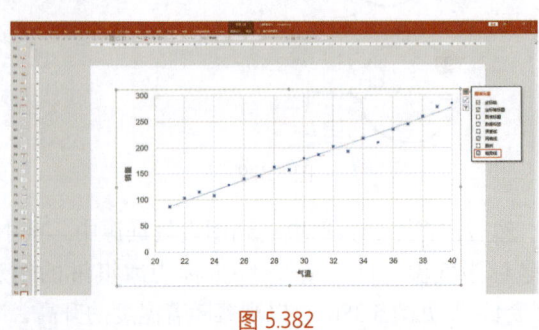

图 5.382

通过观察这张散点图，可以发现以下趋势：随着气温的升高（X 轴向右移动），冰淇淋销售量呈现递增的趋势（Y 轴向上移动）。大多数数据点都分布在一条向上倾斜的直线附近，这表明气温与冰淇淋销售量之间存在正相关关系。这一结论对于冰淇淋店来说具有重要的指导意义，可以帮助他们根据气温变化来预测和调整冰淇淋的销售策略。这就是散点图的作用，非常适用于寻找两种变量之间的规律，类似于数学中的统计概率问题。

5.6.5 综合性案例

这是一页很常见的图表页，介绍了某汽车品牌上半年的车辆销售情况（见图 5.383）。面对这页 PPT，你会如何修改呢？

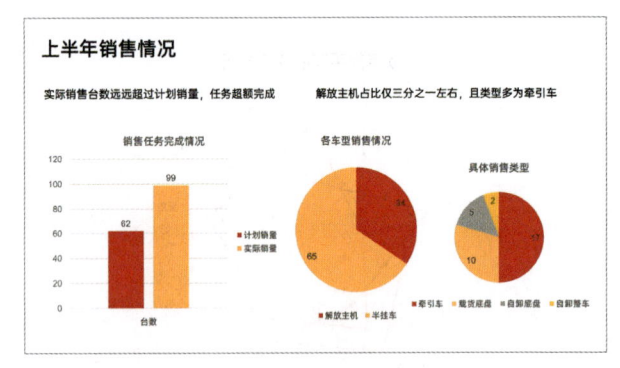

图 5.383

下面将通过统一规范、建立关联、视觉设计这 3 个步骤，教你做出独具创意的图表页设计。

1. 统一规范

在美化前，首先要检验内容本身是否规范正确。这页 PPT 存在 3 个问题，即缺少单位、横坐标不规范以及配色没逻辑（见图 5.384）。

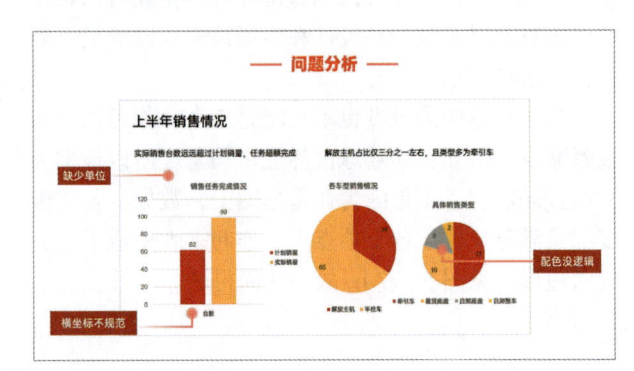

图 5.384

前两个属于要素规范（即细节设置）问题，修改后效果如图 5.385 所示。

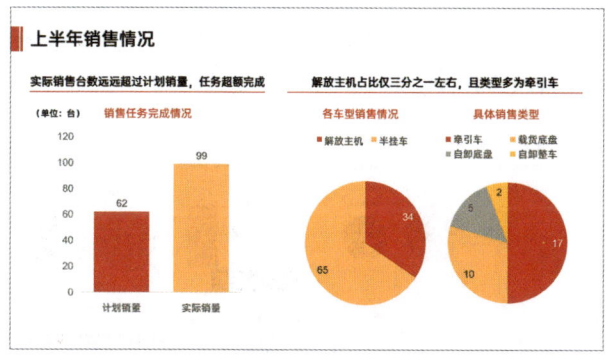

图 5.385

接下来，要优化配色。在 PPT 中配色的目的是呼应文案主题，以便更清晰地表达观点，因此首先要明确页面主题是什么。

此时，要结合对应的图表标题来看。左侧图表表示任务超额完成，因此应该强调实际销量的部分；右侧图表则应着重强调标题中提到的"解放主机"（占比 1/3 左右）及"牵引车"。接着分别对要强调的部分标红，其余部分则用灰色弱化，这样就得到了一页规范的 PPT（见图 5.386）。

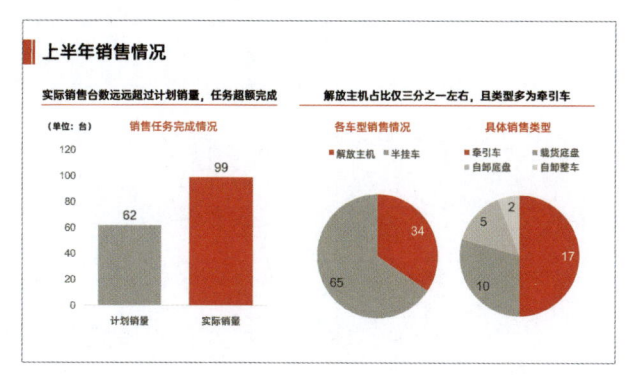

图 5.386

2. 建立关联

当页面中有多张图表时，我们可以进一步思考，图表之间是否存在某种关联。这里分享一个小技巧：可以先将图表中的数字圈出来（见图 5.387），然后分析背后的规律。

圈出数字后，会发现这 3 组图表之间存在着包含关系：实际销量可以拆分成"解放主机"和"半挂车"，而"解放主机"又可以拆分成"牵引车""载货底盘""自卸底盘"和"自卸整车"（见图 5.388）。

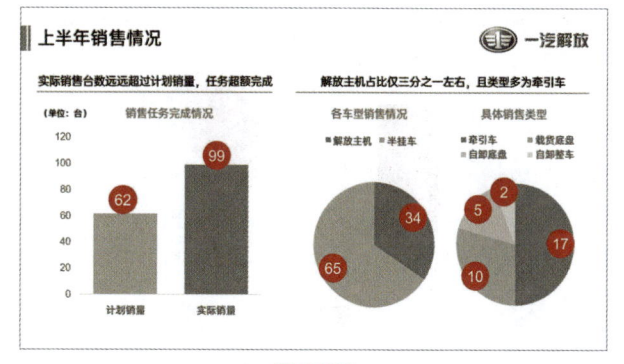

图 5.387

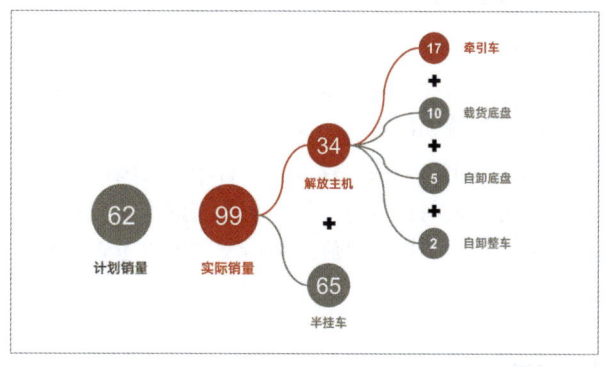

图 5.388

于是，可以通过引线及扩展的图形，将图表间的内在关系呈现出来。由实际销量"99"可以拆分成右边的车型销售情况，而"解放主机"又可以引出具体的销售类型（见图 5.389）。

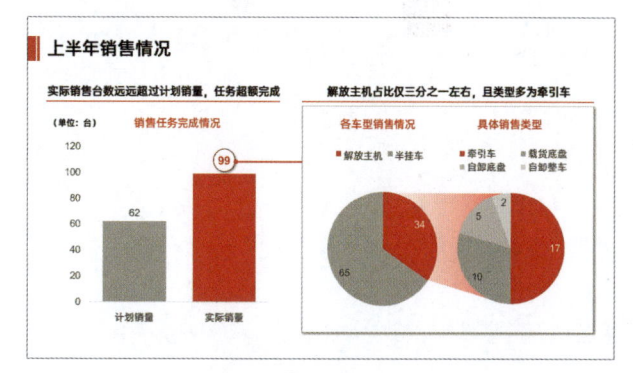

图 5.389

此时右侧有两个饼图，稍显臃肿，可以直接将两张饼图合二为一。其中，"解放主机"部分统一标注为红色系，而"半挂车"则设置成灰色，以呼应上方的小标题。至此，就得到了一页规范且清晰的图表页（见图 5.390）。

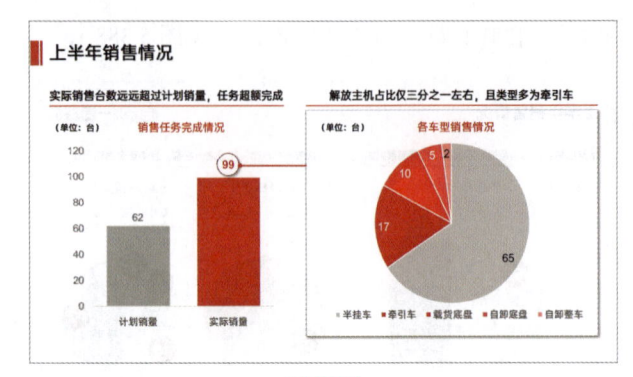

图 5.390

3. 视觉设计

目前的表格样式稍显单调，可以做一些细节优化提升观感。首先，可以删除左侧柱状图的纵坐标轴，因为已经有数据标签了，这属于冗余信息。至于右侧的饼图，由于系列项比较多，在看图例时阅读体验并不好，可以采用连线的方式，将数据标签直接写在图表周围，正中心还可以放上一段文案突出重点（见图5.391）。

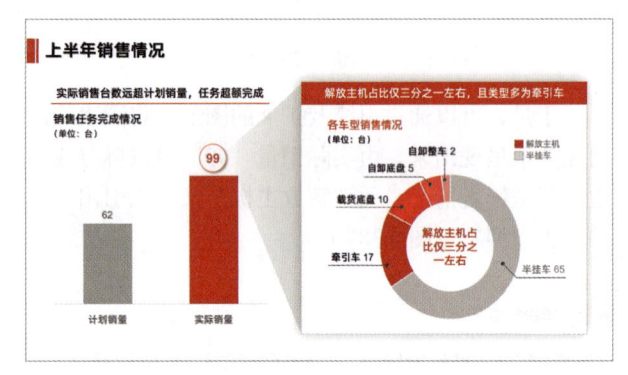

图 5.391

接下来，回顾整个改稿过程（见图 5.392）。首先，补齐并规范了图表的各项元素，确保整体风格和谐统一；接着，根据图表中数字的关系，建立了图表间的紧密联系；最后，利用美化小技巧，进一步提升了图表的阅读体验。

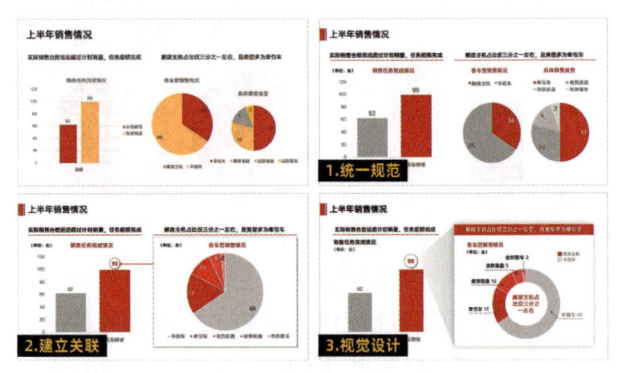

图 5.392

以上就是本节的全部内容，掌握图表的这一关键技法，可以显著提升汇报的专业度和信服力。

5.7 要点回顾

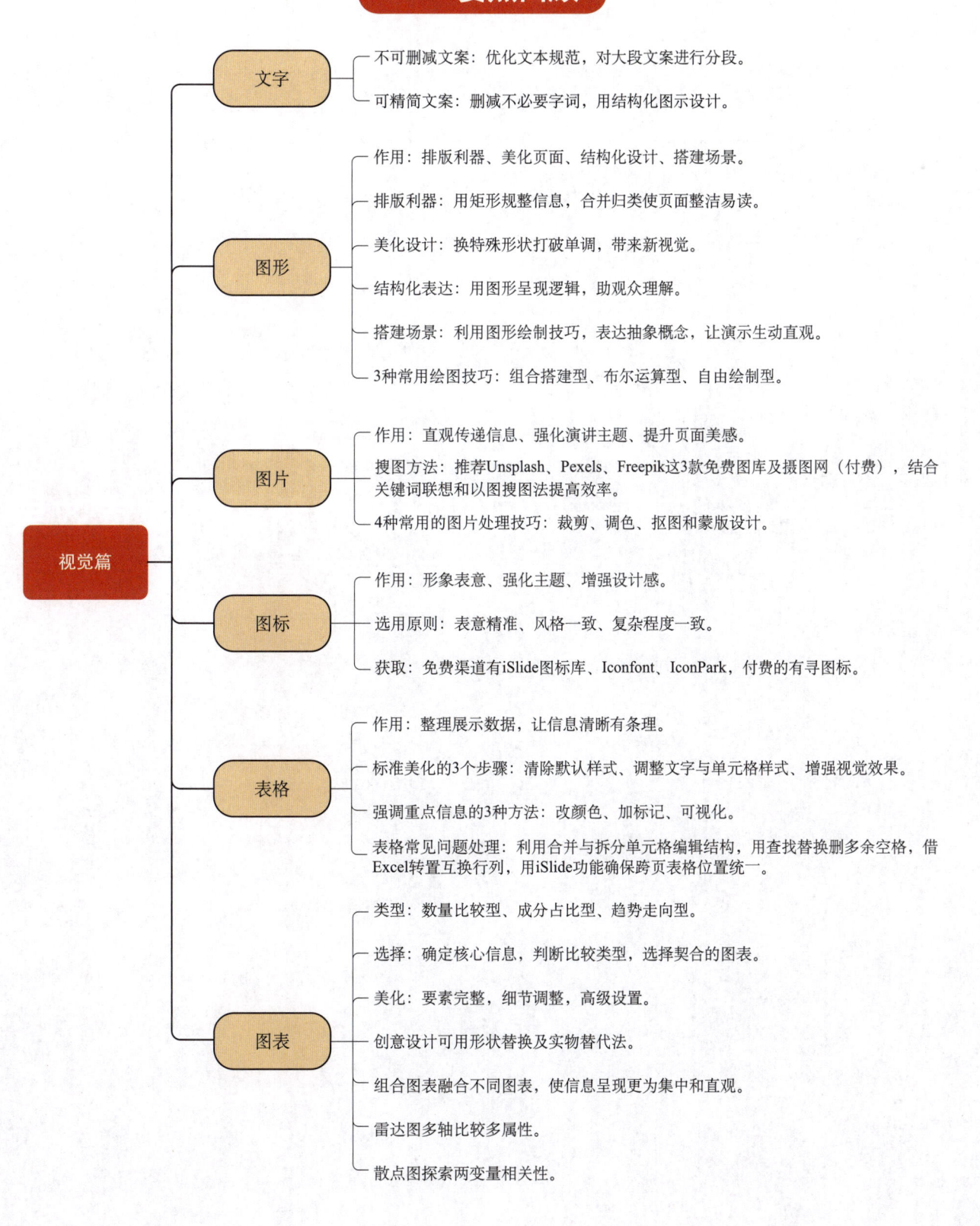

- **视觉篇**
  - **文字**
    - 不可删减文案：优化文本规范，对大段文案进行分段。
    - 可精简文案：删减不必要字词，用结构化图示设计。
  - **图形**
    - 作用：排版利器、美化页面、结构化设计、搭建场景。
    - 排版利器：用矩形规整信息，合并归类使页面整洁易读。
    - 美化设计：换特殊形状打破单调，带来新视觉。
    - 结构化表达：用图形呈现逻辑，助观众理解。
    - 搭建场景：利用图形绘制技巧，表达抽象概念，让演示生动直观。
    - 3种常用绘图技巧：组合搭建型、布尔运算型、自由绘制型。
  - **图片**
    - 作用：直观传递信息、强化演讲主题、提升页面美感。
    - 搜图方法：推荐Unsplash、Pexels、Freepik这3款免费图库及摄图网（付费），结合关键词联想和以图搜图法提高效率。
    - 4种常用的图片处理技巧：裁剪、调色、抠图和蒙版设计。
  - **图标**
    - 作用：形象表意、强化主题、增强设计感。
    - 选用原则：表意精准、风格一致、复杂程度一致。
    - 获取：免费渠道有iSlide图标库、Iconfont、IconPark，付费的有寻图标。
  - **表格**
    - 作用：整理展示数据，让信息清晰有条理。
    - 标准美化的3个步骤：清除默认样式、调整文字与单元格样式、增强视觉效果。
    - 强调重点信息的3种方法：改颜色、加标记、可视化。
    - 表格常见问题处理：利用合并与拆分单元格编辑结构，用查找替换删多余空格，借Excel转置互换行列，用iSlide功能确保跨页表格位置统一。
  - **图表**
    - 类型：数量比较型、成分占比型、趋势走向型。
    - 选择：确定核心信息，判断比较类型，选择契合的图表。
    - 美化：要素完整、细节调整、高级设置。
    - 创意设计可用形状替换及实物替代法。
    - 组合图表融合不同图表，使信息呈现更为集中和直观。
    - 雷达图多轴比较多属性。
    - 散点图探索两变量相关性。

第6章 创意之光
——如何成就独特新颖的视觉效果

在学习 PPT 制作时，你可能会遇到这样一个阶段：虽然掌握了基本的软件操作和设计技巧，但制作的 PPT 却始终平淡无奇，缺乏设计感。这个问题往往是由诸多因素共同造成的。

第 6 章　创意之光——如何成就独特新颖的视觉效果

首先，配色无疑是第一个难题。不少人在选择颜色时极为随意，未经过精心考量。要么使用过于刺眼的鲜艳色彩，让观众顿感视觉疲劳；要么选择过于暗淡的颜色，使 PPT 显得沉闷压抑，严重影响页面的视觉效果。

其次，许多人习惯于直接套用现成的模板，缺乏自己的创意和风格。这样制作出来的 PPT 缺乏个性，难以在竞争激烈的环境中脱颖而出。

最后，仅仅拥有好看的设计并不一定能给人留下深刻记忆，唯有依据具体场景，打造出独具定制感的设计，才能让受众切实感受到你的用心。

要具备以上这些能力，确实需要非常系统的学习。对于大部分人而言，学习成本太高，往往让人望而却步。为此，我结合自己多年的设计经验，总结了一些专属的学习方法，助你用最少的成本，学到最实用的方法，高效做出好看且极具创意的设计。

本章将带你打造出色的设计，让你的 PPT 不再平淡无奇，成为引人注目且高效传达信息的有力工具。

通过本章的学习，你将掌握以下关键技能：
（1）掌握配色技巧，轻松做出好看的配色方案。
（2）高质量临摹，并迈出原创设计第一步。
（3）简单易上手的提升设计感妙招。
（4）依据具体内容打造定制感设计。

6.1　如何打造高级感配色方案

提起配色，许多人常常感到无从下手，因为它没有既定的答案，也没有固定的模式可循。高手设计的 PPT 总是色彩丰富，令人赏心悦目（见图 6.1），让我们羡慕不已。

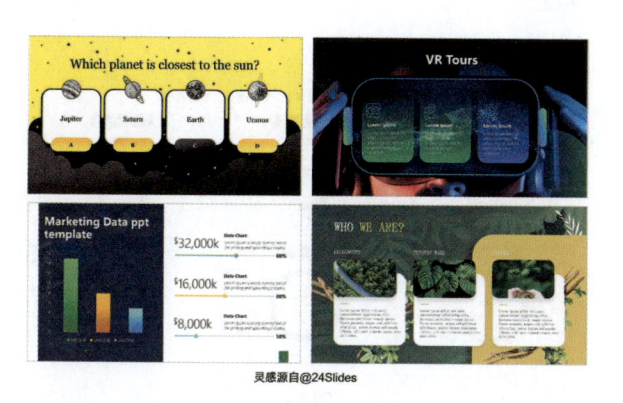

灵感源自@24Slides

图 6.1

而你做的 PPT 颜色单调（见图 6.2），没什么美感。

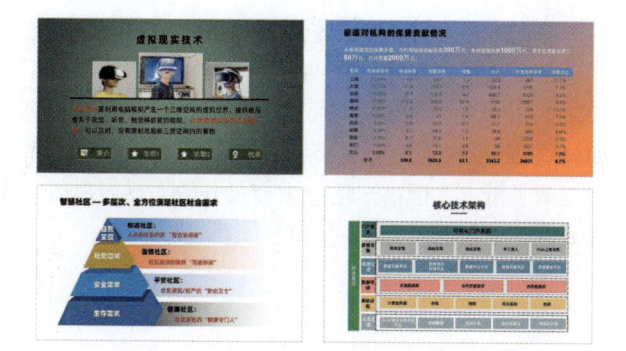

图 6.2

普通人由于缺乏系统培训，在面对五彩斑斓的色彩时，时常会陷入迷茫，不知从何选起。在撰写本书之前，我也深入研究了诸多配色教程，但遗憾地发现它们普遍存在一个共性问题：专业性太强！总是围绕各种专业术语去分析作品的优劣。对于初学者而言其实并不友好，因为色彩中的专业术语非常多，要想深入学习是一件特别耗费精力的事。对于普通人而言，学习成本太高了。考虑到大部分人学习配色的目的并非成为艺术家，而是掌握一些实用的技巧，去解决工作中遇到的具体问题。

为此，本节内容将重在实战，围绕配色中遇到的两大典型问题——配色盲目凭感觉以及配色单调不好看，分享一系列实用且易于上手的技巧，助你轻松搞定 PPT 配色，提升演示魅力！

6.1.1　配色盲目凭感觉

相信你在配色过程中，也有过这种经历：PPT 版式都确定好了，却不知选择哪种颜色搭配比较好，缺乏明确的目标，然后只能凭借感觉去选择色彩，最终效果并不理想。

其实，配色既是感性的艺术，又是理性的科学，它需要两者的完美结合。很多人都只看到了感性的一面，渴望像艺术家一样，创造出美轮美奂的视觉效果，往往会忽视其理性的一面。当你转变思维方式，从目的出发去思考，许多配色问题就会迎刃而解了。

1. 配色杂乱

例如：这页典型的人员组织架构图，其中使用了很多种颜色，看上去很花哨，无法一眼识别出人员的层级关系（见图 6.3）。

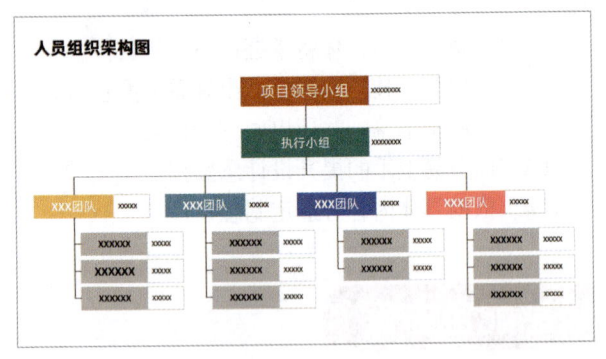

图 6.3

为了优化这一问题，可以从设计目的出发进行思考。做这页架构图的目的是帮助受众快速明确人员的层级关系。因此，配色应围绕层级关系去展开。例如，采用单色系配色方案（如蓝色），并通过调节颜色的深浅来区分不同的层级，层级越高，颜色越深，反之，则越浅（见图 6.4）。

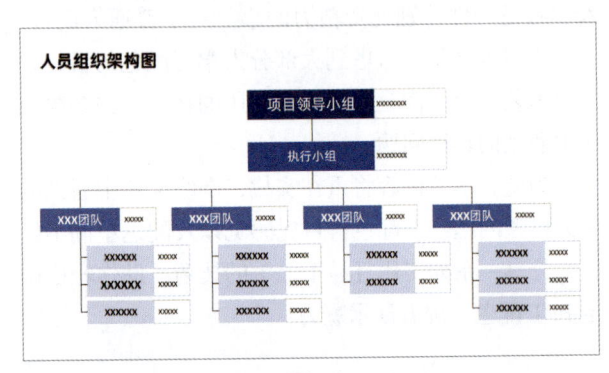

图 6.4

这样的设计不仅保持了整体视觉的和谐统一，还能让受众快速识别出架构的层级关系。

再如：这页 PPT（见图 6.5）包含了许多图表，且每个图表都包含许多颜色，显得凌乱且没有重点，如何进一步优化呢？

其实，依旧可以从目的出发去思考这个问题。对于信息量大的图表页，配色的目的并不是要凸显每一项，因为那样只是在罗列数据而已。真正的目的是让

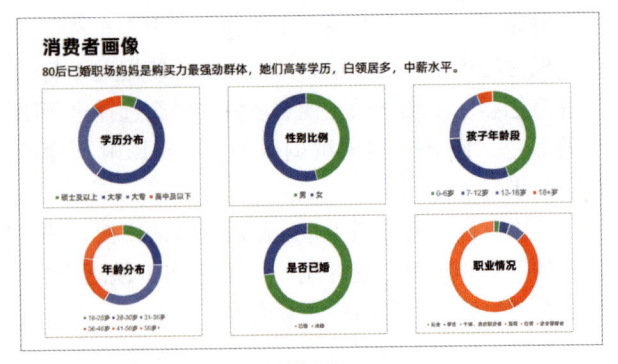

图 6.5

图表中的关键信息凸显出来，以印证你的观点。

因此，在给图表配色时，必须明确当前这份图表的目的是什么，例如这里的核心观点已经写在标题中了。它其实是想凸显某个特定的消费人群，如具有 80 后、已婚、职场妈妈、高等学历等特征的消费人群。而这些特征刚好与下方的饼图一一对应。于是，应该重点强调图表中描述这类特征的颜色，其他部分则采用不同色调的灰色进行弱化（见图 6.6），这样不仅可以区分各项，还能有效突出重点信息。

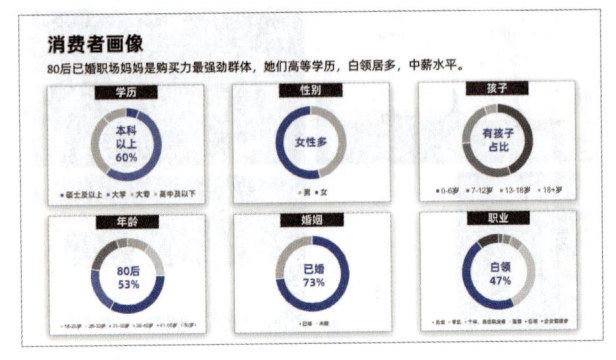

图 6.6

2. 强调重点

我们常习惯性地以红色标注来突出关键信息，这似乎是一种不言而喻的强调方式。然而，在实际应用中，如果过度依赖这种手法可能会产生反效果。例如：这页 PPT 有大量文字都被标红（见图 6.7），看似强调了重点，但由于信息太多且分散，反而显得杂乱无章，一时间不知从何看起。

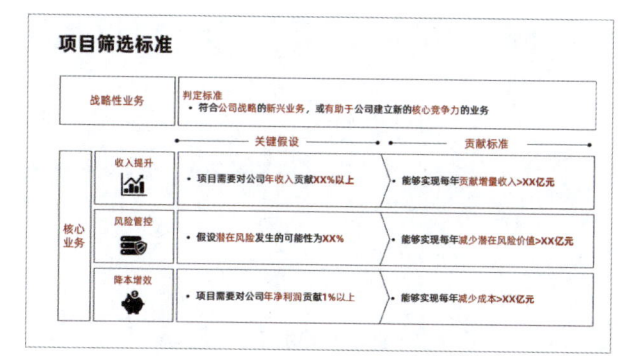

第 6 章 创意之光——如何成就独特新颖的视觉效果

图 6.7

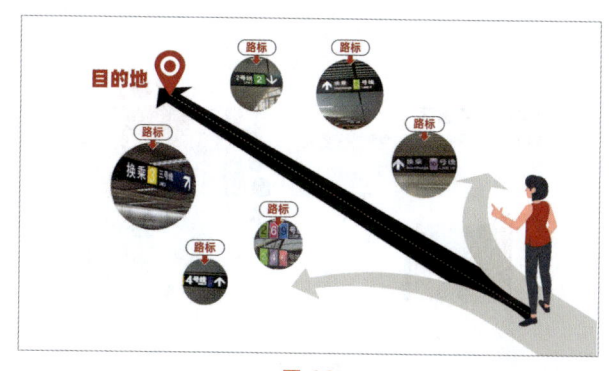

图 6.9

下面，从目的出发来思考配色的修改方案。其实，对于多段信息的页面，首先要保证读者在阅读时有一条清晰的阅读路径，知道先看哪里，再看哪里。这就需要我们在设计时，有意识地设置一些路标点，给不同层级的元素设置不同的强调方式。例如，用深红色填充的形式凸显大标题（如"战略性业务"及"核心业务"部分），用浅红色填充的形式强调小标题（如"收入提升""风险管控""降本增效"部分），至于文段内需要着重突出的信息，则将对应文字填充为红色即可（见图 6.8）。

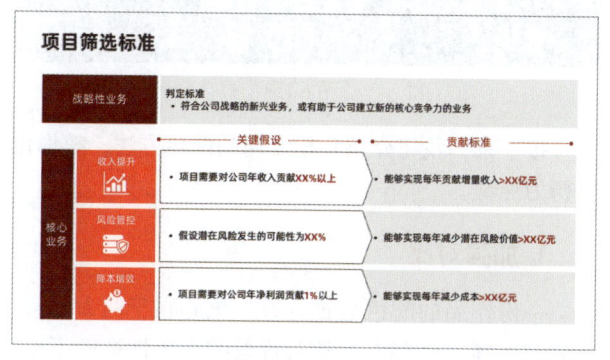

图 6.8

这些不同层级的重点信息就像是一个个路标点，帮助读者规划一条清晰的阅读路径。这就好比乘坐地铁，无论你身处任何一个陌生的站台，总能通过各种指示路标，找到一条通往目的地的线路（见图 6.9）。而配色的作用，就是让页面中的路标更明显一些。

当然凸显重点信息的方式不只是使用红色，在很多场景下，选用其他色彩会更和谐统一。例如：这页 PPT 整体的色调是蓝色系的，仍使用红色来强调重点信息，文字并不突出（见图 6.10）。

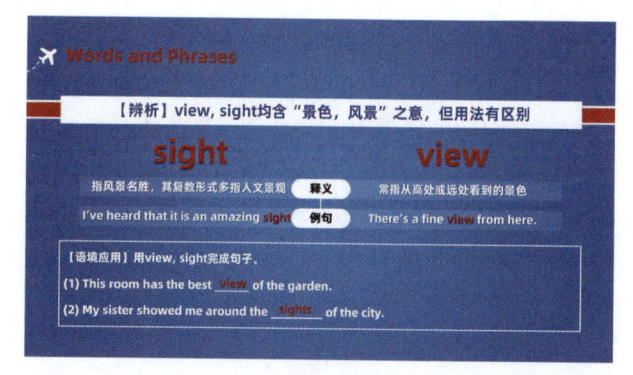

图 6.10

其实，标记重点的本质是为了尽可能拉开差异，让颜色更明显一些。而蓝色与红色的对比度不够大，因此不够突出。如果换成黄色来强调重点，则会突出许多（见图 6.11）。

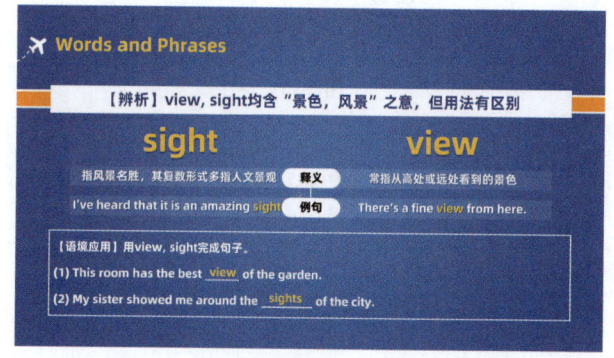

图 6.11

为什么使用红色时差异不明显，而使用黄色时就立刻突出了呢？这就要引出一个重要的概念——色环，它可以帮助你更理性地选择色彩搭配。

当你打开 PPT 的颜色选区，会发现选区中的色彩从左到右依次是赤橙黄绿青蓝紫，如果把这些颜色绕成一个圈，就变成了色环（见图 6.12）。

色环有一个很重要的特性：色环上的颜色相距

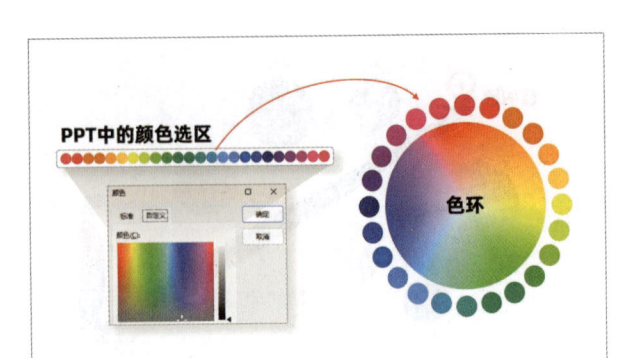

图 6.12

越近则差异越小，相距越远则对比越强。当距离为 180° 时反差最大，也代表着对比最为明显（见图 6.13）。在刚才的案例中，背景色调是蓝色，红色与蓝色相距较近，对比并不明显；而黄色与蓝色相距最远，因此使用黄色时对比最强，也更显眼。因此，今后在强调重点时，可以利用色环，更科学地选择对比最强的颜色凸显关键信息。

图 6.13

从上述案例中不难发现，PPT 配色不仅是一门艺术，更是一项需要理性思考的技能。因此，当你迷茫于不知选择哪种配色时，可以静下心来思考：做这页 PPT 的目的究竟是什么？搞清楚这个问题，再结合科学的配色方法，你就会找到色彩的答案。

6.1.2 配色单调不好看

当然，要想做出好看的配色方案，仅凭理性思维还不够，仍需我们结合一些技巧去提升页面的美感。例如：这页科技风 PPT，版式工整，使用经典的蓝色系搭配也很契合科技风特色，但视觉效果却很平淡（见图 6.14）。如何进一步优化呢？

图 6.14

只需对配色进行微调，便能瞬间为页面注入新的活力（见图 6.15）。可以发现，整个修改过程甚至不需要改变任何版式布局，这就是配色的魅力。

图 6.15

接下来，我将介绍几招实用的配色方法，教你化腐朽为神奇。

1. 加强对比

一份作品的配色是否好看，核心在于两大要素：背景与主体。许多人常常对背景的重要性视而不见，然而其作用却是举足轻重的。同样的元素，在不同的背景衬托下，会展现出截然不同的风貌。以夜明珠为例，白天看来它或许只是平凡的玉器，但夜幕降临时，它却能绽放出璀璨光芒（见图 6.16）。因此，为了更好地呈现主体，需要尽量拉开主体与背景的差异。

图 6.16

这个技巧同样适用于 PPT 设计。例如：这页概念介绍 PPT（见图 6.17），整体采用的是绿色系，目前的背景与主体的颜色区分度不大，糊在一起了，显得很脏。那么，该如何进一步优化呢？

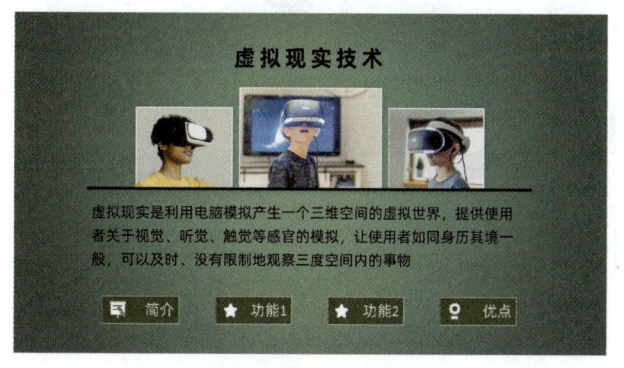

图 6.17

其实，这是因为主体和背景间的颜色差异不明显，试着提亮背景，并且将主体颜色压暗，信息识别度就提升了许多，画面也更干净了（见图 6.18）。

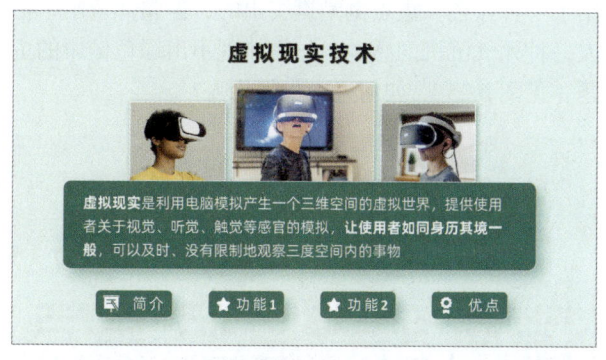

图 6.18

如果喜欢深色系的风格，也可以反向操作。尽量压暗背景，并提亮主体元素，也能达到不错的效果（见图 6.19）。

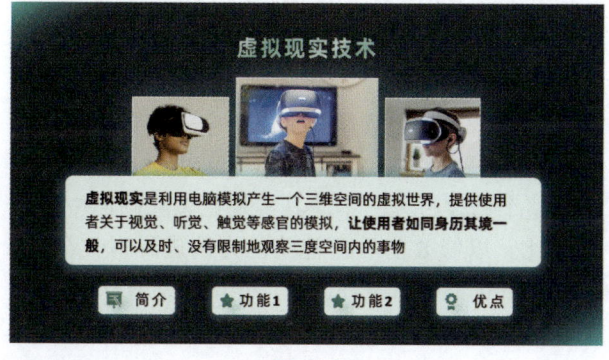

图 6.19

其中涉及了一个很实用的配色技巧——亮度对比法。可以结合 PPT 中的 HSL 颜色模式来取色。首先介绍下 HSL 的颜色模式。打开 PPT 的颜色设置面板，它默认采用的是 RGB 颜色模式（见图 6.20 左侧）。单击颜色模式下拉菜单，可以切换为 HSL 颜色模式（见图 6.20 右侧）。

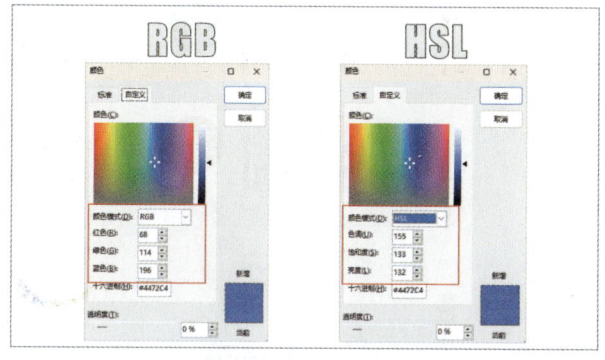

图 6.20

其中，H 是色调，表示颜色的基本属性，如红色、橙色、蓝色等；S 是饱和度，表示颜色的纯度，较低的饱和度值会发灰，而较高的饱和度值会产生鲜艳的颜色；L 是亮度，表示颜色的明暗程度。以上 3 个数值都是在 0 ～ 255 变化。

通过一张 HSL 色彩的控制变量对比图，来观察颜色的特性。其中，色调 H 的变化体现为色板上取色点的横向移动，用于控制颜色的基本属性（见图 6.21 左侧）；饱和度 S 的变化体现为色板上取色点的纵向移动（见图 6.21 中间）；亮度 L 的变化不影响色板上取色点的变化，而是右侧亮度板上的纵向移动（见图 6.21 右侧）。

亮度对比法就是保持颜色的色调和饱和度不变，仅仅调节亮度而生成不同的颜色。具体操作方法如下：首先绘制 3 个圆并设置成统一的颜色（如绿色），接着选中第一个圆，打开颜色设置面板，将颜色模式改为 HSL，然后调节右侧的亮度调节滑块，获得一个浅绿色（见图 6.22）。

然后选中第 3 个圆，打开颜色设置面板，将颜色模式改为 HSL，然后降低亮度数值到一个合适的数，获得一个深绿色（见图 6.23）。这时就有了 3 种亮度不同的色彩了。

此时将这些颜色应用于 PPT 中，就可以得到上述效果了（见图 6.24）。

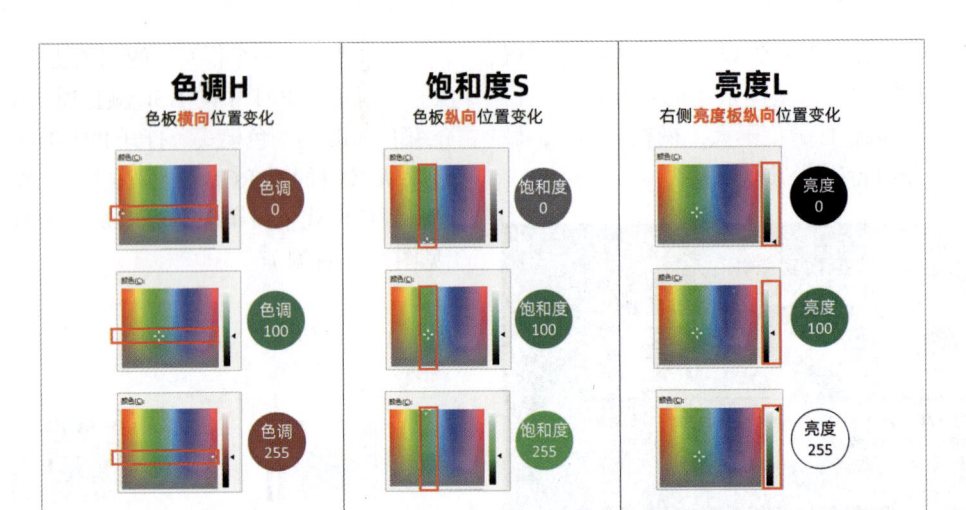

图 6.21

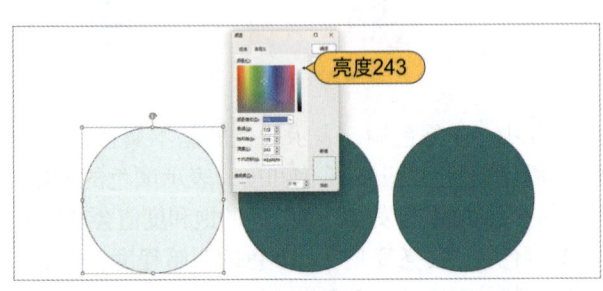

图 6.22

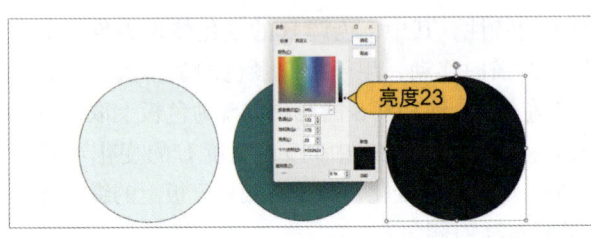

图 6.23

图 6.24

亮度对比法的优势在于生成的一系列颜色，它们的色调和饱和度是相同的，因此放在一起会很和谐。而且，由于有足够的亮度对比，视觉冲击力也很强，能够给平淡的画面带来更多变化。

2. 减少灰色占比

有时 PPT 中明明只有一个颜色，却仍旧显得很灰暗。例如：这页关于绿色健康的 PPT，整个页面只用了一种蓝色，重点倒是挺突出的，但整体灰暗，给人一种死气沉沉的感觉，丝毫体现不出绿色健康的主题（见图 6.25）。如何进一步优化呢？

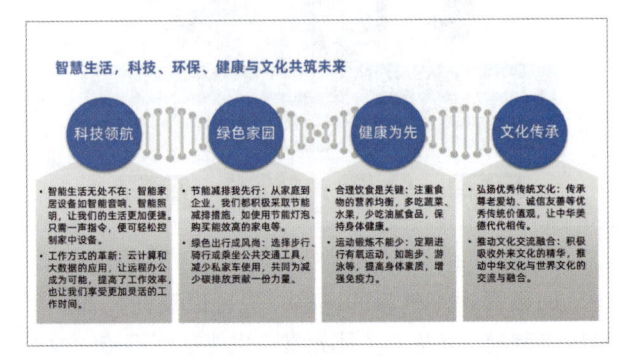

图 6.25

其实这是因为画面中的灰色占比过多，例如下方的 4 段内容都采用了灰色填充，且蓝色标题部分的饱和度也很低。试着将灰色渐变色块改为白色，同时提高蓝色的饱和度，页面就会干净许多（见图 6.26）。

整个修改过程的本质其实是在去除画面中的灰色占比。以修改前后两种蓝色为例进行对比分析。首先用取色器吸取两种蓝色，并切换到 HSL 的颜色模式中，观察它们在颜色面板中的分布情况（见图 6.27）。

第 6 章 创意之光——如何成就独特新颖的视觉效果

图 6.26

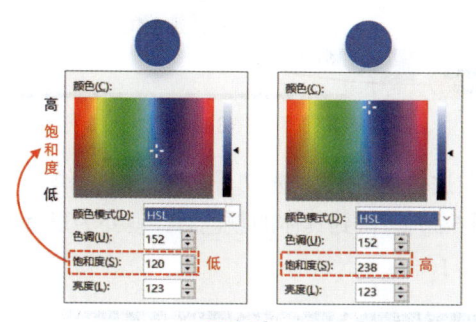

图 6.27

原稿中的蓝色，饱和度数值偏低，位于整个颜色面板偏下的位置，而这个区域的颜色明显偏灰，靠近底部的部分甚至已经是浓重的灰色了；优化后的颜色，饱和度更高，位于颜色面板的上方，这部分的颜色更纯净。因此，只需将饱和度数值拉高，就能获得更干净通透的色彩了。

掌握这个技巧后，你会发现原本那些灰暗的 PPT 页面都能重焕生机。例如：这页金字塔结构 PPT，整体的配色很杂且灰暗，视觉效果并不美观（见图 6.28 上）。此时，就可以采用高饱和度的色彩进行搭配，画面就会干净清爽许多（见图 6.28 下）。

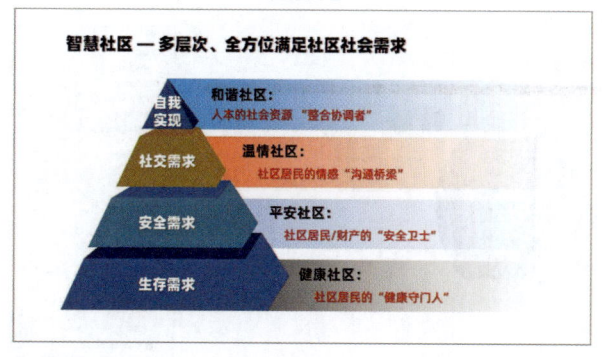

图 6.28

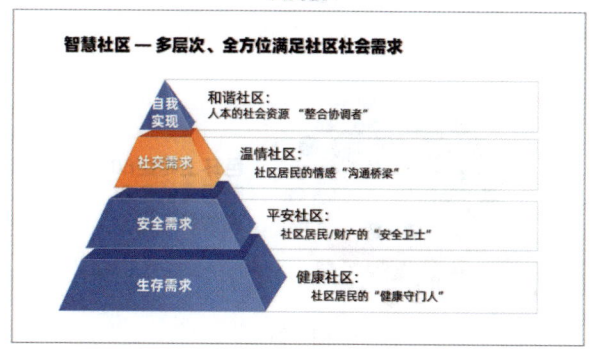

图 6.28（续）

这种去除画面灰色的方法，还有一个典型的应用是处理全图型的 PPT 设计。例如：目前这页工作总结 PPT，由于图片很灰暗，导致画面沉闷并不好看（见图 6.29 左侧）。此时，可以绘制一个高饱和度的半透明矩形盖在图片上方，整体的色调就会明亮许多（见图 6.29 右侧）。

图 6.29

3. 使用渐变

例如：下面的这页 PPT 颜色单一，不够吸引人（见图 6.30）。如何在保持原有色彩基调的基础上，让配色更具吸引力呢？

图 6.30

此时，可以添加渐变来丰富色彩的效果。为了保证渐变效果更和谐自然，通常会使用邻近色渐变。它也是结合色环的一种配色技巧，所谓邻近色就是色环上相距60°范围内的色彩（见图6.31）。

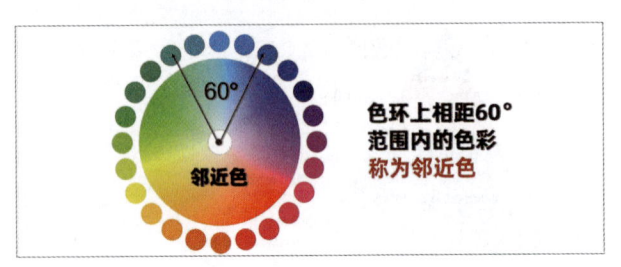

图 6.31

在这个案例中，可以选择青色作为蓝色的邻近色。将它融入页面中，能带来更丰富的视觉变化（见图6.32）。

图 6.32

相信你肯定很好奇，究竟如何为特定颜色寻找合适的邻近色呢？这里就不得不提一个在线配色工具：Adobe Color（见图6.33，网址为 https://color.adobe.com/zh/create/color-wheel）。

图 6.33

这是 Adobe 旗下的专业配色网站。进入主页会看到一个醒目的色轮，色轮上有一些取色点，这些颜色正好对应下方的颜色带，看起来似乎很复杂，但其实应用起来非常简单。

首先在 PPT 中选择想要添加渐变的形状，打开颜色面板，可以看到当前颜色的具体参数，例如原稿中的蓝色，按照十六进制表达为："#0970F7"。切换到 Adobe Color 官网，在左上角的"色彩调和"类别中选择"类比"，也就是邻近色的意思。然后，将十六进制颜色参数粘贴到色轮下方中间的那个颜色参数中，此时就为这个蓝色匹配了一组邻近色（见图6.34）。

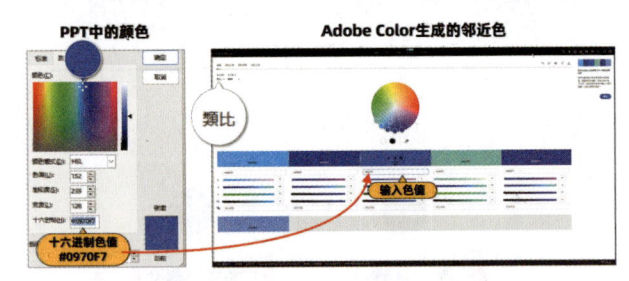

图 6.34

在这个案例中，选取了其中的青色作为邻近色（见图6.35）。得到具体的颜色后，就要为形状设置渐变样式了。

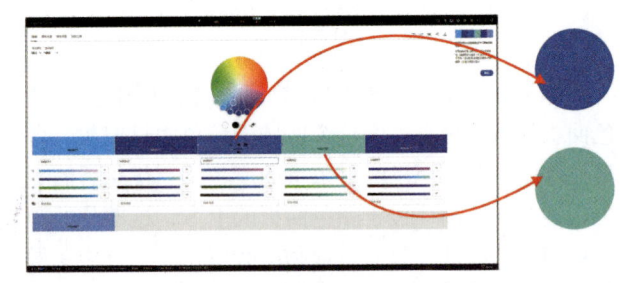

图 6.35

操作方法如下：首先准备两个圆形，分别填充两种邻近色，以方便后续取色。接着选中页面中需要修改颜色的元素，在填充类型中选择"渐变填充"，渐变类型选择"线性"，角度为45°，在渐变光圈中将两种颜色分别填入取色滑块中，并调节相应的位置即可（见图6.36）。

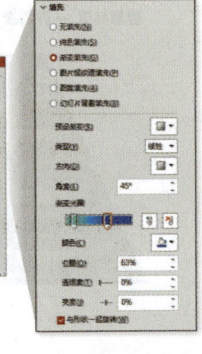

图 6.36

这里额外拓展下 PPT 中的渐变设置。默认的渐变类型有 4 种（见图 6.37），其中"线性"与"射线"是最常用的两种模式。线性渐变就像是一束平行光照射在物体上，使得物体的颜色从一边逐渐变化到另一边；而射线渐变则像是一个灯泡或点光源照射在物体上，光线从中心点向四周发散，因此射线渐变的立体感会更强一些。

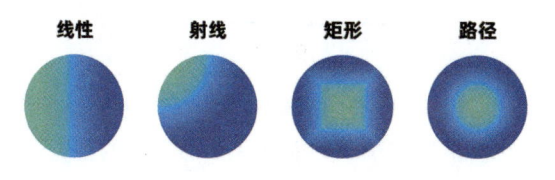

图 6.37

然后调节渐变光圈上的取色点，在颜色条上单击可以生成一个新的取色点（见图 6.38 左侧）；选中取色点，按住鼠标左键向上拉，可以删除对应的取色点（见图 6.38 右侧）。结合这个技巧，可以自由控制取色点数量。每个取色点还可以单独设置颜色、透明度及位置等参数，以此打造出丰富多彩的渐变样式。

图 6.38

4. 细节的力量

以上的 3 个技巧都是基于色彩本身的调节，但其实，影响色彩观感的因素有很多。有时，一些小细节也能产生不同的影响。例如：这页 PPT 的内容排布规范，整体用色也很鲜亮，但却给人一种拥挤的感觉（见图 6.39）。

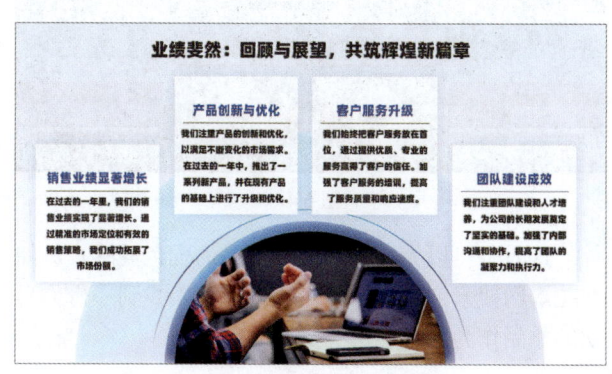

图 6.39

其实，问题的关键在于字重的配比。过粗的字体会显得拥挤，将字体按照文字层级合理分配字重，主标题用最粗的字体，小标题用普通粗细的字体，而面对大段文案时选用更纤细的字体，不仅进一步强调了层级关系，也让页面更清爽干净了（见图 6.40）。

图 6.40

再如：这页 PPT 表格全是数字，虽然全篇没有使用大面积色彩，但看上去就是很臃肿（见图 6.41）。

图 6.41

其实，问题的关键在于表格的边框线太实了，密密麻麻的就显得很乱。只需将表格的边框统一调整得细一点、淡一点，一页干净清爽的表格页就完成了（见图 6.42）。

图 6.42

又如：这页关于海洋动物的 PPT，采用了好看的渐变色来丰富质感，但看上去不够高级（见图 6.43）。该怎么办呢？

图 6.43

其实，关键在于阴影设置得过于粗糙了，默认的阴影效果非常生硬不自然。只需调整下阴影的参数，让卡片轻盈一些就更好了（见图 6.44）。

图 6.44

操作方法如下：选中形状，右键选择"设置形状格式"，在形状效果选项中设置阴影参数即可（见图 6.45）。

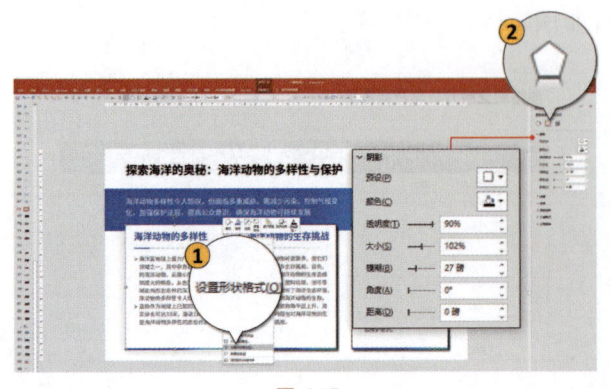

图 6.45

对比下修改前后的阴影参数设置，通过调节阴影的参数细节（如透明度、大小、模糊等），可以创造出柔和的阴影效果（见图 6.46）。

图 6.46

以上就是几个细节设置，包含字重、线框及阴影。它们虽然细小，却能带来截然不同的视觉体验，这就是细节设计的力量。

6.1.3 万能的"偷色大法"

对于配色而言，往往学了很多的配色理论和技巧，到用的时候却总是想不起来。有没有一种更简单高效的配色方法呢？答案是肯定的，而这也就是配色篇的压轴技巧——偷色大法。

它是一种万能的配色技巧，且对新手而言非常友好！具体方法是：直接借鉴一些优秀作品的配色方案，并将它们的"色彩气质"迁移到自己的作品中。这种有参照物的配色方式，能让你更直观地看到配色的效果，无须记住一些复杂的配色理论。

例如：这是一份关于音响的配色作品（见图 6.47）。整体颜色很暗淡，需要进行色彩升级。

图 6.47

这时，可以先在网上搜索优秀的配色灵感，例如在花瓣网搜索"音乐"等关键词，从中找到一份你喜欢的作品作为灵感参考（见图 6.48）。

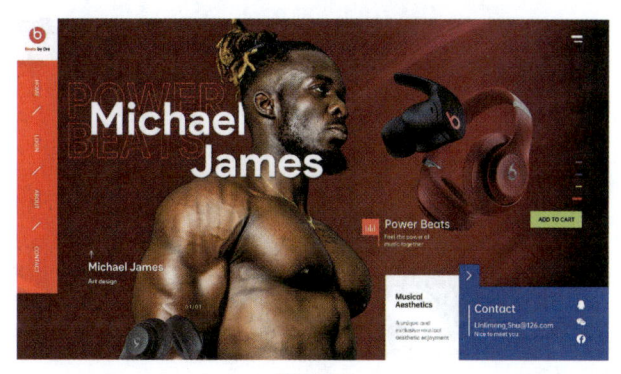

图 6.48

接下来就要做配色迁移了，具体来操作如下：首先提取画面中的主色调。可以利用 PPT 自带的取色器功能提取颜色，也可以利用前面提到的在线配色网站 Adobe Color 提取颜色。方法非常简单。打开主页，单击"撷取主题"，上传灵感图，即可提取画面中的颜色及对应的颜色值（见图 6.49）。

图 6.49

然后，将它们逐一分配给原稿中的图形（见图 6.50）。

图 6.50

先来组对比看下效果（见图 6.51）。虽然色彩都一一对应了，但气质却截然不同，修改后的案例不仅没有灵感图那种高级感，反而显得很廉价。你知道这是为什么吗？

图 6.51

仔细对照灵感参考，会发现：灵感图中的主体人物占比很大，红蓝两色的占比其实并不大，而修改后的案例却恰好相反（见图 6.52）。这是很多新手的配色误区之一：仅看到了色彩，而忽略了各种颜色的配比。

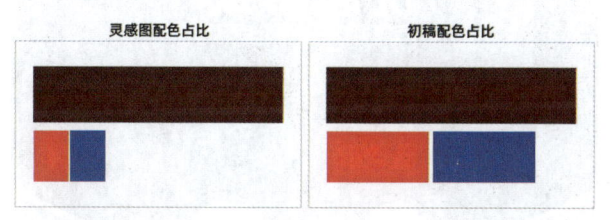

图 6.52

因此，需要调整目前的色彩配比。缩小红蓝的占比，放大主体音响。同时，可以在音响背后加入一盏光，提升背景层次感（见图 6.53）。

图 6.53

但此时有了一个新的问题：下方的红蓝色与背景糊在一起了，稍显暗淡。再次对照灵感图，会发现红色和蓝色色块旁边都加入了白色（见图 6.54）。

可以参照灵感图将白色加进来，层次感立刻拉开了（见图 6.55）。原来，白色不是随便加的，而是起到了色彩调和的作用。

至此，配色部分就完成了。此时可以再加入一些细节点缀，就会高级许多（见图 6.56）。正如前面提到的，细节对于画面质感也有很大的帮助。

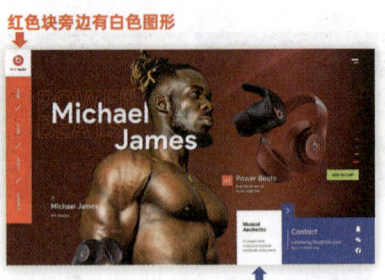

图 6.54

图 6.55

图 6.56

回顾整个过程会发现：配色并不是一个独立的概念。色彩、比例、点缀等，任何一个细节都会影响最终效果。它更像是一种气质，一种内在的感觉。借助这个技巧，可以将喜欢的配色灵感保存下来，并迁移到自己的作品中，提升视觉效果。

以上就是本节的全部内容，围绕 PPT 配色中的两大常见问题：配色盲目凭感觉与配色单调不好看，给出了一些具体可行的解决方案，同时介绍了一种高效的"偷色大法"。灵活运用以上技能，可以为你的 PPT "增色"不少！

6.2　只会模仿不会原创怎么办

很多人在学习制作 PPT 时会经历这样的阶段：软件操作很熟练，能够轻松地临摹出各种作品，可一旦需要原创设计，大脑就一片空白，不知从何下手了。本节将带你攻克这一难题，教你迈出原创设计的第一步。

6.2.1　这才叫高质量临摹

"要想提升 PPT 设计水平，就要多看优秀的作品，然后尝试用 PPT 将这些作品高质量地临摹出来"，这是很多 PPT 高手的成功秘籍。

于是你也兴致满满地打开 PPT，每天临摹一张优秀作品。然而一段时间过去后，却发现设计水平还是停滞不前，难道是这个方法论有问题吗？其实并非如此，原因多半是你的模仿不够细致，没有达到"高质量"这个要求。下面就以这份灵感参考为原型（见图 6.57），手把手教你做出高质量的临摹。

图 6.57

首先观察这份作品，它是典型的团队介绍。于是你也放上 4 张同事的照片及个人介绍，其中背景使用纯白色（见图 6.58），以契合公司的 PPT 模板规范。

图 6.58

如你所见，明明版式完全一致，但效果却天差地别，究竟差在哪里了呢？难道仅仅是因为配色的差异吗？其实并非如此，在回答这个问题之前，再来详细对比下这两页的差异。首先来看版式结构。用矩形色块将出现的元素都框起来（见图 6.59），左侧为灵感图的版式，而右侧是你初步模仿后的版式。

图 6.59

通过对比，相信你也发现问题所在了。新手在临摹时往往只关注最显眼的版式设计，却忽略了很多版式细节，也就是你观察得不够细致。假设一份优秀作品是 10 分，你在观察环节就只关注到了其中的一部分，也就是 6 分。那么，即使临摹得再好也只有 6 分。因此，高质量临摹的第一步是学会关注设计的细节，用放大镜的视角重新审视作品，将遗失的元素补回来（见图 6.60）。

图 6.60

此时，页面的视觉效果丰富了许多，到这一步时很多人的临摹设计也就结束了，但这其实还不够。因为一份作品不只有版式结构，还有更细致的设计巧思。仔细观察原版会发现，除了版式细节丰富外，文案的层级划分也很有讲究（见图 6.61，左侧是灵感图的文案层级对比，而右侧是临摹后的文案层级对比）。

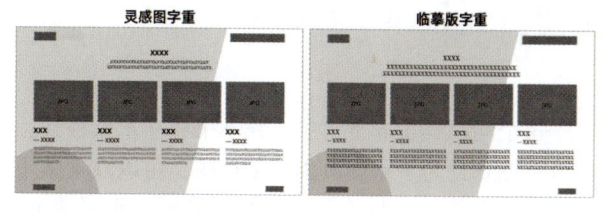

图 6.61

通过对比可见：由于灵感图中的文本有明显的层级划分，即使不看内容也可以清晰地分辨出标题与内容各是哪部分；而临摹的作品没有明显的文案层级划分，导致对比不够明显。因此，放大标题并缩小内容文案，同时将字体改为阿里巴巴普惠体，方正的字形更显商务，且文字层级对比更明显（见图 6.62）。

图 6.62

此时，作品精致了许多。可见，在学习优秀作品时，除了版式结构外，还应关注更细致的内在。即使是一个小小的字重问题，也能带来完全不同的视觉体验。到此，你觉得此次临摹就结束了吗？其实还没有，我想你可能也发现了一个问题，那就是人物介绍部分的文案长短不一，由于右侧的文案很短，仿佛右下角缺了一块（见图 6.63）。

图 6.63

这个问题其实非常常见，在本书第 4 章模板设计篇也有提到，为了重塑页面的平衡感，可以在文案下方插入一条横线，将人们的视线拉到同一水平线上，即可缓解平衡感缺失的问题。同样地，人物头像在照片中的大小比例也需要统一，保证头像比例一致，眼神在同一水平线上（见图 6.64）。

图 6.64

至此，这份作品就算基本临摹完成了。为什么说是"基本"呢？因为，它还缺少了一些细节上的修饰元素，进一步观察参考对象，会发现页面左侧有纹理颗粒，右上角有墨迹等修饰元素（见图 6.65），它们都有助于提升页面质感。

墨迹修饰

纹理颗粒

图 6.65

于是，将这些修饰元素融合进来，完成"最终"的设计（见图 6.66）。

图 6.66

如果没有背景色的限制，也可以将作品做成彩色版（见图 6.67）。到此，一份高质量临摹作品就算真正完成了。

图 6.67

对比下最初的版本，虽然文字与图片都更换了，但仍然保留了灵感图的优点。回顾整个临摹过程（见图 6.68），其实就是用放大镜的视角去审视作品，不断对比与参考对象间的差距，如版式、配色、字重、修饰等方面的差距。每处细节都藏着作者的设计巧思，你观察得越仔细，能学到的东西就越多。长期保持这种高质量的刻意练习，可以积累设计想法，为原创设计奠定基础。

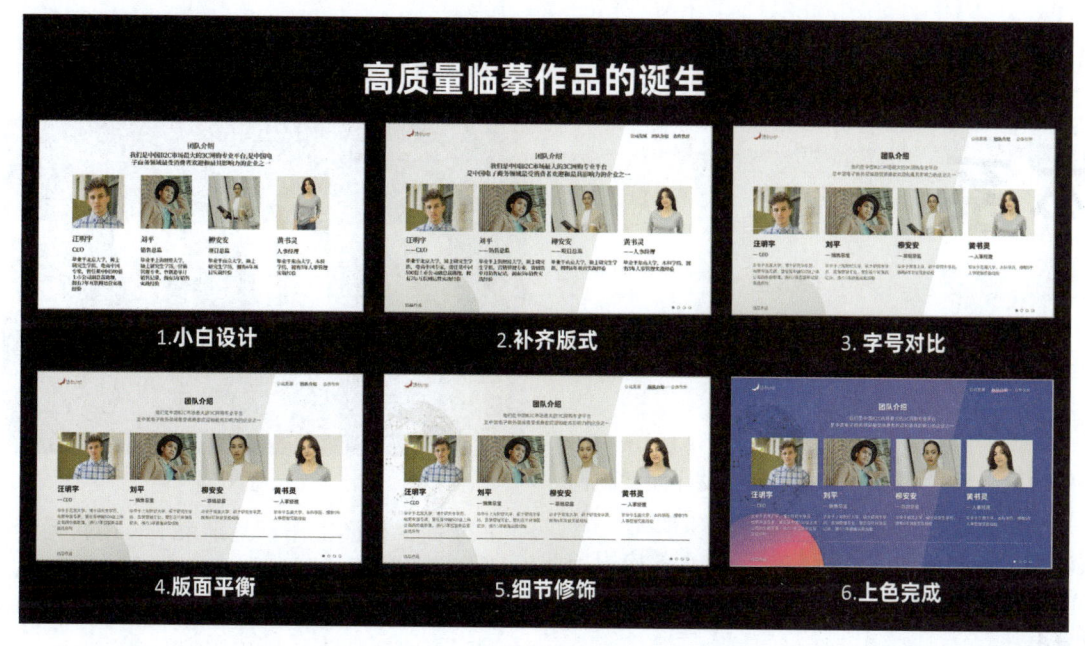

图 6.68

6.2.2 迈出原创设计第一步

当你做了一段时间的高质量临摹后，就可以进入下一个阶段——原创设计。从临摹设计到原创设计，这不仅仅是名称上的转变，更是核心能力上的转变。临摹设计考验的是观察和操作能力，而原创设计考验的是审美和设计思维。

很多人对于原创设计有个误区，认为只有做出世界上独一无二的作品才算是原创。于是，不去借鉴任何优秀作品，而是坐在计算机前，凭空想象。但其实这个要求太高了，如果没有大量的积累，是无法做到"无中生有"的。因此，对于普通人而言，更应该学习的是如何借鉴优秀作品，并在此基础上做出一些变化，将它转化为自己的作品。因此，也可以称之为"延伸设计"。下面，就以此前这份临摹作品为起点（见图 6.69），手把手教你如何进行原创（延伸）设计。

首先问个问题：如果让你以这份作品为灵感进行原创设计，你会怎么做？我猜你的想法可能是这样的：这个配色不错，底部的科技纹理挺好看，居中排版可以学习……面对一份优秀的灵感参考，你或多或少都能说出一些值得学习的点。但总的来说，思维比较零散，缺少一个体系化的设计步骤（见图 6.70）。

图 6.69

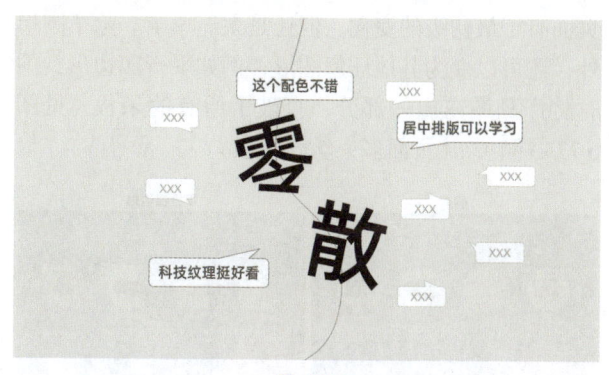

图 6.70

如何更科学有效地进行延伸设计呢？下面分享我总结的原创设计"三部曲"，分别是：换元素、调排版、改配色（见图 6.71）。

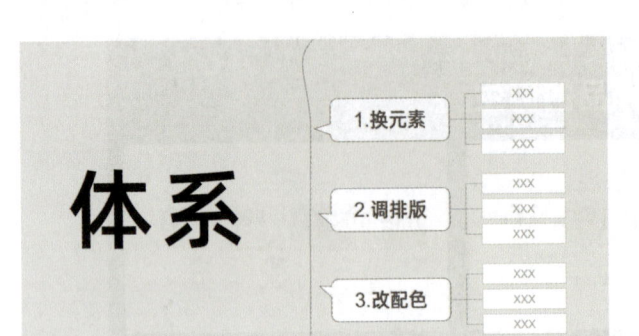

图 6.71

素比较契合,点线粒子也改为新的呈现形式放在下方(见图 6.74),素材调性与此前保持一致。

图 6.74

1. 换元素

用新的设计元素替换画面中已有的设计元素。替换元素是最基本的延伸方式,来看下替换的过程。首先将人物图改为产品图(见图 6.72),这页的应用场景就从团队介绍转变为产品介绍了。这类似于套模板的初级过程。

至此,替换工作算是结束了。用新元素代替已有元素,拓展了应用场景,改动虽小但也融入了自己的思考,算是向原创设计迈出了一小步(见图 6.75)。不过,此时的设计仍有明显的临摹痕迹。

图 6.72

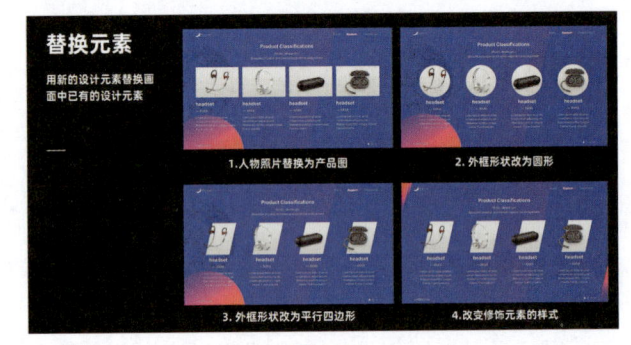

图 6.75

将产品图外侧的矩形变为圆形,下面的文本对齐方式也相应地改为居中对齐(见图 6.73 左侧)。此时页面有了最初级的变化,但还是太简单了。除了圆形外,还可以变为其他任意图形,例如平行四边形,同时将产品图露出一部分,打破了原有的呆板(见图 6.73 右侧),让页面多一丝设计感。

2. 调排版

改变原有的版式布局,让画面多一些变化。最基础的修改方式是加强对比,如凸显其中一个,弱化其余几个(见图 6.76)。这种变动虽然不大,但实际应用价值却很高。

图 6.73

以上替换还仅体现在主体元素上,还可以进一步对修饰元素进行替换,如色块和科技点线等。用三角形替换了左下角的半圆,因为倾斜的色块与主体的元

图 6.76

在此基础上，还可以改变元素排列方式，以前是横向四等分排列，现在改为 2×2 排列（见图 6.77）。

图 6.77

当然，还可以选择更有创意的排版方式。例如，在改变排列方式的同时凸显其中某个（见图 6.78），这种排版形式比较灵活，需要一定的设计功底。

图 6.78

以上就是版式变化的迭代过程，通过更改排版，摆脱原有版式的束缚，依据实际情况做出优化（见图 6.79）。若想更为灵活地排版，需要有一定的版式积累。

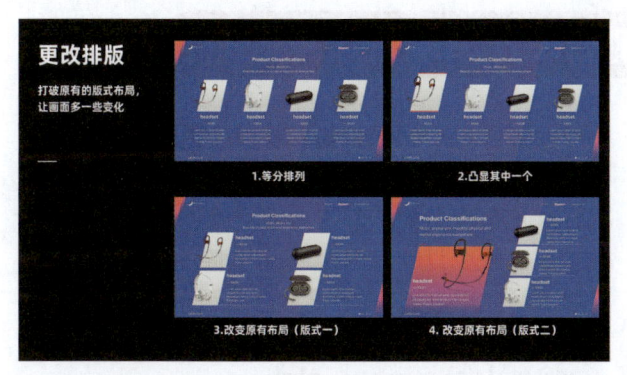

图 6.79

观察与参考对象的对比发现，版式布局的改变带来了大的变化，但配色仍会让人想到原作（见图 6.80）。

图 6.80

3. 改配色

根据色环理论提供多种配色方案。一提到改配色，有些人就很困扰了。因为此前的习惯都是吸取灵感图中的颜色，这需要换一组全新的配色方案，应该怎么办？其实，此刻只需了解一点配色理论基础即可。首先来分析下参考对象的配色方案。这套配色使用了色环 120° 范围内的色彩进行搭配（见图 6.81）。

图 6.81

因此，可以沿用参考对象的配色理念，即在色环上选取任意 120° 范围内的色彩进行搭配，在此划定了两个新的色彩范围区间，即黄绿色系及红黄色系（见图 6.82）。

色环上120° 范围内取色

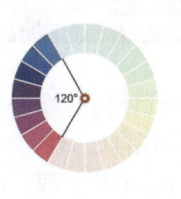

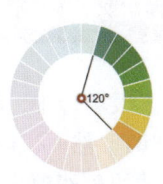

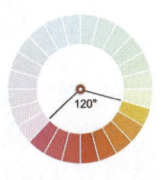

图 6.82

将它们应用到目前的页面中，即可得到全新的设计，虽然用到的颜色已经完全改变了，但整体的色调仍和参考对象很搭，像是一整套作品（见图 6.83）。这就是在色环辅助下的配色结果，如果你想更灵活地

图 6.83

掌握配色规律，可以更深入学习色环的应用。

回顾整个修改过程（见图 6.84），利用换元素、调排版、改配色这 3 个步骤，不断迭代，最终得到了一份全新的延伸设计。此时，已经找不到原稿的影子了，算是真正意义上的原创设计了。

其实整个改稿过程的关键就在于一个"变"字。尝试在作品中融入自己的思考，适当做出些改变，哪怕它再细微，也好过机械式地反复临摹。

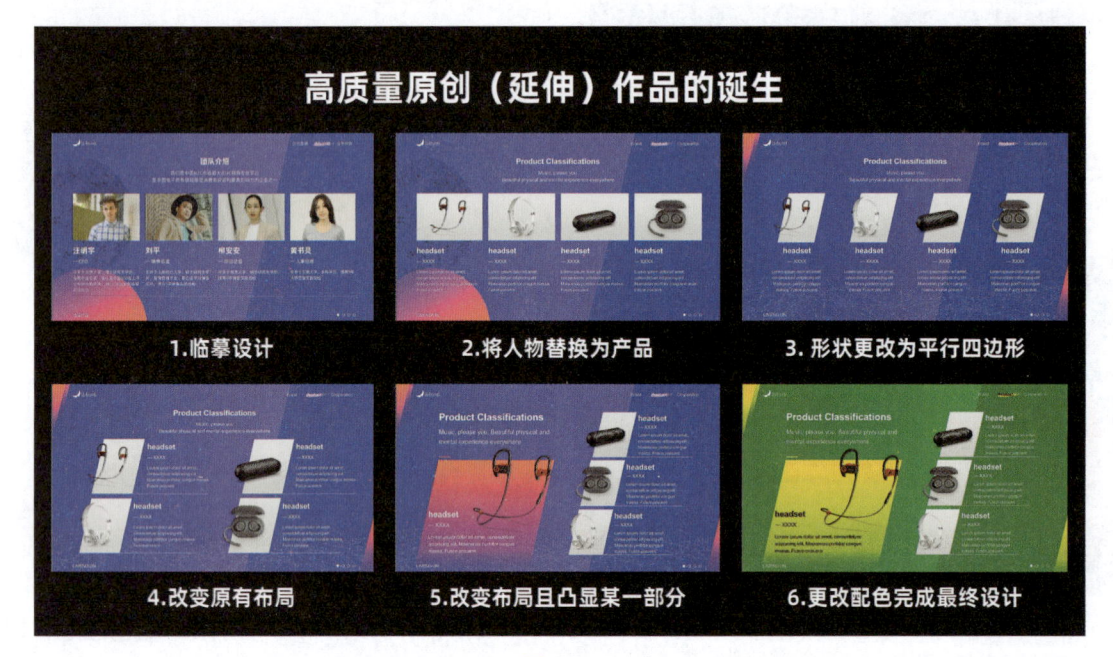

图 6.84

以上就是完整的高质量临摹及原创设计的技巧，运用这套方法不断练习，积累设计经验，相信会加速提升你的原创设计能力。

6.3　拒绝千篇一律，定制感设计原来是这样做的

在一次关键的汇报场合中，你满怀信心地展示了自己精心制作的 PPT。然而，你发现自己做的 PPT 和竞争者从网上下载的免费模板相差无几。那一瞬间，仿佛之前的努力都白费了。

相信你在学习了一段时间 PPT 后，已经能够应对日常工作需求，做出一份风格统一、规范整洁的 PPT 了（见图 6.85）。可以看出，该作品中规中矩，缺少那种让人眼前一亮的感觉。更可悲的是，似乎换一个主题，这份 PPT 也能胜任，失去了专属于你和你项目的特色。

这正是许多 PPT 学习者在进阶道路上遇到的瓶颈：作品缺少设计感与定制感。那么，如何突破这一瓶颈，拉开竞争者与你之间的差距呢？其实不必担心，本节将分享几招实用的技巧，让你告别平庸，做出更具设计感与定制感的 PPT。

第 6 章 创意之光——如何成就独特新颖的视觉效果

图 6.85

6.3.1 提升设计感的 3 大绝招

为什么你的 PPT 总是很普通？其实根源在于你过于依赖传统的设计手法，仅仅满足于将元素排列整齐，缺乏令人印象深刻的视觉记忆点。你是否思考过这样一个问题：在网上浏览设计作品时，为什么会在琳琅满目的作品中，特意点开某张灵感图呢（见图 6.86）？

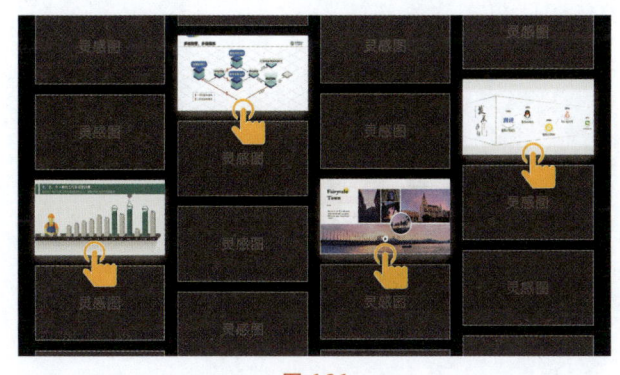

图 6.86

其实，这些作品之所以吸引你，是因为它们拥有某种特质，例如新颖的配色、独特的排版、抑或一些细节装饰。我将这些特质统称为作品的视觉记忆点，它们赋予了作品独特的设计感。值得庆幸的是，这些高级的设计技巧并非遥不可及，而是有规律可循的。为此，我精心挑选了 3 个实用的设计小妙招，助你轻松提升作品的设计感！

1. 分割排版

来看第一个技巧——分割排版。例如：这页常见的工作汇报 PPT，典型的三段式排版，看上去很平淡（见图 6.87）。如何进一步优化呢？

图 6.87

页面之所以单调，主要在于整体色彩单一，全为白色调，缺少层次变化。不妨尝试一下在设计中加入色块，将背景巧妙地分割为两个部分（见图 6.88）。这样的设计手法能够创造出强烈的视觉对比，让页面在感官上产生丰富的变化，从而提升整体的视觉效果。

图 6.88

当然，色块的形式并不拘泥于矩形，它也可以是任意形状。例如：这页 PPT（见图 6.89 左侧）介绍了著名球星内马尔的生平，页面里规整地排列着各个年龄段的一些重要荣誉，虽然清晰却略显呆板，缺乏运动场上应有的活力与动感。此时，可以在画面两侧添加倾斜的色块（见图 6.89 右侧），不仅提升了画面的动态张力，而且与主题相得益彰，更加生动地传达了内马尔在球场上的迅猛与活力。

图 6.89

再如：这页 PPT，一张样机图片加一段文字，内容很清楚，但纯白的背景则略显单调（见图 6.90 左侧）。此时，可以在背景中加入几个大小不同的圆形，以丰富整体的视觉效果（见图 6.90 右侧）。

图 6.90

或者，这份中国风设计，文字排版很考究，然而页面下方则显得有些空（见图 6.91 左侧）。采用传统的墨迹元素来巧妙地分割背景，不仅丰富了视觉层次感，还巧妙地融入了国风元素，使整体设计更具古典韵味和独特的艺术气息（见图 6.91 右侧）。

图 6.91

总之，分割排版策略是打破单调、提升视觉层次的有效方法。分割色块的形式和位置具有高度的灵活性，可根据作品主题灵活挑选。这种独特的设计手法能够显著提高作品的设计感，并与主题相得益彰，从而营造出更加出色的视觉效果。

2. 破格设计

第二个技巧——破格设计，也就是所谓的"出圈"思维。例如：这页关于研究方法的 PPT，左文右图的形式很常见，但缺少设计感（见图 6.92）。我们该如何进一步优化呢？

图 6.92

面对这种情况，可以从图片本身入手去寻求创新。先将图片裁剪为圆形，然后将风车抠出来盖在原来的位置上，营造出一种伪 3D 的感觉（见图 6.93）。这种让图片主体超出图片边界的设计技巧，就是破格设计的精髓所在。

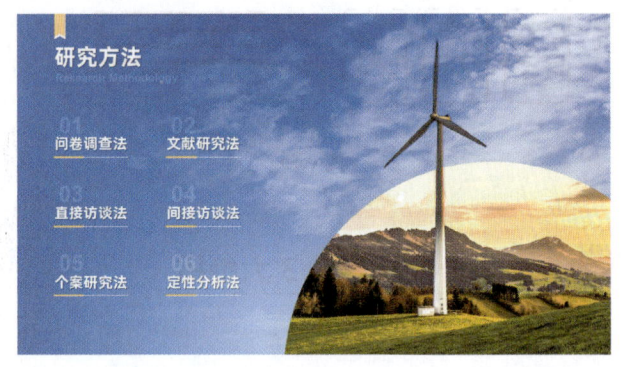

图 6.93

操作分为两步：抠图以及裁剪图片。抠图部分可以使用在线抠图网站"趣作图"，只需上传一张图片，即可一键抠出风车的主体（见图 6.94）。

图 6.94

至于背景图片的裁剪方法，可以结合布尔运算来实现。首先画一个大圆形盖在图片上方，选中图片，按住 Ctrl 键加选圆形，单击"形状格式→合并形状→相交"（见图 6.95），即可将图片裁剪为圆形。最后将刚刚抠出的风车盖在当前图片上即可。

当然其中也可以有很多变化的形式，例如背景的那张图片不一定非要裁剪成圆形，它可以是任意形状。如果做成两个圆环相交的样式，是不是更有设计感了呢（见图 6.96）？你也可以思考下这个效果是如何做出来的。

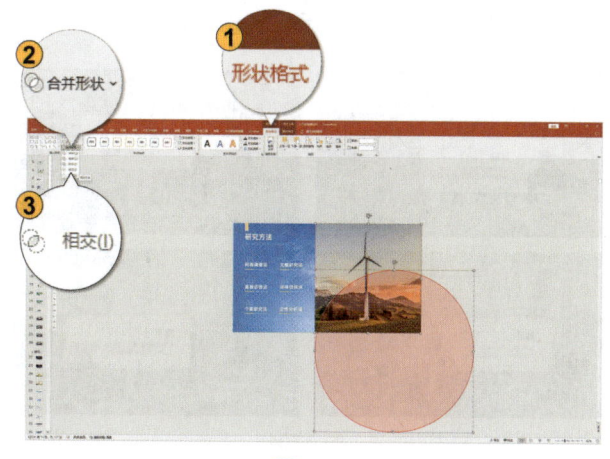

图 6.95

图 6.96

再如：这页元宵节宣传 PPT，左边的灯笼照片很契合节日氛围，但方方正正的图片，少了点中国风的韵味（见图 6.97 左侧）。此时，可以使用墨迹来填充图片，并且露出灯笼的部分，增强古风韵味（见图 6.97 右侧）。

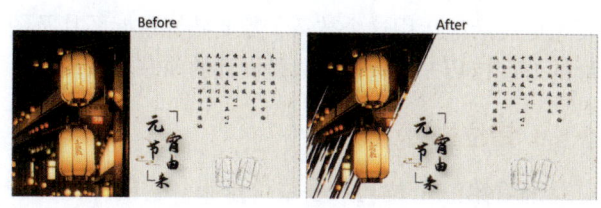

图 6.97

操作步骤其实都是类似的，分为抠图和裁剪两步。抠图可以结合"趣作图"，就不再赘述了。至于墨迹填充图片的方法如下：可以先准备一张矢量的墨迹素材盖在图片上方，选中图片，按住 Ctrl 键加选墨迹素材，单击"形状格式→合并形状→相交"（见图6.98），即可将图片填充到墨迹中。最后将抠出的灯笼主体盖在当前图片上即可。

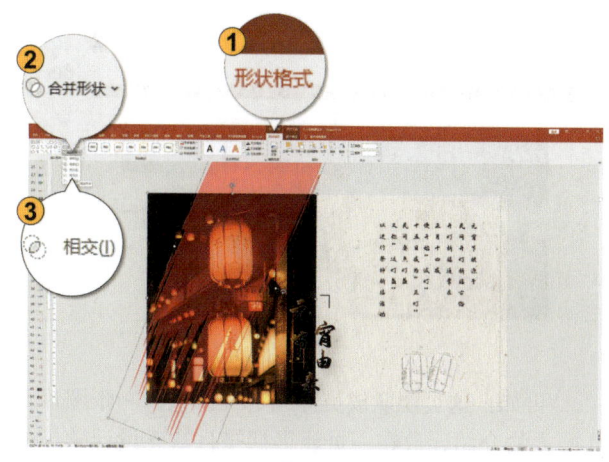

图 6.98

除了风景图片的展示，破格设计也可以用于人像照片中。例如：这页婚礼宣传的 PPT，目前的图片四四方方的不够精致（见图 6.99 左侧）。此时，可以将图片裁剪为拱门的造型，并且将人物抠出来盖在原位上，整体的设计感立马提升了不少（见图 6.99 右侧）。

图 6.99

再如：这页关于滑雪的 PPT 封面，整体风格很潮流时尚，美中不足在于背景有些杂乱，且人物被众多元素遮挡了，画面缺少视觉焦点（见图 6.100 左侧）。此时，可以将背景图虚化以去除多余的干扰，同时将人物抠出来盖在原位，一页高级感的封面就完成了（见图 6.100 右侧）。

图 6.100

关于图片的虚化方法也很简单。选中图片，右键选择"设置图片格式"，在弹出的"设置图片格式"选项卡下选择"图片"这个类别，并将其中的"清晰度"设置为 -100% 即可（见图 6.101）。

图 6.101

再如：这页团队成员介绍 PPT，包含一张图片及 4 段人物介绍，放在一页显得拥挤且缺乏设计感（见图 6.102）。如何在演示时让自己的团队展示更具新意呢？

图 6.102

此时，也可以运用破格设计技巧。首先将当前要介绍的人物单独抠出来，然后将背景图片变为灰色，最后在背景和要凸显的人物中间添加色块，填写相关信息（见图 6.103）。

图 6.103

沿用这个技巧，可以给每个人物单独设计一页 PPT（见图 6.104）。当介绍到某个人物时，该人物就会单独亮显。在切换时就会有种舞台剧的感觉，仿佛聚光灯照在主角身上，演示效果也会非常出彩。

图 6.104

其中涉及的操作也是类似的，抠出人物，然后处理背景图。关于图片去色的操作方法如下：选中图片，单击"图片格式→颜色"，选择饱和度为 0 的预设即可（见图 6.105）。

图 6.105

以上就是破格技巧的应用。它可以突破原本矩形图片的限制，用更具创意的形式赋予页面设计感，而且应用面非常广，无论是人物介绍、产品介绍还是风景名胜介绍等都可采用这个技巧提高设计感。当然，要想更灵活地运用这个技巧，需要熟练掌握图片及图形的处理技巧，毕竟抠图只是设计的前序步骤而已。

3. 错位排版

来看第三个技巧——错位排版，它或许是提升 PPT 设计感的最简单实用的技巧。例如：这页旅游宣传的 PPT 封面，目前的整体设计感还不错，唯独标题文字有些普通了（见图 6.106）。如何优化呢？

按照传统的理念，文字只要整齐排列就好，但对于标题而言，往往需要打破常规，以吸引观众的注意力。为此，可以先将文字拆开，加入大小对比，并错开一些距离，画面就有了律动感，在空白处加入细节修饰维持平衡，一份高级感满满的封面页就完成了（见图 6.107）。

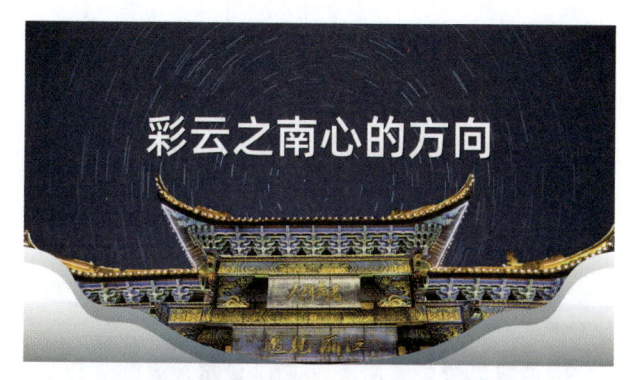

图 6.106

图 6.107

整个修改过程，其实就是把文字拆开打散，没有过于复杂的操作，却能带来全新的视觉体验。当然文字不一定都是横向排列，纵向的文字也可以采用同样的技巧。例如：这页关于乡村振兴的 PPT，平铺展开是最常见的设计形式（见图 6.108 左侧）。此时，也可以结合错位技巧，将文字单独拆解开，并在文字的缺口处添加修饰物以维持画面平衡，一页大气的封面就设计好了（见图 6.108 右侧）。

图 6.108

当然，在使用文字错位排版时，需要特别注意文字的编排要符合人们的阅读习惯（见图 6.109），如果拆得太散则会影响阅读体验。

图 6.109

错位的技巧，除了用在文字上，在结构编排上也有重要作用。例如：这是一页 PPT 时间轴，记录了企业的发展历程。这种一根直接串联时间轴的形式很经典，然而所有文字都在同一水平线上，看起来比较平淡（见图 6.110 左侧）。此时，可以试着将直线掰弯，并且将内容部分围绕这条曲线展开，设计形式就更新颖了（见图 6.110 右侧）。

图 6.110

通过改变元素的相对位置，赋予页面更多设计感，这个技巧在 PPT 的应用非常广泛。例如，面对这种四段式的结构，可以用高低错落的方式凸显该行业发展日益成熟的含义（见图 6.111）。

图 6.111

或者，这种经典的三段式排版，结合三维旋转改变空间上的相对位置，提升设计感（见图 6.112）。

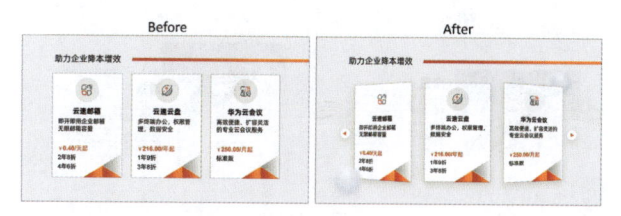

图 6.112

三维旋转的操作方法如下：选中需要进行三维旋转的元素，右键选择"设置图片格式"，在弹出的图片格式选项卡中选择"效果",设置"三维旋转"参数即可(见图6.113)。

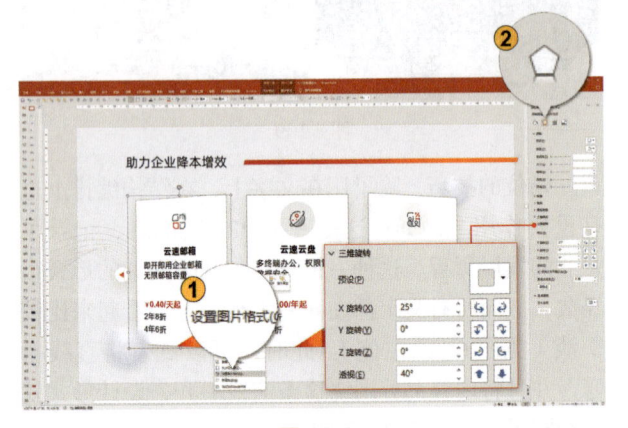

图 6.113

当然,图片错位排版除了美化外,有时对于信息高效传达也有重要意义。例如:这页PPT分为4部分,其中的百分比可以表示各项工作的实施进度,目前是平铺展示的,很规整却也很单调,并不利于体现其中的百分比数值(见图6.114左侧)。此时,可以结合百分比数值,赋予各项内容不同的大小,并且将4个圆错位摆放(见图6.114右侧)。这种设计形式不仅赋予变化,也能将内容可视化地呈现出来,方便读者快速了解各个事项的完成情况,一举两得。

图 6.114

再如:这种经典的左图右文结构的PPT(见图6.115左侧),可以将文字与图片错开一些距离(见图6.115右侧),就会有不一样的视觉表现。

图 6.115

除了单张图的应用外,在多图排版中,错位的技巧也有许多应用。例如:这页城市介绍PPT,利用卡片式排版介绍了5个城市,统一规范(见图6.116左侧),相信你多数情况下都是这么排版的。但这种形式看久了总会有些视觉疲劳,其实只需将元素有规律地错开一些距离就会产生全新的效果,仿佛每张卡片都漂浮在空中,有种律动的美感(见图6.116右侧)。

图 6.116

随着图片的数量不断增加,这种错位排版的方式就有了更大的应用空间。例如:这页PPT中包含许多照片,常规的形式就是将它们均匀地平铺展示,毫无新意(见图6.117)。

图 6.117

其实,只需打破位置上的绝对统一,让每张照片错开一点,例如这种瀑布流的形式,会让人觉得上下方还有源源不断的照片待展示,凸显了照片数量丰富(见图6.118左侧);如果在错位的基础上再加入些大小变化,层次感就更强了(见图6.118右侧)。

图 6.118

延续这个思路,甚至可以将图片排版成更具创意的形式,艺术感瞬间提升(见图6.119)!

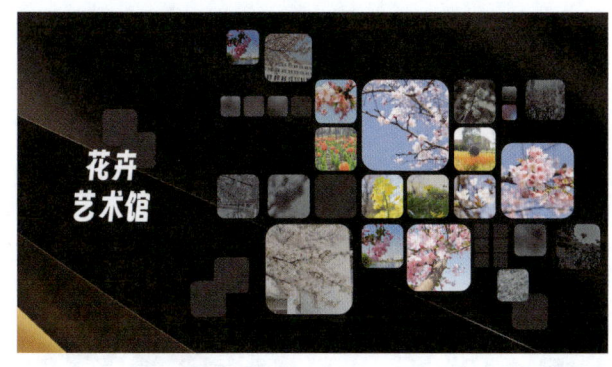

图 6.119

总之，错位排版可以打破常规，带来不一样的视觉观感，不过，这一切仍需建立在能够正常阅读的基础上，当你要打破规则之前，先要明白规则到底是什么。

以上就是提升 PPT 设计感的 3 个技巧，其实，分割排版、破格设计、错位排版这 3 个技巧的操作并不复杂，如果能灵活运用，定会为你的 PPT 增加一抹亮色。

6.3.2 定制感设计的秘密

当你能够灵活运用各种设计技巧时，相信已经能够做出一份具有设计感的作品了。然而，PPT 作品只是好看还不够，因为网上有很多付费级的模板，它们都出自专业设计师之手，想要比它们做得更好看还是有难度的。那么，如何在关键场合进一步拉开与竞争者的差距，让领导看到你的用心呢？

这时，就需要引入定制化思维了。就像私人定制的西装，每一件都是根据客户独特的身材量身打造，只此一件，无法复制。这种专属感，让定制西装的价值远超普通成衣。同样，优秀的 PPT 也需要这种"量身定制"的专属感。即使市面上的模板再精美，它们也只是批量化的产物，正所谓"好看的皮囊千篇一律，有趣的灵魂万里挑一"。一份真正为你或你的项目定制的 PPT，其价值和意义是无可比拟的。这样的 PPT，不仅能体现你的专业度，更能展现你对工作的认真与用心。

我根据自己多年实战经验，总结了以下 3 个提升定制感的妙招，相信会让你的 PPT 从众多作品中脱颖而出。它们就是融入主题图片、主题形状及主题修饰物。

1. 主题图片

图片是最简洁直观地体现定制感的要素。以校园答辩 PPT 为例，网上的答辩 PPT 多半是这样的（见图 6.120），形式尚可，但缺少特色，换个学校、换个主题这份 PPT 同样适用，丝毫没有差异化。

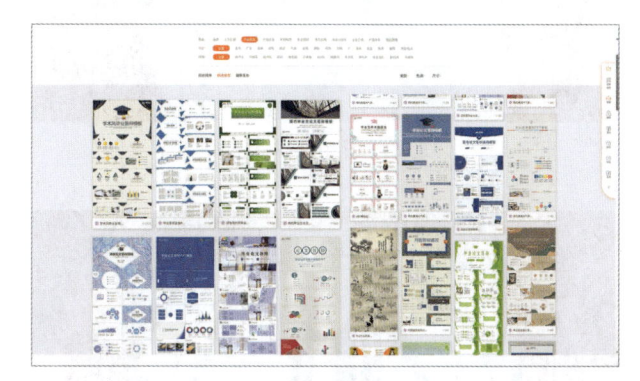

图 6.120

如果是用在一些重要场合中，则稍显普通了。那么，如何在设计中体现差异化呢？其实添加图片是最有效的方法，对于新手而言，能想到的不外乎两种方式：直接将图片铺满屏幕当作背景（见图 6.121 左侧），或者放在一侧作为修饰（见图 6.121 右侧）。

图 6.121

这两种方式很常见，但效果也比较普通。给人的感觉就是在常规模板的基础上，替换了图片而已，定制感并不强。

其实，真正的定制化设计，不是机械性地复制粘贴，而是要依据图片特点，将其有机融入页面中。例如：这张校园风景照片，救生圈作为前景，教学楼作为远景，图片本身的纵深感很强（见图 6.122）。

为此，可以保留这个构图的特点，将文字内容放在远景与前景之间（见图 6.123）。这样保留了图片本身的空间感，也不影响文字的识别性，兼具了美观与实用性。操作方法也很简单，将救生圈的绳子单独抠出来，压在文案上即可，与前面介绍的破格设计方法是一样的。

图 6.122

图 6.123

再如：这张从楼梯上往下看的俯视图，连续的台阶有种层层递进的感觉（见图 6.124 左侧）。那么，就可以利用楼梯的走势来排版，将箭头添加在台阶上，并将文案内容融入其中，就形成了一张天然的流程图（见图 6.124 右侧）。

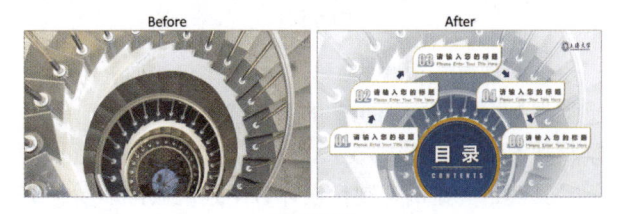

图 6.124

又如：面对这张校园楼顶的照片（见图 6.125 左侧），依旧可以从照片特色出发。可以看到，照片下半部分比较凌乱，而上方由远及近的围墙，则很有时间轴的感觉。因此，可以裁剪掉下方不太美观的区域，保留上方的围墙，并沿着围墙走势排版（见图 6.125 右侧），是不是也独具新意呢？

我此前就用这个技巧，为母校定制了一份 80 多页独具特色的校园 PPT 模板（见图 6.126），这份作品至今仍流传于母校的毕业生之间。

图 6.125

图 6.126

因此，当你能够结合图片本身的特点进行设计时，就能显著提升作品的定制感。当然，要想灵活使用图片，必须熟练掌握图片的设计技巧，如图片裁剪、调色、抠图等，关于具体的操作方法，可以回顾图片技巧篇进行学习。

2. 主题形状

除了照片外，形状也是凸显定制感的重要工具。例如：这页 PPT 是关于世界海洋日主题音乐会的，整个背景是蔚蓝的大海，很符合海洋日的氛围，但问题是少了点音乐会的感觉（见图 6.127）。如果不细看文案，很容易让人误以为是旅游宣传海报。如何进一步优化呢？

图 6.127

其实，可以融入一些主题相关的形状元素做辅助说明。提起音乐会，很容易让人联想到音符、喇叭等元素。因此，可以添加一些音符元素，并用叠加在一起的两个圆环模拟声音扩散的效果（见图 6.128），是不是瞬间就有了音乐会的感觉呢？

图 6.128

再如：这页班会 PPT 主题是"知识改变命运"，一张星空的背景图加上金色纹理的文字，设计感还不错，但就是少了点定制感（见图 6.129 左侧）。为此，可以添加主题相关的形状进行修饰。提起知识，就能联想到读书的情景。因此，可以将书本的形状融入背景，并将"主题班会"几个字做成书签的样式（见图 6.129 右侧），生动形象。

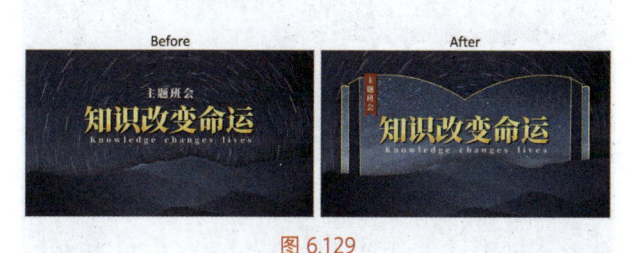

图 6.129

这里的书本其实就是通过一些简单形状拼接起来的。这些形状可以使用任意多边形加编辑顶点的形式绘制，然后组合在一起，就成了一本书的造型（见图 6.130）。

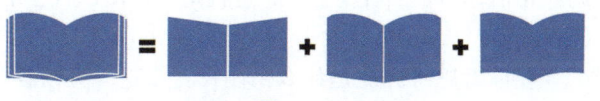

图 6.130

又如：这页西安城市介绍 PPT，普通的图片排版，体现不出西安这座古城的历史文化底蕴（见图 6.131 左侧）。此时，可以结合一些古风元素，将图片融入其中。例如卷轴就是一个很好的意向，将图片依次填入一幅展开的卷轴之中，大唐盛世也尽收眼底

（见图 6.131 右侧）。

图 6.131

其中的卷轴就是用 PPT 的任意多边形及编辑顶点功能绘制的，然后再依次填入照片即可（见图 6.132）。

图 6.132

关于图形绘制的相关技巧，如任意多边形、编辑顶点、布尔运算等，可以查阅图形技巧篇。

3. 主题修饰物

图片和图形是提升定制感的两大重点要素，除此之外，适当加入一些修饰素材也可以很好地体现定制感，让受众看到你的用心。例如：这页音乐课件，右侧描述的是贝多芬的音乐成就，然而普通的矩形文本框，并不能体现"音乐成就"（见图 6.133）。

图 6.133

此时，可以融入一些与音乐作品有关的元素来强化这一意向。例如将 CD 机造型融合进来，把每个

成就都打造成专辑的形式，定制感就强了许多（见图6.134）。

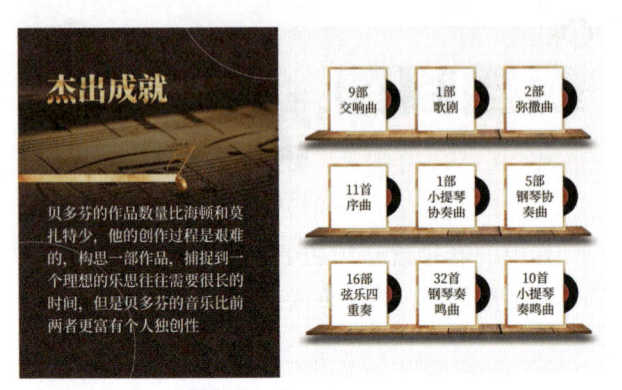

图 6.134

再如：这页女神节活动策划方案PPT，版式没什么问题，但就是主视觉"0308"这串数字太过简陋了，降低了作品的设计质感（见图6.135左侧）。这时，可以结合一些女性相关的元素，如性别符号、插画等来烘托主题，提升定制感（见图6.135右侧）。

图 6.135

其中，数字的设计很有意思，其下操作方法分为3步：首先在文字上方添加一些色块，分别与文字做拆分运算，将文字拆散；接着给每部分单独上色；最后添加与主题相关的修饰素材即可（见图6.136）。

图 6.136

以上就是3种提升定制感的方法，围绕主题，添加相关的图片、图形与修饰物，可以让作品更具定制感，完全不必担心会和竞争者的设计雷同，也能让领导及客户感受到你的用心。

当然，对于新手而言，由于缺乏经验，在面对具体的设计需求时，往往没有思路，究竟该如何锻炼这种定制化思维呢？其实生活就是最好的老师，在我们身边就有许多优秀的设计灵感等着你去学习。例如，地铁里随处可见的灯箱海报（见图6.137），现在请你暂停，观察一下，说说这页海报有哪些点可以学习。

图 6.137

相信你会这么说：这页设计整体很有趣，采用了照片与涂鸦结合的风格，卡通文字编排也很有趣，整体色调也很温馨……听起来很有条理，对吧？但其实这样的思考方式太浅显了，因为目前的观察视角都是基于形式的，也就是如何让页面更好看，而没有站在设计者的视角去思考（见图6.138）。

图 6.138

例如，问你几个问题：为什么选择小孩子作为主体？为什么用卡通字体和插画？为什么要用这个色调？相信你多半回答不上来，这就是缺乏设计者思维的表现。

设计者思维究竟是什么？让我复原这一页内容，你便会恍然大悟。作为设计者，收到的需求通常是这样的（见图6.139）——只有一句主题文案。这场景宛如领导布置任务时，仅仅提供一个主题，然后要求我们围绕×××主题进行设计。

第 6 章　创意之光——如何成就独特新颖的视觉效果

初稿

**驱赶蚊虫
润本更温和**

润本电热蚊香液：0 烟、0 灰、0 香

图 6.139

如果将这样一个命题作文摆在你面前，你会如何设计呢？相信大部分设计者就是添加一张产品图片，然后把文字加进来，通过一些设计手法把画面做得更好看。但其实只有这样还不够，因为这样的设计只是在排版而已，没有达到营销的目的。在设计中最难的往往不是排版对齐，而是从 0 到 1 的过程。回想下你平时的设计过程，是不是经常面对一页空白 PPT 而无从下手呢？

那么，现在就是绝佳的学习机会了。下面，我将站在设计者视角带你分析其中的设计思维，关于从 0 到 1 的定制化思维大致可以分 3 步来思考。

第一步：提取关键词并联想发散。首先分析文案，主标题是"驱赶蚊虫，润本更温和"，而副标题是"润本电热蚊香液：0 烟、0 灰、0 香"。这两句文案中有一些关键词，如"驱赶蚊虫""润本""温和"（见图 6.140）。

驱赶蚊虫，润本更温和
润本电热蚊香液：0 烟、0 灰、0 香

| 驱赶蚊虫 | 润本 | 温和 |

图 6.140

围绕这些关键词进行联想发散，可以得到一系列相关的词汇，例如驱蚊产品、润本品牌、柔和、安静、舒适等，把你能想到的信息尽可能多地写出来（见图 6.141）。

图 6.141

第二步：筛选关键词确定设计风格。从联想出的词语中，找到一些特定的关键信息（如润本品牌、驱蚊液、舒适等），然后围绕这些特定的词汇确定设计风格。例如，围绕"润本品牌"去设计，那么可以去官网先了解这家企业（见图 6.142）。

图 6.142

从官网中，可以看到这家企业的 Logo 是小孩子的形态，它的许多产品都是围绕低年龄段的小朋友而设计的，且主题色是浅棕色，整体的风格是简约干净的感觉。因此，最终的设计风格可以参考这一调性。

第三步：添加主题相关的修饰物完成最终设计。例如，画面可以出现小孩子、蚊香液以及与小孩子相关的元素等。

根据以上分析，再来回顾这页设计，就能发现作者的许多设计巧思（见图 6.143）。由于润本的许多产品都是面向低年龄段的，因此主体人物就是小孩子，画风很治愈，使用了卡通文字以及可爱的插画；并且小孩子睡得很舒服，体现了这款产品的驱蚊效果很好；而整体的浅棕色调原来是企业 Logo 色，这在一定程度上强化了品牌特质。

图 6.143

发现了吗？以往的思维方式是这个画面挺好看，可以学习下，几乎不用思考，能学到的知识有限（见

图 6.144 上）。而当你站在设计者的视角，就会发现思维方式变成了"为什么这样设计？原来如此！"在整个过程中，需要不断思考，因此能学到更深层次的知识（见图 6.144 下）。

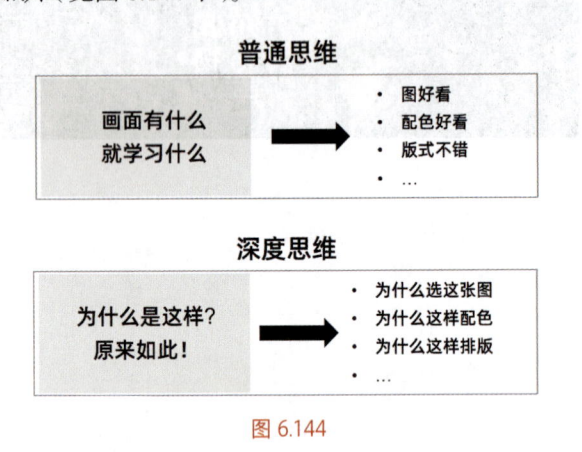

普通思维
画面有什么 → 图好看
就学习什么   配色好看
              版式不错
              …

深度思维
为什么是这样？ → 为什么选这张图
原来如此！   为什么这样配色
                为什么这样排版
                …

图 6.144

在设计中，理念往往比排版更重要，因为只有一开始的方向正确，后续的排版设计才有意义。因此，可以在日常生活中多观察优秀作品，并且多想想为什么要这样设计。长期积累后，相信你可以学到很多有用的设计思维，对于 PPT 设计也会有很大帮助。

最后，回顾下这 3 个步骤：首先，提炼出与主题相关的关键词进行联想发散；接着，围绕筛选出的关键词确定设计风格；最后，将这些元素巧妙地融入整体设计中，打造专属于你或者你的项目的 PPT。

以上就是本节的全部内容，讲述了如何通过分割排版、破格设计和错位排版等技巧，增强 PPT 的设计感。同时，强调了融入主题图片、形状和修饰物来凸显定制感的方法，以及如何从生活中汲取灵感、锻炼创意思维的具体方法。灵活掌握这些技巧，可以极大提升作品的设计感与定制感，助你迅速拉开与同事间的差距，让领导及客户看到你的用心。

6.4　要点回顾

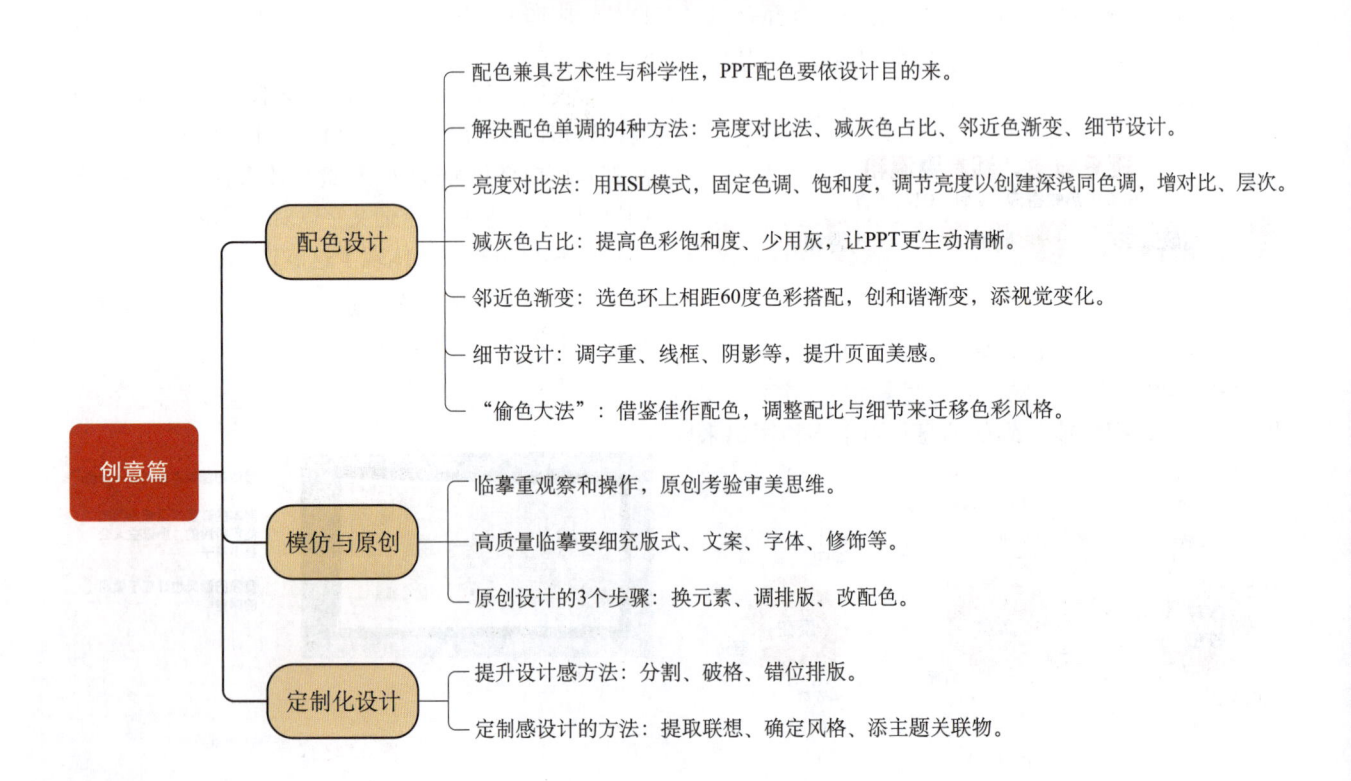

创意篇
├─ 配色设计
│   ├─ 配色兼具艺术性与科学性，PPT配色要依设计目的来。
│   ├─ 解决配色单调的4种方法：亮度对比法、减灰色占比、邻近色渐变、细节设计。
│   ├─ 亮度对比法：用HSL模式，固定色调、饱和度，调节亮度以创建深浅同色调，增对比、层次。
│   ├─ 减灰色占比：提高色彩饱和度、少用灰，让PPT更生动清晰。
│   ├─ 邻近色渐变：选色环上相距60度色彩搭配，创和谐渐变，添视觉变化。
│   ├─ 细节设计：调字重、线框、阴影等，提升页面美感。
│   └─ "偷色大法"：借鉴佳作配色，调整配比与细节来迁移色彩风格。
├─ 模仿与原创
│   ├─ 临摹重观察和操作，原创考验审美思维。
│   ├─ 高质量临摹要细究版式、文案、字体、修饰等。
│   └─ 原创设计的3个步骤：换元素、调排版、改配色。
└─ 定制化设计
    ├─ 提升设计感方法：分割、破格、错位排版。
    └─ 定制感设计的方法：提取联想、确定风格、添主题关联物。

第 7 章 动画之魅
——如何巧妙运用动画增强表现力

经过前几章的系统学习,相信你对PPT的静态设计已经有了较为清晰的认识。然而,在快节奏、高信息密度的演示汇报中,单一的静态展示或许已不足以吸引观众的眼球。

以这页医疗相关的PPT（见图7.1）为例，虽然设计感十足，但信息量庞大。若一次性呈现所有信息，可能会让观众感到信息过载，难以迅速抓住重点。

图 7.1

这时，动画的作用就显得尤为重要。通过动画，你可以有条不紊地分批展示内容（见图7.2），使观众能够轻松跟随讲解的节奏，深入理解页面内容。

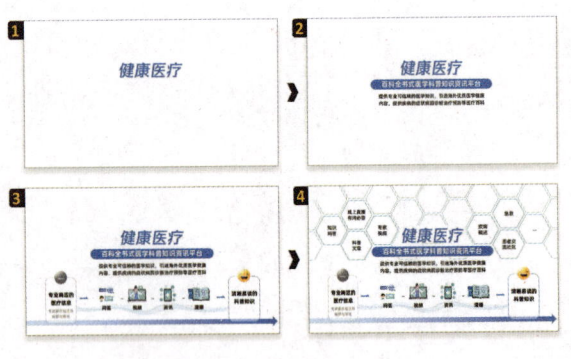

图 7.2

当然，动画是把双刃剑，用得恰当则如虎添翼，过度或不当使用则可能适得其反。从华丽的发布会效果到生动的产品演示，动画在PPT中的潜力无穷。但许多人在运用动画时，却常常陷入误区，让原本精彩的内容变得杂乱无章，甚至引起观众的不适，动画因此成了他们的"减分项"。

其中，最常见的误区之一是"滥用动画"。为了让视觉效果看起来更丰富，恨不得为每个元素添加不同的动画效果（如缩放、旋转、弹跳等），导致页面杂乱不堪，反而分散了观众的注意力（见图7.3）。

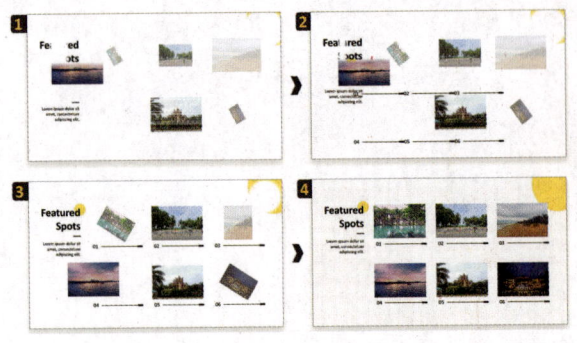

图 7.3

另一个误区是"节奏失控"。动画的节奏对于PPT演示至关重要。然而，许多人却忽视了这一点，动画效果过于拖沓。例如这页工作汇报PPT，内容不算特别多，但动画的持续时间竟然长达10秒钟（见图7.4）。在此期间，观众只能盯着缓慢的动画发呆，影响演示效果。

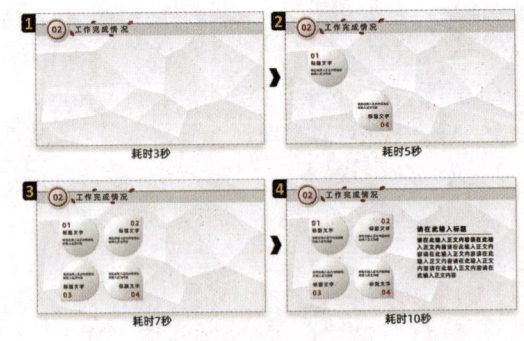

图 7.4

那么，如何避免这些问题，让动画真正成为你的PPT"加分项"呢？本章将深入探讨PPT动画的实用技法，从基础到进阶，从理论到实践。帮助你掌握动画的正确使用之道。

通过本章学习，你将掌握以下关键技能：

（1）深入理解动画在PPT中的真正价值，避免盲目使用。

（2）熟练掌握切换动画巧妙的运用，提升PPT的吸引力。

（3）突破动画使用的瓶颈，让你的PPT演示更加流畅、生动。

（4）结合遮罩及触发器等高级功能，实现动画的创意应用。

总之，深入学习本章内容，你将全面掌握PPT动画的精髓，使动画成为你展示才华、提升专业度的得力助手，而不是拖后腿的"减分项"。

7.1 PPT 动画设计的 3 大作用

你有没有思考过这样一个问题：为什么要给 PPT 加动画？

面对同样的问题，相信不同的人会有不同的答案。如果你是一名 PPT 定制设计师，常常需要借助动画让 PPT 看起来更值钱，例如在大型发布会中经常会使用一些高级的动画效果（见图 7.5）。

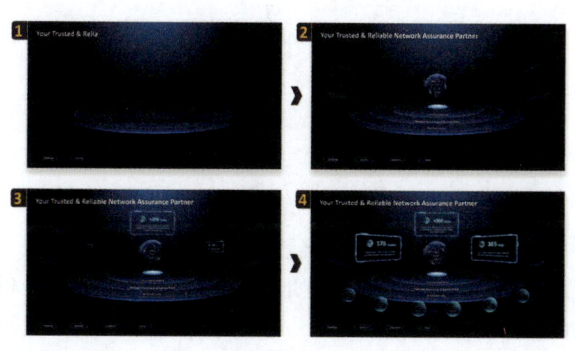

图 7.5

如果你是一名 PPT 动画爱好者，那么动画对你而言就是兴趣使然。为了记录美好，创作出一些有意义的作品。例如，我从云南旅游回来时，就做了份动态的旅游宣传 PPT，其中一页的效果如图 7.6 所示。

图 7.6

再如，还曾为自己定制了一份 PPT 版的婚礼 MV 动画，其中开场的效果如图 7.7 所示。

第三种类型的人则是实用主义派，学习 PPT 动画就是为了应对日常工作需求，让演示更具吸引力。例如，在做竞聘述职报告时，静态的 PPT 难免显得单调，而动态的演示往往更能抓住观众的注意力（见图 7.8）。

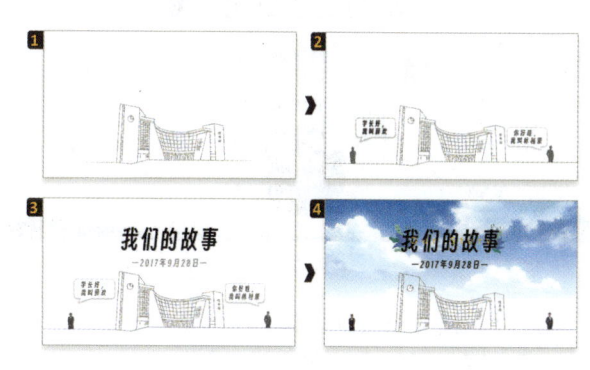

图 7.7

图 7.8

无论是哪一种类型都需要明确学习的目的，避免盲目跟风。而本章内容将以第三种类型为主，详细介绍如何通过动画，在工作汇报、演讲述职、教学培训等场合提升演示的表现力。为此，我总结了 PPT 动画的 3 大作用，即匹配节奏、强调重点、生动表达，助你在学习过程中更具目的性。

7.1.1 匹配节奏

匹配节奏是动画最基本的功能。毕竟 PPT 是演示的辅助工具，它需要匹配演讲人的节奏以展示相应的内容，直接一次性呈现所有信息往往会显得繁杂，令观众不知从何看起。例如这页 PPT（见图 7.9），介绍了一个相对复杂的概念，直接将所有信息放在页面上，往往看不懂是什么含义，会让观众产生困惑。

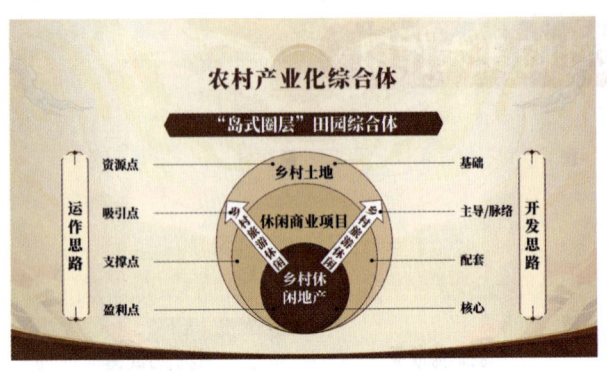

图 7.9

此时，就可以借助动画，分步骤呈现信息。例如按照圆圈的层级由外向内展示，每次都只增加一个新的概念，循序渐进地将复杂信息讲述出来（见图7.10）。这种方式能有效聚焦观众的注意力，降低理解门槛，这就是匹配节奏的意义。

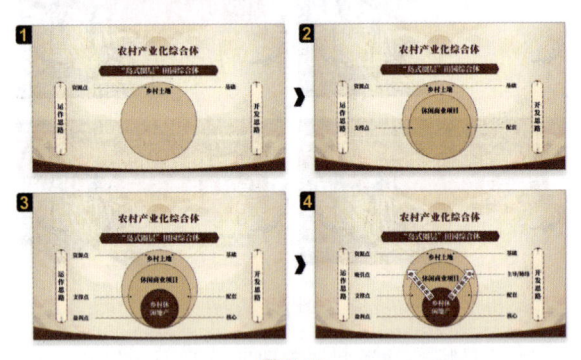

图 7.10

再如：介绍某行业或企业的发展历程时，往往需要分阶段展示。例如这页中国茶饮料发展历程的 PPT（见图 7.11），共分为 3 个阶段，如果一次性呈现所有内容，信息量会比较大。

图 7.11

此时，可以通过动画分 3 个阶段逐步展示（见图 7.12），不仅可以让观众的注意力聚焦在当下讲解的阶段，还能起到很好的互动效果。例如在演示时，让大家猜测下一阶段是哪几年以及有怎样的代表茶饮等，提高观众的互动意愿。

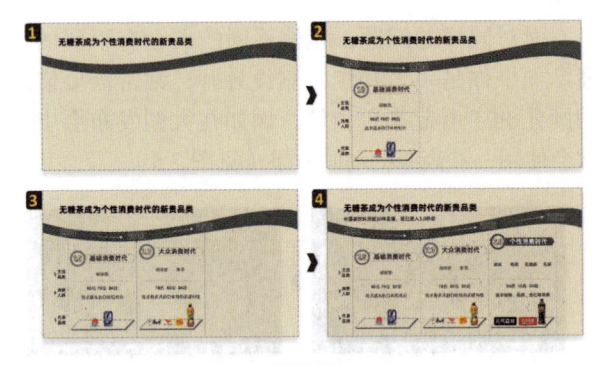

图 7.12

除了这种逐步呈现信息的形式外，还有一种更为复杂的情况，需要更精准地控制元素出现的时机。例如这页 PPT（见图 7.13），是关于中国的 4 大一线城市介绍的。目前 4 张城市照片同时出现在一页中，每张照片都比较小，而且在讲解某个城市时，其余城市照片还会干扰观众的视线。更理想的呈现状态是，鼠标单击某个城市的名字，对应的图片就能以大图的形式呈现。

图 7.13

面对这种情况，其实可以引入 PPT 触发器功能来实现。页面中保留 4 个城市的名称，单击对应城市名称时，文字高亮显示，对应的城市图片也放大展示。当要切换其他城市时，只需单击其他城市名称，就会单独显示对应的城市照片，以达到精准控制的效果（见图 7.14）。

图 7.14

以上就是匹配节奏的意义，它可以聚焦观众视线、辅助理解复杂的概念、增加与观众间的互动，甚至实现一些更为精准的控制效果，提高演示魅力。关于具体的操作方法会在后续内容中详细展示，请不要担心，这里重点关注动画的作用即可。

7.1.2 强调重点

在强调 PPT 中的重点信息时，静态的呈现方式就是将文案标红或者加色块凸显，虽然也能起到强调的作用，但是比较单调，不会给人留下深刻的印象，但如果借助动画就会有很多可玩性。如果你经常留意各大厂商的发布会，就会发现有一个技巧频频出现：对于即将发布的重要产品，他们不会直接将其放在页面上，而是让产品从画面顶部重重落下，并激起大片烟尘（见图 7.15），很好地强调了这是一款重量级的产品，也让观众对接下来要讲的内容产生了浓厚的兴趣。

图 7.15

再如：在介绍产品时，不仅要展示产品的整体外观，还要介绍各处细节。例如这款 Vision Pro 头戴式显示设备（见图 7.16），在演示时，除了想展示产品的整体造型外，还想放大展示产品的工艺细节，该怎么办呢？

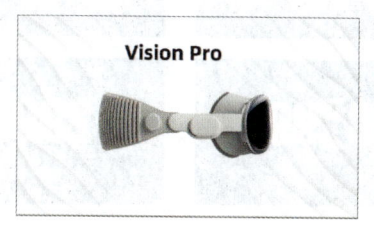

图 7.16

此时，就可以借助动画来解决这个问题。圆环划过的地方，产品的细节就会放大展示（见图 7.17），起到了很好的强调作用，而且这个效果的视觉观感也很不错，会给观众留下深刻的印象。

图 7.17

除此之外，在强调重点时还能结合动画做出更戏剧化的效果。例如在公布重要产品的价格时，如果直接将价格数据写出来就会显得过于平淡了（见图 7.18）。

图 7.18

此时，可以通过数字轮播的动画效果，让这串数字从个位数开始随机跳动，最终停在对应的数字上（见图 7.19）。随着价格不断揭晓，会点燃现场的氛围，让观众的期待值拉满！

图 7.19

总之，相比于纯粹的静态展示，借助动画强调重点信息更能给人留下深刻的印象、优化视觉效果、点燃现场氛围。当然，强调重点的方法还有很多，以上这些案例仅做抛砖引玉，期待你在学完本章内容后，能够挖掘出更具创意的展现形式。

7.1.3 生动表达

添加动画还可以让画面更生动。例如：这是一页年终汇报的 PPT 封面（见图 7.20），设计感还不错，但是单纯静态展示则稍显单调。

图 7.20

此时，给元素添加动画效果，让它们依次呈现出来（见图 7.21），画面就有了活力，视觉观感也会好很多。

图 7.21

再如：这页图片型 PPT（见图 7.22），照片很好看，但展现形式太普通了，不够吸引人。

图 7.22

此时，可以使用卷轴动画来增强形式感，一幅卷轴缓缓向两边展开，逐步显现出美景的全貌（见图 7.23），营造出一种宏大的视觉效果，相信能够给观众留下深刻的印象。

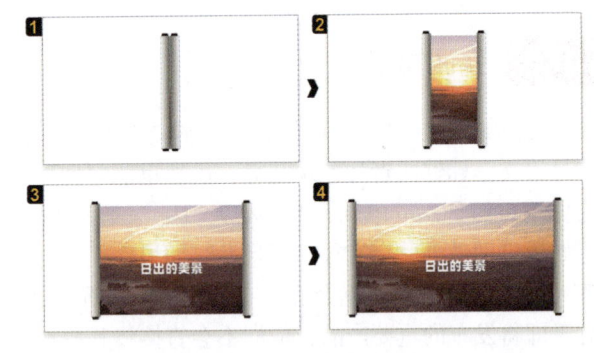

图 7.23

显然，动画在增强演示的吸引力上扮演着不可或缺的角色，除此之外，合理运用动画对于教学演示也具有重要意义。在介绍一些新的概念时，有时仅仅通过排版并不能让人直观地理解。例如：在讲解平行四边形面积公式时，直接将公式写出来（见图 7.24），学生往往只能死记硬背。

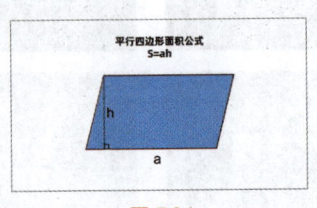

图 7.24

此时，可以运用动画技术逐步推导面积公式，将平行四边形的一角切割并移至右侧空白处，从而拼接成一个完整的矩形（见图 7.25）。这一过程直观展示了平行四边形面积公式的推导过程，有助于学生更深

图 7.25

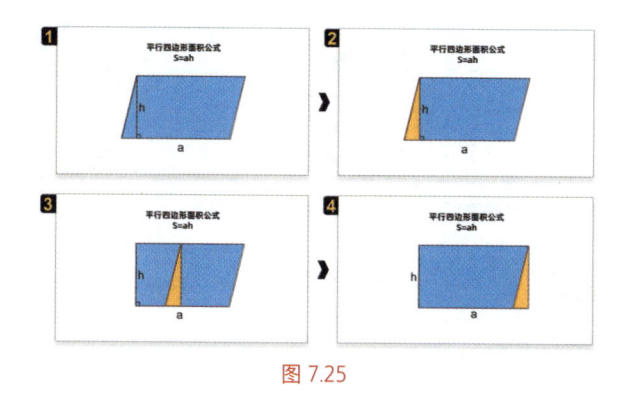

刻地理解其来源，并加深记忆。这种技巧在科普类视频中经常会看到。

以上就是 PPT 动画的 3 大作用。希望读者今后在学习动画的过程中，可以多思考下，添加动画的目的究竟是什么，以便更有针对性地学习及运用。当然，仅仅了解概念还不够，毕竟动画是个技术活，只有掌握一些操作技巧，才能更好地发挥动画的作用。你肯定也很好奇上述这些神奇的效果究竟是如何实现的吧，别着急，后续内容都将围绕实际案例，详细讲述动画的操作技巧，让你学完就能用上。

7.2 切换动画，小技巧也有大应用

当我们谈论动画时，你或许首先会联想到飞入、淡出、缩放等页面内元素的动态展现，它们为页面增添了动感与活力。然而，本节要特别介绍的，是一种被许多人忽视，却同样重要的动画类型——切换动画。

想象一下：在电影中，从一个场景切换到另一个场景，那种流畅的转场效果，往往能引发观众的情感共鸣，增强故事的连贯性和吸引力。同样，在 PPT 演示过程中，页面与页面之间也需要一个过渡的桥梁，那就是切换动画（见图 7.26）。

图 7.26

优秀的切换动画能够流畅地引导观众的视线，自然地从一页过渡到另一页，不仅推进了演示的进程，更增强了信息的连贯性；而糟糕的切换动画则可能显得生硬杂乱，打断观众的思路，甚至让人眼花缭乱，产生不适。

很多新手在使用切换动画时，常常陷入一个误区：为了追求所谓的"丰富效果"，会在每一页 PPT 上都应用不同的切换效果。这种做法往往适得其反，过多的切换效果反而会让观众感到混乱，分散了他们对内容的注意力。

实际上，切换动画是一种成本相对较低但效果显著的动画形式。只要恰当地运用，它就能为 PPT 增添丰富的视觉效果和动态感。接下来，我将带你深入了解切换动画，探索它在演示中的具体应用，让你领略到切换动画的魅力。

7.2.1 常见的切换动画

PPT 的切换动画分为 3 大类别：细微型、华丽型与动态内容（见图 7.27）。这个分类是基于切换效果的复杂度和视觉冲击力而定的。细微型动画以其温和过渡的特点，为观众带来舒适的视觉体验（如淡入、擦除、显示等）；华丽型则汇聚了各类视觉特效（如帘式、折断、压碎等）；而动态内容则通过较为明显的切换效果，让人感知到页面的切换（如摩天轮、传送带、轨道等）。

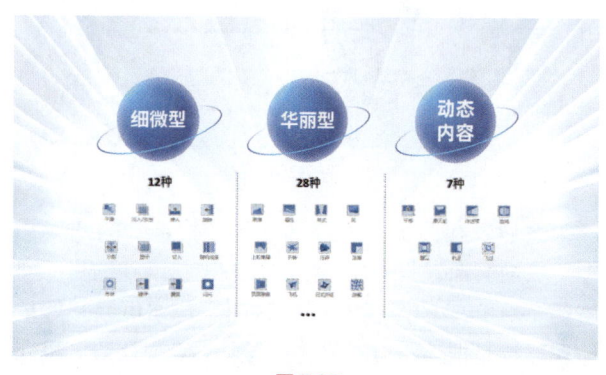

图 7.27

对于 PPT 初学者而言，华丽的切换效果往往具有较大的吸引力，它们似乎能够赋予演示以专业和创意的特质。然而，过度依赖这些炫酷的特效可能会产生反效果。由于华丽的切换效果通常耗时较长，频繁使用不仅拖慢演示节奏，还可能让观众分心。

其实，切换动画本身没有好坏之分，关键在于如何根据场景巧妙运用。下面，我将结合实际场景，分享切换动画的几个具体应用，助你更好地掌握切换动画。

1. 强化逻辑

例如：这页 PPT 是关于科技发展的利与弊的（见图 7.28）。目前的利弊关系都放在一页 PPT 中，信息比较集中。如果作为演讲展示的话，一般是这样描述的：科技是把双刃剑，其中正面影响是×××，负面影响是×××。整体会比较平淡，而且也缺少与观众之间的互动，演示效果并不好。

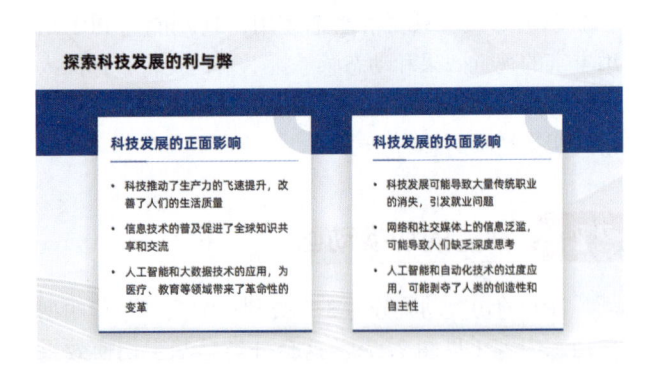

图 7.28

其实，可以将这种表示辩证分析型的 PPT 拆分成两页：一页放科技的正面影响（见图 7.29 左侧），一页则放科技的负面影响（见图 7.29 右侧）。

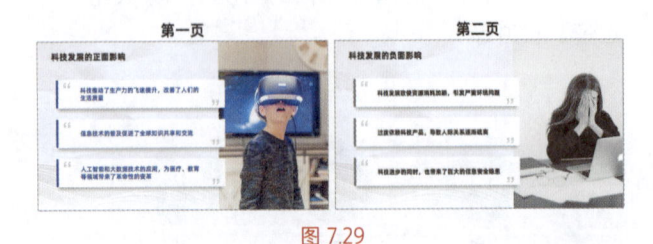

图 7.29

然后，在两页之间添加一个"翻转"的切换类型，页面会像一张卡片那样翻转过来，卡片的另一面就是下页 PPT 的内容（见图 7.30）。这样可以很好地体现科技是把"双刃剑"这个概念，给观众留下更深刻的印象。

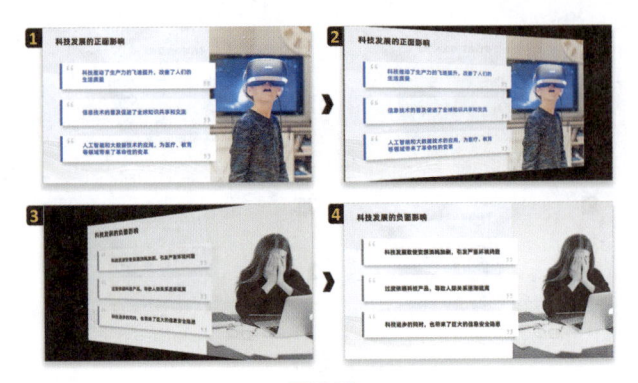

图 7.30

操作方法如下：将这两页 PPT 前后放在一起，选中排在后面的那页 PPT，单击"切换"→切换效果扩展选项，在预设的效果中选择"翻转"即可（见图 7.31）。

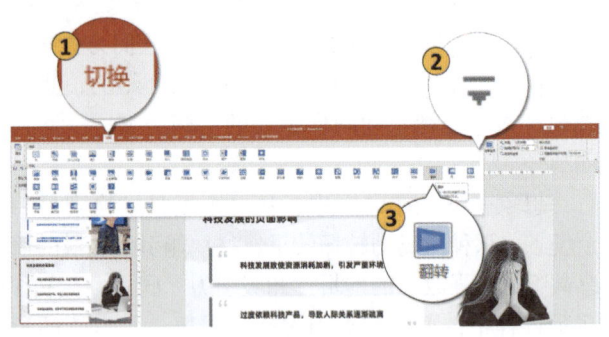

图 7.31

"翻转"的切换效果能够恰到好处地展现事物的双面性，以及方案修改前后的鲜明对比。它不仅将内容背后的深层逻辑关系以直观的形式展现出来，更使得信息的传达变得生动而富有冲击力。

再如：这页 PPT 是关于企业发展历程的（见图 7.32），包含 5 个阶段。目前所有信息都放在一页中，由于信息较多，导致文字也较小，演示时坐在后排的观众可能看不清具体内容。

图 7.32

第 7 章 动画之魅——如何巧妙运用动画增强表现力

此时，可以将页面拆分成两部分：第一页放前三个时间段的信息（见图 7.33 左侧），第二页放剩余的两个时间段（见图 7.33 右侧）。

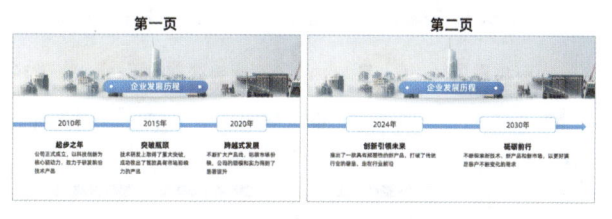

图 7.33

然后添加"平移"切换，就可以将两页 PPT 拼接在一起。在移动过程中，上方的图片及标题不动，仅移动下方的时间轴（见图 7.34）。

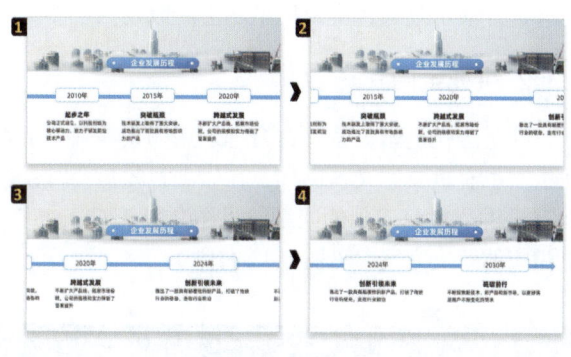

图 7.34

当然，为了保证平移时页面是无缝衔接的，需要让接缝处的元素能够完美拼合在一起。具体操作方法如下：首先准备两页 PPT 并前后放置，选中排在后面的那页 PPT，单击"切换"→切换效果扩展选项，在预设的效果中选择"平移"（见图 7.35）。

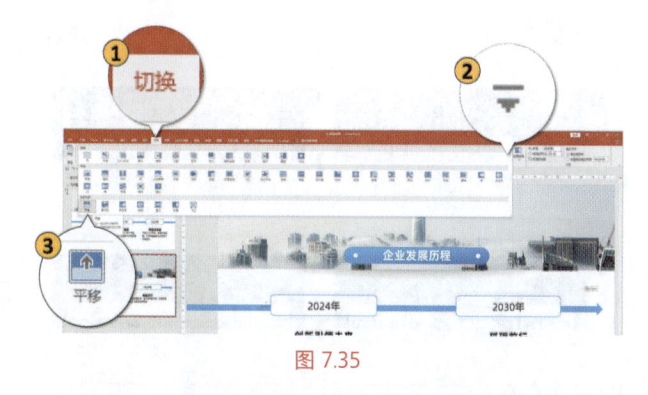

图 7.35

到此其实还没结束，在预览时就会发现问题：默认的平移效果是向上移动，而且不仅仅时间轴部分发生了移动，连上方的图片及标题也一起移动了（见图

7.36），与预期的效果并不相符。

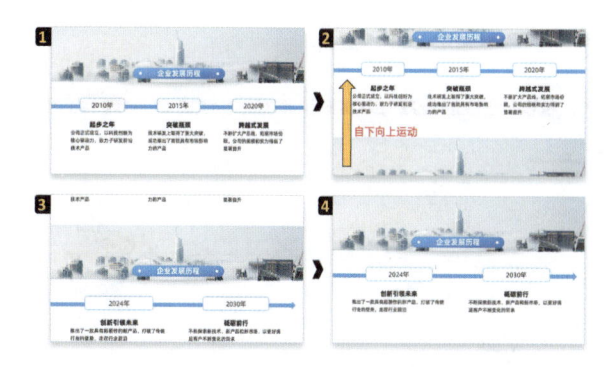

图 7.36

因此，需要在这个基础上，进行优化。首先是修改移动的方向，这个很简单，选中刚才添加了"平移"效果的那页 PPT，单击"效果选项"，将方向改为"自右侧"（见图 7.37）。

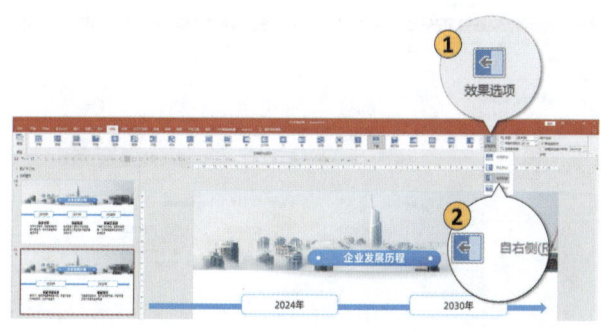

图 7.37

这时移动的方向正确了，但是在平移过程中顶部的图片及标题也随着运动了（见图 7.38），与预期效果不符。

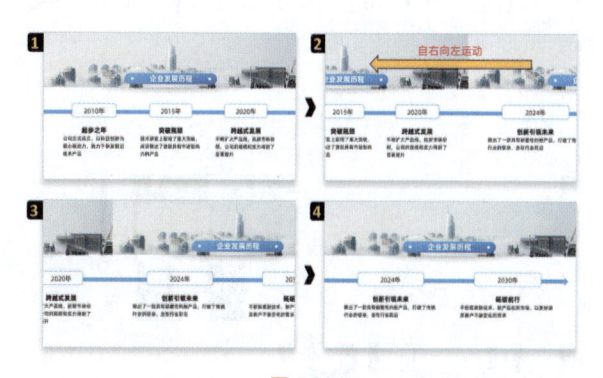

图 7.38

这时就要借助母版的技巧了，"平移"效果其实仅仅会对普通视图下的元素产生影响，而不会对母版中的元素产生影响。也就是说，将你想要移动的部分

放在页面中，至于不希望移动的部分，则直接放在母版的版式里即可（见图7.39）。因此，可以复制图片及大标题，将它们都放在母版视图下。

图 7.39

而普通视图中的两页时间轴，则统一通过应用子版式的方法加载图片及标题即可（见图7.40）。关于母版的使用技巧，可以回顾本书第4章的内容。

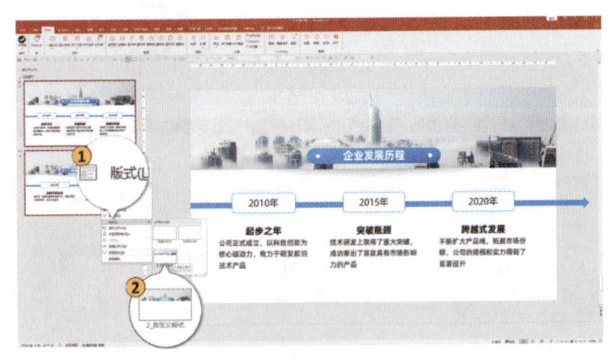

图 7.40

此时，就实现了图片及大标题不动，仅移动时间轴的效果。应用这个技巧，可有效解决时间轴信息量过载的问题，同时引导观众更加聚焦于当前介绍的内容，从而减轻其阅读负担。

类似的例子还有很多，例如在展示合作客户时，可以借助"棋盘"效果体现合作客户众多（见图7.41）。

图 7.41

或者，进行书本类设计时，采用"页面卷曲"效果模拟真实感等（见图7.42）。

图 7.42

总之，在恰当的时机运用合适的切换动画，能够显著提升演示效果，实现事半功倍的成效。

2. 烘托氛围

除了强化逻辑关系外，合理运用切换动画对于烘托氛围也有重要意义。例如：在做项目复盘会时，经常需要讲述目前遇到的问题（见图7.43左侧），并给出相应的解决方案（见图7.43右侧）。

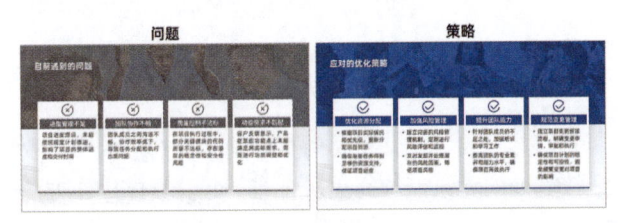

图 7.43

可以借助"压碎"的切换类型，模拟将纸张揉成一团的效果（见图7.44），寓意今后不会再犯同样的错误了。

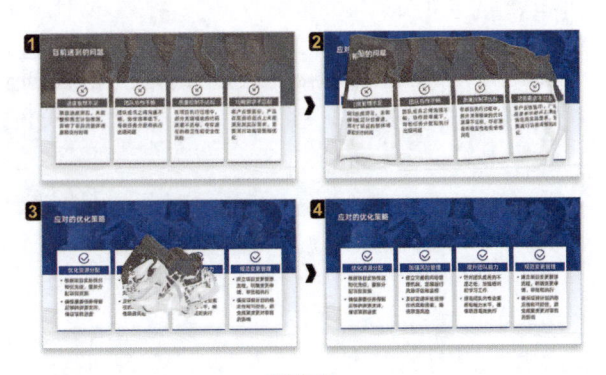

图 7.44

或者，使用"折断"的切换类型，模拟打碎玻璃的效果（见图7.45），寓意破除这些问题。这些切换类型都可以很好地强调改正问题的决心。

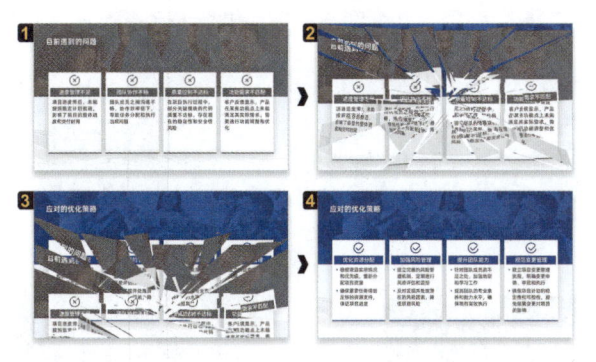

图7.45

再如：这是一页校园的老照片（见图7.46），如果直接以"淡出"的形式出现在画面中，则有些单调。

图7.46

采用"涟漪"切换效果，模拟记忆中泛起的涟漪（见图7.47），非常适合用于展示和回忆老照片。

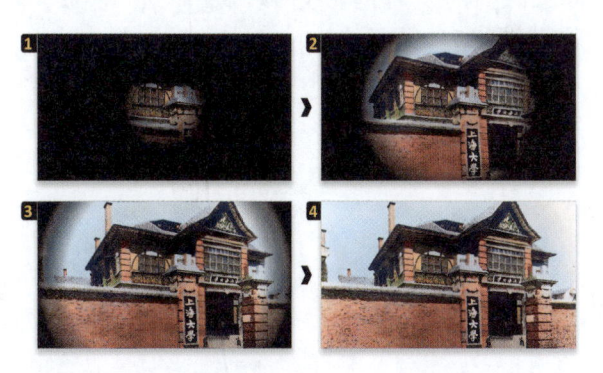

图7.47

再又如：公司在开年会或者举办重大活动时，通常会穿插抽奖环节。如果直接将奖品展示在屏幕上（见图7.48），就少了点期待感。

图7.48

此时，可以先展示一页红色的幕布增强奖品的神秘感，主持人此刻可以与台下观众互动，让大家猜猜奖品是什么，以此活跃现场氛围。当呼声达到高潮时，用一个"上拉帷幕"的效果显示出下方的奖品，效果会非常棒（见图7.49）。

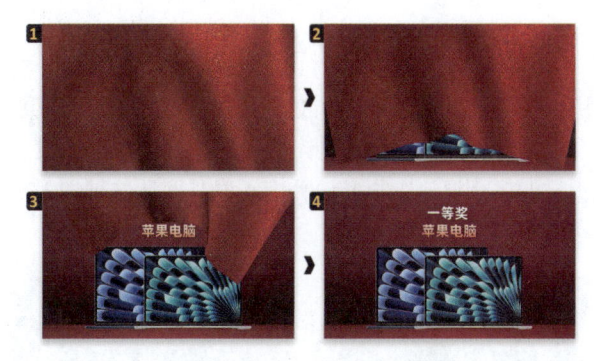

图7.49

实现方法与前述类似。首先准备一张红色帷幕背景图置于第一页，随后将奖品页紧邻其后放置。接着，选中奖品页，通过"切换"菜单中的切换效果扩展选项，选择"上拉帷幕"效果即可（见图7.50）。

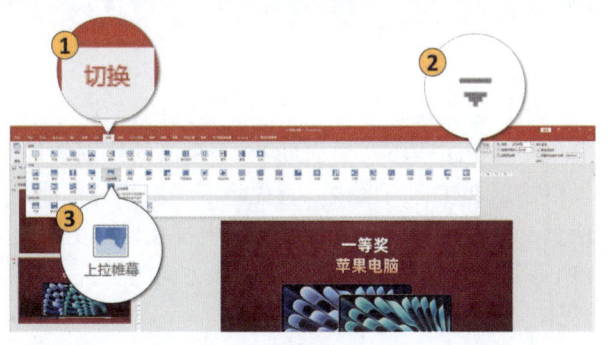

图7.50

可见，切换动画的操作并不复杂，关键在于找到合适的应用场景，让动画融入其中，提升演示效果，以达到事半功倍作用。

3. 创意应用

切换动画，除了作为动画的形式呈现外，甚至还可以用来处理图片。例如：这页 PPT 包含两张图片（见图 7.51），左边是春天的林荫大道，右边则是同一角度拍摄的冬日雪景。以此呼应主题"岁月变迁"。然而，目前的形式比较普通，缺少那种"变迁"的感觉，如何进一步优化呢？

图 7.51

其实，可以借助 PPT 切换效果，将两张图片有机地融合在一起（见图 7.52），左半边是春天的景象，右半边是冬天的景象，神奇之处在于画面中间并没有明显的拼接痕迹，很好地呼应了岁月变迁这种悄无声息的变化。

图 7.52

相信你肯定很好奇这是怎么做到的，其实非常简单，整个过程不需要借助 PS 等高级的修图软件，仅仅使用 PPT 即可实现。首先将两张图片分别铺满两页 PPT，并前后放置，接着选中排在后面的那页 PPT，添加"擦除"的切换动画，方向为"自右侧"（见图 7.53）。

然后，选中前一张幻灯片，按住 Shift+F5 组合键全屏放映当前幻灯片，接着单击下鼠标就会发现"擦除"的切换效果开始了。当擦除动画运行到合适位置时，使用截屏工具（如 Snipaste）截取当前图片，就获得了这种柔和过渡的效果（见图 7.54）。

图 7.53

图 7.54

如果觉得切换太快来不及截屏，可以将动画的持续时间设置得长一些，如 8s（见图 7.55），就有足够的时间截取合适的图片了。

图 7.55

当然通过截图得到的画面并不是特别清晰，怎么办呢？这时可以借助在线网站 Bigjpg 进一步放大处理（见图 7.56，网址为 https://bigjpg.com/zh）。

图 7.56

这个网站的界面很朴素，但功能却很强大。单击"选择图片"上传刚才截取的图片，然后单击"开始"，设置"放大配置"，例如图片类型选择"照片"，放大

第 7 章　动画之魅——如何巧妙运用动画增强表现力

倍数设置为 4 倍（再高的话需要开启付费功能了），降噪程度设置为最高（见图 7.57）。单击"确定"按钮，稍作等待后，就可以获取一张高清的图片了。

图 7.57

通过对比，可以看到修改后的画质得到了明显提升（见图 7.58），在日常工作中完全够用了。

图 7.58

这就是利用 PPT 切换动画实现的图片合成，操作简单但效果显著。延续这个思路，可以实现很多极具创意的玩法。例如：这页 PPT 主题是"消失的物种"（见图 7.59），并配了张动物的照片，呼吁人们要保护环境、爱护动物。目前的形式虽然设计感还不错，但少了些警示的作用，无法给人留下深刻的印象。

图 7.59

这时，可以将图片碎片化（见图 7.60）。右侧区域破碎并逐渐消散，仿佛再不展开行动，物种马上要消失了一般，极具警示意义。

图 7.60

而这神奇的效果，其实也是借助 PPT 的切换效果实现的。操作方法如下：首先准备好原图，并在后面新建一页空白 PPT，接着选中空白页 PPT，单击"切换"，选择"涡流"的切换类型，并且将方向设置为"自右侧"（见图 7.61）。

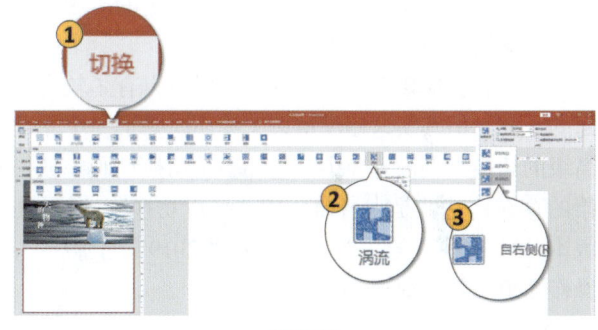

图 7.61

然后从原图开始全屏放映，单击鼠标开启切换效果，在运行到合适位置时截图（见图 7.62），即可得到图片边缘破碎的效果。

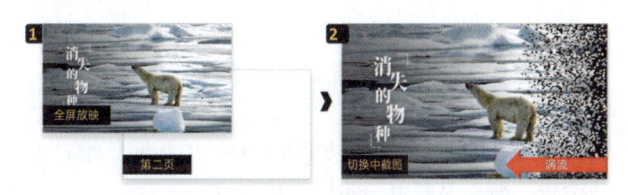

图 7.62

除了图片外，切换效果结合文字也能创作出独特的效果。例如：这页 PPT 就只有两个字"破碎"（见图 7.63 左侧），可以结合"折断"的切换效果，将文字打散，处理成真实的破碎效果（见图 7.63 右侧）。

图 7.63

或者,"废弃稿"这 3 个字(见图 7.64 左侧),可以结合"压碎"的切换效果,将文字处理成一团废弃草稿纸的样式(见图 7.64 右侧),增强场景感。

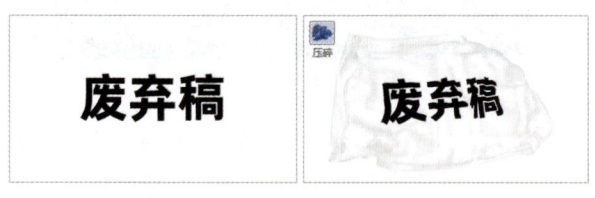

图 7.64

以上就是切换动画的一些实际应用,它可以凸显逻辑、烘托氛围,甚至是处理图片及文本素材,软件操作本身没什么难度,关键在于找到合适的应用场景将技法应用出来。

至此,你应该对切换动画的应用逻辑有了较为全面的了解。但其实这还没结束,我还隐藏了一个非常高级的切换类型没有介绍,它几乎是切换动画中独一档的存在,它就是大名鼎鼎的"平滑切换",这是高版本 PPT 中独有的功能(通常需要 2019 以上版本),操作简单却效果惊人。

7.2.2 平滑切换的奥义

平滑切换在不同版本的 PPT 中有不同的叫法,如平滑、变体、变形。叫法不同但功能一致,后续统一称为"平滑"。先通过一个简单的案例来了解平滑切换的基本功能。首先准备一页 PPT,并放上文字、图形和图片(见图 7.65 左侧);接着将这些元素复制到第二页 PPT 中,并修改它们的样式属性,如元素的位置、颜色及尺寸(见图 7.65 右侧)。

图 7.65

然后,选中第二页 PPT,添加"平滑"的切换效果。预览动画会发现页面中所有元素都发生了变化,以第一页样式为起点,逐步演化,最终变成了第二页的效果(见图 7.66)。

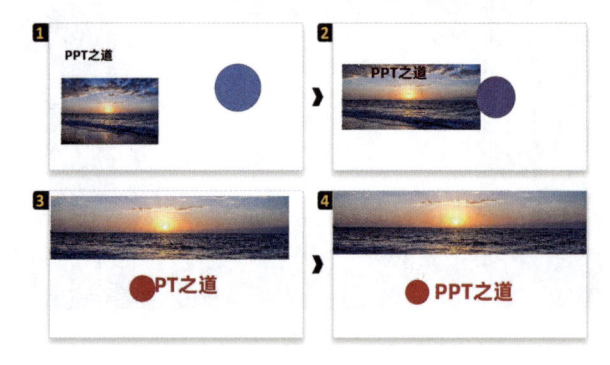

图 7.66

这就是平滑切换的作用,它能够使两页 PPT 中的相同元素实现从一种状态到另一种状态的自然过渡。这种变化包含很多方面,如大小、位置、旋转、颜色、透明度等。灵活运用平滑切换,对于日常工作及创意设计都有很大帮助。下面,我将列举几个具体的应用,带你深入走进平滑切换。

1. 日常工作应用

先来看一个平滑切换在日常工作中应用的案例:这里有两页 PPT。第一页是综述,介绍人体的结构与功能,并放了一张人体的矢量素材(见图 7.67 左侧);第二页则展开介绍了各个主要器官的功能(见图 7.67 右侧)。

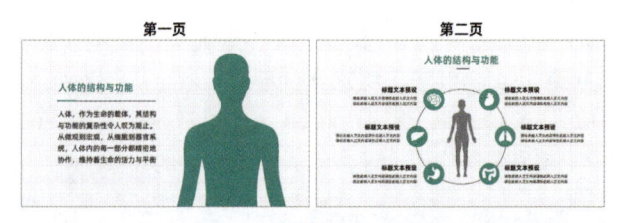

图 7.67

这是很常见的总分结构,内容编排上很有逻辑性。然而在演示时,如果直接在第一页与第二页之间添加个"擦除"或者"淡出"之类的普通切换效果,难免显得有些生硬,两页间的逻辑关系没有很好地体现出来。

此时,仔细观察两页 PPT,会发现它们的人体造型其实是相同的元素。因此可以添加"平滑"切换,

第 7 章 动画之魅——如何巧妙运用动画增强表现力

人物就会从第一页缩小过渡到第二页中，至于周围的器官图示，也可以从四周飞入（见图 7.68），很好地呼应了总分的逻辑关系。

施的 4 个阶段（见图 7.71），由于信息都写在一页中了，比较拥挤，细节部分根本看不清。

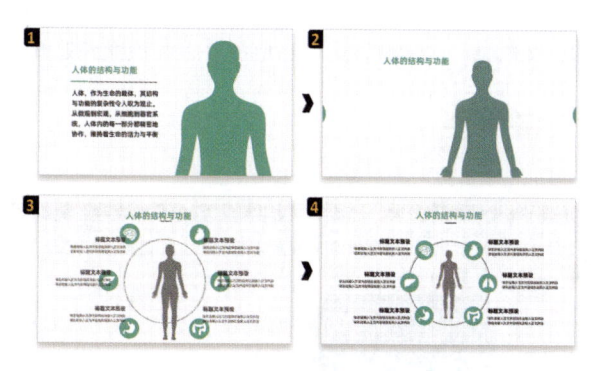

图 7.68

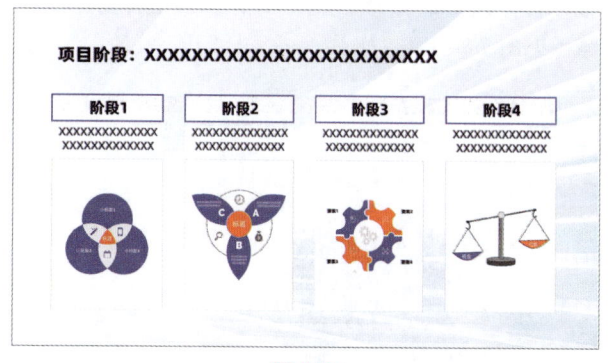

图 7.71

操作方法如下：首先将第二页的图标元素复制到第一页中，并且将它们放置在画布外，人体的素材也需要保证是全身的（见图 7.69）。

此时，也可以结合平滑切换效果，将 PPT 拆分成 4 页。为了增强演示的连贯性，可以用一个大的圆盘滚动展示各个阶段（见图 7.72）。

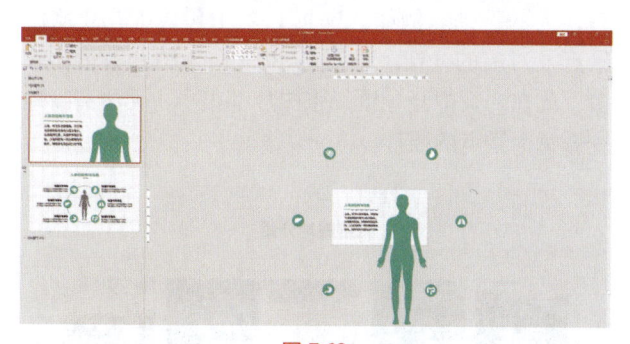

图 7.69

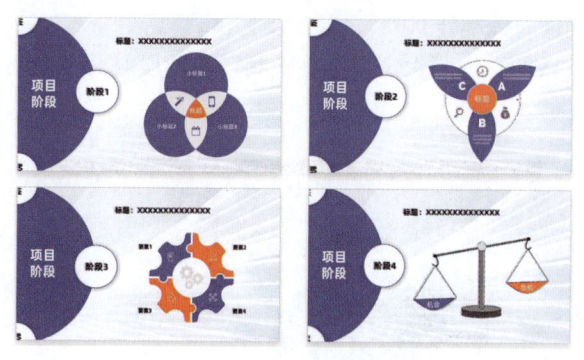

图 7.72

然后，选中第二页 PPT，单击"切换"，选择"平滑"即可实现最终的效果（见图 7.70）。

下面以"阶段 1"向"阶段 2"转变的动态效果（见图 7.73）为例。圆盘起初是指向阶段 1 的，经过平滑切换，圆盘顺时针旋转 90°，然后停在阶段 2 的位置，内页信息也进行了更换。这种演示技巧展现形式新颖，且将各部分信息串联起来，一举两得。

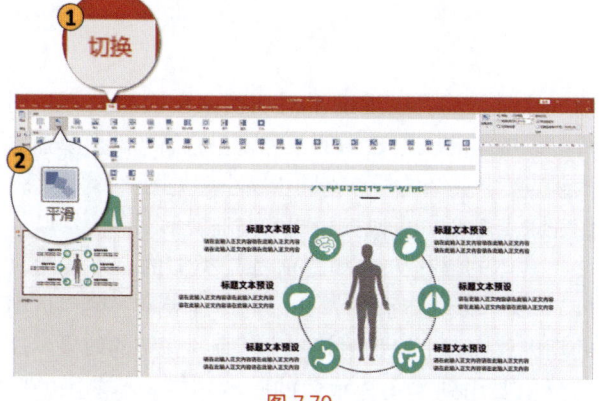

图 7.70

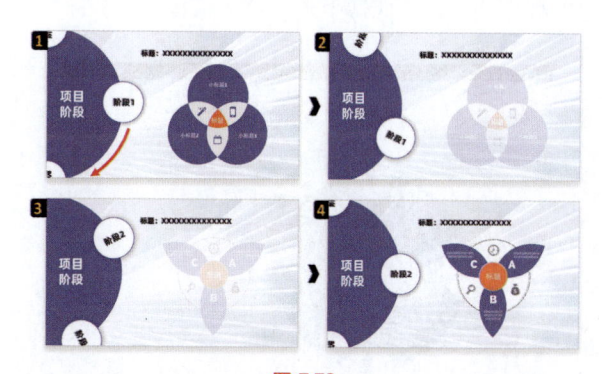

图 7.73

应用这个技巧，可以很好地串联内容逻辑，提高演示的连贯性。再如：这页 PPT 讲述的是某项目实

具体操作方法如下：首先绘制 1 个大圆及 4 个小

圆，将小圆平均分布在大圆的上下左右 4 个角上，并且沿着逆时针方向依次写上阶段 1、2、3、4，全选所有元素，按 Ctrl+G 组合键将所有元素组合为一个整体（见图 7.74）。

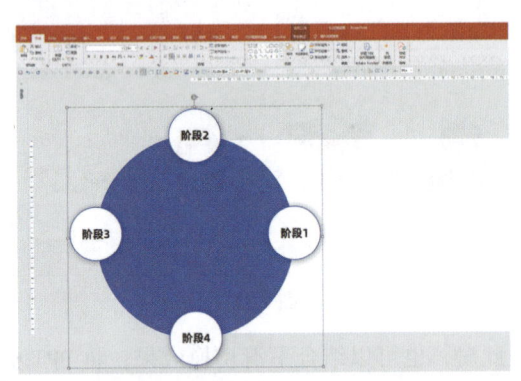

图 7.74

然后，复制这页 PPT，将阶段 2、3、4 的小圆分别逆时针旋转 90°、180° 及 270°（见图 7.75）。这么做的目的是保证后续旋转到当前阶段时文字是正向的。

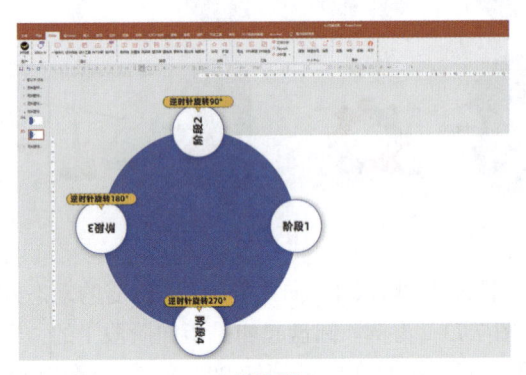

图 7.75

接下来，将圆盘整体沿顺时针旋转 90°，使阶段 2 处于画布显示区域中（见图 7.76）。

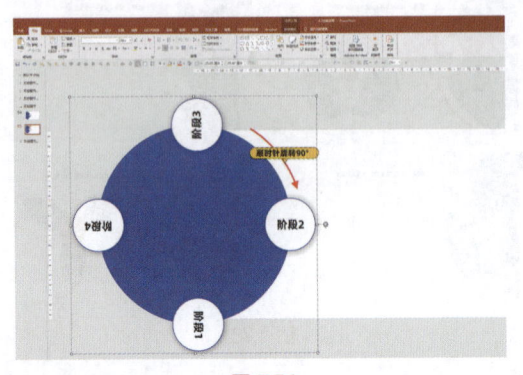

图 7.76

其余的阶段也采用相同的方法，并分别旋转圆盘，将阶段 3 及阶段 4 的小圆放在画布中即可。最后，选中阶段 2、3、4 所在的页面，添加"平滑"切换（见图 7.77），即可实现阶段间的滚动切换效果。至于页面中的正文信息，直接放在页面右侧就好，无须额外处理。

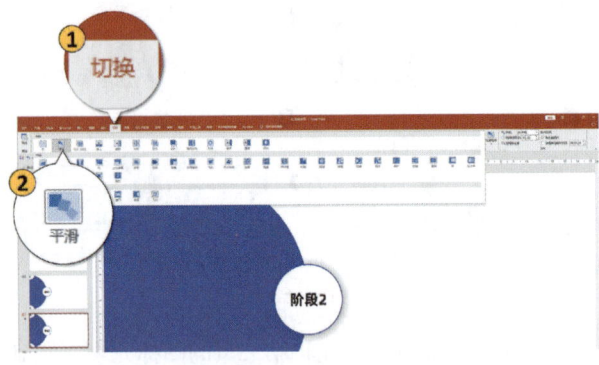

图 7.77

除了串联演示逻辑外，平滑切换对于强调重点也有很大的帮助。例如：这页 PPT 中包含了几个旅游景点及对应的介绍（见图 7.78）。由于图片数量比较多，放在一页中会导致每张图片都很小，无法清晰地查看每个景点的照片。

图 7.78

这时，就可以借助平滑切换来依次放大每张图片。以中间的风景 C 为例，可以在原稿基础上单独放大景点 C，其余的景点则同步缩小（见图 7.79）。当介绍完景点 C 后，可以按相同的方法展示下一个景点。

具体的操作方法和之前都是类似的。准备两页 PPT，第一页是 5 张图及介绍的平铺展示，第二页则处理成放大其中一张图并缩小其余 4 张图的效果。这部分主要用到了图片裁剪的基本功能，不熟悉的朋友可以回看第 5 章图片处理的相关内容。然后，选中第二页，单击"切换"，选择"平滑"切换效果即可（见图 7.80）。

第 7 章　动画之魅——如何巧妙运用动画增强表现力

图 7.79

图 7.80

应用这个技巧不仅能同时看到 5 个景点，还能依次放大展示当下要介绍的景点，视觉观感丝滑流畅，可以增强演示效果。同样的原理，也可以用于人物介绍或者产品介绍等各类场合，非常实用。

2. 创意视觉效果

除了应用于日常工作外，平滑切换还能创作出一些极具创意的效果。例如在介绍产品时，可以借助平滑切换模拟放大镜的效果，放大镜划过的地方，产品细节就会放大展示（见图 7.81），不仅方便观众看清细节，还为演示增添了一定的趣味性。

图 7.81

具体操作方法如下：首先复制一张产品图，将它放大并裁剪为正圆形以突出局部细节，并将它放在原图上方对应细节位置处（见图 7.82）。

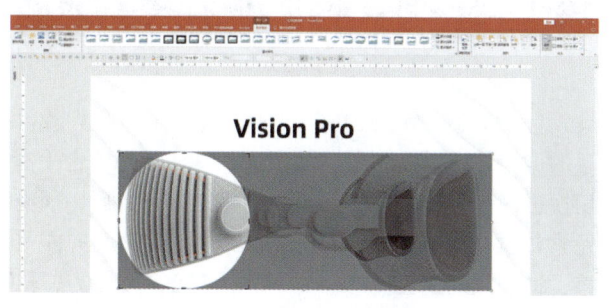

图 7.82

然后，复制这一页 PPT，并调节裁剪区域至产品头部（见图 7.83）。

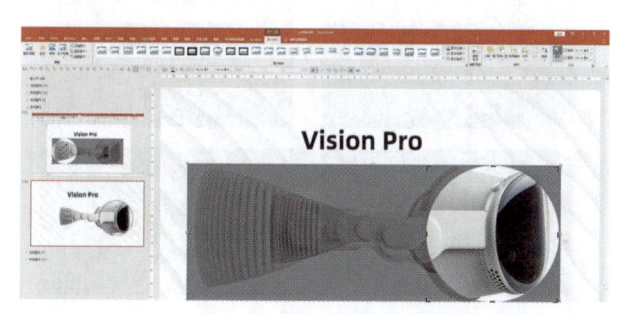

图 7.83

接下来，找一张手拿放大镜的素材图，复制到两页 PPT 中，并将放大镜的镜片分别对准刚才放大展示的产品细节，至刚好可以覆盖图片。最后，选中第二页 PPT，单击"切换"，选择"平滑"即可实现预期效果（见图 7.84）。

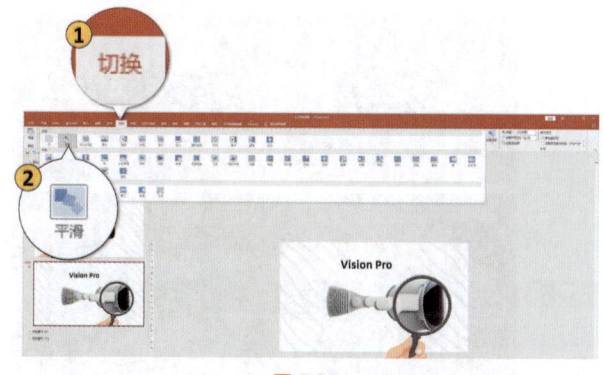

图 7.84

再来看个案例：这里有两页 PPT，分别介绍了两支橄榄球队的王牌球员（见图 7.85）。如何设计动画才更显高级呢？

图 7.85

仔细观察两页 PPT 会发现，画面四周有大量漂浮的橄榄球。因此，可以保留这一特征，并结合平滑切换进一步强化空间感。当介绍完红方球员后，所有元素依次向左退出画面，而绿方球员则依次向左平移，进入画面（见图 7.86）。利用空中漂浮的橄榄球，将两页 PPT 融为一体，仿佛是在同一个空间的移动，视觉效果极佳。

图 7.86

这个神奇效果的秘密就藏在画布之外。我将这两页元素同时放在一页 PPT 中，只是第一页只显示红方球员的信息，其余元素则置于画布的右侧；而第二页仅显示绿方球员信息，其余元素则置于画布左侧（见图 7.87）。

图 7.87

当给第两页 PPT 添加平滑切换效果后，原本位于画布右侧的绿方球员，会向左移动进入画布，直到停在第二页的状态；而原本画布中的红方球员，则会继续向左移动，直到全部退出画布，这就实现了预期的效果。为了避免平移过程中效果生硬，可以适当调节橄榄球的大小、位置及模糊度，以提升视觉观感。

可见，将元素错落地放置在画布外，并结合平滑切换可以产生融为一体的视觉效果。当你能够熟练应用这个技巧后，就可以打造出一种国外爆火的动画效果——视差动画。例如：这里有两页 PPT，即封面及内页（见图 7.88）。

图 7.88

结合平滑切换可以做出如图 7.89 所示的效果。从封面开始，所有元素依次向上移动，近处的物体移动最快，远处的山峰及文字则移动速度较慢，而下一页的元素也依次有规律地进入画面，创造出一种"近快远慢"的 3D 纵深感，为观众带来丝滑的视觉体验。

图 7.89

下面来演示这个效果的制作方法。根据上面那个橄榄球案例的设计思路，相信你也猜到了，视差动画的秘密依旧藏在 PPT 的画布之外。A 面中红色框内为封面，其余是画布外元素；B 面中红色框内为内页，其余是画布外元素（见图 7.90）。

在此基础上添加平滑切换的效果如图 7.91 所示。所有元素同步移动，缺少速度差异，仿佛就是一个普通的平移效果。

图 7.90

图 7.91

其实，真正的奥秘在于画布外元素的错落排布。例如：在 A 面中将画布外的元素有规律地错落摆放。越靠近上方的画布区域，元素就越早进入显示区；而远离画布的下方元素，则晚些进入显示区（见图 7.92）。

图 7.92

接着来看 B 面：画布外的元素也是错落摆放的，人物及云朵层很靠上，远离画布显示区域，而山峰及文字元素则紧贴位于下方，紧贴画布（见图 7.93）。这样在运动时就会产生"近快远慢"的速度差，仿佛营造了一个 3D 的空间。

图 7.93

当然你肯定会好奇，封面明明是一张图片，怎么错位排布呢？其实，这里就需要使用抠图类的工具先做个预处理，将每个元素单独拆成独立的部分，并且将它们按照远景、中景、近景排列在一起（见图 7.94）。

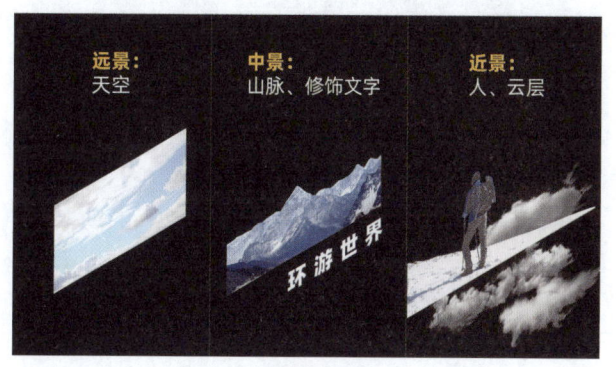

图 7.94

这样在运动过程中，就能实现 A/B 面间有速度差异的平滑切换效果（见图 7.95）。

图 7.95

以上是关于平滑切换的几个创意应用，操作都是类似的。结合天马行空的创意，就能发挥出无限魅力！

3. 3D 模型

视差动画可以营造出伪 3D 的创意效果，但其实，高版本的 PPT 并不需要"伪装"，它可以直接创造真实的 3D 效果，让你的演示成为全场最靓丽的风景。单击"插入→3D 模型"，会弹出一个 3D 模型库，这里面都是系统预设的模型（见图 7.96）。

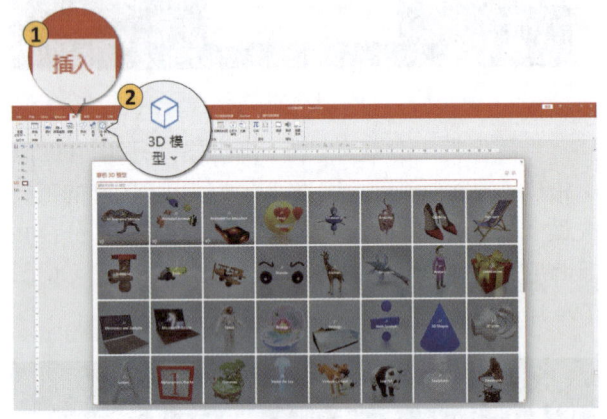

图 7.96

模型的数量不限于展示的这几款，当你将鼠标选停在对应模型上方时，会出现"查看全部"的字样，单击后会发现每款模型还有很多细分样式供选择（见图 7.97）。

图 7.97

选择你心仪的模型（例如恐龙模型），单击一下，就能将模型加载到页面上（见图 7.98）。

图 7.98

而且，这只恐龙竟然还是动态的，无须额外操作，它就会在画面中一直奔跑（见图 7.99）。

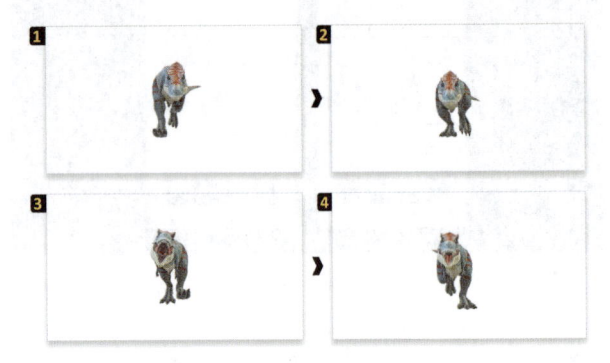

图 7.99

如果只是纯粹的恐龙运动动画，那么和视频无异。这种内置的 3D 模型的一大特色在于，你可以 360 度无死角地旋转操控它。当你选中这只恐龙，画面正中心会出现一个循环旋转的图标（见图 7.100），按住鼠标左键不放，移动位置就能控制模型的旋转。

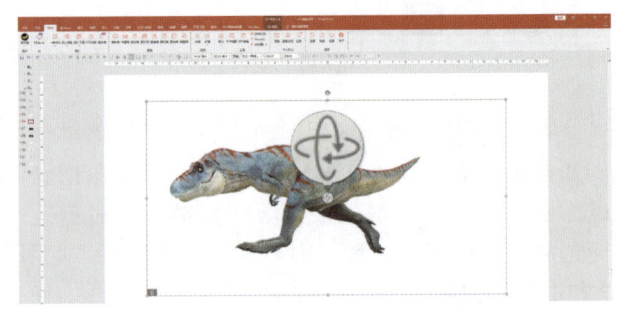

图 7.100

这个功能极大拓宽了 3D 模型的应用范围，也为平滑切换带来了全新的灵感。例如：当你要介绍霸王龙这个物种时，可以用模型正面的造型来点题（见图 7.101 左侧）；接着，旋转模型换一个角度，来介绍霸王龙的相关特征，如体长（见图 7.101 右侧）。

图 7.101

为了保持演示的连贯性，这时就可以借助平滑切换来自然过渡（见图 7.102）。

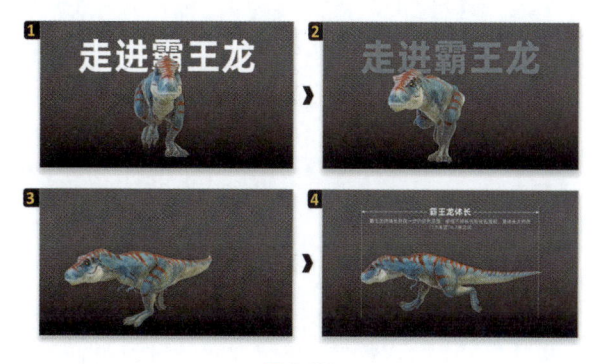

图 7.102

操作方法与之前介绍的是完全一致的。将两页 PPT 放在一起,选中后面那页 PPT,单击"切换",选择"平滑"即可(见图 7.103)。

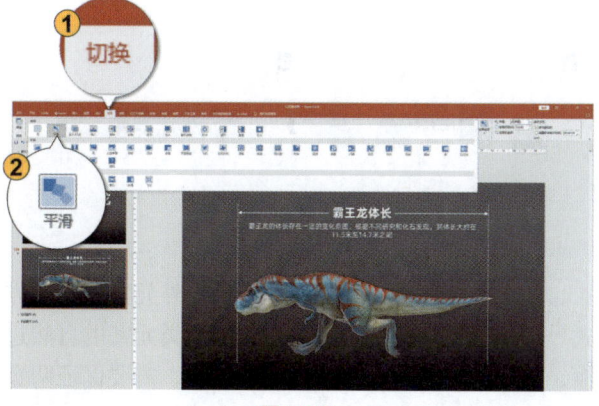

图 7.103

按照这个方法,只需使用这一个 3D 模型,就可以将霸王龙形象生动地呈现在观众眼前,这个技巧非常适合用于展示产品细节。例如:当你要介绍一款便携式笔记本电脑时,就可以结合平滑切换从多角度全方位展示产品细节(见图 7.104)。

图 7.104

除此之外,借助平滑切换及 3D 模型,还能打造

酷炫的动态效果。例如:当你要做一页地球介绍 PPT 时,如果只是找一张地球的图片,并放上文字,难免有些普通(见图 7.105)。

图 7.105

这时,可以从 PPT 内置的模型库中加载一款 3D 地球模型。第一页将模型放在画面正中央,第二页则将地球模型放大并旋转一定角度,压在准备好的文案上(见图 7.106)。

图 7.106

当静态设计做好后,选中第二页 PPT,添加"平滑"切换效果,就能得到如图 7.107 所示的效果。地球逐渐变大并伴随着一定的旋转,最后文字部分也显现出来了。这种真实且炫酷的效果真的实现了所谓的"电影级"质感。

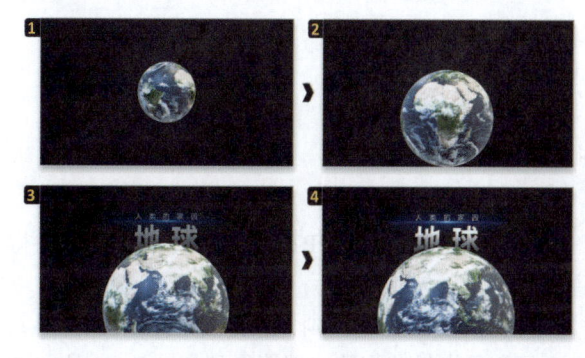

图 7.107

总之,将平滑切换技术与 3D 模型相结合,能够创造出众多富有创意的展示方式,为演示增添独特的

视觉魅力和吸引力。

4. 平滑切换的小技巧

"平滑切换"的软件操作方法其实都是一样的。只需将同类元素分别布局在两页 PPT 上，随后添加"平滑"切换，就能实现元素从一页自然过渡到另一页的流畅视觉效果。然而，尽管步骤相同，不同人应用后的效果却差异很大。除了个人创意和思维方式的差异外，掌握一些"平滑切换"的小技巧，也能提升视觉观感。下面，我将分享几个实用的切换技巧，助你更好地应用这一技能。

（1）错位技巧。

例如：这页 PPT 有 5 个方块（见图 7.108），如果要用平滑切换给它们添加一个进入的动画效果，你会如何操作呢？

图 7.108

按照常规的方法，你会将目前这页 PPT 作为第二页，然后复制一页，并将所有方块统一移到画布外作为第一页（见图 7.109）。

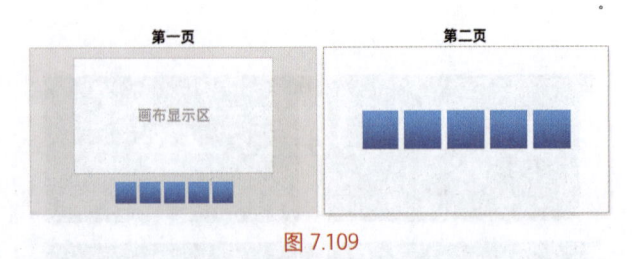

图 7.109

然后，选中第二页 PPT，添加"平滑"切换，得到的效果如图 7.110 所示。

所有元素同步进入画面，非常生硬呆板。但其实，只需稍微做些调整，就能得到如图 7.111 所示的效果。每个方块从不同方向依次旋转进入画面，动画的效果非常丰富。

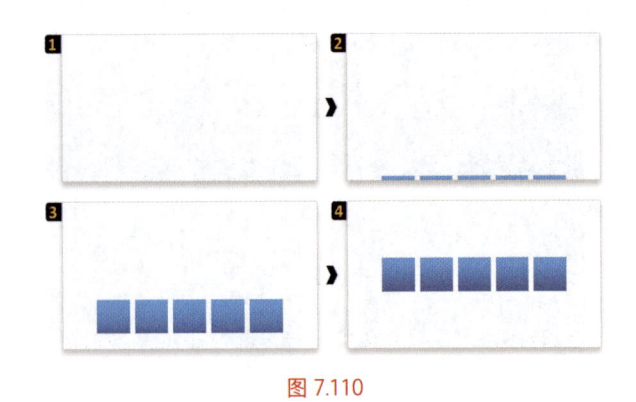

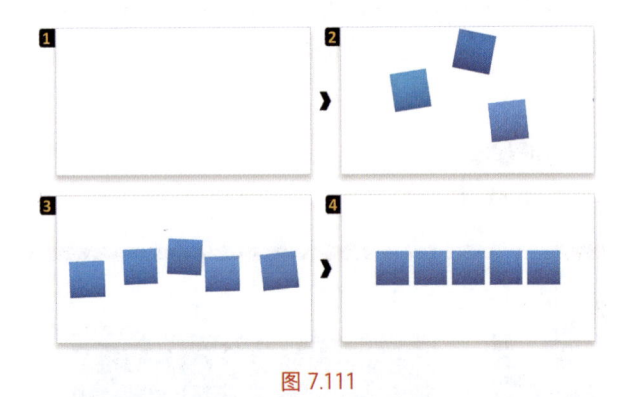

图 7.110

图 7.111

而要做到这点，关键就在于画布外元素的排列方式。由于平滑切换的原理是跨页间同类元素的自然过渡，因此为了获得更丰富的动画效果，需要保证两页间同类元素的差异尽可能大一些。

原版中画布外的元素排列整齐，与最终效果图的样式间只有一个位置变化的差异，因此跨页移动时变化幅度较小，动画也比较单调（见图 7.112 左侧）；而改版后，给画布外的元素加入了大小、位置、旋转、颜色等多种属性的变化，跨页移动时元素的变化幅度较大，因此动画效果也更加丰富（见图 7.112 右侧）。

图 7.112

这也就是用平滑切换来模拟"视差动画"的核心原理，灵活运用这个技巧，可以让平滑切换发挥出更大的价值。

（2）形状变化。

在平滑切换过程中，常常使用大小、位置、颜色等基本属性做变化。然而，这种变化形式见多了也难免会有些视觉疲劳。这时，如果加入形状样式的变化，就能带来全新的视觉体验。

例如：这里有一个方形，现在想要通过平滑切换让它变成圆形（见图7.113），你会如何操作呢？

图 7.113

按照常规的操作方法，就是选中第二页PPT，添加"平滑"切换。然而，最终效果并非预想的那般自然过渡，而是生硬地淡出淡入。先是方形消失在画面中，随后圆形再显示到画面中（见图7.114）。

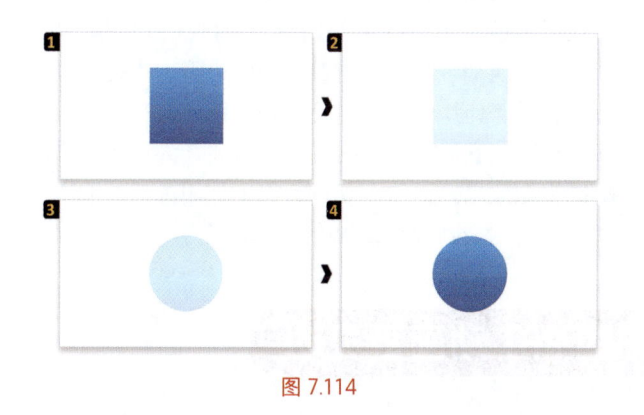

图 7.114

虽然也完成了过渡，但两个元素之间完全没有联系，这就失去了平滑的意义。这是因为平滑切换是基于同类元素而产生的过渡，而目前一个是方形，一个是圆形。系统判定它们并非同类元素，因此无法为两者建立动态关联。面对这种情况该怎么办呢？其实有两种应对方法。

第一种是控点调节法。在PPT的形状中，有一类特殊的形状，它们可以通过形状本身的控点更精细地调节元素的形态（见图7.115）。

在这个案例中，就可以借助圆角矩形，实现方和圆之间的切换。将控点拉到最左侧就是方形，拉到图形最中间就是圆形（见图7.116）。

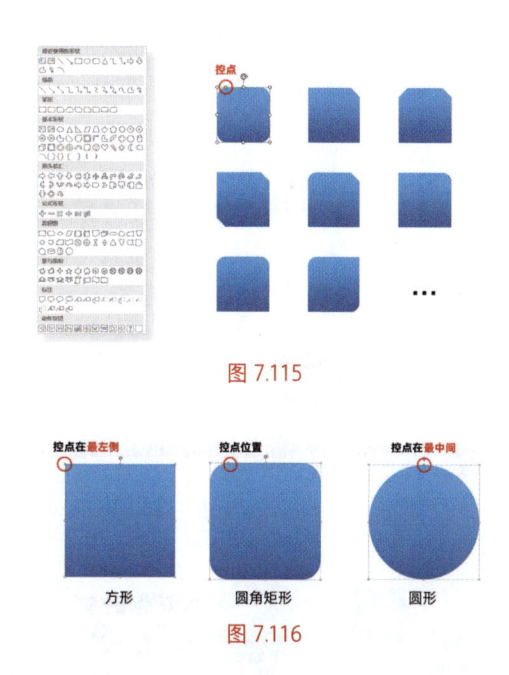

图 7.115

图 7.116

这时，就可以用圆角矩形做出"方"和"圆"，来实现自然的平滑切换，运动过程中方形逐步变得圆润，最终变成了圆形（见图7.117）。正是因为两个图形本质上还是属于"圆角矩形"这个类型，所以跨页移动时图形间可以建立自然的动画关联。

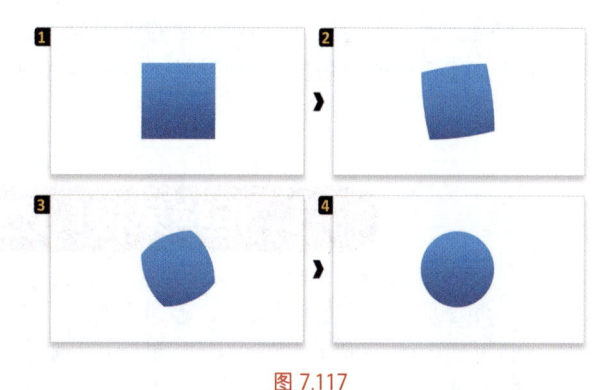

图 7.117

当然，你可能会有新的疑问，如果面对的是非控点图形，甚至是特殊形状图形间的变化，又该如何自然过渡呢？例如：要将圆形变成一个爱心的造型（见图7.118），该如何操作呢？

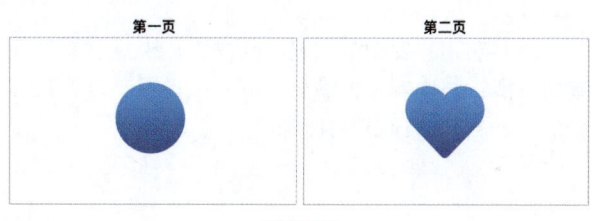

图 7.118

这时，就要引出第二种技巧了，布尔运算法。首先来到圆形那页 PPT，插入任意一个形状（如方形）放在一边。然后，先选中圆形，按住 Ctrl 键再加选方形，单击"形状格式→合并形状→剪除"（见图7.119）。这个操作对于图形样式没有任何影响，但正是由于对图形做过一次布尔运算，系统就将新生成的这个圆形认定为"任意多边形"。

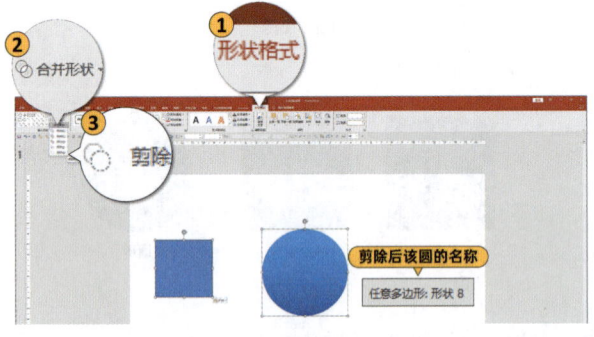

图 7.119

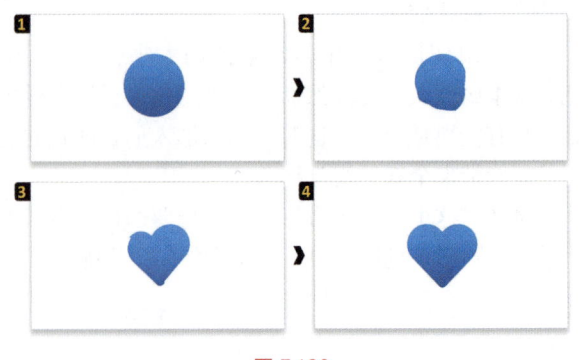

图 7.120

因此，对爱心图形也做一次相同的操作，就将两个图形的类别都统一为"任意多边形"。在此基础上再在添加"平滑"切换，就能将两个图形通过动画关联起来了（见图 7.120）。

相比较于控点调节法，布尔运算法的应用范围更广，可以实现很多创意的形状变换效果。这种形状间自然过渡的效果是普通的动画无法实现的，因此视觉效果会更新颖。

（3）注意版本问题。

由于平滑切换是高版本 PPT 独有的功能，因此，为了确保动画效果能够正常播放，请务必在演示用的电脑上安装支持平滑切换功能的 PPT 软件。否则，精心设计的平滑切换效果将无法展现，转而呈现为普通的淡出动画，这将严重影响演示的整体效果。

以上就是本节的全部内容，通过大量实际案例，展示了切换动画在连贯过渡、强化逻辑、烘托氛围等方面的显著作用。其中，还着重介绍了 PPT "平滑切换"功能，它通过元素间的自然过渡，为演示带来流畅的视觉效果。而这一切都旨在助你用最低的成本实现高水平的动画效果，提升演示的魅力。

7.3 拒绝呆板！让你的 PPT 动画更灵动

切换动画可以很好地连贯页面，起到承上启下的作用，而页面内的元素动画则决定了 PPT 中主要信息的出场方式。好的动画效果可以为平淡的页面注入生机，而不恰当的动画效果则可能使原本精美的设计黯然失色。

例如：这页 PPT 原本设计感还不错，但添加了不恰当的动画后，元素的移动显得杂乱无章（见图7.121），分散了观众的注意力。

但其实，只要稍微调整动画设置，视觉观感就能流畅丝滑，与内容相得益彰（见图 7.122）。这背后究竟隐藏着怎样的动画设计学问呢？

图 7.121

图 7.122

对于动画新手而言，肯定会遇到以下问题：面对琳琅满目的动画效果，不知选择哪个合适；明明使用了同样的动画类型，别人的作品流畅自然，而你的却生硬刻板；渴望制作出高级的动画效果，但不知从何学起。

其实，以上种种问题都是因为你还没有掌握动画设计的精髓。接下来，我将带你一起探索动画设计的奥秘，学习如何制作出实用且高级的动画效果。准备好了吗？让我们一起踏上这场动画设计的旅程吧！

7.3.1 单元素动画

先来了解下动画的基本设计流程。选中页面中的圆形，单击"动画"→动画的扩展项，会弹出一系列动画预设，选择其中一种动画类型，如"擦除"（见图 7.123）。圆形就会以"擦除"的方式从无到有逐渐出现，这就是给元素添加动画的基本流程，也是大多数新手所认定的 PPT 动画的全部。

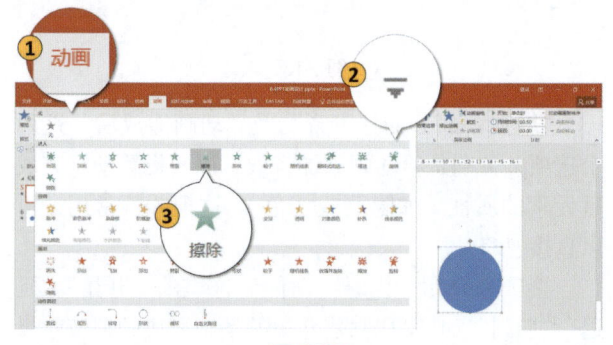

图 7.123

然而，仅仅掌握到这个程度还不够。因为默认的动画效果往往比较生硬，需要调节参数才能达到理想的效果，而这也正是新手与高手的差距所在。

在 PPT 的动画库中，除了动画选项卡下展示的这几项常用动画类型外，单击下方的更多动画效果，还有许多扩展的动画类型（见图 7.124）。

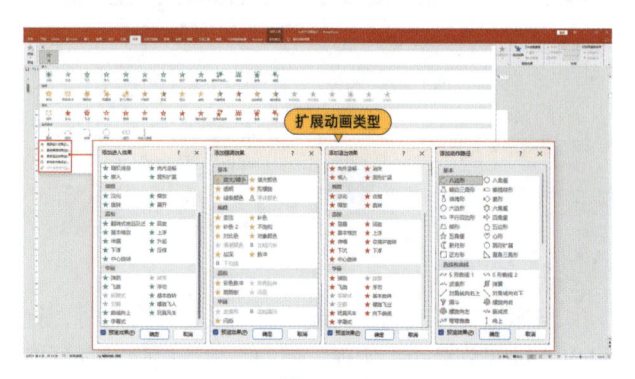

图 7.124

面对如此丰富的选择，你可能会望而却步。但其实不必担心，因为动画的应用逻辑都是相似的，这 100 多种动画主要分为 4 种类型：进入、强调、退出以及路径（见图 7.125）。

图 7.125

下面，我将从每种类别中精选出几个有代表性的动画效果，并为你详细展示它们的应用技巧，助你更灵活地应用动画，提高演示魅力。

1. 进入型动画

进入型动画就是元素从无到有进入画面的动画效果。以刚才的"擦除动画"为例，选中圆形，单击"动画→动画窗格"，右侧会弹出一个单独的动画窗格界面，这就是调节动画细节的地方，其中的绿色方块就是当前添加的擦除动画。将鼠标移动到绿色滑块上方，会显示动画的开始和结束时间。例如，这里显示的是从第 0 秒开始，0.5 秒结束。而这个时间其实也对应着滑块的起始位置及长度（见图 7.126）。

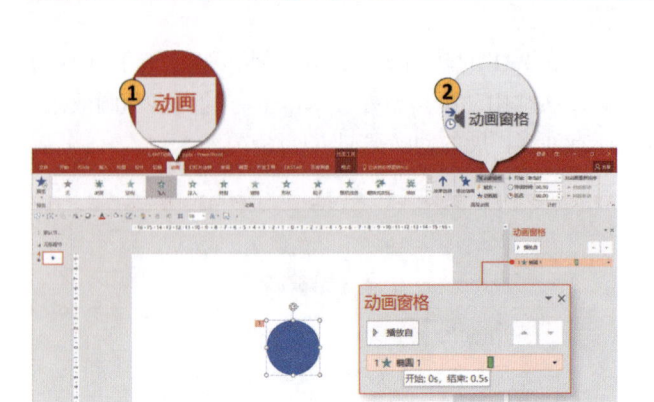

图 7.126

当你想要修改动画的起始时间及持续时间时，就可以通过调节滑块来实现。例如，想让擦除动画延迟1秒进入，再持续1秒后结束。那么，就可以将鼠标放在滑块上，当鼠标呈现出双向箭头样式时，按住鼠标左键向右移动滑块位置至1秒处，移动过程中滑块上方会实时显示动画的开始时间（见图7.127左侧）；接着将鼠标放在滑块右侧边界位置，当鼠标呈现出中间有断开部分的双向箭头样式时，按住鼠标左键向右拖动至结束时间为2秒处，移动过程中滑块上方会实时显示动画的结束时间（见图7.127右侧）。通过这个方法就可以调节动画的起始时间及持续时长。

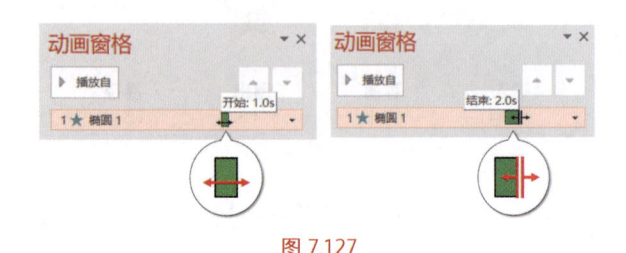

图 7.127

滑块右侧还有一个扩展下拉菜单，主要看横线以上的部分，它是动画开始的3种形式（见图7.128）。"单击开始"表示动画需要单击鼠标后才会运行，并且在动画名称之前会有个数字"1"；"从上一项开始"表示动画会自动开启，无须触发调节；而"从上一项之后开始"表示动画会在上一项动画完全结束时开始，滑块的起始位置的起点会紧贴着上一项动画滑块的末端。了解了这些基础概念后，就可以灵活调配动画的时间了。

双击"动画"滑块，会弹出该动画的细节参数设置，分别为效果、计时和正文文本动画这3个选项（见图7.129）。由于本次对象是一个图形，因此"正文文本动画"可以先忽略。

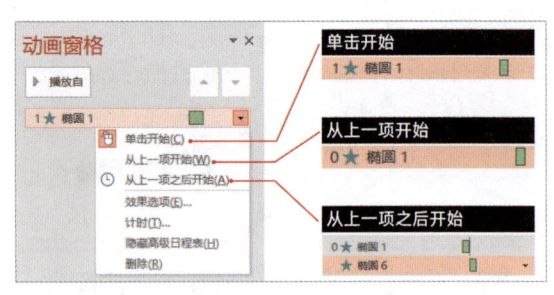

图 7.128

图 7.129

首先看"效果"。"设置"中的"方向"用于控制动画的运动方向，例如上、下、左、右4个方向（见图7.130），可以根据具体情况选择。

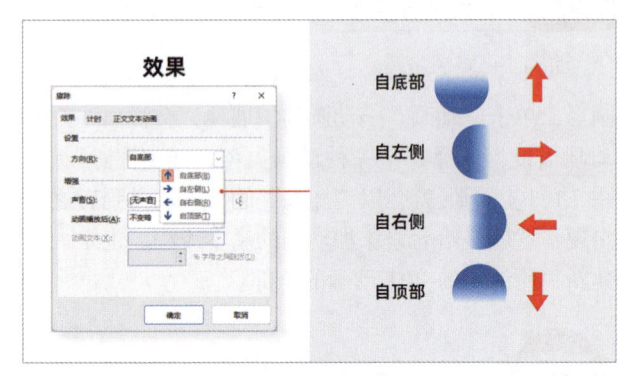

图 7.130

"增强"部分的"声音"及"动画播放后"这两个选项，分别是给动画添加音效，以及设置动画完成后元素的属性（如隐藏或变色）。这项并不常用，可以直接忽略。

接下来介绍"计时"功能。这里的"开始""延迟""期间"，其实和刚才介绍的动画滑块的调节效果是一样的（见图7.131），只不过变成了手动输入。

"重复"表示动画的重复次数，假设次数设置为2，那么动画就会重复运行两遍。至于"触发器"的应用，会在后面详细介绍，这里先不展开。

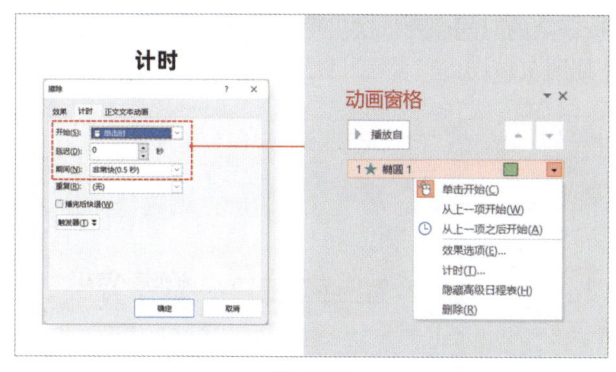

第 7 章　动画之魅——如何巧妙运用动画增强表现力

图 7.131

以上就是动画的基本参数设置，不同的动画类型会有所区别，后续会详细介绍。

（1）擦除动画。

下面来看看擦除动画都有哪些具体的应用。例如：这是一页折线图（见图 7.132），表示全年业绩不断向好，然而直接放在页面中，则少了些惊喜感。

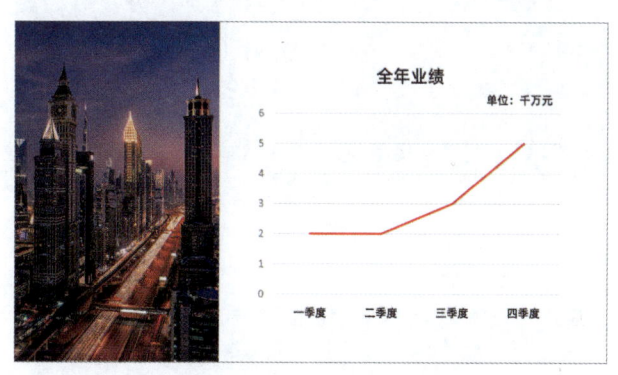

图 7.132

此时，可以结合图表动画，让折线从 0 开始，逐步显现（见图 7.133）。看着不断高涨的业绩，也能调动汇报现场的氛围。

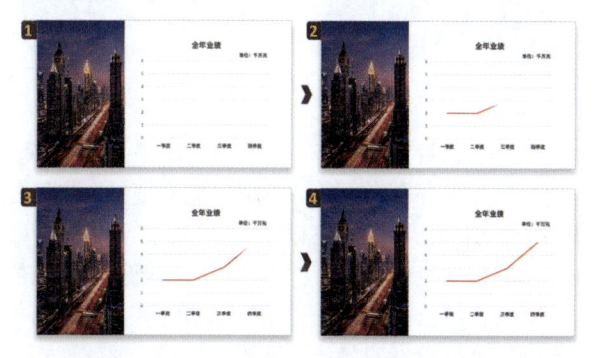

图 7.133

具体操作方法如下：选中图表，单击"动画"，选择"擦除"，并且将方向设置为"自左侧"（见图 7.134）。

图 7.134

仅仅做到这步还不够，在预览动画时会发现，图表是整体擦除显现的，与预期中仅折线段部分擦除的效果不符。此时打开"动画窗格"，双击"动画"滑块，切换到"图表动画"选项，在"组合图表"的下拉选项中选择"按系列"（见图 7.135）。再次预览时就会发现擦除效果仅应用于折线段。

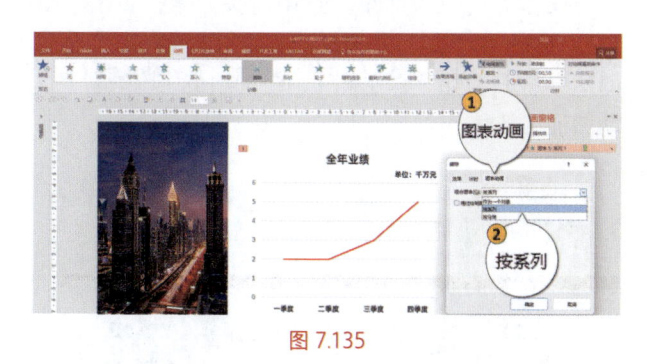

图 7.135

应用擦除动画，可以逐步揭示事物发展的趋势，也能加深人们的印象。例如：这页 PPT 是描述不同血型之间输血关系的（见图 7.136），直接将整个流程放出来会有些难以理解。

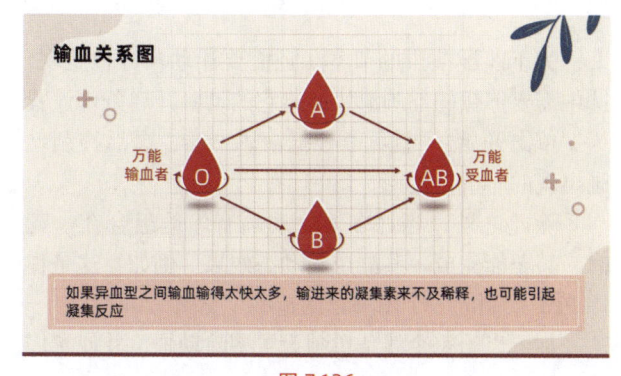

图 7.136

此时，可以用擦除动画强化箭头的走向。例如：

先从 O 型血开始延伸至 3 个箭头指向其他血型，表示它是万能输血者；接着围绕 O 型血自身画一个箭头，表示它也能给同是 O 型血的人输血。按照同样的方法补齐其余箭头的擦除动画（见图 7.137）。

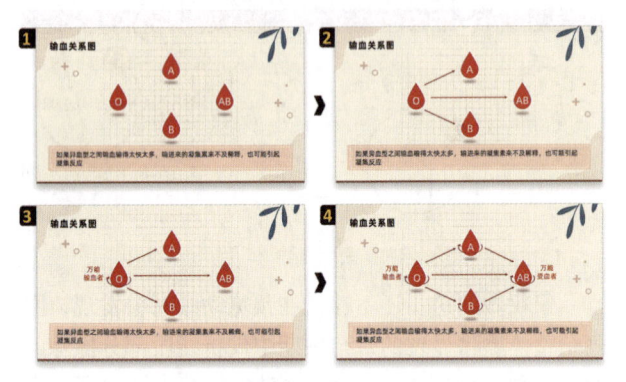

图 7.137

通过这种方式，可以将复杂的概念逐步讲解给学员听，方便匹配演示节奏，也有助于学员们理解。

操作方法也很简单。选中箭头元素，单击"动画"，选择"擦除"，并根据箭头的指向选择一个合适的运动方向，如"自左侧"（见图 7.138），这样就成功添加了动画。

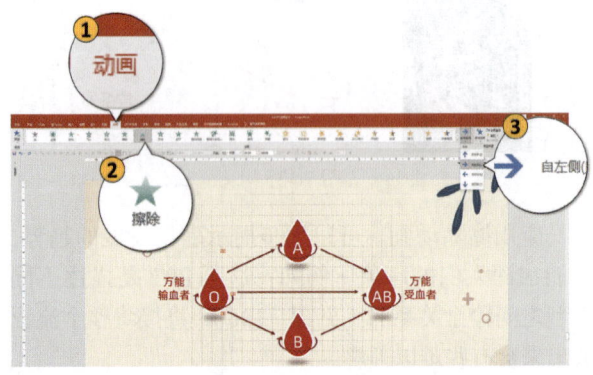

图 7.138

为了匹配演讲的节奏，还需要让动画分批呈现。选中需要停顿的动画滑块，将它的动画开启条件设置为"单击开始"，就可以根据演讲节奏，灵活控制动画出现的时机（见图 7.139）。

除此之外，当许多擦除动画有序地组合在一起时，甚至能完成一些酷炫的动态效果。例如：这是你用 PPT 绘制的一个图书馆的造型（见图 7.140）。

你可以给每个线条单独设置擦除动画，并使它们按一定的时间序列依次出现，以模拟手绘动画的形式（见图 7.141）。

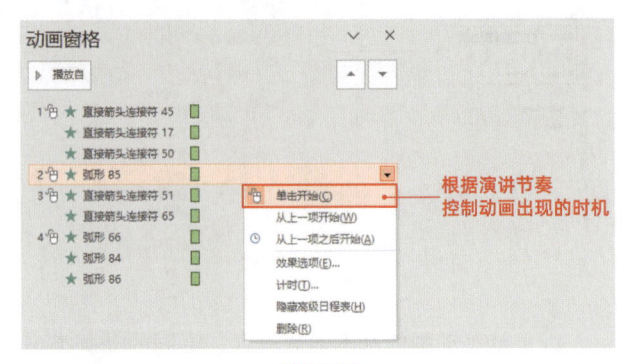

图 7.139

图 7.140

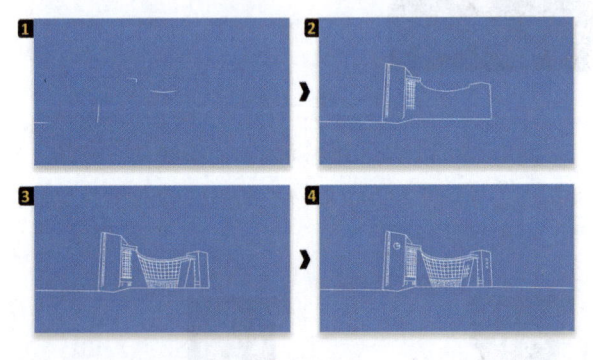

图 7.141

当然，你肯定会好奇，这么多动画该如何按序列呈现呢？如果一个个手动调整那可太麻烦了，这里分享一个实用小技巧，你可以借助 iSlide 工具来快速实现动画时间的批量调节。首先，选中需要调节动画的这页 PPT，单击"iSlide→扩展→序列化"，会弹出一个动画序列化设置的菜单（见图 7.142）。

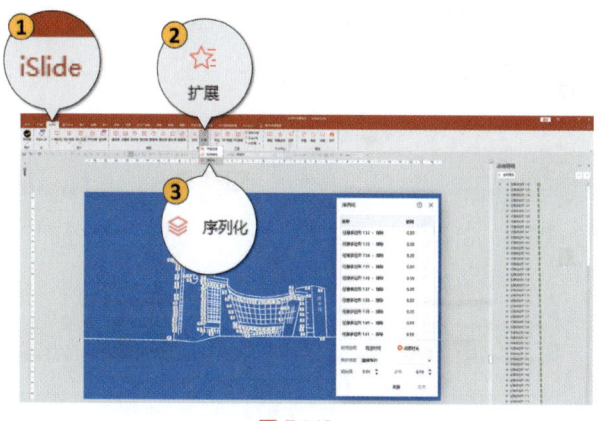

第 7 章 动画之魅——如何巧妙运用动画增强表现力

图 7.142

上方是选择需要调节时间的动画项目，下方则是对所勾选动画进行的参数设置。由于这页 PPT 全是擦除动画，需要统一调节动画时间，因此可以勾选"时间"右侧的选项，这相当于是全选的操作了；"时间选项"中勾选"延迟时间"，用于控制动画开启的时间顺序；"序列选项"中选择"等差序列"，表示每次延迟的时间差是相等的；最后的"起始值"设置为 0 表示第 0 秒开启动画，而"步长"则是设置延迟时间差的具体数值，例如这里设置为 0.1。单击"应用"，观察右侧的"动画窗格"，会发现所有动画就会从第 0 秒开始，每隔 0.1 秒开启下一个动画，连起来就形成了丝滑连贯的手绘动画效果（见图 7.143）。

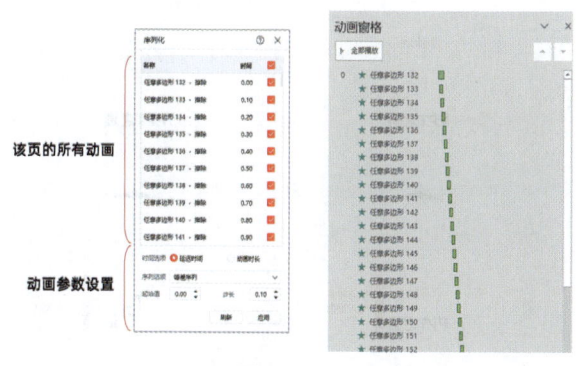

图 7.143

以上就是关于擦除动画的一些应用技巧，这也代表了绝大多数进入型动画的设置方法。然而，在深入探索动画细节时，你会发现有些动画拥有独特的参数配置，例如接下来要介绍的飞入动画。

（2）飞入动画。

飞入动画是指元素从屏幕外飞入画布的一种动画类型。例如：这里有一个圆形，单击"动画"，选择"飞入"，这个圆形就会从画布外飞入视野中（见图 7.144）。

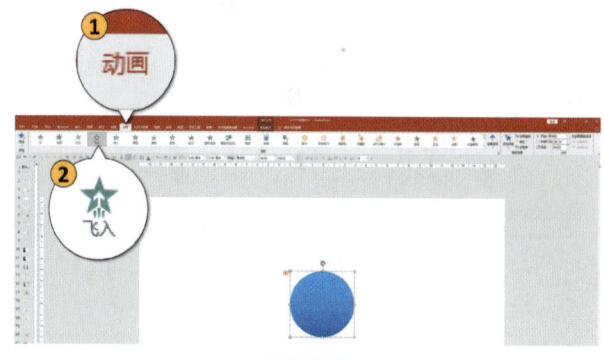

图 7.144

打开"动画窗格"，双击"动画"滑块，可以进入飞入动画的细节设置。这里，可以看到 3 个独特的参数设置，分别是"平滑开始""平滑结束""弹跳结束"（见图 7.145），它们可以对飞入动画的效果进一步微调。

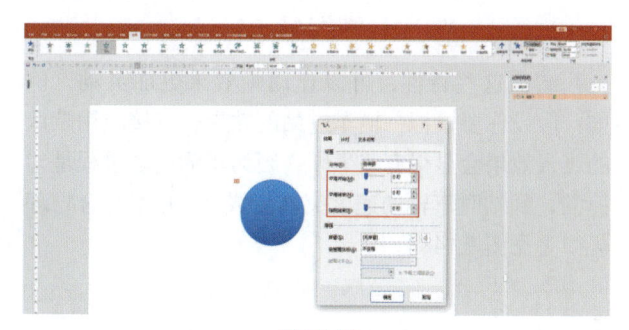

图 7.145

下面来做一组对照实验，分别看看每个参数的具体作用。首先准备 4 个等大的圆形，让它们右对齐，并统一添加飞入动画，方向为"自左侧"，持续时间设置为 2 秒。其中，灰色圆是默认的飞入效果；绿色圆是将平滑开始的参数设置为 2 秒；红色圆是将平滑结束的参数设置为 2 秒；蓝色圆是将弹跳结束的参数设置为 1.2 秒。预览后的效果如图 7.146 所示。

由于动画都是同一时间开始，且持续时间都是 2 秒，因此它们启动及停止的时间是一样的，但在运动过程中的速率却不同。其中，灰色圆一直是匀速运动的；绿色圆则起步很慢，但后程会逐渐加速；红色圆则起步很快，但后程突然减速；蓝色圆速度一直很快，但到终点后并不会立刻停止，而是会在终点线上来回移动，直到最终停止（见图 7.147）。

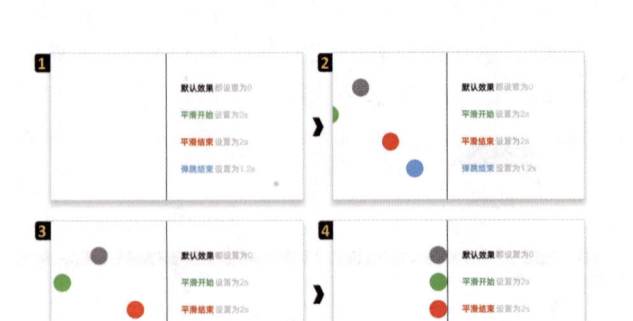

图 7.146

图 7.147

结合这些特性，可以让动画效果更加灵动，例如：假设你要模拟一辆车进站的效果，直接应用默认的飞入效果会显得有些生硬，因为车辆运动过程是匀速的，到站时车辆的速度突然变成 0，并不符合物理规律（见图 7.148）。

图 7.148

此时，就可以增大"平滑结束"的数值，让车辆逐渐减速，最终停在车站前，动画效果就更真实一些（见图 7.149）。

这种看似不起眼的细节设置，对于 PPT 动画质感的提升也有很大帮助。它类似于专业动画软件中的动画曲线调节，属于非线性动画的范畴，也就是运动过程中有快慢变化。如果你留意过苹果官方出品的一些动效设计，就会发现它们的动画非常丝滑，这正是

运用了大量非线性动画的结果。

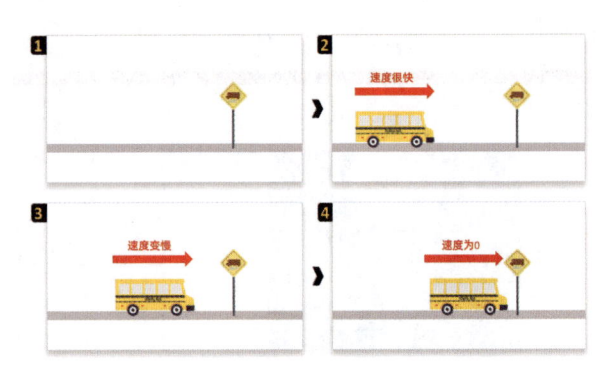

图 7.149

（3）文本框动画。

文本框动画是我埋下的一个伏笔，前面在介绍动画的细节设置时，有一个参数没有展开介绍，那就是动画文本的设置。由于它属于高阶动画的范畴，因此单独作为一个类别进行介绍，掌握这个技巧，可以实现很多酷炫的动画效果。

例如："PPT 之道"这行文字，给它添加飞入动画，它会从底部飞入画面，此时文本是一个整体，效果比较单调（见图 7.150 左侧）。其实，只需稍微调节动画参数，就能让文段拆分成一个个文字，依次飞入画面，丰富了动画的表现力（见图 7.150 右侧）。

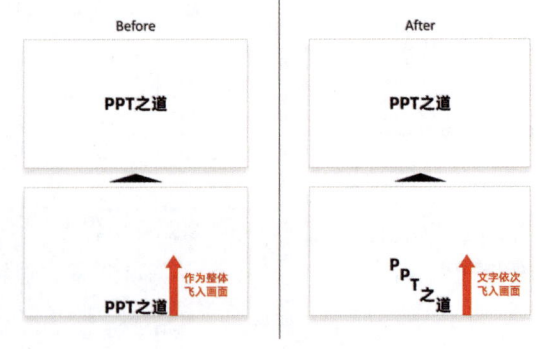

图 7.150

对比两者的动画参数设置，会发现转变的关键在于"动画文本"的设置。默认是"一次显示全部"的形式（见图 7.151 左侧），因此文本是作为一个整体出现的；而文本依次飞入画面的效果是将"动画文本"改为"按字母顺序"进入（见图 7.151 右侧）。

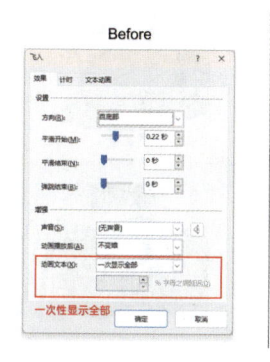

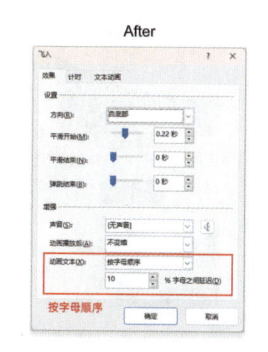

图 7.151

当你将这个技巧运用在常规的动画中时，会发现原本那些稀疏平常的动画效果都变得不太一样了（见图 7.152），文字的进入方式开始变得富有层次和节奏感。

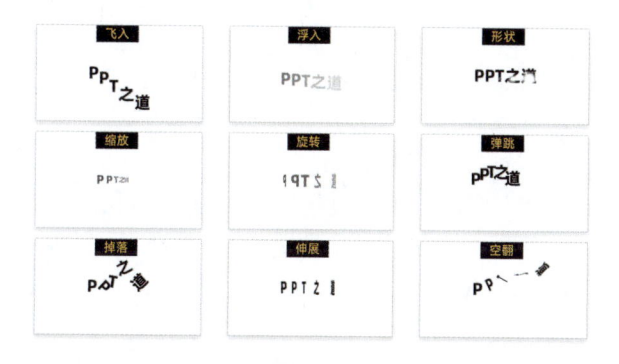

图 7.152

除了这种表象的作用外，它其实还蕴含着无穷的创作潜力。例如：首先在画面中输入一行短线字符（也就是键盘上的减号），接着选中文本框，单击"形状格式→文本效果→转换"，从中选择一种类型，如正方形，文本框内的短线就变成了一系列长条状的样式（见图 7.153）。

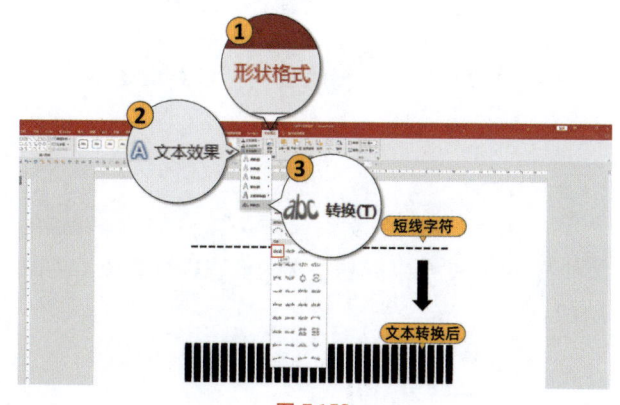

图 7.153

选中转换后的文本框，在"文本填充"中选择"图片或纹理填充"，并加载一张图片，就将图片填充到文本框中了（见图 7.154）。

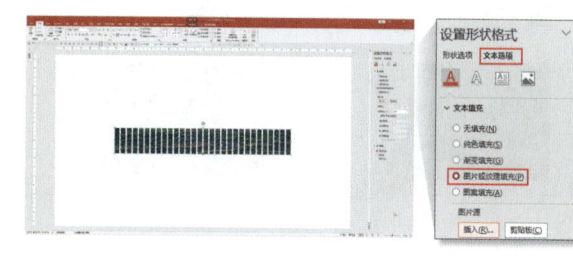

图 7.154

然后，调整文本框的大小，让它与原图的比例保持一致。单击"开始→字符间距→其他间距"，在弹出的字体选项卡中选择"紧缩"，并设置一个较大的度量值，如 8。此时，图片填充的缝隙就消失了（见图 7.155）。

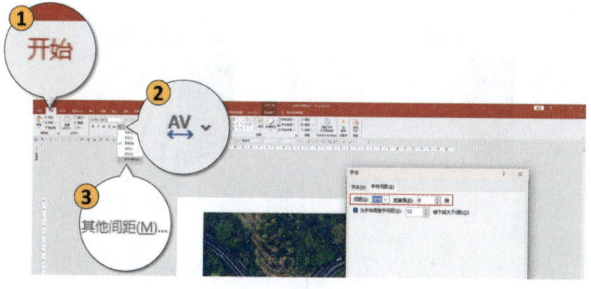

图 7.155

而这一番操作，就将一张图片以文本填充的形式呈现出来了，接下来就是见证奇迹的时刻了。选中这张图片，添加"飞入"的动画效果，并且将"动画文本"设置为"按字母顺序"进入（见图 7.156）。

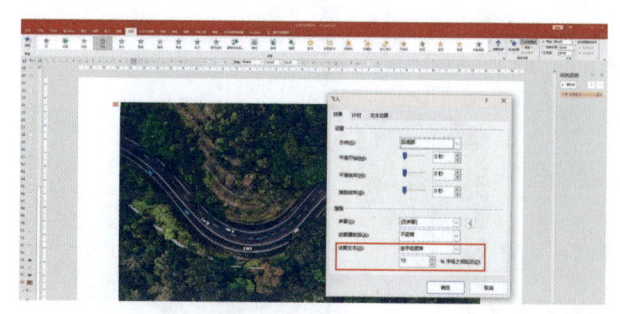

图 7.156

此时，可以得到的效果如图 7.157 所示，图片被拆分成一个个长条分批进入画面，产生了前所未有的视觉效果。

图 7.157

应用其他动画类型的效果如图 7.158 所示，动画细节变得丰富且富有层次。

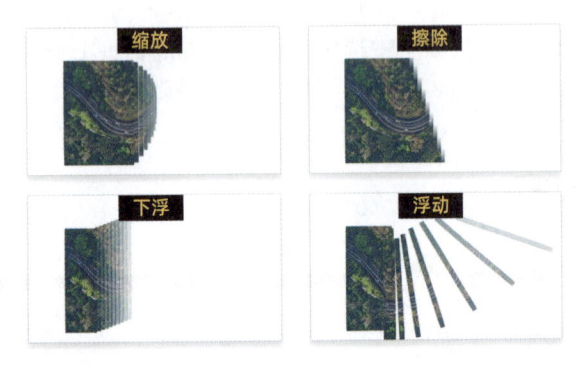

图 7.158

更神奇的是，文本框的形态不一定都是矩形。当你选中这个文本框，单击"形状格式→文本效果→转换"，选择一种文本框的形态（如波浪形），即可改变文本框的形态（见图 7.159）。

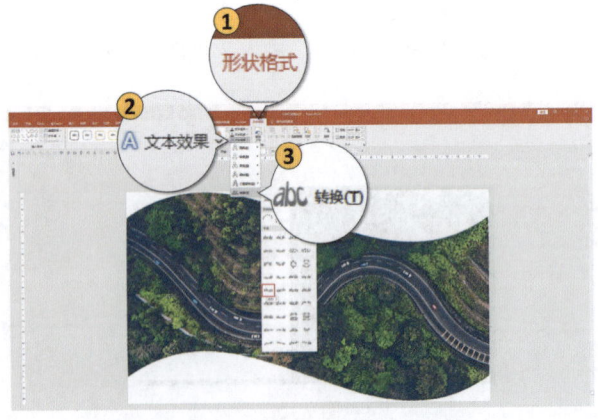

图 7.159

在此基础上添加动画又会有新的视觉体验（见图 7.160）。

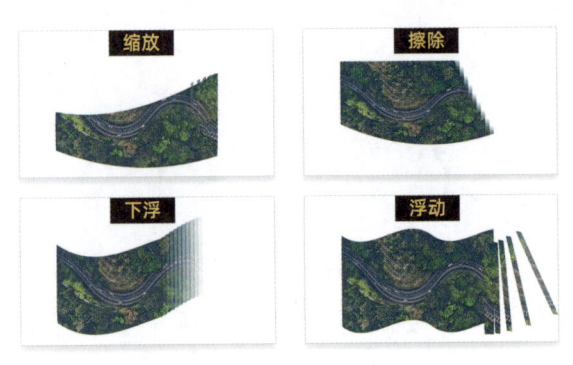

图 7.160

总之，文本框是一个可玩性很高的要素，而文本框动画也是高阶玩家必备的一项技能，它蕴藏着无穷的创作潜力等待你去挖掘。

以上就是进入型动画的应用方法和技巧，虽然还有很多动画类型没有提及，但设置技巧其实都是相似的，你可以结合以上方法，学习其他预设的动画类型，以此提升动画的表现力。

2. 强调型动画

强调型动画，顾名思义就是强调重点信息的动画。下面，我将介绍几个常用的强调型动画，助你更好地凸显关键信息，吸引观众的注意力。

（1）彩色脉冲动画。

彩色脉冲动画是我应用最频繁的强调型动画之一，它可以很好地凸显关键信息。例如：这页 PPT 有大量文字（见图 7.161），想要凸显其中某一项，就可以应用彩色脉冲动画来实现。

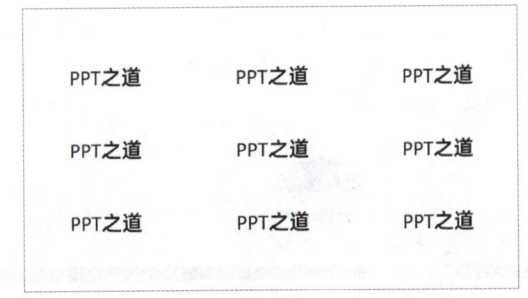

图 7.161

选中需要强调的文本信息，单击"动画→彩色脉冲"，文本就会以闪烁一次的形态进行强调（见图 7.162）。

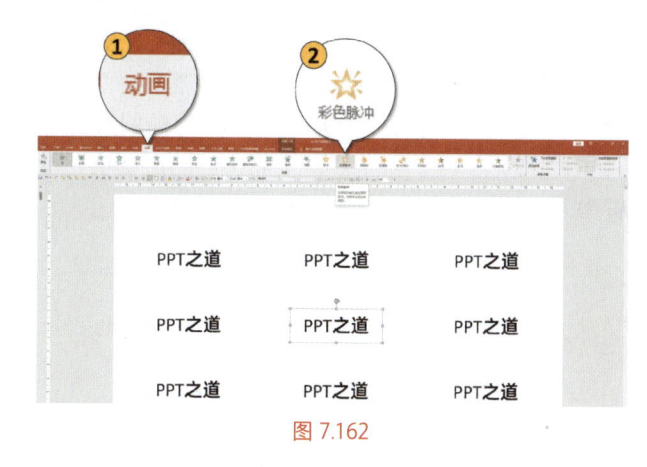

第 7 章 动画之魅——如何巧妙运用动画增强表现力 241

画类型。例如：这里有一个矩形，单击"动画→陀螺旋"（见图 7.165），它就会绕着自身的中心点顺时针旋转一圈（见图 7.166）。

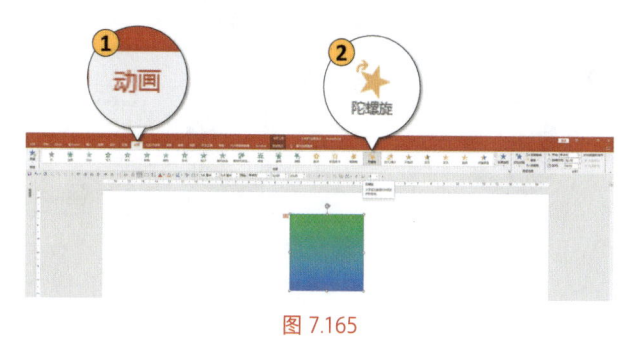

图 7.162

然而，默认的强调形式不太明显，需要调节动画参数进行突出。双击"动画"滑块，在"效果"选项卡中，可以将"颜色"改为橙色，"动画文本"的进入方式也设置为"按字母顺序"（见图 7.163）。

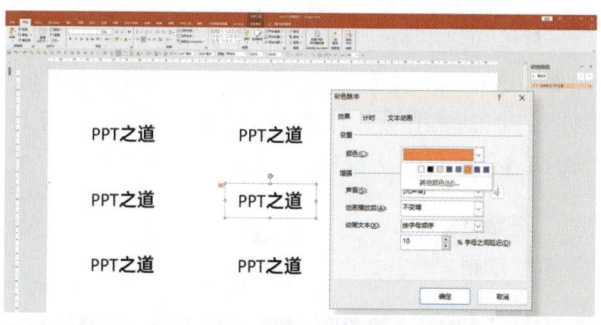

图 7.163

此时，文字就会依次闪烁为橙色，有着显著的突出效果（见图 7.164）。

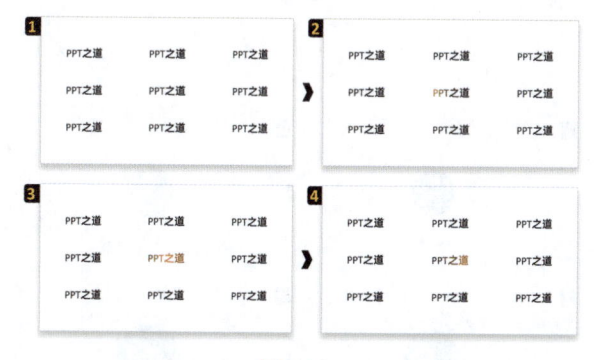

图 7.164

彩色脉冲动画能够清晰地强调重点，且不会显得过于浮夸，特别适用于工作汇报和教学培训等正式场合。

（2）陀螺旋动画。

陀螺旋动画是指元素绕着其中心点旋转的一种动

图 7.165

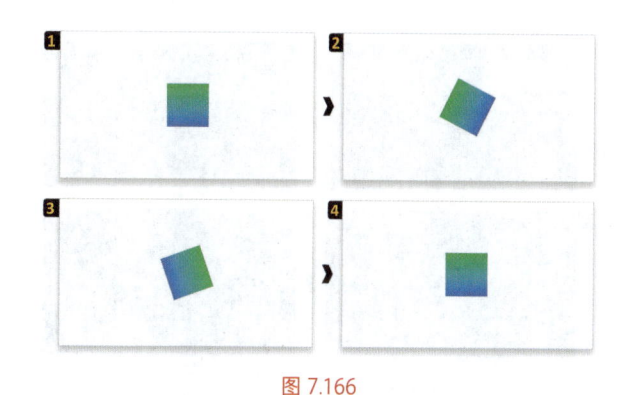

图 7.166

双击"动画"滑块，进入参数设置，会发现陀螺旋动画可以设置旋转的角度以及方向，你可以按照自己的意愿控制旋转的形式（见图 7.167）。下方的平滑开始、平滑结束、弹跳结束则可以控制旋转的速率。

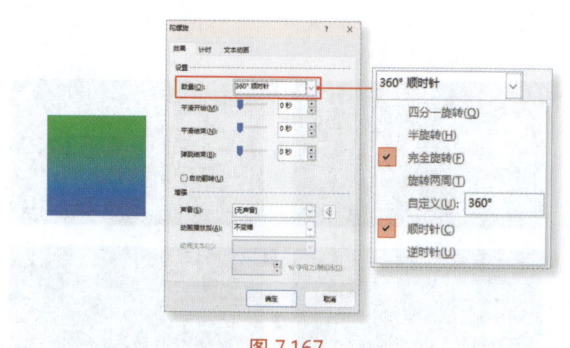

图 7.167

了解了陀螺旋动画基本的使用方法后，来看看它在 PPT 中的具体应用。例如：在 PPT 中要放映音乐片段时，就可以模拟 CD 机的效果，让它保持旋转，同时放映出美妙的旋律（见图 7.168）。

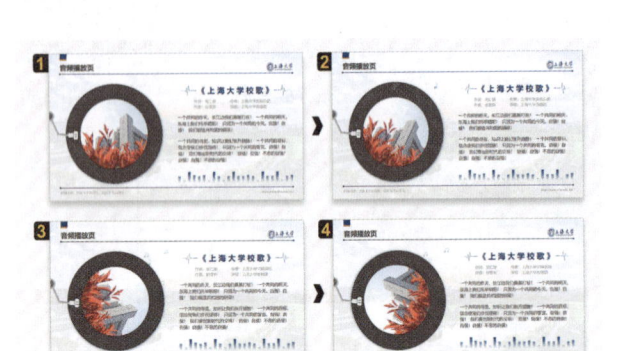

图 7.168

或者，在介绍雷达功能时，通过扫光动画模拟真实的雷达效果（见图 7.169），提升视觉观感。

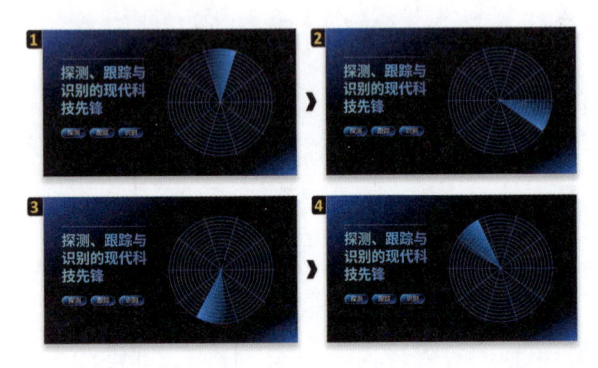

图 7.169

关于雷达扫光的这个动画效果其实暗藏了一个小技巧。如果你直接对这个扫光的渐变元素添加陀螺旋动画，会得到如图 7.170 所示的效果。扫光的元素并不是围绕雷达的中心在旋转，而是围绕其自身的中心点在旋转，与预期效果并不相符。如何解决这个问题呢？

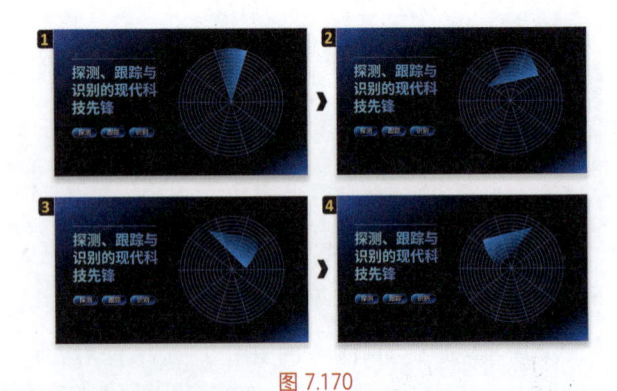

图 7.170

其实，这个问题的关键在于改变元素的运动中心点。目前的中心点是在扫光元素的中心（见图 7.171

左侧）。此时，可以在扫光元素下方叠加一个大的圆形，并且让扫光元素的底端指向圆心，然后将两者组合为一个整体，这样中心点就落在大圆的圆心上了（见图 7.171 右侧）。最后，只要将大圆的形状填充设置为无，就可以实现正常的雷达扫描动画了。

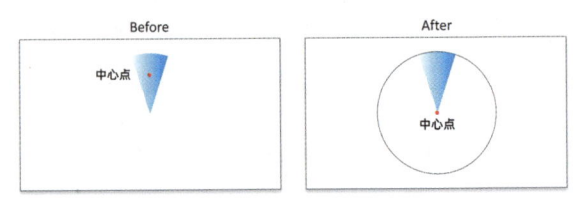

图 7.171

这种改变旋转中心的技巧，在陀螺旋动画中非常实用，它可以助你自定义动画的旋转中心，拓宽了陀螺旋动画的应用范畴。

（3）放大/缩小动画。

放大/缩小动画可以自由改变元素的大小比例。例如：这里有一个圆形，单击"动画→放大/缩小"（见图 7.172），它会以圆心为中心点，逐渐变大至原来的 1.5 倍（见图 7.173）。

图 7.172

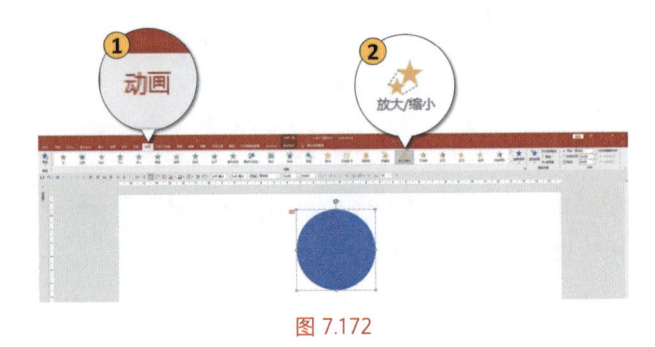

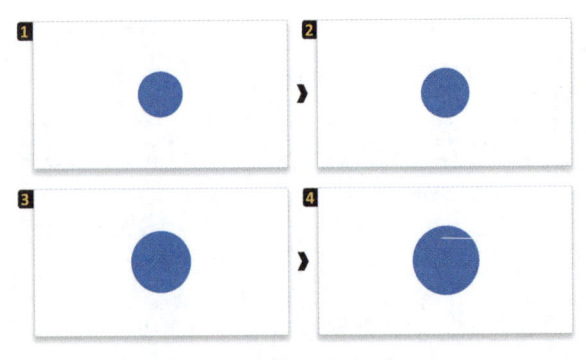

图 7.173

双击"动画"滑块，进入参数设置，会发现放大/缩小动画可以自动调节缩放的比例及形式。当"自定

第 7 章 动画之魅——如何巧妙运用动画增强表现力 243

义"的百分比数值大于 100% 时，就会呈现放大的效果，例如默认的效果是 150%，表示放大的比例是原来的 1.5 倍；而当数值小于 100% 时，例如设为 50% 时，就表达图形会缩小为原来的一半（见图 7.174）。

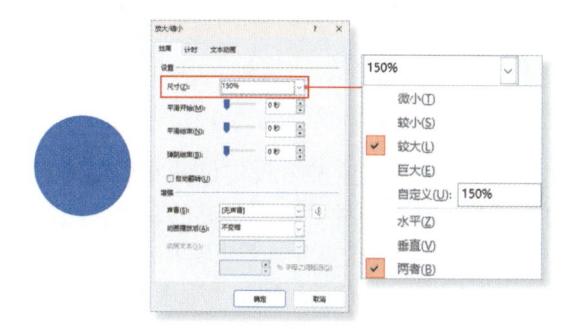

的感觉。

图 7.177

图 7.174

而且，它不仅支持等比例的缩放，还可以在"水平"或"垂直"方向上单独缩放，例如设置缩放比例为 50%，分别选择"水平"及"垂直"方向，可以得到如图 7.175 所示的效果。

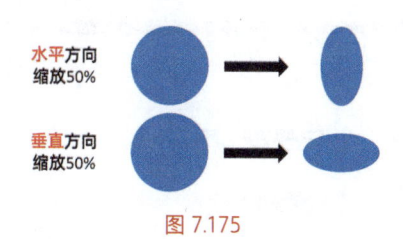

详细参数设置如下（见图 7.178）：放大的倍数设置为 1.2 倍，并适当增加平滑开始的数值，模拟逐渐加速放大的过程，效果更真实一些。由于心脏跳动是放大/缩小反复循环的动画，因此要勾选"自动翻转"，表示放大后紧接着会缩小为原始大小。在计时选项卡下，设置一个较小的持续时间（如 0.3 秒），让缩放的速率保持在一个合适的频率，最后记得将重复的数值设置为"直到幻灯片末尾"或者"直到下一次单击"，这样就能保证心脏一直跳动。

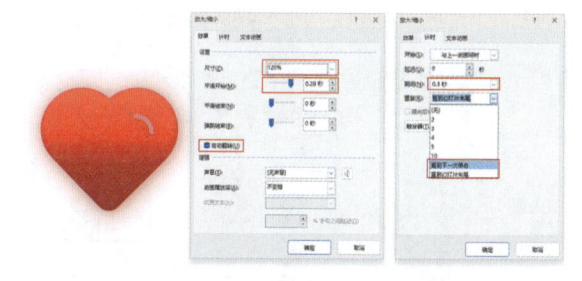

图 7.175

了解了基础功能后，来看看放大/缩小动画在 PPT 中的具体应用。例如：这页 PPT 有 3 项内容，可以结合放大/缩小动画，依次凸显对应的照片（见图 7.176），以匹配演讲节奏。

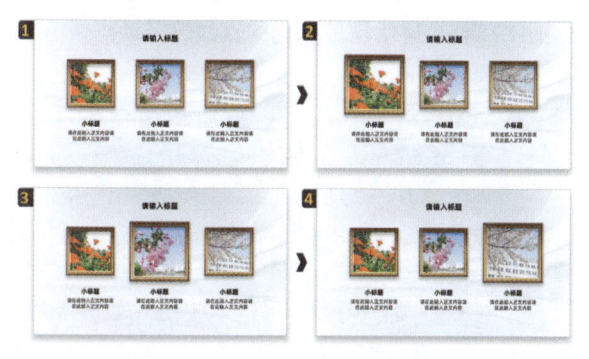

图 7.178

又如：这页 PPT 样机展示页，可以通过放大/缩小动画来模拟电脑关机的效果（见图 7.179）。

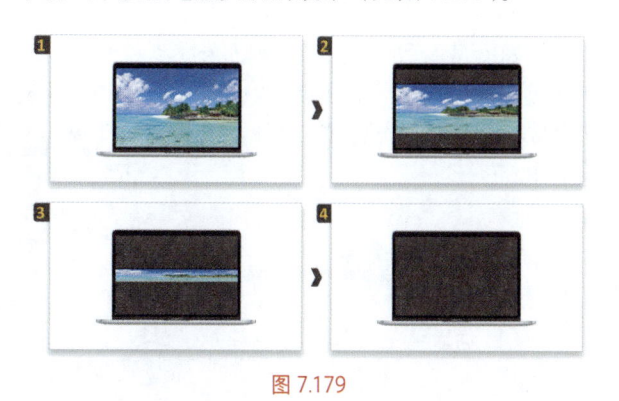

图 7.176

再如：这页情人节活动宣传 PPT，为了渲染浪漫的氛围，可以给右侧的爱心添加放大/缩小的动画（见图 7.177），伴随着心跳的声音，会有种怦然心动

图 7.179

这个动画效果的关键在于尺寸的设置。由于动画

是上下方同时向中间聚拢，最终消失，只有垂直方向上的变化，因此需要将尺寸设置为"0% 垂直"（见图7.180）。

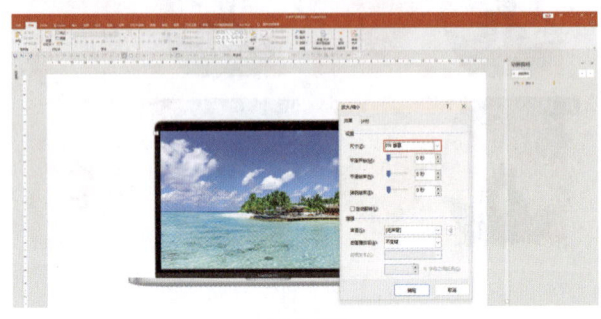

图 7.180

可见，灵活调节放大/缩小动画的参数，不仅可以凸显关键信息，还能近似模拟一些日常生活中的事物，增强设计的场景感与趣味性。

3. 退出型动画

退出型动画是指元素退出画面的一种动画类型。它的应用方法与进入型动画几乎是一样的，而且动画的类别也是对照着进入型动画而准备的，你甚至可以理解为它是一种"反向的"进入型动画（见图7.181）。

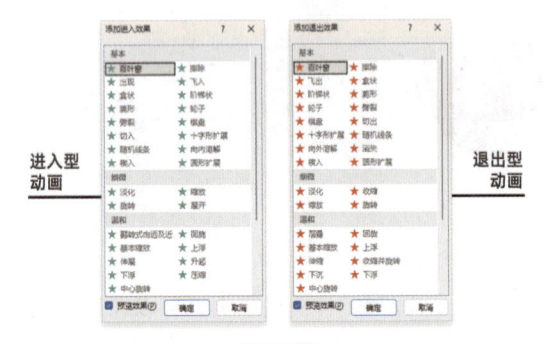

图 7.181

例如：飞入动画是元素从画面外飞到视野中，属于从无到有的动画（见图 7.182 上）；而飞出动画是元素从画面中飞到视野外，属于从有到无的动画（见图 7.182 下）。

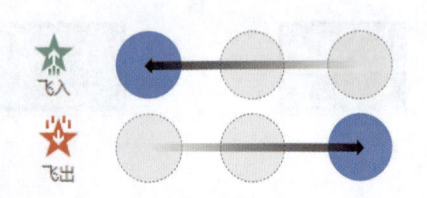

图 7.182

因此，只要熟练掌握了进入型动画的应用技巧，就等同于学会了退出型动画。而且，在实际工作场合中，除了比较复杂的动画项目外，退出型动画的应用频率并不高。因为当元素都进入页面后，基本也就切换到下一页 PPT 了，直接使用切换动画就可以替代退出型动画。

4. 路径动画

路径动画是元素随着设定好的路线移动的一种动画效果，它是一种自由度很高的动画，经常被用于一些创意设计场合。先来看下路径动画的基本使用方法：这里有一个圆形，单击"动画→直线"，此时，会出现一条从圆心出发向下的虚线路径，起点是一个绿色的小三角形，终点是一个红色的小三角形（见图7.183）。

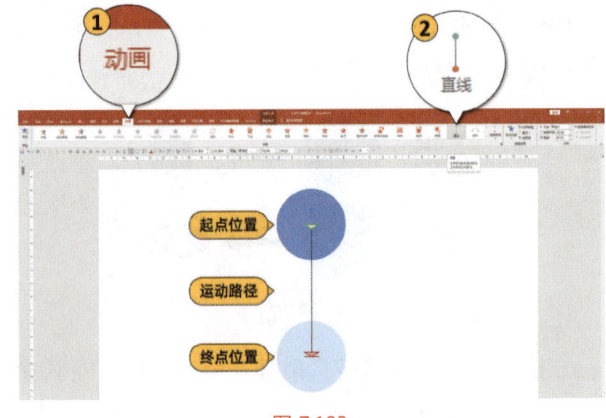

图 7.183

预览动画，圆形就会沿着这条路径匀速向下移动一段距离，图形的中心点最终会停在红色三角形处（见图 7.184），这就是最基础的直线路径动画。

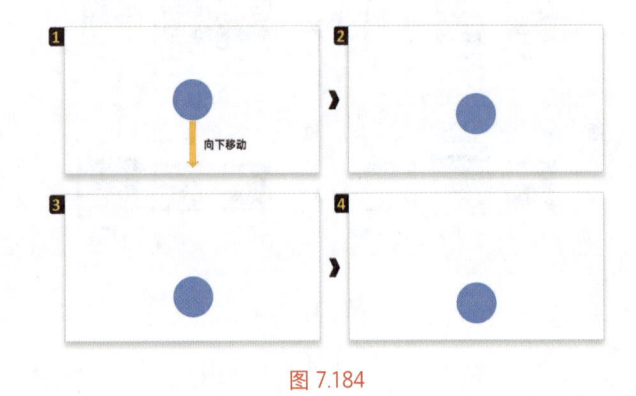

图 7.184

双击"动画"滑块，会发现它有个独特的参数设置,是"路径"处的"锁定"与"解除锁定"。锁定表示运动路径是固定的,不会随圆形的位置变化而变化;而解除锁定是路径的起点永远在元素的中心点位置处,只要圆形位置发生了变化,路径也会随之变化(见图 7.185)。一般情况下选择"解除锁定"即可。

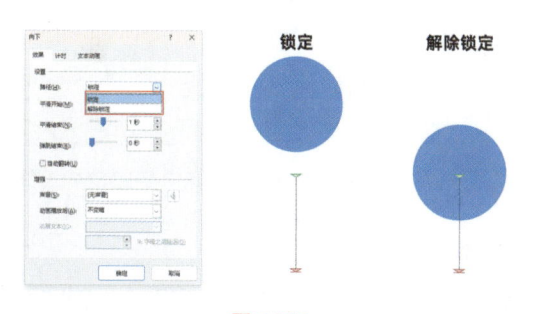

图 7.185

直线路径是最基础的路径动画,但是它也有着一些实际的用途,例如:这页科技风 PPT 形式简约大气(见图 7.186),但在演讲时,纯粹的静态背景稍显单调,如何让页面更生动一些呢?

图 7.186

这时就可以使用路径动画,让标题文字下方的光效来回平移(见图 7.187),以提升视觉观感。

图 7.187

操作方法也很简单。以上方的光效为例,选中

后,添加向右的直线路径,光效就会向右移动。如果对路径的终点位置不满意,可以将鼠标放在路径终点的红色端点处(见图 7.188),选中后按住鼠标左键不放,可以调节最终落点的位置。

图 7.188

再如:在一些重大活动或者赛事 PPT 的结尾页,常常需要致谢领导、同事及朋友等。为此,需要将人物照片放在一页 PPT 中,然而由于人数比较多,直接放在一页显得拥挤(见图 7.189)。

图 7.189

这时,就可以模拟胶卷动画,让照片排成一行,从画面外逐个进入页面(见图 7.190),不仅提升了视角效果,也让点题致谢更具感染力。

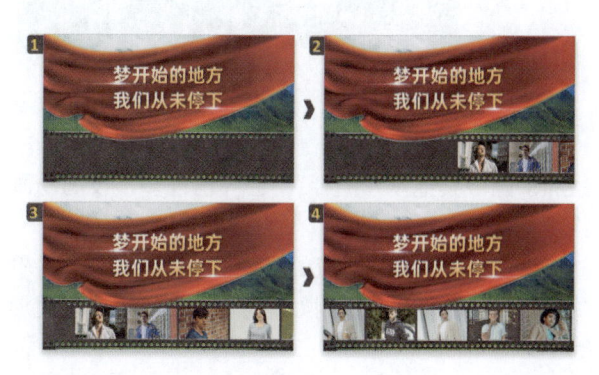

图 7.190

具体操作方法如下：首先将照片排成一行，接着将所有照片组合为一个整体，再添加向左的动画路径即可（见图7.191）。

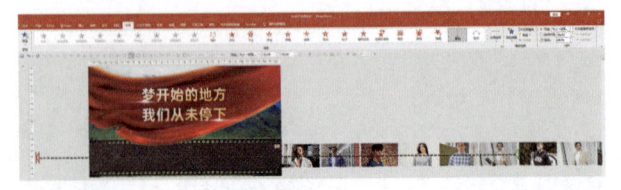

图 7.191

运用这个技巧，甚至可以做出一些有趣的场景动画。例如，模拟小汽车在公路上飞驰的效果（见图7.192）。随着车辆运动，背景景色呈现出连续向后的动态移动，营造出极为生动且逼真的视觉效果。

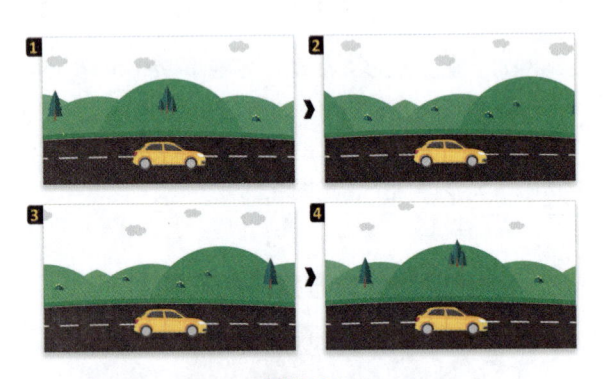

图 7.192

具体做法其实非常简单。这里的车子和道路其实是不动的，而背景的远山和云朵则作为一个整体，添加了向左的直线路径动画（见图7.193）。就是这种相对运动，让人感官上认定汽车是在向前运动的，是不是非常神奇呢？

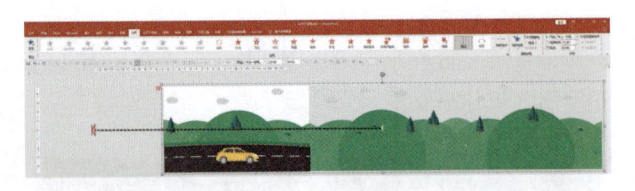

图 7.193

除了直线路径动画外，选中元素，单击"动画→添加动画→其他动作路径"，会弹出许多预设的动画路径（见图7.194）。

当你给元素添加对应的路径动画后，它就会沿着预设的路径进行移动，例如转弯、心形、等边三角形等（见图7.195）。

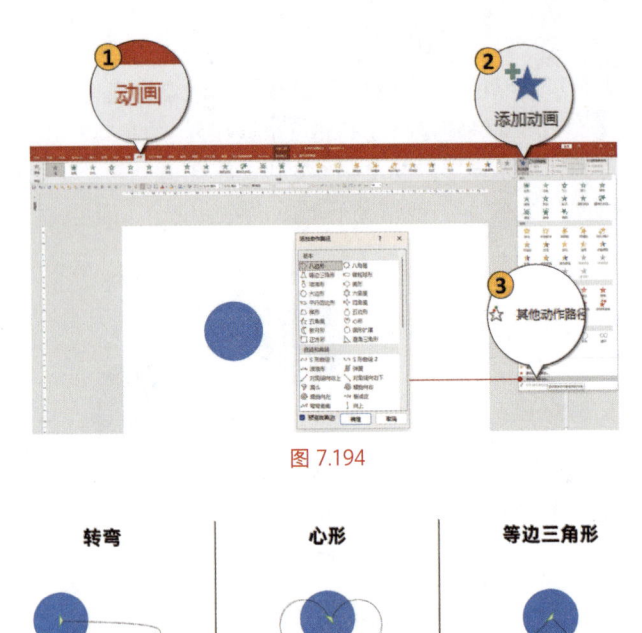

图 7.194

图 7.195

虽然PPT中提供了很多的路径效果，但在实际应用时，却很少直接使用预设的路径，因为它们很难与你实际的需求相匹配。关于这点，就不得不提一个高级且常用的技巧了，那就是编辑运动路径。

当你选中画面中的圆形，添加路径动画（如转弯）后，它就会生成一条路径。选中路径，右键会弹出"编辑顶点"的选项（见图7.196）。

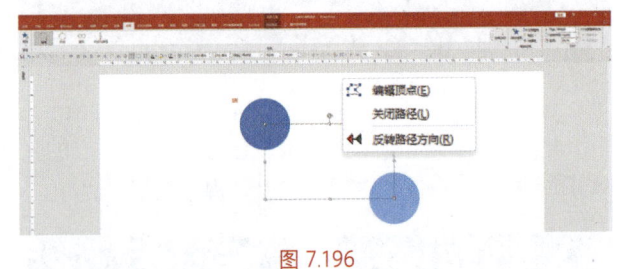

图 7.196

选择"编辑顶点"功能后，这条运动路径会变成一条红色的线段，且线段上会有一些黑色的控点，选中控点，两侧会出现调节拉杆（见图7.197）。

是不是感觉似曾相识呢？在第5章图形篇中就详细介绍过"编辑顶点"的用法，在这里的应用技巧是完全一致的，只不过编辑的对象不再是图形本身，而是其运动路径。当你移动黑色控点，并调节拉杆，就能创作出任何想要的路径效果（见图7.198）。

第 7 章 动画之魅——如何巧妙运用动画增强表现力　247

图 7.197

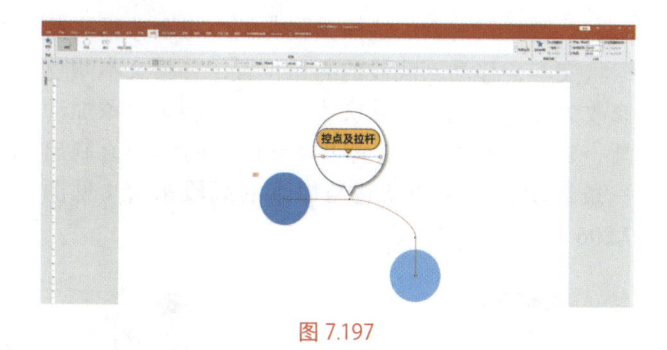

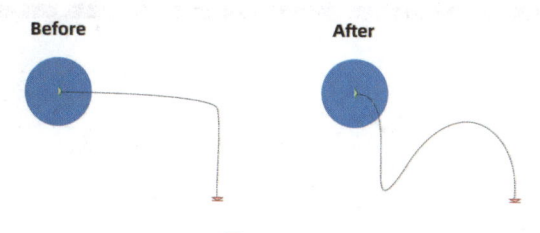

图 7.198

应用这个技巧，你可以根据工作需求自定义运动路径，这极大拓宽了路径动画的应用范畴。下面，来看下路径动画在实际工作中的具体应用。例如：在地理课中，想要展示地球绕太阳公转示意图，就可以使用路径动画来近似模拟，地球绕着固定轨道旋转（见图 7.199）。

图 7.199

操作方法如下：选中地球元素，单击"动画→添加动画→自定义路径"，然后先在地球的中心点处单击，再在地球轨道上点几个点，最后回到地球中心点处单击，画出一个粗略的运行路径（见图 7.200）。

接下来选中运动路径，右键选择"编辑顶点"，通过调节控点及拉杆控制路径的形态，让运动路径与画面中的曲线轨道完全重合（见图 7.201）。这时预览动画，就会发现地球沿着固定轨道运转了。

图 7.200

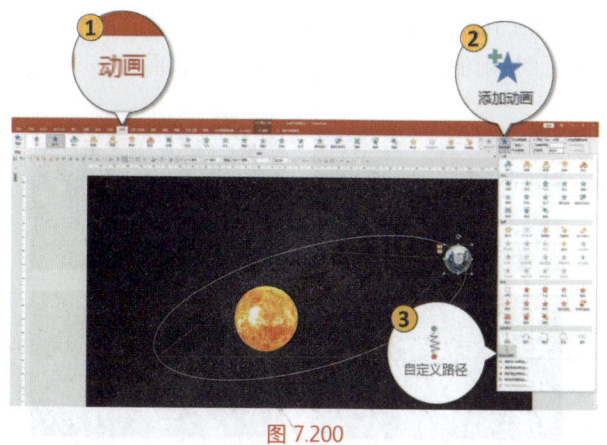

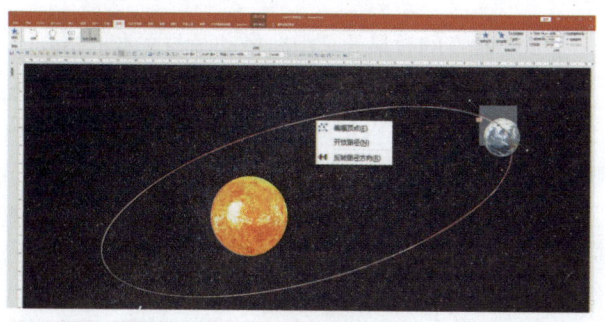

图 7.201

应用这个效果，可以模拟很多生活中的现象，对于教学演示具有重要意义。除此之外，当路径动画与文本框相结合，还能碰撞出别样的火花。例如：这页 PPT 想要表现上海总部向其他 3 个分公司进行赋能的含义（见图 7.202）。

图 7.202

虽然目前的 3 条线段末端都加了箭头指示，但由于页面是静态的，缺少向外辐射的感觉，不够生动。如何进一步优化呢？

此时，可以结合路径动画，从上海出发向三地延伸出 3 条金色的短线，短线沿着固定的路径出发，至

3个分公司所在地停止（见图7.203），通过流动的线强调了辐射的方向，也增强了页面的表现力。

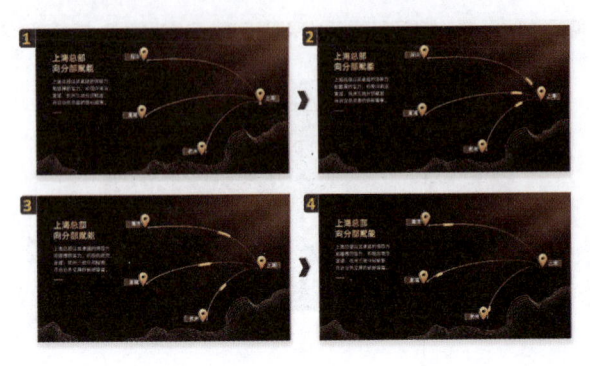

图 7.203

这个神奇的效果就是由路径动画与文本框结合而实现的。具体操作方法如下：首先插入一个空的文本框，然后单击"插入→符号"，选择圆点的预设，多次调用以输入一行圆点状的文本（见图7.204）。

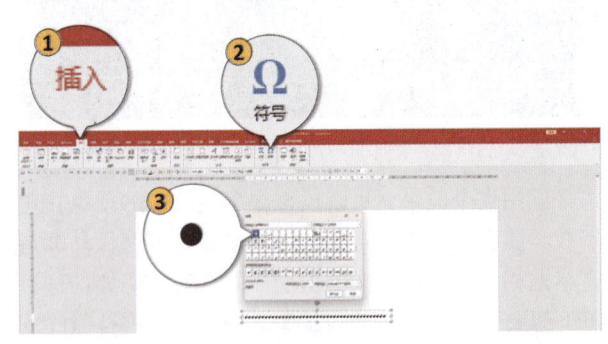

图 7.204

选中文本框，单击字符间距→"其他间距"，将字符间距类型改为"紧凑"，并输入一个较大的数值，如100，使刚才输入的一行点状文本汇聚成了一个点（见图7.205）。

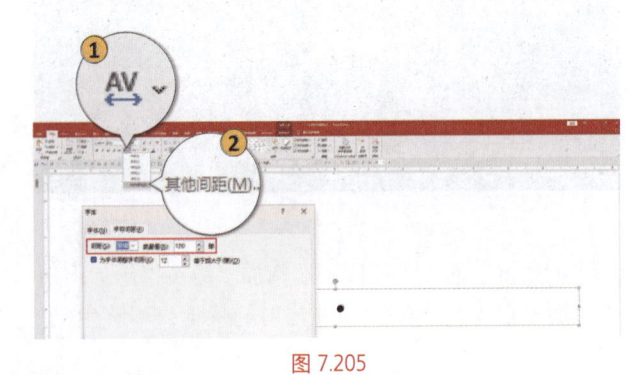

图 7.205

以上海到南京的这段路径为例，将刚才得到的点状文本，移动到线段的起始位置，并将文本颜色修改为红色。选中点状文本，单击"动画→添加动画→自定义路径"，沿着上海到南京的路径绘制出一条运动路径，并让它与原本的线段重合（见图7.206）。

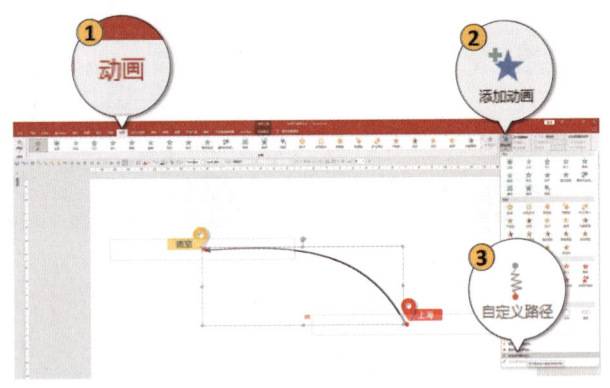

图 7.206

最后，双击"动画"滑块，将"动画文本"的运动方式改为"按字母顺序"，并将字母间的延迟时间改为0.1%（见图7.207）。这样就能保证原本的许多点状文字逐个沿着路径运动，设置一个很短的延迟时间是为了让点与点之间连在一起，仿佛形成了一条运动的线段。

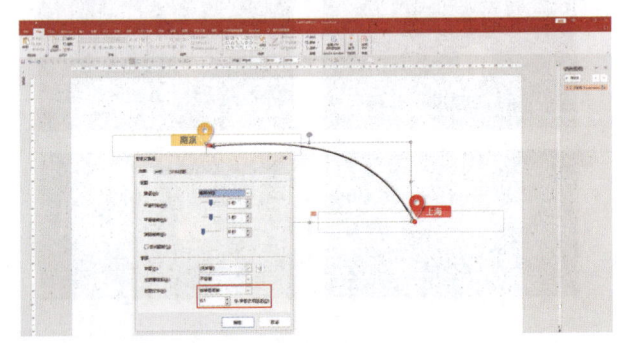

图 7.207

通过以上操作就实现了单条线段间的路径动画，至于其他的两条线段，只需复制目前的点状文本，然后通过"编辑顶点"修改对应的运动路径。掌握这个技巧可以实现很多有趣的应用，例如面对时间轴页PPT，可以让线段经过后再显示出对应的内容（见图7.208），更好地吸引观众的注意力，提升演示魅力。

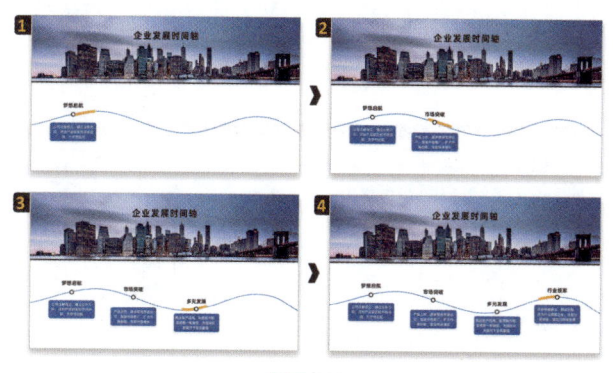

图 7.208

以上就是4种动画类型（进入、强调、退出、路径动画）的使用技巧，灵活运用的话，可以在一定程度上丰富演示的效果。然而，PPT动画库中的类型终究是有限的，对于那些复杂的动画效果，仅靠单一的动画类型是无法实现的，而是需要将多种动画类型组合使用，才能达到理想的效果。因此，接下来，将带你突破单一动画的限制，感受组合动画的魅力！

7.3.2 组合动画

组合动画就是将多种动画类型叠加在一起使用，例如：给矩形添加飞入动画，无论如何调节，元素都是笔直进入画面的，无非就是速率上的变化，动画形式相对单一（见图7.209左侧）。此时，如果给它叠加一个回旋动画，它就能在飞入的同时保持旋转（见图7.209右侧）。

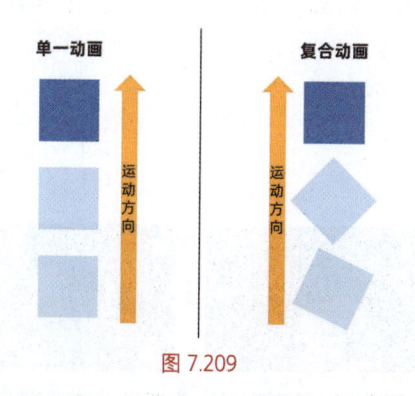

图 7.209

操作方法如下：选中矩形，单击"动画"，先添加一个基础动画，如飞入（见图7.210）。

图 7.210

然后，再次选中矩形，单击"动画→添加动画"，选择一种新的动画预设，例如进入效果中的"回旋"（见图7.211）。值得注意的是，在叠加动画时不能直接从动画选项卡下方的那些预设类型中选择动画，因为那样会覆盖原先添加好的飞入动画效果，而必须从"添加动画"功能菜单中选择动画，只有这样才能产生叠加的效果。

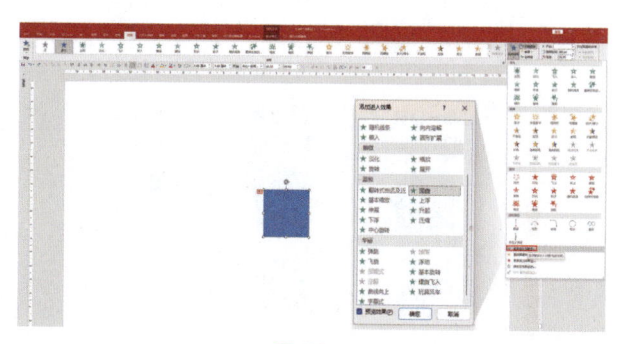

图 7.211

到这一步还没有结束，因为PPT中添加的动画的默认启动方式是"单击开始"，因此，需要选中动画，将启动方式改为"从上一项开始"（见图7.212）。这样就能让两种动画属性同时启动了，元素会以回旋的形式飞入画面。

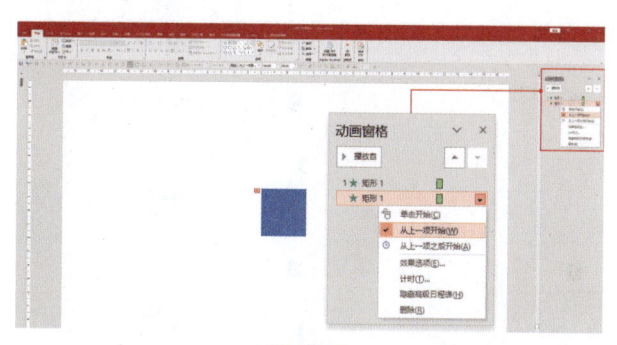

图 7.212

这就是最基础的组合动画，通过叠加不同的动画，以实现更丰富的视觉效果。当然，动画叠加的数量不限于两种，理论上它是没有上限的，你可以在此基础上继续叠加动画类型。例如，单击"动画→添加动画"，在"更多进入效果"中，选择"缩放"的进入效果（见图 7.213）。

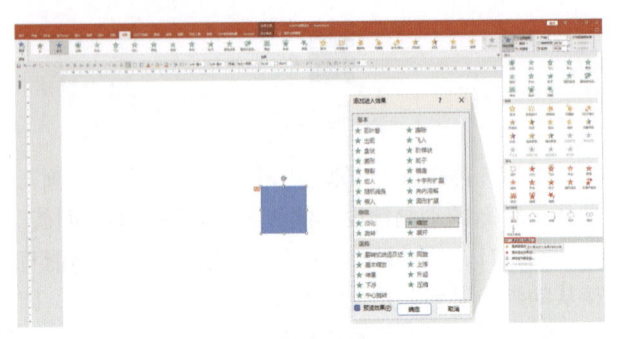

图 7.213

然后，将动画时间统一设置为"从上一项开始"，元素就能从小到大，旋转着飞入画面（见图 7.214）。此时，动画的细节就更丰富了。

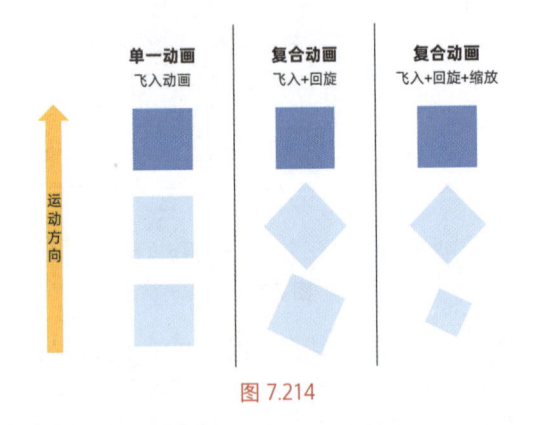

图 7.214

除了同类别动画间的叠加外，还可以跨类别叠加动画。例如，将进入型动画中的"飞入"与强调型动画的"填充颜色"叠加在一起，就可以实现元素变换着各种颜色飞入画面的效果（见图 7.215）。

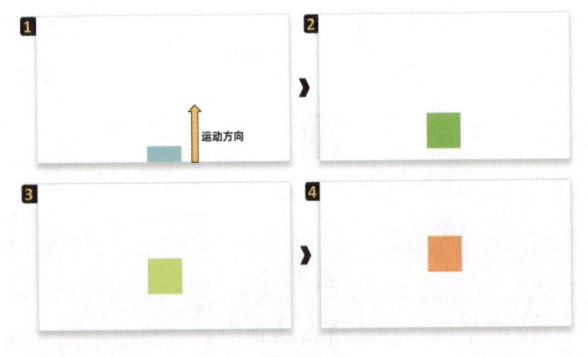

图 7.215

操作方法与之前类似。选中元素，添加"飞入"动画后，选中元素，单击"动画→添加动画"，选择强调型动画中的"填充颜色"（见图 7.216）。

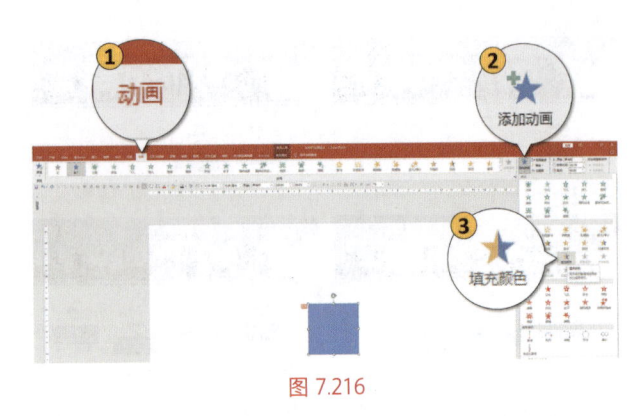

图 7.216

然后，修改"填充颜色"动画的细节参数（见图 7.217），如设定好填充的颜色、过渡的样式，并将动画开启时间改为"与上一动画同时"，就实现了跨动画类别间的效果叠加。

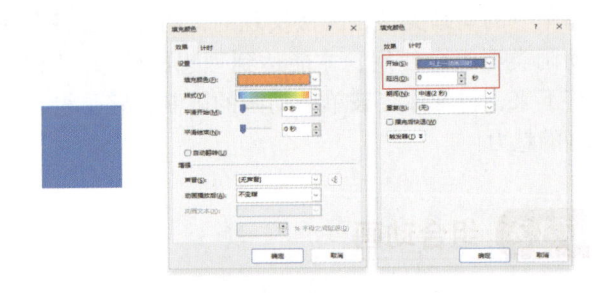

图 7.217

总之，你可以根据自己的需求，将 PPT 中的上百种动画类别自由组合，组合的动画类别及数量都没有限制，只要合理即可。这一特性为 PPT 动画带来了无限的可能性。

下面，来看看组合动画在 PPT 中的具体应用。例如：在活动开场前，为了营造现场氛围，通常会采用倒计时的方式，现场屏幕上会依次展示倒计时的数字（见图 7.218）。当倒计时结束，晚会便正式拉开帷幕。

图 7.218

第 7 章 动画之魅——如何巧妙运用动画增强表现力

这种数字倒计时的效果，就可以通过组合动画来实现。以数字 3 为例，它是进入型动画的"基本缩放"与退出型动画的"淡化"组合在一起实现的。由于数字进入画面后稍事停留才会消失，因此退出型动画需要在进入型动画结束后，停顿一会儿再开启动画，例如这里的延迟设置为 1.1 秒（见图 7.219）。

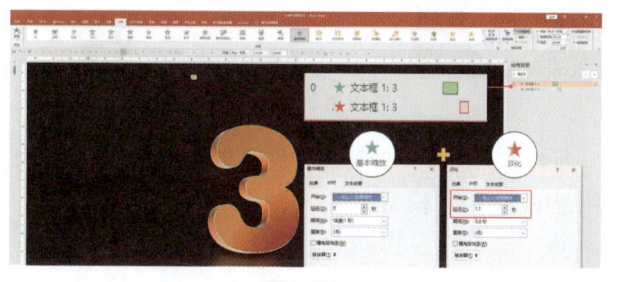

图 7.219

其余的数字也是如此，依次错开一定时间后再启动动画（见图 7.220），即可实现流畅的倒计时效果。

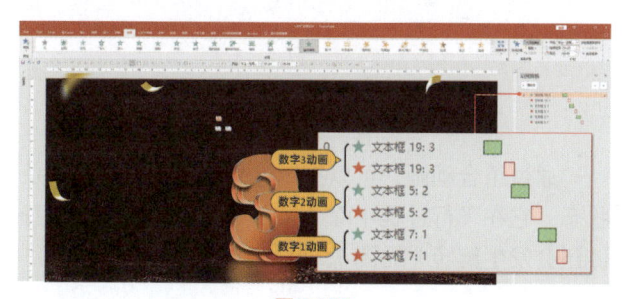

图 7.220

再如：这是一页团队介绍 PPT（见图 7.221），包含很多人物照片。

图 7.221

按照常规方法，会给图片添加统一的进入型动画（如飞入），图片从页面底部一起进入画面（见图 7.222），整体效果比较普通。

图 7.222

这时可以采用组合型动画，让照片从四面八方旋转着飞入画面（见图 7.223）。视觉效果更加丰富，也更契合目前错落的图片版式。

图 7.223

首先分析动画效果，以其中一张照片为例。图片是飞入画面的，且图片本身的不透明度也在逐渐加深，在飞入过程中还伴随着旋转，这 3 个运动特征分别对应着飞入、淡化及陀螺旋动画（见图 7.224）。

图 7.224

接下来，演示下操作方法。其实非常简单。首先给元素添加"飞入"的动画效果，接着通过添加动画功能，叠加"淡化"及"陀螺旋"动画，然后让 3 个动画的开启时间都设置为"从上一项开始"，具体的参数见图 7.225。其他照片的动画设置方法也是如此。值得注意的是：由于照片是从四面八方飞入的，因此飞入动画的方向要有所区别。

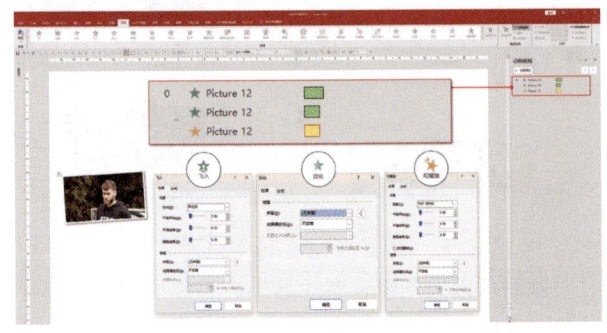

图 7.225

除了日常工作中的应用外，组合动画还能实现一些有趣的效果。例如：要模拟树叶飘落的动画效果，最简单的方式就是给树叶添加向下的路径动画，树叶笔直地下落，效果非常生硬（见图 7.226 左侧）。此时，可以通过组合动画，以尽可能真实地还原树叶下落的过程（见图 7.226 右侧）。你知道这个效果是由哪些动画组合得来的吗？

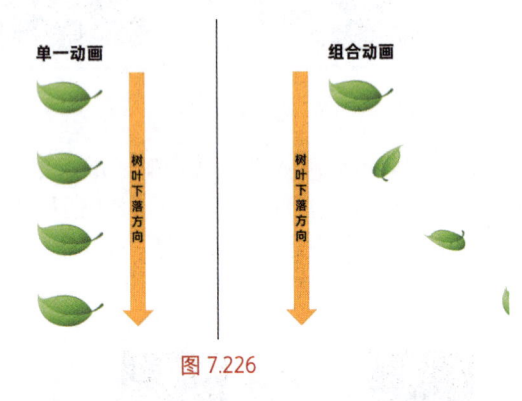

图 7.226

下面揭晓答案。首先，树叶是向下运动的，因此有"路径"动画，只不过这里的路径不是垂直向下的，而是自定义的，以模拟下落过程中树叶随风吹动而发生的位移变化。其次，下落过程中，树叶在空中旋转，因此有"陀螺旋"动画。然而，陀螺旋动画仅能在二维平面上实现旋转效果，无法完全模拟树叶在三维空间中的自然旋转。因此，需要额外添加"基本旋转"动画，以近似模拟树叶在三维空间中的旋转状态。当路径、陀螺旋、基本旋转这 3 个动画有机结合在一起时，就能近似还原树叶飘落的过程（见图 7.227），提高动画的表现力。

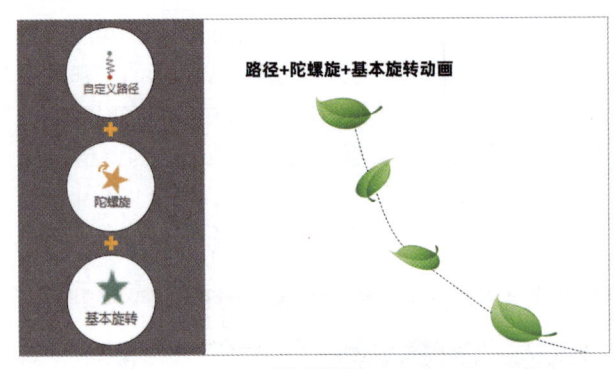

图 7.227

再如：这是一只蜜蜂（见图 7.228），源于之前介绍过的 PPT 3D 模型库。

图 7.228

通过组合动画，可以控制这只蜜蜂的飞行轨迹及状态。它在飞行过程中除了按照预定路线前进外，身体还会发生旋转（见图 7.229）。

图 7.229

具体操作方法如下：单击"插入→3D 模型"，从模型库中找到蜜蜂，单击"插入"，即可加载蜜蜂的模型（见图 7.230）。

蜜蜂默认带有原地飞行的一个动画效果，在此基础上单击"动画→添加动画"，选择三维物体特有的"转盘"动画（见图 7.231），蜜蜂就可以在飞行的过程中，身体同步发生旋转。

第 7 章 动画之魅——如何巧妙运用动画增强表现力

效果，对于工作汇报、教学演示或者创意展示等都有很大帮助。要做到这点，除了要熟悉 PPT 中的常用动画类型外，还需要有一双善于观察的眼睛，去捕捉生活中的每一个细微动作，去思考它们都是由哪些运动特征组成的。毕竟，只有观察得足够仔细，才能做出更真实细腻的动画效果。

7.3.3 多元素动画

组合动画是将多种动画效果叠加于一个元素之上，而多元素动画指将多个拥有独立动画效果的元素巧妙结合，共同实现某个动画效果的一种技巧。

以这页 PPT 动画为例（见图 7.233）。它包含许多元素动画，底座圆环以缩放动画的形式层层展开；紧接着，一个充满科技感的小球从中升起；随后，顶部 3 个科技文本框相继浮现；最后，底座周围环绕着一圈渐变小球，营造出动态且充满科技感的视觉效果。

图 7.230

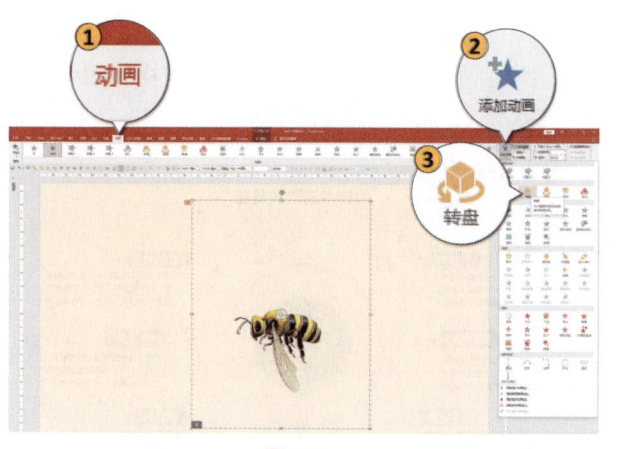

图 7.231

接下来，要给蜜蜂设定好一个飞行路径。选中蜜蜂，单击"动画→添加动画"，选择"自定义路径"，为蜜蜂绘制一条行进的路线（见图 7.232）。

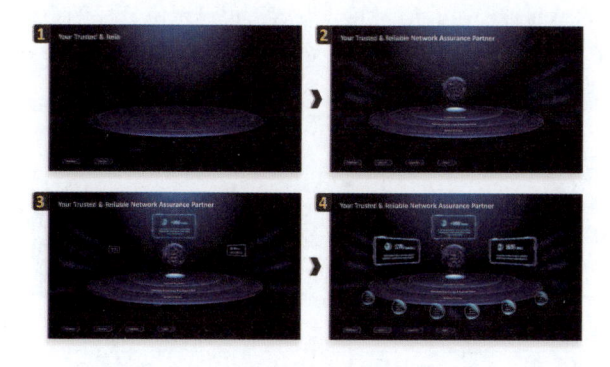

图 7.233

尽管每个元素的动画都很简单，但当它们巧妙组合在一起时，却能创造出极具科技感的发布会级 PPT，令人印象深刻。

如果将动画比作音乐，那么多元素动画就如同一个交响乐团。在这个乐团中，每一种乐器都代表着不同的动画元素，它们各自拥有独特的音色和旋律。当这些乐器在指挥家的协调下共同演奏时，便能够创造出既有深度又充满张力的音乐，这便是多元素动画的魅力所在。

而作为设计者的你，正如交响乐团中的音乐指挥家，需要精心策划每一个元素的动画效果，确保它们在时间、空间上的完美同步。同时，你还需要把控整体的节奏和氛围，让动画在流畅中不失张力，在细腻中不失力量。接下来，我将分享 3 招实用的技巧，助

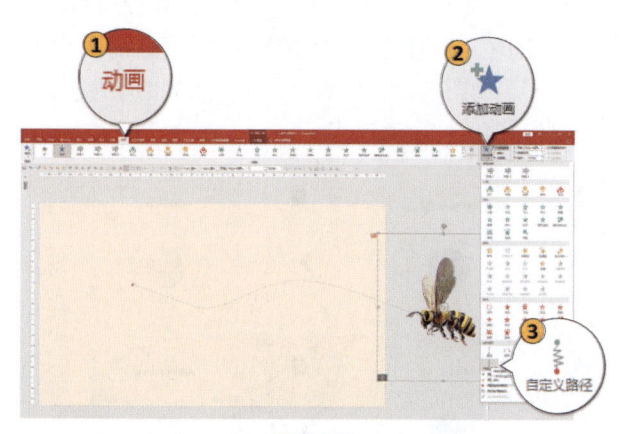

图 7.232

最后，让 3 个动画同时开始，并适当调节动画的持续时间，即可实现蜜蜂按照指定路线及状态飞行的效果。

总之，灵活运用组合动画能够实现绝大多数动画

你提升多元素动画的质感。

1. 节奏感

节奏感是动画丝滑流畅的关键。例如：这页 PPT 时间轴，按照常规方式，所有的时间节点会统一进入画面（见图 7.234），动画形式相对单一。

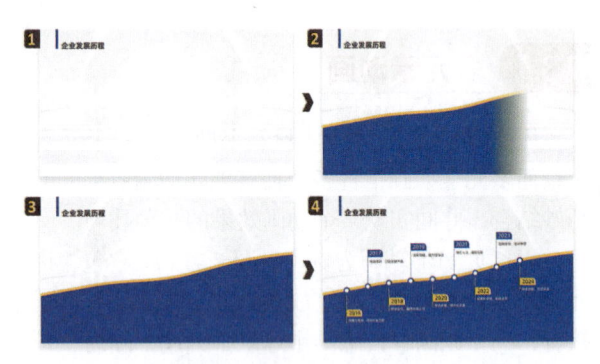

图 7.234

其实，可以将元素按照时间顺序展示，等黄色的时间轴经过对应时间节点后，再显示出具体的事件（见图 7.235），不仅视觉效果更丝滑顺畅，也让观众能够跟随动画，逐步了解企业的发展历程。

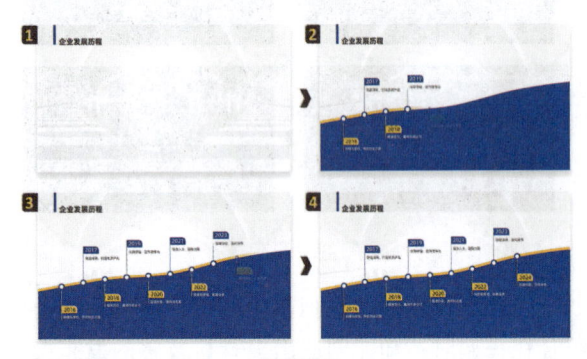

图 7.235

以其中一个时间点的动画为例。它包含 4 个元素：圆形、线段、时间及事件。首先圆形缩放出现，接着线条擦除出现，最后时间点及事件同时淡化并向上平移（见图 7.236），这就构成了一个事件的动画组合。

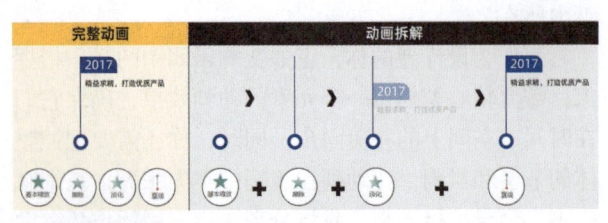

图 7.236

然后，只要将各个时间点的动画进行组合，按照一定的时间延迟，依次进入画面即可构成完整动画效果。具体的"动画窗格"见图 7.237。

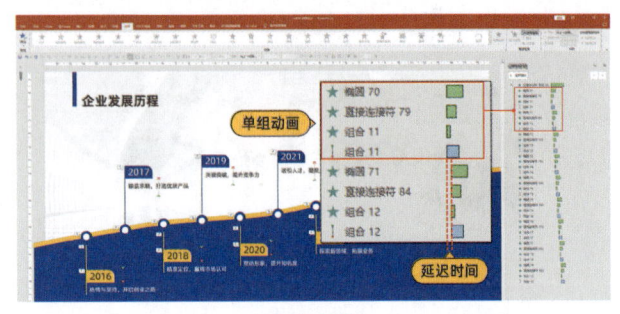

图 7.237

再如：面对这种常见的中心环绕结构的 PPT（见图 7.238），该如何添加动画呢？

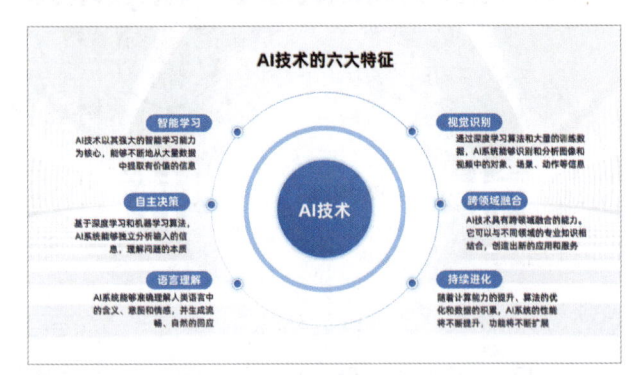

图 7.238

其实，也可以采用类似的技巧，让元素分批进入画面。首先是中心的标题，然后通过缩放动画放大四周的圆环，接着是圆环上的标记点，最后引出"六大特征"（见图 7.239）。从中心向外延伸的动画形式，很契合目前的环绕式版式。

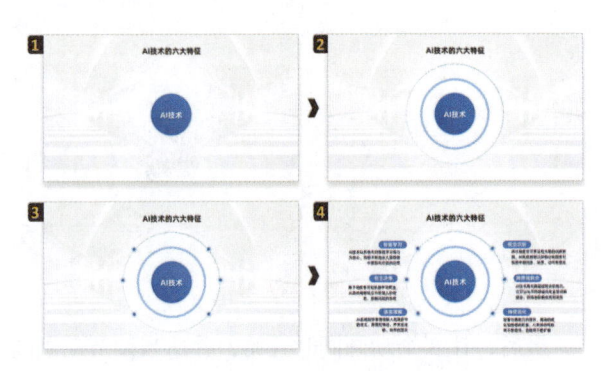

图 7.239

总之，把握好节奏，让各个动画元素按照一定的时间间隔和顺序逐一呈现，不仅能够有条不紊地引导观众的视线流动，确保信息传递的清晰与连贯，更能在视觉上营造出一种流畅如丝的动态美感。

2. 预热及余波

动画中的"预热"及"余波"是什么意思呢？例如：想必大家都看过《猫和老鼠》这部动画片吧。当角色准备快速奔跑时，你会注意到它们往往会先做出一个预备动作，例如身体微微往后仰、四肢蓄势待发。这个动作并不是随意的，其实是在为接下来的快速移动做铺垫，这就是所谓的"预热"效果。而当角色到达终点时，由于速度过快，它们并不会立即停下来，而是会继续向前冲几步，仿佛是在用脚底刹车。这种因为速度过快而产生的惯性效果，就是"余波"效果。

"预热"和"余波"这两种动画技巧都是为了增强画面的表现力，让动画角色更加生动、有趣。举个例子来看下它们在PPT中的应用。例如：这是一行文字，如果仅仅采用淡出的形式来展现，就显得有些普通了（见图7.240）。

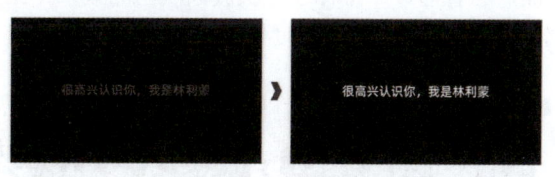

图 7.240

为了让这行文字的出场更有仪式感，可以在屏幕中先亮起一束光，随着光效向右移动，文字逐渐显现，当文字全部显现时，光效也随之消失（见图7.241）。

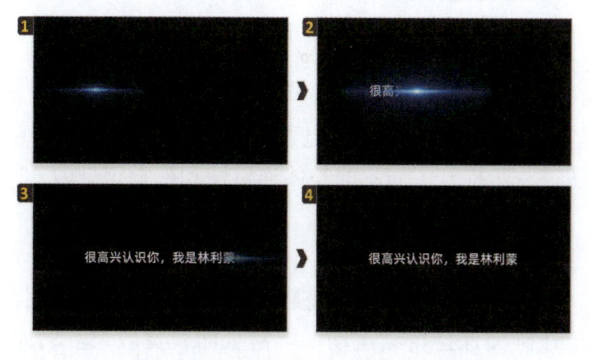

图 7.241

具体动画原理如下：首先找到一个光效素材，让它从小到大缩放进入画面，然后叠加向右的路径动画，文字则是采用了从左向右的擦除动画，当文字全部显示后，光效也随之消失。动画本身都很简单，关键是让文字的擦除动画与光效路径动画的时间点相契合，通过"动画窗格"可见，光效的路径动画与文字的擦除动画时间基本是一致的（见图7.242）。

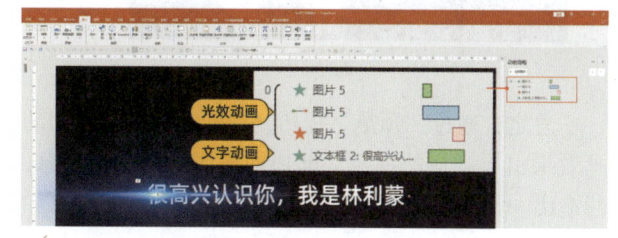

图 7.242

在这个案例中，光效动画就起到了可以"预热"的作用，它将观众的注意力吸引过来，然后再呈现主要信息，让这行文案的出场极具表现力。

再如：这里有一个重要客户的Logo，传统的淡入动画会很普通（见图7.243）。如何展现会更具仪式感呢？

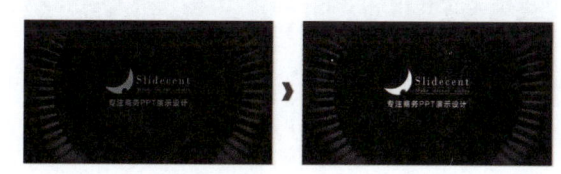

图 7.243

其实，方法是类似的。通过一系列光效动画做"预热"，引出重要的Logo，从而增强画面的表现力（见图7.244）。

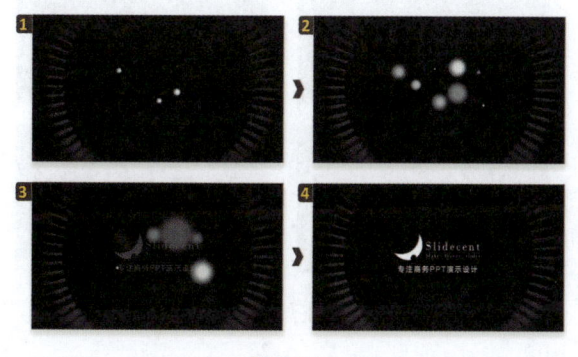

图 7.244

其中每个光效动画都是由"基本缩放"（进入型动画）与"淡化"（退出型动画）组合得到的效果（见图7.245）。

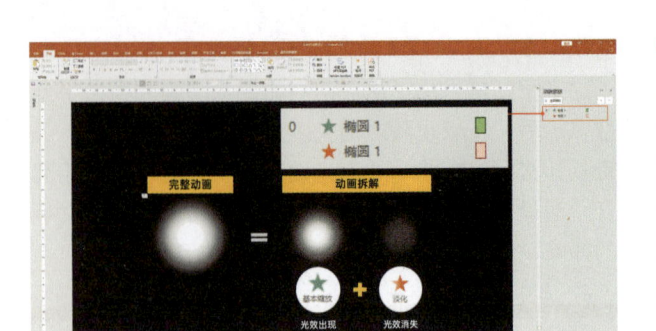

图 7.245

总之，通过"预热"技巧，巧妙地运用先行的动画效果引导观众的视线，铺垫即将展现的主要信息，营造出一种期待感和紧张氛围，使得信息的呈现更加引人入胜。

而"余波"技巧，则是在关键信息展示后，通过延续的动画效果加深观众的记忆点。例如："PPT 之道"这行文字，添加缩放动画虽然能在一定程度上起到强调的作用，但是力度还不够（见图 7.246）。如何进一步强调呢？

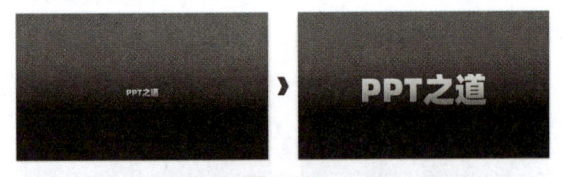

图 7.246

其实，这时可以模拟手机发布会常用的一个技巧——轰然坠落。文字从画面顶部重重落下，并激起大片烟尘（见图 7.247）。

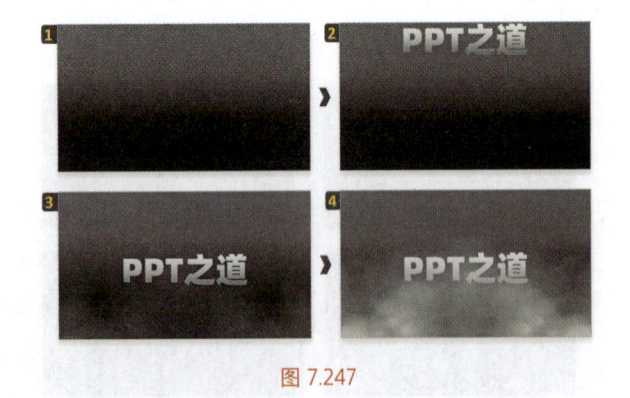

图 7.247

具体的动画原理如下：首先是文字从上到下的快速飞入动画，接着找一组烟尘的素材，它在文字出现后，淡出画面，并不断放大，直至消失。具体的"动画窗格"见图 7.248。

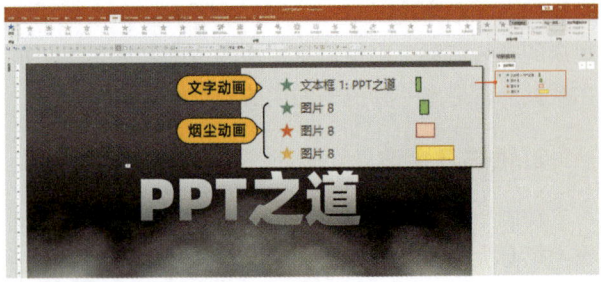

图 7.248

而这片烟尘就起到了"余波"的作用，在动画结束后，进一步强调动作的力度。

再如：在 PPT 页面中，经常需要强调标题信息，而基本的缩放效果却比较单调（见图 7.249）。

图 7.249

这时，可以利用"余波"技巧，在标题文字进入画面后，背后放一个标题二次放大淡出的效果（见图 7.250），仿佛是文字的力度炸出的回响，气势十足。

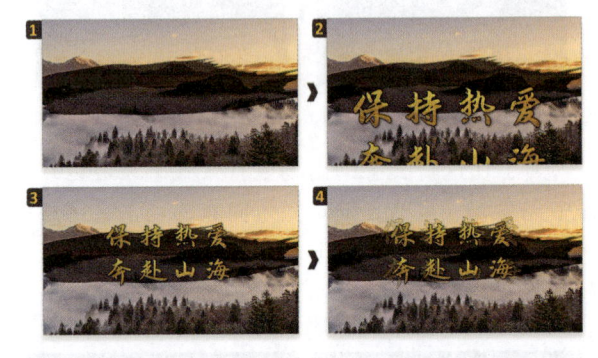

图 7.250

总之，通过"预热"及"余波"这两种前后呼应的动画设计策略，不仅显著增强了页面的动态美感，还进一步提升了演示的整体连贯性和视觉感染力。

3. 微动画

微动画，顾名思义就是细微的动画，它的作用在于让画面保持持续运动，丰富页面视觉效果。例如：面对这页 PPT 封面，常规的动画形式是当文字和图片都进入画面后就停止运动了（见图 7.251），会有种戛然而止的感觉，比较生硬。

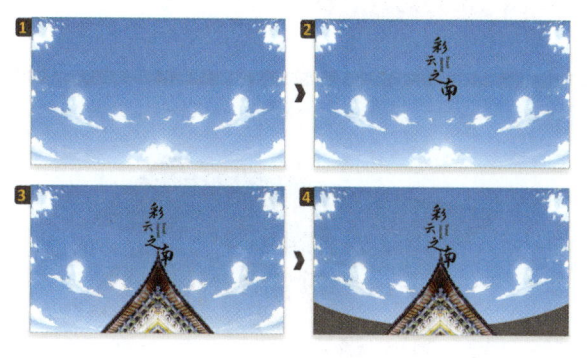

图 7.251

此时，可以引入"微动画"的概念，让所有元素在进入画面后，依旧保持轻微的运动。例如：前景的建筑逐渐放大，而背景的天空则逐渐缩小，并且在前景背后还加入了云朵，让它们分别向左右两侧移动，从而形成空间上的动感（见图 7.252）。

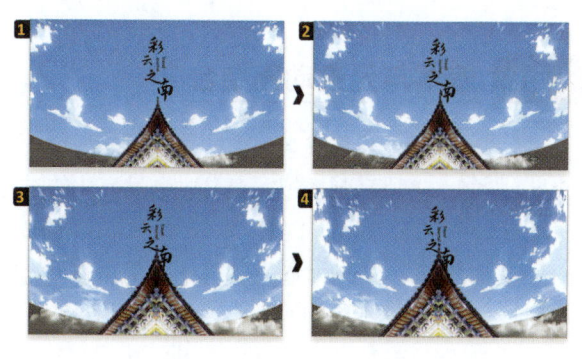

图 7.252

每个元素动画都是由基础动画组合而成的，例如建筑物是"淡化"（进入型动画）与"放大/缩小"（强调型动画）的组合、天空是"淡化"（进入型动画）与"放大/缩小"（强调型动画）的组合，而两侧的运动是"淡化"（进入型动画）与路径动画的组合（见图 7.253）。

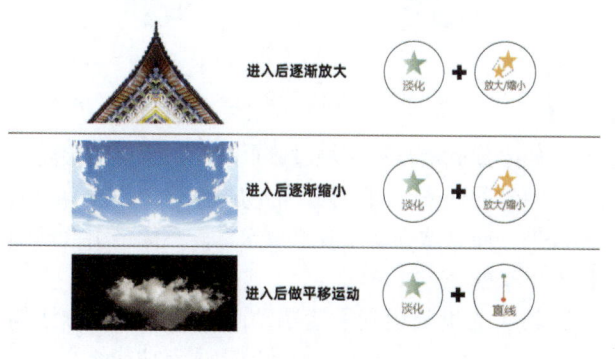

图 7.253

再如：这页科技风 PPT，元素依次进入画面，动感还不错，但当元素显示完全后，画面就停止运动了，稍显呆板（见图 7.254）。

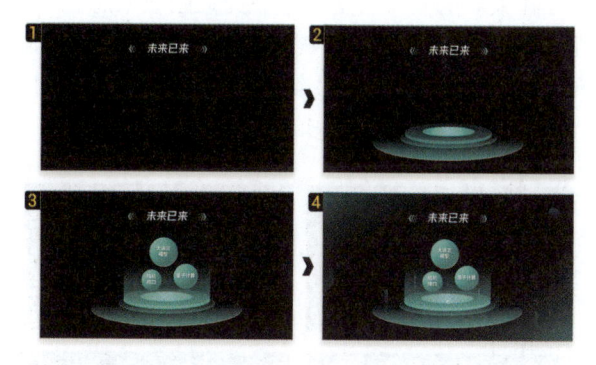

图 7.254

此时，可以加入一些微动画来提升视觉观感，例如让页面中间的 3 个圆环做上下往复的直线运动，四周的线条也重复做上下运动（见图 7.255），以保持页面的动感。

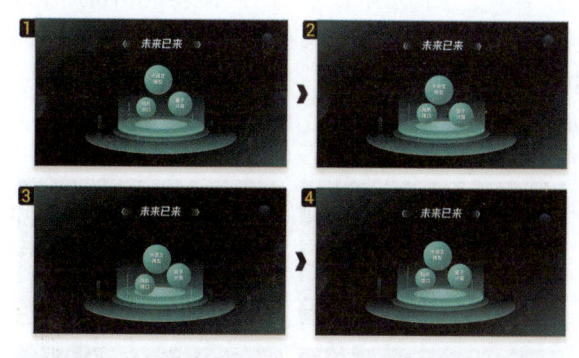

图 7.255

总之，通过细微的动态变化，能够为页面注入持续的活力，为观众带来更加沉浸式的观赏体验。

以上，就是本节的全部内容。本节深入探讨了 PPT 动画的高级设计技巧，从单元素动画的参数调节，到组合动画的巧妙叠加，再到多元素动画的协同作用，层层递进地展示了如何通过动画提升 PPT 的视觉吸引力。灵活运用这些技巧，相信能够助你在各类演示场合中脱颖而出，以流畅而富有感染力的动画效果，牢牢吸引观众的目光，让每一次演示都成为令人难忘的精彩瞬间。

7.4 遮罩，PPT 动画中的魔法

在大厂的发布会上，有一类动画效果总能牢牢抓住观众的眼球。画面中文字本身不变，但内部填充的纹理却持续变化（见图 7.256），如梦似幻，引人入胜。

图 7.256

或者，在揭示新品时，产品本身静止不动，而光影却在其表面流转，仿佛被光束扫过（见图 7.257），既提升了页面的质感，又使观众的目光聚焦在产品上。

图 7.257

这类令人惊叹的动画效果，有一个共同的名字——遮罩动画。它如同魔术一般，创造出普通动画难以实现的效果。

遮罩动画的核心在于"遮罩层"的应用。简单来说，遮罩层就像一个带有"视窗"的蒙版，只有视窗下的内容会被显示出来，而视窗之外的内容则会被隐藏（见图 7.258）。

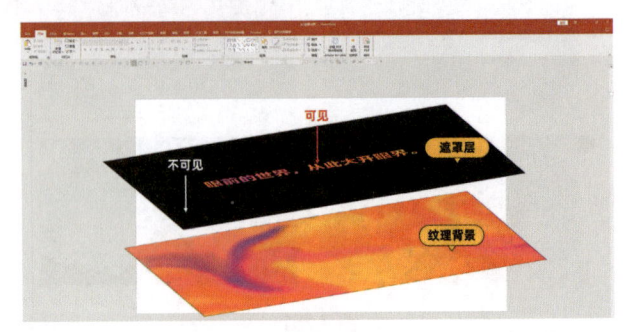

图 7.258

在 PPT 中，可以利用形状来创建遮罩层，并通过动画控制遮罩层的运动和变化。当遮罩层与底层内容相结合时，就能产生出各种精妙的动画效果。下面，我将分享一些典型且实用的遮罩动画应用场景，助你更好地掌握这一技能。

7.4.1 遮罩与元素动画结合

遮罩动画的变化形式多种多样，应用范围也十分广泛。例如：这段动画模拟了充电时电量变化的过程（见图 7.259），储电装置中的"水位"，代表当前的电量。随着"水位"不断升高，装置逐渐被充满电，你知道这种有趣的效果，如何用 PPT 实现吗？

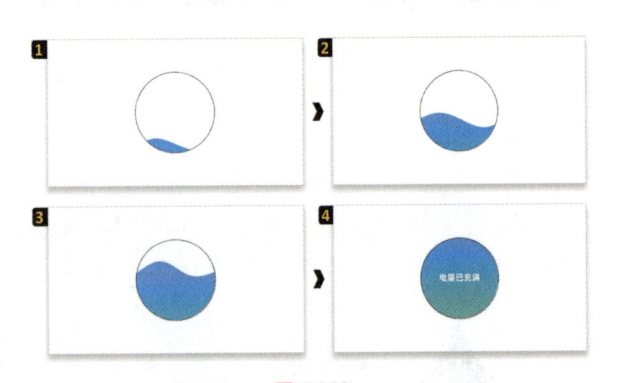

图 7.259

如果你此前没有接触过遮罩动画，想必这会是一个很困难的任务。因为预设的动画类型中并没有充电的效果，而且这个动画效果很连贯，不像是组合动画拼凑出来的。

其实这里就用到了遮罩动画，具体操作方法如下：首先，通过任意多边形及编辑顶点功能绘制一个

第 7 章 动画之魅——如何巧妙运用动画增强表现力

上方带有明显波纹的图形，接着选中图形，单击"动画"，选择路径动画中的"直线"，调整直线路径的终点位置，让它保持倾斜向上（见图 7.260）。

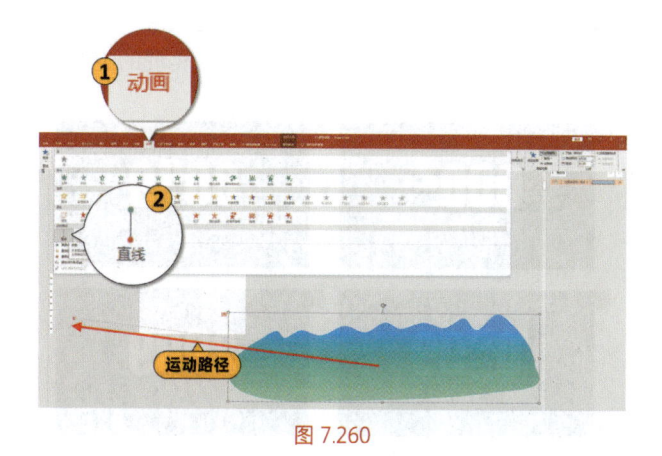

图 7.260

这时预览动画，就能实现这种水平面上涨的波浪效果了（见图 7.261）。

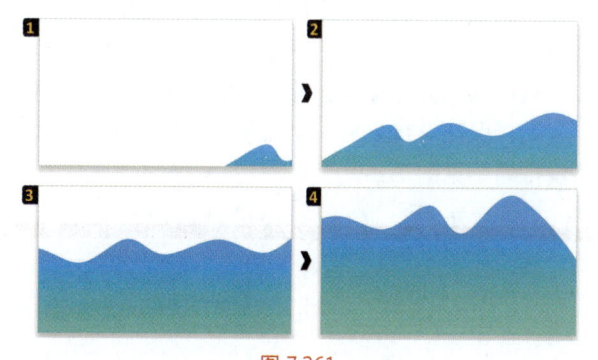

图 7.261

对比预期的效果，差别在于目前的动画是整个屏幕都显示的，而预期的效果是只在中心的圆圈内显示，因此就需要在上方添加一个遮罩层。绘制一个铺满屏幕的矩形，并绘制一个圆形放在画面中心位置。选中大矩形，按住 Ctrl 键加选圆形，单击"形状格式→合并形状"，选择"剪除"（见图 7.262），就能得到一个镂空的图形。

将图形颜色改为背景的白色，并将它盖在之前波浪图形的上方。再次预览就会发现，波纹动画仅在中间镂空区域内显示，就实现了预期的效果。将图层倾斜过来（见图 7.263），就能看清其中的原理了：上方的图形起到了遮罩的作用，除了中心镂空的区域可以露出下方的动画外，其余部分都会被遮挡，从而实现了在圆形容器内的电量变化效果。

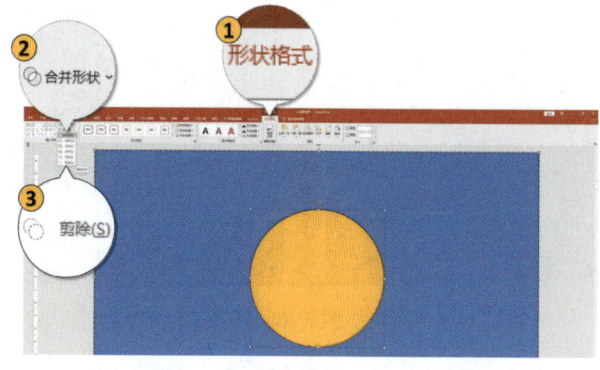

图 7.262

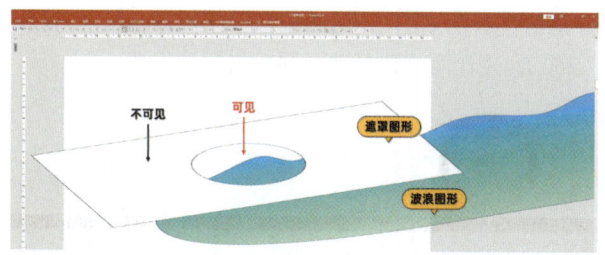

图 7.263

再如：当你要展示一张重要的图片时，常见的淡入动画则显得有些普通了。这时，可以模拟卷轴的效果，随着卷轴向左右两侧展开，中间的图案逐渐显示出来（见图 7.264），仪式感非常强。你知道这种效果如何用 PPT 实现吗？

图 7.264

其实，答案也藏在遮罩层中。首先准备好要展示的图片，并将卷轴两端的楣杆放在画面中间。接着，要添加遮罩层了，由于一开始并不希望展示出图片，因此可以用两个大的矩形盖住左右两侧的图片，这里的矩形用蓝色填充方便观察（见图 7.265），当然在实际应用时往往不希望矩形元素被看见，因此会设置成与背景相同的颜色，如白色。

图 7.265

最后，将卷轴的两端分别与左右两侧的矩形组合在一起，并单击"动画→添加动画→其他动作路径"，分别给左右两侧的图形添加向左及向右的路径（见图 7.266），并让两个路径动画同时启动。

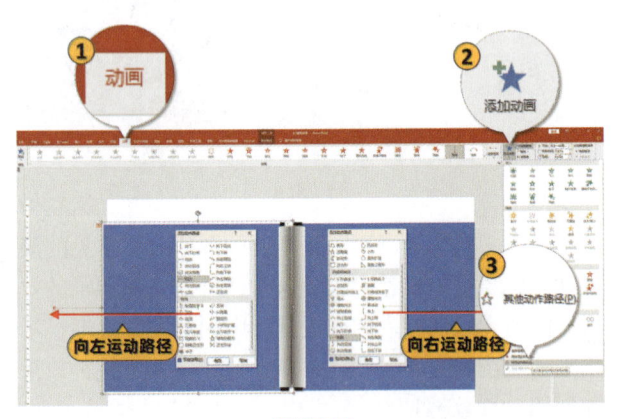

图 7.266

这时预览动画，即可实现预期的效果，再将图形倾斜过来观察（见图 7.267），就能更方便理解动画的原理了。

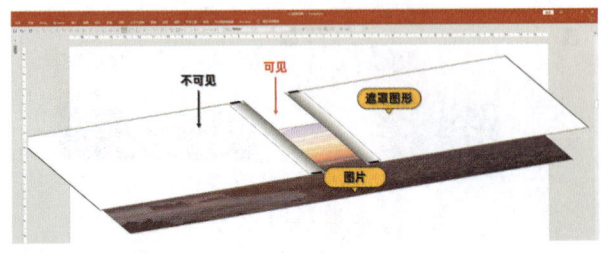

图 7.267

原来，图片本身其实是没有运动的，只是图片上方的两个矩形遮罩层在向左右两侧移动，从而显露出下方的图片。这种卷轴动画效果，非常适用于历史、文化及重要图片的展示，既增强了画面的形式感，也吸引了观众的注意力。

知晓原理之后，是不是有种魔术被揭穿的感觉，如此神奇的效果，竟然这么简单就实现了！类似的案例还有这种数字滚动的效果（见图 7.268），数字从个位数开始依次跳动，直到呈现出完整的效果。请你先不要往下看答案，猜猜这个效果是如何实现的呢？

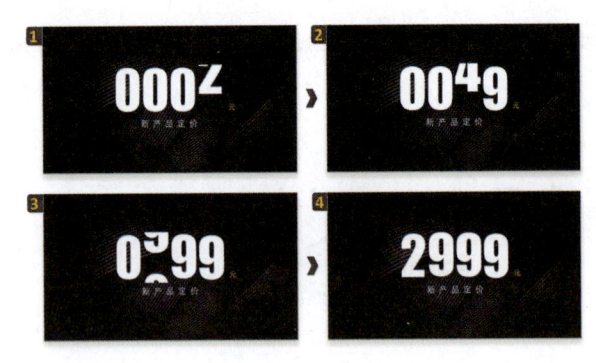

图 7.268

相信你可能也猜到了，每当数字滚动时，只有一行数字能显示，而上下方都被遮挡了。因此，这个案例中的遮罩就在图形的上下方。

具体操作方法如下：首先，输入 4 列数字，将它们放大，保证每行只放一个数字，并且将这 4 列数字错位排列（见图 7.269）。

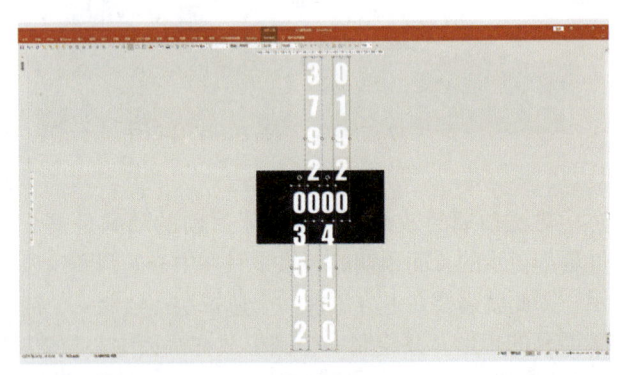

图 7.269

接着，分别选中 4 列数字，添加上下运动的直线路径动画，并且保持路径的终点停在预期的数字上，例如这里是 2999（见图 7.270）。

最后，在画面上下方分别绘制两个大的矩形，为了方便观察，这里填充为蓝色。将它们盖在页面的上下方，仅在中间留出刚好容纳一行数字的区域。（见图 7.271）在实际应用时，会将矩形的颜色填充为背景色（如黑色）。

第 7 章　动画之魅——如何巧妙运用动画增强表现力

大重叠在一起，以便完全覆盖图片。接着，选中这些墨迹，单击"动画"，选择擦除动画（退出型动画），并将动画的时间线依次错开一些，让墨迹图形一个个消失，从而显示出下方的图案（见图 7.273）。

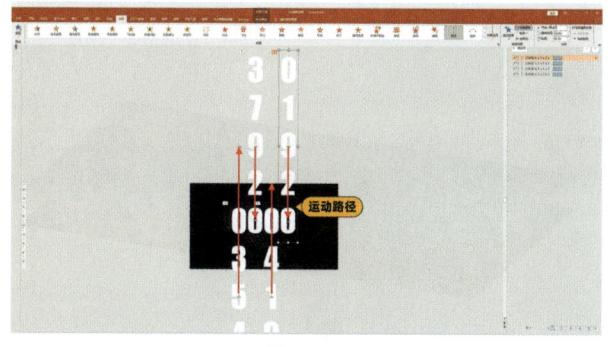

图 7.270

图 7.271

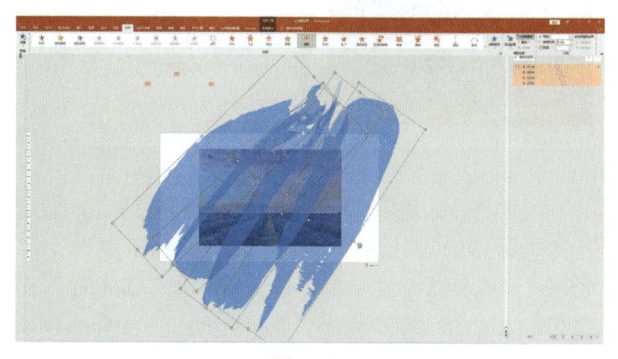

图 7.273

这些墨迹就相当于遮罩，当遮罩消失时就显现出了下方的部分，有种刮奖的效果，为演示增加了神秘感和趣味性。

这样在运动时，就能形成数字滚动的效果了。由于这组数据并非直接呈现的，而是先通过滚动来展示，因此可以很好地吸引观众注意力，调动现场氛围。

当然，遮罩层的形状不仅限与圆形或者方形这种基本的形状，它也可以是任何形态。例如：这种墨迹擦除展示图片的效果（见图 7.272），你知道是如何实现的吗？

再如：这张 PPT 封面页，右侧有一架飞机从一个椭圆形的洞中缓缓飞入（见图 7.274），画面空间感非常强。这种效果该如何制作呢？

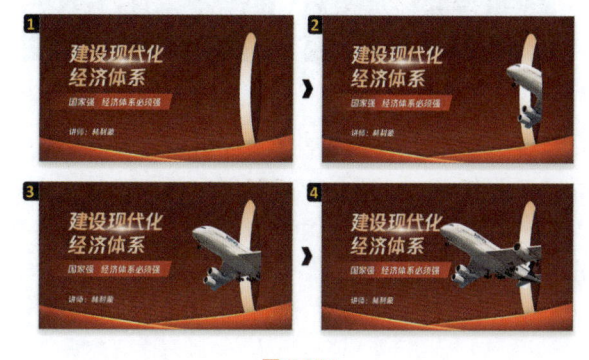

图 7.274

其实，方法也是类似的。飞机本身只添加了一个直线路径动画，关键在于画面右侧有一个不规则的图形将椭圆形洞口的右侧遮住了，这里将它改成蓝色方便观察（见图 7.275），并将这个图形置于画面最顶层。这样飞机在飞过时，就会被遮挡，仿佛是从洞中飞入的。

可见，灵活运用图形作为遮罩，可以给页面带来截然不同的视觉效果，甚至在平面中创造出一个伪 3D 空间。

图 7.272

其实，方法也很简单。一开始在图片上放置几个墨迹图形（为方便观察，用蓝色填充），并将它们放

图 7.275

除此之外，遮罩图形还可以与视频相结合，做出极具电影感的设计形式。例如：这页 PPT 就两个字"燃烧"，但是这个文字很特殊，它并非一成不变，而是有一团火焰一直在燃烧（见图 7.276），这种酷炫的动态文字效果是如何制作的呢？

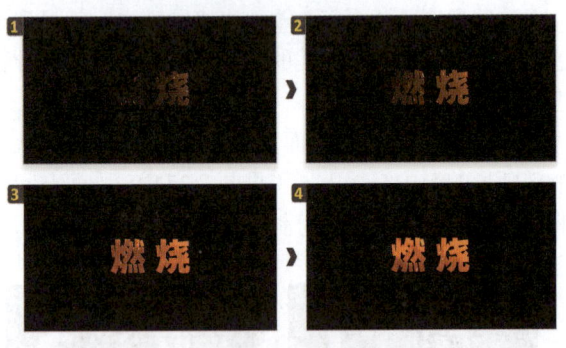

图 7.276

其实非常简单，它是动态视频与遮罩的完美结合。首先插入一个大的矩形铺满屏幕，并输入文案"燃烧"，接着选中矩形，按住 Ctrl 键再加选文字，单击"形状格式→合并形状→剪除"，即可得到一个铺满屏幕，但中心是镂空文字的图形（见图 7.277）。

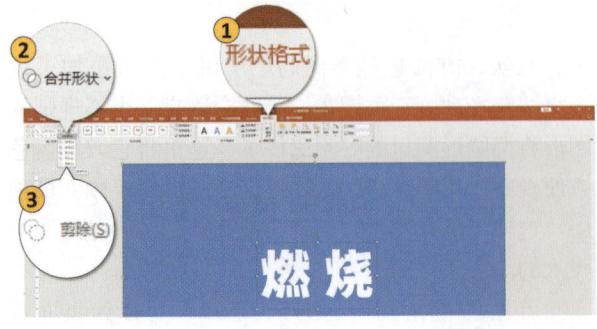

图 7.277

然后，在它的下方放置一段火焰燃烧的视频素材，两者叠放在一起，就形成了火焰燃烧的文字特效（见图 7.278）。

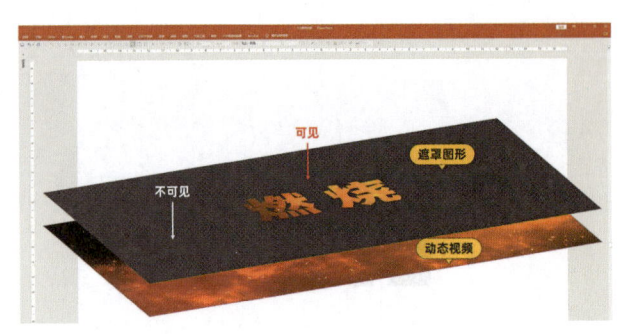

图 7.278

若你觉得文字本身是静态展示，稍显单调。那么，可以在此基础上，将上方的镂空文字图形拆分成上下两部分，并结合路径动画就能实现如图 7.279 所示的效果：首先是一段火焰燃烧的视频，接着上下方同时有两个图形进入画面，最终组成主题文字"燃烧"。

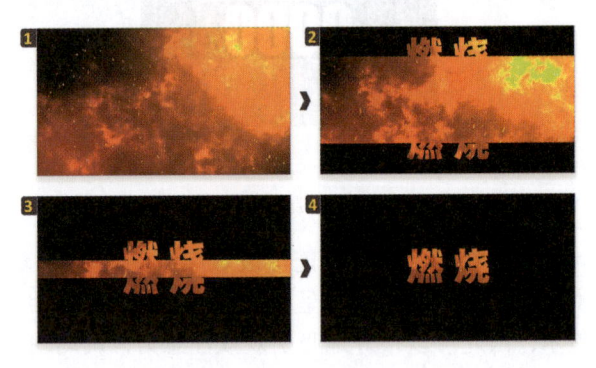

图 7.279

关于遮罩图形的拆分方法如下：首先，插入一个矩形，让它的宽度超过遮罩图形，并且将它盖在文字一半区域位置。然后，选中黑色的遮罩图形，按住 Ctrl 键加选蓝色的矩形，单击"形状格式→合并形状→拆分"（见图 7.280），即可将遮罩图形拆解开来。最后，删除多余的元素，仅保留上下两块遮罩图形即可。

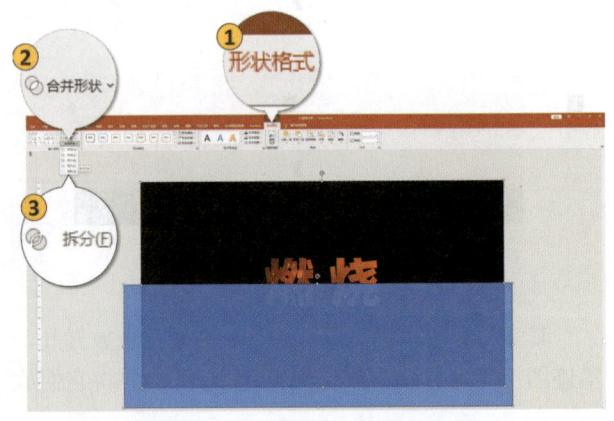

图 7.280

这种动态视频与遮罩的巧妙结合，在演讲、竞赛、教学培训等场景中堪称点睛之笔。首先通过视频吸引观众目光，随后精准展现主题文字，让信息更深入人心，能够给人留下深刻的印象。

以上就是遮罩在元素动画中的应用技巧。通过精心设计的遮罩层与动画效果的配合，可以创造出丰富多样的视觉效果，不仅能够吸引观众的注意力，还能增强演示的趣味性。

7.4.2 遮罩与平滑切换结合

遮罩动画除了与元素动画结合外，它还能与平滑切换相结合，做出极具创意的动态效果。例如：在介绍团队成员时，可以通过探照灯的形式逐个展示团队成员的照片和个人信息，使观众能够更加清晰地了解每个成员（见图 7.281）。你知道这个效果，如何用 PPT 实现吗？

图 7.281

下面演示具体操作。首先，绘制一个超过画布范围的大矩形以及一个圆形，这个圆形的大小保持在刚好可以框柱照片中人物头部即可。先选中矩形，按住 Ctrl 键加选圆形，单击"形状格式→合并形状→剪除"，即可露出下方照片的人物头像（见图 7.282）。

然后，填入人物介绍信息，这就完成了单人的介绍页面。接着复制两页 PPT，并且移动大的蓝色图形，让其中镂空的圆形分别盖在其他成员的头像上，并分别放上个人介绍信息（见图 7.283）。

最后，选中这几张人物介绍页，单击"切换"，选择"平滑"（见图 7.284），即可实现探照灯似的人物切换效果。

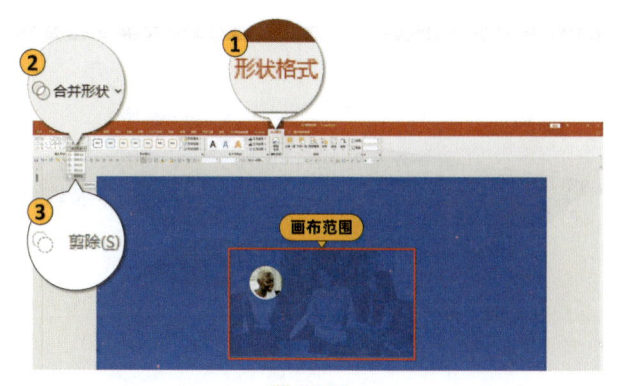

图 7.282

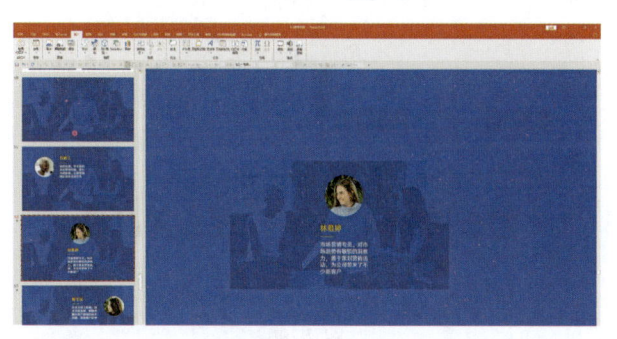

图 7.283

图 7.284

这个动画的原理其实是一个大的遮罩图形，露出一个圆形"取景窗口"（见图 7.285）。随着遮罩图形的移动，取景窗口也在发生移动，从而实现最终的效果。

再举一个典型的应用：大量照片从画布的四周飞入屏幕，最终形成了"我们的故事"几个大字（见图 7.286）。这样的效果又该如何设计呢？

下面演示具体操作。首先，插入一系列照片，将它们分散排列在画布四周（见图 7.287）。

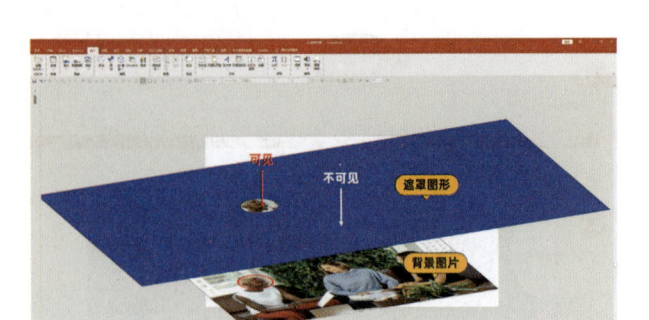

图 7.285

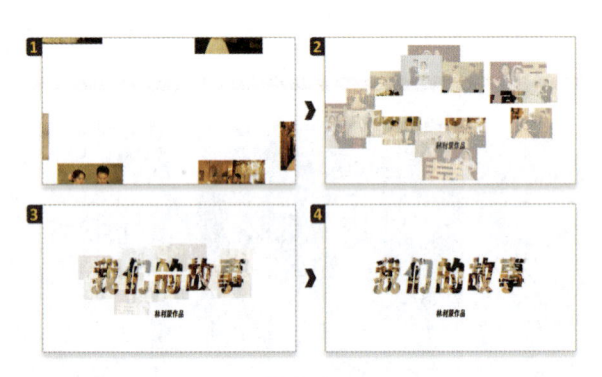

图 7.286

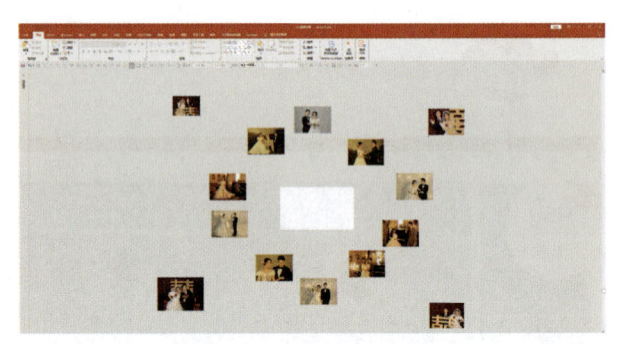

图 7.287

然后，新建一页空白 PPT，绘制一个铺满屏幕的矩形，并输入文案"我们的故事"。先选中矩形，按住 Ctrl 键加选文字，单击"形状格式→合并形状"，选择"剪除"，即可得到一个镂空文字的图形（见图 7.288）。

接着，将第一页中所有的图片复制到文字遮罩的这页 PPT 中，并将照片沿着镂空文字摆放，直到文字图案被图片完全覆盖（见图 7.289）。注意：此处的文字描边仅为示意之用，实际在最终效果中并不显示。

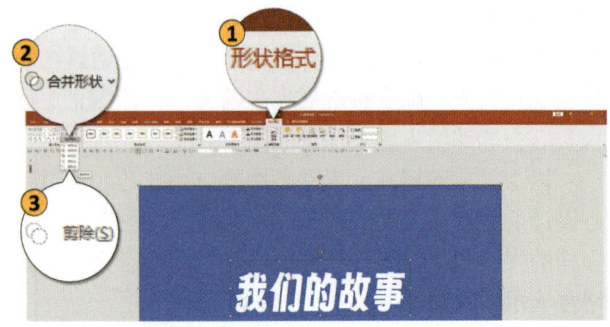

图 7.288

图 7.289

最后，将遮罩图形设置为与背景一致的纯白色，并将其置于页面的顶层。这时，透过镂空文字，就会看到由图片堆叠而形成的"我们的故事"这几个大字（见图 7.290）。

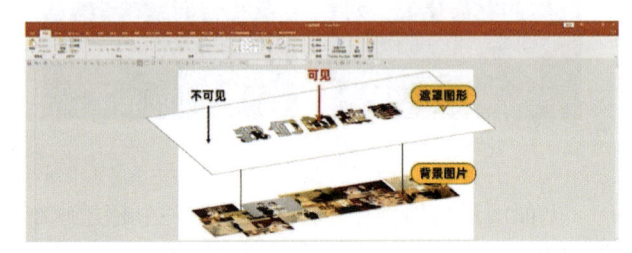

图 7.290

最后，给"我们的故事"这页 PPT 添加"平滑"切换（见图 7.291），就能实现照片从屏幕外飞入，最终汇聚成文字的效果。

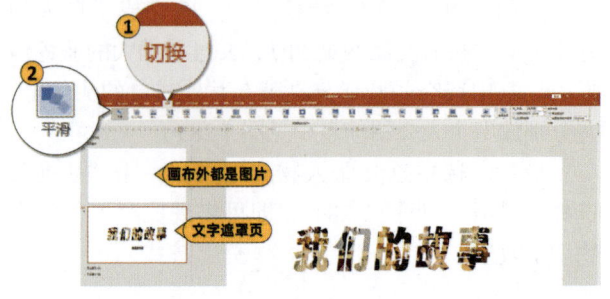

图 7.291

根据同样的原理，你可以替换遮罩层中镂空文字的内容，换成你想展示的主题文字，或者换成 Logo 图形展现品牌特色等。

除此之外，遮罩与平滑切换还能模拟一些有趣的场景。例如：图片在不同手机之间同步传输的效果（见图 7.292），你知道如何实现吗？

图 7.292

先来分析下这个效果。画面中两部手机的动画效果是完全一样的，后面出现的照片会从左到右推入画面，盖在原始图片的上方，从而实现同步传输的效果。由于动画仅发生在手机屏幕内，因此屏幕以外的部分都是遮罩。

下面来演示具体操作。首先，准备两部手机样机及一系列照片，将照片处理成手机屏幕的大小，按照一定的层次关系重叠在一起，保证后一张出现的图片在前一张的上方，并且将这些图片复制一份完全一样的，用于后续同步传输（见图 7.293）。

图 7.293

然后，将其余的两组照片完全重叠在一起，分别放在两部手机的左侧，并将最底层的图片抽出放入手机屏幕中（见图 7.294）。

在此分享一个实用技巧，鉴于两组图片已重叠，直接选择最底层图片可能较为困难。此时，可以按 Alt+F10 组合键调出这页 PPT 的选择窗格。这里清晰展示了 PPT 中每个元素的层次关系。因此，可以通过单击选择窗格中的元素，从而选中 PPT 中对应的元素（见图 7.295）。

图 7.294

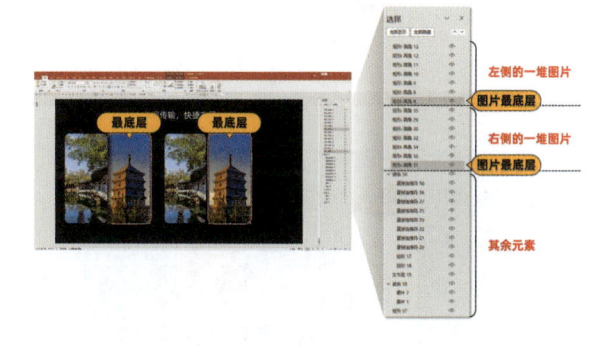

图 7.295

接着，复制本页 PPT，利用选择窗格，选中每堆图片中倒数第二张，并将其填充到手机中。由于预先设置好了图片上下堆叠的关系，因此后续填充到屏幕中的图片会盖在上一张图片的上方（见图 7.296）。

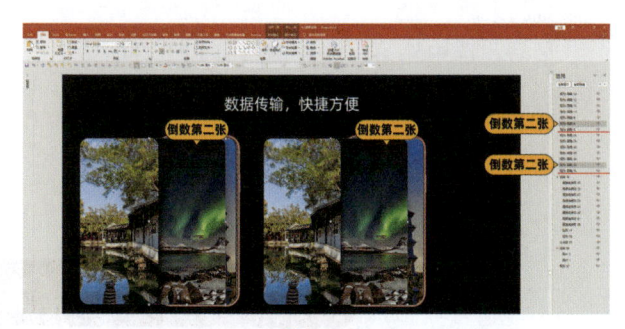

图 7.296

对于剩余图片，同样采用复制 PPT 并逐一将图片移至手机屏幕中的方法（见图 7.297），有几张图片就复制几页 PPT。

然后，设置下图形遮罩。绘制一个铺满全屏的大矩形，并且在两部手机的中间插入两个圆角矩形。先选中大矩形，再按 Ctrl 键选中手机屏幕中的圆角矩形，单击"形状格式→合并形状"，选择"剪除"，即可得到手机中镂空的一个大遮罩图形（见图 7.298）。

图 7.297

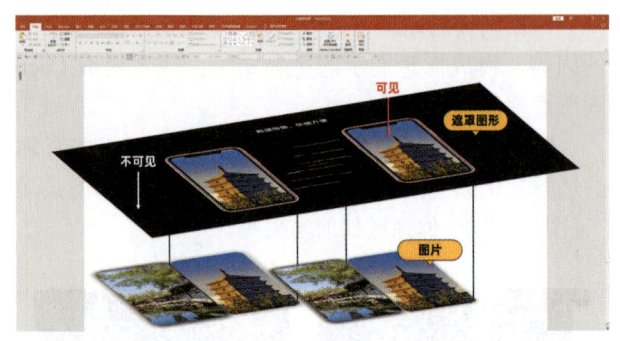

图 7.299

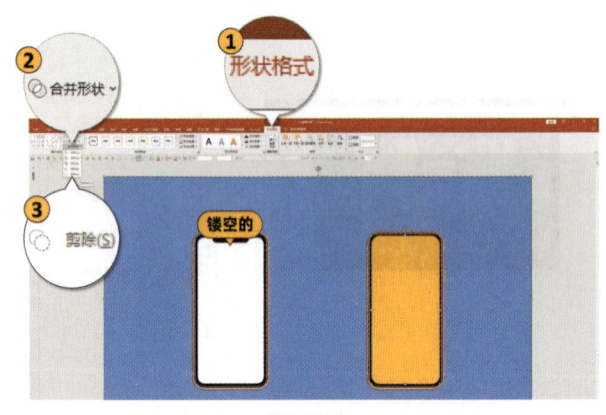

图 7.298

接着，将遮罩图形、手机、文字及手机间的传输线条全部选中，置于页面的最顶层（见图 7.299）。所有页面都是如此，仅呈现手机内的图片，其余图片都先隐藏起来。

最后，选中除第一张外的所有 PPT 页面，单击"切换"，选择"平滑"（见图 7.300），即可实现最终效果。

图 7.300

以上就是遮罩在平滑切换中的应用，操作本身没什么难度，关键是找到合适的应用场景，并且注意遮罩图形与页面中其他元素间的层次关系，从而遮住不想要显示的区域，得到预期的效果。

总之，遮罩动画作为一种独特的动画形式，在 PPT 制作中扮演着不可或缺的高级角色，无论是用于展示产品特性、介绍团队成员，还是营造特定氛围，均展现出其强大的功能性和创意性。不仅增强了演示的趣味性和吸引力，还为演示者提供了更多创意空间。

7.5 把握节奏，为你的动画加个开关

想象一下：你正在做一场教学培训，此刻来到了问答环节，就当你出好题目准备等待学员互动时，却由于误操作，提前播放了动画，让答案显现出来了。这种意外相信你或多或少都经历过，这不仅会打乱培训的节奏，还错失了与学员互动的机会。那么，有什么方法能够更灵活地控制动画呢？

这就要引入一个重要的工具——触发器。它就像一个开关，可以自由控制动画的开启。通过触发器，你可以设置某个对象（如形状、图片或文本）作为触发条件，当这个对象被单击或满足其他条件时，相应的动画就会播放。PPT 触发动画大致可以分为：页面内的触发动画及跨页间的触发动画。下面，我将围绕这两大类，通过具体的案例，详细介绍触发动画的应用技巧。

7.5.1 页面内的触发动画

页面内的触发动画是指发生在一页 PPT 中的动

画效果。例如：画面中有一个圆形及三角形（见图7.301），其中三角形添加了"飞入"动画。现在想要实现一个效果：只有在单击圆形时，三角形才会飞入画面，否则三角形不会显示出来。这样的效果该如何制作呢？

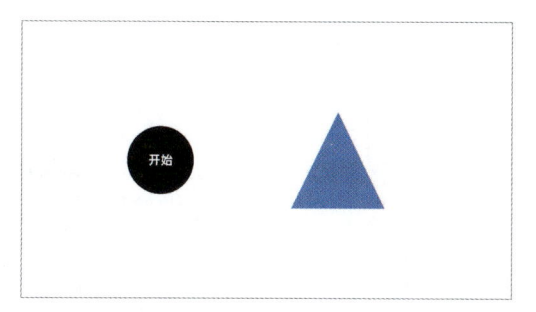

图 7.301

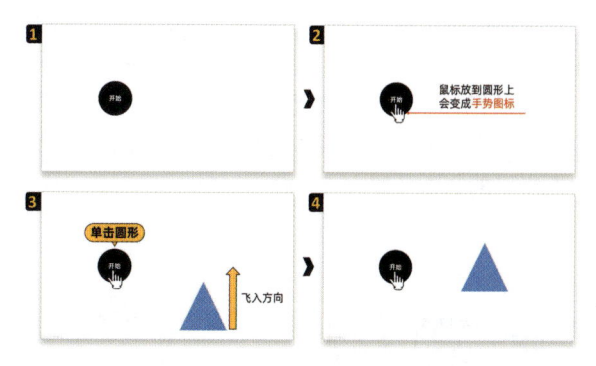

图 7.303

其实，这就需要用到触发器功能了。双击动画滑块，打开"飞入"动画的参数设置，在"计时"选项卡中，可以找到"触发器"功能，勾选"单击下列对象时启动动画效果"，单击它的下拉选项，弹出的是这页PPT中每个元素的名称，这里选择"椭圆6：开始"（见图7.302）。

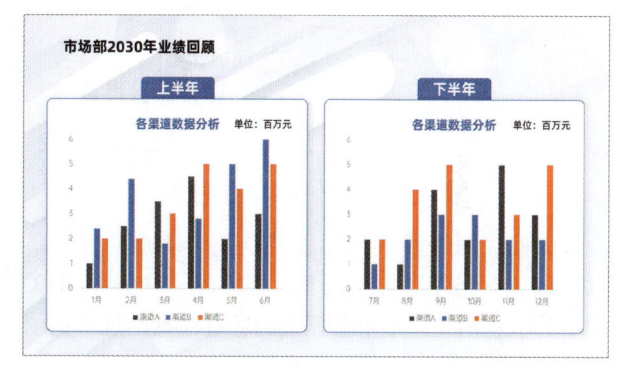

图 7.304

这时，就可以借助触发器，将两页图表做到一页中，想看哪个时段的数据，只需单击对应的标签即可。例如：一开始只显示上半年的数据，此时"上半年"标签是高亮显示的，而"下半年"标签则是弱化显示。当你将鼠标移动到"下半年"标签上时，鼠标会变为手势图标，单击后"下半年"标签变为高亮显示，"上半年"标签则弱化显示，同时上半年数据图表消失，转而变为下半年数据图表（见图7.305）。

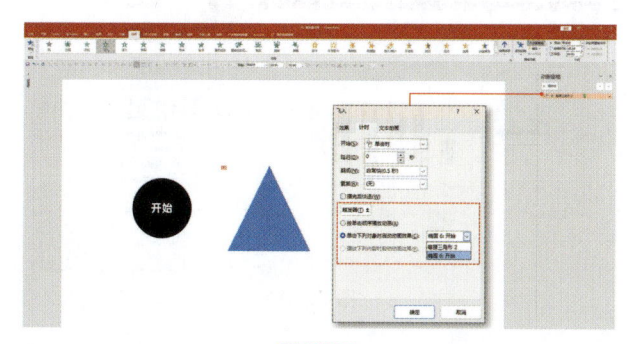

图 7.302

此时，全屏放映这页PPT，会发现：一开始三角形并没有出现，当你将鼠标移动到圆形上方，鼠标会变成手势的图标，单击圆形，三角形就会飞入画面（见图7.303）。如果不是单击圆形，而是点击了其他区域，则三角形不会显示出来，而是维持现状不动，或者直接跳转到下一页。

以上，就是页面内触发动画的基本使用方法。其中，单击圆形这步操作就是三角形飞入的触发条件。下面来看看触发动画在实际工作中的应用。例如：在做工作汇报时，往往会将一年的工作数据分为上半年及下半年两部分分别展开介绍，如果直接将全年的数据一次性放在一页PPT中会显得拥挤（见图7.304）。

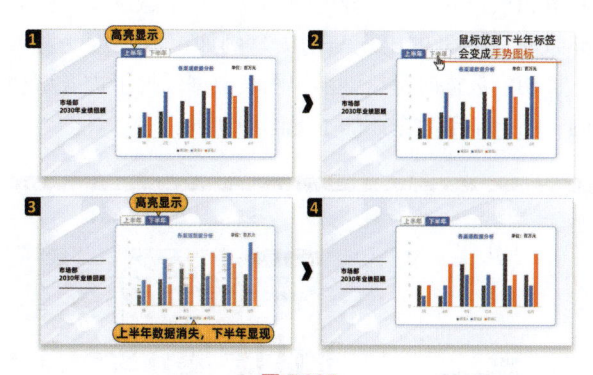

图 7.305

而且这种切换是不限次数的，你想看哪组数据，单击对应的标签即可。整体的视觉效果仿佛是一个交互式的网页，非常酷炫高级。

下面拆解下这个动画的原理。首先，这个动画是在一页 PPT 中实现的，它分为两部分。单击"下半年"浅灰色标签，整页的数据就变为下半年的数据；同理，单击"上半年"浅灰色标签，整页的数据就变为上半年的数据（见图 7.306）。

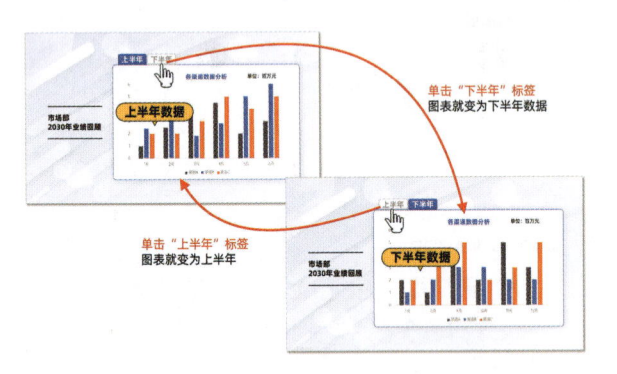

图 7.306

因此，两个浅灰色标签就是整个动画的触发条件。以"下半年"标签为例，单击后，上半年相关的所有信息消失，下半年相关的所有信息出现（见图 7.307）。

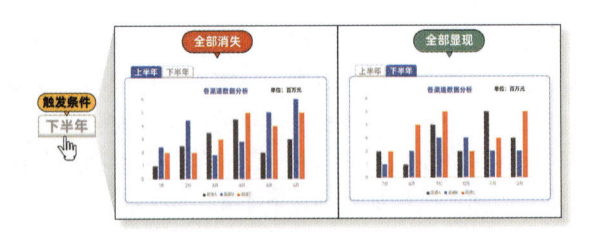

图 7.307

完整看下这页 PPT 的动画窗格（见图 7.308），它也和预想的一致，分为两部分，每个触发条件就会导致对应元素的出现与消失。例如：下半年触发器下，切换数据时是给下半年图表数据添加了进入型动画，而上半年数据添加了退出型动画。

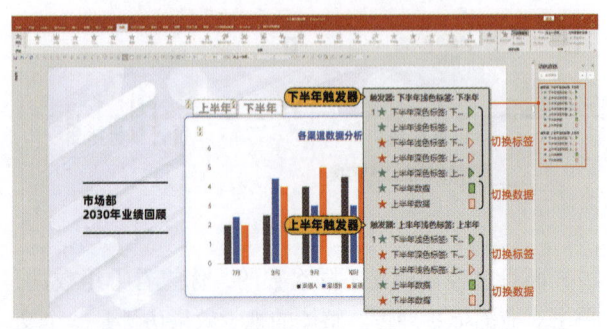

图 7.308

额外分享一个小技巧。当给动画添加触发条件时，有时会因为页面里元素众多而找不到想要添加的触发元素名称（见图 7.309 左侧）。这时，可以预先给元素设置好名称，就更利于管理了（见图 7.309 右侧）。

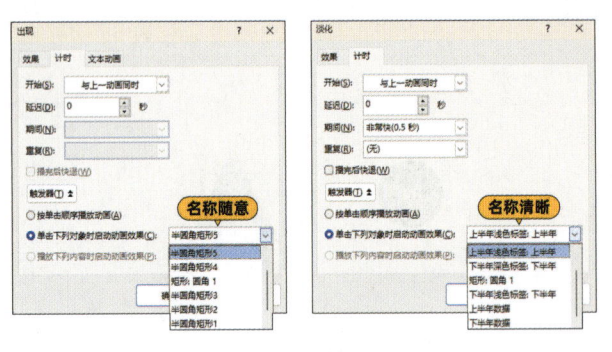

图 7.309

具体的操作方法如下：按 Alt+F10 组合键，调出页面的元素选择窗格。选中页面中的元素，右侧的选择窗格中该元素的名字就会高亮显示，单击选择窗格中的元素名称就可以直接进行修改了（见图 7.310）。

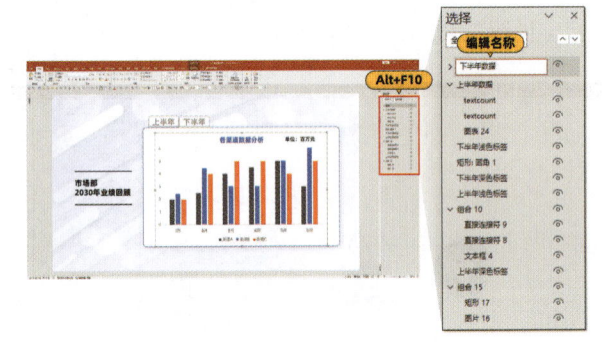

图 7.310

接下来再来看一个案例：在做教学培训时，经常需要做一些互动问答，例如下面这个问题（见图 7.311），如果只是单纯呈现答案就太过普通了。

图 7.311

第 7 章　动画之魅——如何巧妙运用动画增强表现力

这时，可以结合触发器，做一些更有意思的设计。例如：单击对应的城市，图片会翻转过来，显示出对应选项的解释，让学员可以明白错误的原因（见图 7.312）。这个效果又该如何实现呢？可以先思考一下。

图 7.312

其实，原理都是类似的。单击图片后，原本的图片会翻转消失（收缩动画），而解释部分会翻转出现（展开动画），并给出这个选项的正确与否（缩放动画）。因此，单击图片这个步骤就是触发条件，对应的"动画窗格"如图 7.313 所示。

图 7.313

又如：在年会或者一些晚会活动中，经常会有抽奖环节。例如这种幸运大转盘，当你将鼠标移动到"开始/结束"按钮上方时，鼠标会变成手势图标，单击后，幸运转盘开始转动，再次单击转盘即刻停止（见图 7.314）。

这种极具互动性的转盘，非常适合调动现场氛围。下面来演示具体操作。首先，准备静态部分，这个转盘包含底座、转盘、指针及按钮（见图 7.315）。每部分都是由基础的图形组合而成的，具体可以回顾第 5 章的内容。

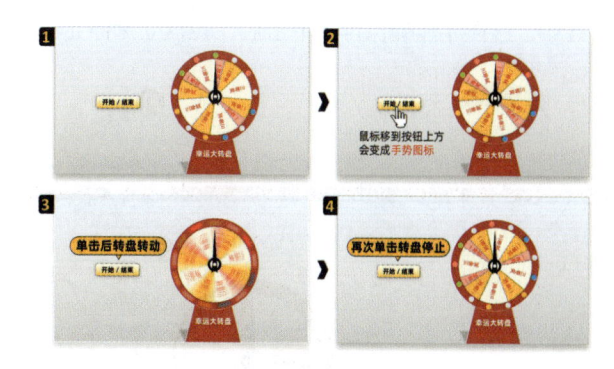

图 7.314

图 7.315

接着，设置动画，分为运动和停止两部分。首先是运动。选中转盘，添加"陀螺旋"动画，具体参数如图 7.316 所示。由于转盘需要一直快速旋转，因此持续时间设置为 0.5 秒，重复次数设置为"直到下一次单击"，并且将触发条件设置为单击"开始/结束"按钮。

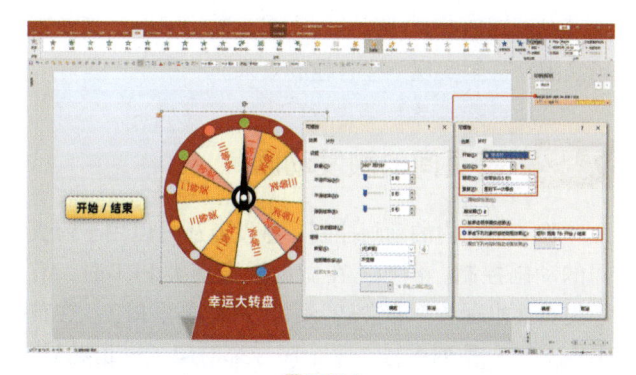

图 7.316

然后是要设置单击后立即停止的动画。选中转盘，单击"动画→添加动画"，再次选择"陀螺旋"动画（见图 7.317）。

双击打开第二次添加的陀螺旋动画参数，在"计时"中将持续时间设置为 0.01 秒，重复次数为"无"，触发条件依旧为单击"开始/结束"按钮，同时需要将上方菜单栏中的动画持续时间设置为 0.01 秒（见图

7.318），这样才能确保再次单击后，转盘立刻停止。

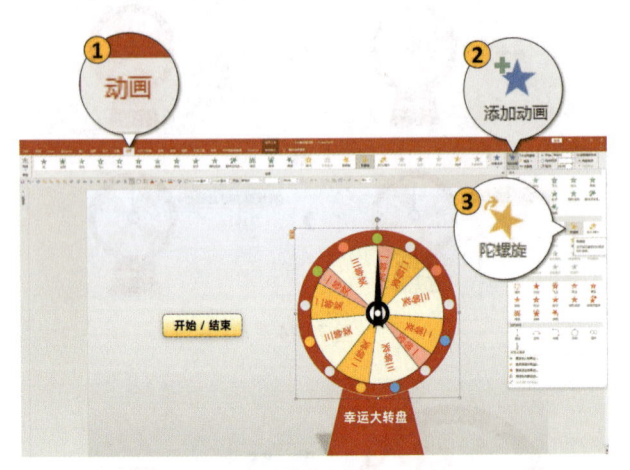

图 7.317

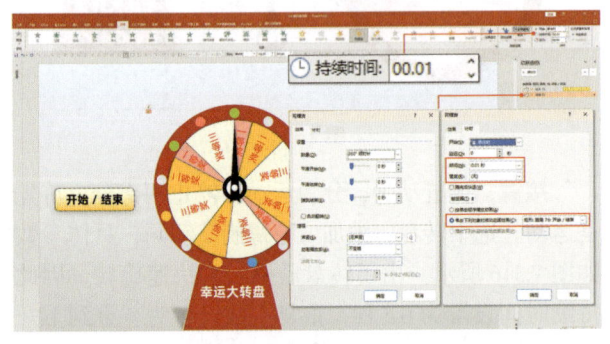

图 7.318

以上就是 3 个典型的触发器的应用，借助触发功能可以灵活地控制动画开启，匹配演讲节奏，活跃现场氛围，甚至实现一些有趣的效果。

7.5.2 跨页间的触发动画

除了页面内的动画控制，触发器还可以用于跨页间的动画控制。例如：在做微课竞赛类 PPT 时，有一类页面出现频率非常高，那就是答题类 PPT。在首页中显示一系列序号，每个序号都对应了一道题目。鼠标移动到序号上就会变成手势图标，单击后就会跳转到对应的题目，单击"返回"则会回到答题选择页，同时答过的题目序号会消失（见图 7.319）。

这个效果一共需要 11 页来实现，首页中每个数字都是一个触发条件，而问题页下方的"返回"也是一个触发条件，单击后会分别跳转到预先设置好的页面中（见图 7.320）。

图 7.319

图 7.320

以首页和第一个问题页为例，来演示具体操作。选中首页中的数字 1，单击"插入→动作"，在弹出的菜单中选择"超链接到→幻灯片…"，找到问题 1 所在的页面（见图 7.321）。

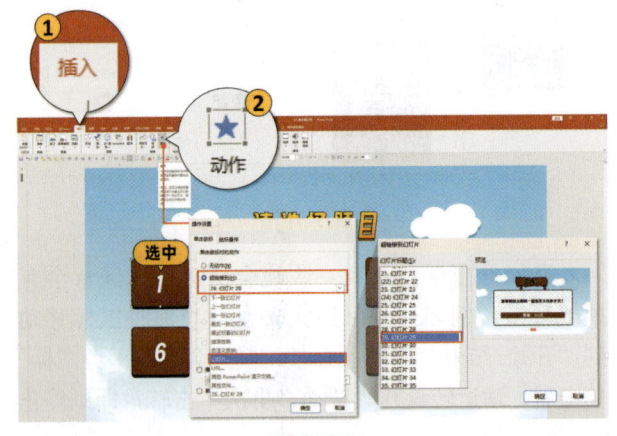

图 7.321

这时再全屏放映 PPT，单击数字 1，就会跳转到问题 1 所在的页面。这里的"动作"就是连接 PPT 内不同页面间的桥梁。同样的方法，来到问题 1 所在的页面，选中"返回"两个字，单击"插入→动作"，在弹出的菜单中选择"超链接到→幻灯片…"，找到首页所在的页面（见图7.322）。

图7.322

这样，就能通过单击"返回"来到首页中，实现这种跨页间的互相跳转。然而此时，回到首页会发现，之前的数字1并没有消失（见图7.323左侧），明明已经回答过了，这样容易造成二次答题的问题；理想情况是，答完题之后数字1就消失了（见图7.323右侧）。

图7.323

这个操作其实很简单，这里用到的就是页面内的触发器功能了，给每个数字添加消失动画后，将触发条件设置为单击对应的数字即可，详细的"动画窗格"如图7.324所示。

图7.324

"动作"这个功能有两种触发条件，除了单击触发外，还有一种方式是"鼠标悬停"触发。例如：这页动物介绍PPT，当你将鼠标移动到对应的动物图片上方时，无须单击，它就会展开对应动物的详细介绍，鼠标移开后，又会跳转回首页，其余的照片都是如此（见图7.325）。

图7.325

这个效果是由7页PPT实现的，包含一张首页及其余详细信息页（见图7.326）。

图7.326

以首页及大象页的转换为例（见图7.327）。当你将鼠标放在照片上，就会展开详细介绍；而当你将鼠标移开，则会跳转回首页。因此，鼠标悬停在首页的照片上方，以及悬停在照片之外的区域均为动画的触发条件。

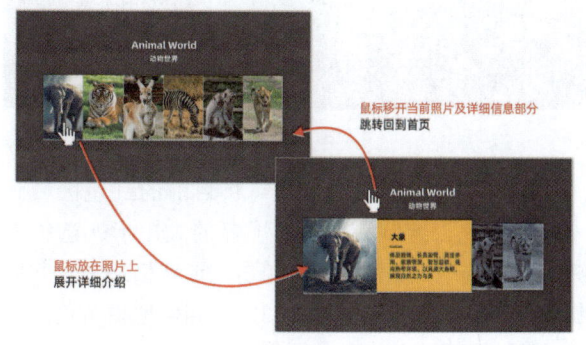

图7.327

下面演示具体操作。在首页中，选中大象的照片，单击"插入→动作"。在弹出的菜单中选择"鼠标悬停"选项卡，勾选超链接，选择"幻灯片…"，然后选中大象单独展开介绍的那页 PPT，例如这里是幻灯片 50（见图 7.328）。

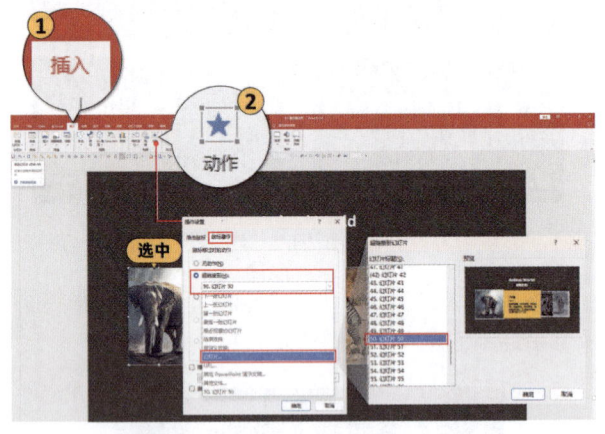

图 7.328

这时，在全屏放映状态下，将鼠标悬停在首页的大象照片上，页面就会自动切换到大象单独展开介绍的那页 PPT。

接下来要完成反向的操作。如何从大象单独展开介绍的 PPT，切换回首页呢？这里就隐藏了一个小技巧：使用辅助图形来完成触发动画的闭环。在实际应用中，我们希望鼠标悬停在大象及展开的介绍图形上（绿色区域）时，画面保持不变；而当鼠标悬停在其他区域（红色部分）时，则切换回首页（见图 7.329）。

图 7.329

因此，可以利用图形运算将目前的红色区域画出来。首先，绘制一个铺满屏幕的大矩形，选中大矩形，再选中大象的照片，单击"形状格式→合并形状"，选择"剪除"（见图 7.330），同样地将黄色图形也剪除，即可得到镂空的图形。

图 7.330

最后，选中镂空图形，将它置于页面顶层，透明度设置为 100%。然后单击"插入→动作"，选择"鼠标悬停"，勾选超链接，找到首页所在的那页 PPT，例如这里是幻灯片 49（见图 7.331）。

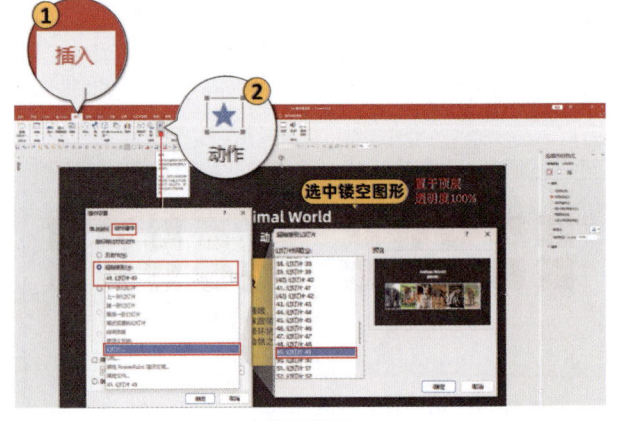

图 7.331

至此，就完成了首页与大象页的切换。其余部分采用相同的方法，即可实现这种网页版酷炫的动画效果。

以上就是两种跨页间的 PPT 触发技巧：单击鼠标及鼠标悬停。当然，在实际工作中，往往会综合运用页面内及跨页间的触发技巧，例如，我在 10 年前，就综合运用各种动画技巧完成了一份作品，在此截取其中 3 页 PPT 以做展示。

先来看目录页（见图 7.332），一系列光效粒子从画面左侧飞进来并缓慢向右侧飞去，在这个过程中页面内各种光效和线条同时发生运动，最终定格在目录的 4 项内容中。当你将鼠标悬停在章节名称上，鼠标就会变成手势图标。

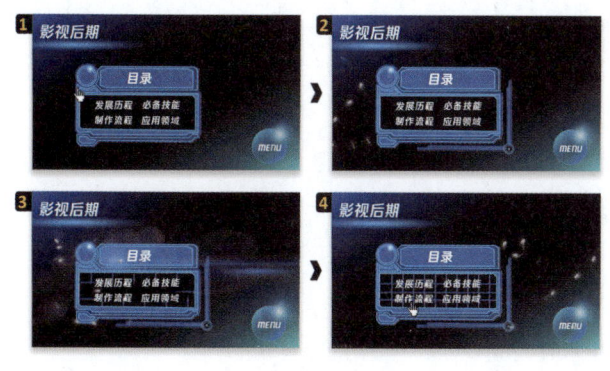

图 7.332

单击目录页中"发展历程"几个字，就会跳转到"发展历程"页面（见图 7.333）。首先出现的是中间的几个大字，接着底部出现了一系列线条，左右上方也打下了两盏探照灯，最后是这几段历程的名称依次显示出来。

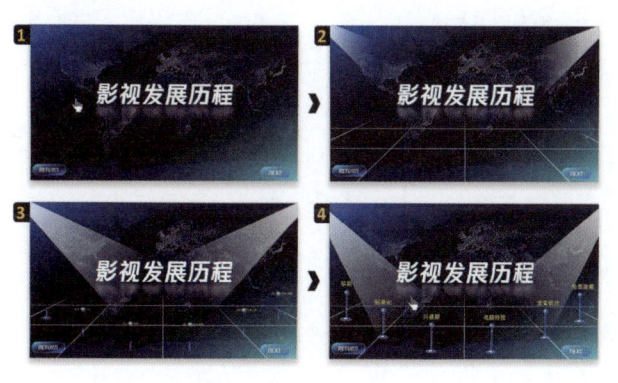

图 7.333

"发展历程"页的下方还有两个按钮，单击 RETURN 按钮会返回目录页，而单击 NEXT 按钮则可进入"制作流程"页面（见图 7.334）。起初，页面中心为空白状态。单击下方的第一个流程"初剪"后，将弹出相关的文字介绍。阅读完毕后，单击"初剪"选项卡右上方的关闭按钮"×"，即可关闭该介绍。随后，单击流程的第二项"正式剪辑"，将弹出正式剪辑的相关介绍。依此类推，其余部分均遵循此操作方式，整个流程类似于操控网页或进行游戏，具有高度的互动性和趣味性。

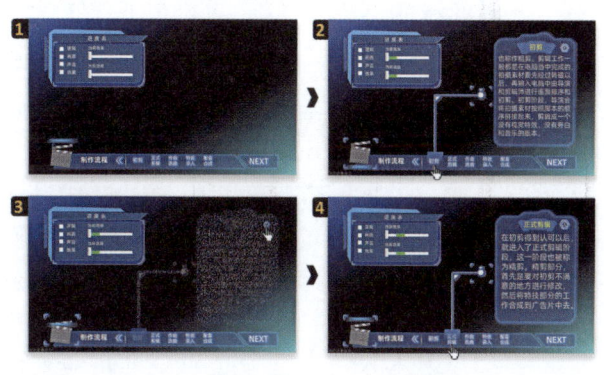

图 7.334

以上这些看似复杂的效果，其实都是由众多基础动画组合实现的，操作本身并不难，关键在于发挥想象力，为每个动画找到合适的应用场景。当你能够融会贯通时，就能自由地掌控演讲的节奏，为观众带来更加生动、有趣的演示体验。

7.6　要点回顾

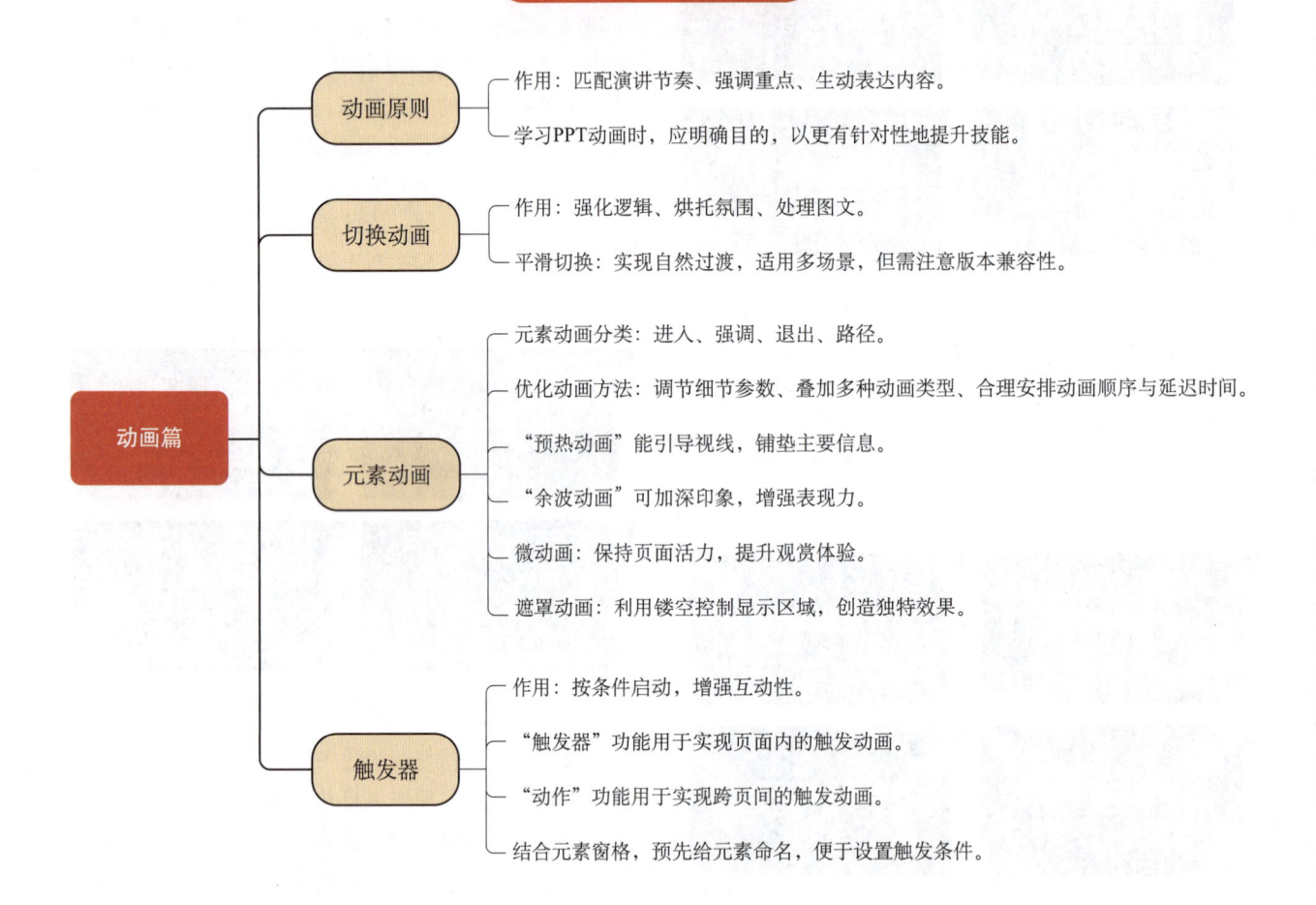

动画篇
- 动画原则
  - 作用：匹配演讲节奏、强调重点、生动表达内容。
  - 学习PPT动画时，应明确目的，以更有针对性地提升技能。
- 切换动画
  - 作用：强化逻辑、烘托氛围、处理图文。
  - 平滑切换：实现自然过渡，适用多场景，但需注意版本兼容性。
- 元素动画
  - 元素动画分类：进入、强调、退出、路径。
  - 优化动画方法：调节细节参数、叠加多种动画类型、合理安排动画顺序与延迟时间。
  - "预热动画"能引导视线，铺垫主要信息。
  - "余波动画"可加深印象，增强表现力。
  - 微动画：保持页面活力，提升观赏体验。
  - 遮罩动画：利用镂空控制显示区域，创造独特效果。
- 触发器
  - 作用：按条件启动，增强互动性。
  - "触发器"功能用于实现页面内的触发动画。
  - "动作"功能用于实现跨页间的触发动画。
  - 结合元素窗格，预先给元素命名，便于设置触发条件。

第8章 表达之巅
——如何自信、流畅地进行演示

你是否曾深信：只要PPT做得足够好看，演示就一定会成功？

在前面的学习中，我们倾注心血于 PPT 的每一个细节，从内容的精心编排到视觉的极致追求，似乎只要 PPT 足够惊艳，就能轻松俘获听众的心，赢得掌声和认可。然而，事实真的如此吗？

回望那些站在演讲台上的瞬间，你是否也曾遭遇过这样的尴尬：精心设计的 PPT 在不同设备上放映效果却大打折扣，原本精心挑选的字体变成了普通的等线体，设置的部分酷炫动画效果也消失不见了；由于太紧张，演讲到一半时却突然忘词了；才刚刚开讲不久，领导就听不下去了，频频打断你的演示，观众也纷纷低下头玩起来手机……这些瞬间，无不在提醒我们——演示，不只是做好 PPT。

其实，真正的演示不仅是一场视觉盛宴，更是一次心灵的交流。PPT 只是传递信息的工具，而真正让演示生动起来的，是你如何讲述这个故事，如何与听众建立连接。相信每个人都渴望成为演示场上最耀眼的存在，为你或者你的团队获得更好的印象。而演示正是这门通向成功的艺术，无论是放映 PPT 的技巧、演讲的故事结构，还是演讲人本身的气场等，每个环节都蕴含着无穷的智慧与技巧。

因此，本章将带你深入探索演示艺术的精髓，让你掌握以下关键技能：

（1）未雨绸缪，做好演示前的全面准备。
（2）运用同理心，打造一场引人入胜的演讲。
（3）掌握演讲技巧及方法，塑造出强大的个人气场。

别再让 PPT 成为你的束缚，而是让它成为你成功路上的得力助手。用你的故事触动人心，用气场征服听众，与我一起，开启你的演示艺术新篇章，让每一次演示都成为一场真正触动心灵的交流。现在，就让我们携手踏上这场演示艺术的奇妙旅程吧！

8.1　演示之前，这些注意事项需牢记

为什么做好的 PPT，到演示时效果却不一样了呢？例如：这页 PPT 用了现代感的字体强化标题，并用线条沿着标题字的笔画勾勒，使得页面极具科技感（见图 8.1 左侧）。可是当演示 PPT 时，只是换了台计算机，却变了样（见图 8.1 右侧），标题字体变成了古朴的宋体，且与原本的科技描边对应不上了。

图 8.1

这真的很影响演示效果，前期明明花了很多心思去打磨细节，可到关键时刻却掉了链子，仿佛前期做的那些努力都白费了，想想就很可惜。这其实是不同演示环境的差异造成的，许多人做 PPT 用的设备与演示时用的设备不是同一台，那么在放映时，就会由于种种原因，影响演示效果。为了更好地规避这些问题，本节将介绍 PPT 演示前的注意事项及演示技巧，让你更好地将精心准备的 PPT 完美放映出来。

8.1.1　演示前注意事项

为了确保 PPT 在演示的计算机上流畅且完美地呈现，还需特别注意以下 3 个关键步骤，否则可能会出现格式错乱、功能失效或观众体验不佳等问题，严重影响演示效果。

1. 保存字体

字体缺失是最常见的问题，例如开篇案例中标题字体的缺失，正是由于原稿中采用了特殊字体，而演示用的计算机没有下载特殊字体而导致显示不出来。下面分享 3 个妙招来解决字体缺失问题，每一招都有各自的优缺点，读者可以根据实际需求进行选择。

第一招：将字体嵌入 PPT 文件中。

单击"文件→选项"，在弹出 PPT 选项窗口单击"保存"，选中"将字体嵌入文件"复选框（见图 8.2）。

第 8 章 表达之巅——如何自信、流畅地进行演示

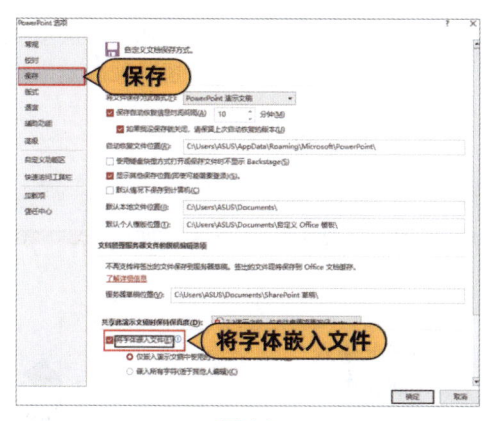

图 8.2

此时，无论演示用的计算机上是否下载了这款特殊字体，当我们打开 PPT 时，字体都能正常显示。这种方式的优点是方便快捷，但缺点是由于将字体文件一并保存到 PPT 内了，势必会导致 PPT 文件尺寸变大，甚至会产生卡顿感。除此之外，因部分字体文件并不支持直接嵌入 PPT 中，还会导致嵌入失败。

第二招：直接将字体安装到演示用的计算机上。

首先，在 C 盘的 Fonts 文件夹下找到想要复制的特殊字体，如"庞门正道标题体"。然后，将它复制到演示用的计算机 C 盘的 Fonts 文件夹下即可（见图 8.3）。

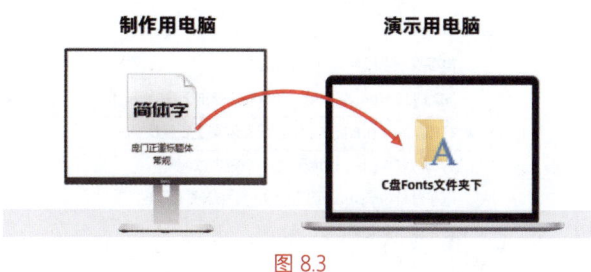

图 8.3

这种方法的优点是可以根治问题，但缺点是不够灵活，且部分计算机并不支持私自安装字体。

第三招：将文字矢量化为图形。

在文字旁边插入一个图形，先选中需要矢量化的文字，然后按 Ctrl 键加选图形，单击"形状格式→合并形状"，选择"剪除"，即可将文字变为一个形状（见图 8.4）。

这种方法的优点是，既能保持文字效果，同时 PPT 文件也不会显得很大。但这种方法的缺点也很明显，由于文字已经矢量化为图形了，无法二次修改，因此，仅适用在 PPT 终稿中使用。

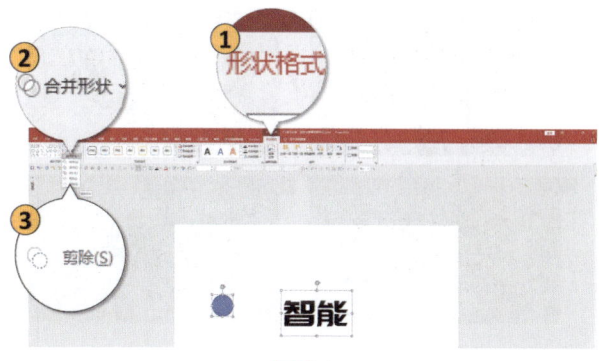

图 8.4

以上就是 3 种应对 PPT 字体缺失问题的解决方案。嵌入字体、安装字体和矢量化文字这 3 种方法都有各自的适用场景，可以根据实际需求进行选择。当然，如果只是日常工作使用，建议使用 PPT 默认的字体，如微软雅黑、楷体或者黑体等，这些字体的通用性会更强一些。

2. PPT 软件版本间的差异

PPT 发展至今，已经有 30 多年的历史了，软件版本也经过了很多次迭代，由于不同版本软件之间存在一定的差异性，如果不注意，就会影响演示的效果。例如，在第 7 章动画篇中介绍过的平滑切换技巧，相同的元素在跨页时会自然过渡，产生流畅的视觉效果（见图 8.5）。

图 8.5

但这个技巧是高版本 PPT（PPT2019 版以上或者 Office365 版本）独有的功能，在低版本 PPT 中放映就会失效，转而变为最基本的淡入淡出效果（见图 8.6）。

类似的还有 3D 功能、缩放定位功能等，为了保证演示时的效果，务必留意版本间的差异，及时做好备选方案。

图 8.6

3. 压缩 PPT 文件尺寸

除了演示环境及软件版本的差异外，还应重点关注 PPT 文件的大小。在设计 PPT 时，为了保证设计美感，通常会去专业的图片网站下载高清图片，然而这类图片动辄 10MB 以上（见图 8.7），当一份 PPT 中用到了大量高清图片时，文件就会变得很大。

图 8.7

当需要进行邮件汇报，或者将 PPT 分发给同事时，过大的文件会影响发送。毕竟 Outlook 邮箱中允许的附件尺寸是有限制的，一般不超过 25MB，如果 PPT 文件过大，不仅会影响传输速度，甚至还可能导致邮件发送失败。

因此，必须对 PPT 文件的尺寸进行压缩。在此，分享两招压缩文件尺寸的方法。第一招是使用"压缩图片"功能。选中图片，单击"图片格式→压缩图片"，会弹出压缩图片的参数设置对话框（见图 8.8）。

上方是设置压缩选项，选中"仅应用于此图片"复选框，表示本次压缩只针对目前选中的这张图片，如果取消选中，则表示会压缩整份 PPT 中的所有图片。"删除图片的裁剪区域"这项也很好理解。在裁剪图片时会选择性保留想要看见的图片区域，其余部分则会被隐藏。选中"删除图片的裁剪区域"复选

框，表示会将由于裁剪功能而未被显示出的区域直接删除。一般情况下，同时选中上述两项的效果更好。

图 8.8

下方是设置压缩的力度，默认是保留原始分辨率。在此可以选择不同的分辨率进行压缩，从上到下分辨率依次降低。一般情况下，为了兼顾图片清晰度及压缩效果，会选择 220 ppi，因为它在多数打印机和屏幕上的质量最好（见图 8.9）。

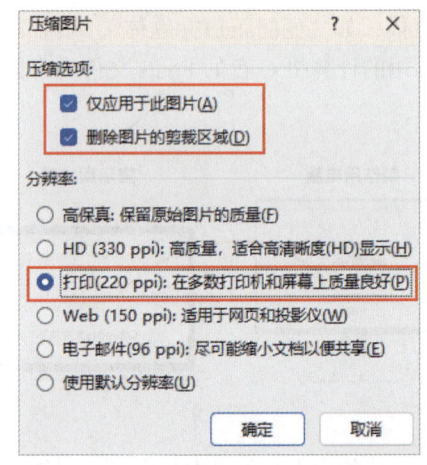

图 8.9

设置好以上参数后，单击"确定"按钮，即可完成 PPT 中图片尺寸的压缩，从而有效减小文件的大小。

当然压缩 PPT 文件，除了压缩图片外，还有别的可操作空间。例如无用的版式、动画、幻灯片画布外的内容等，这些元素比较细碎，如果逐一手动删除的话会比较花时间，为了更高效地压缩尺寸，可以使用 iSlide 的"PPT 瘦身"功能一键实现。操作方法非常简单。单击"iSlide → PPT 瘦身"，会弹出"PPT 瘦身"的选项菜单（见图 8.10）。

图 8.10

这里，可以选中需要删除的元素类型，如动画、不可见内容、无用版式等，接着重点关注下方的"图片压缩"选项，这里可以自定义选择图片的压缩比例，一般设置为 80%，并且选中下方的"所有幻灯片"单选框，即可将文件大小压缩一半以上，效果显著。

总之，在完成 PPT 设计之后，仍需重点关注字体、版本差异以及文件大小等问题，以确保 PPT 在演示计算机上能够顺利运行，避免在这些问题上吃亏。

8.1.2 PPT 放映技巧

当 PPT 准备就绪后，就要进入演讲环节了。然而很多人在演示时，常常会由于紧张及操作不熟练而犯一些不必要的错误，在此也分享几招实用的 PPT 放映技巧，助你更好地完成演示。

1. 演示者视图

一份演示汇报的材料，通常页数都很多。作为演示者，很难一次性记住所有 PPT。因此，在讲解过程中，时常记不起下一页 PPT 写的什么内容，而且有时也会因为紧张而忘词。这时就可以借助"演示者视图"功能来辅助。它就像是演示者的"小抄"，演示者能看到当前页、下一页，甚至是提前准备好的演讲词（见图 8.11）。而观众只能看到当前的 PPT 页面，这个技巧简直是演示者的福音，尤其是面对一些临时演讲需求时，可以解燃眉之急！

操作方法很简单。首先把你的"小抄"写在 PPT 页面下方的备注区中（见图 8.12）。

图 8.11

图 8.12

接着按住 Alt+F5 组合键，就会进入演示者视图，方便在演讲过程中提示自己。掌握这个技巧，就再也不用担心忘词、记不住 PPT 等问题了，让你的演示更加自信流畅。

2. 笔迹功能

在演讲过程中，每位演讲者都渴望观众的注意力能跟着自己的节奏走。然而，在讲到大段文案时，往往会由于页面里信息过多，导致观众的注意力分散。例如：讲到不同茶饮的营销亮点时，需要逐个亮点进行讲解。常规的方法是给当前讲到的部分加动画，如依次加入红色线条来引导视线。讲完之后，再让当前线条消失，转而在下一个亮点处画线（见图 8.13）。这个方法固然有效，但是逐个给文段中的信息添加动画很费时间，面对这种情况，该怎么办呢？

这时，笔迹功能的作用就凸显出来了。在全屏放映时按 Ctrl+P 组合键，鼠标就会变成画笔，按住左键移动，就可以进行标记了（见图 8.14）。如果你想更改画笔的形态，也可以右键，单击"指针选项"，切换想要的画笔类型，如激光笔、笔、荧光笔等，非常方便。

迹。在放映过程中，如果想临时暂停下，又不想完全退出放映状态，可以按 B 键，屏幕会变黑，再次按 B 键则退出黑屏状态；相对地，按 W 键，屏幕会变白。总之，熟练应用快捷键可以极大提升演示效率，达到事半功倍的效果。

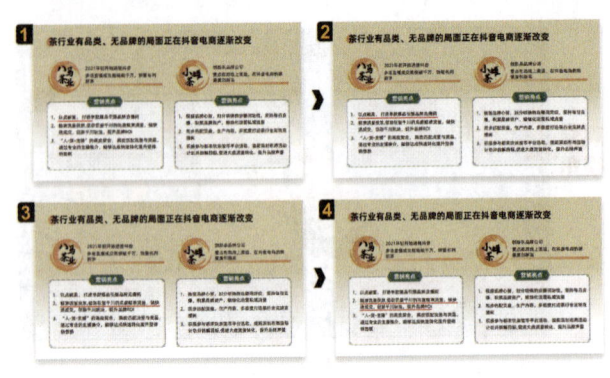

图 8.13

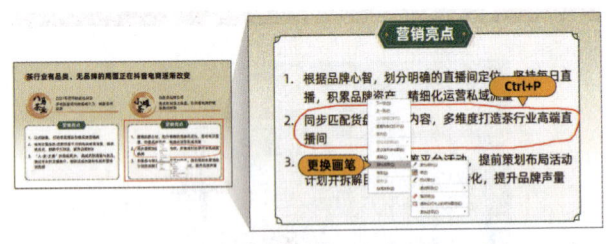

图 8.14

3. 演示快捷工具

很多人都知道 F5 是全屏放映 PPT，但这种放映方法是从第一页开始播放，并不方便，每次仍需一页页往下翻，切换到刚才展示的页面。其实，可以在放映时，按 Shift+F5 组合键，即可从当前页开始放映幻灯片，会更灵活（见图 8.15）。

图 8.15

类似的放映快捷键还有许多，列举几个我常用的快捷键（见图 8.16）。

在放映过程中，如果觉得鼠标指针碍眼，可以按 Ctrl+H 隐藏它，再次按 Ctrl+A 可以显示鼠标指针。在放映过程中，如果想直接跳转到指定的某一张幻灯片，例如想要跳转到第 12 张幻灯片，只需按"12+Enter"即可。Ctrl+E 用于删除屏幕上书写的笔

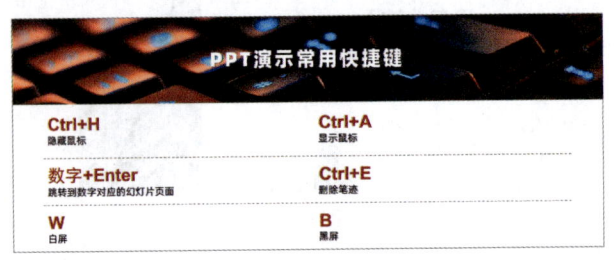

图 8.16

最后，额外分享一款演示用的小插件——Zoomlt。它可以在演示过程中放大局部区域，来凸显关键信息。例如：假设你要做一场 PPT 培训，需要介绍 PPT 中 3D 功能的用法。如果只是正常录屏演示，往往会由于功能键太小，导致后排的学员看不清楚操作（见图 8.17 左侧）。此时，可以使用 Zoomlt 插件，按 Ctrl+1 组合键，屏幕就会随着鼠标的移动而放大（见图 8.17 右侧），更利于观察。

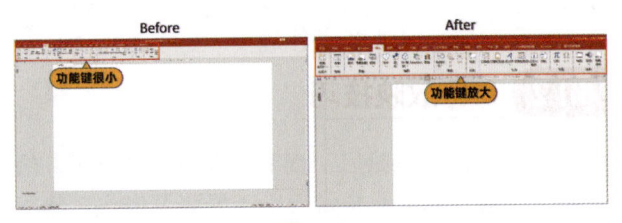

图 8.17

这个插件的安装方法非常简单，在 iSlide 选项卡中单击"Zoomlt"，即可安装（见图 8.18）。

图 8.18

以上就是本节的全部内容，详细探讨了演示前需要牢记的注意事项，包括保存字体、应对软件版本差异、压缩文件尺寸等关键问题，并提供了多种实用的解决方案。同时，也分享了 PPT 放映时的实用技巧，如演示者视图、笔迹功能、演示快捷工具等，通过掌握这些注意事项和技巧，不仅能够避免演示过程中因细节问题导致的尴尬和失误，还能显著提升演示的流畅度和专业性，助你更好地完成演示任务。

8.2 把握同理心，完成出彩演讲

你有没有发现一个现象：面对同样一个话题，不同的人讲出来效果却差别很大。善于演讲的高手在讲解时，听众会全神贯注地听着，生怕错过某个细节；而新手在讲解时，听众却大多低着头各自玩着手机，丝毫提不起学习的兴趣。这背后，究竟隐藏着怎样的奥秘？

其实，演讲效果的好坏除了与演讲者的个人魅力有关外，更重要的因素就藏在接下来要介绍的内容中。例如：假设你所在的公司即将举办一场盛大的新品发布会，展示公司最新研发的智能手环。为了确保产品能够深入人心，精心挑选了两位演讲人，他们将以不同的演讲方式来诠释这款手环的魅力。你可以仔细对比下，看看哪种讲述方式更能触动人心？

演讲者 A 一上台，便开始了他的介绍：大家好，我手里拿的这款就是我们公司最新研发的智能手环。它拥有长达一周的超长待机时间，还具备心率监测、睡眠分析等多种健康功能。此外，它还可以与手机连接，实时接收通知，让你的生活更加便捷。

演讲者 B 则采用了不同的策略。她首先问了两个问题：大家是不是经常因为错过重要的通知而烦恼？是不是常常想监测自己的健康状况，但又不愿意佩戴那些笨重的设备？

然后，她展示了智能手环：那么，这款智能手环就是为你们量身打造的。它可以实时接收手机通知，让你不再错过任何重要信息。同时，它还具备多种健康监测功能，让你轻松掌握自己的身体状况。

以上这两种演讲方式，你更倾向于哪一种呢？想必大多数人会选择第二种。虽然演讲者 A 列举了产品的诸多优点，但听众的反应并不热烈。大多数人只是被动地听着，没有太多的互动和反馈；而演讲者 B 的演讲则引起了听众的强烈共鸣。她通过提出问题，让听众意识到自己的需求，然后巧妙地将产品特点与这些需求相结合，使得听众对产品产生了浓厚的兴趣（见图 8.19）。

可见，同一个事物，采用不同的演讲方法，会取得截然不同的效果。其中的关键就在于"同理心"的运用，要始终站在听众的角度，以他们感兴趣的方式讲述，方能事半功倍，发挥 PPT 的最大价值。下面，

我将围绕"同理心"介绍两种实用的演讲模型及一些演讲的小技巧，助你更好地完成演讲汇报。

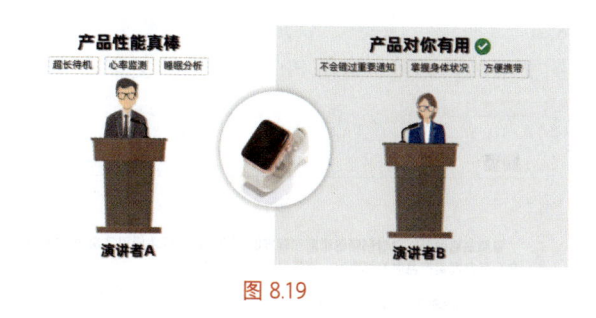

图 8.19

8.2.1 演讲模型

演讲模型，即构建演讲内容的逻辑框架，是历代演讲者通过无数次实践探索与总结而得的宝贵智慧结晶。选择合适的演讲模型，就如同为特定的演示环境量身定制了一套解决方案，它能够助力演讲者更加清晰、有力地阐述观点，同时牢牢抓住听众的注意力，确保信息的有效传递与接收。

1. PREP 模型

PREP 模型在工作汇报中最常用，它适用于项目复盘、年终总结、业绩汇报等多个关键场景。下面，通过一个具体的案例来展示 PREP 模型在工作汇报中的应用。

假设你是一家科技公司市场部的一员，负责一个名为"智能生活助手"的新产品市场推广项目。这个项目历经数月，现在到了向公司高层进行年终工作汇报的关键时刻。你站上讲台，紧张地开始了汇报："各位领导，早上好。我今天的演讲主题是'智能生活助手'项目的年终总结。这个项目由我们市场部主导，小李负责市场调研，小张负责内容策划，而我则负责整体协调。我们……"

话音未落，一位高层领导轻轻打断了 A："小张，我想先了解一下这个项目的主要成果和亮点是什么？你直接跳到那部分吧。"

显然，你的开场过于琐碎，没有立即触及领导最关心的成果展示。这就是典型的缺乏"同理心"导致的。由于此次汇报的对象是高层领导，他们最关心的

其实就是项目的成果如何，带来了哪些收益，至于细枝末节，其实并不关心，或者说并非最关心的点。

因此，在汇报时应该将重点信息前置，先吸引领导的注意力。根据我多年工作经验，在 PPT 的第一页添加一页摘要可以很好地解决这个问题（见图8.20）。所谓"摘要"，就是一段结构鲜明、语言精练的文字，它涵盖了这份 PPT 要汇报的主要内容。

摘要

"智能生活助手"凭借创新的功能和精准的市场定位，成功吸引了超过50万用户，并在同类产品中脱颖而出，市场份额增长了30%。
- 精准的市场调研，找到了产品的差异化定位；
- 通过创新的内容策划，提升了品牌形象和用户黏性；
- 积极收集用户反馈，不断优化产品，实现了92%的高满意度评价；
- 成功与三家知名电商平台建立了战略合作，进一步拓宽了市场渠道。

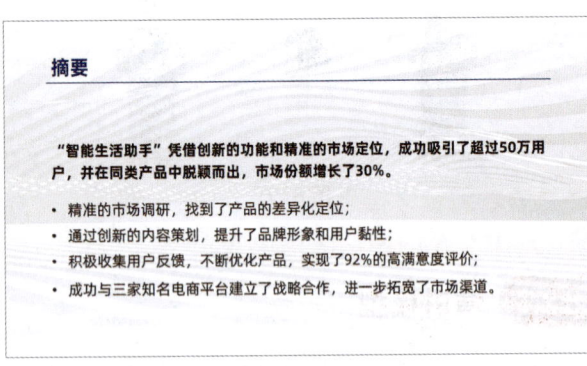

图 8.20

此时，可以先给领导一个总体的结论：在过去的一年里，"智能生活助手"凭借创新的功能和精准的市场定位，成功吸引了超过 50 万用户，并在同类产品中脱颖而出，市场份额增长了 30%。

随后，你深入剖析成功背后的原因，这一成就源自团队对市场趋势的敏锐洞察、对产品创新的不懈追求，以及对用户需求的深度理解。

具体来说：团队通过精准的市场调研，找到了产品的差异化定位；通过创新的内容策划，提升了品牌形象和用户黏性。同时，我们积极收集用户反馈，不断优化产品，实现了 92% 的高满意度评价。此外，我们还成功与三家知名电商平台建立了战略合作，进一步拓宽了市场渠道。

如果领导对其中某个环节特别感兴趣，他就会要求直接跳转到该环节，避免刚才提到的接连被打断的问题，节省双方时间。

最后，再做个总结来点题："智能生活助手"项目不仅在用户增长、市场份额和用户满意度方面取得了显著成绩，还通过战略合作进一步巩固了市场地位。

这种结论先行的汇报方式，正得益于 PREP 模型的巧妙运用（见图 8.21）：首先清晰点明项目成果（Point），深入剖析成功之道（Reason），辅以翔实数据与案例佐证（Example），最终总结点题（Point），

让汇报条理分明、要点突出，显著提升了沟通的效率和品质。

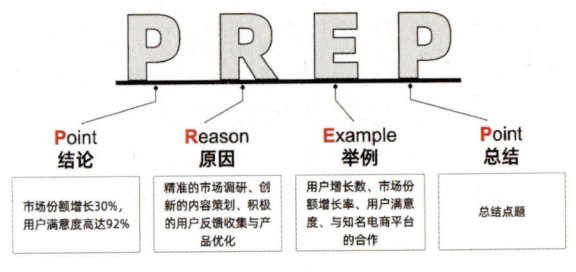

PREP

Point 结论	Reason 原因	Example 举例	Point 总结
市场份额增长30%，用户满意度高达92%	精准的市场调研、创新的内容策划、积极的用户反馈收集与产品优化	用户增长数、市场份额增长率、用户满意度、与知名电商平台的合作	总结点题

图 8.21

值得注意的是：PREP 模型虽为高效沟通利器，但它并非万能的，在一些特定的场合并不适用。例如，在讲述悬疑故事时，直截了当地揭示谜底便失去了故事的魅力，而需层层铺垫，逐步引人入胜。接下来，让我们一同探索另一演讲利器——SCQA 模型，它将为演讲带来别样的精彩。

2. SCQA 模型

依旧通过案例来引入。假设你是一家环保科技公司的销售代表，正参加一个绿色生活博览会，准备向参观者介绍公司最新研发的智能家居产品——"绿动未来 SmartHome 系统"。你会如何介绍呢？

按照之前学到的 PREP 模型，可以这样介绍（见图 8.22）：

大家好，今天要介绍的是我们公司最新推出的绿动未来 SmartHome 系统。这是一个集成了节能控制、环境监测、智能安防等功能的智能家居解决方案（Point）。通过先进的物联网技术，它能帮助您实现家居生活的绿色化、智能化（Reason）。比如，它能根据您的生活习惯自动调节室内温度，减少能源消耗（Example）。总之，绿动未来 SmartHome 系统是未来智能家居生活的理想选择（Point）。

Point 结论	绿动未来SmartHome系统，是一个集成了节能控制、环境监测、智能安防等功能的智能家居解决方案
Reason 原因	通过先进的物联网技术，它能帮助您实现家居生活的绿色化、智能化
Example 举例	比如，它能根据您的生活习惯自动调节室内温度，减少能源消耗
Point 总结	总之，绿动未来SmartHome系统是未来智能家居生活的理想选择

图 8.22

这个表述方式直接而明确地传达了产品的核心功能和特点，逻辑清晰，信息传达效率高。然而，这种

方式缺乏足够的吸引力，难以激发听众的兴趣和好奇心，感觉像是在听一场枯燥的广告宣传。

为此，可以换一种表述方式来介绍：

在座的每一位，是否曾经有过这样的烦恼：家里的电器总是忘记关，导致电费飙升；或是室内空气质量不佳，影响家人健康；还有时担心家中安全，出门在外总不放心？（Situation）这些日常生活中的小问题，虽然看似微不足道，但长此以往，却会对我们的生活质量造成不小的影响。（Complication）那么，有没有一种方法，能够同时解决这些烦恼，让我们的家居生活更加绿色、健康、安全呢？（Question）今天，我就要向大家揭晓答案——绿动未来 SmartHome 系统。这是一个集节能控制、环境监测、智能安防于一体的智能家居解决方案。（Answer）

优化后的表述方式正是采用了 SCQA 模型（见图 8.23）。

图 8.23

通过构建情境、提出冲突、引发疑问并给出解决方案的方式，成功吸引了听众的注意力和兴趣。不仅让听众感受到了产品的实用性和价值，还通过情感共鸣拉近了与听众的距离，有助于提升听众对产品的认同感和购买意愿。

SCQA 演讲法被众多演讲高手采用过，包括苹果的创始人乔布斯。在发布初代 MacBook Air 时，他就运用了这一方法（见图 8.24）。

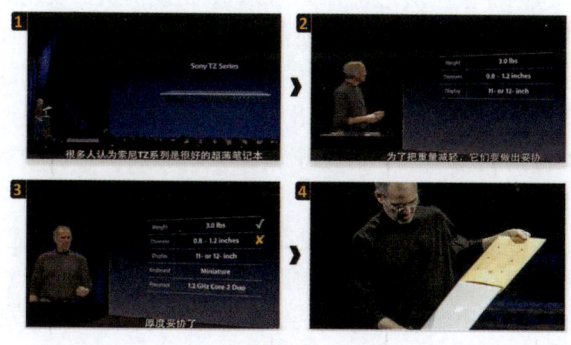

图 8.24

乔布斯首先客观陈述了市场现状，提到市场上有多款笔记本电脑，其中 Sony 备受推崇（Situation）。但接着，他话锋一转，指出了这些产品普遍存在的问题——它们在性能上做出了不少妥协，尤其是厚度方面，显得过于笨重（Complication）。

这时，乔布斯巧妙地抛出了一个问题："那么，有没有一款笔记本能够克服这些缺点，真正做到轻薄便携呢？（Question）"紧接着，他给出了自己的答案："我们为你带来了 MacBook Air，它的轻薄程度超乎想象，甚至可以轻松放入信封中（Answer）"（见图 8.25）。随着他从信封中取出 MacBook Air，那一刻的惊喜与震撼不言而喻，这一创新设计也成为业界的经典案例。

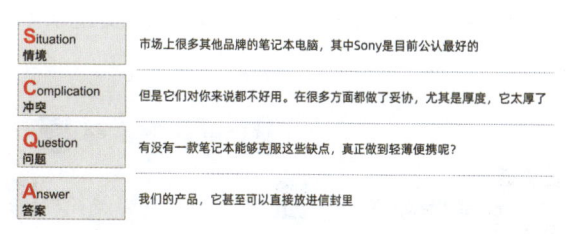

图 8.25

总之，PREP 模型更适合高效汇报，而 SCQA 则更适于说服及讲故事场合。灵活运用这两种演讲模型，就足以应对绝大多数的工作场景。值得注意的是：这两个模型适用的场景虽然有所不同，但它们都有着一个共同的特征，那就是运用同理心，即始终从听众视角出发，深刻洞察其需求与期待。关于这点，在本书第 2 章探讨 PPT 内容构思时就提及了，读者可自行回顾。

8.2.2 表达技巧

在演讲过程中，精心编排的结构固然重要，但演讲用语的精妙同样不容忽视。从每一个概念的深入剖析到每一个细微用词的精心挑选，都能微妙地触动观众的心弦，影响他们的情绪走向。而同理心的运用，正是这些方面不可或缺的润滑剂，让演讲更加流畅且深入人心。下面，我分享两招实用的演示表达技巧，助你在演讲舞台上更加游刃有余，成就一场精彩的演示。

1. 具象类比

具象类比，是指运用已知且易于理解的事物，来阐释那些未知或抽象的概念。在演讲时，难免会出现一些专业的名词或者抽象的概念，如果直接堆砌术语，那么只会在你和听众之间竖起一道道屏障，分散观众的注意力。这时，就可以用具象类比来辅助理解。

以"区块链"这个概念为例，相信很多人并不理解它是什么含义。这时，可以将区块链比作一本公开且不可篡改的日记本。世界上每个人都有一本相同的日记本，每当有人想要记录一笔交易，他们不仅在自己的日记本上记账，还会让周围的人也复制并粘贴到他们的日记本上。这些日记本用特殊的方式相连，确保每一页都准确且不可更改，除非所有人同时改。这样，区块链就建立了一个去中心化、透明且安全的信任体系，像大家共同维护的真实历史记录（见图 8.26）。

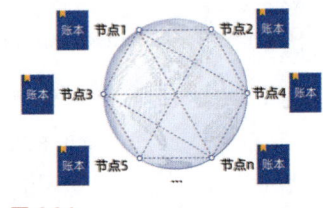

图 8.26

再如：当数据规模庞大至难以直观把握时，纯粹的数字堆砌往往让人望而却步。例如在描述短时间内降雨量特别大时，如果只是给出一长串数字，如单小时降水量达 7.68 亿立方米，你会有什么感觉吗？

相信很抽象吧，只会觉得这是个天文数字，难以在脑海中勾勒出确切的雨量画面。如果换一种表达方式，例如一小时雨量，相当于 54 个西湖（见图 8.27），则能立即使这一庞大的数字具象化，从而对这个天文数字有了更加直观和深刻的理解。

图 8.27

2. 演示用语

表述用词也会影响到观众的情绪。例如一杯水还有一半与一杯水只剩一半了，这两句话描述的明明是同一件事，但是给人的情绪价值是不一样的。前者传递出希望与满足，后者则透露出焦虑与紧迫感。这种差异，正是语言在情绪价值上的微妙体现。

当演讲者希望营造积极向上的氛围，鼓舞听众的士气时，应多采用正向的表述方式。例如，在谈论项目进展时，与其说"我们还面临许多挑战"，不如说"我们已经克服了诸多困难，并朝着目标稳步前进"（见图 8.28）。这样的表述不仅展现了团队的坚韧与努力，更激发了听众对于未来的信心和期待。

图 8.28

然而，在某些特定的场合，如营销演讲或危机公关中，演讲者可能需要通过营造紧迫氛围来激发听众的紧迫感或购买欲望。此时，负面表述方式便显得尤为重要。以营销场景为例，直接陈述产品剩余数量，如"这款商品还剩几双"，往往难以有效触动消费者的购买神经。相反，采用更具紧迫感的表述，如"这款限量版商品即将售罄，错过将不再有"（见图 8.29），则能让消费者感受到时间的紧迫性和产品的珍贵性，从而更容易产生购买冲动。

图 8.29

同样，在谈论危机或挑战时，适度的负面表述能够引起听众的注意并促使他们采取行动。例如，"如果我们不立即采取行动，这个问题将严重阻碍我们的发展"，这样的表述既指出了问题的严重性，又强调了行动的紧迫性，有助于激发听众的危机意识和责任感。

值得注意的是：无论是正向表述还是负面表述，其选择都应基于演讲的实际需求和听众的心理特点。在轻松愉快的氛围中，过多地使用负面表述可能会破坏气氛；而在需要激发紧迫感的场合，过度强调积极面则可能显得力度不够。

因此，演讲者应根据实际情况灵活运用语言，通过精准的表述方式调控听众的情绪价值。同时，也要注重语言的真实性和可信度，避免过度夸大或虚假宣传，以免损害演讲的权威性和公信力。

总之，本节介绍了许多演讲技巧，而这些技巧的本质，其实是一样的，就是运用"同理心"，时刻关注听众的需求和感受，用心去感受他们的世界，用他们熟悉的语言和事物去传达我们的思想和观点。毕竟，演讲是一门沟通的艺术，只有清晰地了解你的受众，才能达到事半功倍的效果，为观众呈现一场完美的演示。

8.3 请记住！你才是演示的主角

你是否也曾经历过这样的时刻？站在即将开始的演示前，心跳加速，手心微湿，仿佛整个世界都聚焦在你身上。你深知这次汇报的重要性，它可能关乎个人发展，也关乎团队荣誉，但一想到要站在众人面前讲解，那份紧张感就油然而生，甚至让你想打退堂鼓。

其实，这种紧张感很正常，几乎每个人在初次上台时都会经历，但这些问题其实并非不可逾越的障碍。想想那些成功演讲者，例如 TED 舞台上的思想领袖、央视主持人大赛中的参赛选手，还有那些发布会上自信的主讲人，他们之所以能从容不迫地传达思想，背后是无数次练习与汗水的累积。

很多时候，我们之所以害怕在公开场合讲话，主要是因为缺乏足够的锻炼。但别担心，接下来的内容将为你提供一系列实用的演示技巧，包括打造引人入胜的开场白、巧妙运用肢体语言以增强表达效果，以及应对突发状况的策略等，每一步都将是你向自信演讲者迈进的重要步伐。

8.3.1 引人入胜的开场

一个良好的开场是成功的一半，它能够打破尴尬和严肃的氛围，为整个演讲营造出轻松愉悦的环境。接下来，分享 3 种巧妙的开场方式。

1. 提问互动

一个好的问题可以很好地调动观众的参与度。例如你要做一场 PPT 培训，可以在开场前设计一个问题。这个问题需要是非常简单，任何一个听众都能参与的开放性问题，例如："你们觉得 PPT 难吗？如果觉得难，请举个手让我看看（见图 8.30）。"此时，可以稍作停顿，观察听众的反应。

图 8.30

等有人举手后，可以说："看到这么多朋友都举起了手，看来 PPT 制作确实给大家带来了不少挑战。那么，我想进一步问，你们觉得 PPT 难在哪里呢？是设计排版不够美观？还是内容组织不够清晰？或者是动画效果难以掌握？"

通过互动带出观众们的各种问题，然后引出今天的主题——PPT 实战技能培训。回顾整个开场过程就分为 4 步，即设计问题→观察反应→引导讨论→引出主题，循序渐进地引导观众进入学习的状态。

2. 放映短片

放映短片也可以起到很好的开场效果，例如：在开始一场关于沟通艺术的讲座前，你可以播放一段精心挑选的短片。短片内容可以是关于一个简短而温馨的对话。

例如，展示一个家庭中，父亲和孩子的一段对话。孩子兴奋地分享着学校里发生的趣事，而父亲则耐心地倾听，不时给予鼓励和肯定。整个对话过程中，没有华丽的辞藻，只有真诚的交流和理解的眼神。最后，孩子以一句"爸爸，你真好！"结束了对话，画面定格在两人相视而笑的温馨瞬间（见图 8.31）。

图 8.31

通过播放短片开场，能够迅速吸引听众的注意力，并让他们在情感上产生共鸣。接着，可以衔接刚才的短片开场说："刚刚我们看到的这段短片，虽然简单却充满力量。它让我们看到了沟通中最宝贵的东西——倾听和理解。"从而有效引导出今天的主题，让听众更好地投入后续的讲座内容。至于这类富有启发性的短片资源，可以在"网易公开课"中查看TED的演讲视频（见图 8.32），那里汇聚了众多关于人性、情感与沟通的精彩演讲与短片，值得细细品味与学习。

图 8.32

3. 阐明优点

阐明优点是指在一开始就告诉观众本次演讲的重点内容。例如，如果你正在举办一场关于时间管理的培训课程，你可以这样开场："大家好，欢迎来到本次时间管理培训课程。在开始之前，我想先和大家分享一个数据。研究表明，有效的时间管理可以帮助个人提高工作效率至少 30%，同时减少因时间紧迫而产生的压力和焦虑感。想象一下，如果你每天都能多出这 30% 的时间来处理重要事务、享受生活，那将是多么美好的一件事情。今天，我们就将一起探索时间管理的奥秘，学习如何高效利用时间，让我们的工作

和生活更加充实和满意（见图 8.33）。"

图 8.33

通过直接阐明培训的优势，能够迅速激发听众的学习兴趣和动力。同时，用具体的数据和生动的想象来支撑论点，使听众更加信服并期待接下来的培训内容。

8.3.2 建立个人气场

想象这样一个场景：在一次重要的产品发布会上，主讲人站在聚光灯下，身后是一块巨大的 LED 屏幕，正展示着精心准备的 PPT。然而，就在这万众期待的时刻，他却不自觉地低头盯着屏幕念稿，语调单一，甚至连头都没抬起来。台下的观众，有的开始打哈欠，有的悄悄拿出手机，整个会场弥漫着一种沉闷和疏离感。这样的演讲，不仅无法传达出产品的魅力，更无法激发观众的共鸣和兴趣。这样的经历，或许你也曾有过，或者亲眼见过。

为什么会出现这样的情况呢？根本原因在于，很多人把 PPT 当成了演讲的主角，而自己却成了配角。实际上，PPT 只是我们传递信息的辅助工具，而你——站在舞台上的你，才是这场演讲的灵魂和核心。

在此，我精心总结了 3 个关于如何建立强大气场的建议，旨在帮助你显著提升演示时的台风，让你的表现更加自信、从容且引人入胜。

1. 控制语速语调

乔布斯在发布 iPhone 时的演讲被公认为经典。他的语速适中，语调抑扬顿挫，每当讲到关键信息时，他都会稍作停顿，用眼神扫视全场，仿佛在邀请每一位观众共同见证这一历史时刻。这样的演讲，让人听得津津有味，仿佛自己也成了发布会的一部分。

为了达到最佳的演讲效果，事先的充分准备至关重要。在正式演讲前，应多次进行排练，并精心调控语速，利用计时器精确衡量每个段落或关键点的用时，确保整体语速既不过快导致听众难以消化，也不过慢而显得拖沓。同时，在 PPT 页面或备注区中明

确标注关键信息点，演讲时适时放慢语速并加重语气，以凸显这些信息的重要性。此外，演讲过程中还需灵活应变，通过观察听众的反应（如困惑、跟不上或分神打哈欠等）来动态调整语速，确保信息传递的流畅与高效。

2. 保持眼神交流

美国前总统奥巴马在竞选演讲上，眼神坚定而温暖，仿佛能直接穿透人群，与每一位听众建立联系。这种眼神交流的力量是巨大的，能瞬间拉近演讲者与观众之间的距离，建立起一种难以言喻的信任和默契。因此，在演讲中，应该时刻保持与观众的眼神互动，不要害怕对视，也不要只盯着某几个区域看。试着将你的目光覆盖到整个会场，与每个角落的观众都有眼神的交汇，让他们感受到你的真诚和关注。

为了增强眼神交流的能力，日常应多加练习，起初可从与熟识的人对视练起，之后逐渐勇敢地与陌生人进行眼神互动。随着时间的积累，你将能在任何场合下自然而然地展现出自信而自然的眼神交流。在演讲时，一个有效的方法是将观众席划分为几个区域，并依次与每个区域的听众进行眼神接触，确保与全场观众都建立起眼神的桥梁，避免只聚焦于少数人或区域。同时，结合微笑与点头的动作，能够传递出友好与关注的信息，进一步拉近你与观众之间的心理距离。

3. 运用肢体语言

除了眼神交流外，肢体语言也是演讲中不可或缺的一部分。想象一下马丁·路德·金在林肯纪念堂前的演讲，他挥舞着手臂，身体前倾，每一个动作都充满了力量和激情。这样的肢体语言不仅增强了他的演讲效果，也深深打动了在场的每一个人。

因此，在演讲中应该学会运用肢体语言来增强表现力。保持自信的身体姿态，如挺胸抬头、站姿稳健，不仅提升了你的整体气场，也增强了自信心。适时地移动身体，能有效引导听众的视线，为演讲注入更多活力。同时，务必避免挠头、摸脸等不必要的小动作，它们可能分散听众注意，损害你的专业形象。相反，应精准运用肢体语言来表达情感与态度：讲述温馨故事时，放慢语速、降低音量，配合柔和的手势以触动人心；阐述重要观点时，则加重语气，配合有力而坚定的手势，以加深听众的印象，促进他们对你内容的深刻理解。

当然，这些技巧并非一蹴而就，而是需要我们在实践中不断探索、练习和完善。建议大家可以多看一些优质的发布会视频或 TED 演讲学习那些演讲大师是如何运用这些技巧的。此外，换上一件新衣服保持一个好心态，也是提升演讲效果的有效策略之一。记住每一次的演讲都是一次成长的机会，只要我们勇于尝试、不断进步就一定能够在舞台上绽放出属于自己的光芒。

8.3.3 应对突发状况

演讲时会有很多突发状况，我们要学会提早预判，避免问题的发生。

1.PPT 文件打不开

在一次面向众多同事和领导的 PPT 演讲前，大多数演讲者都会提前将 PPT 文件保存在自己的计算机上，并满心期待地准备开始。然而，当按下打开 PPT 的按钮时，屏幕却显示"文件无法读取"或"文件已损坏"的提示，这让演讲者瞬间陷入了尴尬和焦虑之中。

为了避免这种情况，演讲者应养成多重备份的习惯。除了计算机上的原始文件，还应将 PPT 保存至云盘、另一台计算机以及 U 盘等多个存储介质中（见图 8.34）。当计算机上的文件出现问题时，可以迅速切换到其他备份源。

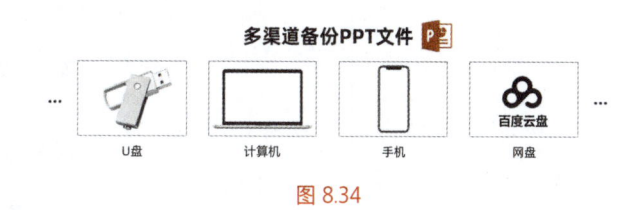

多渠道备份PPT文件

… U盘　计算机　手机　百度云盘 …

图 8.34

在演讲前，务必在会议室的电脑上提前测试 PPT 是否能正常打开和播放。这样可以提前发现并解决问题，避免在正式演讲时手忙脚乱。

2. 时间把控

在演讲前，首先要做的是对整体时间进行预估。通过预先的排练与细致规划，为演讲的每一关键环节设定清晰合理的时间节点，并预留足够的缓冲时间以应对可能的突发情况。例如，原定半小时的演讲时间突然被压缩至 10 分钟，演讲者需具备高度的灵活性与适应性。为此，建议精心准备多个版本的演讲内容，以应对不同时长的需求。具体而言，可划分为以下 3 个版本（见图 8.35）。

（1）简短版（约 10 分钟）：聚焦于核心信息和最重要的论点，适合时间紧迫或需要快速传达关键信息的场合。

（2）标准版（约 30 分钟）：包含了完整的介绍、主体内容、案例分析和总结，适合大多数标准的演讲时间要求。

（3）扩展版（约 1 小时）：在标准版的基础上增加了更多的细节、深入的讨论、额外的案例分析或互动环节，适合需要深入交流或时间充裕的场合。

通过准备这些不同版本的演讲内容，你可以根据实际情况灵活调整，确保在任何时间限制下都能呈现出最佳效果。这样不仅能提升你的应变能力，还能让听众感受到你的专业性和准备充分。

图 8.35

以上就是本节的全部内容，探讨了如何在演示中克服紧张感，成为自信的主角。通过提供实用的开场设计、建立气场的技巧、应对突发情况的策略等方法，提升演讲的自信度与掌控力。总之，不要畏惧演讲，而是将每一次的演示都当成是一次学习和成长的机会。只要勇于尝试，不断积累经验，你也能成为台上自信满满、游刃有余的演讲者。

8.4 要点回顾

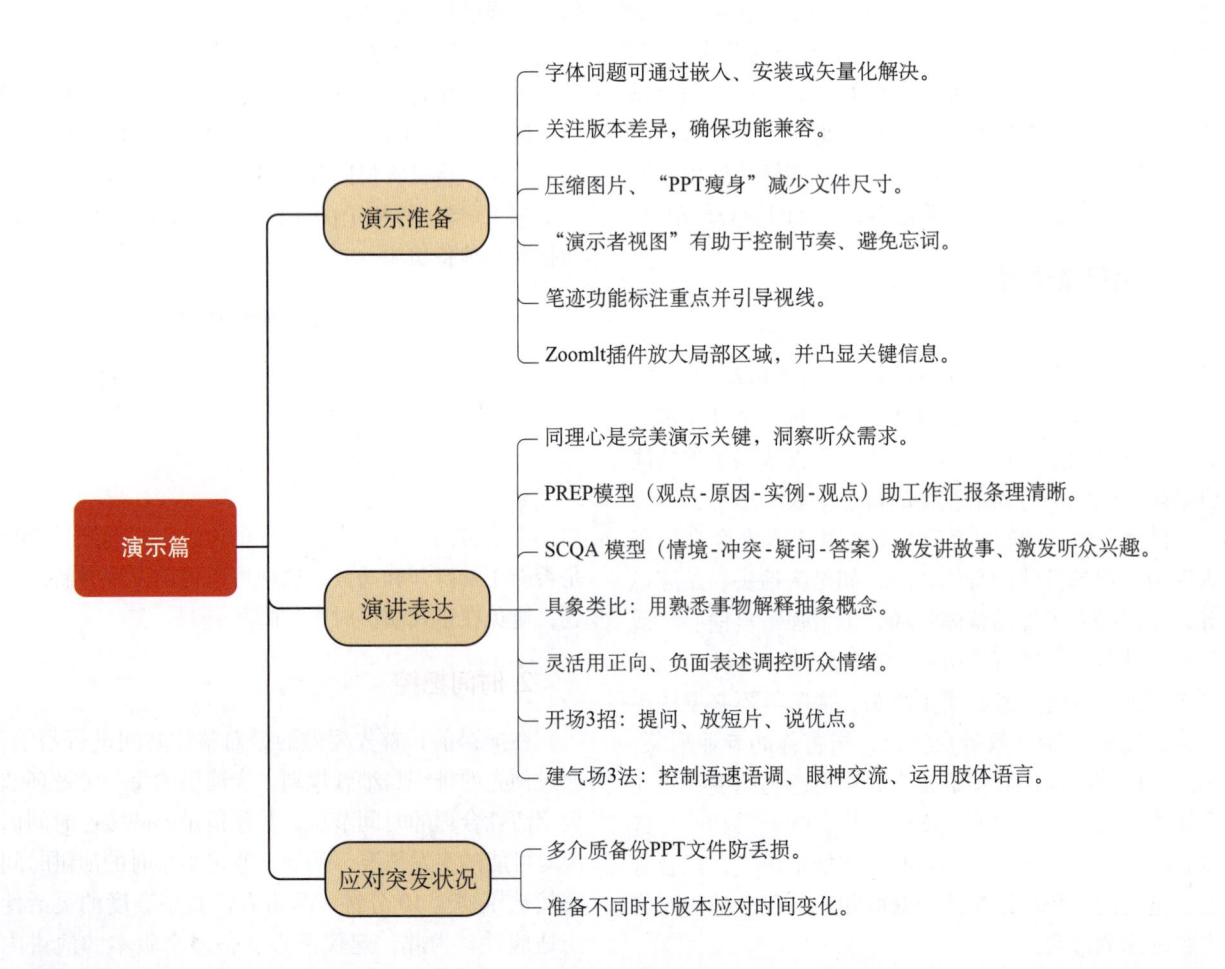

演示篇

- 演示准备
  - 字体问题可通过嵌入、安装或矢量化解决。
  - 关注版本差异，确保功能兼容。
  - 压缩图片、"PPT瘦身"减少文件尺寸。
  - "演示者视图"有助于控制节奏、避免忘词。
  - 笔迹功能标注重点并引导视线。
  - Zoomlt插件放大局部区域，并凸显关键信息。

- 演讲表达
  - 同理心是完美演示关键，洞察听众需求。
  - PREP模型（观点-原因-实例-观点）助工作汇报条理清晰。
  - SCQA 模型（情境-冲突-疑问-答案）激发讲故事、激发听众兴趣。
  - 具象类比：用熟悉事物解释抽象概念。
  - 灵活用正向、负面表述调控听众情绪。
  - 开场3招：提问、放短片、说优点。
  - 建气场3法：控制语速语调、眼神交流、运用肢体语言。

- 应对突发状况
  - 多介质备份PPT文件防丢损。
  - 准备不同时长版本应对时间变化。

第9章 AI 之翼
——如何用 AI 彻底提升工作效率

曾几何时,"AI取代人类"的议题似乎只是科幻电影的桥段。而今,随着 DeepSeek、ChatGPT 等智能聊天机器人的崛起,AI 已不再遥不可及,它正以惊人的速度融入并改变着我们的生活。那些曾经耗费大量时间与精力的任务,在 AI 的辅助下变得轻松高效,一条简单的指令,即可开启无限可能。

在这场由 AI 引领的科技浪潮中，创新工具如雨后春笋般涌现，从文章撰写到设计绘图，再到编程创造，AI 正以前所未有的速度重塑着我们的工作与生活。尽管关于"AI 是否会替代人类"的讨论持续热烈，但回顾历史，每一次技术革命都伴随着类似的疑虑与不安。然而，正是这些变革最终推动了社会不断向前发展。

AI 无疑正引领着新一轮的工业革命。回顾前三次工业革命，从机器代替人力，到电能的广泛应用，再到原子能和计算机的兴起，每一次技术演进都见证了"不可能"转变为现实的奇迹。如今，AI 正站在新的历史起点，面对这场变革，我们或许会有疑虑，甚至恐惧，但正如历史无数次证明的那样，拥抱变化，积极学习，才是通往未来的正确路径。

面对琳琅满目的 AI 工具，非专业人士往往感到迷茫与困惑。为此，我精心挑选了一系列专为 PPT 设计优化的 AI 工具与实战技巧，旨在助力每一位渴望成长的学习者，轻松跨越 AI 学习的障碍。这些工具不仅经过实战验证，能够显著提升工作效率，而且无须复杂设置，国内用户即可轻松掌握，使 AI 的力量真正触手可及。

通过本章的学习，你将掌握以下关键技能：
（1）AI 智能 PPT 创作：一键生成演示文稿。
（2）AI 内容创作加速：助力大纲、搜索、图表设计更高效。
（3）AI 绘图艺术：轻松生成高质量图片素材，增强演示魅力。
（4）AI 赋能办公：全面融入日常工作，提升工作效率。

需要明确的是，AI 并非旨在完全取代人类的思考，而是作为高效思考与创造的强大辅助工具。在享受 AI 带来的便利时，请不忘初心，持续深化对知识的理解与掌握。结合本书之前所学内容，你将能够更好地驾驭 AI，开启属于自己的精彩未来。现在，就让我们一起踏入这场 AI 的奇妙之旅，共同见证并参与这场时代的伟大变革吧！

本章 AI 相关内容及数据截至 2024 年 9 月，当你看到这里时，工具功能与操作或已更新迭代，建议重点关注思路内核，把握 AI 应用的核心逻辑。

9.1 别眨眼！AI 一键即可生成 PPT

想象一下：只需一行指令，AI 就能瞬间为你生成一份 PPT！这不再是遥不可及的科幻，而是本节即将为你揭秘的神奇技法。接下来，将深入探索几款专为国内用户打造的 AI 生成 PPT 工具，带你掌握 AI 工具的使用方法，探索不同 AI 生成 PPT 工具的特色优势，学会利用这些智能助手调整内容与设计，以满足个性化需求与预期效果。这一切，都将让你亲身体验 AI 技术那令人叹为观止的非凡力量。准备好了吗？让我们一起，拭目以待这场视觉与智慧的盛宴吧！

9.1.1 各类 AI 工具评测

目前 AI 生成 PPT 工具有很多，质量良莠不齐。在此，我对主流的一些 AI 生成 PPT 工具进行评测，并演示 AI 工具的使用方法，以及各自的优缺点。下面，就以"生成一份金融行业年终总结 PPT"为主线，详细展示各类 AI 工具的效果，这里先不过多展开技巧层面的东西，主要展示各 AI 工具的基本效果，目的是从中挑选出合适的工具。

1. 讯飞智文

讯飞智文是由科大讯飞推出的一款智能聊天工具。它是一个多功能的 AI 平台，其中就集成了 AI 生成 PPT 的功能。在讯飞官网首页单击"开始对话"，即可进入智能聊天界面。其中有个功能是"讯飞智文"，这是专门用于一键生成 PPT 的功能。界面左侧是一系列 AI 工具栏，下方是指令输入区（见图 9.1）。

单击"讯飞智文"，在对话框中输入"帮我生成一份金融行业年终总结 PPT"。此时，AI 就开始为你编写大纲，例如这里就生成了 8 个章节及对应章节下的核心内容（见图 9.2）。

如果你觉得大纲不符合自己的预期，也可以单击底部的"编辑"，从而修改其中的文字描述（见图 9.3）。将鼠标放在前面的章节名称处，按住鼠标左键不放，移动位置，可调节各章节的前后顺序。

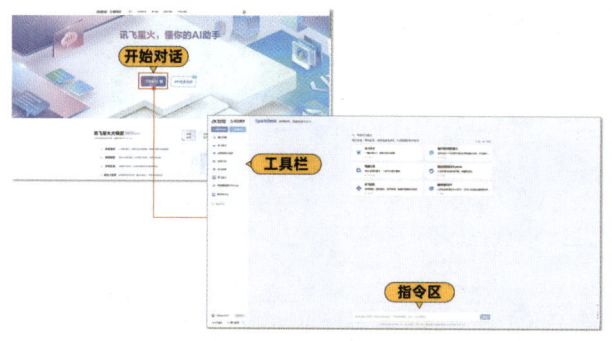

第 9 章　AI 之翼——如何用 AI 彻底提升工作效率

图 9.1

图 9.2

图 9.3

当大纲确认后，单击"一键生成 PPT"按钮，它就会进入 PPT 生成界面（见图 9.4），无须额外操作，PPT 就会在你面前自动排版，不到半分钟，即可得到一份按照大纲设计的年终总结报告 PPT。

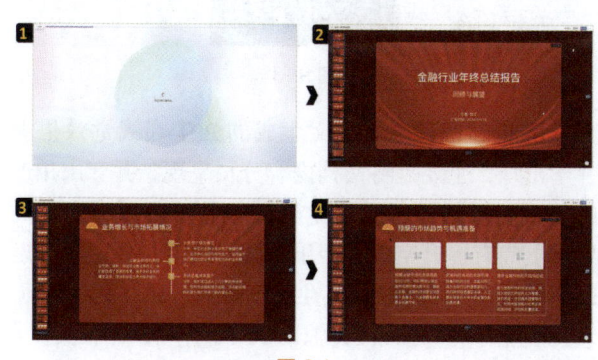

图 9.4

这完全改写了传统的 PPT 制作方法！只需一条指令，并稍作等待，就得到了一份有内容的 PPT 作品（见图 9.5）。

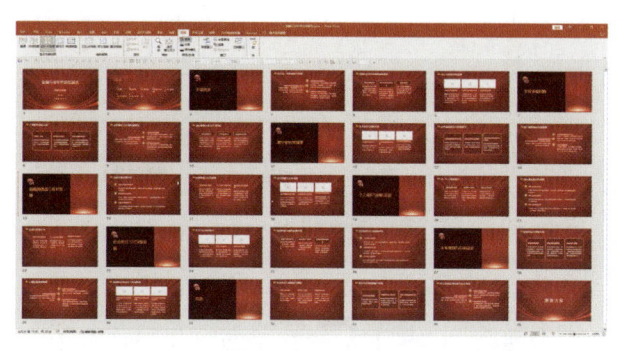

图 9.5

除此之外，生成的 PPT 还支持二次编辑。在 PPT 生成界面的右上角，单击导航栏中的"模板"，会弹出 20 个模板预设，从中随意选择一个（例如幻翠奇旅），整份 PPT 瞬间就会变为浅绿色系（见图 9.6）。这个变换过程并不会影响内页排版，只是将整体的配色及背景图进行了替换。

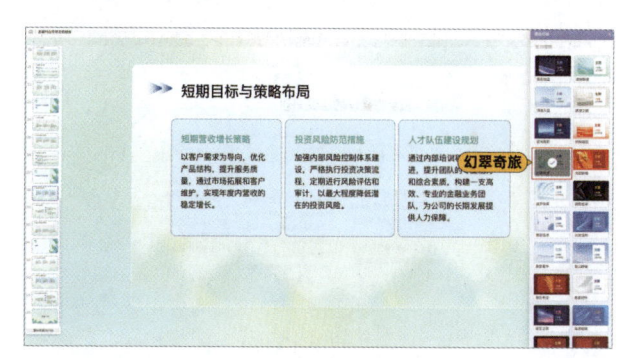

图 9.6

关闭模板预设，右侧还有一个 AI 图标，单击图标，会在界面右侧弹出"智文 AI 撰写助手"（见图 9.7）。

图 9.7

这个工具主要用于优化 PPT 中的文本表达，如文案的润色、扩写、翻译、提炼、纠错等。例如：选中需要优化的文案，执行精简文案的指令，它就能在保持意思不变的情况下，快速将文案长度进行精简（见图 9.8）。

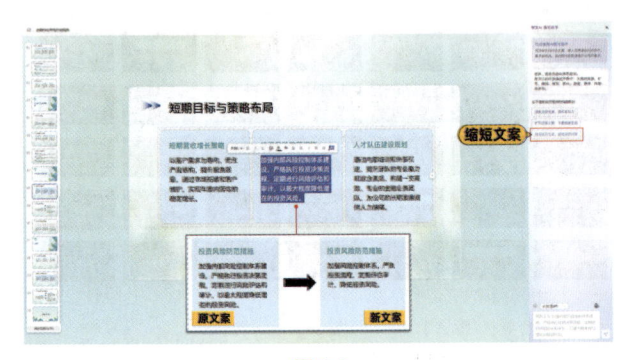

图 9.8

在一切都修改完成之后，单击之前导航栏中的"导出"，选择 PPT 文件格式，即可将这份 PPT 文件下载到本地，下载后的部分页面元素可能会发生错位（见图 9.9）。不过，你可以像编辑普通 PPT 文件一样对它进行调整修正，直到达到你想要的效果。

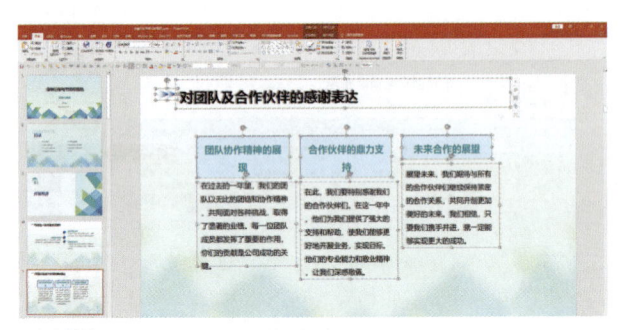

图 9.9

完整预览下这份 PPT（见图 9.10）。配色与版式保持了高度一致性，然而遗憾的是，整份作品中未包含任何图像元素，这反映出讯飞智文在直接生成图片方面尚存局限。此外，内页设计略显单调，主要依赖于少数基础且重复的列表式排版布局，有待进一步丰富与创新。

为了印证这个观点，我又设置了两个不同的主题进行测试：讯飞星火认知大模型介绍 PPT（见图 9.11）、电视剧宣传 PPT（见图 9.12）。

尽管 PPT 的内容已经全面更新，并且采用了不同的模板风格，然而仔细观察内页版式时，仍然发现每份 PPT 在版式设计上呈现出高度的相似性，缺乏足够的创新与变化（见图 9.13）。

图 9.10

图 9.11

图 9.12

图 9.13

由此可见，讯飞智文生成的 PPT 在视觉效果上并不出众，主要是将文档内容分页呈现，并套用相近的版式，缺乏显著的视觉亮点。尽管在 PPT 生成的质量上尚有提升空间，但讯飞智文免费且无限次导出 PPT 的能力，在众多 AI 生成工具中显得尤为珍贵，它无疑能作为你探索 AI 辅助 PPT 制作的入门之选。

2. 文心一言

文心一言是百度开发的一款智能语言模型，单击主页的"开始体验"，即可进入 AI 聊天主界面（见图9.14）。

图 9.14

界面左侧是一系列工具栏，单击其中的"智能体广场"，会弹出一些常用的预设功能。其中"PPT 助手"就是专门生成 PPT 的工具（见图 9.15）。

图 9.15

单击"PPT 助手"，输入指令"帮我生成一份金融行业年终总结 PPT"，就出现了一张 PPT 封面预览图（见图 9.16）。

图 9.16

单击"查看文件"，稍作等待，PPT 就会在你面前逐页生成（见图 9.17）。

当 PPT 生成完毕后，右侧会出现智能助手工具栏（见图 9.18），在这里可以对生成的 PPT 进行二次编辑。

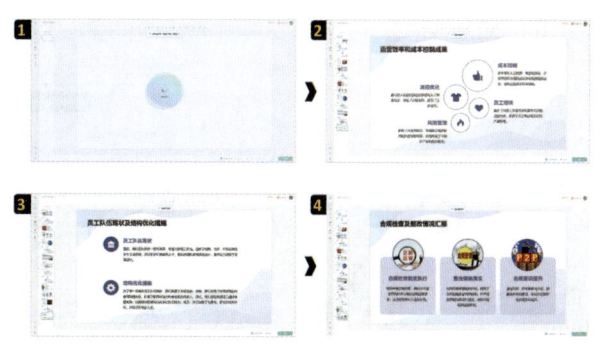

图 9.17

图 9.18

例如：当你输入"帮我更换单页样式"的指令时，系统会即时呈现一系列精心设计的内页版式预设供选择。一旦选中了心仪的版式，页面内容便会迅速按照新选版式重新布局（见图 9.19）。采用这一方法，可以轻松地为每页 PPT 分别更新样式，实现个性化与专业化的完美结合。

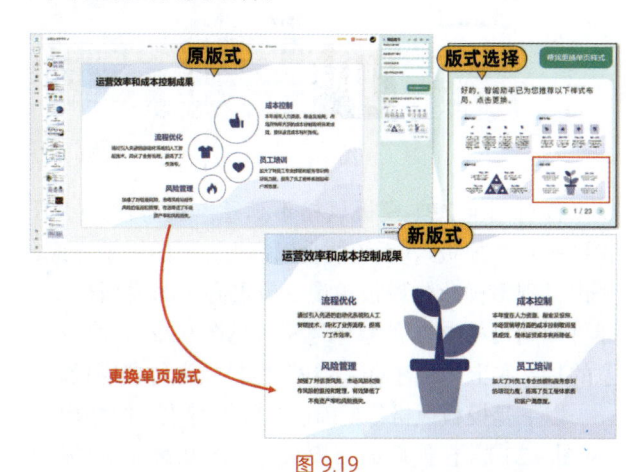

图 9.19

不仅如此，该工具还具备强大的辅助功能，能够根据你的 PPT 内容，通过输入"帮我生成演讲稿"的指令，智能地为每页 PPT 量身打造相应的讲话稿

（见图 9.20）。

图 9.20

仔细评估这份 PPT 配套的讲话稿，以前 4 页为样本（见图 9.21），讲话稿确实全面覆盖了 PPT 的主要内容，但在表达上显得较为单调乏味，未能有效突出关键要点。在工作汇报的场合中，这样的表述方式可能难以吸引领导的注意力，甚至可能在一开始就遭遇打断。因此，这份讲话稿更适合作为参考素材，而非直接照搬使用。至于如何提升演讲表达的技巧，建议回顾本书第 8 章的相关内容，以获取更多实用指导。

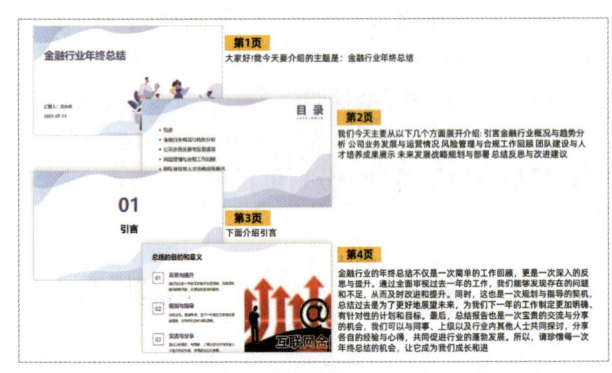

图 9.21

若对当前 PPT 模板风格不满意，只需输入"帮我更换 PPT 模板"，系统便会以每组 4 个的展示方式，为你呈现多样化的模板预设。单击心仪的模板样式，即可瞬间切换 PPT 的整体风格（见图 9.22）。值得注意的是，右上角标注有"VIP"的模板为付费模板。

以下是模板风格替换前后的效果对比：原始模板（见图 9.23），替换后的新模板（见图 9.24）。模板的整体风格实现了全面蜕变，从背景、配色到字体均焕然一新。然而，版式布局与配图内容则保持不变。其中，所采用的图片虽然与原文的含义相契合，但画质欠佳。

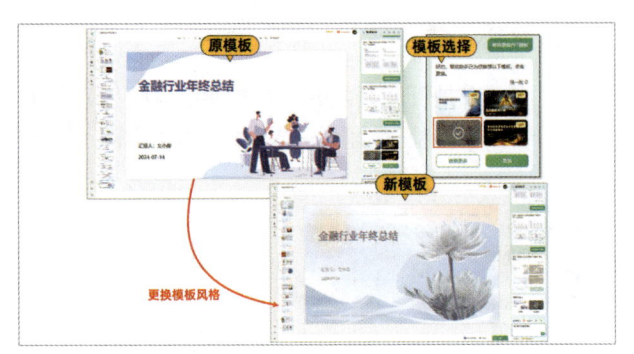

图 9.22

图 9.23

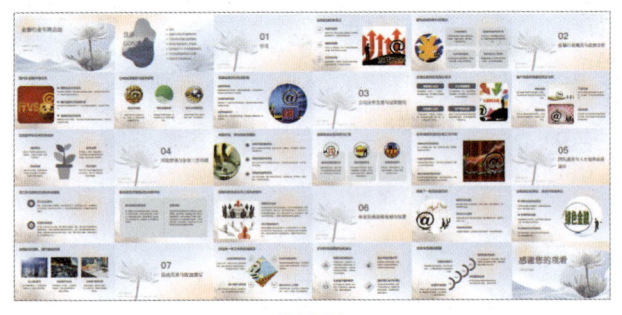

图 9.24

除了支持用户通过指令快速生成 PPT 外，文心一言还提供了上传文档转化为 PPT 的功能。在智能助手的工具栏上，只需单击"AI 生成 PPT"，随后在展开的选项中选定"上传文档生成 PPT"功能，系统便会即时呈现一个文档上传窗口（见图 9.25）。

图 9.25

在此界面，你可以上传 .Doc、.Docx 以及 PDF 格式的文档，无论是完整的演讲稿还是精练的大纲，智能助手都将以其为蓝本，生成一份与文案紧密契合的 PPT 大纲（见图 9.26）。

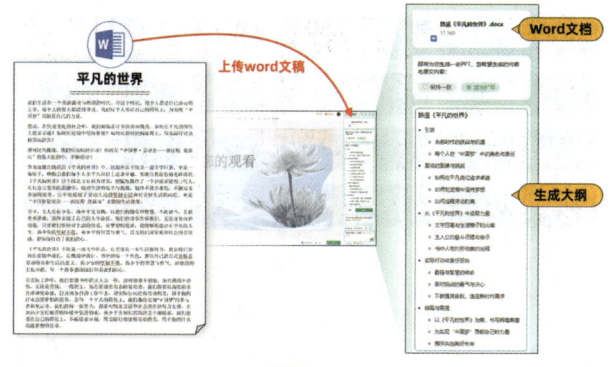

图 9.26

若对自动生成的 PPT 大纲细节有所不满，还可进行二次编辑，以确保其符合你的期望。编辑完成后，单击"生成 PPT"，系统将为你呈现一个丰富的模板风格选择窗格，内含 80 余款精心设计的 PPT 模板供你挑选。不过，绝大多数模板为 VIP 专属，需付费使用（见图 9.27）。

图 9.27

选定合适的模板后，单击"继续生成"，稍作等待即可得到一份 PPT（见图 9.28）。该作品不仅自动嵌入了相关图片，还根据内容间的逻辑关系巧妙编排了多样化的版式，算得上一份合格的作品了。

图 9.28

总体而言，文心一言在 PPT 生成方面展现出了更为多元化的功能特性，不仅支持用户上传文稿内容，还允许灵活替换单页版式并自动生成演讲稿，极大地提升了创作效率与便捷性。其生成的 PPT 效果在版式上尤为丰富多样，融合了图片与结构化图形的样式，为演示增添了不少视觉亮点。然而，值得注意的是：尽管平台内容丰富，但其目前提供的免费模板选择相对有限，且下载 PPT 文件的功能暂时仅对 VIP 用户开放，这在一定程度上限制了部分用户的使用体验。

3. iSlide AI

iSlide AI 作为新版 iSlide 插件的核心功能之一，用户只需通过单击"iSlide → iSlide AI"，即可迅速激活相关面板。该面板精心设计了 3 种自动化 PPT 生成方式：直接生成 PPT、导入文档生成 PPT，以及针对特定需求生成单页 PPT（见图 9.29）。

图 9.29

首先单击"生成 PPT"，输入主题"帮我生成一份金融行业年终总结 PPT"。随后，系统将迅速响应，自动生成一份详尽的 PPT 大纲，它包含章节标题及对应的核心内容（见图 9.30）。

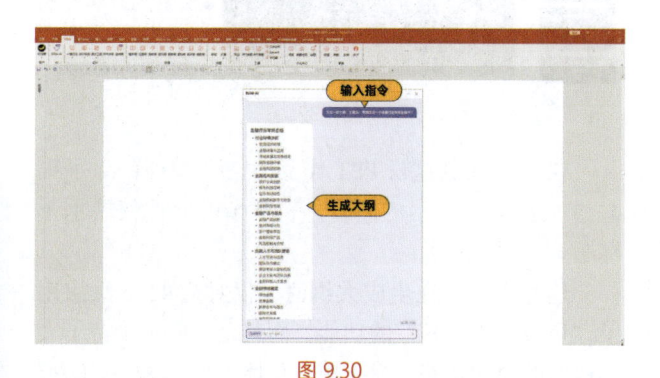

图 9.30

若用户对自动生成的 PPT 大纲内容不满意，可进一步进行编辑。只需将鼠标移至你希望调整的文案位置，就会浮现出 3 个实用的功能选项（见图 9.31）。第一个选项是"删除条目"，可以移除任何不满意的内容；第二个选项是"生成单页内容"，以"宏观经济环境"和"金融政策与监管"为例，使用该功能后，相应的内容细节便会清晰地展现在当前条目之下；第三个选项则是"移动条目"，按住鼠标左键并上下拖动，即可灵活调整大纲中各部分的排列顺序。

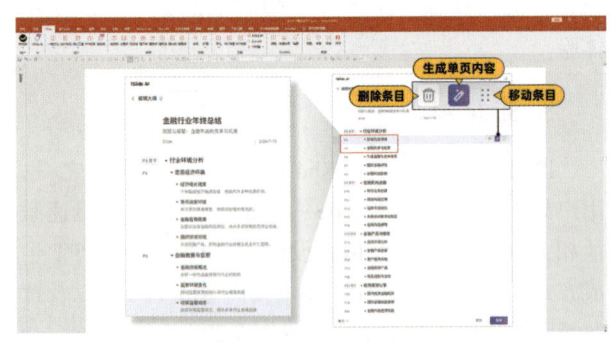

图 9.31

确定好大纲内容后，只需单击"生成 PPT"，转瞬之间，一份完整的 PPT 作品便会在当前界面中直接呈现（见图 9.32），省去了在网站中下载与打开 PPT 的步骤，这正是 PPT 集成插件所带来的独特优势，非常方便。

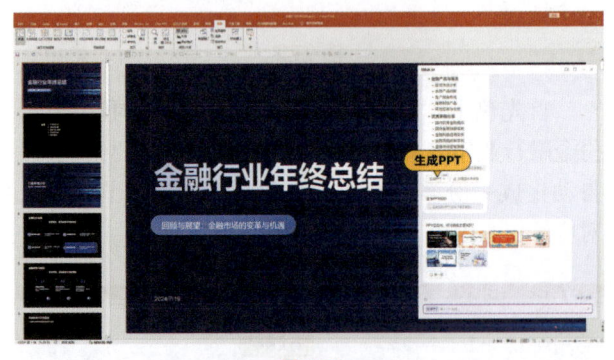

图 9.32

在全局预览这份 PPT 作品时，会发现：除了第 4、5 页填充了详尽的内容外，其余的内页仅展示了标题（见图 9.33）。

这是因为，在生成大纲时，仅对第 4、5 页应用了"生成单页内容"的功能，而其余页面则维持了大纲标题的原始状态，尚未填充具体内容。这一点与那些能够直接生成完整 PPT 内容的 AI 工具存在差异，需要用户手动给每页 PPT 单独生成内容才行。这主要是由于 iSlide 的付费特性所致，免费版本仅支持生成最多 30000 字的内容，超出此限额则需升级为付费版本以继续使用。

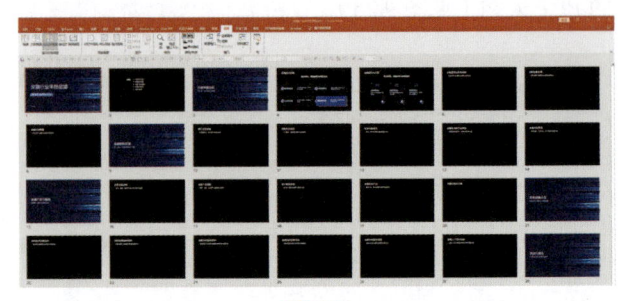

图 9.33

若你对当前模板的样式并不满意，iSlide AI 也为你提供了丰富的选择。在 iSlide AI 对话框中，模板以每组 6 份 PPT 的形式展示，单击"换一组"可预览更多主题。更贴心的是，将鼠标悬停在任一模板上方，单击出现的眼睛图标即可即时预览该模板的样式，让你在决定前就能预览效果。一旦找到心仪的模板，直接点击应用，即可一键切换整份 PPT 的风格（见图 9.34）。

图 9.34

看下风格转换前后的效果对比（见图 9.35）。

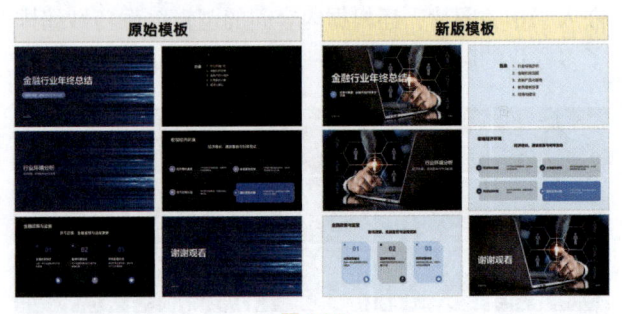

图 9.35

本次调整的核心在于配色风格的全面更新，同时保留了原有的内页版式，这一策略与文心一言的替换方式是类似的。然而，iSlide AI 工具有着独特的优势，由于它本就是一款 PPT 插件，所以更懂用户，所生成的 PPT 作品拥有完善的母版规范。以最新生成的这份模板为例，单击"视图→幻灯片母版"，会发现它包含封面、目录、过渡页、内页及封底这一整套标准而完备的母版骨架（见图 9.36）。

图 9.36

iSlide AI 生成的 PPT 严格遵循母版规范，这一特性赋予了它强大的批量修改能力，例如一键更换色彩方案、统一调整字体风格及版式布局等功能，极大地提升了制作效率。此外，iSlide AI 还贴心地提供了云空间上传功能，让用户能够将本地的模板上传到 iSlide AI 的云空间中。单击左上角的头像，选择"我的云空间"，即可上传你准备好的 PPT 模板（见图 9.37）。

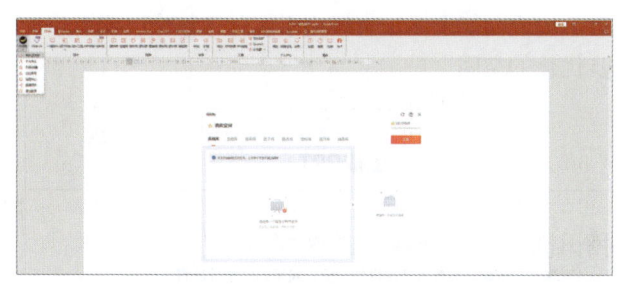

图 9.37

然而，该功能目前仅对 VIP 会员开放。同时，为了确保上传的 PPT 模板与 iSlide AI 的母版系统高度兼容，需要遵循一系列设计规范与要求，对于想要深入了解母版功能及学习如何创建标准化母版的用户，建议回顾本书第 4 章模板篇的详细内容，以获取更多专业指导。总的来说，iSlide AI 自带的标准化母版功能是其一大亮点，对于追求高效与专业的 PPT 制作者而言，无疑具有极高的实用价值。

除了一键生成 PPT 外，iSlide AI 还支持导入文档生成 PPT。在 AI 界面中，上传文稿，系统便能智能分析，并自动生成与文稿内容紧密匹配的 PPT 内容大纲（见图 9.38）。

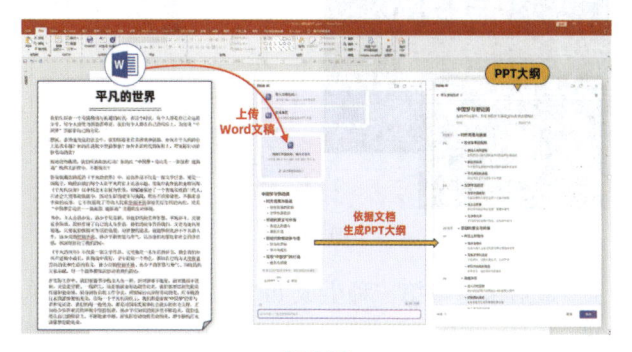

图 9.38

确定好大纲内容后，单击"生成 PPT"，iSlide AI 便会迅速为你生成相应的 PPT 演示文稿（见图 9.39）。

图 9.39

在此基础上，你同样可以更换模板风格，打造更符合你需求的 PPT 演示效果（见图 9.40）。

图 9.40

仔细观察两版设计稿（见图 9.41），不难发现它们在设计风格上截然不同，然而却保留了相同的版式布局，而且生成的 PPT 内页内容充实完整，不仅仅局限于标题。

图 9.41

最后来看下第三种生成 PPT 的方式——生成单页。在对话框输入栏中可以选择"用标题生成"或者"用内容生成",既然是生成单页,肯定更倾向于定制化设计,因此这里选择"用内容生成"。紧接着,系统将呈现一个选择界面,要求你决定文本的处理风格:贴近原始文本或富有创造性(见图 9.42)。

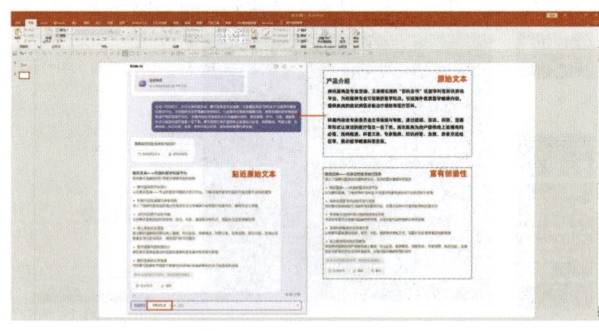

图 9.42

两种方式都是将大段文案拆分开,除了文字表达上有所区别外,并未发现特别的差异。这里选择"富有创造性"的文稿梳理为例,单击"生成单页",它就会迅速将梳理好的文案转换为 PPT(见图 9.43)。

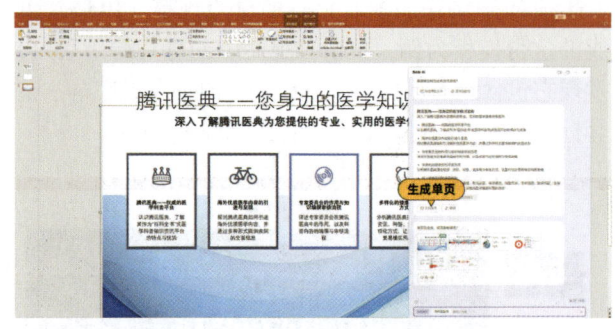

图 9.43

仔细观察这页 PPT(见图 9.44 右侧),不难发现它分为 5 大板块,与事先梳理好的文案(见图 9.44 左侧)条目一一对应,这在一定程度上节省了用户自行排版布局的宝贵时间。然而,遗憾的是,原始文案在逻辑性和重点区分上的不足,也直接反映在了生成的 PPT 上。具体表现为:页面布局略显普通,缺乏结构化,图标的选择与文案内容也未能紧密契合,导致信息传递不够直观有效。

此外,当要点数量增多时,可能会遇到 AI 内置版式库无法满足特定需求的情况,此时系统将引导你在插件图示库中自主挑选合适的版式(见图 9.45)。但这一步骤往往伴随着手动下载版式文件并自行套用的过程,这就丧失了 AI 自动化的作用。因此,单页 PPT 生成功能还无法直接用于实际工作中,仍有进一步优化的空间。

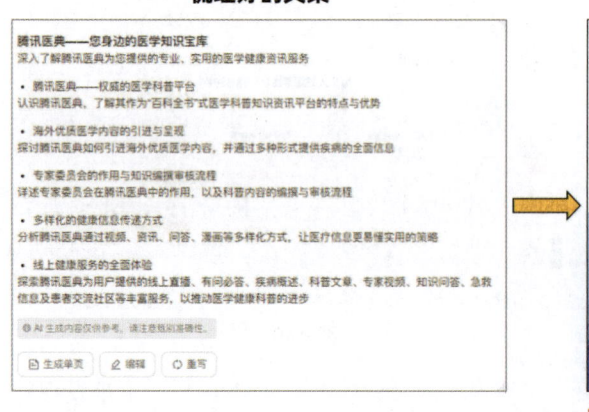

图 9.44

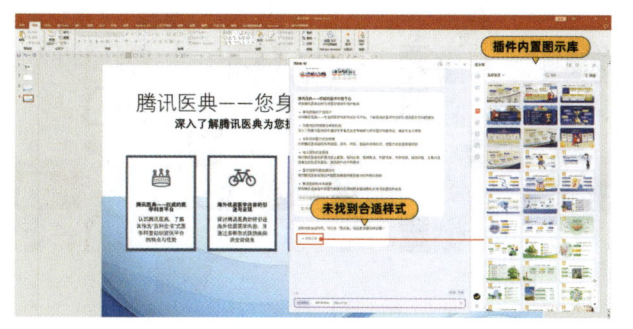

图 9.45

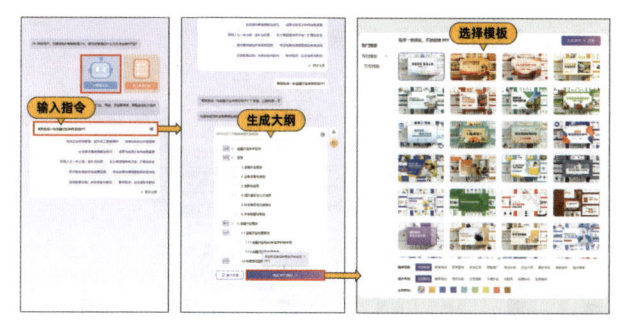

图 9.47

总体而言，iSlide AI 生成的 PPT 不仅符合现代审美，其精心设计的标准化母版还为用户后续的批量修改工作提供了极大的便利。然而，在内容的初步生成阶段，操作过程稍显烦琐，需要用户手动细化内容细节，这在一定程度上增加了人力投入的成本。此外，尽管 iSlide AI 为用户提供了免费生成 PPT 的基础服务，但此服务存在额度限制，且部分高级功能需通过付费来解锁使用。

4. AiPPT

AiPPT 是一款在线 AI 生成工具（见图 9.46，网址为 https://www.aippt.cn/?from=workspace）。

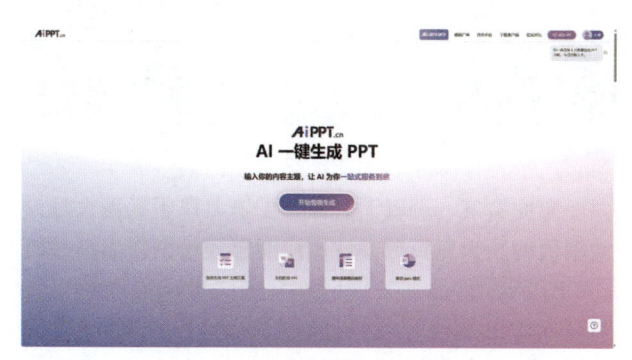

图 9.46

单击"开始智能生成"，即可跳转到 AI 生成 PPT 的界面。有两种生成方式：AI 智能生成、导入本地大纲。这里选择"AI 智能生成"，输入指令"帮我生成一份金融行业年终总结 PPT"，AI 就会自动生成大纲；接着"挑选 PPT 模板"，这里的模板资源非常丰富，形式也很高级，而且有着非常精细的导航栏，你可以按照模板场景、设计风格、主题颜色来精细化筛选，简直是一个在线的模板网站（见图 9.47）。

任意选择一份模板，单击"生成 PPT"，AI 就会从封面页开始逐步生成 PPT（见图 9.48）。

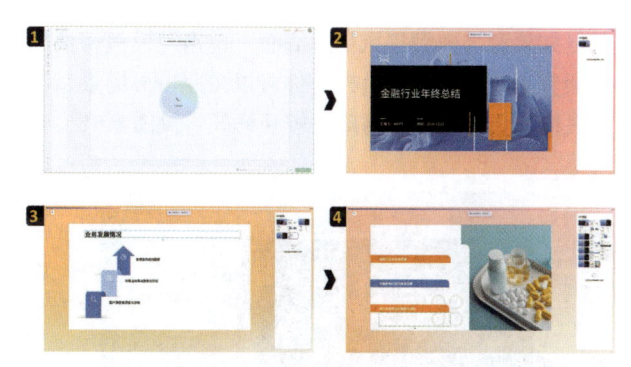

图 9.48

完整效果如图 9.49 所示，整体的设计感很高级，不仅版式丰富多样，还巧妙地融入了逻辑关系图形，使得内容呈现更加直观且富有层次感。

图 9.49

此外，AiPPT 还支持在线编辑已生成的 PPT。其界面设计合理，左右两侧分别设有工具栏，左侧可调节大纲及更换模板，而右侧则专注于单页面的细致调整。以任意一页 PPT 为例（见图 9.50），你可以自由修改文段内容、调整文字格式，并灵活移动元素位置。整个过程流畅自然，仿佛置身于 PPT 编辑环境中，让你操作起来更得心应手。

图 9.50

如果对当前模板风格不满意，单击"模板替换"，就会弹出模板选择工具栏，你可以按照模板场景、设计风格、主题色选择对应的模板样式（见图9.51）。

图 9.51

单击模板预览图，还能在左侧实时预览完整效果（见图9.52）。

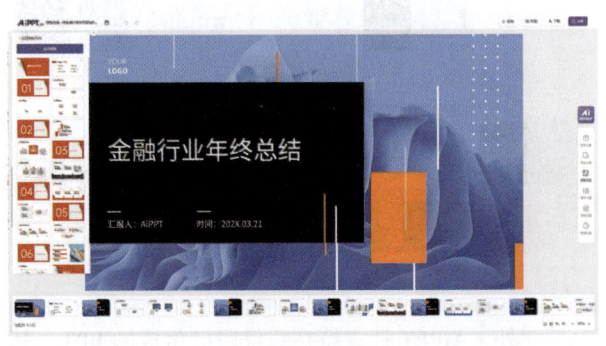

图 9.52

当选定心仪的模板后，单击"应用模板"即可替换模板风格。来看下前后效果对比（见图9.53），可以看到生成的模板，同样是替换了整体风格，但保留了原有的版式结构。

图 9.53

除了输入指令智能生成PPT的方式外，你还可以选择"导入本地大纲"来创建PPT（见图9.54），操作流程与之前的AI工具都是一样的，只需上传准备好的文稿即可。注意：这一高级功能目前仅对VIP用户开放，另外下载PPT文件也需通过付费方式来解锁这一权限。

图 9.54

总而言之，AiPPT的核心竞争力在于其庞大且设计精美的模板库资源，让用户能够轻松创作出高品质的PPT作品。然而，该网站众多高级功能及特权目前仅对VIP用户开放，且对于非会员用户免费生成PPT的额度也设有一定限制。

5. MindShow

MindShow是一个在线生成PPT的网站（见图9.55，网址为https://www.mindshow.fun/?ref=ai-bot.cn#/folder/home）。

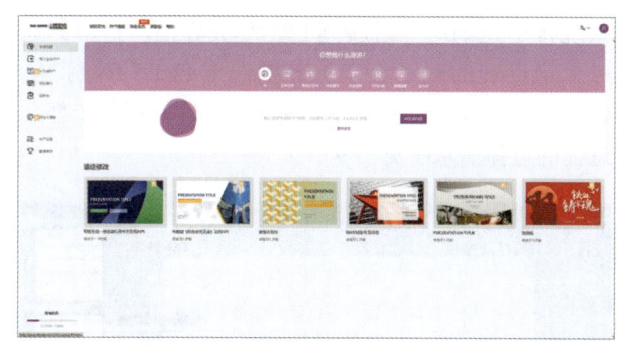

图 9.55

这里我们输入指令"帮我生成一份金融行业年终总结 PPT",随后单击"AI 生成内容",MindShow 就会生成一份详尽且完整的 PPT 大纲。与其他 AI 工具不同,它的特色在于:这份 PPT 大纲不止于提供基本的标题与大纲框架,而是深入细节层面。例如,在"总体表现"这一页中,便精心归纳了 5 点具体的细节内容,全面而详尽。除此之外,左侧的功能区域还可以设置语言、PPT 中需要显示的内容、PPT 章节的长短以及是否自动配图等选项(见图 9.56)。

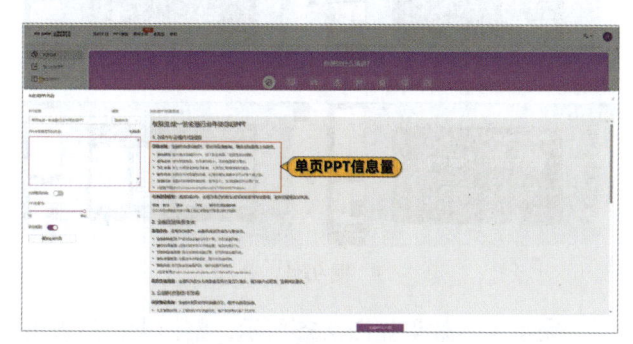

图 9.56

单击"生成 PPT",即可跳转到 PPT 生成页面,它将 PPT 内容与生成的预览效果图放到同一个界面中了。左侧清晰展示着内容大纲,便于你快速浏览与编辑;而右上角则是 PPT 预览图,让你在创作过程中就能实时看到最终成果(见图 9.57)。

当你选中内容大纲区域中的信息进行编辑时,右侧的预览图就会实时更新效果图(见图 9.58)。

若对当前模板风格不满意,单击预览图下方的"模板"选项,便可浏览并挑选心仪的模板样式,整个过程高效流畅,几乎无须等待,一键即可完成替换(见图 9.59)。其中模板资源很丰富,不过大部分都是收费的。

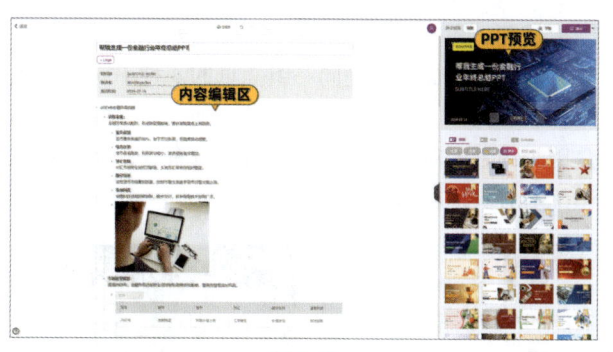

图 9.57

图 9.58

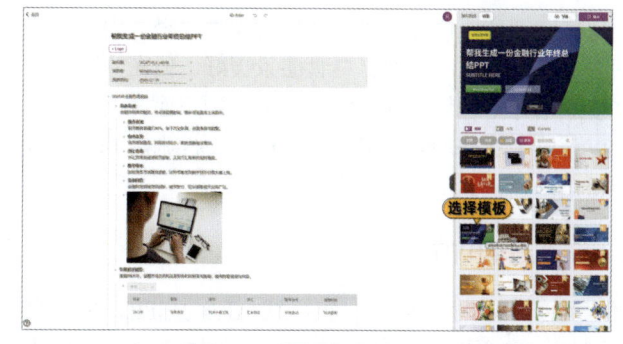

图 9.59

除了替换模板外,MindShow 还可以替换单页面的版式,单击预览图下方的"布局"选项,从丰富的版式预设中挑选心仪的一款,即可实现一键替换,将新版式直接应用于当前页面(见图 9.60)。

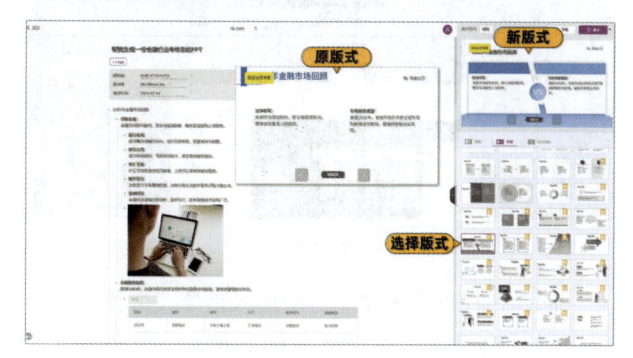

图 9.60

然而，这个功能对于一些相对复杂的页面而言并不好用。例如，这是同一组信息的 4 种不同的版式（见图 9.61），在切换时效果非常生硬，并不好看。这是因为内置的版式比较普通，且数量有限，无法精准适配所有页面类型。

图 9.61

总的来说，MindShow 的特色在于能够生成极为详尽的 PPT 内容框架，并赋予用户实时编辑内容、即时预览改动效果的能力。平台不仅内置了大量的 PPT 模板，还细致到每一页 PPT 的版式都提供了多样化的选择，你可以自由地控制模板风格、内页版式以及页面内容。然而，尽管愿景美好，但在实际操作中效果并不理想。并且，对于免费用户而言，虽然可以预览大部分功能，但若要下载源文件则需升级为付费用户。

6. ChatPPT

ChatPPT 同样是一个在线 AI 生成 PPT 的工具网站，它的界面非常酷炫高级（见图 9.62，网址为 https://www.chat-ppt.com）。

图 9.62

同样，在首页的命令行中输入指令"帮我生成一份金融行业年终总结 PPT"，随后单击"免费生成"，系统将迅速响应并跳转到 PPT 生成界面。这里，通过 3 轮直观的对话互动，分别选定 PPT 的主标题、内容的详尽程度以及整体大纲结构，确保每一步都贴近你的具体需求（见图 9.63）。

图 9.63

完成设置后，只需单击"使用"按钮，系统便会自动启动，逐页为你生成 PPT（见图 9.64）。

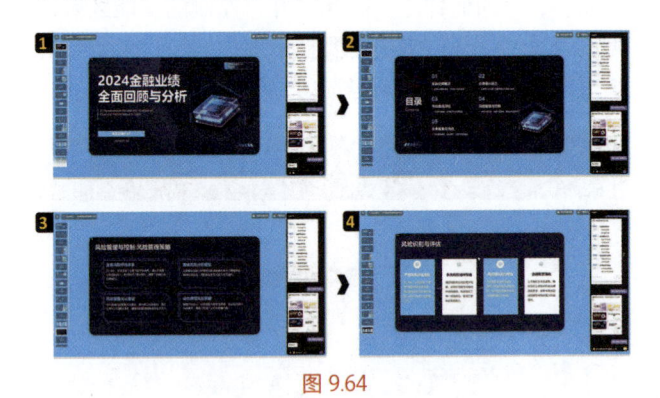

图 9.64

完整展示效果如图 9.65 所示，整体设计感很出色，可视为一份相当成熟且高质量的作品。

图 9.65

在此基础上，你还可以利用右侧的对话框来切换 PPT 的模板风格。例如，选择一款优雅的紫色系模板，生成的效果同样很高级（见图 9.66）。

图 9.66

对比修改前后的模板效果（见图 9.67），可以看到不仅模板风格发生了变化，而且内页版式也完全不同了。这一变化主要源于重新生成 PPT 的过程中，系统对内容部分也进行了部分调整，这种多样化的版式能够为 PPT 设计带来更多有价值的参考。

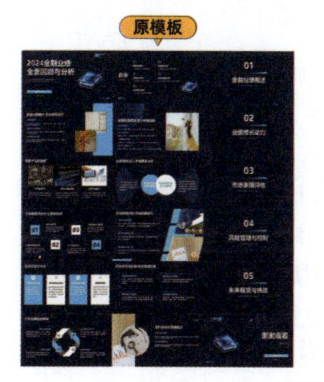

图 9.67

尽管 ChatPPT 在生成 PPT 时展现出了良好的整体效果，但深入观察后会发现一些细节上的瑕疵。以这张包含 4 项内容的页面（见图 9.68）为例，原本的逻辑关系是并列，这里却采用了循环的结构图示。这种设计在视觉上虽具创意，但会给读者带来理解上的误导，影响信息的准确传达。

图 9.68

对于这类内容较为简洁的纯文字型 PPT（见图 9.69），当前设计存在的一个问题是，页面中无关的形状元素占据了过多空间，使得页面下方显得空旷无物。

图 9.69

或者，这种带有图片的页面（见图 9.70），版式没问题，但配图与内容间的适配度不高，且风格不一致，这在一定程度上影响了整体的美观性和信息的传达效果。

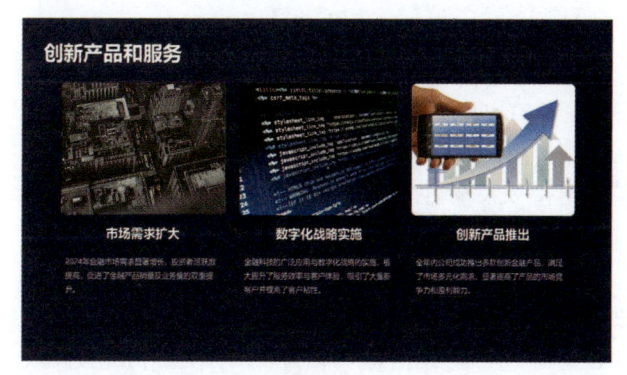

图 9.70

可见，ChatPPT 在生成作品的整体视觉效果上表现不俗，但在内容理解、版式设计、图片选择等细节层面仍有进一步提升的空间。此外，值得注意的是：这款高效的 AI 工具并非无限制免费使用。每日针对 AI 生成 PPT 的功能设有使用额度，一旦超出当日限额，该功能将暂时无法继续使用。对于追求更高层次功能与无限制体验的用户而言，则需通过付费来解锁更多高级特性。

总结上述几款 AI 工具，它们的核心使用方法高度相似，除了讯飞智文外，均支持通过指令或上传文档生成 PPT，且转化完成后，均保留了更换模板及进一步编辑修改的功能。它们之间的主要差异体现在模板的丰富程度、版式设计的变化多样性以及可编辑性的灵活度上。例如：讯飞智文以完全免费为亮点，降低了用户的使用门槛；文心一言则可生成演讲稿，助力演讲准备；iSlide AI生成的PPT自带标准化母版，确保内容呈现的专业性与一致性；AiPPT以其庞大的模板库著称，满足不同场景的多样化需求；MindShow在内容生成方面展现出更为详尽与具体的特质，所生成的PPT内容在完整度上更胜一筹；而ChatPPT则以其生成的PPT完成度很高而脱颖而出，展现了强大的自动化处理能力（见图9.71）。

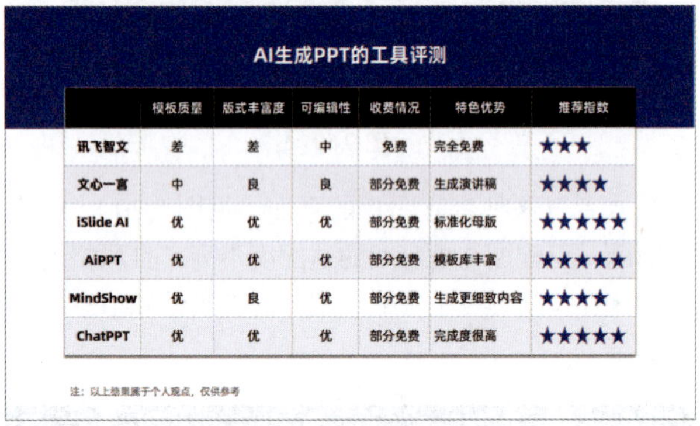

AI生成PPT的工具评测

	模板质量	版式丰富度	可编辑性	收费情况	特色优势	推荐指数
讯飞智文	差	差	中	免费	完全免费	★★★
文心一言	中	良	良	部分免费	生成演讲稿	★★★★
iSlide AI	优	优	优	部分免费	标准化母版	★★★★★
AiPPT	优	优	优	部分免费	模板库丰富	★★★★★
MindShow	优	良	优	部分免费	生成更细致内容	★★★★
ChatPPT	优	优	优	部分免费	完成度很高	★★★★★

注：以上结果属于个人观点，仅供参考

图 9.71

你可以根据个人需求，挑选最适合自己的AI工具。然而，鉴于AI的不可控性，直接输入"帮我生成一份×××PPT"的指令，往往难以获得理想效果。因为AI在生成过程中可能会依赖模板化信息填充内容，而且生成的PPT模板风格与预期主题的契合度并不高。为了充分发挥AI工具的优势，笔者精心整理了几个实用小技巧，旨在助你更加精准且高效地创作PPT。

9.1.2　AI生成PPT的技巧

对于新手而言，常常容易陷入一个误区，即直接抛出诸如"请帮我制作一份关于×××的PPT"这样笼统的指令。然而，在缺乏具体信息的情况下，AI产出的PPT大纲是模板化的，并不贴合实际需求，难以在商务汇报、教学演示或项目提案等实际场景中脱颖而出。

前期输入指令的精确程度直接决定了AI生成PPT的最终效果。为了提升PPT的质量，可以聚焦于AI生成PPT流程中的几个关键环节进行优化，具体包括：精准发布指令、精选适配模板、优化版式细节。

1. 精准发布指令

例如：假设你是一名市场营销部门的经理，即将进行年度述职答辩。如果仅仅告诉AI"帮我生成一份述职答辩PPT"，很可能会得到一份内容泛泛、缺乏亮点的PPT大纲。因为述职答辩的核心在于展现个人工作成果、分析存在问题、提出未来规划，而这些都需要结合具体的工作内容和岗位特点来呈现。

但如果你能够细化你的指令，告知AI一些关键性的信息，例如：

"我是谁？"——市场营销部经理，负责品牌推广、市场策略制定与执行等工作。

"PPT用于什么场合？"——年度述职答辩，向公司高层及同事汇报过去一年的工作成果、面临的挑战及未来的工作计划。

"受众是谁？"——公司高层领导、各部门经理及同事，他们关心的是你的工作成果、对公司的贡献以及未来的发展方向。

"做PPT的目的是什么？"——清晰展现个人及团队在过去一年中的关键业绩指标、成功案例、市场反馈，分析存在的问题与不足，并提出切实可行的改进措施和未来一年的工作规划。

你提供的信息越详细具体，AI就更能为你生成定制化的设计方案。当然，由于信息比较多，直接以一段话的形式发送给AI，它并不能完全理解你的需求，因此相较于通过AI指令去抽卡式地获取PPT大纲，不如借助AI智能聊天机器人来辅助生成PPT大纲，然后再以文档的形式，将大纲导入AI生成PPT工具中，以实现更为精准的控制。关于这点，将在下一节详细介绍。

2. 精选适配模板

在得到PPT大纲之后，至关重要的一步是挑选合适的模板，这要求AI工具内置一个既好看又丰富的模板库，这里推荐使用iSlide AI、AiPPT及ChatPPT，以满足你的多样化需求。

然而，在选择模板的过程中，新手常常会被模板的视觉效果所迷惑，忽略了其与实际应用场景的匹配度。以工作汇报为例，选用浅色调、商务风格的PPT模板能够更好地彰显专业性；相反，那些深色或过于炫酷的模板，则会显得华而不实。因此，正确做法是结合应用场景及目标受众的偏好来精心挑选模板。关于模板选择的具体方法，建议深入阅读本书第 4 章，以获得更全面的指导。

3. 优化版式细节

在完成 PPT 的制作后，细致的修改与优化是必不可少的环节，因为 AI 直接生成的 PPT 在内容理解、版式设计、图片选择等方面都不够完善。在优化过程中，首要任务是确保设计能够清晰呈现内容之间的逻辑关系。这要求设计者首先深入分析并梳理内容间的逻辑脉络，随后选用恰当的版式结构，以精准地传达核心信息。关于如何高效构建与表达内容逻辑关系，本书第 2 章给予了全面而深入的指导。

此外，在配图的选择上，同样需要细致考量。图片应与内容紧密相关，且图片间的风格应保持统一，以提升整体视觉美感与和谐度。关于这点，将在后续关于 AI 绘画技术的探讨中详细阐述，敬请期待。

总之，这一系列精细化的优化步骤，都旨在让你的 PPT 作品更加符合预期。然而，必须承认的是，目前没有任何一款 AI 工具能够一键解决你工作中的所有设计需求。AI 虽能大幅简化操作流程，但想解决实际问题，仍离不开人为干预。这就要求使用者对设计流程了如指掌，并灵活运用 AI 工具，才能实现最佳效果。

因此，更为明智的做法是将设计流程细化分解，并引入多样化的 AI 工具协同工作，共同推动设计的优化进程。现在，让我们再次聚焦于 PPT 设计的基本流程：

（1）明确需求：深入理解 PPT 的受众群体及其期望，确保设计方向准确无误。

（2）拟定大纲：根据需求精心编排内容大纲与结构，为设计 PPT 奠定坚实的逻辑基础。

（3）准备素材：广泛收集并精心准备设计素材，以丰富并细化 PPT 内容。

（4）美化设计：运用美学原理与创意思维，打造令人赏心悦目的 PPT 视觉效果。

在这个流程的每一个环节，AI 工具都能发挥强大的辅助作用，提升工作效率与设计质量。接下来，将深入探讨如何巧妙运用多样化的 AI 工具，对每个步骤进行深度优化，旨在助力你打造出更高水准的 PPT 作品，敬请期待！

9.2 无所不能的 AI 智能聊天机器人

在 PPT 设计的核心流程中，明确需求与拟定大纲无疑是至关重要的第一步，它们直接指引着设计的正确方向。这一过程考验着设计者的敏锐问题洞察力与高效信息整合能力，但对新手而言，往往会因为缺乏经验和技巧而成为效率提升的瓶颈。

幸运的是，随着人工智能技术的迅猛发展，AI 智能聊天机器人已经悄然成为解决这一难题的得力助手。它们依托其先进的自然语言处理和语义分析技术，能够迅速捕捉用户的指令，深入洞悉其背后的真实需求，并精准提炼出 PPT 大纲的关键要点，确保设计从一开始就紧密围绕核心主题展开。这一智能化的转变，不仅大幅度缩短了传统手动梳理大纲的时间，还显著提升了大纲的准确性和逻辑性。

此外，AI 在 PPT 设计的整个流程中都发挥着重要作用。为了更深入地挖掘 AI 在 PPT 设计方面的潜力，本节将对国内几款主流的 AI 工具进行全面细致的对比，剖析其优缺点，为 PPT 制作者提供一份实用的参考指南。同时，还将深入探讨 AI 如何进一步辅助构建内容大纲、进行页面设计等环节，以推动 PPT 制作实现全面的智能化升级。

9.2.1 选择 AI 智能聊天机器人

在探索 AI 辅助 PPT 制作的征途中，选择合适的 AI 工具是第一步也是至关重要的一步。面对琳琅满目的选择，初学者往往会感到迷茫与困惑。但请记住：有效的选择策略应该从目的出发，基于具体需求进行筛选。在 PPT 设计阶段，需要重点关注 3 大核心能力：卓越的理解力（确保精准把握客户需求，引领设计方向）、缜密的逻辑思维能力（针对复杂内容进行深入剖析与结构化呈现），以及高效的文本阅读能力（有效梳理现有信息，实现精准提炼与总结）。

幸运的是，AI 智能聊天机器人正具备这些功能，成为我们得力的助手。这里，我们将聚焦于 6 款 AI 聊天机器人——文心一言、讯飞星火、通义千问、腾讯元宝、豆包、Kimi，它们作为功能全面且质量稳定的 AI 智能聊天机器人，正逐步降低使用门槛，让更多人能够亲身体验 AI 的魅力与便利。

为了更直观地展现不同 AI 工具的独特优势与适用场景，我将通过具体的指令测试与对比分析，深入探索这 6 款 AI 工具在指令理解能力、逻辑思维能力以及长文本处理能力上的卓越表现，为你的 AI 工具选择之路提供参考。

1. 指令理解能力

内容理解能力是 AI 的基础能力，若想获得良好的答案，首要任务是确保它能准确接收你的指令。例如，提出这样一个问题："请用最为通俗易懂的语言解释一下什么是 AI 大模型，要确保小学生也能听懂"。下面将这个问题同时发送给 6 款 AI 聊天机器人，它们的回答如图 9.72 至图 9.74 所示。

图 9.72

图 9.73

图 9.74

从回答中可以看出各个 AI 工具的特点。文心一言与通义千问的回复比较相似，都是用一段比喻性文案来介绍大模型，只是两者的重点不同：文心一言借用图书馆的比喻，更侧重于 AI 大模型的知识储备和理解能力，适合解释 AI 的学习过程和交互性；而通义千问通过乐高积木的比喻，更侧重于 AI 大模型的创造性和构建性，适合解释 AI 的灵活性和应用多样性。讯飞星火的回复比较简短，也能说明一定的问题，并提供了参考资料的网址；腾讯元宝的回答比较官方和学术，在开篇也用了比较生动简洁的方式来讲解，但优点是比较全面，且提供了参考资料的网址；豆包的语言表达更生动，像是在与人交流，它直接将沟通的对象设置为小朋友，对于指令的理解非常深刻；Kimi 的总结能力比较强，用一些关键词将 AI 的特点生动表达出来了。

2. 逻辑思维能力

逻辑思维能力在一定程度上反映 AI 处理复杂问题的能力，例如有这样一道题目：

A 说：昨天下雨了。

B 说：昨天没下雨。

C 说：A 说的对。

他们三人中只有一人说真话。其中谁说了真话，并给出解答思路。

这几款 AI 工具给出的结论如图 9.75 至图 9.77 所示。

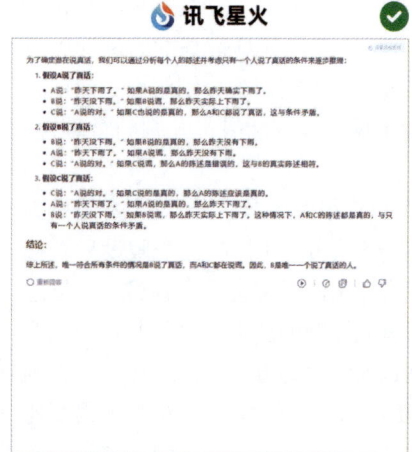

图 9.75

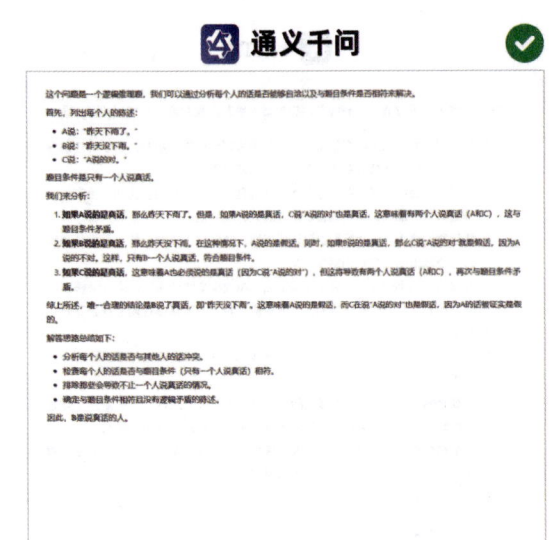

图 9.76

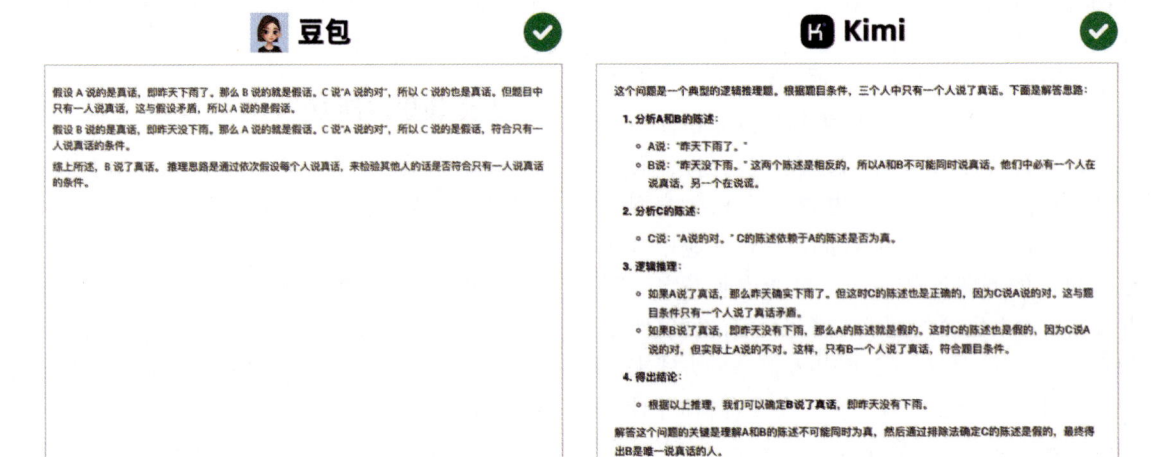

图 9.77

  面对这个逻辑思维问题，6 款 AI 工具均回答正确，说明这几个主流 AI 工具都具备基本的逻辑思考能力。它们的思维方式都很相似，分别假设 3 句话是正确的情况下，会出现怎样的结果，并判断合理性，从而得出结论。

  但是表述方式却有很大差异，讯飞星火是最为常规的表述，分别分析了 A、B、C 三个假设后直接得出结论；文心一言和腾讯元宝会重申题目，推导过程也很长，有种机械化答题的感觉；豆包非常简洁明了，语言表达更贴近人的表达方式，而且在得到正确答案是 B 后，直接放弃了 C 的验证，智能化程度比较高；通义千问除了提供答案外，还总结了这类题型的解题思路，能起到举一反三的作用；Kimi 则是用了结构化的方式在解答，将每个步骤提炼了小标题，语言凝练，易于阅读理解。

  这个问题旨在测试 AI 聊天机器人的逻辑思维能力。机器人需要运用逻辑推理和假设检验等方法，找出唯一符合所有条件的解，即确定谁说了真话。这要求机器人具备严密的逻辑思维、假设构建和验证等能力。

3. 长文本处理能力

  AI 具备长文案的阅读理解能力，只需上传一篇文章，即可总结文章的主要内容。例如，上传一段 1000+ 字关于"人工智能讨论"的长文案（见图

9.78)。

在科技飞速发展的今天，人工智能（AI）如同一股不可忽视的力量，悄然渗透并深刻影响着我们的日常生活、产业升级乃至社会结构的每一个角落。它不仅仅是技术层面的革新，更是思维方式的转变，是人类智慧在新时代的延伸与拓展。

AI的崛起，是计算机科学、数学、神经科学等多个学科交叉融合的结晶。通过机器学习、深度学习等先进技术，AI能够从海量数据中提取知识，自我学习、自我优化，甚至在某些领域展现出超越人类的智慧与能力。这种智能的觉醒，不仅改变了我们对机器的传统认知，更激发了我们对未来世界的无限遐想。

在日常生活中，AI的应用已经无处不在。智能家居系统能够根据我们的需求和习惯，自动调节室内环境、控制家电设备，提供个性化的娱乐和服务；智能健康管理系统能够实时监测我们的身体状况，提供预警和健康管理建议；智能教育平台则能够根据学生的学习情况，提供个性化的学习资源和辅导方案。这些应用不仅提高了我们的生活质量，也让我们感受到了AI带来的便捷与高效。

在产业升级方面，AI同样发挥着举足轻重的作用。在制造业中，AI通过智能制造、智能供应链等应用，实现了生产过程的自动化、智能化和高效化。这不仅提高了生产效率和产品质量，还降低了成本和环境影响，推动了制造业的转型升级和高质量发展。在服务业中，AI通过智能客服、智能推荐等应用，提升了服务质量和用户体验，为服务行业带来了全新的发展机遇。此外，AI还在金融、农业、交通等多个领域发挥着重要作用，为这些行业的创新和发展注入了新的动力。

然而，AI的发展并非一帆风顺。数据安全与隐私保护、技术成熟度与可靠性、伦理与法规等问题始终伴随着AI的成长。这些问题不仅考验着我们的技术能力和管理水平，更考验着我们的智慧和勇气。面对这些挑战，我们需要加强技术研发，提高AI技术的安全性和可靠性；完善法律法规，保障数据安全和隐私权益；加强国际合作，共同应对AI发展带来的全球性挑战。

展望未来，AI的发展前景无限广阔。随着技术的不断进步和应用场景的持续拓展，AI将在更多领域发挥重要作用。在智能制造领域，AI将推动生产过程的全面智能化和自动化；在智慧城市领域，AI将让城市更加智慧、绿色和宜居；在医疗健康领域，AI将实现疾病的精准预防和治疗；在金融领域，AI将提供更加个性化、智能化的金融服务。同时，AI还将与区块链、物联网等新技术深度融合，共同构建一个更加智能、高效、安全、可信的未来世界。

在这个充满机遇与挑战的时代，我们应该保持开放的心态和创新的精神，积极拥抱AI技术带来的变革机遇。通过加强技术研发、完善法律法规、加强国际合作等方式，共同推动AI技术的健康发展。让我们携手共进，在AI的引领下迈向一个更加美好的未来！

图 9.78

接着，输入指令“阅读附件的文章，总结下它主要讲了什么内容”，可以得到如图 9.79 至图 9.81 所示的反馈指令。

文心一言

这份文件主要讨论了人工智能（AI）的崛起、应用、挑战以及未来发展前景。以下是文件内容的详细总结：

1. **AI的崛起与影响：**
   - AI力量：AI作为一股不可忽视的力量，深刻影响着日常生活、产业升级和社会结构。
   - 多学科融合：AI是计算机科学、数学、神经科学等多个学科交叉融合的结晶。
   - 机器学习与深度学习：通过这些先进技术，AI能从海量数据中提取知识，实现自我学习和优化。
2. **AI在日常生活中的应用：**
   - 智能家居系统：根据需求和习惯自动调节环境，控制家电，提供个性化娱乐和服务。
   - 智能健康管理系统：实时监测身体状况，提供预警和健康管理建议。
   - 智能教育平台：根据学生学习情况提供个性化学习资源和辅导方案。
3. **AI在产业升级中的作用：**
   - 制造业转型：通过智能制造、智能供应链等应用，提高生产效率、产品质量，降低成本和环境影响。
   - 服务业提升：智能客服、智能推荐等应用提升服务质量和用户体验。
   - 多领域应用：AI在金融、农业、交通等领域发挥重要作用，推动行业创新和发展。
4. **AI发展面临的挑战：**
   - 数据安全与隐私保护：随着AI应用的普及，数据安全和个人隐私保护问题日益凸显。
   - 技术成熟度与可靠性：AI技术的成熟度和可靠性仍需提升，以应对复杂多变的应用场景。
   - 伦理与法规：AI发展带来的伦理和法规问题亟待解决，以确保技术的健康发展。
5. **AI的未来展望：**
   - 广泛应用：随着技术进步和应用场景拓展，AI将在更多领域发挥重要作用。
   - 智能制造：推动生产过程全面智能化和自动化。
   - 智慧城市：让城市更加智慧、绿色和宜居。
   - 医疗健康：实现疾病的精准预防和治疗。
   - 金融服务：提供更加个性化、智能化的金融服务。
   - 技术融合：与区块链、物联网等新技术深度融合，构建智能、高效、安全、可信的未来世界。
6. **应对挑战与推动发展：**
   - 加强技术研发：提高AI技术的安全性和可靠性。
   - 完善法律法规：保障数据安全和隐私权益。
   - 加强国际合作：共同应对AI发展带来的全球性挑战。
7. **总结与展望：**
   - AI技术正深刻改变着我们的生活和世界，展现出无限的发展潜力。
   - 面对挑战，我们需要保持开放的心态和创新的精神，积极拥抱AI技术带来的变革机遇。
   - 通过加强技术研发、完善法律法规和加强国际合作等方式，共同推动AI技术的健康发展，迈向更加美好的未来。

讯飞星火

文章主要讲述了人工智能（AI）在科技飞速发展的今天，如何深刻影响我们的日常生活、产业升级和社会结构。具体如下：

1. **AI的定义和重要性**：文章开篇强调了人工智能作为不可忽视的力量，在技术革新和思维方式转变中的作用。
2. **学科交叉与技术进步**：AI是计算机科学、数学、神经科学等多学科融合的结果，通过机器学习和深度学习从数据中提取知识，实现自我学习和优化。
3. **日常生活中的应用**：介绍了智能家居系统、智能健康管理系统、智能教育平台等AI在日常生活中的具体应用，突出其提高生活质量和效率的贡献。
4. **产业升级的影响**：讨论了AI在制造业、服务业以及金融、农业、交通等行业中的应用，如智能制造、智能供应链、智能客服等，展示了其在推动行业高质量发展中的关键作用。
5. **面临的挑战和应对措施**：指出AI发展过程中的数据安全、隐私保护、技术可靠性等问题，并提出加强技术研发、完善法律法规和国际合作等解决方案。
6. **未来展望**：展望了AI在智能制造、智慧城市、医疗健康等领域的发展前景，以及与区块链、物联网等新技术的融合，构建更加智能的未来世界。
7. **呼吁合作与创新精神**：最后呼吁保持开放心态和创新精神，积极拥抱AI带来的变革机遇，共同推动AI技术的健康发展。

图 9.79

图 9.80

图 9.81

每款 AI 工具都具备解析长文本并总结的能力，总体都是采用总分或者总分总的形式展开，内容梳理方面都很有条理性。不过，在语言表达和内容的细分度上有所差异，文心一言和通义千问在总结时更为细致，除了提炼出小标题外，还会对小标题下的内容进一步细分。

除了文档总结能力的差异外，不同的 AI 工具对于上传文档的数量、大小及格式也有所区别。以免费版为例进行对比。其中，文心一言的限制最多，单次仅支持上传一份小于 10MB 的文件；通义千问的读取能力最强，可以同时支持 100 份大小在 150MB 以内的各类文件（见图 9.82）。

	文档数量	单个文件大小	文件格式
文心一言	1	≤10MB	Word/PDF
讯飞星火	100	≤100MB	PDF、DOC、DOCX、TXT、MD、PPTX、PPTSX
通义千问	100	≤150MB	PDF、Word、Excel、Markdown、EPUB、Mobi、TXT
腾讯元宝	50	≤100MB	PDF、DOC、TXT、XLSX
豆包	50	≤100MB	PDF、DOCX、XLSX、TXT、PPTX、CSV
Kimi	50	≤100MB	PDF、DOC、XLSX、PPT、TXT

图 9.82

此问题旨在全面测试 AI 聊天机器人的长文本处理能力。通过阅读并分析长文本内容，机器人需要提炼出文章的主要观点和论据，并理解它们之间的逻辑关系。此外，机器人还需具备一定的批判性思维，能够识别文章中的逻辑漏洞或不足之处，从而展现其深入分析和评价文本内容的能力。

经过上述几组对比试验，相信你已经对如何挑选 AI 智能聊天机器人有了更为清晰的认识。可见，AI 工具没有绝对的好坏之分，它们有着各自的特色及侧重点。在实际工作中应用时，你可以采用上述这种控制变量的对比试验，来选出最适合的 AI 工具。

当然，除了上述 AI 工具，市场上还涌现了众多特色鲜明的 AI 工具，诸如橙篇、海螺 AI、扣子等，它们同样值得关注。你可以参照之前提到的对比试验方法，在自己的工作环境中进行实际测试，以便更加精准地挑选出最适合你需求的 AI 工具。

9.2.2　AI 辅助拟定大纲

尽管 AI 工具的功能各具千秋，但它们的应用方式却大同小异，即都依赖于用户输入的指令来驱动生成内容。因此，在工具选择之外，如何巧妙地提出问题往往成为决定输出质量的关键因素。接下来，我将以豆包 AI 为例，展示其在明确 PPT 设计需求及拟定大纲过程中的具体运用（其他 AI 工具的应用方法也基本类似）。

1. 基于指令生成大纲

例如：假设你是一位资深 PPT 培训讲师，需要为团队做一场时长 1 小时的 PPT 培训，你会如何拟定 PPT 大纲呢？

按照最基础的问法"帮我生成一份 PPT 培训大纲"，得到的结果如图 9.83 所示。

图 9.83

生成的大纲很全面，讲述了 PPT 设计的全流程，但却缺少重点。对于一场 1 小时的培训而言，什么都讲只会点到为止，流于表面，缺乏针对性，培训效果并不好。

为此，需要改良提问的方法。要想让 AI 基于你的实际需求，产出更合适的大纲，首先要做的就是让 AI 了解你的需求是什么。需要你尽可能详细且具体地提供给 AI 相关信息，例如明确做这份 PPT 的目的是什么、受众是谁、用在什么场合，需要重点强调哪几部分等。

由于这些信息比较零碎，为此，我总结了一个相对通用的提问公式（见图 9.84）：

作为 [×××领域] 的专业人士，你目前需要设计一份关于 [具体主题] 的 PPT 大纲，旨在 [明确用途，如培训、汇报、演示等]，目的是 [具体目标，如提升技能、传达信息、激发兴趣等]。请求大纲需满足以下要求：[具体要求，如不超过 × 个章节、包含特定内容、符合特定风格或格式等]。

图 9.84

使用这个公式，可以帮助你更清晰具体地向 AI 传达指令。例如，这个案例中可以这么说：作为资深

PPT 培训讲师，你目前需要设计一份关于 PPT 培训的大纲，旨在向团队的年轻设计师传授 PPT 内容策划方面的技巧，目的是让他们深刻理解 PPT 内容策划的重要性，从而在未来的设计中不再仅仅局限于设计形式，而能更加注重内容的策划与呈现。具体要求如下，培训时长 1 小时，最终输出的大纲不超过 5 个章节。

依据这条指令生成的 PPT 大纲如图 9.85 所示。

提问

作为资深PPT培训讲师，你目前需要设计一份关于PPT培训大纲，旨在向团队的年轻设计师传授PPT内容策划方面的技巧，目的是让他们深刻理解PPT内容策划的重要性，从而在未来的设计中不再仅仅局限于设计形式，而能更加注重内容的策划与呈现。具体要求如下，培训时长1小时，最终输出的大纲不超过5个章节。

回答 豆包

一、引言（10 分钟）

1. 强调内容策划在 PPT 设计中的核心地位
   - 举例说明内容空洞但设计精美的 PPT 的失败案例
   - 对比突出内容优质的 PPT 的影响力
2. 明确本次培训的目标和重要性

二、PPT 内容策划的基础（15 分钟）

1. 明确目标受众
   - 如何进行受众分析
   - 举例：针对不同受众的 PPT 内容侧重点差异
2. 确定核心信息
   - 如何提炼关键要点
   - 练习：从给定的复杂文本中提取核心信息

三、内容结构与逻辑（15 分钟）

1. 常见的内容结构框架
   - 总分总、递进式等结构介绍
   - 案例分析不同结构的效果
2. 保持逻辑清晰的方法
   - 运用过渡页和导航元素
   - 检查逻辑连贯性的技巧

四、内容的视觉化呈现（10 分钟）

1. 用图表、图片替代文字的技巧
   - 展示优秀的视觉化案例
2. 数据的有效展示
   - 选择合适的图表类型

五、总结与答疑（5 分钟）

1. 重点回顾
2. 答疑解惑

图 9.85

优化后的版本更具针对性，它是专门围绕 PPT 内容策划这个板块编写的大纲，满足预期目标，对于筹备培训材料而言，有重要参考价值。

再如：公司正在研发一款大型软件，需要你向集团高层领导汇报当前的研发进程。你该如何构思 PPT 大纲呢？

最基础的问法是“帮我生成一份项目进度报告 PPT 大纲”，生成的结果如图 9.86 所示。它由 11 个章节构成，数目众多，不够聚焦，难以快速看清本次汇报的重点。

提问

帮我生成一份项目进度报告 PPT 大纲

回答 豆包

第一章：项目概述

1. 项目背景
2. 项目目标
3. 项目范围
4. 项目团队

第二章：项目进度总览

1. 计划进度安排
2. 实际进度情况
3. 进度偏差分析

第三章：已完成的工作

1. 任务清单及成果
2. 关键成果展示（图表、图片等）

第四章：未完成的工作

1. 剩余任务明细
2. 未完成原因剖析

第五章：关键里程碑

1. 设定的里程碑节点
2. 已达成里程碑详情
3. 未达成里程碑的影响及应对

第六章：问题与挑战

1. 技术难题
2. 资源短缺
3. 沟通协调障碍

第七章：解决方案

1. 针对问题的具体解决措施
2. 措施实施的时间计划

第八章：资源状况

1. 人力资源投入与分配
2. 资金使用情况及预算对比
3. 物资设备供应

第九章：下阶段计划

1. 任务分解与时间规划
2. 目标设定

第十章：风险与应对

1. 风险识别与评估
2. 风险应对策略

第十一章：总结与展望

1. 项目整体总结
2. 未来前景展望

图 9.86

此时，可以改用之前提到的通用句式，例如：作为 [项目管理] 领域的专业人士，你目前需要设计一份关于 [某大型软件项目开发进度与成果] 的 PPT 大纲，旨在 [向集团高层领导进行工作汇报]，目的是 [展示项目进展、总结经验教训、明确后续工作重点]。这份大纲需满足以下要求：[不超过 5 个章节、包含详细的项目里程碑数据和技术难点突破案例]。此时，生成的结果如图 9.87 所示。

> **提问**
> 作为[项目管理]领域的专业人士,你目前需要设计一份关于[某大型软件项目开发进度与成果]的PPT大纲,旨在[向集团高层领导进行工作汇报],目的是[展示项目进展、总结经验教训、明确后续工作重点]。这份大纲需满足以下要求:[不超过5个章节、包含详细的项目里程碑数据和技术难点突破案例]

> **回答** 豆包
>
> 第一章:项目背景与目标
> 1. 行业现状与项目发起原因
> 2. 项目预期达成的主要目标
>
> 第二章:项目开发进度
> 1. 整体进度百分比及阶段划分
> 2. 关键里程碑的达成情况与数据
> 3. 与计划进度的对比分析
>
> 第三章:项目成果与突破
> 1. 已实现的功能与特性展示
> 2. 技术难点的突破案例与经验分享
> 3. 对业务带来的积极影响
>
> 第四章:经验教训总结
> 1. 项目执行过程中的问题与挑战
> 2. 针对问题的解决措施与改进方向
> 3. 团队协作与沟通的优化经验
>
> 第五章:后续工作重点
> 1. 未完成任务的规划与安排
> 2. 下阶段的关键目标与策略
> 3. 所需资源与潜在风险预估

图 9.87

涉及的章节数目少了许多,公司领导关注的重点部分,如项目进展、总结的经验及后续工作重点,也都以章节名称的形式重点突出了,对于 PPT 内容构思而言很有帮助。

看到这,相信你也发现了,上述的提问技巧,其实与本书第 2 章中介绍的明确需求与拟定大纲的方法是一致的,即始终围绕受众需求及使用场景去构思 PPT。具体可以回看本书第 2 章节获得更多思路。

2. 借助文档辅助生成 PPT 大纲

除了通过对话的形式生成大纲外,还可以上传资料文档辅助生成 PPT 大纲。例如在工作中,经常会遇到这种情况:领导丢给你一堆资料文件,让你从中摘取有用的信息,整理一份报告 PPT。面对这种情况,你会怎么做?

按照常规方式,需要挨个查阅资料,进而从中筛选出具备价值的要点,随后再自行加以总结和凝练。但不得不说,这种方式效率很低。而当下有了 AI 技术,你能够同时上传多份资料文档,让 AI 从中抽取相关的内容,进而梳理出适宜的 PPT 大纲。

具体操作可以分为两步。首先明确一点,工作型 PPT 都是有目的性的,需要围绕受众需求和应用场景而设计,因此同样需要先明确做这份汇报的目的是什么、受众是谁、用在什么场合等基础信息。关于这一步可以借助刚才的公式生成一份基础的 PPT 大纲,例如可以这样问:作为[医疗健康管理]领域的专业人士,你目前需要设计一份关于[中国医疗健康管理行业研究报告]的 PPT 大纲,旨在[向领导汇报行业现状,辅助未来战略决策],目的是[重点展示医疗健康行业的现状及发展趋势等问题],这份大纲不要超过 6 个章节。此时,生成的结果如图 9.88 所示。

> **提问**
> 作为[医疗健康管理]领域的专业人士,你目前需要设计一份关于[中国医疗健康管理行业研究报告]的 PPT 大纲,旨在[向领导汇报行业现状,辅助未来战略决策],目的是[重点展示医疗健康行业的现状及发展趋势等问题],这份大纲不要超过6个章节。

> **回答** 豆包
>
> 第一章:行业概述
> • 医疗健康管理的定义与范畴
> • 行业的重要性与发展背景
>
> 第二章:行业现状
> • 市场规模与增长情况
> • 主要服务模式与特点
> • 政策环境与监管动态
>
> 第三章:竞争格局
> • 各类参与者及其市场份额
> • 主要企业的竞争优势与策略
>
> 第四章:发展趋势
> • 技术创新趋势(如远程医疗、人工智能辅助诊断)
> • 消费需求变化趋势(如个性化、多元化需求)
> • 未来市场走向预测
>
> 第五章:面临挑战与机遇
> • 行业面临的主要挑战(如人才短缺、数据安全)
> • 潜在的发展机遇(如政策支持、新兴市场需求)
>
> 第六章:战略建议
> • 基于现状与趋势的发展战略方向
> • 应对挑战与抓住机遇的策略措施
> • 对未来行业发展的展望

图 9.88

第二步，从文档中收集资料以填充内容。具体操作如下：上传各种资料文档，然后，输入指令"你需要阅读我提供的文档内容，围绕刚才的大纲报告，检索出高质量的信息，并备注信息来源，以细化大纲内容"。此时，得到的细化大纲内容如图 9.89 所示。

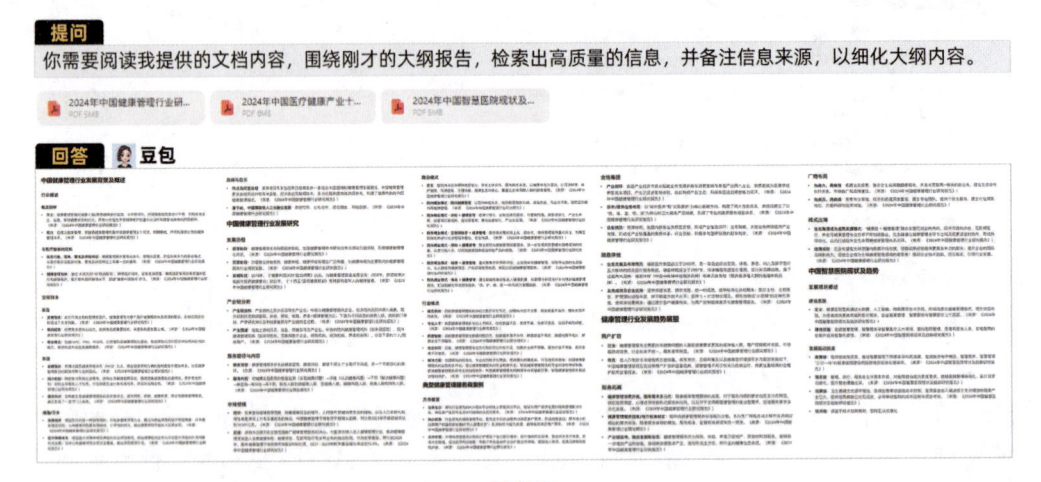

图 9.89

只需简单两步，就可以基于现有内容，得到一份逻辑通顺、内容翔实的 PPT 大纲，节省了阅读大量资料内容的时间，极大提升了工作效率。

可见，AI 工具在 PPT 设计中的应用已经变得越来越普遍，它们能够帮助我们节省时间、提高效率，并创造出更加专业和吸引人的演示文稿。然而，选择合适的工具并合理地提出问题仍然是关键。希望这部分内容能为你在使用 AI 优化 PPT 设计时提供一些有益的指导和启示。

9.2.3 AI 辅助页面设计

除了宏观层面辅助 PPT 大纲生成外，AI 还可以深入单页中，对各种类型的页面设计起到辅助作用。

1. 文案处理

在 PPT 设计中，大段文案的处理往往是一项具有挑战性的任务，但 AI 的出现为这一过程带来了极大的便利和创新。假设你正在制作一个关于"人工智能发展趋势"的 PPT，其中有一页 PPT 的原始文案是这样一大段文字（见图 9.90）。面对这类长文段的 PPT 该如何设计呢？

人工智能在近年来取得了飞速的发展，它已经广泛应用于各个领域，如医疗保健、金融服务、交通运输等。在医疗保健领域，人工智能可以帮助医生进行疾病诊断和治疗方案的制定，提高医疗效率和准确性。在金融服务领域，人工智能可以用于风险评估和投资决策，为客户提供更好的金融服务。在交通运输领域，人工智能可以实现自动驾驶，提高交通安全和效率。然而，人工智能的发展也带来了一些挑战，如数据隐私问题、伦理道德问题等。我们需要认真对待这些问题，以确保人工智能的健康发展。

图 9.90

按照传统方法，需要阅读文段，分类提炼小标题，再结合内容逻辑进行排版，具体可以回看本书第 5 章的文本设计篇。设计的前提是花时间阅读及理解内容，对于陌生晦涩的概念往往比较难理解。

而现在，可以利用 AI 技术进行处理，首先可以对这段文案进行分段。例如，输入指令"依据文段的内容逻辑，将如下文案予以科学分段"，可以得到如图 9.91 所示的结果。

AI 会将其自动划分为不同的部分。接着，输入指令"请给每个段落单独提炼小标题"，AI 就会根据文段内容提炼小标题，如"人工智能发展概况""人工智能的领域应用""人工智能发展挑战"（见图 9.92）。

然后，AI 可以对每个段落进行精简。例如，输入指令"将每个段落的文案适当精简，提取关键信息"，生成的结果如图 9.93 所示。

第 9 章　AI 之翼——如何用 AI 彻底提升工作效率

提问
依据文段的内容逻辑，将如下文案予以科学分段。

回答 豆包
以下是科学分段后的结果：
第一段：人工智能在近年来取得了飞速的发展，它已经广泛应用于各个领域，如医疗保健、金融服务、交通运输等。
第二段：在医疗保健领域，人工智能可以帮助医生进行疾病诊断和治疗方案的制定，提高医疗效率和准确性。在金融服务领域，人工智能可以用于风险评估和投资决策，为客户提供更好的金融服务。在交通运输领域，人工智能可以实现自动驾驶，提高交通安全和效率。
第三段：然而，人工智能的发展也带来了一些挑战，如数据隐私问题、伦理道德问题等。我们需要认真对待这些问题，以确保人工智能的健康发展。

图 9.91

提问
请给每个段落单独提炼小标题

回答 豆包
以下是为每个段落提炼的小标题：
第一段：人工智能发展概况
第二段：人工智能的领域应用
第三段：人工智能发展挑战

图 9.92

提问
将每个段落的文案适当精简，提取关键信息

回答 豆包
以下是精简提取后的关键信息：
人工智能发展概况： 近年来飞速发展，广泛应用于医疗、金融、交通等领域。
人工智能的领域应用： 医疗领域助医生诊断和定方案，提升效率准确性；金融领域用于评估和决策，提供更好服务；交通领域实现自动驾驶，提安全效率。
人工智能发展挑战： 发展带来数据隐私、伦理道德挑战，需认真对待以确保健康发展。

图 9.93

在此基础上，还可以输入指令"请为这段文案凝练一个总结性标题，字数在 15 个字以内。"，便可以得到一个准确又吸引人的标题"人工智能发展：机遇与挑战并存"（见图 9.94）。

提问
请为这段文案凝练一个总结性标题，字数在15个字以内。

回答 豆包
人工智能发展：机遇与挑战并存

图 9.94

此时，就将原本大段文案，处理成了一份结构鲜明、条理清晰的文档（见图 9.95）。

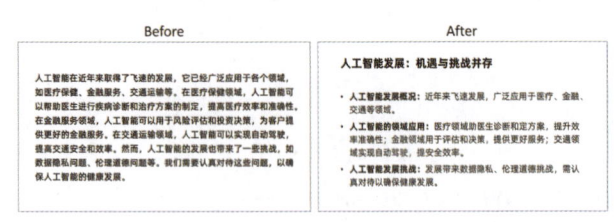

图 9.95

后续只需在这个基础上优化排版即可,非常方便。可见,AI 在处理大段文案时具有非常重要的作用,可以有效提高文案处理的效率和质量,易于观众理解。

2. 生成表格并选择图表类型

合理地应用 AI 对于表格及图表生成也有帮助。例如:假设有一组关于不同城市每月平均气温的数据(见图 9.96)。

```
A市气温变化情况      B市气温变化情况      C市气温变化情况
1月:5℃             1月:0℃             1月:10℃
2月:7℃             2月:2℃             2月:12℃
3月:10℃            3月:5℃             3月:15℃
4月:15℃            4月:10℃            4月:20℃
5月:20℃            5月:15℃            5月:25℃
6月:25℃            6月:20℃            6月:30℃
7月:28℃            7月:23℃            7月:32℃
8月:26℃            8月:21℃            8月:30℃
9月:22℃            9月:17℃            9月:25℃
10月:18℃           10月:13℃           10月:20℃
11月:12℃           11月:8℃            11月:15℃
12月:8℃            12月:5℃            12月:12℃
```

图 9.96

这组数据目前是文字版的,比较零散。可以将这些数据输入 AI 中,并输入指令"请将这组数据以表格的形式展示",即可得到如图 9.97 所示的结果。

图 9.97

接着,可以用鼠标框选 AI 对话界面中的表格,按 Ctrl+C 组合键复制,然后来到 PPT 界面中,按 Ctrl+V 组合键粘贴,即可将表格复制到 PPT 中(见图 9.98)。

图 9.98

在此基础上,你可以在 PPT 中对表格进行二次编辑,例如修改大小、填充颜色、修改线框样式等操作,实现如图 9.99 所示的效果。

图 9.99

关于表格的详细美化技巧,可以回看本书第 5 章表格设计篇章,会有更为详细的指导。

如果你还想进一步将表格转换为图表,AI 也能提供一些指导性的建议。例如,输入指令"请根据这些数据,分析不同城市气温的变化情况,并选择合适的图表类型来直观展示",AI 经过分析后,会给出如图 9.100 所示的反馈。

> **提问**
> 请根据这些数据，分析不同城市气温的变化情况，并选择合适的图表类型来直观展示。
>
> **回答** 🫘 豆包
> 首先分析 A 市，气温整体呈现逐渐上升的趋势，从 1 月的 5℃逐渐升高到 7 月的 28℃，随后 8 月开始略有下降。
> B 市气温起点较低，1 月为 0℃，随后缓慢上升，7 月达到 23℃后，8 月开始下降。
> C 市 1 月气温就相对较高，为 10℃，之后持续上升，6 月到 7 月达到最高 32℃，之后逐渐下降。
> 为了直观展示这些城市的气温变化情况，**折线图**是比较合适的选择。
> 因为折线图能够清晰地反映出每个城市在一年中气温的起伏变化趋势，通过线条的走势，我们可以很容易地比较不同城市气温变化的快慢、高低以及转折点等信息。例如，通过折线图可以明显看出 A 市气温上升的斜率相对较缓，而 C 市气温上升较快。

图 9.100

它会分析当前的这组数据，然后给出选择图表的类型建议以及具体原因。虽然大部分 AI 不能直接生成图表，就算生成了图表也无法直接在 PPT 中使用，但它却可以助你选出合适的图表类型，这点其实非常重要，毕竟选对了图表类型就成功了一半。

当然，如果你已经有了现成的图表，也可以直接将图表以附件的形式上传到 AI 中，然后再输入相应的指令，以获得图表选型的参考意见（见图 9.101）。

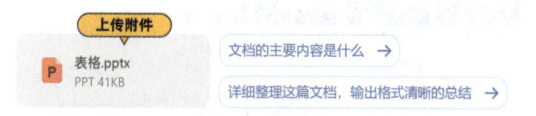

图 9.101

值得注意的是：指令中需明确图表的应用目的，而不仅仅是输入"请根据数据选择契合的图表类型"这种笼统的话，毕竟图表本身没有好坏之分，只有合适与否。关于图表的设计及选用方法，具体可以回看本书第 5 章图表设计篇的内容，会有更为深入且详细的指导。

以上应用案例展示了 AI 在处理数据、生成表格、提供图表类型选择方面的高效性和智能性。只需提供原始数据和明确诉求，AI 就能迅速画出表格，并选择合适的图表类型，为后续的分析和决策提供有力支持。无论是在科学研究、商业分析还是日常生活中，这种便捷的功能都具有重要的价值，都能够帮助我们更快速地理解和处理大量的数据信息。

3. 查找资料，辅助内容理解

在制作 PPT 时，难免遇到复杂难懂的概念，例如新零售、蓝海战略、平台经济、长尾理论等，如果不理解这些商业概念是什么意思，那么在设计时就会受限。例如：这页关于新零售与传统电子商务区别的 PPT（见图 9.102 左侧），如果不理解"新零售"的概念，那么就无法理解右侧复杂的逻辑图是什么含义，只能做些基础的排版工作（见图 9.102 右侧），很难做更深入的设计。

图 9.102

这时，就可以借助 AI 来辅助理解。例如，输入指令"用小学生都能听懂的概念解释下什么是新零售"，AI 就能用最通俗的话语，为你生动形象地解释相关概念的含义（见图 9.103）。

当然，如果想要获得一些更为专业且精准的解释，也可以直接使用 AI 搜索相关文献。这里推荐使用腾讯元宝，因为在之前的 AI 能力测评中，腾讯元宝查询资料的能力更为出色。例如，输入指令"请解释什么是新零售"，它就会详细解释新零售的概念，并且提供相关的资料来源（见图 9.104），方便验证资料的准确性。

图 9.103

图 9.104

总之，借助 AI 查询复杂难懂的概念，比原本借助传统的搜索引擎所搜索的答案更为精准高效，对于理解商业 PPT 的内容逻辑具有重要作用，从而做出更有深度的设计（见图 9.105）。

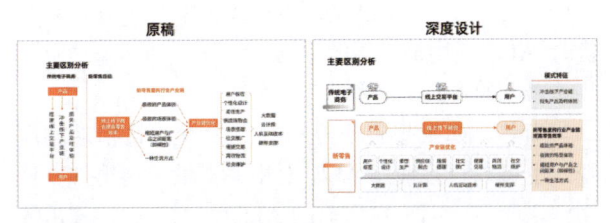

图 9.105

4. 搜索素材资源网站

在制作 PPT 的过程中，搜索素材可是一项重要又有点头疼的任务。无论是吸引人的图片、简洁明了的图标、生动有趣的视频，还是恰到好处的音频，这些素材都能让 PPT 变得更加精彩。然而，对于刚开始接触 PPT 制作的新手来说，常常会陷入不知道该去哪里寻找这些素材的困境。

这个时候，神奇的 AI 就像是我们的超级助手，能够助你轻松解决这个难题。例如，当你想要查找高质量的图片素材时，只需要向 AI 输入指令"请推荐几个好的图片素材网站"，AI 就能迅速给出一系列有用的建议（见图 9.106）。

生成的结果中不仅提供了网址，还用一句话简单描述了网站的特色，方便用户选择适合自己的图片素材网站。在此基础上，你还可以根据自己的具体需求，添加更多个人偏好的关键词，让 AI 推荐的素材网站更加符合我们的心意。假如你想要免费的图片素材网站，就可以输入"请推荐几个免费且支持中文输入的图片素材网站"，AI 马上就能筛选出那些不需要花钱，且支持中文搜索的图片网站（见图 9.107）。

第 9 章　AI 之翼——如何用 AI 彻底提升工作效率

提问
请推荐几个好的图片素材网站。

回答　豆包

图 9.106

提问
请推荐几个免费且支持中文输入的图片素材网站

回答　豆包

图 9.107

当然，AI 生成的结果不一定完全正确，你可以选择其中的一些站点测试下，从中选出最适合你的图片素材网站。类似的还有图标、视频、字体、音效等各类素材网站，都可以采用这个技巧来获取。

除此之外，你还可以询问 AI 一些高效的工具网站，例如，当你需要对图片进行抠图处理，但自己又不太擅长使用专业软件时，可以跟 AI 说"推荐几个简单易用的在线抠图网站"，AI 就会马上为你提供那些操作方便、效果出色的抠图工具网站（见图 9.108）。

提问
推荐几个简单易用的在线抠图网站。

回答　豆包

图 9.108

或者，想要获取一些高效的插件或者软件，都可以采用类似的技巧来搜索，例如输入指令"推荐几款好用的思维导图软件"（见图 9.109）。

提问

推荐几款好用的思维导图软件。

回答 豆包

基于 16 个搜索来源

为你推荐以下几款思维导图软件：

- **GitMind**：一款支持在电脑、手机、网页和平板设备上使用的思维导图软件，无节点数量限制，导出无水印。主要功能有 AI 一句话生成思维导图、图片转思维导图、文档自动转思维导图、大纲视图、一键自动布局、多人实时协作、插入公式/贴纸/备注、批量管理文件、格式刷、自定义主题、快速查看历史版本、插入关系线、添加概括、演示模式、一键分享思维导图、多格式文本导出、电脑手机云同步等。可用来轻松制作思维导图、逻辑结构图、业务流程图、UML 图、组织架构图、拓扑图以及数据流图等，适用于做读书笔记、项目规划、会议记录以及头脑风暴、产品规划等。
- **MindManager**：一款非常实用的思维导图软件，可以帮助用户组织和展示思路，支持多种图表类型，包括心智图、石川图、树形结构图、组织结构图和电子表格等，可用于捕捉想法、组织报表、知识管理、会议记录和任务管理等。该软件在全球范围内广受欢迎，被广泛应用于商业和学术领域。
- **iMindMap**：思维导图创始人托尼·巴赞（Tony Buzan）开发的思维导图软件，线条自由，具有手绘功能。结合独特的自由形态头脑风暴视图模式和系统的思维导图视图模式，特别适用于头脑风暴、策划和管理项目、创建演示文稿等。
- **XMind**：一款国内比较知名的思维导图软件，该软件有 Plus/Pro 版本，提供更专业的功能。除了常规的思维导图，XMind 同时也提供了树状图，逻辑结构图和鱼骨图，具有内置拼写检查，搜索，加密，甚至是音频笔记功能。
- **MindNode**：作为一款好用的思维导图软件，界面简洁，操作人性化，基本功能一应俱全。可以与 Mac 电脑同步，还提供了无线局域网访问。运用 Mindnode，我们可以轻松记录下自己的想法和知识结构。

这些软件都具有各自的特点和优势，可以根据你的需求和使用习惯选择适合自己的思维导图软件。

图 9.109

总之，有了 AI 这个强大的帮手，在制作 PPT 时搜索素材就不再是一件让人烦恼的事情了。它能够快速、准确地理解你的需求，为你推荐最合适的素材网站和工具，提高 PPT 制作的效率，从而创作出更加出色的作品。

5. AI 辅助创意设计

一个好的创意对于 PPT 而言至关重要，它能够极大地提升 PPT 的吸引力和影响力。例如：在做述职汇报 PPT 时，如果直接以“20×× 年述职汇报 PPT”为标题，作为封面，会显得平淡无奇，难以给人留下深刻印象。

此时，可以巧妙地结合 AI，从而联想出更具创意的标题名称。例如，假设你在财务部工作，那么就可以给 AI 输入指令：我是公司的一名财务，主要工作包含成本核算、预算编制、财务风险评估等，现在要做述职汇报，请帮我起一个类似“争做公司的扩音器”这种带有比喻色彩，能够概括我的主要职责，且给人留下一定悬念的汇报标题（见图 9.110）。

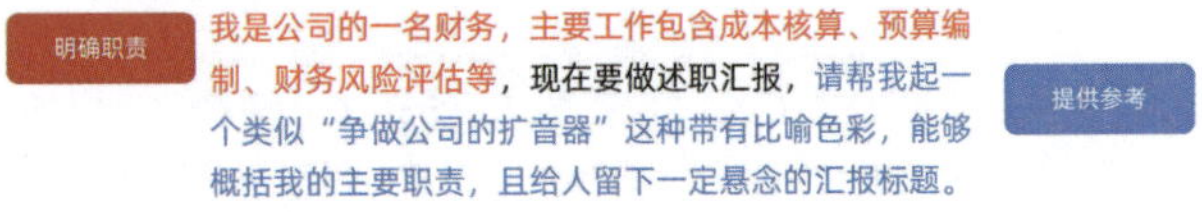

图 9.110

为了让生成的标题更加精准可控，需要清楚描述你的具体岗位职责，并给 AI 提供一个灵感参考，例如“争做公司的扩音器”，AI 就可以基于这个风格生成富有创意的标题了（见图 9.111）。

提问

我是公司的一名财务，主要工作包含成本核算、预算编制、财务风险评估等，现在要做述职汇报，请帮我起一个类似“争做公司的扩音器”这种带有比喻色彩，能够概括我的主要职责，且给人留下一定悬念的汇报标题。

回答 豆包

可能的标题：

1. 《成为公司的金算盘：精打细算控成本，精准预算谋发展》
2. 《担当公司的风控卫士：筑牢财务风险防线，守护公司稳健前行》
3. 《变身公司的理财军师：算无遗策控成本，运筹帷幄编预算》
4. 《做好公司的财务管家：精打细算降成本，未雨绸缪控风险》
5. 《充当公司的财富导航员：精准核算引方向，合理预算促前行》
6. 《成为公司的财务守护者：严控成本保效益，稳扎稳打防风险》
7. 《担当公司的价值创造者：优化成本增效益，科学预算助腾飞》
8. 《做好公司的经济卫士：严守成本底线，筑牢风险防线》
9. 《充当公司的财务舵手：把握成本方向，驾驭预算之舟》
10. 《成为公司的理财能手：算好成本账，编准预算表，把好风险关》

图 9.111

你可以按照需求从中选择一个，例如“成为公司的金算盘：精打细算控成本，精准预算谋发展”，采用这种极具创意的封面标题，可以很好地抓住评委、领导以及同事的注意力，给人留下深刻的印象。让他们在看到标题的瞬间，就对你的工作内容和重点产生兴趣，为后续的展示奠定良好的基础。关于这种创意标题的应用技巧，可以回看本书的第 2 章节的创意思维篇，以获得更详尽的指导。

除了标题设计外，AI 在 PPT 设计风格的选择上也发挥着显著的指导性作用。例如，你想要制作一份关于“茶文化旅游推广”的 PPT，可以输入指令：你是一名资深的设计师，要做一份关于“茶文化旅游推广”的 PPT，受众是旅游爱好者和旅行社从业者，使用场景是旅游展会，请帮我推荐几个契合该主题的

PPT 风格。AI 就会给出相应的风格及设计建议（见图 9.112）。

提问
你是一名资深的设计师，要做一份关于"茶文化旅游推广"的 PPT，受众是旅游爱好者和旅行社从业者，使用场景是旅游展会，请帮我推荐几个契合该主题的 PPT 风格。

回答 豆包
以下是几个契合"茶文化旅游推广"主题的 PPT 风格推荐：
1. 古典雅致风：运用中国传统的茶文化元素，如古典的茶具、水墨画、书法等，营造出一种高雅、宁静的氛围，让受众感受到茶文化的深厚底蕴。
2. 清新自然风：以绿色的茶园、优美的自然风光为背景，搭配简洁的图表和文字，展现出茶文化与自然的和谐之美，给人一种清新、舒适的感觉。
3. 民俗风情风：融入各地独特的茶文化民俗，如茶艺表演、茶歌茶舞等，通过丰富多彩的图片和视频，展示茶文化的多样性和魅力。
4. 现代简约风：采用简洁的设计风格，突出茶文化的核心信息，如茶的种类、功效、旅游路线等，以清晰、直观的方式呈现给受众。
5. 文化体验风：注重受众的参与感，通过设置互动环节，展示茶文化体验活动的图片和视频，让受众仿佛身临其境，感受到茶文化旅游的乐趣。

这些风格都能够突出"茶文化旅游推广"的主题，吸引受众的注意力，您可以根据具体需求和喜好进行选择。

图 9.112

你可以从中挑选出一种风格，如"古典雅致风"后，可以进一步细化询问：帮我细化"古典雅致风格"，并提供一些具体的设计建议，比如页面布局、色彩搭配和字体选择等方面。AI 就会给出更为详尽的设计参考（见图 9.113）。你可以以此为参考，设计出新颖且契合主题的作品。

提问
帮我细化"古典雅致风格"，并提供一些具体的设计建议，比如页面布局、色彩搭配和字体选择等方面。

回答 豆包
以下是古典雅致风格的细化设计建议：
页面布局：
1. 采用对称式或中式传统布局方式，营造平衡与和谐的美感。
2. 可以将页面分为多个区域，如标题区、图片展示区、文字说明区等，每个区域的布局要简洁明了。
3. 在页面中适当留白，给人以清新、舒适的感觉，避免过于拥挤。
4. 可以使用一些古典的装饰元素，如边框、花纹、印章等，来增强页面的艺术感。
色彩搭配：
1. 以淡雅的色彩为主，如米色、浅黄色、淡绿色、淡蓝色等，体现出茶文化的清新与雅致。
2. 可以搭配一些深色系的颜色，如褐色、深红色、深灰色等，来突出重点内容或营造层次感。
3. 色彩的搭配要协调统一，避免过于鲜艳或刺眼的颜色组合。
字体选择：
1. 选择具有中国传统文化特色的字体，如楷体、行书、隶书等，体现出茶文化的韵味。
2. 字体的大小和颜色要根据内容的重要性进行合理搭配，重要的标题可以使用较大和醒目的颜色。
3. 避免使用过于花哨或难以辨认的字体，确保文字的清晰可读。

具体设计建议：
1. 标题页：使用一幅精美的水墨画作为背景，上面用行书字体书写标题，如"茶文化之旅：品味千年古韵"，字体颜色可以选择深红色，与背景形成鲜明对比。
2. 目录页：采用分栏式布局，左侧列出目录内容，右侧配以与茶文化相关的图片，如茶壶、茶杯等。字体可以选择楷体，颜色为棕色。
3. 内容页：每一页的顶部可以设置一个标题栏，用浅色的木纹图案作为背景，上面用隶书字体书写标题。正文部分可以使用仿宋字体，颜色为黑色。在页面的边缘或角落处，可以添加一些古典的装饰元素，如印章、花纹等。
4. 图片展示页：将图片以居中或对称的方式排列在页面上，周围可以用浅色的边框进行装饰。图片的下方可以用简洁的文字说明图片的内容。
5. 图表页：使用简洁的图表来展示数据，如柱状图、折线图等。图表的颜色可以选择与整体风格相符的淡雅色彩，如淡蓝色、淡绿色等。图表的标题和说明文字要清晰明了。

总之，古典雅致风格的 PPT 设计要注重细节，通过精心的布局、色彩搭配和字体选择，营造出一种充满文化底蕴的氛围，让受众能够更好地感受茶文化的魅力。

图 9.113

再如，当你要制作一份关于"新能源汽车技术突破"的 PPT，可以向 AI 输入指令：你是一名资深的设计师，要做一份关于"新能源汽车技术突破"的 PPT，受众是汽车行业专家和科技爱好者，使用场景是行业研讨会，请帮我推荐几个契合该主题的 PPT 风格。AI 就会给出相应的建议（见图 9.114）。

提问
你是一名资深的设计师，要做一份关于"新能源汽车技术突破"的 PPT，受众是汽车行业专家和科技爱好者，使用场景是行业研讨会，请帮我推荐几个契合该主题的 PPT 风格。

回答 豆包
以下是几个契合"新能源汽车技术突破"主题的 PPT 风格推荐：
1. 科技未来风：运用简洁的几何图形、流畅的线条和具有科技感的蓝色、银色等色调，展示新能源汽车的前沿技术和未来发展趋势。
2. 动感活力风：以充满活力的色彩，如红色、橙色等，搭配动态的图表和图片，体现新能源汽车的高性能和速度感。
3. 环保创新风：采用绿色、蓝色等与环保相关的色彩，展示新能源汽车的可持续发展理念和创新技术。
4. 数据可视化风：通过清晰、直观的图表和数据展示，突出新能源汽车技术的突破和优势。
5. 工业质感风：运用具有质感的材质图片和灰色、黑色等色调，体现新能源汽车的工业制造水平和技术实力。

这些风格都能够突出"新能源汽车技术突破"的主题，满足汽车行业专家和科技爱好者的需求，您可以根据具体内容和演讲氛围进行选择。

图 9.114

在这个基础上,再选定合适的风格(如"科技未来风"),让AI进一步细化得到更多设计参考(见图9.115)。

提问
帮我细化"科技未来风格",并提供一些具体的设计建议,比如页面布局、色彩搭配和字体选择等方面。

回答 豆包

以下是"科技未来风"的细化设计建议:

页面布局:
1. 采用简洁、大气的布局,减少不必要的装饰和元素,突出重点内容。
2. 可以使用全屏布局或宽屏布局,以展现科技的广阔感和前瞻性。
3. 运用分屏或分区的方式,将不同的内容分类展示,使页面结构清晰。
4. 适当运用线条和几何图形来引导观众的视线,增强页面的层次感和立体感。

色彩搭配:
1. 以蓝色、银色、灰色等冷色调为主,体现科技的理性和冷静。
2. 可以加入一些鲜亮的色彩,如黄色、绿色等,作为点缀,增加页面的活力和科技感。
3. 注意色彩的对比度,使文字和图表等内容清晰可读。

字体选择:
1. 选择简洁、现代的字体,如Arial、Helvetica等,避免使用过于花哨的字体。
2. 可以使用加粗、倾斜等方式来突出重点内容。
3. 字体的颜色要与背景色形成鲜明对比,确保文字的可读性。

具体设计建议:
1. 标题页:使用简洁的字体和大字号展示标题,如"新能源汽车技术突破:驶向未来"。背景可以采用星空或科技线条的图案,营造出未来感。
2. 目录页:以简洁的列表形式呈现目录内容,每个条目之间用线条或箭头连接,引导观众的视线。
3. 内容页:每一页的顶部设置导航栏,方便观众随时切换页面。使用高清的图片和图表来展示新能源汽车的技术突破,如电池技术、自动驾驶技术等。可以运用动画效果来展示图表的变化,增强演示的效果。
4. 图表页:选择简明的图表类型,如柱状图、折线图等,并用颜色和标签来突出关键数据。图表的背景可以采用透明或浅色的材质,使图表更加突出。
5. 结尾页:展示新能源汽车的未来展望和发展前景,用鼓舞人心的语言来结束演讲。

总之,"科技未来风"的PPT设计要注重简洁、清晰、科技感,通过合理的页面布局、色彩搭配和字体选择,展现能源汽车技术的突破和未来发展的潜力。

图9.115

通过这些案例可以看出,AI提供的建议整体方向是正确的,对于初学者而言,具有很强的指导意义。

以上便是本节的全部内容。通过运用控制变量法,对几款主流AI工具的优缺点进行了对比,展示了AI在大纲以及PPT内页设计中所起到的重要作用。不过,以上展示的仅仅是个别功能,其具体的应用领域远不止于此。在今后设计PPT时,大家可以养成结合AI处理问题的习惯。当然,在此需要着重强调的是,AI得出的结果不一定完全正确,只能作为一种参考。若想在PPT设计中灵活运用AI,仍需熟悉PPT设计的各个环节。因此,本书前面几个章节的内容显得尤为重要,它们能够助你更好地使用AI,提升设计效率与质量。

9.3 走进AI绘画的神奇魔法世界

在PPT制作过程中,图片素材的收集和处理无疑是决定设计感的关键因素。然而,我们常常会面临诸多困扰。例如,想要一张特定主题的图片,如海底神秘世界的场景,却难以在素材网站中找到满意的;或者想要一种独特风格的图片,如复古科幻风格的城市街景,却发现不容易找到契合的。此外,对于不具备PS技能的人来说,不知道如何高效地修图也是一个大问题。这些问题常常让我们在PPT制作中感到无奈,严重影响了PPT的整体质量和效果。

然而,随着AI绘画工具的兴起,上述问题得到了有效的解决。AI绘画是一种基于人工智能技术的创新应用,它具有强大的理解能力。当你向AI绘画工具输入相关的指令和描述时,它能够迅速捕捉你的意图,并根据这些信息生成相应的图片。这种智能生成图片的方式,不仅大大节省了我们寻找图片的时间,还能精准满足我们个性化的需求。例如,若需获取一张包含闪烁萤火虫和古老城堡的梦幻森林夜景图片,传统方法可能难以在素材网站中找到如此具体且独特的图像。然而,借助AI绘画工具,仅需输入指令"梦幻森林夜景,有闪烁的萤火虫和古老的城堡",即可迅速生成所需图片(见图9.116),极大地提高了效率。

梦幻森林夜景,有闪烁的萤火虫和古老的城堡

图9.116

让我们一起满怀期待地迎接接下来的学习吧!在

此提前声明，AI 工具始终处于不断迭代的状态。当你翻阅这本书籍时，部分工具的操作界面很可能已经发生了变化。所以，不必拘泥于某项功能的参数设置或操作方法，重点应放在学习 AI 工具的选用技巧和设计思维上。因为这些技巧和思维能够帮助你在不断变化的生活中准确找到学习的方向，从而以不变应万变。

9.3.1 选择 AI 绘画工具

随着 AI 技术的不断发展，市面上涌现出了大量 AI 绘画工具，其中最为知名的要数 Midjourney 以及 Stable Diffusion 了，它们在生成图像的质量、可控性方面都是当下顶级的。然而，这两款工具都有一定的使用门槛：Midjourney 需要科学上网且支付费用才能使用；而 Stable Diffusion 免费且支持本地部署，但学习门槛高且对电脑性能要求很高。

基于以上这两点因素，大部分普通人其实没有条件去使用它们，而且很多人对于 AI 绘画的需求仅仅是快速地获取理想的图片，如果学习或使用门槛较高，对于他们而言就失去了学习的意义。因此，本着实用主义理念，本节将介绍几款国内用户都可以使用的在线 AI 绘画网站，带你走进 AI 绘画的魔法世界。

接下来，我将测试多款 AI 绘画工具，包括通义万相、堆友、WHEE、海艺 AI（见图 9.117），以评估其性能，并从生成图片的质量、修改图片的能力以及功能丰富度等角度进行全面评判，带你深入了解不同 AI 绘画工具的特色及使用方法。相信通过本节的学习，能够让你更好地使用 AI 技术，提升 PPT 的设计感和表现力。

图 9.117

1. 文生图功能

文生图是最基本的功能，它在一定程度上能够反映出 AI 绘画工具的语义理解以及基本绘图能力。对其进行测试的具体方法如下：通过输入物品、风景以及人像这 3 类常见的指令，来测试不同 AI 工具的出图效果。需要注意的是：这里先着重展示 AI 绘画工具的效果，而关于操作部分将会在后续进行详细的展开。

1）物品

测试物品类图像的生成效果。在 AI 提示词框中输入对具体物品的描述，例如"一个精致的古董花瓶，瓶身上绘有细腻的花卉图案，放在一张木质的桌子上，旁边还有一本打开的书"。图片生成效果如图 9.118 所示。

图 9.118

从效果图能够看出，每款 AI 工具对于语义的理解均较为准确，画面中都呈现出了花瓶、木质的桌子以及书本。然而，在细节处理方面，各工具之间仍存在一定的差异。通义万相及海艺 AI 的描述更贴合语义中提及的"古董花瓶、花卉图案"，并且书本放置在花瓶的旁边；而堆友的花瓶明显被虚化，花卉纹理的表现也不够显著；WHEE 的花瓶并非古董花瓶，且花瓶压在了书本上，而非直接放置在桌子上，这与输入的指令存在差异。

接下来看生成图像的画质。其中，WHEE 和海艺 AI 的效果更为写实，色彩鲜艳且自然；通义万相的画面也较为丰富，但画面具有一种油画模型的质感，不够写实；而堆友的画面整体偏灰暗，不够美观。此外，堆友和 WHEE 生成的图片均带有水印，需成为 VIP 会员后方可去除。

2）风景

测试风景图的生成效果。在 AI 提示词框中输入有关风景的描述，例如"壮丽的山脉，山顶覆盖着皑皑白雪，山下是一片郁郁葱葱的森林，还有一条清澈的溪流蜿蜒而过"，得到的效果如图 9.119 所示。

图 9.119

从语义理解及呈现的角度来看，每张照片都成功地描绘了指令中提到的元素，如山、森林和小溪。然而，在构图上存在差异，堆友采用了俯视视角，而其他 3 项则采用了平视视角。这里需要额外说明一点，通义万相起初在当前指令下无法生成图像，后来是改用"雪山，山下是森林，还有一条小溪"这样的描述，才获得了目前的图像。

接下来看生成图像的画质。通义万相的图像色彩最为丰富，但依旧有着浓重的油画质感，并不像真实的照片；堆友的画风偏灰暗，细节不够丰富；WHEE 的画质不错，但是树木略显偏矮，不太像森林；而海艺 AI 则在画面光影、真实感以及细腻度等方面的表现都较为出色。

3）人像

测试生成人像的效果。在 AI 提示词框中输入有关人物的描述，例如"培训师在讲台上讲课，台下坐满了学员"，能够得到如图 9.120 所示的效果。

先来看语义理解方面，此次的效果差异显著，仅有 WHEE 和海艺 AI 满足了指令中提到的培训师和学员，其余两项则看不到演讲者。

图 9.120

接着来看出图的效果。不得不说，AI 在人像生成这一块还是不够成熟，特别是多人物的场景，都不约而同地出现了面部及肢体的变形。不过，WHEE 和海艺 AI 的整体效果还算可以，后期只要经过二次修复还是能够接受的。

总体而言，就文生图方面来讲，AI 对语义的理解总体较好，然而在细节处理方面存在偏差。从这 3 组测试能够看出，海艺 AI 的综合表现力最为突出。当然，这并不能轻易判定某一款 AI 工具是最为优秀的，毕竟测试的维度以及数量都相对较少。但这里只是提供了一种对比的方式，你可以从中大致了解不同 AI 工具生图的特点，从而更好地进行选择。

2. 修图能力

除了文生图以外，修图能力也是 AI 绘画工具的一个重要亮点。在某些情况下，图片中可能存在需要修正的部分，或者用户希望对画面中的物体进行个性化调整。下面就通过两组基础测试，来检验不同 AI 工具的修图功能。

例如：这是一张男生的照片（见图 9.121），现在要借助 AI 绘画工具为男生戴上一副黑框眼镜。

图 9.121

借助 AI 工具的修图功能，可以得到如图 9.122 的效果。

图 9.122

此过程主要利用了 AI 的局部重绘功能，通过指定重绘区域和描述词，实现对画面内容的定向修改。其中，WHEE 和海艺 AI 的生图效果最佳，极为自然地给人物戴上了眼镜，虽然人物的形象有了一定的变化，但整体与原图中人物的相似度依旧比较高；通义万相虽然也较为自然，然而人物的造型已经完全改变；堆友的修图效果则稍微弱了一些。

再如：这张照片描述的是木板上摆放着一本书和一个苹果（见图 9.123）。

图 9.123

现在想要删除其中的苹果，来看看 AI 绘画工具的表现吧（见图 9.124）。

图 9.124

从效果图可以看出，所有 AI 工具均能成功消除苹果，但堆友在消除过程中会添加额外元素，而海艺 AI 则留下灰色涂抹痕迹，影响生成效果。在修图方面，通义万相和 WHEE 表现最佳，能够自然消除画面中的特定元素，其中 WHEE 的修图效果尤为显著，能够精确处理木板纹理，实现无缝衔接。

总的来讲，通过这几组测试能够看出，WHEE 的修图功能最为出色，尤其是人像表达这一块，在之前文生图的测试中也能印证这一点。

3. 附加功能

除了上述所提及的基础能力之外，AI 绘画网站还具备众多附加的功能。这些功能操作简便，能够轻松实现理想的效果，如同手机 App 中的预设功能一样，既便捷又高效。

下面，让我们看一看各个 AI 工具的特色功能。

通义万相拥有 4 大独特的应用：（1）能够创建虚拟模特，用户可以根据自己的需求设定模特的外貌、身材、服装等细节，生成极具个性化的虚拟形象；（2）可以进行涂鸦作画，让用户自由发挥创意；（3）能够拍摄艺术写真，为用户打造专属的艺术照片；（4）能够生成特色的艺术文字，以满足用户的多样化需求（见图 9.125）。

图 9.125

堆友的功能丰富多样，它预先设定了 9 大应用场景。例如：可以轻松实现一键抠图，将所需的图像元素精准地从背景中分离出来；能上传商品图片，瞬间将其转为吸引人的海报；可以通过独特的滤镜，将你的照片转换为独特的艺术照片，增添艺术氛围和独特魅力等（见图 9.126）。

图 9.126

此外，堆友还有一个特色的 3D 素材库，里面内置了大量 3D 素材图片（见图 9.127）。

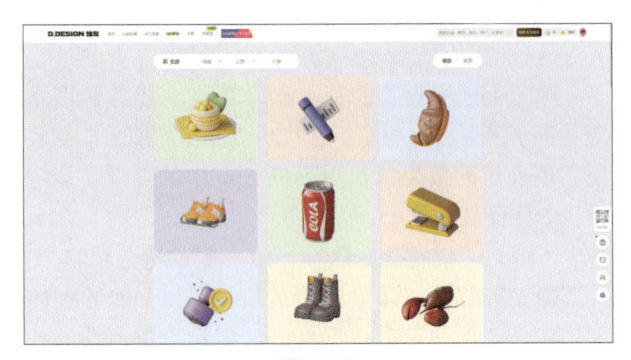

图 9.127

将鼠标悬停于图片上时，将显示"编辑"和"下载"选项。单击"编辑"，用户可对该对象进行二次优化，包括实时旋转和曝光调节，随后下载（见图 9.128）。此功能提供 360 度全方位展示，非常适合用于详细介绍特定对象。

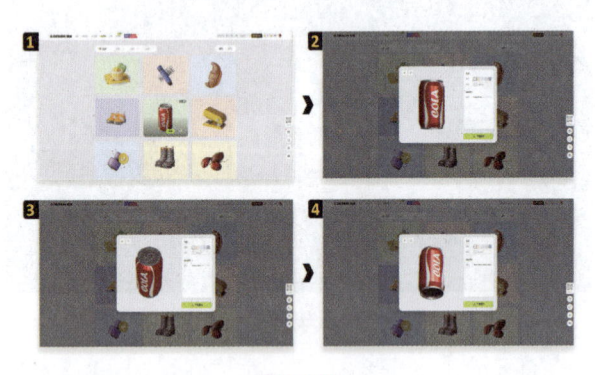

图 9.128

WHEE 预先设定了 6 大应用场景，包括 AI 扩图、AI 无痕消除、AI 生视频以及 AI 模特图等。其中，AI 扩图功能使原本有限的画面得以延展；AI 无痕消除功能则使画面更加简洁；AI 生视频功能带来动态视觉体验；AI 模特图功能允许用户根据个人喜好设定模特的外貌、姿态和风格，创造出理想的虚拟模特形象（见图 9.129）。

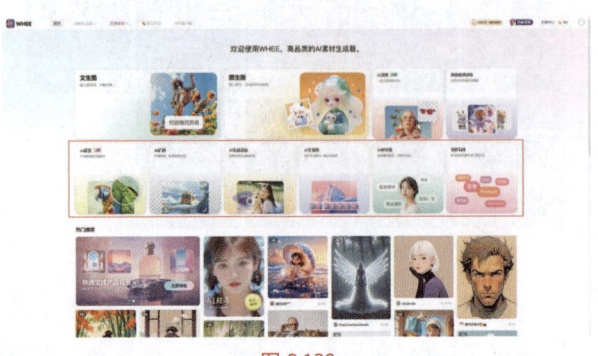

图 9.129

海艺 AI 的功能极为丰富，涵盖了 13 种由网站预设的快捷 AI 功能，包括 AI 漫画生成器、AI 模特试衣、草稿成图、Sora 文生视频等。AI 漫画生成器功能能够展现充满想象力和创意的漫画世界；AI 模特试衣功能允许用户轻松切换不同的服装款式；草稿成图功能则让创意在初步阶段就能得到快速呈现；Sora 文生视频功能则带来动态的精彩视觉体验。此外，还有大量社区精选应用，如：一键将照片中的建筑转化为冰淇淋效果，充满奇幻色彩；一键替换场景背景，瞬间营造全新氛围；将动漫角色转换为真实照片，实现视觉上的奇妙转变等。（见图 9.130）

图 9.130

总体而言，每款 AI 工具都具备自身的特色功能，能够一键达成众多创意有趣的效果。在这当中，海艺 AI 的综合表现最为突出，关于以上的特色功能将会在后续进行详细介绍。

以上这几款均是不错的国产 AI 绘画工具，然而它们并非完全免费，每次生成图片时都会消耗一定的"积分"。

通过上述几点因素，可以看出海艺 AI 及 WHEE 在出图效果、修图能力、功能丰富性方面的综合表现更具优势（见图 9.131）。

AI 绘画工具评测				
	出图效果	修图能力	功能丰富性	推荐指数
通义万相	良	良	良	★★★
堆友	良	中	优	★★★
WHEE	优	优	良	★★★★
海艺AI	优	良	优	★★★★

注：以上建议属于个人观点，仅供参考

图 9.131

9.3.2 AI 绘画的实战应用

打开 AI 绘画工具网站，面对铺面而来的各种功能，想必你会感到困惑，究竟如何更好地使用 AI 呢？实际上，每款 AI 工具的操作方法都颇为相似，只要熟练掌握其中一款，其余的自然也就能够掌握了。下面，以海艺 AI 为例，详细向你展示 AI 绘画工具的使用技巧。

单击海艺 AI 首页右上角的"创作"，就会进入 AI 绘画的工作区域（见图 9.132）。

图 9.132

海艺 AI 的绘画工作区分为 4 个区域。左侧工具栏用于切换各种功能选项（如文生图、图生图、条件生图等）；底部的指令输入区用于填写提示词，告诉 AI 想要生成怎样的内容；右侧的参数设置区用于控制生成图像的风格、数量、尺寸等参数；而中间的效果预览区，则用于输出呈现最终的结果（见图 9.133）。

图 9.133

在这里可以完成一系列 AI 绘画操作，大致可以分为 4 个类型：文生图、图生图、条件生图，以及附加功能。

1. 文生图

文生图是指根据输入的文字描述来生成图像。例如，在底部的指令输入区描述你想要的画面内容，如"一辆车"，单击"生成"，稍等几秒钟就会得到车的照片（见图 9.134）。

图 9.134

此时生成了一张图片，图片比例为 1:1。如果想要改变生成图像的数量及尺寸比例，可以通过调节右侧的基础设置，控制图像的数量及尺寸比例，例如将数量设置为 2，尺寸选择 16:9。再次单击"生成"，即可得到两张幻灯片常用比例的图片（见图 9.135）。

图 9.135

如果目前的效果还没有达到想象中的要求，可以对输入的提示词进行优化，添加一些更为细致的描述。当然，对于新手而言，在写提示词时可能并没有什么想法，在此分享一个写提示词的小技巧：可以结合 AI 绘画工具来辅助写提示词。例如，在豆包 AI 的对话框中，单击左侧的"发现 AI 智能体"，在搜索栏输入"AI 绘画提示词"，会看到很多 AI 绘画提示词功能项（见图 9.136）。

单击第一个"AI 绘画提示词生成器"，输入关键词，它就会围绕你输入的关键词，联想出一系列提示词，你可以从中获取一些参考，来细化你的提示词描述（见图 9.137）。

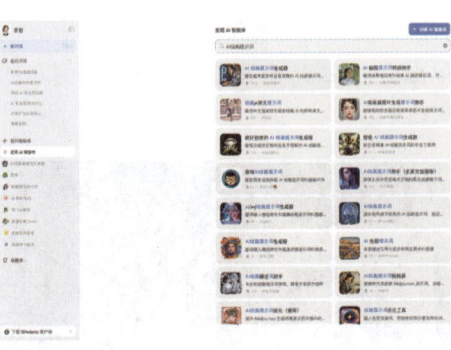

图 9.136

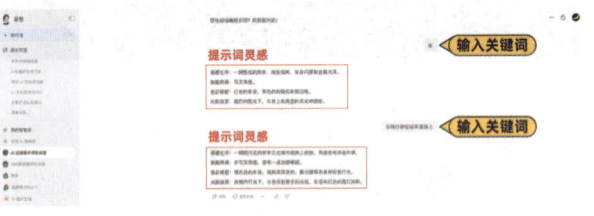

图 9.137

例如：一辆红色的跑车，疾驰在繁华的城市街道上，流线型的车身，低矮而紧凑。每组描述词中间用逗号隔开，AI 就会得到相应的效果图（见图 9.138）。

图 9.138

描述的特征越具体，生成的图像就越贴近你心中所想。在 AI 绘画中，你甚至可以实现以前 PS 都达不到的效果，类似"让大象转身"的操作，也只需在关键词后面加上一个"正面视角"的提示词即可（见图 9.139）。

这就是 AI 绘画的神奇魅力，它可以快速生成你想要的各种效果，甚至是一些现实中不存在的事物。例如，想要获得一辆在太空中行驶的汽车，可以输入提示词"银色的未来感汽车行驶在太空中，背景是广阔的宇宙，大场景视角"，就会得到一张汽车行驶在宇宙中的照片（见图 9.140）。

图 9.139

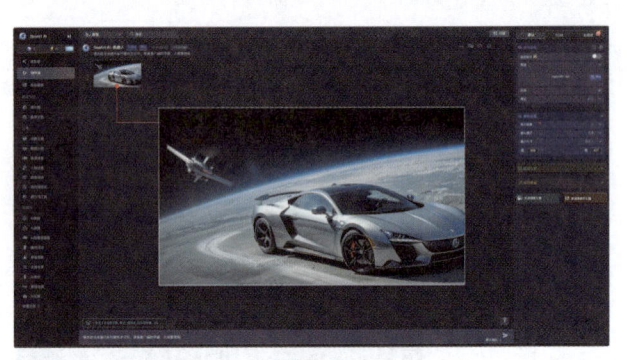

图 9.140

不过，如你所见，目前的这张照片虽然大体感觉还行，但是车辆还是比较写实的，缺少了"未来感"，这是因为纯粹通过文字描述，很难快速达到理想的状态。

为了更好地控制 AI 的生成效果，往往需要搭配合适的模型和风格来辅助。将目光切换到右侧的参数设置区，可以看到上方有"模型"和"风格"这两个选项（见图 9.141）。

图 9.141

其中，"模型"（即 Checkpoint）用于控制生成图像的整体风格走向，例如默认使用的是"麦橘写实"大模型，它是一种写实风格的大模型，因此之前几组生成的图像都是写实风格的。而"风格"(即 LoRA)可以基于模型进行特定方向的优化和调整。它们之间的关系有点类似于本书第 4 章介绍的母版式和子版式之间的关系(见图 9.142)。

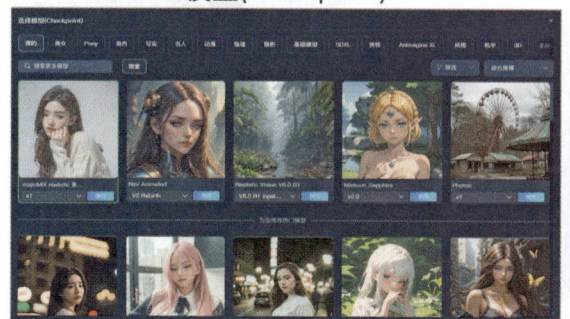

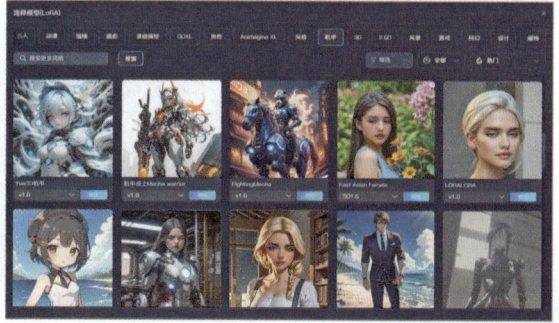

图 9.142

简单来说,模型和风格就是用于控制生成图像的风格和细节设定的。例如:如果将模型改为机甲风格,如 MechaMix,此时采用与此前完全相同的提示词"银色的未来感汽车行驶在太空中,背景是广阔的宇宙,大场景视角",生成图像中的汽车细节就更丰富了,有种机甲战车的感觉(见图 9.143)。

图 9.143

在此基础上,通过应用一种特定的"风格"(即 LoRA),如 cybcar,可以在机甲风格的基础上增添流光线条的元素,从而创造出独特的视觉效果(见图 9.144)。

这种结合展现出极高的创意与视觉冲击力,令人印象深刻。尽管使用相同的提示词,但通过叠加不同的大模型(Checkpoint)和风格(LoRA),能够产生截然不同的视觉效果(见图 9.145),这充分展示了模型与风格组合的无限魅力。这种机制类似于内置的风格细节模板,加载相应的模型后,即可将特定效果应用于作品中。通过组合不同的模型和风格,能够创造出丰富多样的设计形式,极大地拓展了 AI 绘画的创意空间。

图 9.144

图 9.145

当然,生成单张的画作还不是终点,因为有时会因为初始设置的分辨率不理想,而导致生成的图像很模糊,如果重新设置参数生成,不一定会得到和之前一样的图片。其实,在生成图像的基础上,还可以对它进行细化编辑。单击生成图像的预览图后,将自动跳转至二次编辑界面(见图 9.146)。

界面右上角提供了多种常用的二次编辑工具,包括"高清修复"功能,用户可选择放大倍数进行图像优化,最高支持放大至 4 倍(见图 9.147)。

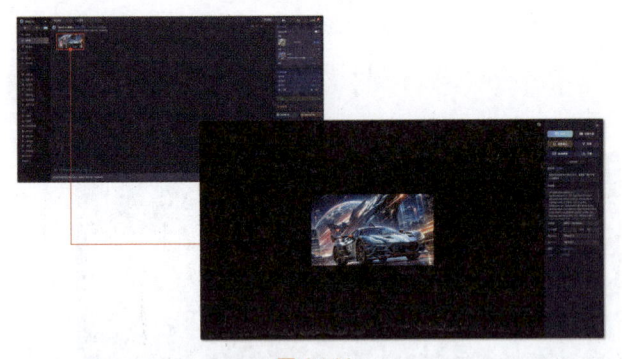

图 9.146

图 9.147

经过放大处理后，图像细节更加清晰，整体质感显著提升（见图 9.148）。

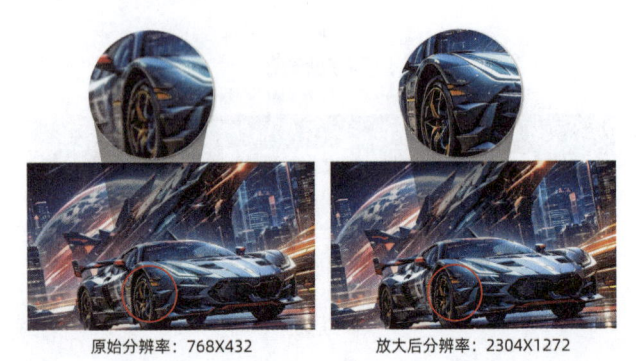

图 9.148

此外，还提供了"创意超分"和"变体"功能。"创意超分"在高清放大的基础上进行细节微调，而"变体"则专注于对图像局部进行深度优化。关于局部修图的详细技巧，将在后续的图生图部分进行阐述。

总体而言，文生图功能如同一个丰富的图片素材库，用户可根据需求快速获取所需图像，极大地便利了 PPT 制作中的图片选择过程。例如，在设计金句页 PPT 时，可以直接基于文案设定提示词，快速得到理想的图片（见图 9.149）。

图 9.149

此外，还可利用 AI 的大模型及风格 LoRA 生成一系列风格统一的素材图片，以增强页面设计的整体协调性和美观度（见图 9.150）。

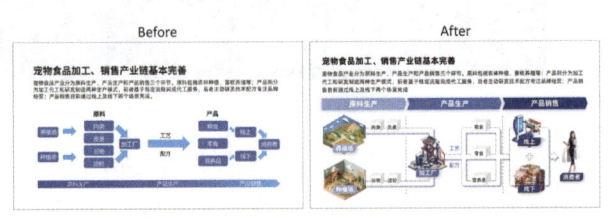

图 9.150

总之，只要你能想到，并且描述清楚，AI 就会为你生成想要的图片。然而，AI 生成图像过程中也可能遇到挑战，如图像质量未达预期或人物肢体错位等问题。为解决这些问题，需提升描述词的精准度，并合理搭配大模型及风格 LoRA，以实现更优质的生成效果。

2. 图生图

图生图是指基于已有的图片来生成新的图片。用户上传一张原始图片，AI 会分析该图片的特征和风格，并根据一定的算法进行转换，从而生成与原图有一定关联但又有所不同的新图片。单击左侧工具栏中的"图生图"选项，即可进入图生图界面。界面中央设有图片上传区域，右侧参数设置区包含"重绘强度"选项，该选项通过调整数值来控制生成图像与原图的相似度，数值越高则差异越大，反之则越接近原图，从而实现对最终生成效果的精细调控（见图 9.151）。

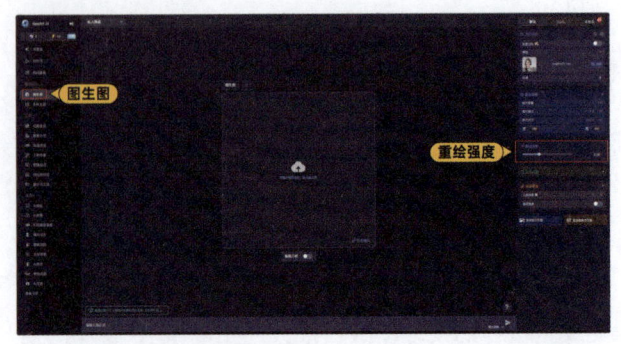

图 9.151

图生图最主要的功能就是修复图片，例如之前提到的给男孩戴眼镜的案例就是如此。上传一张图片，它的右侧会出现画笔的图样，单击画笔会弹出一个新的窗口，在这里可以用画笔涂抹图片，其中红色的部分是选中的区域。确定选区后，在下方输入指令"男孩戴着黑框眼镜"。单击生成即可对涂抹的区域进行重绘，使男孩戴上了眼镜。（见图9.152）

图 9.152

这里的重绘强度设置为0.56，是经过多次试验后得来的结果。如果你对生成的图像效果不满意，可以通过调节画笔涂抹的区域，以及重绘强度的参数来控制最终生图的效果。有了图生图，就可以对现有图片进行二次编辑，灵活修复图片中的各种细节，提高图片质量。

3. 条件生图

条件生图是可控性最强，以及应用最频繁的一项功能。它可以根据特定的条件或规则来生成图片，这些条件可以是线稿、动作捕捉、区域构图等，方便使用者更精准地控制图像。

单击左侧工具栏中的"条件生图"，中间同样会出现一个图片上传区域，这与图生图很相似。区别在于画面右侧的参数设置区出现了"控制网"（即ControlNet）这一项（见图9.153）。在这里，你可以设置一些控制选项，用于控制最终生图的效果。

当你单击控制网中的"类型"，会弹出一个新的窗口，里面预设了16种控制类型，例如边缘检测、姿态识别、线稿细化、涂鸦上色等，通过缩略图你能大致看出每种控制类型的作用，灵活地选用控制器，可以定向地控制出图的效果（见图9.154）。

虽然控制器的类型有很多，但常用的主要有3种：边缘检测、姿态识别、深度检测。下面，我将分别介绍几个典型应用，助你更好地掌握条件生图这项技能。

图 9.153

图 9.154

（1）边缘检测。

边缘检测就是提取画面中元素的边界轮廓，然后重新填充颜色纹理的一种技巧，预设中的许多控制类型都与边缘检测的效果相近，例如线稿细化、模型识别、动漫线稿细化等，只是擅长的场景有些许差异（见图9.155）。

图 9.155

边缘检测常用于改变图片原本的风格。例如：这幅风景画（见图9.156左侧），你可以通过条件生图功能，将它变为卡通风格样式（见图9.156右侧）。

图 9.156

对比前后效果会发现，整体只是画风发生了变化，构图和元素基本保持一致。因此，可以从两个方面来设置参数，分别是画风的转变及保持元素一致性。在文生图部分就介绍过，画风主要是受到大模型（Checkpoint）及风格（LoRA）的控制。因此，可以在右侧的参数设置区，将大模型及风格LoRA换成更偏向二次元的类型，如大模型选择Counterfeit-V3.0，而风格LoRA选择Howls Moving Castle（见图9.157）。这里的类型不唯一，你可以多尝试几种组合，从而选出效果最好的那一款。

图9.157

接下来，要保持元素的一致性。上传原图并且适当描述下图片的场景，如"火车驶过山间，动漫风格"。然后要调节右侧的控制网（也就是ControlNet），在这里你可以选择控制类型，本次目的是保持生成图像与原图中元素的一致性，因此可以选择"边缘检测"这个控制类型（见图9.158）。最后，单击生成，即可实现真实照片动漫化的效果。在做PPT过程中，经常会用到这种风格转换技巧，让同一张素材适配各种应用场景，拓宽素材的适用范围。

图9.158

（2）姿态识别。

姿态识别是指将上传的人物图片作为参考，提取人物的姿态和动作，并生成一张与原图姿态相同的新图片。例如：当你上传一张人物照片，然后将控制网类型设置为"姿态识别"，此时在底部的提示词输入区，填写指令，如"男生，在办公室，穿着西装"。（见图9.159）

图9.159

单击生成，即可得到一张职场人士的照片（见图9.160右侧），值得注意的是：效果图中的人物与原图人物的姿势是完全一致的，这正是姿势识别控制类型的作用。

借助这项功能，可以定制化人物的姿态，做出理想的图片。

图9.160

（3）深度检测。

深度检测是指将上传的图片作为参考，提取其中的深度信息，也就是画面中元素相对的远近，从而生成构图相似的新图片。通过一个案例来演示下它的基本功能：首先上传一张图片作为参考图片，将控制网的类型设置为"深度检测"，然后在提示词框中输入一个新的场景，例如"山林"（见图9.161）。

单击生成，即可得到一张山林的图片，而且它与原始图片的构图完全一致（见图9.162右侧），这是因为AI提取了原图的构图形式，并将它赋予了新生成的图片，这也正是深度检测控制类型的作用。它常用于定制一些统一且多样化的场景，提升设计的丰富度。

图 9.161

图 9.162

4. 附加功能

除了文生图、图生图、条件生图外，海艺 AI 还有许多附加功能，只需简单的操作，即可实现很多创意效果。下面，我将列举一些应用频率比较高的功能，助你更好地了解其中的用法。

（1）工具。

第一个工具是智能补图。在做设计时，经常会遇到一类问题，素材图明明很好看，但是图片的尺寸比例不合适（见图 9.163 左侧），直接铺满屏幕会裁剪掉很多细节，使用"形状填充"又不够自然。此时，就可以使用"智能补图"功能，来重新生成图片四周的图（见图 9.163 右侧）

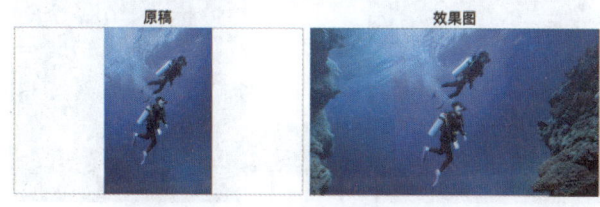

图 9.163

单击"智能补图"，然后上传图片，此时图片四周会出现可拖动的选框（见图 9.164）。

按住鼠标左键，拖动左右两侧的选框，会出现空白区域，后续这里会被填充成具体的内容，至于填充什么，可以在下方输入具体的指令，例如"海洋"（见图 9.165）。

图 9.164

图 9.165

单击生成，即可在原本图片的两侧自然地填补海洋元素，有了这个神技，后续在做 PPT 时就可以不再受图片素材比例的限制了。

第二个工具是高清修复。在做设计时，经常会遇到一些低画质的图片，原图只有 441KB，直接用在设计中会显得模糊不清，影响整体的质感（见图 9.166 左侧）。此时，可以使用"高清修复"功能来重新提高作品分辨率，优化后的图片尺寸变为 6.93MB（见图 9.166 右侧）。

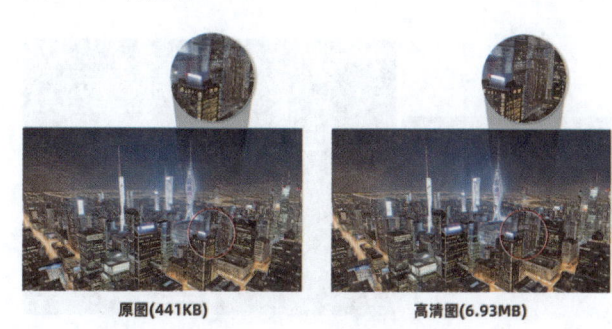

图 9.166

具体操作方法如下：单击"高清修复"，上传需要修复的原图，然后在右侧设置放大倍数即可，最高可放大至 4 倍，单击"创作"即可得到一张高清大图（见图 9.167）。

图 9.167

第三个是提示词工具，里面包含了 5 大提示词类别，如质量、绘画、画面效果、容貌、构图（见图 9.168），为你提供专业细致的提示词灵感。

图 9.168

以"容貌"这一项为例，单击展开后会出现头发、头饰、眼睛、耳朵、表情这 5 个类别，再单击"头发"，又会展开多达 153 个提示词（见图 9.169），非常细致，基本涵盖你能想到的所有诉求了。当你灵感枯竭，不知道如何描述画面时，就可以来这里寻找灵感。

图 9.169

（2）快捷 AI。

第一个功能是 AI 滤镜，它可以一键实现照片风格的转换，例如将写实的人物头像做成卡通风格（见图 9.170）。

图 9.170

具体操作非常简单。单击"AI 滤镜"，上传一张人物照片，在右侧会提供一系列风格选项，当你将鼠标移动到对应预览图上方，它会动态显示当前预设的效果，例如这里选择"漫画"中的"欧美卡通插画"，单击"开始创作"，即可在原图基础上生成一张卡通漫画风格的人像（见图 9.171）。

图 9.171

第二个功能是草稿成图，这对于不会画画的朋友而言简直是创作宝藏。当你单击"草稿成图"，会跳转到一个新的界面，里面有一张空白的画板（见图 9.172）。

图 9.172

可以选择画板右侧的画笔工具，在其中绘制想要的图案，例如绘制一个向日葵的场景，然后在下方输入提示词"一朵向日葵"，接着可以选择画作的风格，这里选择"写实摄影"（见图 9.173）。

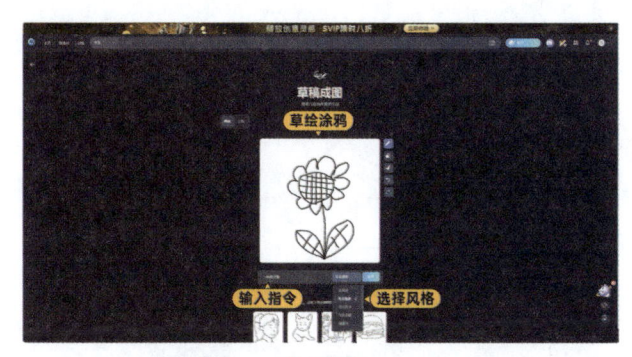

图 9.173

最后单击生成，稍作等待，AI 会基于你的画作生成一幅写实的照片（见图 9.174 右侧）。是不是非常神奇呢？有了这个神技，人人都可以是神笔马良！

图 9.174

第三个功能是 AI 写真。有了这个功能，你不用去照相馆，也可以做出高质量的 AI 画作。单击"AI 写真"，会跳转到一个全是人像的页面，里面有各种场景的人像照片，例如毕业季、礼服、形象照等。挑选一个你想要的图片预设，将鼠标移动到上方会出现"制作同款"字样（见图 9.175）。

图 9.175

单击"制作同款"，然后上传一张你的个人正面照片（见图 9.176）。

单击"开始创作"，稍作等待，就会基于你的形象生成 4 张高清形象照片，找一张正面照片来看下效果（见图 9.177 右侧）。你觉得可以打几分呢？

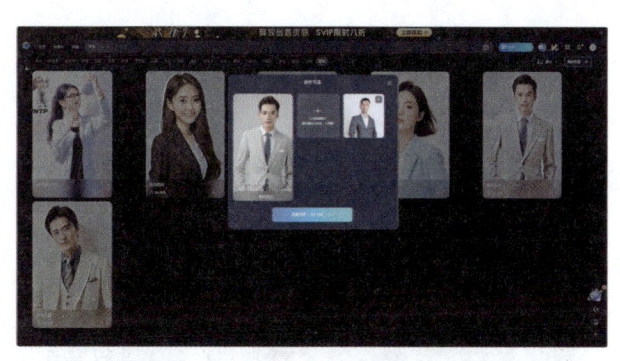

图 9.176

图 9.177

这个技巧非常有趣，你可以选用不同的场景，为自己或家人定制专属的形象照片了。

除海艺 AI 外，其余的 AI 工具也有一些比较有趣且好用的功能，下面简单列举 3 个。

例如：在通义万相中，可以快速生成创意的艺术字效果（见图 9.178）。

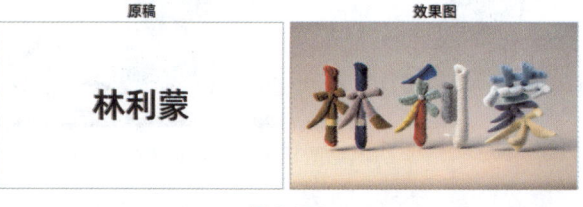

图 9.178

具体操作方法如下：在通义万相主页的"应用广场"中单击"艺术字"，即可跳转到艺术字编辑界面（见图 9.179）。

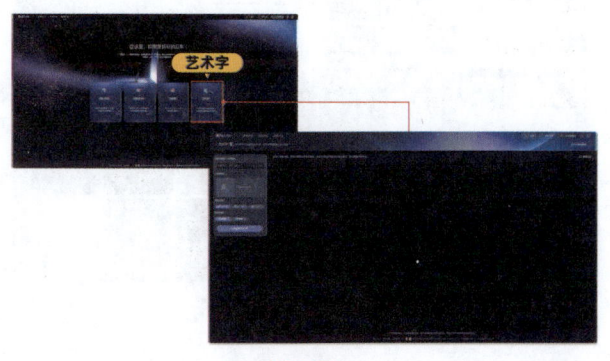

图 9.179

在这里只需输入文案，选择一种艺术字风格、图片比例以及图片背景的类型，即可生成创意文字（见图9.180）。

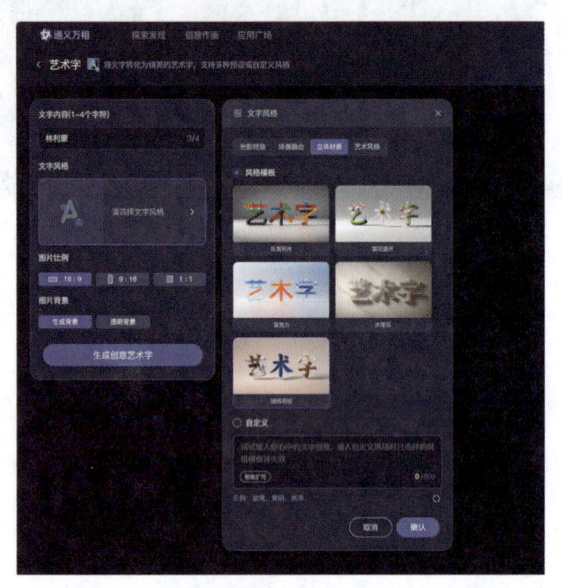

图9.180

再如：在堆友中，可以快速为产品量身打造合适的场景背景（见图9.181），提高产品的表现力。

图9.181

具体操作方法如下：在堆友官网单击"AI工具箱"，在众多预设功能中选择"AI商品图"（见图9.182）。

图9.182

在新弹出的界面中，上传一张产品图片，即可进入场景编辑界面（见图9.183）。

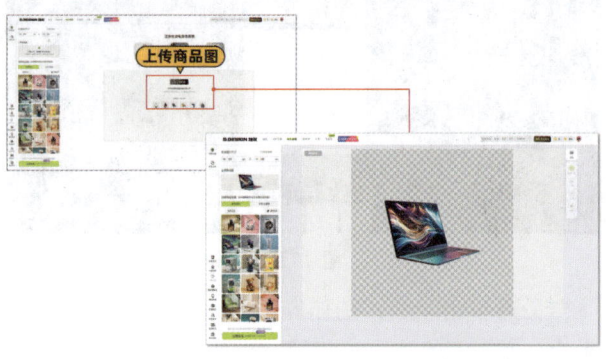

图9.183

在场景编辑界面，设置好尺寸，并选择合适的场景，单击"立即生成"，即可为当前产品图量身定制专属的场景（见图9.184）。

图9.184

AI产品图功能在设计产品介绍类PPT时具有重要意义，为产品打造专属的场景，提升定制感（见图9.185）。

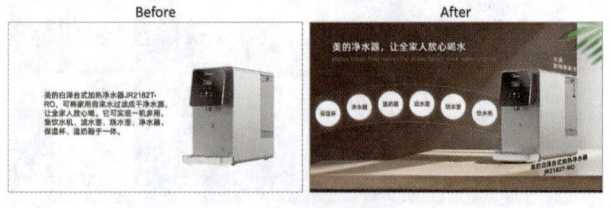

图9.185

又如：在WHEE中，可以快速抹去画面中不需要的元素，例如之前介绍的消除苹果的案例（见图9.186）。

具体操作方法如下：在WHEE官网中单击"AI无痕消除"，在弹出的界面中上传图片（见图9.187）。

图 9.186

图 9.187

图 9.188

使用下方的涂抹工具，对画面中不需要的部分进行涂抹，接着单击"立即生成"，即可快速去除选中的元素（见图 9.188）。

以上就是本节的全部内容，利用控制变量法对比了不同 AI 工具的功能，并详细介绍了海艺 AI 的使用方法，它的整体功能还是比较多的，上述只是列举了少部分应用，更多实用功能可以自行尝试。当你熟悉这款 AI 工具后，会发现其他 AI 绘画工具的使用方法也都是类似的，可以快速上手使用。当然，一款 AI 工具往往不能满足所有需求，要学会找到每款 AI 工具的特长，综合运用才能达到事半功倍的效果。

9.4　AI 时代：开启高效办公新纪元

在当今数字化飞速发展的时代，如同一场科技革命的浪潮，AI 工具正以惊人的速度渗透到我们生活的方方面面。从日常的信息搜索到高效的会议办公，再到便捷的文本写作，甚至是在线答题等，AI 以其独特的魅力和无限的可能性，正悄然改变着我们的生活方式和工作模式。接下来，本节将带你走进 AI 的奇妙世界，探索 5 款提升工作效率的 AI 工具在日常生活与工作中的具体应用，揭示 AI 技术所带来的便利与创新，让我们共同见证这场科技革命带来的全新变革。

1. 秘塔 AI 搜索

秘塔 AI 搜索是一款极具创新性和实用性的智能搜索工具，它的操作界面非常简洁，但功能却很强大（见图 9.189，网址为 https://metaso.cn/?s=bdpc）。在主界面中提供了简洁、深入、研究 3 种模式，分别对应了 3 种回答的详细程度。其中，简洁模式适合快速获取核心要点，深入模式能让人更好地理解回答的依据和方法，研究模式则适用于需要深入探究和获取全面、权威信息的情况。用户可以根据自己的需求选择不同的回答详细程度。

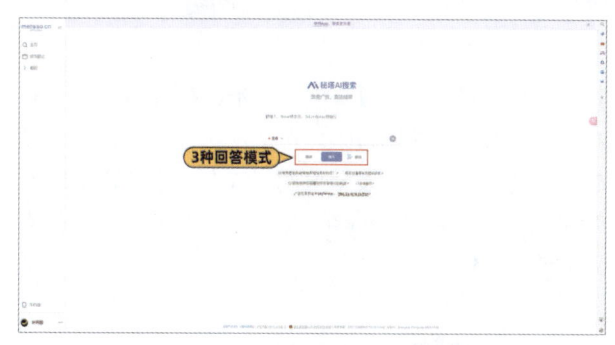

图 9.189

相较于传统的搜索引擎，秘塔 AI 搜索能够精准理解用户提出的复杂问题，无论是学术领域的专业知识，还是日常生活中的琐碎疑问，都能迅速给出准确、详细且有针对性的答案。

例如：假设你是一位研究人工智能在医疗领域应用的学者，想要了解最新的研究进展。可以在秘塔

AI 搜索中输入"人工智能在医疗领域的最新应用"，选择"研究"的回答模式，秘塔 AI 搜索即可迅速为你呈现相关的回答、事件及参考文献（见图 9.190）。

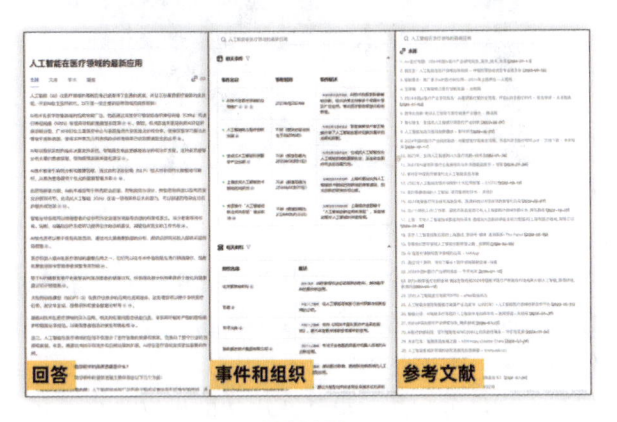

图 9.190

此外，该秘塔 AI 搜索工具还自动提炼并总结了关键信息，以思维导图及大纲的形式呈现（见图 9.191），便于用户迅速把握核心内容。

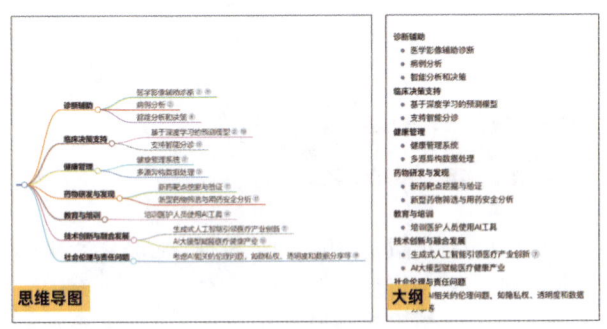

图 9.191

在这些回答、思维导图、大纲等信息中，都会夹杂一些浅灰色的圆圈数字。单击这些数字，它会跳转到对应的文章、报道及学术期刊等专业信息源（见图 9.192），方便你查阅更详细的内容，也印证了观点及数据的可靠性。

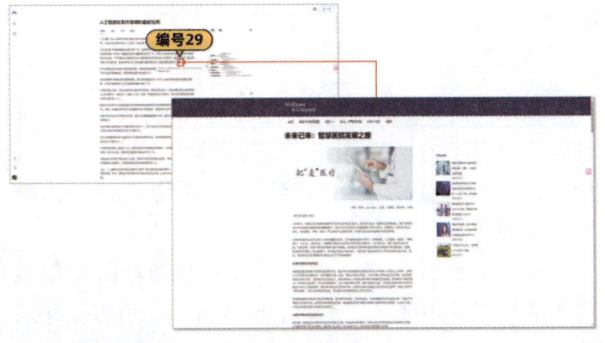

图 9.192

如果你要基于此做一份 PPT，也可以单击思维导图下方的"生成演示文稿"（见图 9.193）。

图 9.193

它会提供一份基础的文字稿 PPT（见图 9.194），你可以基于此进行展开设计。

图 9.194

再如：假设你是一位市场营销人员，现在需要为新产品制定推广方案，想要获取一些成功的案例和创意灵感。那么，就可以输入"成功的新产品推广案例"，秘塔 AI 搜索即可展示出多个不同行业的成功案例，并分析其推广策略和效果（见图 9.195）。

除了学术搜索及办公应用外，秘塔 AI 搜索对于日常生活也有很大帮助。例如：你计划去瑞士旅行 3 天，想了解当地的特色美食和景点。于是输入"推荐瑞士旅行的特色美食和景点，并制作一个 3 天的旅游攻略"，秘塔 AI 搜索即可提供详细的美食介绍、景点推荐，甚至包括当地的交通和住宿建议（见图 9.196）。

图 9.195

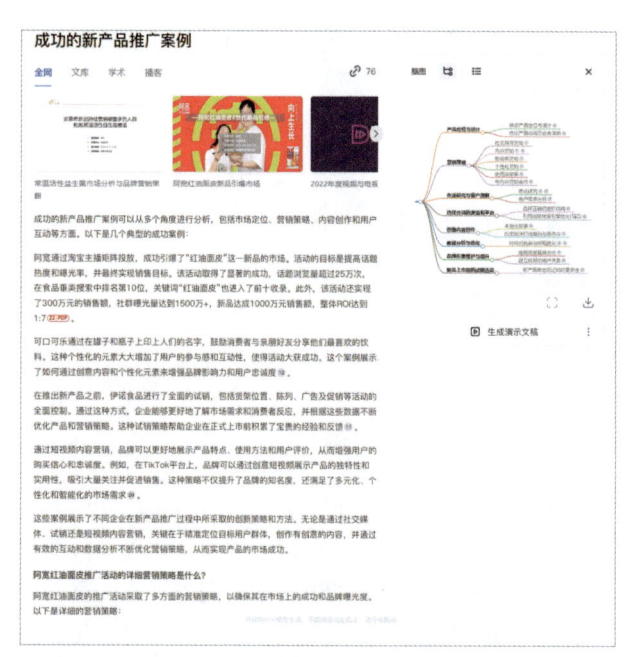

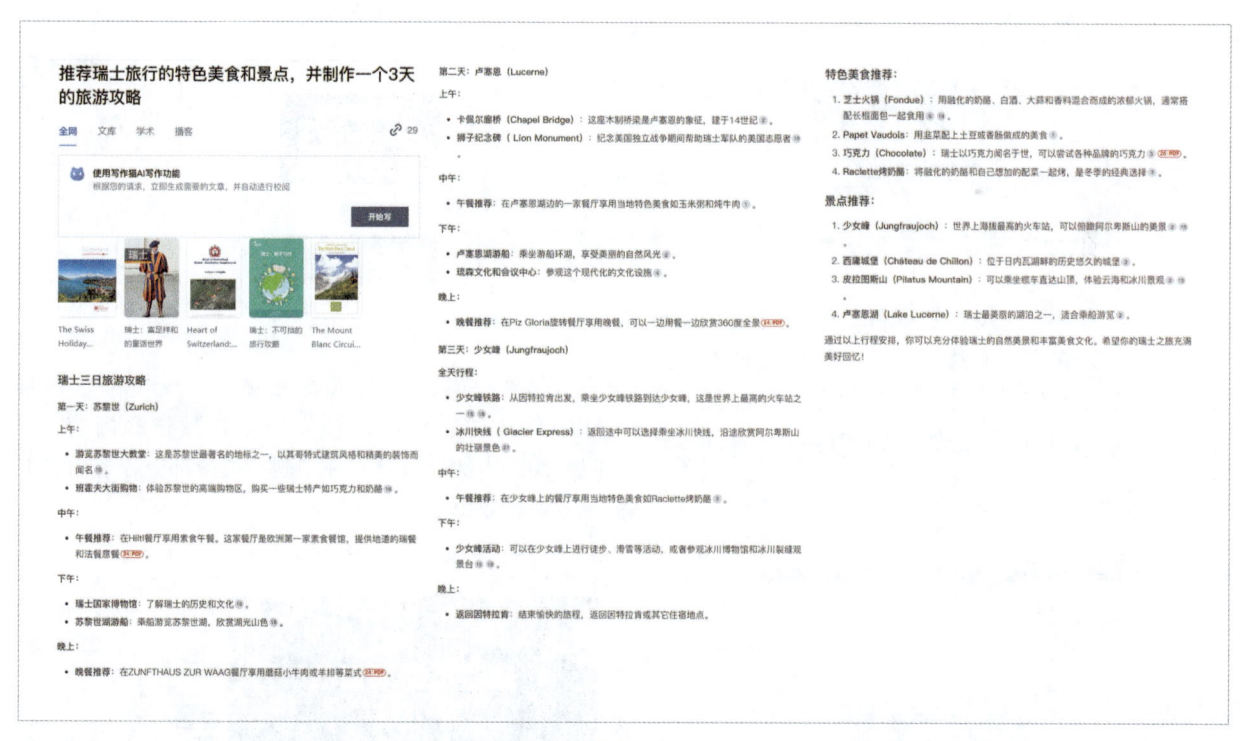

总之，搭载秘塔 AI 搜索引擎优势显著。它方便快捷，能迅速整合全网精华内容给出全面准确的答案，不需要你再自行检索、筛选、整理。在语言理解上，它也表现出色，不再局限于关键词匹配，能精准解析用户意图。哪怕输入模糊或输入不准确的问题，它也能理解并给出贴合需求的答案，还能识别语言微妙差别、各种语境语义，包括特殊词汇和表述，大大提升信息获取效率。

2. 豆包浏览器插件

豆包浏览器插件是一款功能强大的工具，为用户的上网体验带来了诸多便利和优化。在豆包浏览器插件的官网可以下载插件（网址为 https://www.doubao.com/browser-extension/landing），按照指示进行安装后，即可在浏览器右侧出现豆包的图标（见图 9.197）。

图 9.196

图 9.197

借助这个小工具，可以实现实时翻译、标注及总结全文等功能，很好地优化上网体验。例如：当你在浏览外文网站时（见图 9.198），常常由于语言不通而导致阅读效率低下，按照传统方法就是逐句复制，然后粘贴到语言翻译工具中去阅读，非常麻烦。

图 9.198

而现在有了豆包浏览器插件，插件会自动检测页面语言，并在页面侧边栏显示"翻译此页面"按钮。用户单击该按钮，选择目标语言，如中文、英语、法语等，插件就会迅速将页面内容进行翻译（见图 9.199）。

图 9.199

在浏览网页时，若遇到不熟悉的词汇或概念，用户可选中该内容，并利用豆包浏览器插件的划词工具栏中的"解释"功能，迅速获取相关内容的详细解释及拓展知识（见图 9.200）。

图 9.200

再如：对于忙碌的职场人士而言，每天需要浏览大量的行业报告或文章，但时间有限。使用豆包浏览器插件的总结功能，它能够在短时间内了解文章的核心观点和重要数据（见图 9.201），从而快速做出决策。

图 9.201

此外，当你在线观看视频时，豆包浏览器插件的总结功能可助你预先概览视频核心内容（见图 9.202），从而有针对性地观看关键部分，显著提升视频观看效率。

图 9.202

总之，豆包浏览器插件以其强大而实用的功能，为用户在获取信息、学习知识和提高工作效率等方面提供了有力的支持。无论是实时翻译让语言不再是障碍、划词工具栏解释相关概念，还是总结功能帮助快速抓取关键内容，都使得用户的上网体验更加便捷、高效和富有成效。

3. 通义听悟

通义听悟是一款智能的会议纪要整理工具，具备高精度语音识别，能够准确记录会议中的每一句话，它在会议记录整理方面有重要应用价值。例如：在会议开场前，可以单击通义听悟首页（网址为 https://tingwu.aliyun.com/home）的"开启实时记录"，它就会弹出录音的准备界面（见图9.203）。

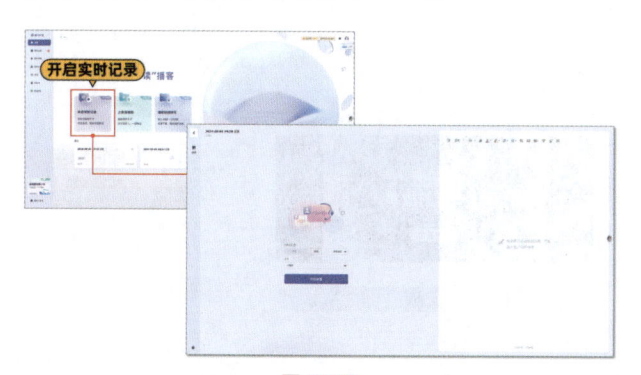

图 9.203

单击"开始录音"，只要有人说话，它就可以实时将语音转换为文字，在这里可以看到每句话的开始时间（见图9.204）。

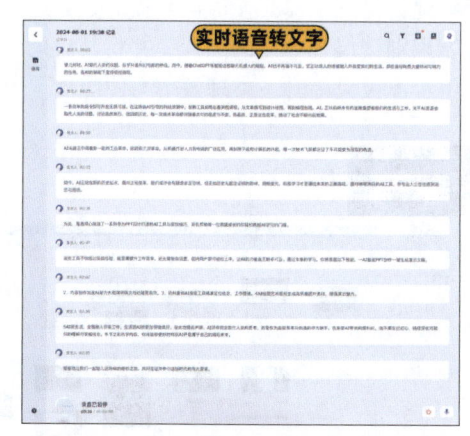

图 9.204

单击顶部"批量摘取"工具，并选择"摘取原文"，即可将完整的会议记录批量导出至右侧界面（见图9.205）。在此界面，用户可对部分文案进行修正或格式编辑。

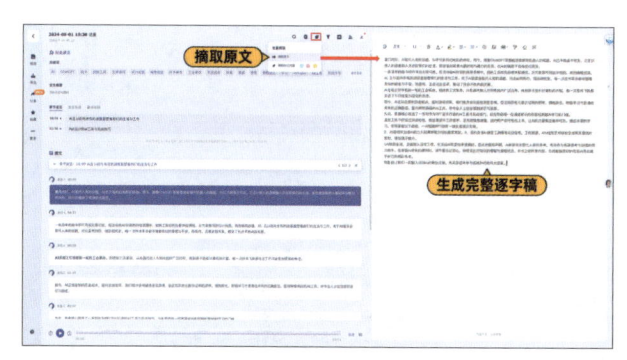

图 9.205

单击顶部导航栏的"翻译"选项，并选择目标语言为英文，通义听悟将在原始文案基础上自动生成英文逐字稿（见图9.206），方便不同国家的人查看。

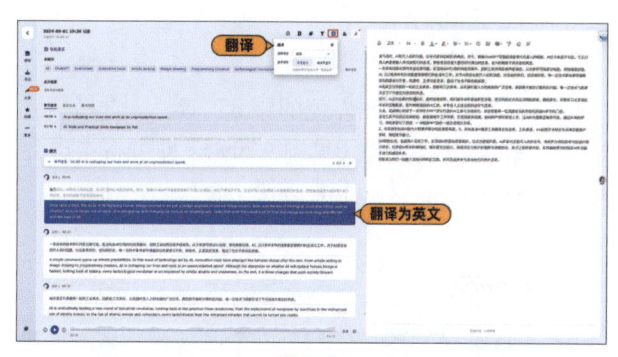

图 9.206

除此之外，单击右上角"小悟"悬浮球，即可展开智能对话框，在这里可以向小悟提问，例如总结本次会议的主要内容（见图9.207）。

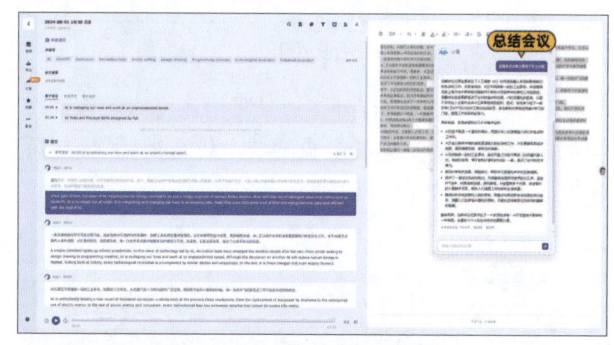

图 9.207

用户还可围绕会议具体细节进行提问，如"后续主要围绕哪5点进行讲解"，通义听悟将结合会议内容，迅速提供准确解答（见图9.208）。

通义听悟也可以根据视频提取每个时段的文稿，然后结合"摘取原文"功能，获取视频的完整逐字稿（见图9.211）。

图9.208

图9.211

与此同时，你还可以结合"小悟"进行实时互动，获取会议的关键信息（见图9.212）。

最后，还可以单击左侧的导出工具栏，选择导出格式，例如 .docx 文档（见图9.209），即可将本次会议的逐字稿保存下来，非常方便。

图9.212

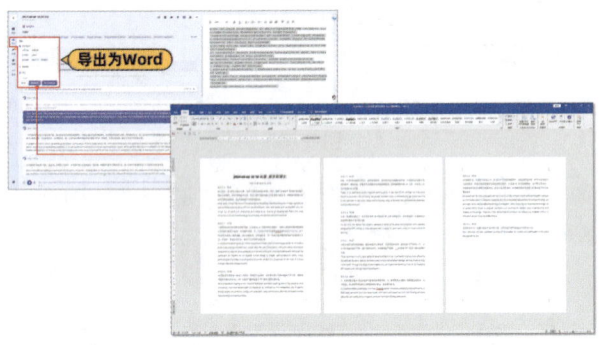

图9.209

最终，通过导出功能，用户可将完整的会议记录保存至本地（见图9.213）。值得一提的是：通义听悟还能智能识别会议视频中的图片，并将其自动嵌入对应文案位置，极大提升了整理效率与便捷性。

除了实时记录会议外，通义听悟还可以上传音视频生成会议纪要。单击主页的"上传音视频"，然后导入此前保存的音视频（见图9.210）。

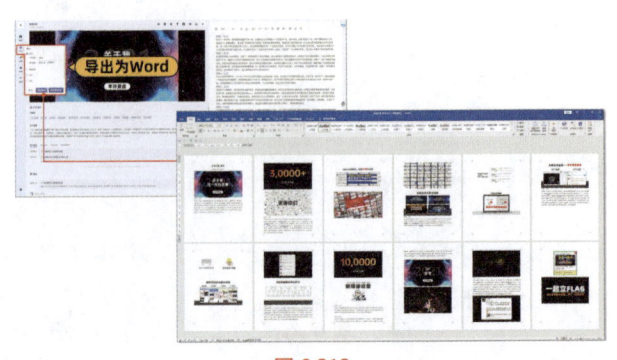

图9.213

有了通义听悟，今后就不用再为会议纪要发愁了，它可以完整地记录会议的全过程，并解答你关于会议的一切疑问。

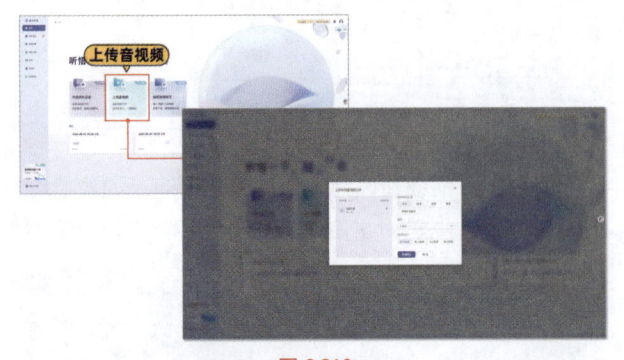

图9.210

4. 橙篇 AI

橙篇 AI 是百度文库推出的全新 AI 写作工具（网址为 https://cp.baidu.com/），它依托于百度文库的庞大知识库和百度文心的先进大模型，用户只需提供主题或关键词，即可快速生成高质量的文章。例如：单击"新建文件"，即可跳转到文档协作界面（见图 9.214）。

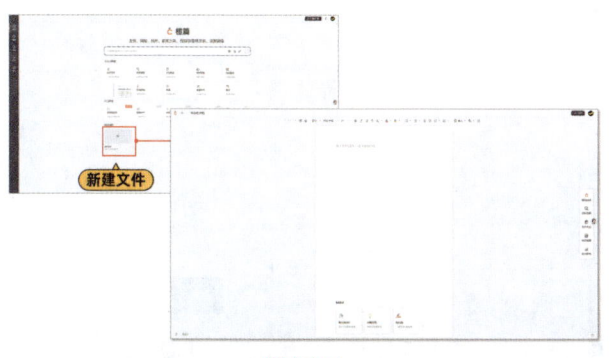

图 9.214

在底部提供了 3 种写作模式：导入 Word、AI 帮你写、写大纲。在此选择"AI 帮你写"，然后输入指令"写一篇关于'新能源材料发展'的文章"（见图 9.215）。

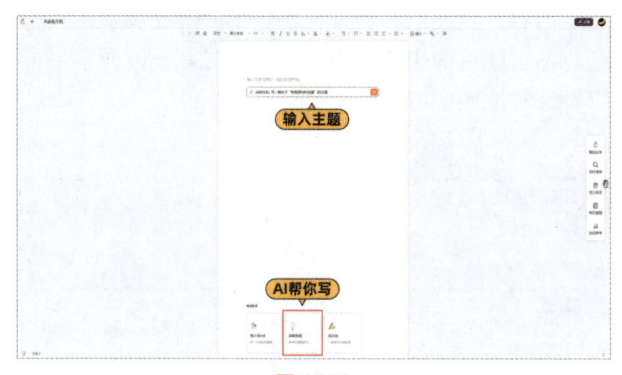

图 9.215

单击发送，AI 即可为你创作出一篇符合需求的文章（见图 9.216）。

除了这种学术性的文章外，智能写作工具还能写一些生活化的文案。例如，写一段"618 营销文案，推广最新上架的口红，200 字内"，该工具即可自动生成一段适用于朋友圈的营销文案（见图 9.217）。

借助这个功能，你可以撰写各类文案，例如学术论文、工作汇报、营销文案等，极大降低了普通人写作的门槛。

图 9.216

图 9.217

除了文案写作外，橙篇 AI 还可以对现有文案进行深度编辑。例如，在新建文件界面中，选择"导入 Word"，可将需要校正的文档加载进来（见图 9.218）。

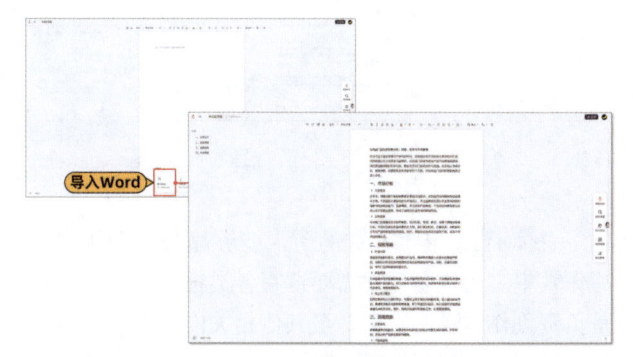

图 9.218

然后，单击右侧的"全文校正"功能，它就会对整篇文章进行分析，修改其中的语言表达，以及对于整篇文章的内容优化建议（见图 9.219）。

除此之外，你还可以选中文章内的特定段落，使用智能助手工具，对选中的文段进行润色、缩写、扩写、总结、续写等各类操作（见图 9.220），简直是一位资深导师，一对一教学修改。

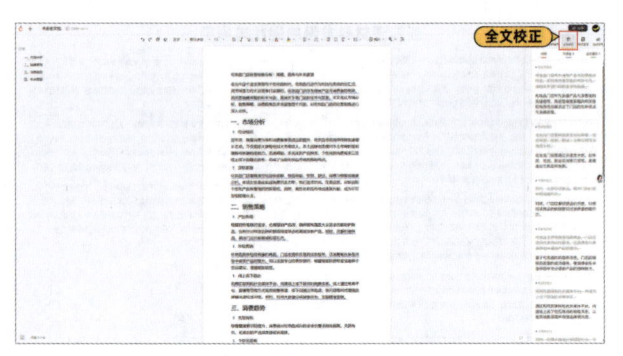

图 9.219

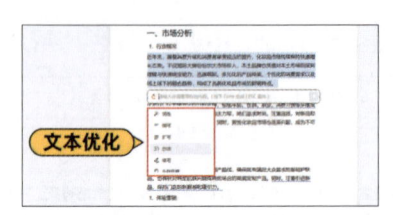

图 9.220

调整完毕后，单击右上角"分享→导出 Word"（见图 9.221），即可将文档存储到本地。这种应用目前是免费的。

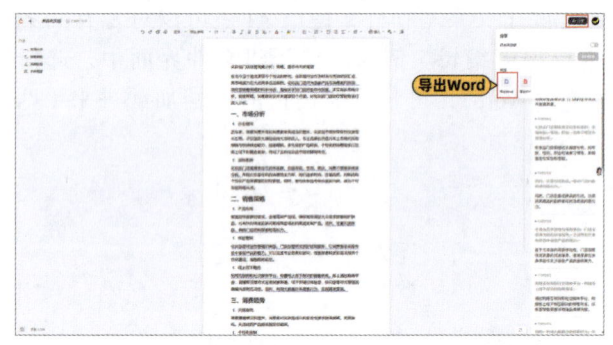

图 9.221

总体而言，橙篇 AI 的引入能够显著提升用户的写作效率。无论是经常需要撰写各类报告的人士，还是负责创作营销文案，乃至其他相关内容的人员，橙篇 AI 都具有极高的价值。

5. 九章大模型

学而思九章大模型是一款辅助教学的模型（见图 9.222，网址为 https://playground.xes1v1.cn/MathGPT），用于解答各类教学题目，还能自主出题，对于教师及家长而言非常有用。

首先，该平台的解题功能应用最为广泛，用户仅需拍照上传题目，即可迅速获得解答。具体操作方法如下：单击图片标识，随后将题目拍照并上传至平台（见图 9.223）。

图 9.222

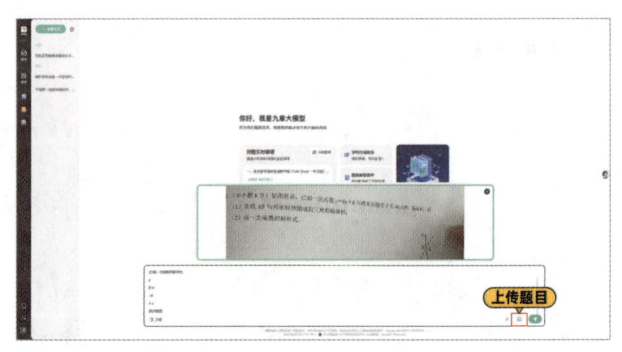

图 9.223

然后，单击"发送"按钮，AI 将解析图片中的文字内容，复述题目，并提供详细的解题步骤，其中还总结了题目的主要考点（见图 9.224），以便学生可以有针对性地学习。

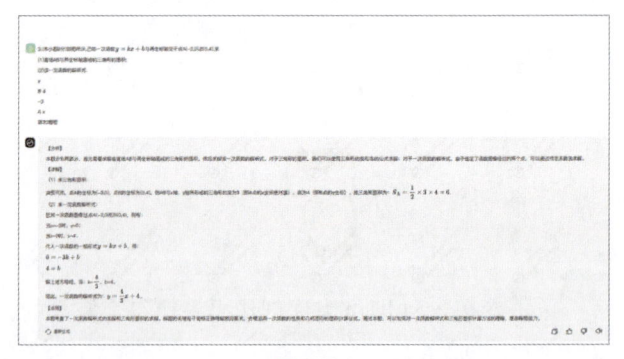

图 9.224

除了数学题目，九章大模型还具备解答语文、英语、物理、生物等其他学科题目的能力（见图 9.225）。

在左侧导航栏中，单击"助手"选项，即可访问一系列辅助学习的工具（见图 9.226）。

例如，数学题目推荐助手能够根据用户输入的题目，智能推荐相同知识点下的类似题目（见图

9.227），方便你巩固知识点。

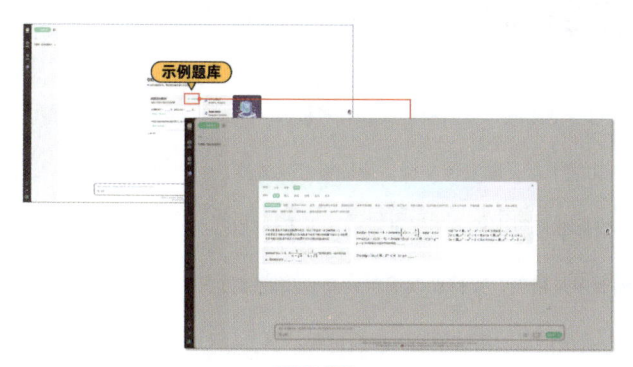

图 9.225

图 9.226

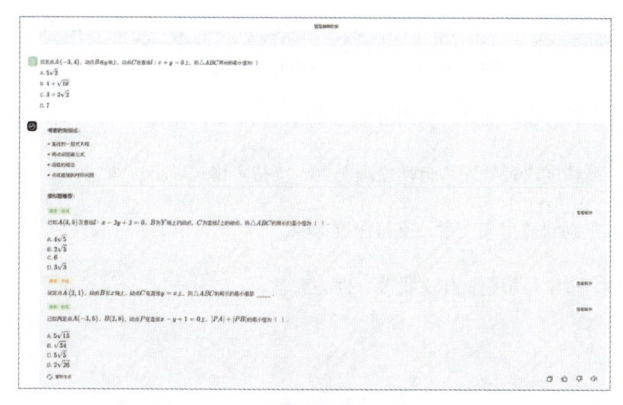

图 9.227

语文作文助手则能针对用户输入的文段进行深度分析，提供作文批改、润色及结构调整等多方面的专业建议（见图 9.228）。

此外，英语作文助手支持用户直接拍照上传手写作文，AI 将针对文章的语法、拼写、笔迹等方面提供详尽的专业建议（见图 9.229）。

图 9.228

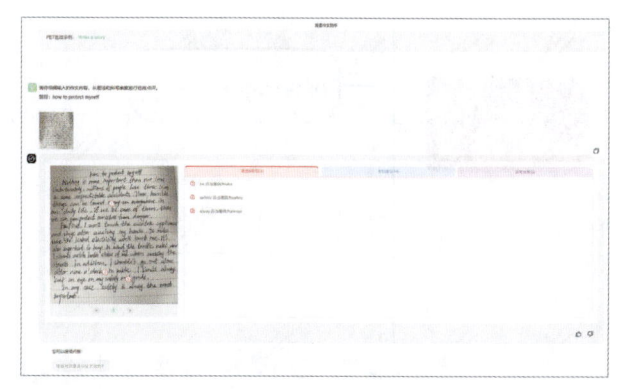

图 9.229

总的来说，九章大模型是老师及家长的得力助手，能够帮助学生精准掌握知识点，极大提升了教学的便捷性和学生学习的有效性。

以上就是本节的全部内容，相关的实用 AI 工具还有很多，你可以根据自己的需求选择合适的 AI 工具。总之，灵活应用 AI 不仅能提高工作效率，还为各个行业带来了创新和变革的契机。在这个科技飞速发展的时代，AI 的发展趋势不可阻挡。我们应当充分认识到 AI 的重要性，积极主动地去学习和掌握相关的知识与技能，才能更好地适应未来社会的发展需求，提升个人竞争力。

9.5　要点回顾

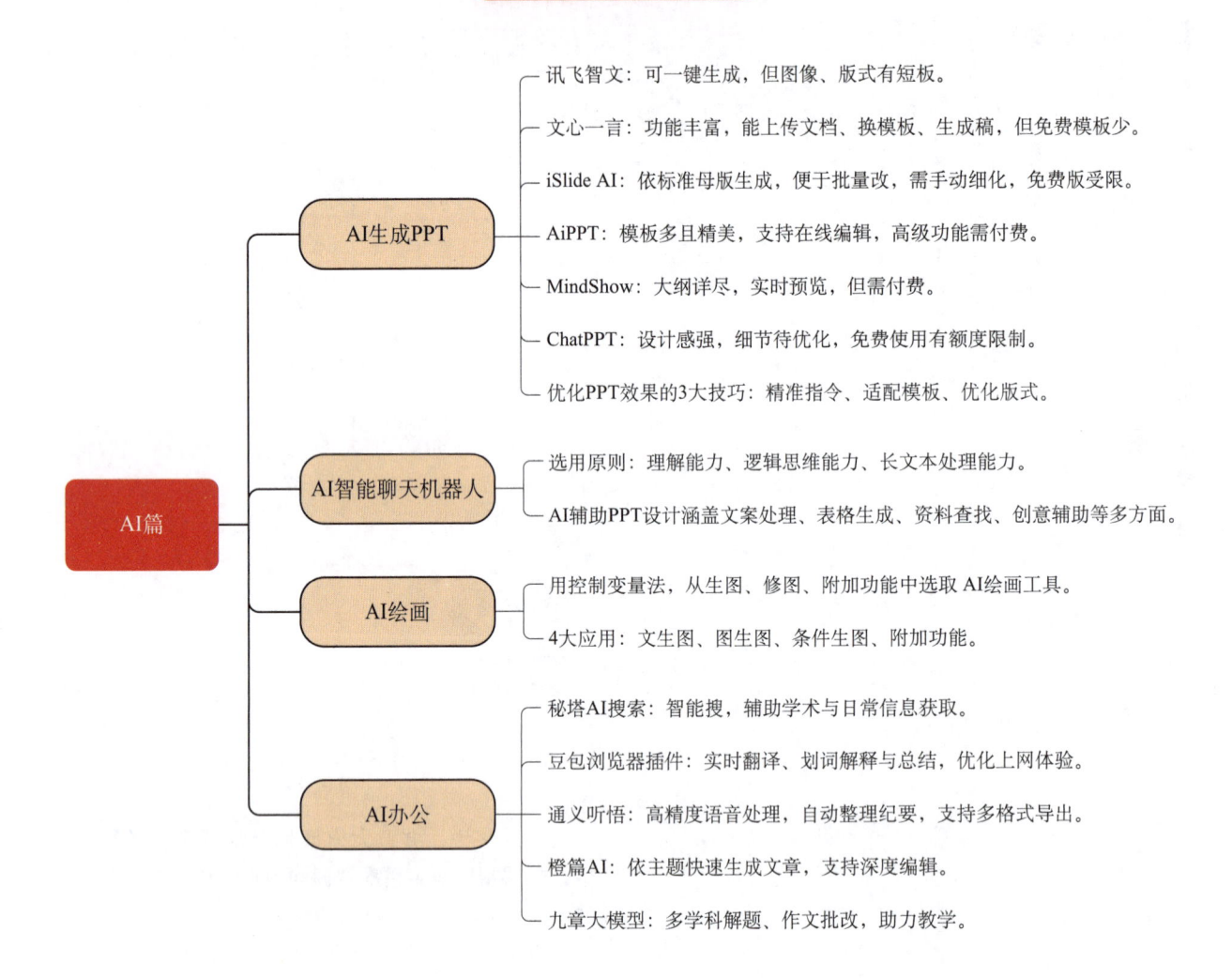

AI篇

- **AI生成PPT**
  - 讯飞智文：可一键生成，但图像、版式有短板。
  - 文心一言：功能丰富，能上传文档、换模板、生成稿，但免费模板少。
  - iSlide AI：依标准母版生成，便于批量改，需手动细化，免费版受限。
  - AiPPT：模板多且精美，支持在线编辑，高级功能需付费。
  - MindShow：大纲详尽，实时预览，但需付费。
  - ChatPPT：设计感强，细节待优化，免费使用有额度限制。
  - 优化PPT效果的3大技巧：精准指令、适配模板、优化版式。

- **AI智能聊天机器人**
  - 选用原则：理解能力、逻辑思维能力、长文本处理能力。
  - AI辅助PPT设计涵盖文案处理、表格生成、资料查找、创意辅助等多方面。

- **AI绘画**
  - 用控制变量法，从生图、修图、附加功能中选取 AI绘画工具。
  - 4大应用：文生图、图生图、条件生图、附加功能。

- **AI办公**
  - 秘塔AI搜索：智能搜，辅助学术与日常信息获取。
  - 豆包浏览器插件：实时翻译、划词解释与总结，优化上网体验。
  - 通义听悟：高精度语音处理，自动整理纪要，支持多格式导出。
  - 橙篇AI：依主题快速生成文章，支持深度编辑。
  - 九章大模型：多学科解题、作文批改，助力教学。

后记
Postscript

此刻正在阅读的你，你好呀。

当你轻轻翻过这一页，我们的故事也即将画上一个温馨的句点。在写这本书的过程中，我仿佛又回到了那个青涩的大学时代，那个对PPT设计充满无限憧憬的我，在图书馆的书架间穿梭，渴望着知识的滋养。而今，这一切已化作手中的这本书，它承载着我这些年学习PPT的点点滴滴，凝聚成一份心意，呈现在你的面前。

回首往昔，从最初的懵懂探索到如今的总结成书，每一步都充满了挑战与收获。我深知，PPT不仅仅是一个工具，它更是连接思想与情感的桥梁，是专业与创意的完美结合。这本书，就是我与PPT这段不解之缘的见证，也是我希望能够与你分享的一份宝贵财富。

我衷心希望，这本书能成为你学习PPT旅程中的一盏明灯，照亮你前行的道路。它不仅提供了系统化的学习框架，还融入了我对PPT设计的深刻理解和实战经验。愿你在每一次翻阅中，都能获得启发，找到提升自己的新途径。

当然，技术的车轮永不停歇，PPT的世界也日新月异。随着AI的飞速发展和软件功能的不断创新，或许某些技巧和操作方法会逐渐被淘汰或更新。但请记住，无论工具如何变迁，学习的理念和思维方式才是最宝贵的财富。掌握规律，灵活运用，才是通往卓越的关键。

最后，我想说，PPT的真正魅力，往往超越了软件本身。它教会我们的是对信息的整理与呈现，是逻辑与创意的碰撞，更是对完美的不懈追求。当一切归于平静，当你合上电脑，留在心中的那份对美好的追求与创造，才是PPT赋予我们最珍贵的礼物。

在此，衷心感谢每一位读到这里的你。是你的陪伴与支持，让这段旅程变得意义非凡。我是林利蒙，愿我们在各自的人生旅途中继续前行，不断探索，不断超越。江湖路远，我们终将在某个美好的时刻再次相遇。祝你未来的工作与学习一切顺利，愿你的PPT之路充满创意与辉煌！再见，不是结束，而是新的开始！